U0265427

中国航天技术进展丛书

吴燕生　总主编

空地导弹制导控制系统设计（上）

王明光　著

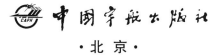
中国宇航出版社
·北京·

图书在版编目（CIP）数据

空地导弹制导控制系统设计 / 王明光著 . -- 北京：
中国宇航出版社，2019.12

ISBN 978 - 7 - 5159 - 1754 - 2

Ⅰ.①空… Ⅱ.①王… Ⅲ.①空对地导弹－导弹制导
－控制系统设计 Ⅳ.①TJ762.2

中国版本图书馆 CIP 数据核字（2019）第 301614 号

责任编辑 彭晨光　　　**封面设计** 宇星文化

出　版
发　行　**中国宇航出版社**

社　址　北京市阜成路 8 号　**邮　编**　100830
　　　　（010）60286808　　（010）68768548
网　址　www.caphbook.com
经　销　新华书店
发行部　（010）60286888　　（010）68371900
　　　　（010）60286887　　（010）60286804（传真）
零售店　读者服务部　　（010）68371105
承　印　天津画中画印刷有限公司

版　次　2019 年 12 月第 1 版
　　　　2019 年 12 月第 1 次印刷
规　格　787×1092
开　本　1/16
印　张　83.75
字　数　2038 千字
书　号　ISBN 978 - 7 - 5159 - 1754 - 2
定　价　300.00 元

《中国航天技术进展丛书》
编委会

总 主 编 吴燕生

副总主编 包为民

委　　员（按姓氏音序排列）

总　序

中国航天事业创建 60 年来，走出了一条具有中国特色的发展之路，实现了空间技术、空间应用和空间科学三大领域的快速发展，取得了"两弹一星"、载人航天、月球探测、北斗导航、高分辨率对地观测等辉煌成就。航天科技工业作为我国科技创新的代表，是我国综合实力特别是高科技发展实力的集中体现，在我国经济建设和社会发展中发挥着重要作用。

作为我国航天科技工业发展的主导力量，中国航天科技集团公司不仅在航天工程研制方面取得了辉煌成就，也在航天技术研究方面取得了巨大进展，对推进我国由航天大国向航天强国迈进起到了积极作用。在中国航天事业创建 60 周年之际，为了全面展示航天技术研究成果，系统梳理航天技术发展脉络，迎接新形势下在理论、技术和工程方面的严峻挑战，中国航天科技集团公司组织技术专家，编写了《中国航天技术进展丛书》。

这套丛书是完整概括中国航天技术进展、具有自主知识产权的精品书系，全面覆盖中国航天科技工业体系所涉及的主体专业，包括总体技术、推进技术、导航制导与控制技术、计算机技术、电子与通信技术、遥感技术、材料与制造技术、环境工程、测试技术、空气动力学、航天医学以及其他航天技术。丛书具有以下作用：总结航天技术成果，形成具有系统性、创新性、前瞻性的航天技术文献体系；优化航天技术架构，强化航天学科融合，促进航天学术交流；引领航天技术发展，为航天型号工程提供技术支撑。

雄关漫道真如铁，而今迈步从头越。"十三五"期间，中国航天事业迎来了更多的发展机遇。这套切合航天工程需求、覆盖关键技术领域的丛书，是中国航天人对航天技术发展脉络的总结提炼，对学科前沿发展趋势的探索思考，体现了中国航天人不忘初心、不断前行的执着追求。期望广大航天科技人员积极参与丛书编写、切实推进丛书应用，使之在中国航天事业发展中发挥应有的作用。

雷凡培

2016 年 12 月

前　言

作者自工作以来，一直从事战术空地导弹总体设计和制导控制系统设计工作，在研发过程中遇到设计难题时，就会查阅能收集到的国内外著作、论文及其他文献，不过遗憾的是，往往得不到确切的答案。此外，在研发过程中，发现大多研发人员的基础知识不扎实，对制导控制设计缺少系统的认识，迫切需要一本全面而深入介绍空地导弹制导控制系统设计的图书作为参考。作者编写本书的初衷也是基于如下背景：

1）国内外缺少一本全面介绍空地导弹制导控制系统的图书，国内大部分制导控制系统设计图书由高校老师编写，其内容偏向理论介绍，忽略工程设计，导致内容晦涩难懂；另外一部分制导控制系统设计图书偏向于工程设计，而理论分析及解释比较少，故较难深入学习并掌握。

2）制导控制系统是导弹武器系统的"中枢神经"，直接影响导弹的性能和可靠性，随着科技的进步，制导控制系统设计方法和理念也已发生了巨大的变化。

3）在研发过程中常碰到一些制导控制关键技术，比如在强弹机分离气动干扰下弹体翻滚控制设计，作者曾花费大量的时间和精力，却很难查到相关文献，咨询了一些专家，也没有得到确切的答案，其他相关的制导控制关键技术也类似，故急需一本全面而深入介绍空地导弹制导控制系统设计的图书。

编写本书的另一个初衷：尝试将理论分析和工程设计相结合，本着"物有本末，事有终始，知所先后，则近道矣"的宗旨，尽可能详细地介绍广义制导控制系统设计所涉及的各知识点，使读者真正深入理解制导控制系统的本质，做到"知其然知其所以然"，只有这样，才能设计出一个性能优良的制导控制系统，才能"随意"以创新的方式设计出满足高性能指标要求的制导控制系统。

本书在深入介绍制导控制系统基础知识的同时，着重介绍了前沿技术，全面深入地阐述了制导控制系统的组成、被控对象特性、弹道设计、捷联惯性导航系统设计、制导系统设计、导引弹道设计、纵向控制回路设计、滚动控制回路设计、基于自抗扰控制技术控制回路设计、基于现代控制理论控制回路设计、飞行控制仿真技术、控制系统辅助软件设计等，并对弹体翻滚控制技术、静不稳定控制技术、倾斜转弯控制技术、垂直打击技术、目标定位技术等专项控制技术进行了系统而深入的介绍及分析。

本书理论联系实际，内容新颖有趣。制导控制技术日新月异，本书尝试将新控制理论应用于制导控制系统设计，较详细地介绍了现代控制理论和 ADRC 控制理论在姿态控制设计中的应用，权当"抛砖引玉"，望读者学习之后能更深入研究，以期设计出低成本、高品质的制导控制系统。本书面向航空航天类的在校学生及从事制导控制系统设计的研发人员。

在撰写本书的过程中，得到了陈东生、裴听国、高秀花、马永青等研究员的大力支持，他们是本书得以付梓的幕后英雄，给予作者很大的支持和鼓舞，并在百忙之中对本书提出了很多建设性意见，此外孟建、李敏、刘宇新、李俊超、王晓燕、张子鑫等同事详细校对了部分书稿，在此一并致谢。

由于作者水平有限，很多设计方法和思路也只是作者在研发过程中的探索结果，难免有不妥之处，敬请读者批评指正。

目 录

第 11 章 现代控制理论在姿控回路中的应用 ·············· 927

第1章 制导控制系统概述

1.1 空地制导武器概述

空地制导武器是众多精确制导武器中的一大分支［其他三大分支分别为空空制导武器（简称为空空导弹）、地空制导武器（简称为地空导弹）和地地制导武器（简称为地地导弹）］，它与载机、载机上的火控系统、发射装置、检测和测量设备等构成空地制导武器系统。下面从定义、分类、组成、作用、发展历程及趋势等几方面简要介绍空地制导武器，旨在使读者对本书的研究对象——空地制导武器有个大致的了解。

1.1.1 定义

空地制导武器是航空精确制导武器中的一个重要分支（另一个分支为空空制导武器），通常指从载机（战略轰炸机、歼击轰炸机、强击机、歼击机、武装直升机、反潜巡逻机、无人攻击机及无人直升机等）上发射攻击地（水）面固定或移动目标的制导武器，包括制导炸弹、反坦克导弹、空地导弹、空舰导弹、空潜导弹或制导航空鱼雷等。

注：由空地制导武器的定义可知，空地导弹是空地制导武器中的一种，对于本书讨论的制导控制系统而言，空地制导武器制导控制系统和空地导弹制导控制系统并无本质区别，故在本书中，空地制导武器和空地导弹名称通用。

1.1.2 分类

空地制导武器发展至今已形成一个非常庞大、种类多样、功能丰富的精确制导武器分支，其根据不同的分类方式可划分为不同类型。

空地制导武器按作战使命可分为战略型空地制导武器和战术型空地制导武器，其中战略型空地制导武器是一种由战略轰炸机携带，进行远距离突防后投放的一种大规模杀伤性武器，主要用于攻击敌方政治中心、经济中心、指挥中心、工业基地、交通枢纽等重要战略目标，大多携带核弹头，作为核威慑力量，部分也采用常规战斗部；而战术型空地制导武器一般用于攻击敌方纵深战场的普通战术目标，如通信中心、防御工事、机场跑道、桥梁、军队集结地、大型水面舰艇等，其射程较近，战斗部威力较小。

空地制导武器按飞行轨迹可分为弹道式空地制导武器和飞航式空地制导武器，绝大多数空地制导武器采用飞航式气动布局。

空地制导武器按射程可分为近程、中程、远程空地制导武器以及空射巡航导弹，但它们之间并没有一个严格意义上的量化指标，根据有关文献提出的区分规则：射程大于

600 km 的为空射巡航导弹，射程在 300～600 km 之间的为远程空地制导武器，射程在 50～300 km 之间的为中程空地制导武器，射程小于 50 km 的为近程空地制导武器。按射程还可大致分为防区外发射和防区内发射空地制导武器，它们之间也没有一个严格的分界线，随着空地制导武器技术的发展，以前射程大于 60 km 的空地制导武器可称为防区外发射空地制导武器，现在一般指射程大于 120 km 的空地制导武器。

空地制导武器按用途可分为常规空地导弹、反舰导弹（空舰导弹）、反雷达导弹、反坦克导弹、反潜导弹（空潜导弹）及多用途导弹等。

空地制导武器按制导方式可分为惯性制导导弹、惯性/卫星无线电复合制导导弹、地形（图像）匹配制导导弹、雷达制导导弹、毫米波制导导弹、SAR 制导导弹、红外成像制导导弹、电视制导导弹、激光制导导弹（主要有激光波束制导导弹和激光半主动制导导弹）及多模复合制导导弹等。

空地制导武器按发射质量可划分为重型（大于 500 kg）、中型（300～500 kg）、轻型（100～300 kg）、小型（50～100 kg）和微型（小于 50 kg）空地导弹。随着反恐形势日益严峻和科技的发展，空地导弹的一个重要发展趋势是微型化，微型导弹可进一步分为三个等级：1）50 kg 级微型空地导弹；2）15 kg 级微小型空地导弹；3）5 kg 级迷你型空地导弹。

空地制导武器按飞行速度可划分为亚声速飞行空地导弹（$Ma \leqslant 0.8$）、跨声速飞行空地导弹（$0.8 < Ma \leqslant 1.2$）、超声速飞行空地导弹（$1.2 < Ma \leqslant 5.0$）、高超声速飞行空地导弹（$5.0 < Ma \leqslant 14.0$）和超高声速飞行空地导弹（$Ma > 14.0$）。目前研发的大多数为亚声速和超声速空地导弹，随着科技的发展，航天航空强国均开始研发或已经研发出高超声速空地导弹或超高声速空地导弹。

1.1.3 组成

空地制导武器由弹体结构、引战系统、制导控制系统、电气系统等基本子系统组成，大多空地制导武器装配动力系统（包括助推器），有的还装配数据链、大气测量系统等，如图 1-1 所示，下面简要加以介绍。

（1）弹体结构

弹体结构是空地导弹有效载荷的载体，将导弹的引战系统、制导控制系统、电气系统和动力系统等连接为一个整体。考虑到导弹飞行速度、飞行弹道、机动性和发动机类型等不同，其弹体结构也必然存在一定的区别，但主体上由弹身、弹翼和舵面等结构部件组成。弹身不仅是引战系统、制导控制系统、电气系统和动力系统等的载体，也是弹翼和舵面等气动面的安装基体；弹翼是导弹最主要的气动受力面，提供导弹机动性；舵面是用于改变导弹飞行弹道的气动操作面。

导弹在飞行过程中受到气动载荷、振动、冲击和推力等作用，因此弹体结构应具有足够的强度和刚度。弹体结构除了是电气系统、引战系统和动力系统等的载体外，还需具备气动性能良好的气动外形，气动布局通常为常规布局、鸭翼布局、全动弹翼布局、无尾式

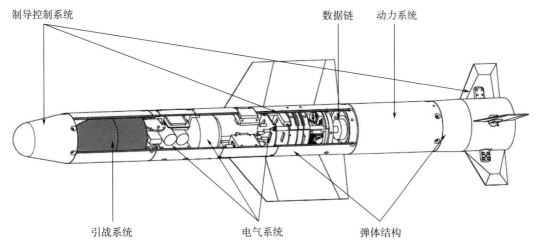

图 1-1　空地制导武器组成

布局或无翼式布局等。

（2）制导控制系统

制导控制系统是将弹体引导至杀伤目标的距离范围之内的系统，由制导系统和姿控系统（姿态控制系统）两个子系统组成。制导系统用来探测目标和导弹的相对运动信息，根据一定的规则产生制导指令，并实时地输送给姿控系统。制导系统根据本身的特性可进一步分为自主式制导、遥控制导、寻的制导或复合制导等类型。姿控系统基于制导指令控制导弹在空间的角运动，目前大多数采用数字控制系统，由弹体、测量元件、执行机构以及校正网络等组成。

对于空地导弹，制导控制系统的基本功能可归结为：

1）控制导弹质心的线运动，即根据弹目信息对导弹质心运动进行导引，使之沿着某种导引弹道飞行（取决于采用的导引律），以击中目标。这一功能由弹上制导系统承担。

2）控制导弹绕质心的运动，即在外界干扰和内部干扰作用下根据制导输入指令以及导弹实际响应对导弹的姿态进行控制，使其沿着预定弹道稳定飞行。这一功能由弹上姿控系统承担。

衡量空地导弹性能的一个重要指标是制导精度，在工程上表征为命中精度和命中概率（命中精度和命中概率也是制导系统设计中最重要的指标）。

①命中精度

对于打击固定目标，通常采用命中精度来表征制导精度，命中精度在工程上又通常用标准偏差 σ 和圆概率误差 CEP 来表征。

假设影响制导精度的各种因素之间相互独立，并且服从正态随机分布，第 i 因素引起落点纵向标准偏差 σ_{Li} 和横向标准偏差 σ_{Hi}，则命中标准偏差 σ 和圆概率误差 CEP 为

$$\begin{cases} \sigma = \dfrac{\sigma_L + \sigma_H}{2} \\[3mm] CEP \approx 1.177\,4\left(\dfrac{\sigma_L + \sigma_H}{2}\right) \end{cases}$$

其中

$$\sigma_L = \sqrt{\frac{1}{n}\sum_{i=1}^{n}\sigma_{Li}^2}$$

$$\sigma_H = \sqrt{\frac{1}{n}\sum_{i=1}^{n}\sigma_{Hi}^2}$$

命中标准偏差 σ 和圆概率误差 CEP 越小，代表空地导弹的制导精度越高，打击效果越好。

②命中概率

对于打击移动的装甲目标，如装甲车、坦克、舰艇等目标，通常采用命中概率来表征制导精度。

对于打击圆形目标，假设圆形目标半径为 R，导弹命中圆概率误差为 CEP，当无系统误差时，单发导弹命中目标的概率为

$$P = 1 - \mathrm{e}^{\frac{-R^2}{1.442\,7CEP^2}}$$

n 发导弹命中目标的概率为

$$P(n) = 1 - (1 - P)^n$$

（3）引战系统

引战系统由战斗部、引爆装置和保险装置等构成。

①战斗部

战斗部用于摧毁敌方目标，由壳体、填充物及引爆传爆系统等组成。空地导弹的战斗部按特性分为核战斗部、常规战斗部和特效战斗部三种，战术空地导弹常采用的常规战斗部有爆破战斗部、聚能穿甲战斗部、杀伤战斗部、侵彻战斗部、子母弹战斗部以及复合战斗部等，其中爆破战斗部主要利用爆炸产生的高压高温超声速冲击波来摧毁目标；聚能穿甲战斗部简称聚能战斗部，利用聚能效应（利用主装药爆炸时药型罩聚能效应形成高速、密实及连续的金属射流）侵彻装甲，主要用于对地面防御工事、坦克、装甲车、武装车辆以及水面舰艇等进行穿透杀伤；杀伤战斗部主要利用爆炸时产生的大量高速飞行碎片、金属射流或弹丸等穿透和杀伤目标；侵彻战斗部依靠战斗部自身的动能侵入目标内部，通过设置引信的起爆时间，定时在目标内部爆炸以摧毁目标；子母弹战斗部主要是在战斗部舱内装备一定数量的相同或不同类型的子弹药，数目一般为几个至几百个，在预定的高度和姿态将子弹药从母弹舱中抛撒出去，形成对地面目标的一个面杀伤，主要用于破坏机场跑道等较大型的区域目标；复合战斗部是将几种典型的战斗部混合设计，以达到对特定目标更好的摧毁效果，如穿甲爆破战斗部、聚能爆破战斗部等。

对于导弹来说，战斗部威力是用于表征导弹对目标破坏、毁伤能力的重要指标。战斗

部威力性能指标根据类型的不同有所不同，绝大多数战斗部威力性能可由威力半径来表征，设计战斗部时，其威力半径必须与制导系统的制导精度相匹配。

②引爆装置

引爆装置（也称引信）是将起爆信息转化为爆炸能量，并逐级放大以引爆战斗部的装置。引爆装置按特性可分为两大类：机械式和电子式，其中电子式引爆装置是主要的引爆装置，也是今后重点发展的高性能引爆装置。根据武器的作战需要，引信分为接触式和非接触式两种，其中接触式又分为即时引爆和延时引爆两种，延迟引信可在载机起飞前对引信进行设置，也可以在空中由飞行员通过数字编程进行设置，延迟时间从 1/2 000 s、1/16 s、1/8 s 至 24 h 不等。非接触式引信大多在离目标适当的距离内引爆，一般基于无线电、红外线或激光开发的电子式引信。

③保险装置

保险装置主要是为了保证己方的安全，按预定的程序设置一次或多次保险，引信只有在各保险装置都解保成功后才能正常工作。

（4）动力系统

动力系统也称为推力系统，用于克服导弹飞行所产生的气动阻力，是导弹以一定速度飞行的动力来源。目前用于空地导弹的动力系统主要有固体火箭发动机、火箭冲压发动机、涡轮喷气发动机、涡轮风扇发动机、组合式发动机等。

①固体火箭发动机

固体火箭发动机由药柱、燃烧室、喷管和点火装置等组成，如图 1 - 2 （a）所示。

药柱是由推进剂与少量添加剂制成的中空圆柱体（中空部分为燃烧面，其横截面形状有圆形、星形等），常见药柱为双基药和复合推进剂，其中复合推进剂主要由高氯酸铵（氧化剂）、燃料（同时也是黏合剂）和少量的铝粉和镁粉等混合组成，增加铝粉可以提高推进剂的能量，并能抑制燃料燃烧时的不稳定性。应用黏合剂可获得力学性能良好的大型药柱。药柱的几何形状和尺寸取决于发动机的燃烧形式和推力大小及工作时间长短，即取决于推力-时间历程。

燃烧室是药柱储存和燃烧的容器，对于某些空地制导武器，燃烧室还是弹体壳体的一部分，燃烧室由壳体、绝热层和衬层等组成。在推进剂燃烧时，燃烧室需承受 2 500～3 500 ℃高温和 2～20 MPa 高压，所以需用高强度合金钢、钛合金或复合材料等制造，并在药柱与燃烧室内壁间铺设绝热层和衬层。

喷管采用拉瓦管形状或近似拉瓦管形状的喷口外形，可使燃烧室喷出的燃气经喷口后膨胀加速，从而产生推力。另外，为了控制推力方向，喷管常与推力矢量控制系统组成喷管组件，用于控制燃气喷射角度，从而控制发动机的推力方向，实现推力矢量控制。

点火装置用于点燃药柱，通常由电发火管和火药盒（装有黑火药或烟火剂）组成，由制导控制系统发出点火指令，弹载计算机发出一个激活脉冲电流（电流 10 A，脉宽 100 ms）用于点燃黑火药，再由黑火药点燃药柱。

固体火箭发动机具有如下特性：1）结构简单，结构壳体可直接用作弹体的壳体；

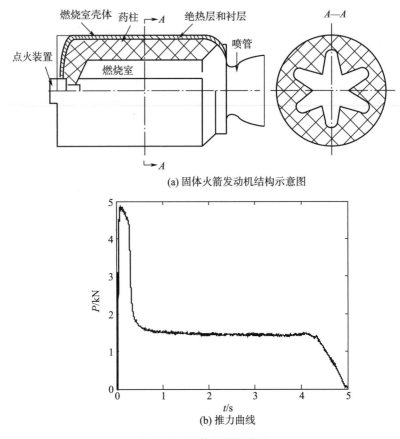

(a) 固体火箭发动机结构示意图

(b) 推力曲线

图 1-2　固体火箭发动机

2）成本较低；3）工作时间较短（现在也有工作时间长达 300 s 的固体火箭发动机）；4）推进剂为燃料和氧化剂的混合体，推进剂比冲较小（目前主流的中能推进剂比冲为 230～250 s）；5）可实现单室双推技术，即通过设置药柱的燃烧方式可实现单室双推技术（通常一级推力不大于二级推力的 3 倍），如图 1-2（b）所示；6）发动机维护、储存及使用方便。这些特性决定了固体火箭发动机主要用于射程较短的空地导弹（射程一般小于 150 km）。

　　②火箭冲压发动机

　　冲压发动机（又称冲压喷气式发动机）是一种结构简单、推力大、适用于高空高速飞行的空气喷气发动机。冲压发动机没有压气机（也就不需要燃气涡轮），所以又称为不带压气机的空气喷气发动机。

　　冲压发动机由进气道、燃烧室和喷管三部分组成，如图 1-3 所示，是喷气发动机中的一大类，其推力产生原理类似于涡轮喷气发动机，是基于燃烧室高速排气所产生的反作用力。不同于涡轮喷气发动机需要压气机对来流进行增压，冲压发动机的具体工作过程是：其依靠载体导弹高速飞行（$Ma > 1$）时的相对气流进入发动机进气道中减速，将气流动能转变成压力能，即高速气流进入进气道后，在进气道内扩张减速，压强增大，温度升高，再进入燃烧室与燃油（一般为煤油）混合燃烧，使得发动机燃烧室中空气温度急剧升高、压强急剧增大，由高温高压的空气与燃烧产物相混合的气体便以更高的速度从发动机喷管喷射出来，喷气流的速度比进气道的空气速度大得多，因而产生反作用推力。

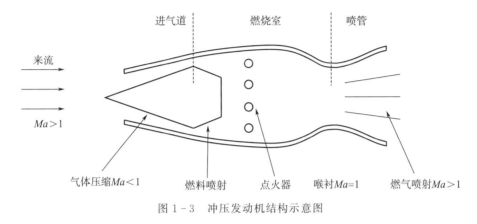

图 1-3　冲压发动机结构示意图

火箭冲压发动机可视为固体火箭发动机和冲压发动机相组合的一种复合发动机，相对于固体火箭发动机而言，它可利用空气中的氧气作为氧化剂，可大幅提高推进剂的比冲。

火箭冲压发动机由于不需要喷气发动机所需的涡轮及风扇，具有结构简单、质量小、比冲大、成本低等优点。但也存在明显的缺点：1）对飞行速度较敏感，低速飞行时，发动机推力小，效率低；2）需要助推器将发动机加速至较高速度，火箭冲压发动机才能点火和正常工作；3）火箭冲压发动机对弹体的飞行姿态要求较严。

冲压发动机的优缺点决定了其主要用于射程较远的高空超声速的空地导弹（射程可达500 km）。

③涡轮喷气发动机

涡轮喷气发动机是涡轮发动机中的一种，按结构特点分为离心式和轴流式，大型涡轮喷气发动机均采用轴流式，小型涡轮喷气发动机大多采用离心式。其由进气道、压气机、燃烧室（有的还带有加力燃烧室）、涡轮和尾喷管等组成，如图 1-4 所示。

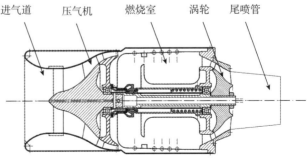

图 1-4　涡轮喷气发动机

涡轮喷气发动机的工作机理可大致概括为空气压缩、燃料燃烧及气流膨胀三个基本过程。具体为：在飞行过程中，空气经进气道整流后进入发动机的进气口，由于涡轮转子高速转动，空气不断增压减速（此时空气温度也上升），增压后的空气进入燃烧室与由喷嘴喷入燃烧室的燃油混合、雾化以及燃烧，产生的高温高压气流经尾喷管喷出，由于采用拉瓦管喷口，其气流在喷管内继续膨胀加速，故产生反作用推力。空气一部分与燃料燃烧，另外一部分与燃烧的燃气混合，变成高温气流驱动涡轮转动，以带动与涡轮同轴的压气机工作。

涡轮喷气发动机利用空气作为氧化剂，故燃料比冲较大，对于较大型的涡轮喷气发动机，其耗油率可低至 0.7 kg/(daN[①] · h)，某一微小型涡轮喷气发动机耗油率随高度和飞行马赫数变化曲线如图 1-5（a）所示。另外，涡轮喷气发动机还具有高推重比、长工作时间、适应较宽范围的高度和飞行马赫数等特性（某型涡轮喷气发动机在低空时较适应亚声速或跨声速飞行，在中空时较适应低超声速飞行）、推力随高度上升而大幅下降［某一微小型涡轮喷气发动机的推力随高度和飞行马赫数变化曲线如图 1-5（b）所示］、高空点火较难等特性，这些特性决定了其适用于较小推力、长时间工作的亚声速、跨声速或低超声速飞行的中远射程（150～600 km）导弹。

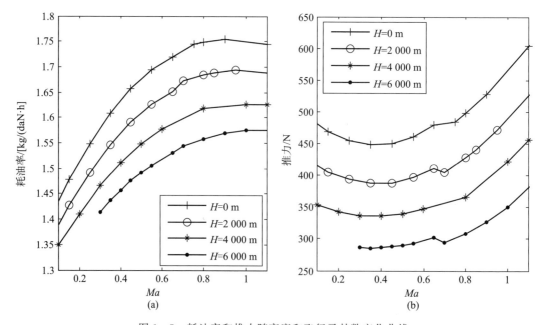

图 1-5 耗油率和推力随高度和飞行马赫数变化曲线

涡轮喷气发动机适用的飞行马赫数范围很广（$Ma < 3$），可适用于低空亚声速到高空超声速飞行的导弹，其直径比涡轮风扇发动机小，易于在导弹上使用。当载体飞行马赫数较高时涡轮喷气发动机的推重比优于涡轮风扇发动机，但当载体飞行马赫数较低时，其效率低于涡轮风扇发动机。

---

① 1 daN＝10 N。

④涡轮风扇发动机

涡轮风扇发动机是涡轮发动机中的另一种，可视为在涡轮喷气发动机的基础上增加风扇以及外涵道，燃烧室出口的燃气在低压涡轮中进一步膨胀做功，带动外涵道的风扇转动，使外涵道的气流喷射速度增大。涡轮风扇发动机工作时，空气从内外两路流过发动机，内路的工作状态与涡轮喷气发动机相同，流过外涵道的空气也产生反作用推力，所以总推力由两部分组成，一是内涵道产生的推力，二是外涵道产生的推力。

涡轮风扇发动机的外涵道和内涵道的空气质量流量之比，称为涵道比。涵道比小于 1 定义为小涵道比，大于 4 定义为大涵道比，在 1 至 4 之间定义为中涵道比。涵道比是涡轮风扇发动机的重要设计参数，它对发动机耗油率和推重比有重大影响。

与涡轮喷气发动机相比，涡轮风扇发动机的空气流量大、喷射速度低，即亚声速飞行时效率高、耗油率低。涡轮风扇发动机由于增加了风扇以及外涵道等，故结构复杂、尺寸较大、成本较高、设计难度大、迎风面积大（导致阻力增加），这些特点也决定了涡轮风扇发动机适用于远射程亚声速或低跨声速飞行的大型空地导弹（射程可达 4 500 km）。

（5）电气系统

电气系统是制导武器系统中的重要组成部分，负责为弹载计算机和其他单机提供电能，是弹上供电和二次配电系统的总称，由弹上电源系统、二次配电以及电缆网等组成。其中电源系统负责为导弹的电气设备提供所需的电能，现在一般采用化学热电池；二次配电是电气系统的核心部分，由二次配电控制器以及相应的电缆组成，对于其他不同供电类型的设备需要经过电源电压转换后才能满足其使用要求，对于某些对电源品质要求较高的设备，还需要采用滤波技术等对供电进行处理；电缆网的作用是将弹上的电气设备连接成一个有机的整体，其由电连接器、电连接器附件、电缆、电缆附件等组成。随着电子计算机的飞速发展，二次配电、电压转换等工作都可由集成在弹载计算机上的相应电源模块完成，弹上电气系统的概念也得到了极大的扩展，现在习惯将弹载计算机、弹上重要单机等都纳入电气系统的范畴，空地导弹广义上的电气系统应具备以下基本功能：

1）实现载机电源和弹上热电池供电之间的可靠切换；

2）对弹上电气设备进行供电管理；

3）弹机分离后为弹上设备提供电能，满足自主飞行时供电需求；

4）通过数据总线管理弹上电气设备与载机之间的双向数据通信；

5）管理弹上电气设备与弹载计算机之间的并口或串口通信。

（6）数据链

数据链是一种按规定的信息格式和通信协议，通过无线信道实时传输格式化数据信息的数据通信系统，主要用于武器系统各单元之间的信息通信、指挥控制和协同作战等。

随着空地导弹射程的增加，特别是对于中远程空地导弹，越来越多的空地导弹配备数据链。数据链主要用于空地导弹的中制导或"人在回路"制导模式。

对于空地导弹的中制导，在进入末制导前，空地导弹配备的数据链终端接收载机数据链发射机发送的有关目标信息，如位置、速度等，弹上制导控制系统据此形成中制导指令，控制导弹朝目标的大致位置飞行，以保证在末制导阶段，导引头能探测、识别、捕获以及锁定目标，完成末制导攻击任务。

对于成像制导体制，鉴于目前的自动目标识别 ART 还不是特别成熟，大多数成像制导采用"人在回路"制导模式，这样数据链就成了制导武器的标配，需要在载机上及弹上安装数据链终端，实现载机和制导武器之间的双工通信。对于有人载机而言，弹上数据链终端将导引头拍摄的图像实时地传送给载机，显示在火控显示屏上，由飞行员或火控操作手根据导引头拍摄的图像人工选择攻击的目标，将攻击目标偏差量（表现为像素差）发送给导引头，由导引头锁定目标，进行攻击。对于无人载机而言，弹上数据链终端将导引头拍摄的图像实时地传送给地面站，由地面站的操作手执行：选择攻击目标，锁定目标，并将相关信息经数据链发送给弹上制导控制系统，完成最后的攻击任务。

某数据链设计指标为：

1）工作频段：S 波段；

2）作用距离：$\geqslant 330$ km；

3）下行图像数据速率：$\geqslant 16$ Mbit/s；

4）下行遥测数据速率：$\geqslant 128$ kbit/s；

5）上行数据速率：$\geqslant 12$ kbit/s；

6）传输误码率：$< 10^{-6}$；

7）漏指令率：$< 10^{-3}$；

8）传输体制：直接序列扩频（DS - SS）；

9）双工方式：时分双工（TDD）；

10）加密方式：硬件/软件加密。

1.1.4 作用

近几十年来，各类先进的空地制导武器已大量应用于战争，并取得了辉煌的战果，现代局部战争几乎都以大规模的精确对地打击开始，动辄用数以千计的空地导弹攻击敌方的指挥中心、交通枢纽、战略要地、基础设施、防御工事，摧毁敌方的抵抗能力，瓦解敌方的战斗意志。随着现代科技的飞速发展，空地制导武器的使用率明显处于上升趋势，据有关资料显示，空地制导武器的使用率从 1991 年的 7.7%（海湾战争：总投弹量为 265 000 枚，其中空地制导武器占 20 450 枚）上升至 2003 年的 67.4%（伊拉克战争：总投弹量为 28 397 枚，其中空地制导武器占 19 146 枚）。

相对于传统的近距离低空空对地打击模式，现代战争的作战模式和战场环境已发生巨大的变化，空对地打击朝着远程化、纵深化、精确化、智能化等方向发展。随着空地制导武器型谱趋于完善，伴随其武器性能日趋智能化、精确化、远程化、全天候全天时使用等，空地制导武器在现代战争中的作用越来越突出，对战争的进程和结局起到决定性的作用。

空地制导武器在战争中的具体作用如下：

（1）显著提高航空武器作战效能

据有关统计，第二次世界大战期间载机投弹的命中精度是 1 000 m，轰炸一个钢筋混凝土目标平均需要 9 000 枚炸弹。越南战争期间载机投弹的命中精度为 100 m，轰炸同一个目标需要 200～300 枚炸弹。海湾战争期间，激光制导炸弹的制导精度 CEP 已提升至 1 m，只需 1～2 枚即可炸毁目标。据有关资料显示：海湾战争中多国部队共投炸弹 88 500 t，其中制导炸弹 7 400 t，约占 8.36％，但其作战效果显著，摧毁了 594 座加固机库中的 375 座，击毁伊军坦克 750 辆、装甲车 600 辆。由此可见，空地制导武器的应用极大地提高了航空武器的作战效能。

（2）使作战模式发生革命性变革

①超视距、多模式、多目标精确打击

随着空地制导武器制导技术的提高，超视距、多模式、多目标精确打击成为可能。例如，在海湾战争中，美军从 1 000 km 外发射的 35 枚"空射巡航导弹"攻击了伊境内发电厂、输电设施与军用通信站等 8 类目标，取得了极好的打击效果。

②可同时、连续、精确打击战场的纵深目标

随着空地制导武器射程和制导精度的极大提高，可以同时、连续、精确打击战场的纵深目标，在很大程度上减小了在战场前沿敌我直接面对的概率，使前后战场界线模糊，战场无明确区域化。在现代战争中，防区外发射的空地导弹可高效越过战场防线，直接攻击敌方高价值目标，摧毁敌方的纵深防空阵地。

③"外科手术式"打击

随着空地制导武器制导技术的提高，某些制导体制的制导精度 CEP 已低于 1 m，甚至可达 0.5 m，可对敌方目标进行"外科手术式"的精确打击，使对点目标攻击的附带杀伤破坏降至最低程度。

④全天候、全天时打击

随着卫星无线电制导、毫米波制导、反辐射制导、多模复合制导技术性能的不断提升及应用，可在恶劣天气、夜间、伪装等情况下，发现敌方目标，锁定目标并进行精确打击。

⑤抗干扰打击

针对敌方目标实施的各种干扰和伪装措施，基于多模导引头和信息融合的复合制导技术随之迅速发展，其技术已成熟，可在敌方实施干扰和伪装目标的情况下，发现并识别真实目标，锁定真实目标并进行精确打击。

（3）改变军事力量对比

近几十年几场高技术局部战争表明，空地制导武器已逐步成为现代战场的主战武器，特别是在战争初期，是对敌方重要防御能力的有效杀伤力，在改变敌我双方军事力量对比方面，扮演着越来越重要的角色，起到改变军事力量平衡的作用。

1.1.5　发展历程及趋势

在第二次世界大战期间，德国在 SC‐500 型普通炸弹的基础上，研制了装有弹翼、尾舵、指令传输线和制导装置的 HS‑283A‑0，可视为最早的空地制导武器，其于 1940 年 12 月 7 日成功进行投放试验。随后，无线电遥控的 HS‑293A‑1 空舰制导武器研制成功，并于 1943 年 8 月 27 日，从载机发射并击沉了美国白鹭号护卫舰，这也是世界上首次使用空舰导弹击沉敌舰。在此之后，HS‑293A‑1 空舰导弹多次击沉击伤英美商船。而真正意义上能称为空地导弹的则是德国的 V1 导弹（也可视为巡航导弹的鼻祖），如图 1‑6 所示，其弹长 7.9 m，最大直径 0.82 m，翼展 5.3 m，起飞质量 2 200 kg，最大射程 320 km，巡航速度 550～600 km/h。V1 导弹具有现代空地导弹所具有的基本组成部分及分系统，如引信、战斗部、动力系统（脉动式空气喷气发动机，带有燃油箱和压缩空气瓶）、自动驾驶仪、水平安定面和升降舵、垂直安定面和方向舵，气动布局为中单翼飞航式布局。V1 导弹可由地面弹射器弹射升空，也可由载机在空中发射。

图 1‑6　德国 V1 巡航导弹

　　在第二次世界大战后，美国和苏联在德国 V1 导弹技术的基础上，快速发展了具有各自特色的一系列空地导弹。

　　从 1947 年起，苏联先后研制了 AS‑1、AS‑2、AS‑3、AS‑4、AS‑5、AS‑6、AS‑7、AS‑9/Kh‑28 空地反辐射导弹、AS‑10/Kh‑25 空地导弹、AS‑11/Kh‑58 空地反辐射导弹、AS‑12/Kh‑27 空地反辐射导弹、AS‑13/X‑59 空射巡航导弹、AS‑14/Kh‑29 空地导弹、AS‑15/Kh‑55 空射巡航导弹、AS‑16/X‑15 空射巡航导弹、AS‑17/Kh‑31 空舰/反辐射导弹、AS‑18/Kh‑59M 空地导弹、AS‑19/Kh‑101 空地导弹和 AS‑20/X‑35 反舰导弹等。在研发空地导弹的同时，苏联还研发了多型制导炸弹，如 KAB‑500L 激光制导炸弹、KAB‑500Kr 可见光制导炸弹等。

　　苏联早期空地导弹的设计思想是借鉴当时喷气战斗机的气动外形及结构，在此基础上增加制导系统和自动驾驶仪而成。例如，AS-1 空地导弹采用与米格-15 战斗机相似的弹体结构和气动布局，如图 1-7 所示，在外形上如一架喷气战斗机，头部上方为 K-1 半球形末制导雷达天线罩，中部装有后掠角 55°、展弦比 2.47、带双翼刀的大弹翼，其后为后掠角 63°的垂尾和翼展 1.9 m 的平尾，平尾上方为波束/指令制导雷达天线罩。动力装置为 1 台涡轮喷气发动机，其代号为 РД-500К，重 670 kg，最大推力为 1 558 daN，连续工作时间不超过 5 min。制导控制系统由程序/陀螺机构、雷达导引头、升降舵和方向舵的舵机以及副翼舵机等组成，弹道初段采用程序控制，弹道中段采用波束制导，弹道末段采用雷达制导。

图 1-7　苏联 AS-1 空地导弹

美国空地导弹研发起步于第二次世界大战后，当时由于与苏联进行军事争霸，这时期以研发大型战略空地导弹为主，其后由于在越南战争中迟迟不能有效地打击地面目标，故逐渐重视发展战术空地导弹。到目前为止，美国已经研制出多品种、高性能的一系列空地导弹，引领着世界空地导弹的发展方向，比较经典的空地导弹如 AGM-65 "小牛" 系列空地导弹、AGM-84H "斯拉姆" 空地导弹、AGM-86 空射巡航导弹、AGM-114 "海尔法" 激光制导导弹、AGM-123A "叩头虫" 空地导弹、AGM-129B 先进巡航导弹、AGM-130A 空地导弹、JSOW（ASM-154）空地导弹、JASSM（ASM-158）空地导弹（图 1-8）等。在研发常规空地导弹的同时，美国反辐射型空地导弹的研发水平也领先世界，已开发出第一代反辐射型空地导弹（AGM-45 白舌鸟）、第二代反辐射型空地导弹（AGM-78 标准）、第三代反辐射型空地导弹（AGM-88 哈姆）和第四代反辐射型空地导弹（AGM-136 沉默彩虹）。

美国在研发空地导弹的同时，也积极研发低成本的制导炸弹，如 1965 年开始研制的第一代宝石路激光制导炸弹（GBU-10B、GBU-10A/B、GBU-12A/B），1975 年开始研制的第二代宝石路激光制导炸弹（GBU-10C/B、GBU-10D/B、GBU-12B/B、GBU-12C/B、GBU-16B、GBU-17B、MK13/18），1980 年开始研制的第三代宝石路激光制导炸弹（BGU-22/B、GBU-24B、BGU-27B、GBU-28）以及 1991 年开始研制的

图 1-8　JASSM（AGM-158）空地导弹

第四代卫星制导炸弹 JDAM（GBU-29、GBU-30、GBU-31 和 GBU-32）、GBU-39 及 GBU-53B 小直径制导炸弹（图 1-9）等。

图 1-9　GBU-53B 小直径制导炸弹

　　经过 70 多年的发展，空地制导武器已经形成了一个品种齐全的庞大体系。基于现代局部战争的特点，在导弹新技术推动下，本着"系列化"、"通用化"、"多功能化"和"模块化"的发展方向，各国大力发展新型空地导弹，下面简要地说明空地导弹的发展趋势。

　　（1）系列化设计

　　系列化是指在研制新型空地导弹时尽可能保持导弹的某些系统或部件不变，通过替换或增加某一分系统或单机而形成一系列用途不同而大部分系统和部件通用的空地导弹。例如，"小牛"系列导弹，通过替换不同的导引头和战斗部即衍生出一系列不同性能、不同用途的导弹，在基本型 AGM-65A 基础上，"小牛"系列导弹不断改进发展，形成了一个由 AGM-65A/B/C/D/E/F/G/H 共 8 个型号组成的完整的战术空地导弹系列，其性能水平跨越第二、三代空地导弹，其中 AGM - 65A/B 采用电视制导；AGM - 65D/F/G 采用红外成像制导，可以昼夜使用；AGM - 65C/E 采用激光半主动制导，须利用地面通用激光设备或机载激光吊舱进行激光照射。AGM - 65A/B 装有 56.75 kg 的聚能装药与 56.75 kg 的爆破战斗部，而 AGM - 65E/F/G 装有 136.2 kg 的高能炸药爆破杀伤战斗部。

系列化设计可大幅缩短研制时间，降低研制风险，控制研制成本，拓宽武器的使用条件。

（2）模块化设计

模块化是指在研制新型空地导弹时尽可能借用已成熟的气动外形、结构布局、弹上单机、动力系统、导引头、战斗部和制导控制软件等，通过更换其中某些模块、单机或子系统而形成一种新的空地导弹。其模块化带来的优势：1）大幅降低研制成本、加快研制速度、提高产品的可靠性；2）在平时便于对导弹进行维护和测试，在战时方便用户操作。

（3）微小型化

基于城市巷战和反恐战争，需要有效控制战斗的规模并减少附带损伤，采用微小型空地导弹（小型空地导弹定义为质量 100 kg 级的空地导弹，微小型空地导弹定义为质量小于 50 kg 的空地导弹）可对敌方目标进行"外科手术式"打击。目前比较主流的微小型空地导弹按质量不同大致归为三个等级：1）50 kg 级，例如"海尔法"激光制导导弹为 45 kg，AR - 1 为 45 kg；2）15 kg 级，例如"格里芬"空地导弹为 15 kg，FT - 8c 为 17 kg；3）5 kg 级，例如欧洲 SABER 为 4.5 kg，小型战术弹药 STM 为 5.4 kg，改进型小型战术弹药 STM 为 6.12 kg。

（4）防区外发射技术

由于防空力量的快速发展，为了提高载机的生存力，势必需要发展防区外发射空地导弹技术，以 JASSM 为例，JASSM 基本型射程为 320 km，增程型 JASSM - ER 射程超过 926 km，超增程型 JASSM - XR 射程是 JASSM - ER 的两倍，某些空地导弹其射程已达 4 500 km。提高空地导弹射程的两个关键技术：1）研发高比冲的发动机；2）设计高升阻比的气动外形。

（5）超声速飞行技术

超声速飞行在很大程度上可提升导弹的突防能力，其原因有：1）超声速飞行可大幅缩短攻击目标的时间，使敌方防御系统来不及反应；2）超声速飞行增加了敌方防御系统反导的难度。目前多种空地导弹已采用超声速飞行技术，超声速飞行的关键技术主要有：1）研发高性能的冲压发动机或超燃冲压发动机；2）解决飞行马赫数超过 3 带来的气动热问题；3）解决高超声速飞行带来的控制难题。

（6）隐身技术

对于中远程亚声速飞行的空地导弹来说，由于长时间巡航飞行，面临着地面防空力量的威胁，采用隐身技术则可在很大程度上提升突防能力，提高导弹的战场生存力。目前隐身技术已趋于成熟，主要有：1）气动外形隐身设计，a）弹体为非规则的升力体，可最大程度将雷达波反射至远离雷达的方向，b) 尾部舵面采用非规则的斜双垂尾布局，可将入射的雷达波反射至其他方向，c) 弹体和主要气动面设计为微小的平面拼图结构，一定程度上使反射的雷达波形成不了强正向回波；2) 结构隐身设计，弹翼、舵面和弹体等采用复合材料（碳纤维）夹层蜂窝结构，大部分入射的短波雷达信号进入夹层后消散于夹层内部，减弱了雷达波的反射强度（但对于长波雷达信号，其效果不理想）；3) 在弹体朝地面的一面涂吸波材料。

目前大多数中远程亚声速飞行空地导弹采用一种或多种隐身技术。例如，JASSM、AGM-86C、SLAM-ER、AGM-109、AGM-129 等均采用隐身技术。据有关资料，AGM-109 空射型巡航导弹的雷达散射截面积仅为 $0.05\ m^2$，相当于一只海鸥的反射截面积，AGM-129 的雷达散射截面积更是降至 $0.001\ m^2$。

（7）高制导精度

对制导武器来说，提高精度是一个永恒的研发课题，正在或已研发出各种高精度的制导量测设备以及基于先进理论的制导和控制理论。现代低成本的制导炸弹，例如采用 INS/GPS 制导体制的 JDAM，其制导精度 CEP 已低于 10 m；采用红外成像制导的空地导弹（如 AASM/M），其精度为 1 m，基于激光半主动制导体制的空地导弹，其精度已低至 0.5 m。

（8）打击移动目标

对于中小型空地导弹，通常用于打击移动目标。对于近射程空地导弹，可采用发射前锁定技术，导弹发射后直接进入末制导；对于中远程空地导弹，可采用发射后锁定技术，需设计中末制导交接班，需在末制导之前借助中制导将导弹导引至一个合适位置和姿态，以使导弹导引头可以捕获及锁定目标，通常有两种工作模式：1) 空地导弹在发射后基于数据链接收载机激光吊舱估计的目标运动信息进行中制导；2) 导弹在发射前基于载机激光吊舱估计的目标运动信息预判目标的未来运动趋势，在此基础上进行中制导。

（9）打击多样性

为了提升打击效果、拓宽投弹包络等，现代空地导弹大多具有：1) 垂直打击技术，即可以根据需要，在弹道的末端，导弹可以以大视线高低角攻击目标，高低角可达 -90°，甚至超过 -90°；2) 侧向全向打击技术，可以极大地拓宽投弹包络，发现目标后，即可发射导弹对目标进行攻击；3) 终端侧向视线方位角约束制导，可根据需要设定所需的终端侧向视线方位角约束（对于某一款低成本滑翔制导炸弹，其方位角约束可由 0° 至 120°）对目标侧向进行精确打击；4) 智能打击技术，可将垂直打击技术和先进引信技术相结合，可以有选择性地控制导弹在敌方防御工事内部不同位置爆炸，以起到最大摧毁目标的效果。

（10）反辐射技术

现代战争的环境和作战模式均发生了深远的变革，对反辐射导弹提出了更高要求：1) 大幅度提高导引头的频段覆盖范围、灵敏度和视场，发展惯性导航＋被动雷达＋毫米波复合导引头，例如 AGM-88E 采用全新的双模主被动复合导引头，频段覆盖范围扩展

至 $0.5 \sim 40$ GHz，可覆盖世界上 99％警戒和火控雷达所使用的频段；2）提高抗雷达关机技术，提高抗干扰能力，美国在研发 AGM - 78 和 AGM - 88E 时，就非常重视此技术，基于目前高性能反辐射导引头采用空间谱估计法进行测角，其测角精度相对于以前的相位干涉仪测角已大幅提高，在目标雷达中间关机时，运用基于角度的导引法也可以外推得到其后的制导指令，在理论上也可以获得较高的制导精度。另外，目前也常采用被动雷达＋红外成像复合制导来提高目标雷达关机时的制导精度；3）抗干扰及诱饵技术，随着目标雷达－诱饵系统技术的发展，传统意义上的反辐射导弹击中配有诱饵系统雷达的概率几乎降至 0，现研发的反辐射导引头大多采用天线阵列，基于空间谱估计法进行脉冲前沿测角，理论上可在空间上区分多个空间角相隔很小的同源同频雷达－诱饵信号。

（11）红外成像制导技术

相对于其他制导体制，红外成像制导具有诸多优点（一定程度上可全天时使用、发射后不管、成本较低等），已成为空地导弹末制导的首选。早期的红外成像制导无一例外采用"人在回路"的制导模式，即空地导弹离开载机自由飞行一段距离后，弹上导引头开机工作，并通过双向数据链将导引头拍摄的红外图像实时传送给载机，由操作人员锁定攻击目标。随着弹载计算机的飞速发展，图像匹配算法的革新，军工发达国家重点发展红外成像自动目标捕获技术或自动目标识别技术，目前在一定程度上可实现目标自动捕获，如 SLAM - ER 和 JASSM 等导弹已实现自动目标捕获技术，具有发射后不管能力，这在很大程度上可减轻飞行员的负担，提高载机的战场生存力，故红外成像自动目标捕获技术或自动目标识别技术已成为现在及今后图像制导最重要的研发课题。

（12）合成孔径雷达制导技术

合成孔径雷达制导技术是采用弹载合成孔径雷达作为成像传感器，基于景像匹配来实现的一种精确制导技术，其集中雷达制导和成像制导的优势，具有全天时、全天候、主动高分辨微波成像能力（成像分辨率已达 300×300 像素），也是今后空地导弹制导发展的一个重要方向。

（13）复合制导技术

为了提高空地导弹的抗干扰性及精度，以及在全天时、全天候下使用，空地导弹一个很重要的发展趋势是发展复合制导技术，即需要开发高性能复合导引头以及相适应的复合制导律。在导引头方面，由单一体制的导引头向双模导引头甚至三模导引头发展，如 GBU - 53B 采用"红外成像＋毫米波＋半主动激光"三模导引头，美国第四代防辐射导弹 AARGM 采用宽带被动雷达＋主动毫米波＋GPS 复合制导。

1.2　制导控制系统简介

制导控制系统是空地制导武器各系统中极为重要的一个分系统，其性能在很大程度上决定了空地制导武器的战术指标及性能。下面分别对制导控制系统的定义、组成及系统框图、功能、设计指标、研制阶段划分以及制导控制系统在总体设计中所处地位进行介绍。

1.2.1　定义

空地制导武器制导控制系统通指制导和控制弹体导向目标的弹上设备、电气系统和制导控制软件的总称。制导控制系统依据弹目相对运动信息实时生成制导弹道，通过控制系统的作用，使弹体沿制导弹道飞行，当弹体受到各种干扰时，能抑制和克服干扰，使弹体稳定在给定的弹道上飞行，最后击中及摧毁目标。

1.2.2　组成及系统框图

无论是哪种类型的空地制导武器，制导控制系统均是其武器系统的"中枢神经"，下面从不同的角度理解制导控制系统的组成。

（1）控制回路

从经典控制回路的角度看，制导控制系统可划分为制导回路和控制回路。

①制导回路

根据导弹和目标之间的相对运动信息（由弹上探测设备和导航系统感知），按照一定的规则（即制导律或导引律）引导导弹去攻击目标。制导回路在某种意义上可理解为制导控制系统的外回路，控制着弹体的质心运动。

②控制回路

控制回路也称姿态稳定控制回路、姿控回路或稳定回路，根据制导回路输出的制导指令和弹体反馈的实际角速度、姿态角、弹道角、飞行高度或加速度信息等，按照一定控制策略生成姿控指令（即姿控律或控制律），驱使执行机构偏转以控制弹体的姿态，使弹体按照制导指令飞行。姿控回路为整个制导控制系统的内回路，控制着弹体的姿态。一般情况下，控制回路为一个多回路闭环系统，最内环为执行机构控制回路，次之为阻尼回路，最外层为姿态控制回路。

（2）软硬件

从系统软硬件组成的角度看，制导控制系统由硬件、软件及相应的配套电气系统组成。

硬件包括弹载计算机、导引头、惯性测量单元、执行机构、大气测量系统、卫星接收装置、供电设备、弹上电缆等。

软件通常由控制总体程序、火控解算程序、制导回路程序、姿态控制回路程序、制导控制流程时序程序、导航系统算法程序、执行机构控制算法程序、大气测量系统程序等组成。

不同空地制导武器硬件组成有所不同，下面以 INS/GPS 组合制导空地制导武器、基于伺服式导引头的空地制导武器以及基于捷联式导引头的空地制导武器为例简单说明各制导软硬件在制导控制系统中所起的作用。

INS/GPS 复合制导空地制导武器的制导控制回路如图 1-10 所示，根据经典控制理论，导航系统为量测系统，是制导控制系统的信息来源，导航系统通过接收陀螺、加速度计以及 GPS 接收装置的信息进行导航计算，依据组合导航算法解算得到导弹飞行的姿态、速度和位置等信息。制导回路根据导航系统输出的导航信息和目标点信息，基于制导律解算得到制导指令。控制回路基于制导指令与惯组输出的角速度和线速度信息生成控制指令。执行机构根据控制指令和实际舵偏响应，借助于执行机构控制算法求解得到舵控指令，驱使气动舵面偏转以控制弹体的质心和姿态运动。

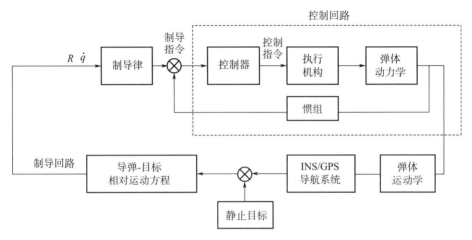

图 1 - 10　INS/GPS 复合制导空地制导武器的制导控制回路

　　基于伺服式导引头的空地制导武器的制导控制回路如图 1 - 11 所示，导引头敏感到导弹-目标之间的相对运动，经低通滤波器或卡尔曼滤波器处理输出弹目视线角速度等信息，基于制导律解算得到制导指令，其后基于控制律解算得到控制指令。其硬件包括导引头、执行机构和弹体等，其软件包括控制时序、导引头输出信号提取算法、滤波器算法、制导律算法、控制律算法等。伺服式导引头具备以下优点：1）可输出弹目视线角速度，其可直接用于比例导引法；2）输出信息精度较高；3）导引头光轴或天线轴可以较好地与弹体姿态运动或扰动隔离。其缺点：1）增加的伺服机构使得系统的整体可靠性下降，而且需要对复杂的机械-电气系统进行生产、组装和校准，增加了成本；2）伺服式导引头体积大，系统复杂，对安装空间和重量要求较高；3）伺服机构机械结构之间存在的静摩擦和动摩擦、导弹姿态运动及扰动、伺服机构的角度或角速度敏感元件存在测量误差等，都会导致导引头输出的视线角速度存在较大误差。

　　随着技术的进步，出现了捷联式导引头（简称捷联导引头）。与伺服式导引头不同，捷联式导引头输出视线角，而非角速度信息，如图 1 - 12 所示。制导律按输入量的特性可分为基于角速度的制导律（如比例导引法）和基于角度的制导律（如积分型比例导引法、追踪法或追踪法改进型）。如采用基于角速度的制导律，则需要得到制导坐标系下的弹目视线角速度，需要对捷联导引头输出的视线角度进行坐标变换，将其变换至制导坐标系下，在此基础上依据算法提取视线角速度信息，之后才能基于制导律和姿控律依次得到制导指令和控制指令。如采用基于角度的制导律，则需要将导引头输出弹体坐标系下的视线角度转换至制导坐标系下，在此基础上依据制导律得到制导指令。

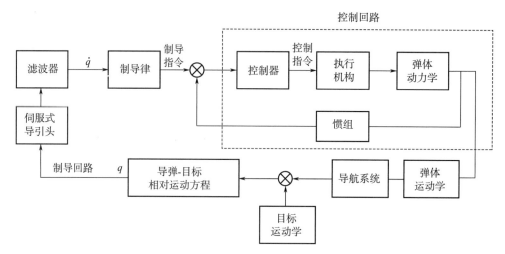

图 1-11　基于伺服式导引头的制导控制回路

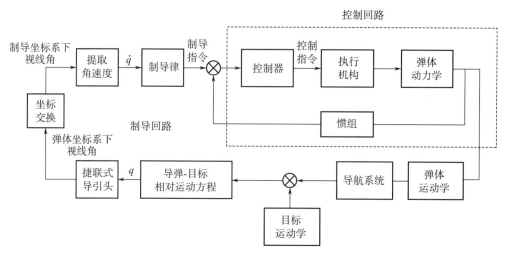

图 1-12　基于捷联式导引头的制导控制回路

1.2.3　功能

　　制导控制系统在空地制导武器中占有极为重要的地位，要保证制导武器能有效地摧毁或杀伤目标，即需要制导控制系统引导制导武器准确进入攻击杀伤区域：制导系统测量目标和导弹的相对运动关系，基于导引律形成导引指令，在受到各种干扰情况下通过控制系统控制导弹姿态稳定，使其沿着导引指令给出的弹道飞行，直至命中目标，使制导误差不超过战斗部的有效杀伤半径，导引精度满足战术指标要求。

　　要完成攻击任务，制导控制系统应具有如下功能：

　　1）弹机安全分离：制导控制系统在投弹包络（不同投放速度、投放高度以及投放姿态）内，考虑载机及挂架、弹体的气动特性，载机与挂架和弹体之间的气动干扰等因素，设计投弹策略（滑轨投放、重力投放或强力投放），设计投弹后的制导控制方案，保证弹机安全分离。

2）抗干扰能力：干扰按特性可分为内干扰和外干扰，内干扰包括结构偏差（取决于结构件加工精度和组装精度等）、气动偏差、惯组器件偏差、执行机构的机械零位与电气零位偏差、导引头误差与延迟特性以及其他偏差等，外干扰包括环境干扰（风、雾霾等）、敌方实施的干扰措施等。制导控制系统要具有较强的抗干扰能力，在诸多干扰影响下，在保证导弹稳定飞行的基础上准确搜索、识别、跟踪及锁定目标。

3）中末制导交接班：对于中远射程的导弹，需设计中制导，在保证导弹较远射程的情况下，在期望出现的末制导段之前将导弹姿态控制至一个较理想状态，以便导引头可以快速自动探测、识别、跟踪及锁定目标，完成对目标的自动攻击。考虑到中末制导的量测设备、设计目标等不同，中制导和末制导常采用不同制导律和姿控律，故需设计中末制导交接班，使得中制导和末制导之间的制导和姿控平稳过渡。

4）误差补偿：制导控制系统设计需综合考虑技术先进性、工程可实现性和使用方便性等要求，合理地分配方法误差、工具误差，采用必要的误差补偿方法，使制导精度满足设计任务书的要求。

5）姿态稳定：在整个攻击目标的过程中，姿控回路保证弹体姿态可控，具有较好的稳定裕度（以克服外扰动及内扰动），且具有较宽的带宽，保证高品质地响应制导指令，即要求姿控回路满足控制系统的"快、稳、准"性能指标。

1.2.4　设计指标

制导控制系统设计指标是依据总体战术指标，结合拟采用的制导体制、姿控方案、弹上硬件、弹体气动和结构特性等而制定的，在进行详细制导控制系统设计前必须确定，其是制导控制系统设计的根本依据。制导控制系统的设计指标按特性可分为两类：总体性能指标和可靠性及维修性指标。

（1）总体性能指标

①制导精度

精度是衡量制导控制系统最重要的性能指标，通常用脱靶量、圆概率误差或命中概率表征。在制导控制系统方案论证和方案设计阶段，通常用脱靶量表示制导精度，为了使导弹有效杀伤目标，其脱靶量必须小于一定的允许值。不同制导武器对脱靶量的要求也不尽相同，需要考虑制导武器采用的制导体制、战斗部类型及有效杀伤半径、导引律、姿态控制品质、目标的特性等。在制导控制系统设计后期，为了更全面地考核制导精度，常采用圆概率误差或命中概率表征制导精度。

②射程

为了提高载机的生存力，一般要求载机在距离目标尽量远的地方投弹，即要求制导控制系统设计要满足射程指标，在弹体结构特性、气动特性以及动力系统给定的情况下，可通过合理的弹道优化设计（弹道设计充分考虑战场区域的风场）保证导弹射程最远。

③作战反应时间

空地制导武器的作战反应时间是指从发现目标至投弹完成的这段时间，即从导弹武器系统的探测设备对敌方目标进行有效的识别，选定攻击目标，制导武器接收攻击指令，对目标进行跟踪和捕获，计算火控发射条件，到执行发射操作这段时间。空地制导武器的作战反应时间取决于多种因素，如弹上惯性器件上电稳定时间、空中传递对准精度等。

④投弹包络

投弹包络可理解为在空中可允许投弹的飞行状态范围，包括投放速度范围、高度范围、姿态范围以及离轴角范围等，为了使用方便以及拓宽制导武器的性能，要求制导武器具有尽量宽范围的投弹包络，例如现代某些空地导弹投放离轴角范围为 $-180°\sim180°$，投放速度（马赫数）为 $0.5\sim0.9$。

⑤抗欺骗与抗干扰能力

抗欺骗与抗干扰能力是指制导武器在受到环境干扰以及敌方欺骗与干扰时，能识别、抵抗欺骗与干扰的能力。在现代高技术对抗战争中，战场环境越来越恶劣，敌方欺骗与干扰的方法、模式和手段越来越多，干扰强度越来越大。故需要制导武器具有很强的抗欺骗与抗干扰能力，例如某一先进的制导武器能很好地从敌方投放的红外干扰中识别出攻击目标；先进的反辐射弹能在目标雷达关机的情况下，对目标进行攻击；采用多模导引头技术能有效地抵抗敌方的电磁、可见光以及红外等干扰。

⑥投放环境

大多现代空地制导武器具有全天候、全天时的投放能力，即要求制导武器能够在恶劣气候、昼夜条件下有效使用。

⑦特殊要求

针对某些特殊作战需要，为了增强打击效果，需要设计特殊攻击弹道。例如，某些配备穿甲战斗部和特殊引信的空地导弹，需要终端视线高低角大于 $60°$，甚至对目标进行灌顶攻击；某些需要对目标进行侧向垂直打击；为避免敌方火力，需采用特殊的可编程的弹道飞行等；为避免敌方的雷达搜索，在巡航段要求以低至 $3\sim5$ m 的高度定高飞行，则需设计相应的弹道方案和制导律。

⑧制导系统的体积、质量要求

要求制导控制系统硬件设备简单、可靠、体积小和质量轻，随着数字化控制和计算机技术水平的发展，制导控制系统已经实现高度集成化、小型化及轻型化。

⑨成本要求

制导控制系统是制导武器的核心，其软件和硬件成本在制导武器中占大头，需要严格约束成本。

（2）可靠性及维修性指标

在航空航天工程上，可靠性、维修性、保障性、测试性、安全性以及环境适应性（简称"六性"）和电磁兼容性是制导武器的重要属性。制导控制系统作为制导武器的核心系统，可视为单独产品，需要对其可靠性和维修性提出设计指标。

制导控制系统的可靠性是指在指定的存储环境、正常使用和维护的情况下，制导控制系统正常工作，性能满足使用要求的概率，常以平均故障间隔时间（Mean Time Between Failures，MTBF）（指可修复产品两次相邻故障之间的平均时间）来衡量。

维修性是产品的一种质量特性，在产品的方案论证阶段，可通过产品维修性策划、设计、分析、管理以及评价等维修性工程设计使得产品具有维修简便、快速、经济等产品质量特性。常用平均维修时间（Mean Time To Restore，MTTR）来衡量产品的维修性。在工程上，经常采用三级维护体制：一级维修在外场，通过弹上系统自检，以确定全弹是否正常工作；二级维修在内场，由内场检测设备完成，故障定位在可更换单元，可对故障可更换单元进行更换；三级维修在修理厂或生产厂，故障定位在板卡及元器件，可对二级维修返回的故障组件进行修复，由专用检测设备完成。例如，某一制导武器维修性指标：一级维修性 MTTR≤1.0 h；二级维修 MTTR≤2.0 h；三级维修 MTTR≤24.0 h。

制导控制系统的可靠性及维修性是武器系统很重要的性能指标，不仅要求制导控制系统具有很高的可靠性，而且要求具有快速维修性。

1.2.5　研制阶段划分

制导控制系统研制在工程上按时间进度划分为以下四个阶段：可行性论证、方案设计、工程研制和定型。

1）可行性论证阶段：包括战术技术指标及可行性论证；

2）方案设计阶段：包括方案论证和方案设计；

3）工程研制阶段：包括初样研制和试样研制；

4）定型阶段：包括鉴定性试验和设计定型、工艺定型。

1.2.5.1　可行性论证

（1）任务

依据初步的总体方案，结合气动参数（依据初步气动布局，进行工程气动计算）、全弹质量特性（包括质心、质量、转动惯量等）和动力系统进行初步的弹道计算，对总体下达的战术技术指标及可行性进行论证。

（2）主要工作内容

1）依据初步的总体方案，提出制导系统总体方案，初步确定制导系统所涉及的硬件以及软件，初步确定弹道形式，初步确定导引律。

2）依据初步的总体方案和弹道，初步确定姿控系统方案设想和主要技术途径（包括技术继承性和可用的预研成果等）。

3）依据气动参数（工程计算数据或 CFD 计算数据或基于以往型号气动参数修正的气动参数）、全弹质量特性、动力系统和初步弹道形式编写简化的弹道仿真程序，进行初步的弹道仿真，根据弹道仿真结果，对气动参数、动力系统、弹道形式等进行调整。

4）依据战术技术指标和初步的弹道仿真，提出各单机的初步技术要求和初步技术指标。

5）依据战术技术指标和初步的弹道仿真，考虑到国内外类似单机的研发水平，提出新研单机的技术指标的论证报告。

6）提出关键技术、核心技术及拟解决方案及风险分析。

7）依据初步的弹道仿真和初步的单机技术指标，对战术指标的合理性、可行性、经济性进行论证。

8）如果所提论证方案不满足可行性指标，或战术指标不能满足，或经济性较差等，则调整气动布局、结构方案、动力方案、制导方案和姿控方案。

9）制定研制程序和研制策划报告。

10）估计研制经费和研制周期。

（3）阶段标志

完成制导控制系统方案可行性论证报告评审。

1.2.5.2　方案设计

在方案阶段，通常包括方案论证阶段和方案设计阶段，方案论证阶段主要对提出的几种论证方案进行综合评定，确定最终论证方案；方案设计是在方案论证的基础上，具体确定制导控制系统技术指标，确定各单机的性能指标及技术状态，进行相应的数值仿真试验和半实物仿真试验。

（1）任务

优选制导控制系统方案，确定制导控制系统和单机的功能和技术指标，提出有效的关键技术解决方案，进行制导控制系统的数值仿真试验和半实物仿真试验。

（2）主要工作内容

1）依据总体、气动系统、结构系统、动力系统、电气系统等参数，进行控制时序设计、制导回路设计和控制回路设计。

2）基于气动、结构、动力等参数进行弹体动态特性分析，完成弹体可控性分析。

3）编写六自由度数值仿真程序，进行初步的控制回路调参，并完成初步的数值仿真试验。

4）针对关键技术和核心技术，拟定有效的解决方案。

5）提出和协调各单机的技术要求，提出关键单机的基本功能和技术指标。

6）提出和协调各单机的试验要求，统筹规划制导控制系统地面仿真试验。

7）确定新研单机或子系统，确定新研单机方案和子系统方案。

8）对各种制导控制系统方案进行综合评估，并优选出最佳方案。

9）确定制导控制系统单机的技术状态，确定制导控制系统单机配套表。

10）进行初步的精度估算和精度分配。

11）提出可靠性、维修性指标论证报告，完成指标分配和预计，编制可靠性、维修性大纲及工作项目计划。

12）进行制导控制系统软件需求分析和概要设计。

13）进行制导控制系统仿真软件需求分析和概要设计。

14）设计制导控制系统半实物仿真试验平台。

15）进行制导控制系统数值仿真试验。

16）进行初步的控制制导系统半实物仿真试验。

（3）阶段标志

1）确定制导控制系统设计方案。

2）提出有效的关键技术和核心技术解决方案。

3）完成制导控制系统方案设计报告评审。

1.2.5.3　工程研制

工程研制是在方案设计的基础上，通常包括初样研制和试样研制。

（1）任务

工程研制的主要任务是综合协调子系统和单机性能指标及接口等，用初样设备对系统进行实物验证，并确定技术状态。

（2）主要工作内容

1）进行制导系统、姿态控制系统设计和分析，提出技术参数和要求，经弹上综合、六自由度仿真试验后，对制导控制系统指标进行复核，据此提出单机和子系统设计任务书。

2）进行制导控制系统软件详细设计及代码编写和测试。

3）进行制导控制系统仿真软件详细设计及代码编写和测试。

4）参与修订型号的大型地面试验和飞行试验方案。

5）完成单机和子系统验收和测试。

6）搭建半实物仿真平台。

7）进行半实物仿真试验。

8）参加总体的综合试验，如全弹振动试验、综合匹配试验、全弹跑车试验。

9）解决方案设计阶段遗留的系统关键技术和单机设计问题。

10）参与研制性投弹试验，完成试验结果分析报告。

（3）阶段标志

1）完成制导控制系统方案设计报告，包括导航系统、制导系统、姿态控制系统、火控系统设计报告，以及仿真试验报告、控制系统测试报告、精度分析报告、软件设计报告、单机验收测试试验报告等。

2）解决全部关键技术和核心技术。

3）完成工程研制评审。

4）完成研制性投弹试验。

1.2.5.4　定型

（1）任务

定型阶段工作包括鉴定性试验和设计定型、工艺定型等。

在分析研制性投弹试验的基础上，对方案设计阶段出现的问题进行优化，固定制导控制系统与其他系统之间接口关系，对制导控制系统研制进行全过程审查、鉴定和验收，对制导控制系统复核复算，参加定型投弹试验。

（2）主要工作内容

1）制定定型专题计划；

2）参与鉴定性地面试验和投弹试验；

3）提出分系统和单机的定型任务书；

4）定型文件编写；

5）参与分系统、单机的定型评审；

6）参与总体定型工作；

7）参与总体定型鉴定试验。

（3）阶段标志

1）研制出满足型号研制任务书要求的定型控制系统；

2）完成成套的定型设计文件。

1.2.6　在总体设计中所处地位

传统意义上，空地导弹总体方案论证和设计以气动设计为初始点开展论证，各分系统以气动设计为中心展开设计，如图 1-13 所示，气动设计在确定气动静稳定度的基础上设计气动的升阻力特性和力矩特性。当依据战术指标确定气动设计后，进行初步的弹道设计以初步考核战术指标，在此基础上分析弹体的动态特性，制导控制系统据此设计制导方案和姿控方案，执行机构据弹道特性和气动特性确定执行机构的性能指标并进行执行机构的设计，结构设计据此进行结构布局设计并计算弹体的强度和刚度。

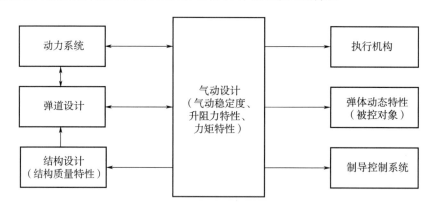

图 1-13　气动分系统（静稳定度）与其他系统的关系

此总体设计方法属于串联式设计，气动设计与其他分系统或单机在设计前期无较多交联，当气动设计完之后，再确定各个单机及分系统的指标，制导控制系统和其他分系统基于确定的气动特性进行设计。这种设计思维忽略了气动和其他分系统与单机之间的匹配关系，殊不知，制导控制系统设计（包括弹道设计）是以制导武器气动参数为基础，但同时，制导控制系统设计又是气动设计的输入条件，是气动设计的依据，两者是一个不可拆分的有机整体。

另外，在传统的制导控制系统方案论证和设计过程中，制导和姿控设计各自独立开展设计，常遇到以下问题：1）气动、制导（包括弹道）和姿控设计之间不匹配，制导设计脱离弹体的气动特性；2）制导和姿控两者之间不匹配，如在弹道末段，考虑到各种影响因素，当导弹接近目标时，可能引起弹目视线角速度快速变化而导致制导指令迅速大幅变化，而这时姿控回路的带宽较低，不能及时响应制导指令，则会出现两者之间严重耦合，引起姿控回路的控制品质下降，进而导致制导品质下降，当两者的性能下降至一定程度后，表现为制导指令和姿控响应来回振荡发散，最终导致较大的脱靶量。这种制导和姿控之间不匹配的情况在打击移动目标时表现得尤为严重。

结论：传统空地导弹总体论证和方案设计以气动为中心开展设计，制导控制系统与其他分系统在气动设计后再逐次展开设计工作，制导控制系统不能和气动设计形成一个有机的整体，最终导致整个空地导弹是各分系统堆积出来的产品，很难发挥一体化设计的作用。

纵观空地制导武器的发展，制导控制系统是空地导弹应用新技术和新理论最多的系统，新技术和新理论的发展和应用不仅在很大程度上提高了制导武器的总体性能，同时也促使空地制导武器总体方案论证及设计思想的转变。

随着各种先进制导技术和控制技术的发展以及总体设计思想的转变，为了提高制导武器的整体性能及可靠性，降低研发难度，缩短研发时间，制导控制系统设计（包括弹道设计）已与气动设计和动力系统设计实现一体化设计：在设计制导和姿态控制时，将弹体的气动特性（包括弹体的结构质量特性）作为一个前提约束条件，使设计的制导律和姿控律跟弹体的气动特性相结合，这样设计制导控制系统能在更大程度上发挥弹体的气动特性，提高制导武器的射程及制导精度，同时提高制导控制系统的可靠性，具体的气动、制导和姿控一体化设计包括如下内容：

（1）制导系统设计

基于弹体气动特性及飞行弹道，可得姿控带宽约束，在此基础上选择合适的总体制导体系，对制导律进行优化设计，包括修正项的选取和设计，制导参数的优化和设计。

（2）姿控系统设计

在分析弹体气动特性的基础上，结合制导律和弹道的特性，选择合适的姿态控制回路结构，对整个弹道的姿态控制参数进行优化，使整个弹道的姿态控制满足控制系统裕度设计指标，同时满足快速性指标。

（3）气动设计

基于制导和姿控设计，对先前的气动方案进行优化，使优化后的气动设计与制导和姿控设计更加匹配。

采用气动、制导和姿控一体化设计在很大程度上改变了传统的空地导弹总体设计思维，如图 1-14 所示，制导控制系统设计（包括弹道设计）从导弹总体方案论证开始就成为其一个极关键的分系统，甚至可以说在型号的总体方案论证阶段，制导控制系统已是整个方案论证的中心，并与结构、气动、动力、电气等形成一个广义上的控制系统（简称广义控制系统），总体方案的论证在很大程度上即为广义控制系统的可行性论证，其论证的基本手段是弹道设计、仿真及分析，在总体战术指标确定后，由制导控制系统设计（包括弹道设计）理论计算和初步仿真确定总体方案所需的结构、气动以及动力指标等。在此基础上，初步设计制导律和姿控律，对总体战术指标进行论证，如果不满足设计要求，则适应性地改进制导律和姿控律，适应性地给出动力、结构、气动设计的优化方向或指标，据此再进行循环优化迭代，一般情况下，经过二至三轮的优化，即可找到满足总体战术指标的优化设计方案。

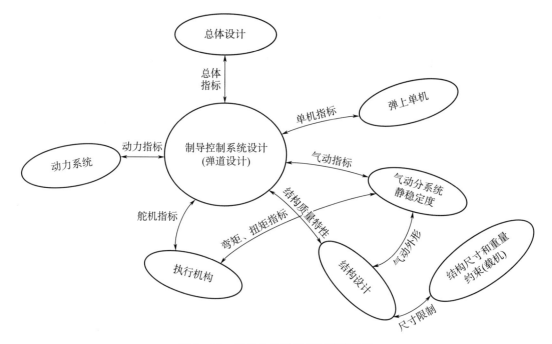

图 1-14　广义上的制导控制系统设计

结论：在现代空地制导武器总体论证和方案设计过程中，由于实现了制导控制系统和气动一体化设计，制导控制系统的设计也由传统独立自主的设计转换为广义上的控制系统设计，制导控制系统不仅是整个武器总体方案论证和设计的核心，其设计性能的优劣也直接决定了整个空地制导武器的性能。

采用气动、制导和姿控一体化设计，能大幅提高制导控制系统的性能、品质及可靠性，提升制导武器分系统或单机之间的匹配性，进而提高制导武器的总体性能，另一方面，可大幅缩短制导控制系统的研发时间。

1.3　制导律和控制律介绍

随着科学技术的发展，防空技术的提高，空地导弹的战术指标随之提升，相应地，对制导控制系统的性能指标要求也越来越高，诸多飞行控制系统工程师和设计师先后对各种先进的制导律和控制律（在工程上，也称为姿控律）进行深入的研究，并已取得很大的进展，很多先进的制导律和控制律已应用于新的研制型号。

1.3.1　制导律

空地制导武器的任务是精确命中并摧毁目标，必须采取某一制导律对弹体进行导引，即根据弹目相对运动信息（相对位置、速度和加速度等信息），引导弹体按一定弹道飞行以击中目标。

对制导律的设计要求为：1）制导精度足够高；2）理想弹道曲率尽量小；3）所需信息量尽量少，易实现。

制导律是空地制导武器研制的重要内容之一，是影响空地制导武器性能最直接的因素，其本质可描述为一个追逃游戏，不同制导律对应着不同的追逃游戏。制导律设计是制导武器制导控制系统设计的主要研究内容之一，各位学者对此展开了深入研究，提出了很多性能各异的制导律，大致上分为两类：经典制导律和现代制导律。

1.3.1.1　经典制导律

空地制导武器的投放弹道按制导时序可分为三段：初制导、中制导及末制导，其中末制导在很大程度上决定了导弹的制导精度，大多采用自主寻的制导，主要包括追踪法（速度追踪法和姿态追踪法）、平行接近法和比例导引法或修正比例导引法。

（1）追踪法

追踪法是指导弹在攻击目标的过程中，导弹的速度矢量或弹体轴向始终指向目标的一种导引方法。此导引方法的优点是技术上较易实现，抗噪声能力强，是最早提出的一种导引方法。缺点是：1）导弹弹道较弯曲，需用法向加速度大，要求导弹具有很高的机动性；2）不能实现全向攻击；3）只有速度比（导弹速度与目标速度之比）$1 \leqslant \mu \leqslant 2$ 时，末段过载趋于 0，导弹才可能实现零脱靶量攻击目标。

采用追踪法的导弹都是尾随攻击目标，在理论上，只要速度比 $\mu > 1$，都可以击中目标。当速度比 $1 \leqslant \mu \leqslant 2$ 时，导引弹道的特性较佳，末段弹道的过载趋于 0，导弹以零脱靶量攻击目标；当速度比 $\mu > 2$ 时，μ 越大，弹道的初始段越平直，但弹道末段越弯曲，即末段弹道需用过载急剧变大，将造成一定的脱靶量，但是攻击静止目标除外。

考虑到追踪法的弹道特性以及在工程上的实现，第一代和第二代半主动激光制导炸弹大多采用此导引方法。随着科技的发展，捷联式导引头已成为发展趋势，基于追踪法和修正追踪法的制导律也可以用于捷联式导引头的末制导。

（2）平行接近法

平行接近法是指导弹在整个导引过程中，目标瞄准线在空间保持平行移动的一种导引方法，即要求目标视线的转动角速度为 0。平行接近法就导引弹道的特性而言，是一种性能最佳的导引方法，其弹道最为平直，在弹道末段，需用过载最小，即可留有更多的机动裕度，来克服目标机动产生的扰动。其优点：1）导弹飞行过载总是小于目标飞行过载，在很大程度上提高了导弹命中目标的概率；2）如果导弹和目标飞行速度恒定，则导弹-目标的相对运动为一条平直线，导弹的绝对弹道较为平直，即整个攻击弹道过载较小；3）导弹可实现全向攻击。其缺点：从理论上，需要实时测量导弹和目标的速度矢量（即速度大小及前置角），但基于现有的制导量测设备，较难测量目标的速度和前置角，所以目前在工程上还很难实现平行接近法。一些学者也针对平行接近法的特点，对其进行改进，提出了一种视线角速度为某一常值的准平行接近法，这种保证视线角速度为常值的方法也同样难以在工程上实现。

（3）比例导引法

比例导引法是指在攻击目标的导引过程中，导弹速度矢量的转动角速度与目标瞄准线（即弹目连线矢量，简称弹目视线）的转动角速度成比例的一种导引律。其特点是：导弹跟踪目标时，弹目视线的任何转动，总是使导弹朝着减小弹目视线角速度的方向运动，抑制弹目视线的转动，使导弹的相对速度方向对准目标，力图使导弹以相对直线弹道攻击目标。

就弹道特性而言，比例导引法是介于追踪法和平行接近法之间的一种导引方法，其弹道弯曲程度介于两者之间，比较平直。在工程上，比例导引法只需测量弹目视线的转动角速度，容易实现，在假设导弹与目标的运动速度为常值，目标非机动条件下，可证明比例导引法是一种能耗最小、脱靶量为零的最优导引律。

按比例导引法的原始定义，其制导指令输出为导弹速度矢量的转动角速度，其不能直接作为姿控回路的输入制导指令。在工程上，通常需转换为弹体的法向加速度或弹道角。根据不同的指令加速度方向，比例导引法可分为不同类型：以追踪速度矢量为参考基准的纯比例导引法（PPN）；以视线为参考基准的真比例导引法（TPN）、广义真比例导引法（GTPN）及广义比例导引法（GPN）；以相对速度矢量为参考基准的理想比例导引法（IPN）。它们在导引弹道特性及具体实施等方面存在较大的差别。有文献研究表明 IPN 优于其他几种方法：1）IPN 的捕获性能仅与导引系数有关，而与追踪初始状态和目标是否机动无关；2）当导引系数大于 2 时，无论目标是否机动，都能截获目标；3）在理论上，IPN 是一种很好的比例导引法，但是在工程上很难实现，主要是基于目前的量测设备，较难得到弹目相对速度矢量（除采用主动雷达导引头之外）。

在工程上，针对比例导引法的优缺点，为了改善制导弹道的特性以及制导精度，在比例导引法的基础上，进行了各种修正或改进，主要有：

1）在比例导引法的基础上，增加目标机动加速度修正，也称为扩展比例导引法，可显著降低打击机动目标时弹道末段的指令加速度，但在工程上，目前的设备较难测量目标的法向和轴向加速度，这也是限制扩展比例导引法在工程上应用的重要因素。

2）在视线角速度上迭加一个常值偏置量的偏置比例导引法，使指令加速度与视线角速度之间存在一个偏差项，可避免由于视线角速度在零附近波动而引起的加速度指令的频繁切换问题，也可以在一定程度上优化攻击弹道的特性。

3）引入导弹纵向加速度修正的补偿比例导引法，当自身纵向加速度较大且存在较大前置角时，在比例导引法的基础上引入弹体的纵向加速度修正项，可在一定程度上优化比例导引弹道的特性。

4）引入目标机动加速度和弹体纵向加速度修正的双项修正比例导引法，在理论上可以大幅提高比例导引弹道的特性，但是基于目前的技术，在工程上还较难引入目标机动加速度修正，可引入弹体纵向加速度修正。

5）针对某些型号需要垂直打击目标的需求，在比例导引法的基础上，增加终端视线高低角约束项，在弹道剩余时间估计较精确的条件下，可以很好地实现各种终端视线高低角约束（约束精度小于 $0.2°$），如图 1 - 15 所示。

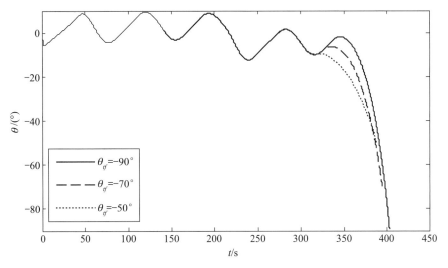

图 1 - 15　终端视线高低角约束

6）末段零视线角速度比例导引法：对于打击移动目标，采用比例导引法，在弹道末段，视线角速度会逐渐变大，以至于产生较大的脱靶量，在工程上，对弹道干扰量进行估计并实时补偿，可使弹道末段的视线角速度趋于 0，这可在很大程度上提升制导武器的制导精度。

7）末段零制导量比例导引法：末段零视线角速度比例导引法虽然可使在弹道末段的视线角速度趋于 0，但是弹道末段的加速度趋于干扰量，而干扰量随着弹目距离的接近而变大，所以在比例导引法的基础上，提出了末段零制导量比例导引法，可使弹道末段的制导量（弹体加速度）趋于零。

8）积分型比例导引法：对于捷联式导引头的空地制导武器，由于其导引头输出经处理后为弹目视线角信息，而非弹目视线角速度信息，所以不能直接采用比例导引法，在工程上，常采用积分型比例导引法。积分型比例导引按其原始的定义属于基于角度的制导律，在工程上使用有两种方式，即直接方式和间接方式。直接方式：按积分型比例导引法的定义，制导输出为弹道角（弹道倾角或弹道偏角），这时需要设计基于弹道角控制回路的姿态控制与其匹配。间接方式：将积分型比例导引法输出的弹道角按某种策略转换为法向加速度值，再采用加速度控制回路与之相匹配，其弹道特性在一定程度上次于比例导引法，但对于打击固定目标，仍可以实现较高的制导精度。

9）引入视线角速度微分和积分项修正的 PID 型比例导引法，在理论上，此方法优于比例导引法，但在工程上，较少采用，其原因是较难精确获得视线角的微分信息。

10）单依据比例导引法或修正比例导引法，在理论上很难实现对目标的全向攻击，故在工程上，也结合弹道设计技术，即在导弹飞行前段弹道采用方案弹道，其后切换至比例导引弹道，可实现全向攻击的制导律，如图 1 - 16 所示。

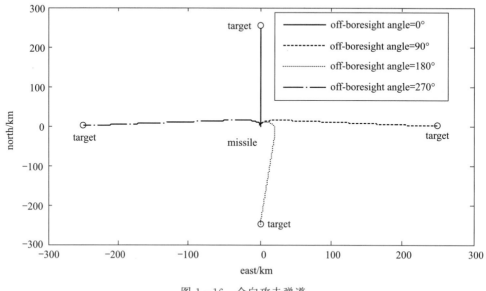

图 1 - 16　全向攻击弹道

1.3.1.2　现代制导律

经典制导律具有以下优点：1）所需的信息量少；2）结构简单；3）在工程上易实现。因此现役的或在研制导武器大多采用经典制导律或其改进型，在绝大多数情况下，可以满足战术指标要求，但在复杂环境下攻击高机动目标时，经典制导律显得力不从心，弹道特性较差，脱靶量也较大。

随着弹载计算机技术和数字信息处理技术的飞速发展，大量学者也尝试将现代控制理论（主要是最优控制理论和估计理论）和智能控制理论应用于制导律设计，即派生出基于现代控制理论的制导律（简称现代制导律）和基于智能控制理论的制导律（简称智能制导律）两大类，如变结构制导、最优制导、自适应制导、模糊制导、微分对策神经网络制导等。一般情况下，现代制导律和智能制导律需要更多的信息输入，考虑脱靶量、目标机动、指标最佳、弹道特性、控制约束等，可以克服经典制导律本身的缺陷，弹道特性较佳，脱靶量较小，在很多文献中也提出了零脱靶量的制导律。

现代制导律和智能制导律的优点：可以获得弹道特性更优的弹道，可以大大改善末段弹道的过载特性，可使末段弹道的视线角速度趋于 0，甚至使末段弹道的过载趋于 0。

现代制导律的缺点：从目前的研究看，现代制导律的缺点与优点同样突出。其一，它需要更多的状态观察量，但是基于目前的科学技术较难对目标的机动（包括轴向机动和法向机动）进行较精确的估计；其二，它需要较精确地输入某些状态量，如在某些情况下，弹道剩余时间估计的精度会严重影响终端视线高低角约束制导律的品质，其制导品质甚至还不如经典制导律；其三，它需要增加制导系统的硬件，使制导系统复杂化，可靠性降低，成本提高等。

现代制导律的应用：虽然很多学者对现代制导律进行了深入的研究，也取得了很多研究成果，但绝大多数停留在理论的研究层面，到目前为止，还没有公开资料表明其在工程上的实现。

1.3.2　控制律

空地制导武器要精确命中并摧毁目标，采用制导律的同时，还需设计与之相匹配的控制回路，即设计具有较强鲁棒性的控制律，保证弹体响应制导律给出的制导指令。在攻击目标飞行过程中，控制回路需要：1）保证弹体姿态控制的稳定性；2）提供具有足够快速性的闭环回路；3）抑制内部和外部干扰对姿控回路的影响。

控制回路设计（即控制律设计）是空地制导武器制导控制系统研制的重要内容之一，国内外制导控制系统设计师针对制导武器的控制回路提出了很多设计方法，大体上可分为三类：经典控制设计方法、现代控制设计方法和智能控制设计方法。

到目前为止，绝大多数制导武器的控制回路设计还是基于经典控制理论，采用根轨迹图或基于频域设计，其设计方法简单实用，理论分析明确，设计师可清晰地观测到系统的动态特性和性能是如何随控制回路控制参数变化而变化的，但其具有固有缺点：1）其本质是一种基于"误差消除误差"的被动设计方法（前馈控制方法除外），严重制约控制品质的提升；2）需要花费大量的时间和精力进行控制回路参数调试和仿真；3）当被控对象三通道之间存在严重耦合作用时，其控制品质大幅下降；4）控制回路带宽较低，较难满足打击强机动目标。随着战场环境对导弹性能要求的不断提高，经典控制方法设计思路已难以满足未来战争对导弹战术指标的要求，许多学者开始应用现代控制方法和智能控制方法去设计控制系统，并取得了很大的进展，主要有：1）LQG 最优控制；2）自抗扰控制；3）特征结构配置；4）滑模变结构控制；5）参数空间方法；6）神经网络控制；7）模糊控制；8）鲁棒控制等。

下面简单地介绍常用的控制回路设计方法。

1.3.2.1　经典控制设计方法

到目前为止，绝大多数控制回路设计基于经典控制理论，如 PID 控制、PI 控制、PD 控制、超前-滞后校正网络等，其中 PID 控制的传递函数为

$$G_c = K_p + \frac{K_i}{s} + K_d s$$

即控制器由三部分组成：比例项、积分项和微分项，时域表达式为

$$u(t) = K_p e(t) + K_i \int e(t) \, \mathrm{d}t + K_d \frac{\mathrm{d}e(t)}{\mathrm{d}t}$$

PID 控制是基于"误差消除误差"的控制策略，即依据指令和响应之间的误差量生成控制量，借此消除指令和响应之间的误差量。

基于 PID 控制设计方法的设计步骤：

1）计算弹体动力系数：基于系数冻结法，选择弹道上的典型特征点，计算相应的弹体动力系数；

2）建立弹体线性扰动微分方程组：针对空地制导武器——被控对象，常忽略耦合作用，将弹体运动分解为相互独立的纵向运动和侧向运动，在小扰动的前提下，建立弹体的线性扰动微分方程组，并进行弹体动态特性分析；

3）建立被控对象的传递函数：在一定的假设条件下，简化弹体的线性扰动微分方程组，在此基础上进行拉氏变换，即可建立被控对象的传递函数，结合弹体的结构特性和气动特性分析被控对象的不确定性；

4）确定控制回路设计指标：针对被控对象模型、模型不确定性及弹道特性等，确定三通道控制回路设计的具体指标，如带宽、截止频率、系统调节时间、振荡次数、稳态误差以及稳定裕度等；

5）确定控制回路结构：根据被控对象模型和控制回路设计指标确定姿态控制回路的结构，在此基础上基于特征点计算得到相应的控制回路参数；

6）确定全弹道的控制参数：在确定控制回路的基础上，基于不同特征点计算得到相应的控制参数，采用数学插值或拟合的方法，设计得到全弹道下的控制参数；

7）仿真及验证：建立六自由度数学仿真程序和半实物仿真平台，进行仿真试验，验证姿态控制设计指标，保证姿态控制系统鲁棒性。

基于 PID 控制设计方法的优点：

1）对被控对象的模型不确定性要求不高，允许模型存在较大的模型参数不确定性；

2）控制回路结构简单，回路设计有完善的理论支持，可运用根轨迹法、nyqusit 图或 bode 图等设计工具完成设计；

3）可从时域和频域两方面分析和验证控制系统的性能。

基于 PID 控制设计方法的缺点：

1）经典控制是基于指令－响应之间的误差、误差积分、误差微分的"线性组合"产生控制信号，从控制的机理上来说，其属于"被动控制"，响应滞后于指令和扰动的作用；

2）经典控制设计基于输出反馈，而输出反馈信息少，不能全面反映系统的内部状态量变化，故难以获得很高的控制品质；

3）当被控对象为严重非线性、强不确定性（包括结构不确定性和参数不确定性）、各控制通道存在强耦合时，控制品质有时会急剧下降，这点已多次在投弹试验中得到验证；

4）对于某些特定的被控对象，基于经典控制设计方法很难设计出强鲁棒性的控制系统。

由于空地导弹在飞行过程中飞行动压、气动特性以及结构特性等变化较大，即对应的被控对象特性随之大幅变化，在工程上为了确保控制回路在全飞行包络内均具有较好的控制品质及较强的鲁棒性，经典控制设计方法常与增益调度方法结合使用。

增益调度通过将飞行弹道分成几个单独的飞行区域，然后在特定区域内利用一个比较精确的线性模型对被控对象进行近似，基于经典控制设计方法确定控制回路的结构和参数，在不同区域内基于开环控制回路截止频率保持不变这个原则设计不同的控制回路参数，在此基础上采用数学插值或拟合的方法将各组独立的控制器综合起来形成整个飞行弹道下的非线性控制器。

在这里需要强调的是：基于经典控制理论可设计出不同控制结构及不同参数的控制器，其性能差别极大。随着技术的发展，基于经典控制理论设计的控制器朝着多回路设计、复合控制、非线性控制等方向发展，基于经典控制理论设计的控制系统其性能在很大程度上得以提高，原来控制品质较差的控制系统在改进控制器之后，也可以获得较好的控制品质及性能。

1.3.2.2　自抗扰控制

自抗扰控制（Active Disturbance Rejection Control，ADRC）技术是由中国科学院韩京清研究员所研发的具有工程应用价值的新型控制技术，是在现代控制理论的状态观测器理论基础上开发的扩展状态观测器，是发扬 PID 控制器利用"误差消除误差"的思想，开发利用特殊的非线性效应而逐渐发展起来的一种新型实用控制技术。它包含四个组成部分：跟踪微分器（TD）、扩张状态观测器（ESO）、动态补偿及非线性状态误差反馈（NLSEF），如图 1-17 所示。其中，跟踪微分器的作用是安排过渡过程，实现对系统输入信号的快速无超调跟踪，并给出性能良好的微分信号；扩张状态观测器主要用来估计被控对象的未建模部分、模型内部扰动和外部扰动等；动态补偿将估计得到的扰动在控制输入处加以动态实时补偿，补偿后被控对象可化为积分器串联型模型；在此基础上，对状态误差反馈采用合适的非线性配置，实现了非线性状态误差反馈控制律。

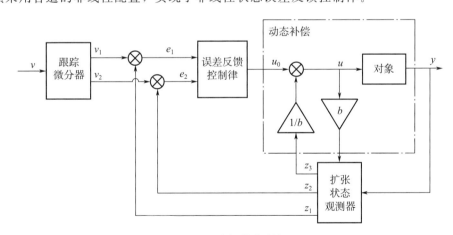

图 1-17　自抗扰控制框图

自抗扰控制技术的优点：

1）控制器的设计在较大程度上不依赖被控对象的模型；

2）控制品质较高。

自抗扰控制技术的缺点：

当扩张状态观测器的估计效果较差时，即经动态补偿后得到的积分器串联型模型跟实际模型相差较大，会严重影响控制系统的控制品质，甚至系统发散。

目前，国内已有学者将自抗扰控制技术应用于制导武器姿控设计，有关资料显示，使用自抗扰技术可以提高滚动通道控制回路的控制品质，但是直接使用自抗扰技术较难提高俯仰和偏航通道控制回路的控制品质和鲁棒性，特别是当被控对象具有较严重非最小相位时，需要对被控对象进行数学处理后，方可应用自抗扰控制，例如将自抗扰控制应用于俯仰姿态控制回路时，由于控制量俯仰舵偏至弹体法向加速度的传递函数存在非最小相位环节，故其控制品质较差。可以将自抗扰技术应用于估计俯仰舵偏至弹体角速度之间的模型干扰及不确定性，则可设计性能较佳的控制回路。

1.3.2.3　特征结构配置

对特征结构配置方法的研究开始于 20 世纪 60 年代，与经典控制设计方法相比，属于多变量控制系统设计方法。众所周知，线性系统的响应主要取决于其内部特征结构，其特征值决定了系统的响应特性，特征向量决定了各模态的响应权值以及各模态之间的耦合关系。特征结构配置基于闭环系统的内部结构设计，配置闭环系统的极点和闭环特征向量的方向，可在很大程度上设计出高性能的控制系统。特征结构配置方法的缺点是：需要比较精确地了解被控对象的数学模型，而且需要得到各状态量（可用传感器直接测量得到或设计状态观测器间接估计得到）。

用特征结构配置方法设计的控制器具有结构简单、鲁棒性强等优点，因而备受控制系统设计者的推崇。在国外，特征结构配置已广泛应用于飞机和战术制导武器控制回路设计。Andary 等学者最先将其应用于飞行控制回路设计，已应用于波音 767 侧向飞行控制回路设计。空中客车 A320 横侧向控制回路内回路、美国空军的 B-2 隐形战略轰炸机横侧向控制回路也采用特征结构配置方法。在国内，西北工业大学学者章卫国对其在飞行器控制器上的应用开展了研究。

1.3.2.4　参数空间方法

参数空间方法是一种鲁棒控制器的设计方法，用来解决参数不确定系统鲁棒稳定性问题。该方法是在控制性能指标约束下，将闭环系统的特征根限制在复平面的某一区域（稳定性要求和动态指标要求），即需映射到控制器参数空间中，当被控对象存在参数不确定性时，满足性能指标的一个参数域。

具体地说：给定一族表征不确定性系统的特征函数 $P(s)$ 和复平面上一集合 $D(s)$，找出一种设计方法，确定某种形式的控制，使 $P(s)$ 满足 $D(s)$ 的稳定性。对连续系统 $D(s)$ 取左半复平面；对离散系统，$D(s)$ 取单位圆内部。

杨军将参数空间方法应用于精确制导武器飞行控制系统设计，较有效地解决了制导武器在飞行空域和动压变化较大的情况下控制鲁棒性问题。

1.3.2.5　滑模变结构控制

滑模变结构控制是一种基于滑动模态不变性原理的控制方法，首先通过控制作用将从任意初始状态出发的轨迹拉到特定的直线上，然后沿着这条直线滑动到原点。Shkolnikov等运用高阶滑模控制理论完成了导弹自动驾驶仪的设计。童春霞等基于变结构控制理论进行了 BTT 导弹三通道解耦控制器设计。

1.3.2.6　线性二次高斯/回路传输恢复

线性二次高斯/回路传输恢复（LQG/LTR）方法是由 Doyle 和 Stein 于 1980 年提出的一种频域的多变量控制系统设计方法，具有简捷、计算量小、控制器结构简单、系统鲁棒性好等优点。线性二次高斯（LQG）最优控制方法是一种基于状态观测器的线性最优控制方法，能处理有附加噪声影响或状态不能直接测量的线性系统控制问题，但状态观测器的引入将使系统的稳定裕度减小。由此提出了一种 LQG 的回路传输恢复技术（LQG/LTR）。其综合了线性二次型调节器和线性时不变 Kalman 滤波器的鲁棒特性，能在系统的输出端得到所需要的回路传输恢复增益。

该控制方法具有良好的动态品质，并具有干扰抑制能力，特别是对干扰信号能表示成白噪声的系统模型，从而使系统具有较好的鲁棒性和稳定性。美国在实现短距离起降及机动技术验证机的综合飞行/推进控制系统设计时，采用经典方法设计了横侧向电传操纵系统，而对纵向的某些模态的控制律设计则采用了 LQG/LTR 方法，国内一些学者应用 LQG/LTR 方法完成了无人机横侧向控制设计、某型攻击机横航向控制设计以及飞机自动着陆系统设计。

1.3.2.7　模糊控制

模糊控制（Fuzzy Control）是以模糊集理论、模糊语言变量和模糊控制逻辑推理为基础的一种智能控制方法，适用于无法建立数学模型或难以建立数学模型的场合。模糊控制是在被控对象模糊模型的基础上，利用模糊控制器，采用推理的手段进行系统控制的一种方法。模糊模型是用模糊语言和规则描述一个系统的动态特性和性能。模糊控制原理框图如图 1-18 所示，虚线框内为模糊控制器。模糊控制器包括计算控制变量、模糊量化处理、模糊控制规则、模糊推理和非模糊处理（清晰化）。模糊控制算法分为四个步骤：

1）根据本次采样得到的系统的输出值，计算所选择的系统的输入变量；

2）将输入变量的精确值变为模糊量；

3）根据输入变量（模糊量）及模糊控制规则，按模糊推理合成规则计算输出控制量（模糊量）；

4）由上述得到的控制量（模糊量）计算精确的控制量。模糊控制算法主要有：CRI 推理法、函数型推理法、Mmdani 直接推理法、特征展开推理法。

模糊控制在设计系统时不需要建立被控对象的精确数学模型，对被控对象参数的变化有较强的鲁棒性，对外界干扰有较强的抑制能力，适用于非线性、时变、耦合严重的系

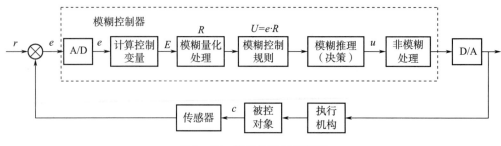

图 1-18　模糊控制原理框图

统。用于飞行器姿态控制可以较好地解决飞行器模型不精确和随机干扰引起的控制问题。

模糊控制的优缺点：

优点：提供了一种实现基于自然语言描述规则的控制律的新机制；提供了一种非线性控制器，这种控制器一般用于控制含有不确定性和难以用传统非线性理论处理的场合。

缺点：无法衡量一个模糊控制系统的功能稳定性问题，无法对最优化进行评价；模糊控制规则和隶属函数的获取与确定是模糊控制中的"瓶颈"等。

1.4　本书特色

制导控制系统是空地制导武器系统中的"中枢神经"，直接影响制导武器的性能和可靠性。随着科学技术的不断进步以及制导控制理论的发展，制导控制系统的设计也发生了巨大的变化。本书以工程设计为背景，在深入介绍制导控制系统底层知识的同时，着重介绍制导控制系统设计前沿技术，较全面深入地阐述制导控制系统的组成、被控对象特性、弹道设计、捷联惯性导航系统设计、制导系统设计基础以及导引弹道设计、控制系统设计基础、纵向控制回路设计、滚动控制回路设计、基于自抗扰控制技术的控制回路设计、现代控制理论在姿控回路中的应用、飞行控制仿真技术、控制系统辅助软件设计等，并对弹体翻滚控制技术、静不稳定控制技术、倾斜转弯控制技术、垂直打击技术、目标定位技术等专项控制技术进行系统而深入的分析。

本书的研究特色如下：

（1）全面性

由于空地导弹的制导控制系统设计涉及弹体气动特性、弹体动态特性、飞行力学、惯性导航、弹道设计、制导律设计、姿态控制律设计等基础理论和专业知识，以及弹载计算机、惯性测量单元、导引头、执行机构等硬件，本着"物有本末，事有终始，知所先后，则近道矣"的宗旨，尽可能详细地介绍广义制导控制系统设计所涉及的各知识点，使读者真正深入理解制导控制系统的本质，做到"知其然知其所以然"，只有这样，才能设计出一个性能优良的制导控制系统，才能"随意"以创新的方式设计出满足高性能指标要求的制导控制系统。

（2）深入浅出分析被控对象的特性

一个控制品质较好的控制系统必然建立在深入了解被控对象的基础上。本书花较大篇幅系统地介绍了空地导弹所涉及的空气动力学基础知识，并且介绍了如何根据武器系统的总体设计指标初步设计导弹的气动外形布局，在此基础上，本书运用现代控制思想对弹体动态特性进行分析，分析被控对象的可控性和可观测性，详细推导出四阶横侧向模型和纵向模型，分析了重要动力系数对被控对象的影响，忽略了一些次要因素导出低阶模型，并将高阶模型和低阶模型之间的关系进行对比分析。旨在让读者深入了解被控对象内部物理特性和数学模型。

（3）理论分析和工程设计相结合

目前国内大部分飞行控制系统设计图书偏向理论介绍，而忽略工程设计，导致内容枯燥，另外一部分飞行控制系统设计图书偏向于工程设计，而理论分析及解释比较少，对于学习者来说，有时候较难对书中的例子进行复现仿真，不能很好地理解其理论以及工程实现。

本书将理论分析和工程设计相结合，详细阐述制导/姿态控制等众多知识点的基本原理、优缺点以及应用范围，在此基础上结合工程设计，详细阐述具体制导/姿态控制设计问题的设计方案、理论依据以及理论验证，最后以实例的方式详细说明设计过程、仿真及结果分析。尽量做到所有的设计问题不仅有理论依据，而且经过数值仿真试验和半实物仿真试验验证，另外对试验出现的问题应用理论去深入分析，再对所应用理论或方法的优点、缺点和适用范围进行分析和总结。

（4）系统性

针对具体的制导控制设计问题，先阐述设计问题的特点及设计难点，基于此结合武器的本身特性（结构及气动特性等）提出设计指标。在此基础上，对被控对象特性进行分析，结合相关的理论，提出相应的设计方案，并对此进行理论分析及验证。最后以具体实例的方式说明设计过程，多方位地对仿真结果进行分析、总结以及理论提升。

（5）正确性

本书所提的设计方案都是基于具体型号制导/姿态控制问题，都经过大量的理论分析以及数学仿真试验、半实物仿真试验及投弹试验验证。

在本书描述过程中，首先用理论分析所提设计方案的正确性，之后进行仿真试验以进一步证明方案设计的正确性。

（6）工程实例丰富

为了提高研究的针对性，本书在介绍相关知识点之后，列举了大量的实例，且本书精选的实例大多采用具体型号真实数据，采用的制导和控制方案大多经过理论分析以及数值仿真试验、半实物仿真试验及投弹试验的验证。

为了便于读者理解，本书以大量仿真例子的形式系统地阐述制导控制系统具体设计问题的设计过程以及仿真分析，以方便读者复现仿真例子，深入系统地学习并灵活运用，以达到"事半功倍"的学习效果。

（7）多方位分析及验证控制回路

运用伯德图、奈奎斯特图、根轨迹和控制回路零极点等方法多方位深入分析控制回路，一方面方便不同控制系统设计者的习惯，另一方面可避免某一设计工具的缺点，例如运用根轨迹工具，相同极点和零点对应的控制回路品质可能相差很大；对于非最小相位系统，运用伯德图可能会导致错误的结论等。

（8）广义制导控制系统设计

传统制导控制系统设计往往偏向于姿控回路的设计，而忽略制导和姿控设计与总体、气动设计之间的关系，一般独立设计制导系统和姿控系统。其结果是子系统各自进行设计，由于忽略了子系统设计之间的约束关系，这样堆积起来的一个制导武器必然总体性能较差。现代制导控制系统设计已经和总体、气动设计等紧密联系在一起，形成了一个广义上的制导控制系统。制导控制系统作为一个整体进行设计，实现了弹道设计、气动设计和制导控制系统一体化设计，实现了制导武器的总体性能最优。故本书也尽可能对气动基础、弹体动态特性、惯性导航、制导律和姿态控制律进行较为全面的阐述，说明它们之间的关系，使读者做到"知己知彼，灵活运用"。

（9）专项制导/姿态控制问题研究

在本书中，对工程设计上遇见的专项制导/姿态控制问题进行详细专题阐述，在其他飞行控制系统设计图书中也有简单的介绍，如翻滚控制技术、静不稳定控制技术、垂直打击技术、倾斜转弯控制技术及目标定位方法等，但大多属于泛泛而谈，并不具体，对具体设计问题的底层知识介绍很少。在本书中，针对这些专项技术，进行全面而系统的介绍，使读者真正掌握其设计技术的精髓。

（10）现代控制技术和自抗扰控制技术在姿态控制中的应用

绝大多数姿态控制设计是基于经典控制理论，随着科技的发展，现代控制理论和自抗扰控制技术（ADRC）控制理论已趋于完善和成熟，本书本着着重于未来姿态控制设计问题，较详细地介绍现代控制技术和 ADRC 控制技术在姿态控制设计中的应用，权当"抛砖引玉"，望读者学习之后能更深入研究，以期应用这两种理论设计高品质的姿控系统。

（11）各方法优缺点比较

本书对各制导和姿控方法的优缺点和适用范围进行了较深入的分析，以避免国内外某些学者对某些方法"吹捧"现象，旨在让读者能深入了解各种方法的优缺点及其应用范围，以达到"学以致用"的目的。

（12）应用 MATLAB 控制工具箱

MATLAB 作为当今世界上使用最为广泛的工程计算软件，具有非常强大的科学计算、数值分析、系统建模、仿真分析等功能。本书大量应用 MATLAB 控制工具箱，尽可能以图表和数字的形式（工程语言）阐述控制系统，避免冗长、有歧义的文字描述。

另外，应用 MATLAB 控制工具箱可在极大程度上提高制导控制系统设计速度和设计质量。本书还提供部分仿真实例的源代码，以方便读者进行仿真验证。

参 考 文 献

［1］ 陈士橹，吕学富．导弹飞行力学［M］．北京：航空专业教材编审组，1983．

［2］ 钱杏芳，林瑞雄，赵亚男．导弹飞行力学［M］．西安：西北工业大学出版社，1987．

［3］ 张有济．战术导弹飞行力学［M］．北京：宇航出版社，1996．

［4］ 陈佳实．导弹制导和控制系统的分析与设计［M］．北京：宇航出版社，1996．

［5］ 杨军，袁博，朱苏朋．现代导弹制导控制［M］．西安：西北工业大学出版社，2016．

［6］ 刘世前．现代飞机飞行动力学与控制［M］．上海：上海交通大学出版社，2014．

［7］ 赵善友．防空导弹武器寻的制导控制系统设计［M］．北京：北京航空航天大学出版社，1992．

［8］ 赵善友．寻的导弹系统的制导和控制系统设计［M］．北京：宇航出版社，1992．

［9］ 娄寿春．导弹制导技术［M］．北京：宇航出版社，1989．

［10］ 吴森堂，费玉华．飞行控制系统［M］．北京：北京航空航天大学出版社，1989．

［11］ 张明廉．飞行控制系统［M］．北京：航空工业出版社，1994．

［12］ 张伟．机载武器［M］．北京：中国宇航出版社，2007．

［13］ 梁晓庚，王伯荣，余志峰，等．空空导弹制导控制系统设计［M］．北京：国防工业出版社，2006．

［14］ 王铮，胡永强．固体火箭发动机［M］．北京：宇航出版社，1993．

［15］ 张波．空面导弹系统设计［M］．北京：航空工业出版社，2013．

［16］ 宋海涛，张涛，张国良．飞行器制导控制一体化技术［M］．北京：国防工业出版社，2017．

［17］ 樊会涛．空空导弹方案设计原理［M］．北京：航空工业出版社，2013．

［18］ 曲长文，陈铁柱．机载反辐射导弹技术［M］．北京：国防工业出版社，2010．

［19］ 祝明波，杨立波，杨汝良．弹载合成孔径雷达制导及其关键技术［M］．北京：国防工业出版社，2014．

［20］ 雅诺舍夫斯基．现代导弹制导［M］．薛丽华，等译．北京：国防工业出版社，2013．

［21］ P ZARCHAN. Tactical and strategic missile guidance［M］. 3rd ed. American Institute of Aeronautics and Astronautics，1997．

［22］ P GARNELL. Guided Weapon Control Systems. Royal Military College of Science，2002．

［23］ 张乐，李武周，巨养锋，等．基于圆概率误差的定位精度评定办法［J］．指挥控制与仿真，2013，35（1）：111 - 114．

［24］ 李景源，胡万海．一种新颖的平行接近法实现方法［J］．战术导弹技术，1992（3）：25 - 29．

［25］ 马小娟．特征结构配置方法在飞行系统设计中的应用［D］．西安：西北工业大学，2006．

［26］ 郭锁凤．B - 2飞行控制系统的设计技术［J］．国际航空，1994（8）：57 - 59．

［27］ 杨军，凡永华，于云峰，等．参数空间方法与飞行控制系统［M］．北京：航空工业出版

社，2008.

[28] 刘冰，艾剑良. 基于 LQG/LTR 方法的飞机自动着陆系统设计 [J]. 动力学与控制学报，2010，08
(1)：111－114.

[29] 肖华，王立新. 基于 LQG/LTR 方法的鲁棒飞行控制系统设计 [J]. 飞机设计，2007，27 (4)：
111－114.

第 2 章　弹体对象

2.1　引言

对空地制导武器制导控制系统的研究，其本质就是研究由弹体参与的制导回路和控制回路的特性，弹体作为回路中的被控对象，其特性影响制导回路和控制回路的品质和性能。反过来，性能良好的制导和控制回路必然是在充分理解被控对象的基础上进行设计的，故本章重点介绍被控对象——弹体的特性，涉及空气动力学、飞行动力学、弹体动态特性分析等有关知识。

2.2　空气动力学基础

空地制导武器属于航空飞行器的范畴，其弹体飞行于空气中，受到空气力和力矩的作用，故需要研究空气流动规律以及作用于弹体上的空气动力，即空气动力学。空气动力学是流体力学的一个分支，由于受篇幅的限制，本节内容简要地介绍相关的基础空气动力学知识，在此基础上，以某型制导武器的气动指标为依据，初步设计弹体气动外形，旨在让读者对弹体气动外形与气动指标之间的关系有所了解。

2.2.1　大气简介

通常情况下，将包围地球的大气从海平面开始往外分为五层，即对流层、平流层（又称同温层）、中间层、电离层和外层大气，各层的大气特性见表 2-1。空地制导武器通常飞行在对流层和平流层里，其中对流层从海平面开始，在赤道附近处高度为 16～18 km，中纬度地区高度为 8～12 km，在两极高度为 7～10 km，对流层包含的空气质量占整个大气的 3/4，其特点为：1）雨雪、雷电和风暴均发生在这一层；2）大气温度随高度增加呈线性下降，大气压强和密度随高度增加呈指数下降；3）由于存在温度差、地球自转等，大气存在水平和垂直方向流动。平流层的高度范围为从对流层起直至海拔 32 km，在海拔 12～20 km 范围内，其温度保持不变，为 216.65 K，故这层大气只有水平方向流动，而无垂直方向流动。

表 2-1　大气结构及其特性

层名	高度/km	参数（p、T、ρ）	大气运动	其他
对流层	0～11	温度随高度增加而下降	水平、垂直	各种天气现象
平流层	11～32	温度恒定，为 216.65 K	水平	也称为同温层

续表

层名	高度/km	参数(p、T、ρ)	大气运动	其他
中间层	32～85	温度变化剧烈,随高度增加而降低	弱	大气稀薄
电离层	85～800	温度随高度增加迅速上升	弱	大气已电离
外层	＞800	—	弱	大气极其稀薄

接近地球表面的大气其变化极为复杂,受各种各样的因素影响,其温度、密度和压强等参数不仅随地理位置的变化而变化,即使在同一地点,也随季节、日夜等参数变化而变化,再者,还受日照、雨雪等天气因素以及地形的影响。为了便于比较,工程上需要规定一个标准大气,其标准是按中纬度地区的平均气象条件计算出来的,在航空工程中都以此标准计算弹道。需要注意的是,实际大气大多跟标准大气存在一定的差异(例如,同为海平面高度,极热地区的温度高达 50 ℃,而极冷地区的温度低至 -70 ℃)。

标准大气规定:在海平面处,大气温度为 15 ℃(绝对温度 $T_0 = 288.15$ K),大气压强为 $p_0 = 101\ 325$ Pa,大气密度为 $\rho_0 = 1.225$ kg/m³。

在 0 m ≤ h ≤ 20 000 m 的高度范围内,大气温度可表示为

$$T = \begin{cases} 288.15 - 0.006\ 5\ h & 0\ \text{m} \leqslant h \leqslant 11\ 000\ \text{m} \\ 216.15 & 11\ 000\ \text{m} < h \leqslant 20\ 000\ \text{m} \end{cases}$$

式中　h ——海平面高度,也称为海拔,单位为 m。

大气压强可表示为

$$p = \begin{cases} p_0 \left(\dfrac{T_h}{T_0}\right)^{-\frac{g_0}{0.006\ 5\ R}} & 0\ \text{m} \leqslant h \leqslant 11\ 000\ \text{m} \\ p_{11\ 000}\ \text{e}^{-\frac{g_0}{216.65R}(h-11\ 000)} & 11\ 000\ \text{m} < h \leqslant 20\ 000\ \text{m} \end{cases}$$

式中　g_0 ——海平面处的重力加速度,$g_0 = 9.806\ 65$ m/s²;

　　　R ——空气的气体常数,$R = 287.053$ m²/(s²·K);

　　　$p_{11\ 000}$ ——海拔 11 000 m 处的大气压强,$p_{11\ 000} = 22\ 631.8$ Pa。

大气密度可表示为

$$\rho = \begin{cases} \rho_0 \left(\dfrac{T_h}{T_0}\right)^{\frac{g_0}{0.006\ 5R}-1} & 0\ \text{m} \leqslant h \leqslant 11\ 000\ \text{m} \\ \rho_{11\ 000}\ \text{e}^{-\frac{g_0}{216.65R}(h-11\ 000)-1} & 11\ 000\ \text{m} < h \leqslant 20\ 000\ \text{m} \end{cases}$$

式中　$\rho_{11\ 000}$ ——海拔 11 000 m 处的大气密度,$\rho_{11\ 000} = 0.363\ 91$ kg/m³。

另外,空气受扰动后的传播速度(即声速)也是一个重要的参数,其只跟空气的温度相关,可表示为

$$a = \begin{cases} 20.046\ 8(288.15 - 0.006\ 5h)^{0.5} & 0\ \text{m} \leqslant h \leqslant 11\ 000\ \text{m} \\ 295.07 & 11\ 000\ \text{m} < h \leqslant 20\ 000\ \text{m} \end{cases}$$

标准大气的大气温度、声速、大气压强和密度随海拔的变化分别如图 2-1 和图 2-2

所示，标准大气表见表 2 - 2，由图、表可知，在 0 m 至海拔 11 000 m 的范围之内（也是绝大多数空地制导武器飞行的高度范围），大气温度和声速随海拔增加线性下降，其中海拔每上升 1 000 m 温度降低 6.5 ℃，声速降低 4 m/s；大气压强和密度随海拔增加呈指数下降。

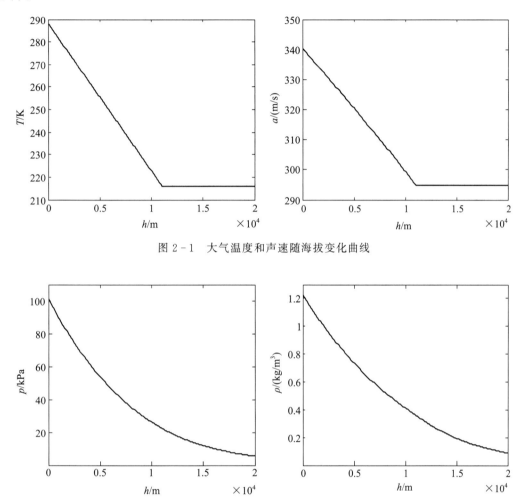

图 2 - 1　大气温度和声速随海拔变化曲线

图 2 - 2　大气压强和密度随海拔变化曲线

表 2 - 2　标准大气表

海拔 h/m	温度 T/K	声速 a/(m/s)	压强 p/(10^5Pa)	密度 ρ/(kg/m³)	黏性系数 μ/(10^{-5} N·s/m²)
0	288.15	340.29	1.013 25	1.225	1.789 4
500	284.9	338.40	0.954 61	1.167	1.774
1 000	281.65	336.43	0.898 76	1.111	1.758
1 500	278.4	334.5	0.845 60	1.058	1.742
2 000	275.15	332.53	0.795 01	1.007	1.726
2 500	271.9	330.6	0.746 92	0.957 0	1.710

续表

海拔 h/m	温度 T/K	声速 $a/(\mathrm{m/s})$	压强 $p/(10^5\,\mathrm{Pa})$	密度 $\rho/(\mathrm{kg/m^3})$	黏性系数 $\mu/(10^{-5}\,\mathrm{N \cdot s/m^2})$
3 000	268.65	328.58	0.701 21	0.909 3	1.694
3 500	265.4	326.6	0.657 80	0.863 4	1.677
4 000	262.15	324.58	0.616 60	0.819 4	1.661
4 500	258.9	322.6	0.577 53	0.777 0	1.645
5 000	255.65	320.53	0.540 48	0.736 4	1.628
5 500	252.4	318.5	0.505 39	0.697 5	1.611
6 000	249.15	316.43	0.472 18	0.660 1	1.595
6 500	245.9	314.4	0.440 75	0.624 3	1.578
7 000	242.65	312.27	0.411 05	0.590 0	1.561
7 500	239.4	310.2	0.383 00	0.557 2	1.544
8 000	236.15	308.06	0.356 52	0.525 8	1.527
8 500	232.90	306.0	0.331 54	0.495 8	1.510
9 000	229.65	303.79	0.308 01	0.467 1	1.492
9 500	226.4	301.7	0.285 85	0.439 7	1.475
10 000	223.15	299.46	0.265 00	0.413 5	1.457
11 000	216.65	295.07	0.227 00	0.364 8	1.418
12 000	216.65	295.07	0.193 99	0.311 9	1.418
13 000	216.65	295.07	0.165 80	0.266 6	1.418
14 000	216.65	295.07	0.141 70	0.227 9	1.418
15 000	216.65	295.07	0.121 12	0.194 8	1.418
16 000	216.65	295.07	0.103 53	0.166 5	1.418
17 000	216.65	295.07	0.088 497	0.143 2	1.418
18 000	216.65	295.07	0.075 652	0.121 7	1.418
19 000	216.65	295.07	0.064 675	0.104 0	1.418
20 000	216.65	295.07	0.055 293	0.088 91	1.418

2.2.2 气体特性

2.2.2.1 连续介质假设

研究空气动力学时，常采用连续介质假设（除研究稀薄大气的空气动力学之外），如图 2-3 所示，即将最小单位体积的流体假设为具有如下特征的流体质点：宏观上充分小，视为质点，微观上足够大，将其看成由连绵一片、彼此之间没有空隙的流体质点组成的连续介质。

研究非稀薄大气时，气体分子的平均自由程（由热运动引起）大约为 6×10^{-6} cm，而分子的平均直径为 3.7×10^{-8} cm，即空气分子之间存在很大的距离，故从微观上，空气应视为有间隙的不连续介质。但是研究空气作用于飞行器时，没有必要去关注分子微观上的

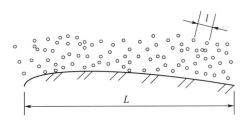

图 2-3　连续介质假设

运动，而是关注由众多空气分子（例如，在海平面处，气压为 101.325 kPa，温度为 15 ℃时，每立方厘米的空间含有空气分子 2.7×10^{19} 个）组成的流体对飞行器的作用，即相对于所作用的物体的尺寸，分子间的自由程可以忽略不计，将作用于飞行器的空气视为连续无间隙的介质，故可采用连续介质的假设。

采用连续介质的假设后，将微观分子的不均匀性、离散性、随机性转变为宏观行为的均匀性、连续性、确定性，即流体可视为由连续无间隙的充满所占据空间的流体质点组成，流体质点的宏观物理量满足一切应该遵循的物理定律。

基于空气动力学连续介质的假设，分析流体运动特性时，常取一个微元流体作为分析对象，称为流体微团，其在微观上，视为由许多分子组成，在宏观上，反映这些分子的统计特性，相对于其研究对象的尺寸，可视为无限微小，近似于一个流体质点。采用连续介质假设后，便可采用空气密度、压强、温度、速度等宏观物理量去描述空气介质的运动性质。

2.2.2.2　流体密度和压强

流体密度：一般情况下，流场中各处的流体密度是空间和时间的函数，即随着时间和空间位置的变化而变化。假设流场中某一点的流体体积为 ΔV，其包含的质量为 Δm，则此点的流体密度为

$$\rho = \lim_{\Delta V \to 0} \frac{\Delta m}{\Delta V}$$

流体压强：相邻流体介质或物体表面与流体介质表面（例如，紧挨着制导武器表面的那层流体）之间都有与其面积成比例的作用力，称为表面力，按单位面积分布，通常用应力表示，按作用方向分为切向应力和法向应力，法向应力即为此处的流体压强。流体压强的一个重要性质为：虽然流体压强是空间的函数，但是在同一点，各个方向上的压强都相同，即具有各向同性，流体内部的压心不因受压面的方位不同而变化，压强只是空间位置和时间的函数。解释如下：

假设在流体 R 点附近取一个流体微团 $OABC$，沿三个坐标轴取三个微段长度，即 $\mathrm{d}x$，$\mathrm{d}y$ 和 $\mathrm{d}z$，如图 2-4 所示。假设作用在四面体的四个面的压强分别为 p_x，p_y，p_z 和 p，以沿 Ox 轴为例，作用两个压力和一个惯性力（如果流体静止，此力为零），即

$$\frac{1}{2} \mathrm{d}y \mathrm{d}z p_x - p \cos(\boldsymbol{n}, \boldsymbol{x}) \mathrm{d}s = \frac{1}{6} \rho \, \mathrm{d}x \, \mathrm{d}y \, \mathrm{d}z a$$

式中　cos(**n**，**x**)——四面体斜面 ABC 的法线 **n** 与 Ox 轴之间的夹角；

　　　ρ——流体微团的密度；

　　　a——流体微团的加速度。

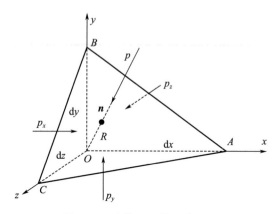

图 2-4　流体四面体及其压强

假设流体微团趋于无穷小，则 $\frac{1}{6}\rho\,dx\,dy\,dz\,a$ 相对于其他两项是高一阶小量，而

$\cos(\boldsymbol{n}，\boldsymbol{x})ds$ 为四面体斜面 ABC 在 Oyz 面的投影，即 $\cos(\boldsymbol{n}，\boldsymbol{x})ds=\frac{1}{2}dy\,dz$ ，即可得

$$p_x = p$$

同理，可得

$$p_y = p，p_z = p$$

即无论流体是静止还是流动，流体内部的压强值跟压力方向无关。

2.2.2.3　可压缩性与弹性

可压缩性：气体的密度随着外界压强或温度变化而变化，即一定质量的气体所占有的体积随着外界条件变化而变化。

弹性：气体抵抗压缩变形的特性，即当外界条件复原，气体将向原状态恢复。工程上，用体积弹性模量来表征气体的弹性，弹性模量定义为：压强增量相对于单位体积的变化量，即

$$E = -\frac{dp}{\dfrac{dV}{V}} = \rho\,\frac{dp}{d\rho}$$

下面列举几种常见物质的弹性模量：玻璃的弹性模量为 55 GPa，液态水（一个大气压，20 ℃）的弹性模量为 2.18 GPa，空气的弹性模量为 1.42×10^5 Pa，即当外界压强增加一个大气压时，三者的相对体积变化率 $\dfrac{dV}{V}$ 分别为 1.842 3×10⁻⁶，4.647 9×10⁻⁵ 和

0.713 6。即在通常情况下，玻璃和液体水被视为不可压缩，而空气视为可压缩。

对于流动的空气，当飞行速度较低时（ $Ma<0.3$ ），气体流过制导武器表面（如弹

翼、舵面或弹身等），不同空间点的压强变化一般较小，即由压强变化引起的密度变化或体积变化很小，这时可将空气视为不可压缩的。

2.2.2.4　黏性

黏性是气体的最重要特性之一，表现出的物理现象为：当无穷远处的一股直匀流 V_∞ 流过某一平板（图 2-5）时，在远离平板的地方，气流速度跟来流一致，当靠近平板时，气流速度逐渐减小，当挨着平板时，由于黏性的作用，气流速度降为 0。这种流体相邻层之间存在速度差是由于流体黏性的作用，在气动力上，表现为摩擦力，其大小表征为单位面积上的剪切应力 τ。

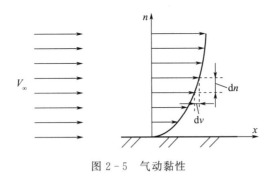

图 2-5　气动黏性

造成气体黏性的主要原因是气动分子的不规则热运动，使得相邻气流层之间发生了气体质量和能量交换，即上层流速较大的气体分子进入下层流速较慢的气体分子之间，同样，下层流速较慢的气体分子进入上层流速较快的气体分子之间，这样互相作用使上层流速较快的气体分子流速减慢，而下层流速较慢的气体分子流速加快，其综合作用即出现上述的物理现象。

牛顿提出，流体运动产生的摩擦阻力与接触面积和沿接触面法向的速度梯度成正比，在工程上，常采用摩擦应力 τ（即单位面积上的摩擦力）来表征摩擦阻力特性，表示为

$$\tau = \mu \frac{\mathrm{d}v}{\mathrm{d}n}$$

式中　μ——流体的黏性系数，单位为 N·s/m²。

不同流体的黏性系数不同，另外黏性系数随温度变化，如温度为标准大气温度，空气的黏性系数为 $\mu_0 = 1.789\,4 \times 10^{-5}$ N·s/m²，其他温度的空气黏性系数可查标准大气表，也可采用工程近似公式，常采用 Sutherland 公式，即

$$\mu = \mu_0 \left(\frac{T}{T_0}\right)^{1.5} \times \frac{T_0 + s}{T + s} = \mu_0 \left(\frac{T}{288.15}\right)^{1.5} \times \frac{288.15 + 110.56}{T + 110.56}$$

2.2.2.5　作用在流体微团上的力

众所周知，气体流动是在力的作用下进行的，根据受到的力的特性，将气体受到的力分为两类：质量力和表面力。

（1）质量力

由于气体本身具有质量特性，取一气体微团作为研究对象（在研究空气动力学的相关

问题时，常取气体中的某一微团作为研究对象），由于受到外力场的作用而受到力，此力称为质量力，在流体力学中也称为彻体力，彻体力作用于气体微团的中心，其大小正比于气体微团的质量，常用单位质量力表示气体微团受到的彻体力

$$\boldsymbol{f}_v = \lim_{\Delta\tau \to 0} \frac{\Delta\boldsymbol{F}_v}{\rho\,\Delta\tau} = f_x\boldsymbol{i} + f_y\boldsymbol{j} + f_z\boldsymbol{k}$$

式中　　$\Delta\tau$ ——微团体积；

　　　　ρ ——密度；

　　　　$\Delta\boldsymbol{F}_v$ ——作用于微团的质量力；

　　　　f_x，f_y，f_z ——三个方向的单位质量彻体力分量。

彻体力按性质可分为重力、离心力和电磁力等，其中重力是微团受到地球引力而产生的；离心力是由于气体微团绕某轴旋转而产生的；电磁力为气体在电离状态下（如在电磁场中）运动而产生的。对于空地制导武器在空气中运动而言，所受到的重力是最为重要的质量力。在工程上，相对于作用于制导武器表面的气动力而言，由于气体密度很小，其质量力较小，故也常常忽略不计。

（2）表面力

表面力是由于流体之间表面的相互接触所产生的作用力（图 2 - 6），是一种大小与流体微团表面积成正比的接触力，常用单位面积上的接触力表示，即应力，按作用方向分为法向应力和切向应力。

法向应力也称为压强，定义为

$$p = \lim_{\Delta s \to 0} \frac{\Delta P}{\Delta s}$$

式中　　ΔP ——作用于流体微团表面 Δs 上的压力。

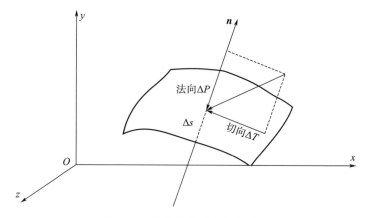

图 2 - 6　流体微团受到的表面力

切向应力定义为

$$\tau = \lim_{\Delta s \to 0} \frac{\Delta T}{\Delta s}$$

式中　　ΔT ——作用于流体微团表面 Δs 上的切向力。

　　值得注意的是：切向应力是由气体黏性产生的，而流体的黏性力只有在流动时才存在，故静止气体无切向应力作用。

　　对于气流内部的某一微团来说，由于法向速度梯度较小，故切向应力很小，常常忽略。对于和气体接触的物体表面，其切向应力则大很多，但相较于物体表面受到的法向应力，其切向应力小一个量级，切向应力引起摩擦力，起阻碍物体运动的作用。

2.2.2.6　流体的模型化

　　空气本身除了可压缩性与弹性、黏性之外，还具有易流性和传热性，实际上还有其他一些物理属性，但如果将各种特性都加以考虑，则使问题复杂化，故经常根据研究的问题，抓住空气的主要特性，而忽略次要特性，因此提出了理想流体、不可压缩流体和绝热流体等概念。

　　（1）理想流体

　　理想流体忽略气体黏性特性，实际上，空气的黏性很小，除了在紧挨物体表面的很薄一层内（即附面层，其概念见 2.2.5 节），由于速度梯度较大，产生较大的黏性力之外，其他地方的气体流动可忽略气体黏性，即认为空气为理想流体。

　　当制导武器以小攻角低速飞行时，作用于其表面的真实气动力及力矩与忽略黏性得到的气动力和力矩之间的差距不大，即可忽略气体的黏性作用；但对于以较大攻角快速飞行的制导武器来说，由于气体黏性的作用，在制导武器背风面或多或少存在气流分离，存在较大的压差阻力，这时则不能忽略气体的黏性作用。

　　实际上，空气动力学中的环量、各种涡、翼面气流分离（见后面章节内容介绍）都跟气体的黏性紧密相关，也正是由于气动黏性的作用，才使得空气动力学的求解问题极为复杂，很难得到精确解析解。

　　（2）不可压缩流体

　　体积弹性模量无穷大的气体即为不可压缩流体，工程上，常将低流速（ $Ma < 0.3$ ）的气流视为不可压缩，即气体的密度为恒定值。

　　制导武器低速飞行时，即来流速度很小，围绕制导武器表面的流场中各点的流速变化不大，且压强和密度变化也不大，即可视这时的流体为不可压缩流体。根据工程经验，将低速流动的绕流视为不可压缩流体，求解得到的结果与实际情况相差不大，但对于流速较大的流体，则需考虑气动的压缩性。

　　（3）绝热气体

　　流体同固体一样，当沿某一方向存在温度梯度时，热量即会从温度高的地方往温度低的地方传导，即流体也具有热导性。

　　由于空气导热系数很小，流体之间的各部分或流体与相邻固体之间（如制导武器表面）近似看成没有热交换，即流体流经制导武器表面可以看成绝热过程。由于流速较快，气流之间或气流与制导武器之间来不及进行热交换，故将其视为绝热气体（即不考虑气动热导性），忽略流体之间的热传导对流体的特性影响。

2.2.3　空气动力学基本概念及基本方程

在这一节，对空地制导武器在流场中运动所涉及的空气动力学基本概念和基本方程做一简单的介绍。

2.2.3.1　基本概念

（1）相对飞行原理

相对飞行分以下两种情况：1）制导武器以某速度 V_∞ 在静止空气中飞行［图 2-7（a）］；2）制导武器固定不动，让空气以相同的速度 V_∞ 流过制导武器［图 2-7（b）］。以上两种情况，制导武器所受的气动作用是等价的，以弹体为基准，其流场也是一样的。

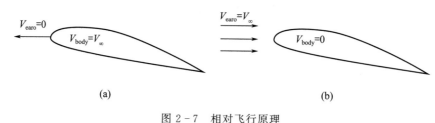

（a）　　　　　　　　　　　　　　　　　　　（b）

图 2-7　相对飞行原理

（2）流场、定常流和非定常流

根据连续介质假设，制导武器运行的空间即为流场，视具体情况，通常将流场进一步分为二维流场和三维流场。通常选用欧拉角法（区别于拉格朗日法：观察者着眼于个别流体质点的流动行为，通过跟踪每个质点的运动轨迹，从而获得整个流场运动特性）对流场和流场中介质（密度、温度、压强等）进行描述，即观测者相对于坐标系固定不动，描述流场中流体介质流过空间点的流动过程。

工程上，常用不同状态量去描述流体在流场中的特征，如速度、压强或密度，对应的流场分别称为速度场、压强场或密度场，一般情况下，描述流场的状态量在不同空间点［用空间直角坐标 (x, y, z) 表示］或同一空间点不同时间点 t 是不一样的，即流场中的状态量通常表示为空间和时间的函数，以速度场为例，在直角坐标系中，流体速度可表示为

$$\boldsymbol{V} = u\boldsymbol{i} + v\boldsymbol{j} + w\boldsymbol{k} \tag{2-1}$$

其中沿直角坐标系三个坐标轴的分量表示为

$$\begin{cases} u = u(x, y, z, t) \\ v = v(x, y, z, t) \\ w = w(x, y, z, t) \end{cases} \tag{2-2}$$

上式既描述了某一时间点和空间点的流体流动情况，也描述了不同时间点的流动情况，同样流场中加速度也可表示为

$$
\begin{cases}
a_x = \dfrac{\mathrm{d}u}{\mathrm{d}t} = \dfrac{\partial u}{\partial t} + \dfrac{\partial u}{\partial x}\dfrac{\mathrm{d}x}{\mathrm{d}t} + \dfrac{\partial u}{\partial y}\dfrac{\mathrm{d}y}{\mathrm{d}t} + \dfrac{\partial u}{\partial z}\dfrac{\mathrm{d}z}{\mathrm{d}t} = \dfrac{\partial u}{\partial t} + \dfrac{\partial u}{\partial x}u + \dfrac{\partial u}{\partial y}v + \dfrac{\partial u}{\partial z}w \\[2mm]
a_y = \dfrac{\mathrm{d}v}{\mathrm{d}t} = \dfrac{\partial v}{\partial t} + \dfrac{\partial v}{\partial x}\dfrac{\mathrm{d}x}{\mathrm{d}t} + \dfrac{\partial v}{\partial y}\dfrac{\mathrm{d}y}{\mathrm{d}t} + \dfrac{\partial v}{\partial z}\dfrac{\mathrm{d}z}{\mathrm{d}t} = \dfrac{\partial v}{\partial t} + \dfrac{\partial v}{\partial x}u + \dfrac{\partial v}{\partial y}v + \dfrac{\partial v}{\partial z}w \\[2mm]
a_z = \dfrac{\mathrm{d}w}{\mathrm{d}t} = \dfrac{\partial w}{\partial t} + \dfrac{\partial w}{\partial x}\dfrac{\mathrm{d}x}{\mathrm{d}t} + \dfrac{\partial w}{\partial y}\dfrac{\mathrm{d}y}{\mathrm{d}t} + \dfrac{\partial w}{\partial z}\dfrac{\mathrm{d}z}{\mathrm{d}t} = \dfrac{\partial w}{\partial t} + \dfrac{\partial w}{\partial x}u + \dfrac{\partial w}{\partial y}v + \dfrac{\partial w}{\partial z}w
\end{cases}
\tag{2-3}
$$

式（2-3）第一项（即 $\dfrac{\partial u}{\partial t}$，$\dfrac{\partial v}{\partial t}$，$\dfrac{\partial w}{\partial t}$）是此空间点的流体速度随时间的变化率，即当地加速度，是流场的非定常性引起的，后三项为由于在 Δt 内，微团由 $(x，y，z)$ 处移至 $(x+u\Delta t，y+v\Delta t，z+w\Delta t)$ 处而出现的速度变化率，即迁移加速度。两者之和为流体的全加速度，在空气动力学中，常采用算子

$$
\frac{\mathrm{d}}{\mathrm{d}t} = \frac{\partial}{\partial t} + u\frac{\partial}{\partial x} + v\frac{\partial}{\partial y} + w\frac{\partial}{\partial z}
$$

故上述方程组也可写成矢量的形式

$$
\boldsymbol{a} = \frac{\mathrm{d}\boldsymbol{V}}{\mathrm{d}t} = \frac{\partial \boldsymbol{V}}{\partial t} + u\frac{\partial \boldsymbol{V}}{\partial x} + v\frac{\partial \boldsymbol{V}}{\partial y} + w\frac{\partial \boldsymbol{V}}{\partial z} = \frac{\partial \boldsymbol{V}}{\partial t} + \boldsymbol{V} \cdot (\boldsymbol{\nabla}\boldsymbol{V})
$$

其中

$$
\boldsymbol{\nabla}\boldsymbol{V} = \mathrm{grad}\boldsymbol{V} = \frac{\mathrm{d}V}{\mathrm{d}x}\boldsymbol{i} + \frac{\mathrm{d}V}{\mathrm{d}y}\boldsymbol{j} + \frac{\mathrm{d}V}{\mathrm{d}z}\boldsymbol{k}
$$

如果描述流场的状态量随时间而变化，称为非定常流，如果状态量不随时间变化，称为定常流。例如，非定常流的速度场表示为式（2-2），定常流的速度场表示为

$$
\begin{cases}
u = u(x，y，z) \\
v = v(x，y，z) \\
w = w(x，y，z)
\end{cases}
$$

（3）流线和流管

通常采用流线描述介质在流场中的运动情况，流线定义为流场中的一条曲线，其上面每点的介质质点速度方向跟曲线相切，即写成如下数学矢量表达式

$$
\boldsymbol{V} \times \mathrm{d}\boldsymbol{s} = 0
$$

其中

$$
\mathrm{d}\boldsymbol{s} = \mathrm{d}x\boldsymbol{i} + \mathrm{d}y\boldsymbol{j} + \mathrm{d}z\boldsymbol{k}
$$

上式也可表示为数学直角坐标形式

$$
\frac{\mathrm{d}x}{u} = \frac{\mathrm{d}y}{v} = \frac{\mathrm{d}z}{w}
$$

有时为了方便也可写成柱坐标形式

$$
\frac{\mathrm{d}r}{V_r} = \frac{r\,\mathrm{d}\theta}{V_\theta} = \frac{\mathrm{d}z}{V_z}
$$

式中　V_r，V_θ，V_z ——径向、切向和沿 Oz 轴的速度分量。

流线具有如下三个重要性质：

1）在定常流动中，流体质点的迹线与流线重合；

2）在定常流动中，流线是流体不可跨越的曲线；

3）一般情况下，流线不能相交、分叉、汇交，流线只能是一条光滑的曲线，也就是说，在同一时刻，流场中某一点处只能通过一条流线，但驻点和零速度点例外。

在三维流场里，经过一条有流量穿过的封闭曲线的所有流线围成的封闭管状曲面称为流管。由流线所围成的流管如一根具有实物管壁的管子一样，管内的流体不会越过管壁流出来，管外的流体也不会越过管壁流进去。

（4）微团的基本运动

流体的运动不同于刚体，刚体的运动由平动和转动组成，流体的运动除了平动和转动外，还包括线变形运动和角变形运动。

①流体微团平动

流体微团沿 x 轴和 y 轴的平动速度为 u 和 v，经过 Δt 之后，微团沿 x 轴移动 $u\Delta t$，沿 y 轴移动 $v\Delta t$，微团大小、形状和方位均保持不变，如图 2-8（a）所示。

②流体微团线变形运动

流体微团平动速度为 u 和 v，经过 Δt 之后，微团宽度沿 x 轴变化了 $2\Delta t \dfrac{\partial u}{\partial x}\dfrac{\delta_x}{2}$，微团高度沿 y 轴变化了 $2\Delta t \dfrac{\partial v}{\partial y}\dfrac{\delta_y}{2}$，微团位置和形状保持不变，这种在单位时间内单位长度的变形量称为线变形率，如图 2-8（b）所示，在 x 轴方向的线变形率为

$$\theta_x = \frac{2\Delta t \dfrac{\partial u}{\partial x}\dfrac{\delta_x}{2}}{\Delta t \delta_x} = \frac{\partial u}{\partial x}$$

相应的在 y 轴方向的线变形率为

$$\theta_y = \frac{\partial v}{\partial y}$$

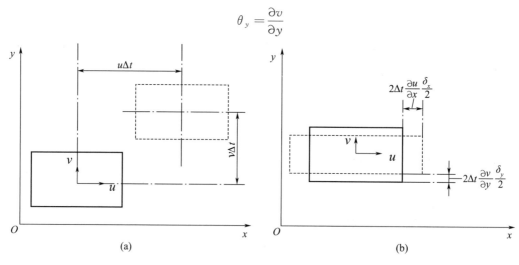

图 2-8　流体微团平动和线变形运动

③流体微团角变形运动

流体微团角变形运动指微团角平分线保持不变的角变形运动，用微团角变形速率来表示，定义为流体微团上任意两条相互垂直的流体边线在单位时间内变化量的一半，如图 2-9（a）所示，则在 Oxy 平面内，微团绕 Oz 轴的角变形速率为

$$\gamma_z = \lim_{\Delta t \to 0} \frac{\alpha}{\Delta t} = \frac{1}{2}\left(\frac{\partial v}{\partial x} + \frac{\partial u}{\partial y}\right)$$

同理，可得

$$\gamma_x = \frac{1}{2}\left(\frac{\partial w}{\partial y} + \frac{\partial v}{\partial z}\right) ， \gamma_y = \frac{1}{2}\left(\frac{\partial u}{\partial z} + \frac{\partial w}{\partial x}\right)$$

则流体微团的角变形速度为

$$\boldsymbol{\gamma} = \gamma_x \boldsymbol{i} + \gamma_y \boldsymbol{j} + \gamma_z \boldsymbol{k}$$

④流体微团旋转运动

流体微团的旋转角速度定义为微团上两条相互垂直的流体线的平均旋转角速度，如图 2-9（b）所示，则在 Oxy 平面内，微团绕 Oz 轴的角旋转速率为

$$\omega_z = \lim_{\Delta t \to 0} \frac{\beta}{\Delta t} = \frac{1}{2}\left(\frac{\partial v}{\partial x} - \frac{\partial u}{\partial y}\right)$$

同理，可得

$$\omega_x = \frac{1}{2}\left(\frac{\partial w}{\partial y} - \frac{\partial v}{\partial z}\right) ， \omega_y = \frac{1}{2}\left(\frac{\partial u}{\partial z} - \frac{\partial w}{\partial x}\right)$$

则流体微团的角旋转速度为

$$\boldsymbol{\omega} = \omega_x \boldsymbol{i} + \omega_y \boldsymbol{j} + \omega_z \boldsymbol{k}$$

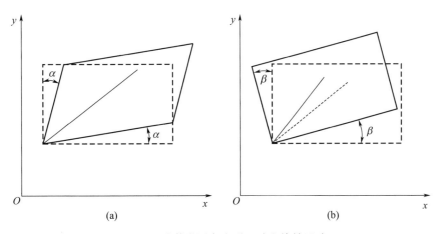

图 2-9　流体微团角变形运动和旋转运动

（5）散度及其意义

速度分量在三个正交方向上的导数之和称为速度的散度（即流体微团的体积变化率），记为

$$\mathrm{div}\boldsymbol{V} = \boldsymbol{\nabla} \cdot \boldsymbol{V} = \frac{\partial u}{\partial x} + \frac{\partial v}{\partial y} + \frac{\partial w}{\partial z} = \theta_x + \theta_y + \theta_z$$

其物理意义为：流体微团在运动中相对体积的变化率等于微团沿三个直角坐标轴的线变形率之和。

对于不可压流体

$$\frac{\partial u}{\partial x} + \frac{\partial v}{\partial y} + \frac{\partial w}{\partial z} = 0$$

（6）旋度和位函数

已知某微团的角速度 $\boldsymbol{\omega}$ 分量 ω_x，ω_y 和 ω_z，定义微团的旋度，记为 $\frac{1}{2}\mathrm{rot}\boldsymbol{V}$

$$\frac{1}{2}\mathrm{rot}\boldsymbol{V} = \frac{1}{2}\nabla \times \boldsymbol{V} = \boldsymbol{\omega} = \omega_x \boldsymbol{i} + \omega_y \boldsymbol{j} + \omega_z \boldsymbol{k}$$

在流场中，如果各处的 $\boldsymbol{\omega} = 0\boldsymbol{i} + 0\boldsymbol{j} + 0\boldsymbol{k}$，即为无旋流场，其流动称为无旋流，否则为有旋流场，其流动称为有旋流。

如果为无旋流场，则

$$\begin{cases} \dfrac{\partial w}{\partial y} = \dfrac{\partial v}{\partial z} \\[2mm] \dfrac{\partial u}{\partial z} = \dfrac{\partial w}{\partial x} \\[2mm] \dfrac{\partial v}{\partial x} = \dfrac{\partial u}{\partial y} \end{cases}$$

上式为某一个函数全微分的充要条件，定义 $\mathrm{d}\phi$

$$\mathrm{d}\phi = u\mathrm{d}x + v\mathrm{d}y + w\mathrm{d}z \qquad (2-4)$$

其中，ϕ 为速度势函数或速度位或位函数，根据式（2-4），则得

$$u = \frac{\partial \phi}{\partial x}，v = \frac{\partial \phi}{\partial y}，w = \frac{\partial \phi}{\partial z}$$

下面简要说明速度位的性质：

1）速度位存在的条件是无旋流场，即无旋流场一定有速度位存在；

2）速度位沿某一方向的偏导数等于速度在这个方向的投影；

假设某一无旋流场存在速度位 $\phi(x，y，z)$，在空间某一方向 $s(x，y，z)$，速度位沿方向 s 的偏导数为

$$\frac{\partial \phi}{\partial s} = \frac{\partial \phi}{\partial x}\frac{\partial x}{\partial s} + \frac{\partial \phi}{\partial y}\frac{\partial y}{\partial s} + \frac{\partial \phi}{\partial z}\frac{\partial z}{\partial s} = u\frac{\partial x}{\partial s} + v\frac{\partial y}{\partial s} + w\frac{\partial z}{\partial s}$$

由几何关系可得

$$\frac{\partial x}{\partial s} = \cos(s，x)，\frac{\partial y}{\partial s} = \cos(s，y)，\frac{\partial z}{\partial s} = \cos(s，z)$$

即可得

$$\frac{\partial \phi}{\partial s} = u\cos(s，x) + v\cos(s，y) + w\cos(s，z) = V_s$$

3）速度方向垂直于等位线或等位面，指向速度位增加的方向；

4）对于无旋流，沿给定曲线进行速度线积分，其积分值跟给定的曲线无关，取决于给定曲线两端的速度位

$$\int_A^B u\,\mathrm{d}x + v\,\mathrm{d}y + w\,\mathrm{d}z = \int_A^B \mathrm{d}\phi = \phi_B - \phi_A$$

2.2.3.2 连续方程

流体力学中连续方程又称为质量方程，即质量守恒定律在流体力学中的应用，适用于理想流体和黏性流体等，有两种书写格式，即微分形式连续方程和积分形式连续方程，下面简单地推导微分形式连续方程。

如图 2－10 所示，在流场中取某一六面体，边长分别为 $\mathrm{d}x$、$\mathrm{d}y$ 和 $\mathrm{d}z$，中心坐标为 $(x，y，z)$，中心点的流速 $\boldsymbol{V} = u\boldsymbol{i} + v\boldsymbol{j} + w\boldsymbol{k}$，中心点的密度为 ρ，则左侧面的流速和密度分别表示为 $u - \dfrac{\partial u}{\partial x}\dfrac{\mathrm{d}x}{2}$ 和 $\rho - \dfrac{\partial \rho}{\partial x}\dfrac{\mathrm{d}x}{2}$，右侧面的流速和密度分别表示为 $u + \dfrac{\partial u}{\partial x}\dfrac{\mathrm{d}x}{2}$ 和 $\rho + \dfrac{\partial \rho}{\partial x}\dfrac{\mathrm{d}x}{2}$，其他面类似，则在单位时间内在 x 方向流进此六面体的质量流量差为

$$\left(u - \frac{\partial u}{\partial x}\frac{\mathrm{d}x}{2}\right)\left(\rho - \frac{\partial \rho}{\partial x}\frac{\mathrm{d}x}{2}\right)\mathrm{d}y\,\mathrm{d}z - \left(u + \frac{\partial u}{\partial x}\frac{\mathrm{d}x}{2}\right)\left(\rho + \frac{\partial \rho}{\partial x}\frac{\mathrm{d}x}{2}\right)\mathrm{d}y\,\mathrm{d}z = -\frac{\partial(\rho u)}{\partial x}\mathrm{d}x\,\mathrm{d}y\,\mathrm{d}z$$

同理在单位时间内沿 y 和 z 方向流进六面体的质量流量差分别为 $-\dfrac{\partial(\rho v)}{\partial y}\mathrm{d}x\,\mathrm{d}y\,\mathrm{d}z$ 和 $-\dfrac{\partial(\rho w)}{\partial z}\mathrm{d}x\,\mathrm{d}y\,\mathrm{d}z$。

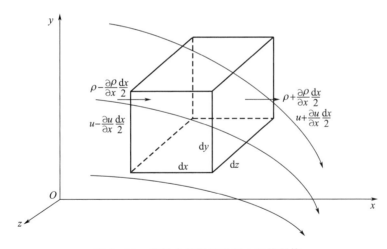

图 2－10 流场中的微元平行六面控制体

流场为空间和时间的函数，在 $\mathrm{d}t$ 内因流体密度变化而引起的流体质量变化为

$$\rho\,\mathrm{d}x\,\mathrm{d}y\,\mathrm{d}z - \left(\rho + \frac{\partial \rho}{\partial t}\right)\mathrm{d}x\,\mathrm{d}y\,\mathrm{d}z = -\frac{\partial \rho}{\partial t}\mathrm{d}x\,\mathrm{d}y\,\mathrm{d}z$$

根据质量守恒定律，单位时间内流进、流出控制体的流体质量之差应等于控制体内因流体密度变化所引起的质量增量，即

$$-\frac{\partial(\rho u)}{\partial x}\mathrm{d}x\,\mathrm{d}y\,\mathrm{d}z - \frac{\partial(\rho v)}{\partial y}\mathrm{d}x\,\mathrm{d}y\,\mathrm{d}z - \frac{\partial(\rho w)}{\partial z}\mathrm{d}x\,\mathrm{d}y\,\mathrm{d}z = \frac{\partial \rho}{\partial t}\mathrm{d}x\,\mathrm{d}y\,\mathrm{d}z$$

亦即

$$\frac{\partial \rho}{\partial t} + \frac{\partial(\rho u)}{\partial x} + \frac{\partial(\rho v)}{\partial y} + \frac{\partial(\rho w)}{\partial z} = 0$$

或写成

$$\frac{\partial \rho}{\partial t} + \nabla \cdot (\rho \boldsymbol{V}) = 0$$

对于不可压流，即 $\rho = \text{const}$，则上式可简化为

$$\nabla \cdot (\boldsymbol{V}) = \frac{\partial u}{\partial x} + \frac{\partial v}{\partial y} + \frac{\partial w}{\partial z} = 0$$

即对于不可压流，连续方程的物理意义为：流体微团在正交的三个方向上的线变形率之和为 0。不可压流体单位时间内流入单位空间的流体体积（质量）与流出的流体体积（质量）之差等于零。

适用范围：理想和黏性流体、定常流或非定常流体、不可压和可压缩流体。

2.2.3.3 动量方程及伯努利方程

（1）动量方程

流体力学中的动量方程即牛顿第二定律（动量守恒定律）在流体力学中的应用，适用于理想流体和黏性流体等，也有两种书写格式，即微分形式动量方程和积分形式动量方程，下面简单地推导微分形式动量方程。

微团内流体的动量随时间的变化率等于作用在该微团上的外力之和，如图 2-11 所示，在流场中取某一六面体，边长分别为 $\mathrm{d}x$、$\mathrm{d}y$ 和 $\mathrm{d}z$，单位面积为 1，中心坐标为 $(x，y，z)$，中心点的压强为 $p(x，y，z，t)$，中心点的流速为 $\boldsymbol{V} = u\boldsymbol{i} + v\boldsymbol{j} + w\boldsymbol{k}$，则作用在左、右侧面上的压力可分别表示为 $p - \dfrac{\partial p}{\partial x}\dfrac{\mathrm{d}x}{2}$ 和 $p + \dfrac{\partial p}{\partial x}\dfrac{\mathrm{d}x}{2}$。

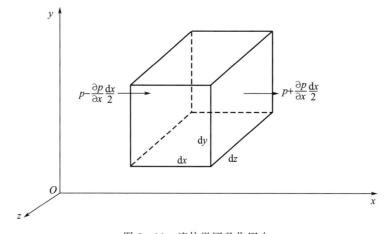

图 2-11 流体微团及作用力

另外，假设流体为理想流体（忽略黏性），即忽略微团间的剪切力，只计法向力，令作用在 x 轴方向的单位质量力为 f_x（空气动力学里的质量力为重力等，其值通常情况下较

小，可以忽略不计），则质量力为 $f_x \rho \mathrm{d}x$ ，应用牛顿第二定律，可得

$$p - \frac{\partial p}{\partial x} \frac{\mathrm{d}x}{2} - \left(p + \frac{\partial p}{\partial x} \frac{\mathrm{d}x}{2}\right) + f_x \rho \mathrm{d}x = \rho \mathrm{d}x \frac{\mathrm{d}u}{\mathrm{d}t}$$

即

$$f_x - \frac{1}{\rho} \frac{\partial p}{\partial x} = \frac{\mathrm{d}u}{\mathrm{d}t} = \frac{\partial u}{\partial t} + u \frac{\partial u}{\partial x} + v \frac{\partial u}{\partial y} + w \frac{\partial u}{\partial z}$$

同理可得

$$f_y - \frac{1}{\rho} \frac{\partial p}{\partial y} = \frac{\mathrm{d}v}{\mathrm{d}t} = \frac{\partial v}{\partial t} + u \frac{\partial v}{\partial x} + v \frac{\partial v}{\partial y} + w \frac{\partial v}{\partial z}$$

$$f_z - \frac{1}{\rho} \frac{\partial p}{\partial z} = \frac{\mathrm{d}w}{\mathrm{d}t} = \frac{\partial w}{\partial t} + u \frac{\partial w}{\partial x} + v \frac{\partial w}{\partial y} + w \frac{\partial w}{\partial z}$$

以上三式可写成矢量的形式，为

$$\frac{\mathrm{d}\boldsymbol{V}}{\mathrm{d}t} = \boldsymbol{f} - \frac{1}{\rho} \nabla p \text{ 或 } \frac{\partial \boldsymbol{V}}{\partial t} + (\boldsymbol{V} \cdot \nabla) \boldsymbol{V} = \boldsymbol{f} - \frac{1}{\rho} \nabla p \tag{2-5}$$

式中　$\boldsymbol{f}$ ——质量力。

　　式（2-5）即为理想流体的动量方程，描述流体微团速度变化与流体中压强和质量力之间的关系。

　　适用范围：适用于定常流或非定常流，可压缩流或不可压流。另外，式（2-5）还可变换为如下形式

$$f_x - \frac{1}{\rho} \frac{\partial p}{\partial x} = \frac{\partial u}{\partial t} + \frac{\partial u}{\partial x}\left(\frac{V^2}{2}\right) - 2(v\omega_z - w\omega_y)$$

$$f_y - \frac{1}{\rho} \frac{\partial p}{\partial y} = \frac{\partial v}{\partial t} + \frac{\partial v}{\partial y}\left(\frac{V^2}{2}\right) - 2(w\omega_x - u\omega_z)$$

$$f_z - \frac{1}{\rho} \frac{\partial p}{\partial z} = \frac{\partial w}{\partial t} + \frac{\partial w}{\partial z}\left(\frac{V^2}{2}\right) - 2(u\omega_y - v\omega_x)$$

　　式（2-5）描述了理想流体运动微分方程，但实际上，流体都具有黏性，特别是靠近固体表面的流动，故需要考虑黏性流体的运动微分方程，由纳维和斯托克斯各自独立推导得到纳维-斯托克斯（Navier-Stokes）方程，简称 N-S 方程

$$f_x - \frac{1}{\rho} \frac{\partial p}{\partial x} + \frac{1}{3\rho}\mu \frac{\partial}{\partial x}\left(\frac{\partial u}{\partial x} + \frac{\partial u}{\partial y} + \frac{\partial u}{\partial z}\right) + \frac{1}{\rho}\mu\left(\frac{\partial^2 u}{\partial x^2} + \frac{\partial^2 u}{\partial y^2} + \frac{\partial^2 u}{\partial z^2}\right)$$

$$= \frac{\mathrm{d}u}{\mathrm{d}t} = \frac{\partial u}{\partial t} + u \frac{\partial u}{\partial x} + v \frac{\partial u}{\partial y} + w \frac{\partial u}{\partial z}$$

$$f_y - \frac{1}{\rho} \frac{\partial p}{\partial y} + \frac{1}{3\rho}\mu \frac{\partial}{\partial y}\left(\frac{\partial v}{\partial x} + \frac{\partial v}{\partial y} + \frac{\partial v}{\partial z}\right) + \frac{1}{\rho}\mu\left(\frac{\partial^2 v}{\partial x^2} + \frac{\partial^2 v}{\partial y^2} + \frac{\partial^2 v}{\partial z^2}\right)$$

$$= \frac{\mathrm{d}v}{\mathrm{d}t} = \frac{\partial v}{\partial t} + u \frac{\partial v}{\partial x} + v \frac{\partial v}{\partial y} + w \frac{\partial v}{\partial z}$$

$$f_z - \frac{1}{\rho} \frac{\partial p}{\partial z} + \frac{1}{3\rho}\mu \frac{\partial}{\partial z}\left(\frac{\partial w}{\partial x} + \frac{\partial w}{\partial y} + \frac{\partial w}{\partial z}\right) + \frac{1}{\rho}\mu\left(\frac{\partial^2 w}{\partial x^2} + \frac{\partial^2 w}{\partial y^2} + \frac{\partial^2 w}{\partial z^2}\right)$$

$$= \frac{\mathrm{d}w}{\mathrm{d}t} = \frac{\partial w}{\partial t} + u \frac{\partial w}{\partial x} + v \frac{\partial w}{\partial y} + w \frac{\partial w}{\partial z}$$

N-S方程为二阶非线性偏微分方程组，是空气动力学中非常重要的方程组。

（2）伯努利方程

假设流体为无旋（忽略流体黏性的作用，如原流体为无旋状态，则一直保持无旋状态），则存在速度位

$$\frac{\partial \phi}{\partial x} = u, \frac{\partial \phi}{\partial y} = v, \frac{\partial \phi}{\partial z} = w$$

假设质量力有位（通常情况下，质量力只有重力，并存在位），即

$$\frac{\partial \Omega}{\partial x} = -f_x, \frac{\partial \Omega}{\partial y} = -f_y, \frac{\partial \Omega}{\partial z} = -f_z$$

则

$$d\left(\frac{\partial \phi}{\partial t}\right) + \frac{1}{2}d(V^2) + \frac{1}{\rho}dp + d\Omega = 0$$

假设流体为不可压缩的定常流，则积分可得

$$\frac{V^2}{2} + \frac{p}{\rho} + \Omega = \text{const} \tag{2-6}$$

式中　$\dfrac{V^2}{2}$——单位质量流体的动能；

$\dfrac{p}{\rho}$——单位质量流体的压力能；

Ω——单位质量流体的势能。

式（2-6）即为伯努利方程，其物理意义为：在同一恒定不可压缩流体重力势流中，理想流体各点的总能相等。

对于在大气飞行中的导弹，一般情况下，可忽略质量力的影响，则式（2-6）可变化为

$$\rho \frac{V^2}{2} + p = \text{const}$$

2.2.3.4　空气动力学方程求解

描述制导器在空气中的运动需要确定制导武器速度 u、v、w 和流场状态参数压强 p、密度 ρ、温度 T 六个参数随空间和时间的变化。从物理现象说明，当确定了初始条件和边界条件，可唯一确定上述六个参数随空间和时间的变化。从数学求解方面看，上述六个参数为未知数，约束方程为：1）气体状态方程：$p = \rho RT$（一个），具体见2.2.6.1节；2）连续方程（一个）；3）动量方程（三个）；4）气体能量方程（一个），具体见2.2.6.1节，即约束方程也为六个，在给定初始条件和边界条件下，即可确定方程的解。但是，动量方程为二阶偏微分方程组，在一般情况下，从数学上很难得到解析解，一般由专业开发的计算机软件得到数值解。

对于某些空气动力学问题，在简单的假设条件下，可以解得解析解。例如，对于一维绝热不可压流，其未知参数为速度 v 和压强 p，利用动量方程和连续方程，即可求解得到解析解。

2.2.3.5　环量与涡

在空气动力学中，环量和涡是极为重要的概念，气动升力的产生跟涡直接相关，自然界和工程中也存在极多的涡现象，如龙卷风、吸烟吐出来的烟圈、水旋涡、飞机翼尖拖出来的自由涡、大攻角飞行翼面气流分离产生的涡、飞机起飞产生的起动涡等，如图 2 - 12 所示，下面简述环量和涡的概念。

图 2 - 12　龙卷风、烟圈、水旋涡和自由涡

在三维流场中，沿某一给定的曲线 L 取速度的线积分定义为该曲线的速度环量，记为 Γ，如图 2 - 13 (a) 所示，定义如下

$$\Gamma = \int_L \boldsymbol{V} \mathrm{d}\boldsymbol{l} = \int_A^B u\,\mathrm{d}x + v\,\mathrm{d}y + w\,\mathrm{d}z$$

根据定义，速度环量跟给定的曲线和流场速度有关，通常定义沿某一闭合的曲线的速度环量为

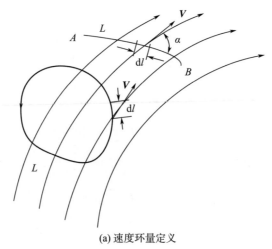

(a) 速度环量定义

(b) 速度环量计算

图 2-13　速度环量

$$\Gamma = \oint_L \mathbf{V} \cos\alpha \, \mathrm{d}l$$

如果是无旋场，则沿某一给定的曲线 L 的速度环量为

$$\Gamma = \int_A^B u \, \mathrm{d}x + v \, \mathrm{d}y + w \, \mathrm{d}z = \phi(B) - \phi(A)$$

即在无旋场，速度环量跟积分曲线无关，如果积分曲线为闭合形式，则可得速度环量为 0。

对于有旋场，以二维流场中的一个微团为例说明速度环量和涡量的关系，如图 2-13（b）所示，根据速度环量定义

$$\mathrm{d}\Gamma = \int_L \mathbf{V} \mathrm{d}l = \frac{1}{2}\left[u + \left(u + \frac{\partial u}{\partial x}\mathrm{d}x\right)\right]\mathrm{d}x + \frac{1}{2}\left[\left(v + \frac{\partial v}{\partial x}\mathrm{d}x\right) + \left(v + \frac{\partial v}{\partial x}\mathrm{d}x + \frac{\partial v}{\partial y}\mathrm{d}y\right)\right]\mathrm{d}y$$

$$- \frac{1}{2}\left[\left(u + \frac{\partial u}{\partial y}\mathrm{d}y\right) + \left(u + \frac{\partial u}{\partial x}\mathrm{d}x + \frac{\partial u}{\partial y}\mathrm{d}y\right)\right]\mathrm{d}x - \frac{1}{2}\left[v + \left(v + \frac{\partial v}{\partial y}\mathrm{d}y\right)\right]\mathrm{d}y$$

$$\approx \left(\frac{\partial v}{\partial x} - \frac{\partial u}{\partial y}\right)\mathrm{d}x \, \mathrm{d}y = 2\omega_z \mathrm{d}S$$

对上式进行积分，可得

$$\Gamma = \int_s 2\omega_z \, \mathrm{d}S$$

即沿平面上某一封闭曲线 L 做速度的线积分，等于曲线所围面积上每个微团角速度的 2 倍乘以微团面积之和，即等于通过面积 S 的涡通量，如果曲线所包围的区域里没有涡，则速度环量为 0。

在有旋场内，在同一时刻，可找到一条曲线，其线上每一点的涡轴线与曲线相切，这条曲线即为涡线，如图 2-14 所示，与流线的定义类似，涡线的微分方程为

$$\frac{\mathrm{d}x}{\omega_x} = \frac{\mathrm{d}y}{\omega_y} = \frac{\mathrm{d}z}{\omega_z}$$

根据涡线定义，在有旋场内可找到无穷多涡线，沿流场空间给定一条曲线的所有涡线构成涡面，如果该曲线闭合，则涡面为管状涡面，简称涡管。

涡线是截面积趋于零的涡管，涡线和涡管的强度都定义为绕涡线或涡管的一条封闭曲线的环量。

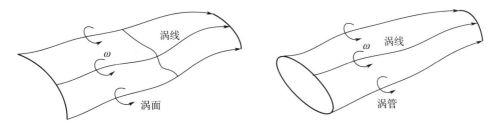

图 2-14　涡线、涡面和涡管

2.2.3.6　涡的诱导速度

一条强度为 Γ 的涡线的一段 $\mathrm{d}\boldsymbol{l}$ 对线外的一点 P 会产生一个诱导速度，如图 2-15 所示，涡产生的诱导速度 $\mathrm{d}\boldsymbol{V}$ 可表示为

$$\mathrm{d}\boldsymbol{V} = \frac{\Gamma}{4\pi} \frac{\mathrm{d}\boldsymbol{l} \times \boldsymbol{r}}{r^3}$$

即诱导速度 $\mathrm{d}\boldsymbol{V}$ 与涡强 Γ、涡线长度 $\mathrm{d}\boldsymbol{l}$ 成正比，跟距离的平方 r^2 成反比，其方向垂直于由 $\mathrm{d}\boldsymbol{l}$ 和 $\boldsymbol{r}$ 构成的平面。可以改写成标量的形式，即

$$\mathrm{d}V = \frac{\Gamma}{4\pi} \frac{\mathrm{d}l}{r^2} \sin\theta$$

式中　θ —— $\mathrm{d}\boldsymbol{l}$ 和 $\boldsymbol{r}$ 之间的夹角。

2.2.3.7　理想流体的涡定理

对于理想流体，涡线和涡管遵循如下三个定理：

定理 1：沿涡线或涡管的旋涡强度 Γ 不变（或涡通量不变）。

此定理也简称海姆霍兹第一定理，根据此定理，涡管不同段的涡强相等，涡管截面大的地方，其涡度大。

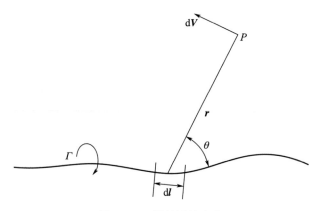

图 2 - 15　涡的诱导速度

定理 2：理想流体中，涡管不会中断，也不会消失。

定理 2 可以由定理 1 推理得到，理想流体中，涡管可以伸展到无限远处，可以自相连接成一个涡环，也可以止于边界（固体的边界或自由边界）。

定理 3：在理想流体中，涡的强度不随时间变化，既不会增强，也不会削弱或消失。

定理 3 说明，理想流体下，流体的涡旋既不能产生，也不能消失，即有旋流永远为有旋，无旋流永远为无旋，但实际上，流体都是有黏性的，流体的黏性是涡产生、消失、涡强改变的原因。

2.2.3.8　流动相似及相似准则

流动相似定义为两个流场的特征参数成比例对应。

假设流场 1 和流场 2 相似，即描述流场 1 的参数（x_1，y_1，z_1，t_1，ρ_1，v_1，p_1，μ_1 和 f_{x1}）与描述流场 2 的参数（x_2，y_2，z_2，t_2，ρ_2，v_2，p_2，μ_2 和 f_{x2}）成比例，即

$$
\begin{cases}
x_2 = r_l x_1, y_2 = r_l y_1, z_2 = r_l z_1 \\
t_2 = r_t t_1 \\
\rho_2 = r_\rho \rho_1 \\
v_2 = r_v v_1 \\
p_2 = r_p p_1 \\
\mu_2 = r_\mu u_1 \\
f_{x2} = r_g f_{x1}
\end{cases}
\tag{2-7}
$$

式中，r_l，r_t，r_ρ，r_v，r_p，r_μ 和 r_g 是比例常数。

将式（2-7）代入 N-S 方程，可推导得到

$$
\begin{cases}
\dfrac{v_2 t_2}{l_2} = \dfrac{v_1 t_1}{l_1} \\[3mm]
\dfrac{v_2^2}{l_2 g_2} = \dfrac{v_1^2}{l_1 g_1} \\[3mm]
\dfrac{v_2^2}{\dfrac{p_2}{\rho_2}} = \dfrac{v_2^2}{a_2^2} = \dfrac{v_1^2}{\dfrac{p_1}{\rho_1}} = \dfrac{v_1^2}{a_1^2} \\[3mm]
\dfrac{\rho_2 v_2 l_2}{\mu_2} = \dfrac{\rho_1 v_1 l_1}{\mu_1}
\end{cases}
$$

工程上称 l/vt 为斯特劳哈尔数，两流场斯特劳哈尔数相等是非定常流相似准则，是与时间相关的一个相似准则；称 v^2/lg 为弗劳德数，两流场弗劳德数相等是考虑流体重力影响的相似准则，通常情况下，重力对流场的影响较小，故常忽略；称 v/a 为马赫数，两流场马赫数相等是衡量空气压缩性的一个相似准则；称 $\rho vl/\mu$ 为雷诺数，两流场雷诺数相等是考虑流体黏性的一个相似准则。l/vt、v^2/lg、v/a 和 $\rho vl/\mu$ 都是无量纲数，假设两个流场相似，则此四个数一定相等，其中马赫数和雷诺数是最重要的两个相似参数，通常情况下，只能得到其中一个或两个重要的相似参数。例如，对制导武器模型进行风洞测力试验，只能较严格遵循马赫数 v/a 相似准则，而实际飞行雷诺数 $\rho vl/\mu$ 通常远大于风洞试验的雷诺数，它们之间的大小关系主要取决于流体密度和模型的缩比。

2.2.4 不可压缩流及库塔−儒科夫斯基定理

2.2.4.1 位函数和流函数

实际流动问题非常复杂，满足的方程也极其复杂，而且其边界条件也很难确定，故很难得到实际复杂流动的解析解。对于不可压理想流体的无旋流动，在某些假设下，可以得到解析解。

对于不可压缩理想流体无旋流动，有

$$
\mathbf{\nabla} \times \mathbf{V} = 0
$$

即存在速度位 ϕ，使得

$$
\mathbf{V} = \nabla \phi \ , \ u = \frac{\partial \phi}{\partial x} \ , \ v = \frac{\partial \phi}{\partial y} \ , \ w = \frac{\partial \phi}{\partial z} \tag{2-8}
$$

另外，散度为

$$
\mathrm{div}(\mathbf{V}) = \frac{\partial u}{\partial x} + \frac{\partial v}{\partial y} + \frac{\partial w}{\partial z} = 0 \tag{2-9}
$$

将式（2-8）代入式（2-9），可得

$$
\frac{\partial^2 \phi}{\partial x^2} + \frac{\partial^2 \phi}{\partial y^2} + \frac{\partial^2 \phi}{\partial z^2} = 0
$$

即速度位方程是拉氏方程，为调和函数，满足线性叠加原理。

另外，对于不可压缩理想流体，满足连续方程

$$\frac{\partial u}{\partial x} + \frac{\partial v}{\partial y} = 0 \qquad\qquad (2-10)$$

式（2-10）为某一流函数 ψ 的全微分条件，即

$$\mathrm{d}\psi = u\,\mathrm{d}y - v\,\mathrm{d}x$$

有

$$\begin{cases} u = \dfrac{\partial \psi}{\partial y} \\[2mm] v = -\dfrac{\partial \psi}{\partial x} \end{cases}$$

代入式（2-10），即得

$$\frac{\partial^2 \psi}{\partial x^2} + \frac{\partial^2 \psi}{\partial y^2} = 0$$

综上所述，对于不可压流体的二维流动，速度位函数和流函数都满足拉氏方程。

求解不可压流体的绕流问题（气流流过翼型表面），即为求解满足某边界条件的调和函数，根据问题的特点，边界分为外边界和内边界，通常外边界取无穷大，内边界为物体表面，即外边界条件为直匀流 V_∞，内边界条件为 $V_n = \dfrac{\partial \phi}{\partial n} = 0$。

在平面流动中，有时用极坐标比用直角坐标更为方便。在极坐标系中，速度势 ϕ，流函数 ψ 与径向流速 V_r 和切向流速 V_θ 的关系为

$$\begin{cases} V_r = \dfrac{\partial \phi}{\partial r} = \dfrac{\partial \psi}{r\,\partial \theta} \\[3mm] V_\theta = \dfrac{\partial \phi}{r\,\partial \theta} = -\dfrac{\partial \psi}{\partial r} \end{cases}$$

下面简要说明流函数的特性：

1）流函数是针对二维流导出的，确定了流函数，即可得到流场分布。

2）$\psi(x, y) = \mathrm{const}$ 确定的曲线即为二维流的流线，即 $\dfrac{u}{\mathrm{d}x} = \dfrac{v}{\mathrm{d}y}$（由 $\mathrm{d}\psi = u\,\mathrm{d}y - v\,\mathrm{d}x = 0$ 得到）。

3）两条流线 $[\psi(x, y) = c_1$ 和 $\psi(x, y) = c_2]$ 之间的差等于其间经过的流量，即为

$$Q = \int_{c_1}^{c_2} u\,\mathrm{d}y - v\,\mathrm{d}x = \int_{c_1}^{c_2} \mathrm{d}\psi = c_2 - c_1$$

4）取等流量差 $[$即 $\Delta\psi(x, y) = \mathrm{const}]$ 的一系列 ψ 值做流线，即可把整个流场的流动形象地描述出来，可根据流线之间的疏密程度判定各处的流速大小。

5）两条流线就如流管的管壁隔开了流线之间的流体与流线之外的流体。

6）流函数的值代表着流量（流函数的绝对值并没有很重要的物理意义，但其差值却具有重要的物理意义），两流线之间的函数差即代表着流量，并且此流量若为常值，也表明两流线之间的流量都是相等的，流线较密之处代表此处的流速较快，反之亦然。

7）流线和速度位正交，对于二维流动，速度位表示为 $\phi(x, y) = c$，即 $\dfrac{\mathrm{d}y}{\mathrm{d}x} = -\dfrac{v}{u}$，

即与流线正交。

2.2.4.2　简单的二维位流

实际上，气流流经制导武器表面是非常复杂的，但可以用如下几种最基本的二维位流线性组合表示。

（1）直匀流

直匀流是一种最简单的无旋流动，其流速大小和方向保持不变，如图 2 - 16（a）所示。

设流速：$u = a$，$v = b$，则位函数为

$$\phi = ax + by + c_1$$

流函数为

$$\psi = -bx + ay + c_2$$

在工程上，常用到的直匀流为：平行于 x 轴，从左边流向右边，即 $u = V_\infty$，其位函数为 $\phi = V_\infty x$，流函数为 $\psi = V_\infty y$。

（2）点源

正源是从源点均匀地流向四面八方，如图 2 - 16（b）所示，负源（又名汇）是一种与正源流向相反的向心流动，如果把源（总流量为 Q，$Q > 0$ 为源，$Q < 0$ 为汇）放在坐标原点上，其周向流速 $V_\theta = 0$，径向流速为

$$V_r = \frac{Q}{2\pi r}$$

由 $V_r = \dfrac{\partial \psi}{r \partial \theta}$，可得流函数为

$$\psi = \frac{Q}{2\pi}\theta = \frac{Q}{2\pi}\arctan\frac{y}{x}$$

即流线是以原点为中心的射线。

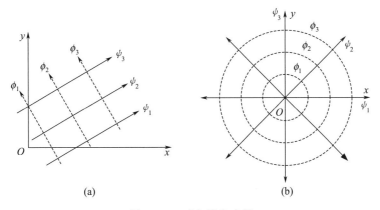

图 2 - 16　直匀流和点源

由 $V_r = \dfrac{\partial \phi}{\partial r}$，可得位函数为

$$\phi = \frac{Q}{2\pi} \ln r = \frac{Q}{2\pi} \ln(\sqrt{x^2 + y^2})$$

即等位线是以原点为圆心的同心圆，流线为从原点向四周的辐射线。

（3）偶极子

在 x 轴线上，在（$-h$，0）处放置一个强度为 Q 的源，在（0，0）处放置一个等强度的汇。从源出来的流量都进入汇，根据线性叠加原理，可得流函数和位函数为

$$\phi = \frac{Q}{2\pi} \ln(\sqrt{(x+h)^2 + y^2}) - \frac{Q}{2\pi} \ln(\sqrt{x^2 + y^2})$$

$$\psi = \frac{Q}{2\pi}(\theta_1 - \theta_2)$$

式中，θ_1 和 θ_2 分别为流场中流线上一点与源和汇的连线跟 x 轴正向之间的夹角，即

$$\theta_1 = \arctan\frac{y}{x+h} \ , \ \theta_2 = \arctan\frac{y}{x}$$

当 h 趋于零，令 $\frac{hQ}{2\pi} = M$ 保持不变，则

$$\phi = \frac{Q}{2\pi} \ln\left[\frac{\sqrt{(x+h)^2 + y^2}}{\sqrt{x^2 + y^2}}\right] = \frac{Q}{4\pi} \ln\left[\frac{(x+h)^2 + y^2}{x^2 + y^2}\right] = M\frac{x}{x^2 + y^2}$$

即等位线为一些圆心在 x 轴上的圆。

同理可推导得到

$$\psi = -M\frac{y}{x^2 + y^2}$$

即说明流线也是一些圆，圆心在 y 轴上，流线都经过圆心。

（4）点涡

当涡管的半径 $r \to 0$，则垂直于该涡管平面内的流动称为点涡或自由涡流，如图 2-17（a）所示，涡流中心称为涡点，假设涡强度（流动沿逆时针旋转）为 Γ，流体绕点涡做圆周运动，径向运动为 0，即点涡为一个二维的无旋流，即

$$\begin{cases} V_r = 0 \\ V_\theta = \frac{\Gamma}{2\pi r} \quad r > 0 \end{cases}$$

其势函数和流函数分别为

$$\phi = \frac{\Gamma}{2\pi}\theta \ , \ \psi = -\frac{\Gamma}{2\pi}\ln r$$

即等势线为射线，而流线为圆。

2.2.4.3 库塔-儒科夫斯基定理

通常情况下，流场中物体的形状是很复杂的，在边界条件下很难求解得到解析解，根据势函数和流函数的叠加原理（势函数和流函数为调和函数，满足线性叠加原则），一般复杂的流动可由上述几种基本流动线性组合。假设某复杂的流动由直匀流、偶极子和点涡（强度为 Γ）组成，如图 2-17（b）所示，则位函数为

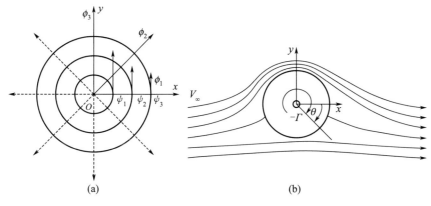

图 2 - 17　点涡、直匀流＋偶极子＋点涡

$$\phi = V_\infty x + M\frac{x}{x^2 + y^2} - \frac{\Gamma}{2\pi}\theta = V_\infty r\cos\theta + M\frac{\cos\theta}{r} - \frac{\Gamma}{2\pi}\theta$$

令 $a^2 = \dfrac{M}{V_\infty}$ ，则上式可重写为

$$\phi = V_\infty r\cos\theta + V_\infty a^2\frac{\cos\theta}{r} - \frac{\Gamma}{2\pi}\theta$$

即可得

$$\begin{cases} V_r = \dfrac{\partial\phi}{\partial r} = V_\infty\left(1 - \dfrac{a^2}{r^2}\right)\cos\theta \\ V_\theta = \dfrac{\partial\phi}{r\partial\theta} = -V_\infty\sin\theta - V_\infty\dfrac{a^2}{r^2}\sin\theta - \dfrac{\Gamma}{2\pi r} \end{cases}$$

在 $r = a$ 上也是一条流线，即在圆上

$$\begin{cases} V_\theta = -2V_\infty\sin\theta - \dfrac{\Gamma}{2\pi a} \\ V_r = 0 \end{cases}$$

压力系数 $C_p = \dfrac{p - p_\infty}{0.5\rho V_\infty^2} = 1 - \dfrac{V^2}{V_\infty^2} = 1 - \dfrac{\left(-2V_\infty\sin\theta - \dfrac{\Gamma}{2\pi a}\right)^2}{V_\infty^2}$ 。

当速度环量为 0 时，C_p 可简化为

$$C_p = 1 - (2\sin\theta)^2$$

当速度环量为 0 时，C_p 分布曲线如图 2 - 18 中实线所示，当在驻点处，即 $\theta = 0°$ 时，速度为零，压强最大；当 $\theta = 30°$ 时，速度增加至来流速度 V_∞ ，这时压强为无穷远处的气流静压；当 $\theta = 90°$ 时，速度增加至最大值 $2V_\infty$ ，这时压强减小至最小值 $p = p_\infty - 0.5\rho V_\infty^2$ 。

当速度环量不为 0 时，C_p 分布曲线如图 2 - 18 中虚线和点画线所示，即气流前后对称，但由于环量的存在，上下流速不同。

作用在圆柱体微段 ds 的压力在 x 轴方向的分量为 $p\mathrm{d}s\cdot\cos\theta$ ，则作用在整个圆柱体上

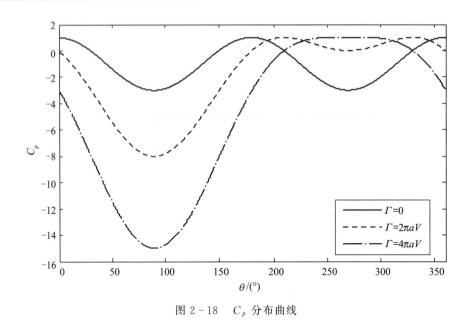

图 2-18　C_p 分布曲线

的力沿 x 轴方向的分量为

$$x = \int_0^{2\pi} (p - p_\infty) \cos\theta \, \mathrm{d}s = \int_0^{2\pi} 0.5\rho V_\infty^2 \left[1 - \frac{\left(-2V_\infty \sin\theta - \dfrac{\Gamma}{2\pi a}\right)^2}{V_\infty^2}\right] r\cos\theta \, \mathrm{d}\theta = 0$$

$$(2-11)$$

作用在圆柱体微段 $\mathrm{d}s$ 的压力在 y 轴方向的分量为 $-p\mathrm{d}s \cdot \sin\theta$，则作用在整个圆柱体上的力沿 y 轴方向的分量为

$$
\begin{aligned}
y &= -\int_0^{2\pi} (p - p_\infty) \sin\theta \, \mathrm{d}s \\
&= -\int_0^{2\pi} 0.5\rho V_\infty^2 \left[1 - \frac{\left(-2V_\infty \sin\theta - \dfrac{\Gamma}{2\pi a}\right)^2}{V_\infty^2}\right] a\sin\theta \, \mathrm{d}\theta \\
&= -\int_0^{2\pi} 0.5\rho \left[-4V_\infty^2 \sin^2\theta - \left(\frac{2V_\infty \sin\theta \Gamma}{\pi a}\right) - \left(\frac{\Gamma}{2\pi a}\right)^2\right] a\sin\theta \, \mathrm{d}\theta \\
&= \rho V_\infty \Gamma
\end{aligned}
$$

$$(2-12)$$

由式（2-11）和式（2-12）可知，在理想不可压流中，绕流阻力为 0，升力等于流体密度、来流速度和速度环量的乘积，方向垂直于来流方向，此结论即为库塔-儒科夫斯基定理。此定理可推广到一般形状的封闭物体中。

2.2.5　低速附面层

如 2.2.2 节所述，黏性是气体最基本的物理特性之一，由于气体黏性的作用，使得紧挨着制导武器表面的气体流速降为 0，随着离开制导武器表面距离的增加，流速逐渐恢复至来流速度。工程上，将紧挨着物体表面流动的薄层称为附面层（也称边界层），通常规

定流速达到 $0.99V_\infty$ 作为附面层内外的边界，由翼型表面到该处的距离被认为是附面层厚度。在附面层内由于速度梯度很大，故不能忽略其黏性力。

在附面层内，法向压强梯度 $\dfrac{\mathrm{d}p}{\mathrm{d}y}=0$，摩擦应力（即切向应力）为

$$\tau = \mu\,\frac{\mathrm{d}v}{\mathrm{d}y}$$

在附面层外，按理想流体计算气流状态参数。

流体流经制导武器表面时存在两种显著不同的状态特性，即层流和紊流。

1）层流：流体微团在流经制导武器表面时呈现有规则的层状流动，流体各层之间没有无规则的脉动。

2）紊流：流体微团在流经制导武器表面时在保证主体流动的同时，各层之间伴随着复杂的、无规则的脉动。对于流经制导武器表面的流动来说，紊流是主要的流动形式。

在流体力学中，常引入一个与黏性有关的无量纲参数：雷诺数。其值由著名的雷诺实验（内场实验）得到，表达式为

$$Re = \frac{\rho v D}{\mu}$$

式中　ρ，v，μ——流体介质的密度、流体介质在直管内截面的平均速度和流体介质的黏性系数；

　　　　D——直管的直径。

当 $Re < 2\,300$ 时，管内的流体流动状态为层流，当 $Re > 2\,300$ 时，其为紊流，将 $Re = 2\,300$ 称为转捩雷诺数。

雷诺数对于在大气层内飞行的制导武器而言，定义如下

$$Re = \frac{\rho v L}{\mu}$$

式中　L——特征长度，一般取弹翼弦长。

雷诺数相等是流体力学中一个重要的动力学相似准则，雷诺数是无量纲参数，一般视为流体惯性力和黏性力之比，当其值较小时，附面层之内的流动过程中其黏性力占主要部分，流体中流速的扰动会因黏性力的作用而衰减，流动呈现层流状态；当其值较大时，惯性力对流场的影响较大，流动较为不稳定，呈现紊流状态。由层流转化为紊流状态的原因是：随着雷诺数的增加，附面层内层流动会因为扰动的作用而失去稳定性，即变化为紊流。

2.2.6　热力学基本定律

2.2.6.1　完全气体状态方程

完全气体是依据实际气体的特性，忽略某些次要特性而采用的一种气体模型，即将气体的分子看成由弹性的、不占体积的微小微粒构成，微粒间除了相互碰撞外，没有其他相互作用力。通常情况下，远离液体状态的空气符合这种特性，可将空气看成完全气体。

对于完全气体，压强 p、密度 ρ 和绝对温度 T 三个基本状态参数之间保持一个简单的关系

$$p = \frac{\bar{R}}{m}\rho T \tag{2-13}$$

式中　$\bar{R}$——通用气体常量；

　　　　m——气体的分子量。

对于空气，$\bar{R} = 8\,315\ \mathrm{m^2/(s^2 \cdot K)}$，$m = 28.97$，则式（2-13）可写成

$$p = \rho R T \tag{2-14}$$

式中，$R = 287.053\ \mathrm{m^2/(s^2 \cdot K)}$。

2.2.6.2　气体内能、焓和熵

热力学中，通常用到气体内能、焓和熵等基本概念，简单阐述如下：

气体内能是指所有气体分子的各种能量以及分子间相互作用势能的总和，对于完全气体，其内能只考虑分子运动的动能，而忽略分子之间的势能，即内能仅为绝对温度的函数，单位质量的气体内能表示为

$$e = e(T)$$

焓：单位质量气体焓的定义如下

$$h = e + \frac{p}{\rho}$$

式中　$\dfrac{p}{\rho}$——单位质量气体具有的压能（也称机械能），则焓表示单位质量具有的内能和

　　　　　　压能之和，也只取决于绝对温度，其单位为 J/kg。

熵：单位质量气体在状态变化过程中（即与外界发生热能交换和机械做功），按温度平均得到的热量等于其熵的增量，即

$$\mathrm{d}s = \frac{\mathrm{d}q}{T}$$

2.2.6.3　热力学第一定律和第二定律

热力学第一定律为能量守恒定律在热力学上的应用，表述为：外界传给一个封闭物质系统的热量等于该系统内能的增量与系统对外界所做机械功之和。对于单位质量的封闭物质系统，其表达式为

$$\mathrm{d}q = \mathrm{d}e + p\,\mathrm{d}\!\left(\frac{1}{\rho}\right) = \mathrm{d}h - \frac{1}{\rho}\mathrm{d}p \tag{2-15}$$

式中　$\mathrm{d}q$——外界传给单位质量气体的热量；

　　　　$\mathrm{d}e$——单位质量气体的内能增量；

　　　　$\dfrac{1}{\rho}$——单位质量气体的体积，即比容；

　　　　$p\,\mathrm{d}\!\left(\dfrac{1}{\rho}\right)$——单位质量气体所做的机械功。

等容过程：单位质量气体的容积保持不变，即式（2-15）中 $d\left(\dfrac{1}{\rho}\right)=0$，外界传来的热量 dq 都用于气体的内能增加，即

$$dq = de = c_v dT$$

其中

$$c_v = \frac{dq}{dT}\bigg|_{v=\text{const}}$$

式中　　c_v——定容比热容，单位为 $J/(kg \cdot K)$，是单位质量气体在等容过程中，温度每升高 1 ℃所需的热量。

等压过程：单位质量气体的压强保持不变，即 $dp=0$，气体的机械做功不等于 0，即外界传来的热量一部分用于气体的内能增加，一部分用于机械做功，即

$$dq = dh = c_p dT$$

其中

$$c_p = \frac{dq}{dT}\bigg|_{p=\text{const}}$$

式中　　c_p——定压比热容，单位为 $J/(kg \cdot K)$，是单位质量气体在等压过程中，温度每升高 1 ℃所需的热量。

工程上，常将定压比热容与定容比热容的比值定义为气体的比热比，即

$$\gamma = \frac{c_p}{c_v}$$

通常情况下（气体温度低于 300 ℃，压强不太大），对于空气，$c_p = 1\,004.7\ J/(kg \cdot K)$，$c_v = 717.6\ J/(kg \cdot K)$，即可得 $\gamma = 1.400\,1 \approx 1.4$。定义比热比后，气体的焓可表示为

$$h = e + \frac{p}{\rho} = c_v T + RT = c_p T \tag{2-16}$$

即焓可视为在等压条件下，单位质量气体的温度由 0 ℃升至 T 所需的热量。

根据式（2-16），即得

$$\frac{R}{c_v} = \gamma - 1$$

即

$$h = c_v T + RT = \left(\frac{c_v}{R} + 1\right)RT = \frac{\gamma}{\gamma-1}RT = \frac{\gamma}{\gamma-1}\frac{p}{\rho}$$

绝热过程：单位质量气体在变化过程中，跟外界无热量交换，即

$$dq = 0, \quad c_v dT + p\,d\left(\frac{1}{\rho}\right) = 0 \tag{2-17}$$

由完全气体的状态方程［见式（2-14）］，可得

$$p\,d\left(\frac{1}{\rho}\right) + \rho\,d\left(\frac{1}{p}\right) = R\,dT \tag{2-18}$$

由式（2-17）和式（2-18）可得

$$c_p p \, \mathrm{d}\left(\frac{1}{\rho}\right) + c_v \left(\frac{1}{\rho}\right) \mathrm{d}p = 0$$

即可得

$$\frac{p}{\rho^\gamma} = c \tag{2-19}$$

热力学第二定律描述为能量的转化是有条件的，通常采用熵表述。

根据熵的定义可得

$$\mathrm{d}s = \frac{\mathrm{d}q}{T} = \frac{1}{T}\left[\mathrm{d}e + p\,\mathrm{d}\left(\frac{1}{\rho}\right)\right] = \frac{1}{T}c_v \mathrm{d}T + \frac{\rho RT}{T}\mathrm{d}\left(\frac{1}{\rho}\right) = c_v \mathrm{d}\ln T + R\,\mathrm{d}\left(\ln\frac{1}{\rho}\right)$$

$$= \mathrm{d}\left(c_v \ln T + R\ln\frac{1}{\rho}\right)$$

对上式进行积分，可得单位质量气体从状态 1（气体密度为 ρ_1，压强为 p_1，温度为 T_1，熵为 s_1）变化至状态 2（气体密度为 ρ_2，压强为 p_2，温度为 T_2，熵为 s_2）时的熵增量

$$\Delta s = \int_1^2 \mathrm{d}s = \int_1^2 \mathrm{d}\left(c_v \ln T + R\ln\frac{1}{\rho}\right) = c_v \ln\frac{T_2}{T_1} + R\ln\frac{\rho_1}{\rho_2}$$

$$= c_v \left[\ln\frac{T_2}{T_1} + \ln\left(\frac{\rho_1}{\rho_2}\right)^{\frac{R}{c_v}}\right] = c_v \ln\frac{T_2}{T_1}\left(\frac{\rho_1}{\rho_2}\right)^{\gamma-1} = c_v \ln\frac{p_2}{p_1}\left(\frac{\rho_1}{\rho_2}\right)^\gamma$$

定义等熵过程，即 $\Delta s = 0$，即在绝热变化过程中，状态变化可逆，可得

$$\frac{p_1}{\rho_1^\gamma} = \frac{p_2}{\rho_2^\gamma}$$

对于低速气体流场，大部分区域气体的速度梯度和温度梯度较小，近似可视为绝热流，这时可将这种流动视为等熵流。

一般在高速气体流场中，特别是气流经过激波，其温度和速度都出现突变，这时称为增熵过程，增熵过程为不可逆。

2.2.6.4　扰动、声速和马赫数

扰动：流场中某一区域内的气流（表征为气流参数，如压强、温度、密度和速度等）发生变化定义为扰动，一般根据扰动的强度将扰动分为弱扰动和强扰动，使流场中的气流参数发生微小变化定义为弱扰动，如声音传播、敲击音叉带来的扰动、膨胀波等；使流场中的气流参数发生一定阶跃变化定义为强扰动，如激波、火药爆炸产生的冲击波。

声速又称"音速"，即声波（是一种纵波，即空气分子的振动方向和波的传递方向相同）在可压缩介质中的传播速度，本质上是微小扰动在弹性介质中的传播速度。其物理现象为：由于扰源的作用，使得流场中的流体状态参数（如压强、温度、密度和速度等）发生了变化，因为介质是可压缩的，即这种扰动会以有限的速度向四周传播。在微小扰动下，介质的受扰速度也是微小的，但微小扰动的传播速度是一定的，其值与介质的弹性和密度有关，与扰动的振幅无关。

下面简单推导声速 a 的公式，如图 2 - 19 所示，敲击音叉，音叉压缩环绕其周围的空气，产生扰动，使空气沿四周以 $\mathrm{d}v$ 速度运动，为了简化，假设扰源静止，持续发出微弱

的扰动，扰动以球面波（速度 a ）向外传播。

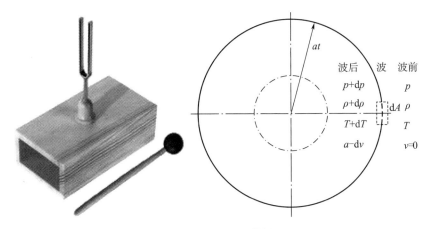

图 2 - 19　弱扰动传播

为了研究方便，沿扰动波前后取一控制体，一面的面积为 dA ，如图 2 - 19 中虚线所示，将坐标系固定于控制体，这样可将研究问题视为定常流场，波前的气体为未扰状态，气动参数为 ρ 、p 和 T ，波后的气体为扰动状态，气动参数为 $\rho + \mathrm{d}\rho$ ，$p + \mathrm{d}p$ 和 $T + \mathrm{d}T$ 。

应用连续方程，可得

$$\rho a \, \mathrm{d}A = (\rho + \mathrm{d}\rho)(a - \mathrm{d}v)\,\mathrm{d}A$$

略去二阶小量，可得

$$a\,\mathrm{d}\rho - \rho\,\mathrm{d}v = 0 \qquad\qquad (2-20)$$

由动量方程

$$pA - (p + \mathrm{d}p)A = \rho a A(a - \mathrm{d}v - a)$$

可得

$$\mathrm{d}p = \rho a\,\mathrm{d}v \qquad\qquad (2-21)$$

将式（2 - 21）代入式（2 - 20），可得

$$a = \sqrt{\frac{\mathrm{d}p}{\mathrm{d}\rho}} \qquad\qquad (2-22)$$

另外，根据定义，可得

$$a = \sqrt{\frac{\mathrm{d}p}{\mathrm{d}\rho}} = \sqrt{\frac{E}{\rho}}$$

即声速跟介质的压缩性和密度有关，介质越难压缩，则声速越大，当介质为不可压缩时（即 E 无穷大），声速则无穷大。

由于扰动变化微小、速度很快，气流既无热量交换，也无摩擦产生，可认为是一种绝热等熵过程，假设气流为完全气体，则将式（2 - 19）代入式（2 - 22），可得

$$a = \sqrt{\frac{\mathrm{d}p}{\mathrm{d}\rho}} = \sqrt{\gamma c \rho^{\gamma-1}} = \sqrt{\gamma R T} \qquad\qquad (2-23)$$

对于空气，取 $\gamma = 1.400\,1$，$R = 287.53\ \mathrm{J/(kg \cdot K)}$，则得

$$a = 20.047\ 5\sqrt{T} \approx 20.05\sqrt{T}$$

即声速仅跟空气的绝对温度有关。声速随温度变化的物理原因：空气分子不规则热运动的速度正比于$\sqrt{T}$，故温度越高，其速度越快，则扰动传播速度也越快。

流场中任一点的气体流速v与当地声速之比定义为马赫数Ma，即

$$Ma = \frac{v}{a}$$

马赫数是空气动力学中极为重要的参数，一般情况下流场中各点的流速、密度、压强和温度是不相同的，即马赫数是指当地值，故也称当地马赫数，下面简述马赫数与气流压缩性之间的关系。

由式（2-23），可知

$$a^2 = \frac{\mathrm{d}p}{\mathrm{d}\rho} \sim \frac{\Delta p}{\Delta \rho} \sim \frac{\rho v^2}{\Delta \rho} = \frac{v^2}{\dfrac{\Delta \rho}{\rho}}$$

即可得

$$\frac{\Delta \rho}{\rho} \sim Ma^2$$

即气流的压缩性（用$\dfrac{\Delta \rho}{\rho}$表征）与气流的马赫数息息相关，气流飞行马赫数越小，代表气流的压缩性越小，当气流飞行马赫数小于0.3时，通常可以忽略气流的可压缩性，气流飞行马赫数越大，气流的压缩性越大。

气流的很多气动特性跟飞行马赫数有关，工程上根据马赫数将气动特性分为如下7类：

1）当飞行马赫数$Ma \leqslant 0.3$时，可将流体视为不可压流动；

2）当飞行马赫数$0.3 < Ma \leqslant 0.8$（或$0.3 < Ma \leqslant 0.75$）时，为亚声速流动，流场如图2-20（a）所示，物体表面流速均低于声速；

3）当飞行马赫数$0.8 < Ma \leqslant 1.0$（或$0.75 < Ma \leqslant 1.0$）时，流场中同时存在亚声速流动和超声速流动，并存在斜激波和膨胀波，流场如图2-20（b）所示；

4）当飞行马赫数$1.0 < Ma \leqslant 1.2$时，物体头部前方产生脱体激波，气流经过脱体激波后，流速突变为亚声速，但压力突然变大，产生很大的激波阻力，流场如图2-20（c）所示；

5）当飞行马赫数$1.2 < Ma \leqslant 5.0$时，流场中流速均为$Ma > 1.0$，称为超声速流；

6）当飞行马赫数$5.0 < Ma \leqslant 14.0$时，称为高超声速流；

7）当飞行马赫数$Ma > 14.0$时，称为超高声速流。

2.2.6.5　一维定常绝热流能量方程

在不计质量力的情况下，能量方程为

$$\mathrm{d}q = \mathrm{d}\left(e + \frac{p}{\rho} + \frac{v^2}{2}\right)$$

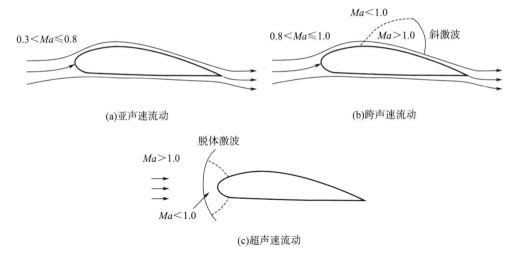

(a)亚声速流动　　　　　　　　　　(b)跨声速流动

(c)超声速流动

图 2-20　不同马赫数流场

在假设绝热流的情况下，沿流线积分，可得

$$e + \frac{p}{\rho} + \frac{v^2}{2} = h + \frac{v^2}{2} = \text{const} \tag{2-24}$$

式（2-24）即为一维定常绝热流的能量方程，能量方程还可以写成如下形式

$$c_p T + \frac{v^2}{2} = \text{const} \tag{2-25}$$

$$\frac{\gamma}{\gamma - 1} RT + \frac{v^2}{2} = \text{const} \tag{2-26}$$

$$\frac{a^2}{\gamma - 1} + \frac{v^2}{2} = \text{const} \tag{2-27}$$

$$\frac{\gamma}{\gamma - 1} \frac{p}{\rho} + \frac{v^2}{2} = \text{const} \tag{2-28}$$

通常取驻点作为参考点，驻点为流速为 0 的特殊点，根据式（2-24）和式（2-25），可得

$$h + \frac{v^2}{2} = h_0 \qquad c_p T + \frac{v^2}{2} = c_p T_0 \tag{2-29}$$

式中　h_0，T_0——总焓和总温；

　　　h，T——静焓和静温，静焓和气体动能之和为总焓，代表气体具有的总能量。

由式（2-16）和式（2-29）可得

$$\frac{T_0}{T} = 1 + \frac{v^2}{2 c_p T} = 1 + \frac{v^2}{2(c_v T + RT)} = 1 + \frac{\gamma - 1}{2} Ma^2 \tag{2-30}$$

由式（2-30）可知，总温是流场中温度最高的点，在工程上较容易测得总温值，再根据式（2-30）求解得到流场中某一点的静温（如求解得到无穷远处未受扰气流的温度）。

根据完全气体假设，可得

$$\frac{p_0}{p} = \frac{\rho_0 R T_0}{\rho R T} = \frac{\sqrt[\gamma]{\frac{p_0}{c}} T_0}{\sqrt[\gamma]{\frac{p}{c}} T}$$

即得

$$\frac{p_0}{p} = \left(1 + \frac{\gamma - 1}{2} Ma^2\right)^{\frac{\gamma}{\gamma - 1}} \tag{2-31}$$

同理，可得

$$\frac{\rho_0}{\rho} = \left(1 + \frac{\gamma - 1}{2} Ma^2\right)^{\frac{1}{\gamma - 1}} \tag{2-32}$$

以上公式表明，流动中任一点的总参数和静参数之比取决于当地马赫数。

工程上为了使用方便，常采用临界参考量表达式，在一维绝热流中，沿流线的某一点的流速刚好等于当地的声速，即 $Ma = 1$，该点称为临界点，临界参考量通常用上标"$*$"表示，则式（2-30）、式（2-31）和式（2-32）可分别改写为

$$\frac{T^*}{T_0} = \frac{1}{1 + \frac{\gamma - 1}{2}} = 0.833\ 3$$

$$\frac{p^*}{p_0} = \left(\frac{1}{1 + \frac{\gamma - 1}{2}}\right)^{\frac{\gamma}{\gamma - 1}} = 0.528\ 3$$

$$\frac{\rho^*}{\rho_0} = \left(\frac{2}{\gamma + 1}\right)^{\frac{\gamma}{\gamma - 1}} = 0.633\ 9$$

2.2.6.6 变截面积流动特性

对于变截面积的一维定常等熵流，其连续方程为

$$\frac{\mathrm{d}\rho}{\rho} + \frac{\mathrm{d}v}{v} + \frac{\mathrm{d}A}{A} = 0 \tag{2-33}$$

由声速方程（2-22）和欧拉方程 $v\mathrm{d}v = -\dfrac{\mathrm{d}p}{\mathrm{d}\rho}$ 可得

$$\frac{\mathrm{d}\rho}{\rho} = -Ma^2 \frac{\mathrm{d}v}{v}$$

代入式（2-33），可得

$$(Ma^2 - 1)\frac{\mathrm{d}v}{v} = \frac{\mathrm{d}A}{A}$$

由上式可知：

1）对于亚声速流动，如果管道截面收缩则流速增加，压强减小，密度减小；截面面积扩大则流速减小，压强增大，密度增加。

2）对于超声速流动，如果管道截面收缩则流速减小，压强增加，密度增加；截面面积扩大则流速增加，压强减小，密度减小。

2.2.6.7　弱扰动传播区

　　均匀流场中扰源产生的扰动根据其强度分为弱扰动和强扰动，其中弱扰动以声速向四周传播（强扰动以激波的传播速度传播），如图 2 - 21 所示，根据扰源的运动速度（假设扰源静止，亚声速向左运动，声速向左运动，超声速向左运动）分下面四种情况说明弱扰动的传播区（即影响区域）。

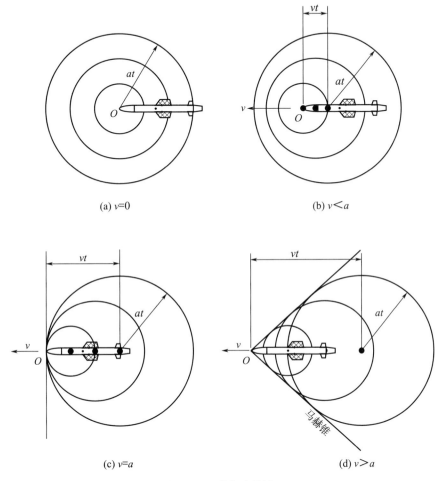

(a) $v=0$　　　　　　　　　　　　(b) $v<a$

(c) $v=a$　　　　　　　　　　　　(d) $v>a$

图 2 - 21　弱扰动传播区

　　（1）扰源静止

　　如图 2 - 21（a）所示，假设扰源静止，在某瞬间看，第 t 秒发出的扰动波面是以扰源 O 为中心，at 为半径的同心球面，空间任一点均会受到扰源的影响，即扰源的影响区是全流场。

　　（2）扰源速度小于声速

　　如图 2 - 21（b）所示，假设扰源以 v 的速度向左运动，第 t 秒扰源发出的半径为 at 的球面波要顺来流方向移动 vt，由于 $vt<at$，因此扰源的影响区仍是全流场。

（3）扰源速度等于声速

如图 2 - 21（c）所示，当扰源速度增加至声速时，扰源的扰动波面不会影响扰源前方的流场，即弱扰动不会传到扰源的前面，其气流顺着来流方向未到扰源时不会受扰源的影响。

（4）扰源速度大于声速

如图 2 - 21（d）所示，当扰源速度继续增加，超过声速时，由于扰源的移动速度大于声速，即 $vt > at$，扰源的影响区域为以扰源原点 O 为顶点的一个圆锥内，即马赫锥，其边界为马赫线，马赫线为扰动影响的边界，马赫角为

$$\mu = \arcsin\left(\frac{at}{vt}\right) = \arcsin\frac{1}{Ma}$$

扰源速度越大，即扰源运动马赫数越大，则马赫角越小。

虽然上述假设的扰源为微小扰动（弱扰动），但也适用于空地制导武器在空间流场的运动状态。弱扰动在流场中的传播对于亚声速和超声速两种情况有本质的区别，当空地制导武器在空气中以亚声速相对运动时，扰源（空地制导武器）产生的扰动可遍及整个流场，即无穷远处来流会因为扰源的存在逐渐改变方向和气流参数，这种改变是连续的；当以超声速运动时，无穷远处的气流的流动状态不会改变，只有接触扰源的那部分气流以阶跃式改变气流的流动状态。

2.2.6.8　膨胀波和激波

在超声速气流中，存在两个基本物理现象，一是膨胀波，另一个是激波。膨胀波是使气流发生膨胀的扰动波，而激波是以一定强度使气流发生突然压缩的波，如图 2 - 22 所示，其中图 2 - 22（a）是超声速气流流经尖头翼型的情形，在翼型前缘产生附体斜激波，在翼型最大厚度处产生膨胀波，在翼型尾部处由于气流受压缩而产生附体斜激波；图 2 - 22（b）是超声速气流流经弹身的情形，同样在尖头弹头产生附体圆锥斜激波，在翼型最大厚度处产生膨胀波，在翼型尾部产生附体斜激波；图 2 - 22（c）为超声速气流流经钝头翼型的情形，在翼型前缘产生脱体正激波；图 2 - 22（d）为美国 F - 15 飞机突破声速时产生的音锥。

（1）膨胀波

①微小外折扰动

当超声速气流流过外折壁面时（壁面外折很微小的角度 $\mathrm{d}\theta$），如图 2 - 23（a）所示，由于弱扰动的影响，扰动的影响区域为马赫锥下游，其膨胀波 OL 和来流速度之间的夹角为

$$\mu = \arcsin\frac{1}{Ma}$$

来流经过 OL 之后，由于受外折扰动的影响，方向也外折 $\mathrm{d}\theta$，继续沿壁面 OB 流动，由于气流通道面积加大，流速将增大，气流压强将降低，即气流发生膨胀，产生马赫波，即为膨胀波。

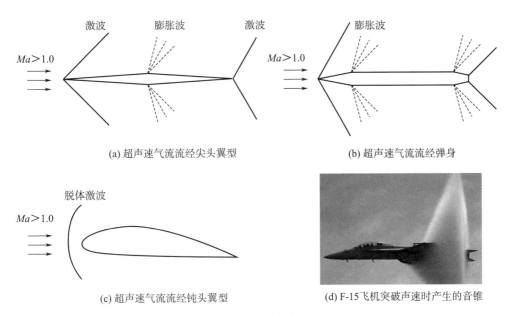

(a) 超声速气流流经尖头翼型　　　　　　　　(b) 超声速气流流经弹身

(c) 超声速气流流经钝头翼型　　　　　　　(d) F-15飞机突破声速时产生的音锥

图 2 - 22　激波

②外折曲面扰动

当超声速气流流过外折曲面时，如图 2 - 23 （b）所示，可以将曲面看成由一组连续微小的外折壁面组成，流体经过第一个转折点时，产生第一条膨胀波 OL_1，流经膨胀波之后，来流速度为

$$Ma_1 = Ma + \mathrm{d}Ma$$

第一条膨胀波与来流的速度方向之间的夹角为

$$\mu_1 = \arcsin \frac{1}{Ma}$$

流体经过第二个转折点时，产生第二条膨胀波 OL_2，流经膨胀波之后，来流速度为

$$Ma_2 = Ma_1 + \mathrm{d}Ma_1$$

第二条膨胀波与来流的速度方向之间的夹角为

$$\mu_2 = \arcsin \frac{1}{Ma_1}$$

同理，产生第三条，第四条，…，第 n 条膨胀波，来流速度分别为

$$Ma_3 = Ma_2 + \mathrm{d}Ma_2 , Ma_4 = Ma_3 + \mathrm{d}Ma_3 , \cdots, Ma_n = Ma_{n-1} + \mathrm{d}Ma_{n-1}$$

其夹角分别为

$$\mu_3 = \arcsin \frac{1}{Ma_2} , \mu_4 = \arcsin \frac{1}{Ma_3} , \cdots, \mu_n = \arcsin \frac{1}{Ma_{n-1}}$$

由以上分析可得

$$Ma < Ma_1 < Ma_2 < \cdots < Ma_n , \mu_1 > \mu_2 > \cdots > \mu_n$$

来流经过无穷多外折扰动之后，流速越来越快，而第 n 条膨胀波与波前气流方向的夹角小于第 $n-1$ 条的相应值，即这些无穷多条膨胀波不会相交，而组成一个扇形膨胀区域。

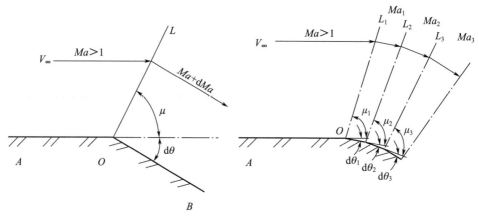

(a) 超声速气流绕外折壁面的流动　　　　(b) 超声速气流绕多次外折壁面(凸曲面)的流动

图 2-23　膨胀波

③气体经膨胀后参数变化

由式（2-30）、式（2-31）和式（2-32）可得气体经膨胀后各参数的变化趋势

$$T = \frac{T_0}{1 + \dfrac{\gamma - 1}{2} Ma^2}$$

$$p = \frac{p_0}{\left(1 + \dfrac{\gamma - 1}{2} Ma^2\right)^{\frac{\gamma}{\gamma-1}}}$$

$$\rho = \frac{\rho_0}{\left(1 + \dfrac{\gamma - 1}{2} Ma^2\right)^{\frac{\gamma}{\gamma-1}}}$$

由于经过膨胀波之后，流速 Ma 增加，则流体的温度下降，压强降低，密度减小。

④膨胀波特性

1）超声速来流经过外折壁面或外折曲面必定产生膨胀波，此扇形膨胀波由无限多的膨胀马赫波所组成；

2）膨胀波与来流速度之间的夹角仅与受扰前的来流速度有关，速度越大，则夹角越小；

3）经过膨胀波时，气流参数是连续变化的，其流速增大，气流压强、密度和温度相应减小，流动过程为绝热等熵的膨胀过程；

4）气流流经膨胀波后，将沿平行于折后的壁面向下游流去；

5）沿膨胀波束的任一条马赫线，气流参数不变，故每条马赫线也是等压线，而且马赫线是一条直线；

6）膨胀波束中的任一点的速度大小仅与该点的气流方向有关。

（2）激波

超声速气流通过凹面时将产生一种性质与膨胀波性质相反的波，即激波，激波是超声速气流受到强烈压缩后产生的强压缩波，其物理现象描述如下：

如图 2 - 24（a）所示，从 O 开始通道面逐渐减小，气流速度逐渐减小，而压强逐渐增大，与此同时，气流的方向也逐渐转向，产生一系列的微弱扰动，从而产生一系列的马赫波（与膨胀马赫波的性质相反，称为压缩马赫波）。

气流沿整个凹曲面的流动，实际上是由这一系列的马赫波汇成一个突跃面。气流经过这个突跃面后，流动参数要发生突跃变化：速度会突跃减小，而压强和密度会突跃增大。这个突跃面是个强间断面，即激波面。

①激波产生的原因及特性

当超声速气流流过内折曲面时，如图 2 - 24（b）所示，可以将曲面看成由一组微小的内折壁面组成，流体经过第一个转折点时，产生第一条压缩波 OL_1，流经压缩波之后，来流速度为

$$Ma_1 = Ma - dMa$$

第一条压缩波与来流的速度方向之间的夹角为

$$\beta_1 = \arcsin \frac{1}{Ma}$$

流体经过第二个转折点时，产生第二条压缩波 OL_2，流经压缩波之后，来流速度为

$$Ma_2 = Ma_1 - dMa_1$$

第二条压缩波与来流的速度方向之间的夹角为

$$\beta_2 = \arcsin \frac{1}{Ma_1}$$

同理，产生第三条，第四条，…，第 n 条压缩波，来流速度分别为

$$Ma_3 = Ma_2 - dMa_2 \ , \ Ma_4 = Ma_3 - dMa_3 \ , \cdots, \ Ma_n = Ma_{n-1} - dMa_{n-1}$$

其夹角分别为

$$\beta_3 = \arcsin \frac{1}{Ma_2} \ , \ \beta_4 = \arcsin \frac{1}{Ma_3} \ , \cdots, \ \beta_n = \arcsin \frac{1}{Ma_{n-1}}$$

由以上分析可得

$$Ma > Ma_1 > Ma_2 > \cdots > Ma_n \ , \ \beta_1 < \beta_2 < \cdots < \beta_n$$

来流经过无穷外折扰动之后，流速越来越小，而第 n 条压缩波与波前气流方向的夹角大于第 $n-1$ 条的相应值，即这无穷多条压缩波彼此重叠，形成了一个强压缩波，即成为激波。

激波的特点如下：

1）超声速气流流经一个内凹角时，在其折转处会产生激波；

2）激波会产生波阻，对于其后的翼型而言，激波后气流大多会产生分离，即产生压差阻力；

3）激波是有一定厚度的，但数值十分小，只有气体分子自由程的若干倍数（ 5×10^{-7} m），

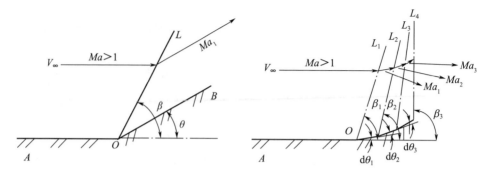

(a) 超声速气流绕内折壁面的流动　　　　(b) 超声速气流绕多次内折壁面(凹曲面)的流动

图 2 - 24　压缩波

波前的相对马赫数越大，则激波厚度越小；

4）在激波内部存在气体与气体之间的摩擦，使一部分机械能转变为热能；

5）激波是超声速气体受到强烈压缩后产生的强压缩波，气流经过激波后气流参数变化是突跃的，流速减小，相应的压强、温度和密度均升高，即变化方向与膨胀波恰好相反；

6）由第1）条描述的激波特性可知，当气流流经物体表面产生激波时，物体表面表现为：压力分布变化很大，因此在设计制导武器时，一般应避免激波的出现或减弱激波的强度；

7）激波厚度很薄，且参数变化的每一状态不可能是热力学平衡状态，这种过程是一个不可逆的耗散过程和绝热过程，因而必然会引起熵的增加。

②激波分类

激波就其形状和性质可划分为正激波、斜激波、脱体激波等。正激波的激波面与来流垂直，气流经正激波后，气流速度突跃式地变为亚声速，流速指向不变；斜激波的激波面与气流来流方向不垂直，气流经过斜激波后改变流动方向；脱体激波由正激波和斜激波组成。

③激波前后气流参数关系

当超声速气流流经楔形体（其半顶夹角为 δ）时将产生斜激波，如图 2 - 25 所示，将坐标系固定在激波上，即可将实际运动中的激波表示为静止激波，此时可以将问题当作定常流动来处理。激波与气流来流方向的夹角称为激波倾角，用 β 表示。为了研究方便，沿激波薄面取一个控制体，波前波后气流参数分别用下标"1"和"2"表示。气流经过斜激波后改变流动方向，其折转角用 δ 表示，即气流平行于楔形体表面向后流动。为了求解波前气体参数（p_1，ρ_1，T_1 和 Ma_1）和波后气体参数（p_2，ρ_2，T_2 和 Ma_2）之间的关系，需要联立气体状态方程、连续方程、动量方程和能量方程。

1）气体状态方程：假设气流为完全气动，则

$$p = \rho R T$$

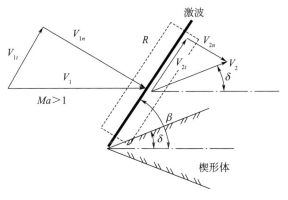

图 2 - 25　激波

2）连续方程：单位时间内从左边流入的质量应等于从右边流出的质量，即

$$\rho_1 V_{1n} = \rho_2 V_{2n} \tag{2-34}$$

3）动量方程：在激波面邻近取一区域 R，如图 2 - 25 所示，设平行于这个波面的面积为单位面积，在激波面法线方向上的动量方程为

$$\rho_2 V_{2n}^2 - \rho_1 V_{1n}^2 = p_1 - p_2 \tag{2-35}$$

平行于激波面的动量方程为

$$\rho_2 V_{2n} V_{2t} - \rho_1 V_{1n} V_{1t} = 0 \tag{2-36}$$

4）能量方程：气流经过激波时可视为绝热过程，所以气流在激波前后的总能量相等

$$\frac{V_1^2}{2} + \frac{\gamma}{\gamma - 1} \frac{p_1}{\rho_1} = \frac{V_2^2}{2} + \frac{\gamma}{\gamma - 1} \frac{p_2}{\rho_2}$$

由式（2 - 34）和式（2 - 36）可解得

$$V_{1t} = V_{2t} = V_t$$

由能量方程可得

$$c_p T_1 + \frac{V_{1n}^2}{2} = c_p T_2 + \frac{V_{2n}^2}{2}$$

将 $c_p = \dfrac{\gamma}{\gamma - 1} R$ 和完全气体状态方程代入上式，可得

$$\frac{\gamma}{\gamma - 1} \left(\frac{p_2}{\rho_2} - \frac{p_1}{\rho_1} \right) = \frac{V_{1n}^2}{2} - \frac{V_{2n}^2}{2} \tag{2-37}$$

由式（2 - 35）和式（2 - 37）可得

$$p_1 - p_2 = \rho_2 V_{2n}^2 - \rho_1 V_{1n}^2 = \rho_1 V_{1n}^2 \left(1 - \frac{\rho_1}{\rho_2} \right) \tag{2-38}$$

即

$$V_{1n}^2 = \frac{p_2 - p_1}{\rho_2 - \rho_1} \frac{\rho_2}{\rho_1}$$

同理可得

$$V_{2n}^2 = \frac{p_2 - p_1}{\rho_2 - \rho_1} \frac{\rho_1}{\rho_2}$$

将以上两式代入式（2-37），可得

$$\frac{p_2}{p_1} = \frac{\dfrac{\gamma+1}{\gamma-1} \dfrac{\rho_2}{\rho_1} - 1}{\dfrac{\gamma+1}{\gamma-1} - \dfrac{\rho_2}{\rho_1}}$$

同理可得

$$\frac{\rho_2}{\rho_1} = \frac{\dfrac{\gamma+1}{\gamma-1} \dfrac{p_2}{p_1} + 1}{\dfrac{\gamma+1}{\gamma-1} + \dfrac{p_2}{p_1}}$$

$$\frac{T_2}{T_1} = \frac{\dfrac{p_2}{p_1}\left(\dfrac{\gamma-1}{\gamma+1} \dfrac{p_2}{p_1} + 1\right)}{\dfrac{\gamma-1}{\gamma+1} + \dfrac{p_2}{p_1}}$$

以上三式即为郎金-雨贡纽关系式，即反应激波前后气流的压强比、密度比和温度比。

由能量方程可得

$$\frac{V_1^2}{2} + \frac{\gamma}{\gamma-1} \frac{p_1}{\rho_1} = \frac{V_2^2}{2} + \frac{\gamma}{\gamma-1} \frac{p_2}{\rho_2} = \frac{\gamma}{\gamma-1}RT_0 = \frac{\gamma+1}{2(\gamma-1)}a_*^2 \qquad (2-39)$$

其中

$$a_* = \sqrt{\frac{2\gamma}{\gamma+1}RT_0}$$

式中　　T_0——气流总温；

　　　　a_*——临界声速，由定义可知，其值在激波前后保持不变。

故分别可得

$$\begin{cases} \dfrac{p_1}{\rho_1} = \dfrac{\gamma+1}{2\gamma}a_*^2 - \dfrac{\gamma-1}{2\gamma}V_1^2 \\[3mm] \dfrac{p_2}{\rho_2} = \dfrac{\gamma+1}{2\gamma}a_*^2 - \dfrac{\gamma-1}{2\gamma}V_2^2 \end{cases} \qquad (2-40)$$

由式（2-34）、式（2-35）和式（2-40）可得

$$V_{1n}V_{2n} = a_*^2 - \frac{\gamma-1}{\gamma+1}V_{1t}^2$$

此式即为普朗特关系式，其揭示了激波前后垂直激波面速度之间的关系。

对于正激波，$V_{1t} = 0$，即

$$V_1 V_2 = a_*^2$$

由上式可得，波前气流总是超声速，而正激波后气流总是亚声速。

2.2.7　翼型气动特性

弹翼是空地导弹的主要气动作用面，弹翼设计是气动外形设计中非常重要的环节，弹

翼气动特性直接影响全弹气动力和气动力矩等气动特性。具有良好气动特性的空地导弹，可以大幅降低控制系统的设计难度，且可提高战术指标。弹翼总体设计主要涉及弹翼翼型、弹翼平面形状、弹翼面积、展弦比等内容。本节讲述翼型气动特性，2.2.8 节介绍弹翼气动特性。

垂直于弹翼前缘所截得的剖面，称为翼型，如图 2 - 26（a）所示，其几何形状是弹翼和舵面的基本几何特性之一。翼型的气动特性直接影响弹翼及整个制导武器的气动特性，在空气动力学理论和制导武器设计中翼型设计占有重要的地位。

2.2.7.1　翼型参数

翼型是由中弧线（或称为弯度线）和基本厚度叠加而成的，如图 2 - 26（b）所示，通常用弦长、弯度、厚度、前缘钝度和后缘尖锐度等表征。

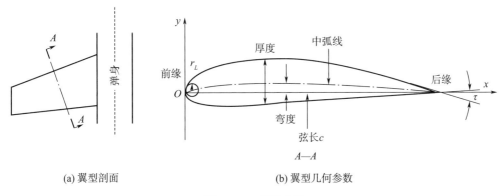

(a) 翼型剖面　　　　　　　　　　　(b) 翼型几何参数

图 2 - 26　翼型参数

弦长：翼型的最前端点称为前缘点，最后端点称为后缘点，前后连线称为几何弦，其长度为弦长，通常用 c 表示。

翼型上下表面曲线表示为相对弦长 $\overline{x}$ 的函数

$$\begin{cases} \overline{y}_u = \dfrac{y_u}{c} = f_u\left(\dfrac{x}{c}\right) = f_u(\overline{x}) \\[2mm] \overline{y}_l = \dfrac{y_l}{c} = f_l\left(\dfrac{x}{c}\right) = f_l(\overline{x}) \end{cases}$$

弯度：翼型上下表面中点的连线称为翼型中弧线，用于描述翼型的弯曲特性。中弧线的无量纲坐标 $\overline{y}_f(\overline{x})$ 称为弯度分布函数（见下式），即相对弯度，其最大值称为最大弯度，最大弯度位置：$\overline{x}_f = \dfrac{x_f}{c}$。

$$\overline{y}_f(\overline{x}) = \frac{y_f}{c} = \frac{1}{2}(\overline{y}_u + \overline{y}_l)$$

相对弯度对气动特性的影响：相对弯度增加，零攻角时的升力增加。

厚度：翼型厚度常用最大厚度和相对厚度表示。最大厚度：翼型的基本厚度的最大值，即（$y_u - y_l$）的最大值，简称厚度。最大厚度位置：$\overline{x}_c = \dfrac{x_c}{c}$。相对厚度：厚度与弦长之比，用无量纲函数 $\overline{y}_c(\overline{x})$ 来表示。

$$\overline{y}_c(\overline{x}) = \frac{y_u - y_l}{c} = \overline{y}_u - \overline{y}_l$$

相对厚度对气动特性的影响：当飞行马赫数小于 0.8 时，相对厚度对阻力影响较小，但当飞行马赫数大于 0.8（即为跨声速或超声速）时，相对厚度增大，则阻力增加，临界马赫数降低。另外最大厚度位置后移，则临界马赫数提高。

通常称相对厚度 $\overline{y}_c \leqslant 12\%$ 的翼型为薄翼型，相对厚度 $\overline{y}_c > 12\%$ 的翼型为厚翼型。

前缘钝度和后缘尖锐度：对于圆头翼型，用前缘的内切圆半径 r_L 表示前缘钝度，该内切圆的圆心在中弧线前缘点的切线上，半径 r_L 称为前缘半径，其相对值定义为：$\overline{r}_L = \dfrac{r_L}{c}$。后缘处上下翼面切线的夹角称为后缘角 τ，表示后缘的尖锐度。

翼型设计是制导武器气动设计的基础，翼型性能也直接对制导武器的战术指标产生影响，如升阻比直接影响全弹的升阻比，最大阻力发散马赫数直接关系到弹体高速时的气动特性。本节以典型低速翼型为例介绍翼型的重要参数，对于不同的飞行速度，弹翼的翼型形状是不同的：对于低亚声速飞机，为了提高升力系数，翼型形状为圆头尖尾形；而对于高亚声速飞机，为了提高阻力发散马赫数，采用超临界翼型，其特点是前缘丰满、上翼面平坦、后缘向下凹；对于超声速飞机，为了减小激波阻力，采用尖头尖尾翼型。

2.2.7.2　超声速翼型

由于超声速气流流过圆头翼型时，会产生很强的脱体正激波，故为了推迟激波的出现以及减弱激波的强度，超声速翼型往往具有以下特点：1）一般采用尖头尖尾翼型，翼型较薄（相对厚度一般不小于 0.03）；2）一般为对称翼型，如图 2-27 所示，分别称为菱形翼型、四边形翼型、双弧形翼型和六角形翼型。

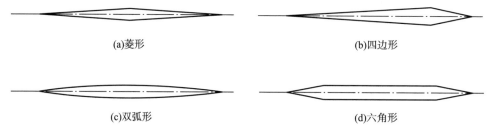

(a)菱形　　　　　　　　　　　　　　(b)四边形

(c)双弧形　　　　　　　　　　　　　(d)六角形

图 2-27　超声速翼型

2.2.7.3　跨声速翼型

对于跨声速飞行的制导武器，翼型设计是影响气动性能和控制系统性能很重要的因素。新的翼型不断出现，如层流翼型、超临界翼型、亚临界翼型、平顶式翼型等。现在空地制导武器大多以高亚声速或跨声速飞行，故本节内容着重介绍跨声速翼型，目前用于跨声速飞行的翼型主要有层流翼型和超临界翼型。

（1）层流翼型

层流翼型是为了减小湍流摩擦阻力而设计的，设计思想是尽量使翼面的顺压区增大，逆压区减小，即尽量使翼面上的气流流动保持层流状态，推迟气流转捩的出现（紊流的摩擦阻力系数远大于层流的摩擦阻力系数），使其保持较好的升阻特性。

层流翼型的典型代表为 NACA6 系列和 NACA7 系列，下面以翼型 NACA 66_3-210 为例说明 NACA6 系列翼型各个数字代表的意义：

1）第一位数字 6 代表 NACA6 系列层流翼型；

2）第二位数字 6 代表厚度分布使零升力下的最小压力位置在 $0.6c$ 处，此值越大，代表翼型的最大厚度越靠近翼型后缘；

3）第三位数字 2 代表设计升力系数 $C_{l,des}$（升力系数用 C_l 或 C_y）为 0.2，$C_{l,des}$ 为来流与前缘中弧线平行时的理论升力系数，设计升力系数（图 2-28）为阻力系数最小段升力的平均值；

4）第四位和第五位数字 10，代表翼型的相对厚度为 10%，此值越小，代表翼型的临界马赫数越高；

5）下标 3 代表有利升力系数范围为：± 0.3，对于 $C_{l,des}=0.2$，翼型有利升力系数为 $[-0.1, 0.5]$；

6）如果 NACA6 系列翼型中"-"再用"A"代替，则表示翼型上下弧线从 0.8 位置至后缘都是直线。

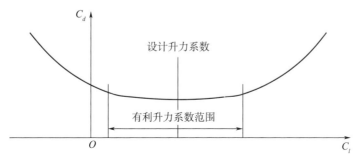

图 2-28　有利升力系数的概念

层流翼型特点简单介绍如下：

1）跟 NACA5 系列翼型相比，层流翼型的前缘半径较小，上下弧面在翼型前半部分走势较为平坦，最大厚度位置比较靠后，能使翼型表面上的气流尽可能保持层流流动，减小摩擦阻力。

2）从翼型的阻力特性看，NACA6 系列层流翼型在小攻角飞行时，其摩擦阻力比普通翼型（NACA4 系列或 NACA5 系列）的小，特别是 NACA6 系列层流翼型能在一个有限的升力系数范围内，形成"低阻区"，使其最小阻力远比 NACA4 系列和 NACA5 系列翼型的小，如图2-29 所示。

3）在设计升力范围内，最小压强点靠近翼型的后缘，阻力主要表现为摩擦阻力，即具有低阻力、高升阻的特性；超出设计升力范围后，最小压强点迅速前移，气流分离点（由转捩点的突然前移造成）也大幅前移，这时阻力主要表现为压差阻力，其阻力随升力的增加而快速增加，升阻特性较为一般，甚至不如普通翼型，如图 2 - 29 所示，故 NACA6 系列层流翼型在使用时需注意飞行攻角。

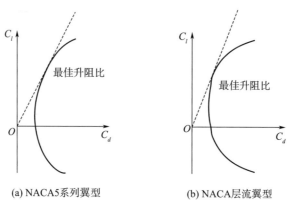

(a) NACA5 系列翼型　　　　　　(b) NACA 层流翼型

图 2 - 29　翼型升阻特性对比

4）NACA6 系列层流翼型随相对厚度减小，低阻升力系数范围缩小，"下陷"所带来的好处减少。故对于薄翼来说，其好处几乎没有多大的实际意义。再者，在低阻层流范围内，对翼面的光滑程度要求很严，而且对雷诺数也很敏感，这些不足使得 NACA6 系列层流翼型在应用于薄翼型时，实际效果不太理想。

5）比较高的最大升力系数和比较高的临界马赫数，其临界马赫数随着弹翼的厚度减小而提高，随着最小压力位置的后移而增大。

6）适用于较高的飞行速度，如高亚声速、跨声速、低超声速。

7）层流翼型后缘较薄，给弹翼的加工带来一定的困难，工程上，常对层流翼型的后缘进行处理，即从弦长 80％处至后缘采用直线处理，即所谓的 NACA6A 系列翼型，由于 NACA6 系列和 6A 系列主要翼面压力分布在翼面的前面部分，所以 NACA6 系列翼型和 6A 系列翼型的气动特性一致。

8）层流翼型的摩擦阻力较小是因为其可以保证翼型较长的层流状态，抑制翼型上的气流分离，但是如果翼面不光洁或者翼型结构振动，会使附面层提前转捩，气流提前分离，这样就发挥不出层流翼型的优点。

9）相比较超临界翼型，翼型上下表面较凸，在出现激波前，超声速气流一直在加速，故激波位置相对靠前，激波强度较大，激波后附面层容易分离。

下面简要介绍几种常用的层流翼型：NACA64212、NACA64210、NACA65209、NACA65210、NACA66210、NACA65310 和 NACA65410 等的参数具体见表 2 - 3。其中 NACA64212、NACA65210、NACA66210 和 NACA65410 翼型的几何尺寸如图 2 - 30～图 2 - 33 所示。

表 2-3 NACA 层流翼型的参数

翼型	最大厚度	最大厚度位置	最大弯度	最大弯度位置	前缘半径	后缘厚度	设计升力系数 $C_{l,des}$	有利升力系数范围
NACA64212	12%	40%	1.10%	50%	0.807 8%	0	0.2	$[-0.1, 0.5]$
NACA64210	10%	40%	1.10%	50%	0.533 2%	0	0.2	$[-0.1, 0.5]$
NACA65209	9%	40%	1.10%	50%	0.365 5%	0	0.2	$[-0.1, 0.5]$
NACA65210	10%	40%	1.10%	50%	0.461 8%	0	0.2	$[-0.1, 0.5]$
NACA66210	10%	40%	1.10%	50%	0.443 3%	0	0.2	$[-0.1, 0.5]$
NACA65310	10%	40%	1.65%	50%	0.468 0%	0	0.3	$[0.0, 0.6]$
NACA65410	10%	40%	2.21%	50%	0.472 4%	0	0.4	$[0.1, 0.7]$

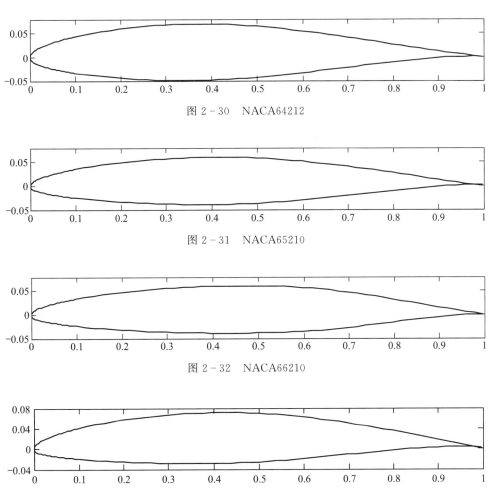

图 2-30 NACA64212

图 2-31 NACA65210

图 2-32 NACA66210

图 2-33 NACA65410

（2）超临界翼型

在超临界翼型出现之前，为了提高翼型飞行的临界马赫数，其一：加大翼型的前缘半径；其二：设计翼型尽量平坦，使最大厚度后移，这样可使翼型上表面的压力分布趋于平坦，尽量避免负压峰值的出现或使负压峰值量级减小并且后移。传统的层流翼型即采用上述翼型设计思想，但是其提高临界马赫数有限，而且当来流速度超过临界马赫数之后，在翼型上半平面很快形成强激波，故这种翼型的临界马赫数较低，当来流超过临界马赫数之后，翼型的气动特性急剧变差，所以众多气动学者先后研究了如何提高翼型的临界马赫数，美国国家航空航天局兰利研究中心的 Whitcomb 于 1967 年提出了超临界翼型的概念。

超临界翼型前面部分比较"平坦"，上下表面压差较小，即升力比较小，为了克服此不足，也常将翼型后部分设计成"内凹"形状，旨在提高翼型后部分升力，如图 2 - 34 所示。

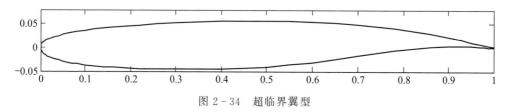

图 2 - 34　超临界翼型

①翼型编号

超临界翼型的发展经历了三个阶段，翼型编号分别为 NACA SC（1）XX XX，NACA SC（2）XX XX 和 NACA SC（3）XX XX，编号中 SC 代表超临界翼型，括号内的数字是发展阶段，之后的两位数的十分数是设计升力系数，最后两位是百分比弦长厚度。以超临界翼型 NASA SC（2）- 0610 为例，其翼型参数如下：

最大厚度为 10%（$\overline{x}_c = 38\%$），最大弯度为 1.02%（$\overline{x}_f = 80\%$），前缘半径为 1.874 3%，后缘厚度为 0.49%，翼型如图 2 - 34 所示，其设计升力系数 $C_{l, des}$ 为 0.2。

②设计思想

超临界翼型设计的出发点是尽量推迟临界马赫数的出现以及减弱激波的强度。基于此，翼型设计思想如下所述：

1）翼型前缘设计：大幅增加翼型前缘的半径，使得气流经驻点绕上翼面的加速变缓（也避免翼型前缘分离）。

2）翼型前半部分设计：最大厚度推后，翼型前半部分上下翼面尽量变化平坦，使得气流流经翼型前半部分表面时加速缓慢，避免速度峰值出现或使得最大速度减小并尽可能后移，当出现激波时，其激波位置靠后，其流速也相对较低，激波较弱。翼型前缘和前半部分上下翼型设计使得超声速区内的加速和减速相平衡，由此获得平顶型压力分布的翼型，如图 2 - 35 所示。平坦的压力分布有利于阻止接近后缘流动减速产生的扰动前传，即阻止了近壁面扰动前传并且使流动收敛于普通激波。然而靠近壁面的一小段距离内流动是亚声速的，扰动能前后传播进入超声速区以使流动减速形成激波。这些效应的混合大大减弱了激波的范围和强度。

3）翼型后半部分设计：翼型前缘和前半部分设计带来上下翼面平顶型压力分布的同时，也使得上下翼面压力差有所减小，为了弥补由此带来的升力损失，将翼型下表面后段设计为内凹的形状，旨在增加翼型后半部分的上下压力差。

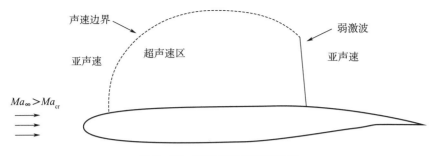

图 2-35 超临界翼型流动机理

③特点

超临界翼型的特点简单介绍如下：

1）翼型前缘半径较大，翼型前半段上下表面曲线很平坦，后半段上下表面曲线弯曲较大，特别是下表面后段弯曲较大，并向上内凹；

2）由于翼型曲面的特点决定了其低头力矩较大；

3）翼型上的压力分布变化比较平滑，压力峰值较小；

4）阻力发散马赫数较大，可达 0.8，在较大程度上超过层流翼型，如图 2-36 所示；

5）当来流超过临界马赫数时，对于层流翼型，弹翼表面产生很强的激波，气流经过激波后，压力瞬时提高，即造成很大的逆压梯度，翼面附面层气流分离严重，综合作用造成阻力激增（压差阻力大增和激波阻力出现），翼面上压力分布变化剧烈，压心和焦点大幅变化。对于超临界翼型，当来流气流速度达到或超过设计阻力发散马赫数之后，出现的激波较弱，翼型上的气动特性变化较为平缓。

超临界翼型已大量应用于大型的民用喷气客机和运输机，但目前较少应用于空地制导武器。有试验表明：由于跨声速激波-附面层互相作用导致严重气动非线性，超临界翼型的机翼的颤振边界比传统机翼的颤振边界低很多。故在应用时，需要确保导弹飞行速度低于弹翼的颤振边界。

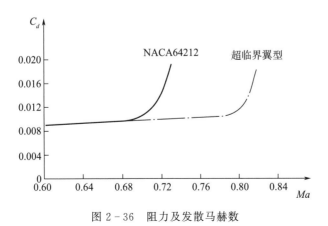

图 2-36 阻力及发散马赫数

2.2.7.4　翼型绕流

假设一个二维翼型在静止状态下向前运动，运动瞬间，其气流流过翼型（假设观察坐标系固定在翼型上）的状态如图 2-37（a）所示，因气流黏性的作用，翼型上的边界层尚未形成，这时前驻点（驻点定义为气流速度为 0 的点）位于下翼面距前缘不远处，而后驻点位于上翼面距后缘不远处，整个翼面上的环量为 0（封闭曲线取为绕翼面 L_1），围绕翼型取一个很大的封闭曲线 L，其速度环量也为 0。在运动过程中，翼面边界层形成，这时下翼面的气流绕过尖后缘流向后驻点，其速度很大，压力很低，造成后缘点至后驻点之间很大的逆压梯度，引起边界层分离，即由于流体黏性的作用和后缘有相当大的锐度，后缘和后驻点之间卷起一个逆时针的旋涡，并从后缘脱落，称为起动涡，其在起动的过程中，不断加强至 Γ_2。根据涡守恒定理（使得绕翼型很大的封闭曲线 L 的总环量为 0），必将产生绕翼型的速度环量（称为附着涡），其大小相等，方向相反。绕翼型的速度环量最后使后缘驻点移至翼型后缘，而翼型前驻点也有一定程度的前移，如图 2-37（b）所示。

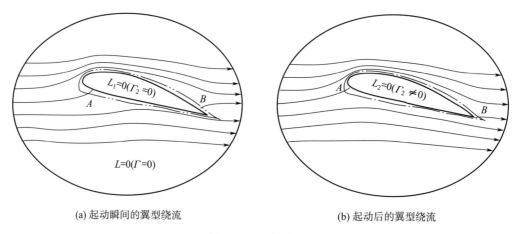

(a) 起动瞬间的翼型绕流　　　　　　　　　　　(b) 起动后的翼型绕流

图 2-37　翼型绕流

假设某一种恒定状态下，起动涡强度增至 Γ_2，则附着涡的强度必将为 Γ_2（方向相反），如图 2-38（a）所示。

当翼型以某一恒定的速度向前运动时，假设观察坐标系固定在翼型上，这时翼型绕流是定常的，当气流速度增大或攻角增加时，则继续有旋涡（假设强度为 $\Delta\Gamma$）从翼型尾部上脱落，前驻点有一定的后移，则绕翼型的速度环量则变强至 $\Gamma_3 = \Gamma_2 + \Delta\Gamma$，根据库塔-儒科夫斯基定理（$L = \rho V_\infty \Gamma$），这时升力增大，如图 2-38（b）所示，气流速度越大或飞行攻角增加，则意味着翼型上的速度环量越大。

当翼型以正攻角飞行时，前驻点位于下翼面距前缘点不远处，流经驻点的流线分成两部分，一部分从前驻点起绕过前缘点经上翼面顺壁面流去，另一部分从前驻点起经下翼面顺壁面流去，在后缘处流动平滑地汇合后向下流去。由驻点绕过前缘点的气流速度很快由速度为 0 加速至最大值（取决于翼型的形状），然后很快地减小，之后慢慢减速至无穷远

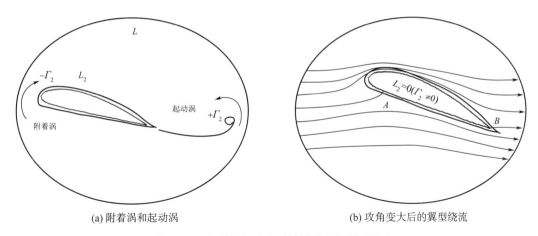

(a) 附着涡和起动涡   (b) 攻角变大后的翼型绕流

图 2-38 起动涡与速度环量增强后的翼型绕流

处的来流速度，最后再减速，至后缘时，气流速度减速至比来流低的一个速度（原因是气流的黏性）。而沿下翼面从前缘驻点往后流动的气流，当负攻角或小攻角飞行时，前段迅速加速，后段一直缓慢加速；在较大攻角飞行时，前段加速至来流速度，后段速度一直变化缓慢。

为了描述翼面绕流产生的压强分布，在工程上，常引入无量纲压强系数 C_p 表征作用在翼面的压强，定义如下

$$C_p = \frac{p - p_\infty}{0.5\rho V_\infty^2} = 1 - \frac{v^2}{V_\infty^2}$$

式中　v ——某一处的气流速度；

　　　p ——某处气流所对应的压强；

　　　p_∞ ——无穷远处未受扰动时的大气压强；

　　　ρ ——气流密度；

　　　V_∞ ——来流速度。

气流速度与 C_p 之间的关系如下：

1）在前后驻点处 v 为 0，则 $C_p = 1$，代表此处压强最大，表现为最大压力；

2）在 $v \leqslant V_\infty$ 处，$C_p > 0$，代表此处压强比无穷远处的压强大，表现为压力；

3）在 $v = V_\infty$ 处，$C_p = 0$，代表此处压强为无穷远处的压强；

4）在 $v > V_\infty$ 处，$C_p < 0$，代表此处压强比无穷远处的压强小，表现为吸力；

5）在流速最大（v_{max}）处，$C_p = \frac{p_{min} - p_\infty}{0.5\rho V_\infty^2} = 1 - \frac{v_{max}^2}{V_\infty^2} \leqslant 0$，表征此处为压强最小点，

表现为最大吸力；C_p 负值越大，代表吸力越大，即气流速度越大，流线越密集。

由以上分析可得某翼型 $\alpha = -4°$，$\alpha = 0°$，$\alpha = 4°$ 和 $\alpha = 8°$ 时翼型上下翼面的压强分布，分别如图 2-39 和图 2-40 所示，作用在翼型上的压力图如图 2-41～图 2-44 所示。

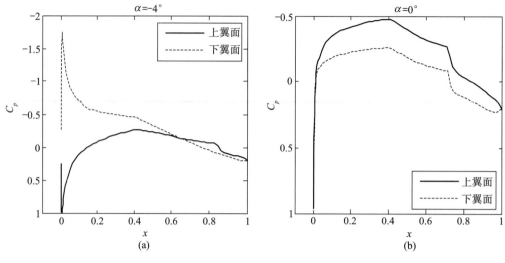

图 2-39 $\alpha = -4°$ 和 $\alpha = 0°$ 翼型压强分布

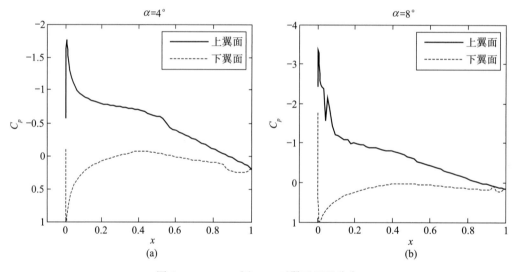

图 2-40 $\alpha = 4°$ 和 $\alpha = 8°$ 翼型压强分布

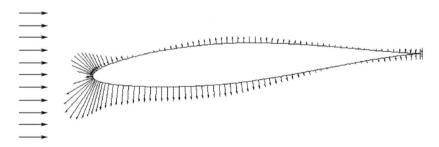

图 2-41 $\alpha = -4°$ 翼型压力图

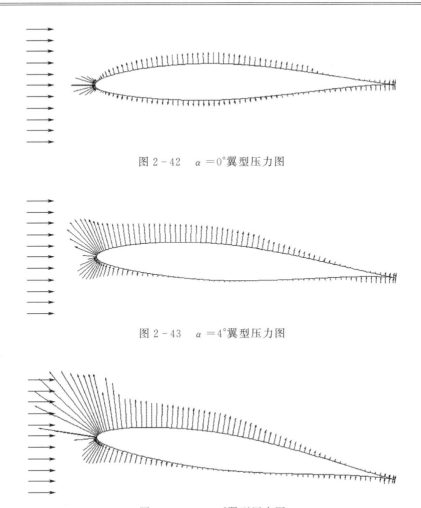

图 2 - 42 $\alpha = 0°$翼型压力图

图 2 - 43 $\alpha = 4°$翼型压力图

图 2 - 44 $\alpha = 8°$翼型压力图

由图 2 - 39～图 2 - 44 可知：随着攻角增大，驻点逐渐后移，最大速度点越靠近前缘，最大速度值越大，上翼面上的吸力越大，上下翼面的压差越大，因而升力越大；气流到后缘处，从上下翼面平顺流出，因此后缘点不一定是后驻点。值得注意的是，以上只是定性分析翼型绕流和压强分布，实际上不同翼型的翼型绕流和压强分布可能相差很大（如NACA23012、层流翼型和超临界翼型）。

2.2.7.5 翼型上气动力和力矩

作用在翼型上的气动力和力矩跟飞行攻角直接相关，如图 2 - 45 所示，飞行攻角的定义为：来流速度和弦线之间的夹角。

当气流绕过翼型时，在翼型表面上每点都作用有压强 p（垂直于翼面）和摩擦切应力 τ（与翼面相切），其合力即为 R，作用点称为压力中心（简称压心），弦向位置用 $\overline{x}_p = x_p/c$ 表示，如图 2 - 45 所示。

为了研究方便，一般将 R 分解为垂直于来流和平行于来流方向的两个分量，垂直于来流的分量定义为升力 L，平行于来流方向的分量定义为阻力 D。也可以分解为垂直于弦

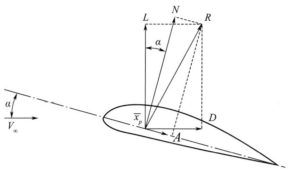

图 2-45 气动力

线和平行于弦线方向的两个分量，垂直于弦线的分量定义为法向力 N，平行于弦线的分量定义为轴向力 A。升力和阻力与法向力和轴向力之间存在如下关系

$$\begin{cases} L = N\cos\alpha - A\sin\alpha \\ D = N\sin\alpha + A\cos\alpha \end{cases}$$

由理论力学的知识可知，作用在翼型表面的分布压力可等效为一个力和一个力矩，如图 2-39、图 2-40 和图 2-45 所示，所等效的力为气动力，即将翼面上的压力投影在与来流垂直的方向上而形成的一个合力，称为升力，翼型上的升力系数为

$$C_l = \int_0^1 (C_{p\_\mathrm{down}} - C_{p\_\mathrm{up}}) \cos\alpha \, \mathrm{d}\overline{x}$$

式中 C_{p_down} ——作用在翼型下表面上的压强系数；

C_{p_up} ——作用在翼型上表面上的压强系数；

α ——翼型表面某微段切向与来流速度之间的夹角。

升力作用在翼型的压心上，故其绕压心的力矩为 0。另外，在翼型上有个特殊点，作用在此点的力矩不随飞行攻角变化而变化，称为翼型的气动中心（或称为焦点，弦向位置用 $\overline{x}_F = \dfrac{x_F}{c}$ 表示），如图 2-46 所示。所等效的力矩为气动中心力矩（也称为俯仰力矩），规定使翼型抬头为正、低头为负。

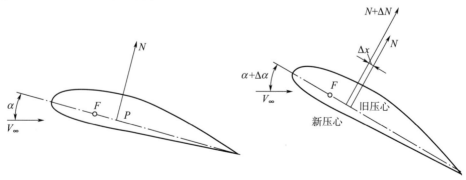

图 2-46 翼型压心和焦点

随着攻角增大，如图 2-39 与图 2-40 所示，作用在上翼面的吸力和作用在下翼面的压力都增大，吸力和压力整体上向弹翼前缘移动，即导致作用在翼型上的升力增大，压力中心前移。这样虽然升力增大，但是压心前移，压心至焦点的距离减小，绕焦点的力矩保持不变。理论上表明，薄翼型的气动中心约为 $0.25c$，大多数翼型在 $0.23c \sim 0.24c$ 之间，层流翼型在 $0.26c \sim 0.27c$ 之间。

对于对称翼型，压力中心和气动中心重合；对于非上下对称翼型，压力中心和气动中心不重合，分别表示为

$$\overline{x}_p = \overline{x}_F - \frac{m_{z0}}{C_l} , \quad \overline{x}_F = -m_z^{C_l}$$

即翼型焦点的位置跟飞行攻角无关，而对于正弯度的翼型，其压力中心位于气动中心之后，且随着攻角增大，向前接近于焦点。

2.2.7.6　翼型的气动特性

在工程上，常用升力、阻力和俯仰力矩来表征翼型的气动特性。

（1）升力特性

翼型的升力特性用升力系数（C_l 或 C_y）表示

$$C_l = \frac{L}{qc}$$

其中

$$q = \frac{1}{2}\rho_\infty V_\infty^2$$

式中　q ——来流动压，单位为 N/m²；

c ——弦长，单位为 m，为了便于分析，对于二维流来说，垂直于纸面的尺寸取为

1 单位，c 代表 $c \times 1$ m²，上式规定了 C_l 为无量纲系数。

表征翼型升力的特征有最大升力系数 $C_{l\max}$、最大攻角 $\alpha_{cl\max}$、升力线斜率 C_l^α、零升攻角 α_0 以及设计升力系数 $C_{l, des}$（来流与前缘中弧线平行时的理论升力系数）。

最大升力系数主要与附面层的分离密切相关，因此翼型的几何尺寸、光洁度和雷诺数对它有明显影响。常用低速翼型的最大升力系数为 1.3~1.7（远大于有利升力系数）。雷诺数对升力线斜率影响不大，主要影响攻角较大时翼面上的气流分离情况，雷诺数越大，翼型上附面层分离越迟，即最大攻角 $\alpha_{cl\max}$ 和最大升力系数 $C_{l\max}$ 越大，如图 2-47（a）所示。

根据薄翼型理论，翼型的升力系数可表示为

$$C_l = 2\pi(\alpha - \alpha_0) \tag{2-41}$$

当攻角较小时，升力系数随攻角成线性变化，其斜率称为升力线斜率，如图 2-48（a）所示，记为

$$C_l^\alpha = \frac{dC_l}{d\alpha}$$

薄翼型升力线斜率的理论值约等于 2π/rad，即 $0.109\,65$/（°），实际各翼型有一定的差

别〔有的翼型大于 0.109 65/(°)，有的小于 0.109 65/(°)〕，相对厚的翼型其升力线斜率大于薄翼型，层流翼型稍大于普通翼型，如 NACA23012 升力线斜率为 0.105/(°)，而层流翼型 NACA63$_1$ - 212 为 0.106 1/(°)。

工程上：对于 NACA 翼型，升力线斜率常采用如下经验公式

$$C_l^\alpha = 0.9 \times 2\pi(1 + 0.8\overline{c})$$

对于平板翼面，采用如下经验公式

$$C_l^\alpha = 0.9 \times 2\pi$$

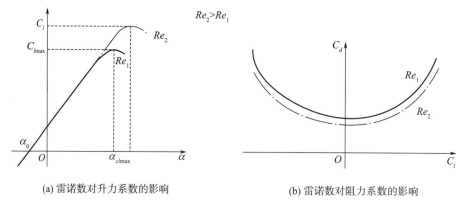

(a) 雷诺数对升力系数的影响　　　　　　(b) 雷诺数对阻力系数的影响

图 2 - 47　雷诺数对升力系数与阻力系数的影响

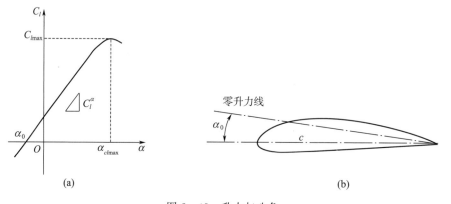

(a)　　　　　　　　　　　(b)

图 2 - 48　升力与攻角

对于有弯度的翼型，在理论上其升力系数曲线不通过原点，通常把升力系数为零时的攻角定义为零升攻角 α_0，而过后缘点与几何弦线成 α_0 的直线称为零升力线，如图 2 - 48 (b) 所示，一般弯度越大，α_0 越大。NACA4 系列翼型和 5 系列翼型的零升攻角可分别利用下列经验公式计算：

NACA4 系列翼型：$\alpha_0 = -\overline{f} \times 100\%$；

NACA5 系列翼型：$\alpha_0 = -4 \times C_{l\text{deg}}$。

升力线斜率保持线性特性只在一定的攻角范围之内，如图 2 - 48 (a) 所示，当攻角大

于一定的值之后，就开始弯曲，再大一些，就达到了它的最大值，此值记为最大升力系数，是翼型用增大攻角的办法所能获得的最大升力系数，相对应的攻角称为最大攻角 $\alpha_{cl\max}$。过此点后再增大攻角，升力系数反而开始下降，这一现象称为翼型的失速，称此攻角为临界攻角或失速攻角。

（2）阻力特性

同理，翼型的阻力特性用无量纲阻力系数（C_d 或 C_x）表示

$$C_d = \frac{D}{qc}$$

表征阻力的特征量有最小阻力系数 $C_{d\min}$ 和阻力发散马赫数 Ma_{dd}。对于无弯度的翼型，最小阻力系数对应着升力为零时的状态，对于有弯度的翼型，最小阻力系数则对应着有小量升力的状态。在 $C_{d\min}$ 两侧 C_d 随攻角增加而增加，其原因是压差阻力随攻角增加而增加。阻力发散马赫数 Ma_{dd} 则对应着来流微团流经翼型时，由于加速致翼型表面局部出现超声速（局部出现斜激波）时的马赫数。

在工程上常用阻力系数曲线表征翼型的阻力特性，在小攻角时，翼型的阻力主要表现为摩擦阻力，即阻力系数随攻角变化不大。在攻角较大时，由于气流黏性的作用，使翼型上半表面的后缘附近首先出现了气流分离，即出现小许的压差阻力，对于亚声速流动，随着攻角增加，翼型上半表面分离点逐渐前移，故压差阻力逐渐增大，当飞行攻角大于最大飞行攻角时，整个翼型的上半部分出现气流分离，由于分离区处于低压状态，即这时压差阻力大幅增加。

由以上分析可知，对于低速飞行的翼型其阻力为摩擦阻力和压差阻力之和，无论是摩擦阻力，还是压差阻力，都与气流的黏性有关，即阻力系数与雷诺数有关，如图 2 - 47（b）所示，雷诺数越大，对应着摩擦阻力越小，翼型表面气流分离越晚，故压差阻力越小，即阻力系数越小。另外，翼型表面光洁度是影响翼型阻力的一个更重要的因素，光洁度越高，可以大幅降低摩擦阻力，使得翼型表面气流分离越晚。例如，NACA23012 在 $Re = 6 \times 10^6$ 时，标准粗糙度模型对应的 $C_{d\min}$ 为 0.010 3，而光洁模型对应的 $C_{d\min}$ 降为 0.006 33。值得提醒的是，层流翼型的阻力在设计有利升力 C_l 值附近保持特别小的值，如 NACA63_1 - 212 的 $C_{d\min}$ 低至 0.004 5，所以层流翼型在高亚声速空地巡航导弹大量应用。

（3）力矩特性

翼型的力矩特性用力矩系数表示

$$C_m = \frac{M}{qc^2}$$

表征俯仰力矩系数的特征量有零升力力矩系数 m_{z0}、焦点位置和压心位置。焦点位置和压心位置如图 2 - 46 所示，部分 NACA 翼型的焦点和 m_{z0} 见表 2 - 4，即 NACA 翼型焦点在四分之一弦长的位置，大多数翼型都有一个低头力矩。

表 2 - 4　部分 NACA 翼型的气动特性

翼型	$C_l^\alpha/2\pi$	α_0	$\overline{x}_F$	m_{z0}
NACA2412	0.985	-1.90	0.243	-0.05
NACA23012	0.985	-1.20	0.241	-0.015
NACA64_3-418	1.060	-2.90	0.271	-0.070
NACA66_3-418	1.000	-2.50	0.264	-0.065

2.2.7.7　翼型附面层分离及压差阻力

翼型上的气流分离根据其特性分为翼型后缘分离和前缘分离，下面简述翼型后缘分离和前缘分离。

（1）翼型后缘分离

对于厚翼型（相对厚度大于 12%），当翼型攻角较大时，翼型上的绕流如图 2 - 49 所示，在前缘驻点处，速度最小（为 0），压力最大，沿上翼面流动的微团将逐渐加速，则根据伯努利方程，这时沿流动方向压强逐渐减小，为顺压流动（$\dfrac{\mathrm{d}p}{\mathrm{d}s} < 0$），即流体微团在顺压梯度的作用下沿翼面向前流动，当速度增加至最大点时（S 点），压强最小。其后微团速度逐渐减小，沿流动方向压强逐渐增加，为逆压流动（$\dfrac{\mathrm{d}p}{\mathrm{d}s} > 0$），这时，流体微团既受到逆压梯度的影响，又受到黏性的作用而消耗气体的机械能，当在翼型表面处（$\dfrac{\mathrm{d}v}{\mathrm{d}n} = 0$）时，气流不能克服逆压梯度和黏性的作用，开始在翼面上分离，此现象称为翼型附面层分离，$\dfrac{\mathrm{d}v}{\mathrm{d}n} = 0$ 处称为分离点。

气流分离后，在分离边界处其流动分为两个独立的流动，即分离区内部流动和分离区外部流动，如图 2 - 49 所示。分离区外部流动近似于无穷远处的流动；在分离区内部，从分离点开始，分离区一直向后延伸，形成一个尾流区，在尾流区边界由于气流黏性的作用，其气流不断被"带走"，而尾流区后面的气流则向前补充，即在尾流区气流形成倒流现象。

由以上分析可知，严格意义上尾流区后面的气流压强稍高于尾流区前面的气流压强，但相差很小，故也视在尾流区（通常也称为死水区）之内的气流压强大致相等，约等于分离点的压强。当飞行攻角越大时，翼型上表面的逆压梯度越大，附面层分离越靠前，即压差阻力越大。

上面简述了翼型在大攻角下的附面层分离情况，实际上，即使飞行攻角不大，翼型后缘或多或少存在气流分离（由于气流黏性的作用）。根据翼型表面压力分布的特点，即使后缘存在一定区域的气流分离，翼型上的主体压强分布并没改变，即这时作用在翼型上的升力表现为随飞行攻角线性增加。随着飞行攻角增加，翼型后缘气流分离随之向前扩展，分离变得严重，这时 $\Delta\alpha$ 引起的升力系数增量 ΔC_l 逐渐减小，即翼型的升力线斜率逐渐减

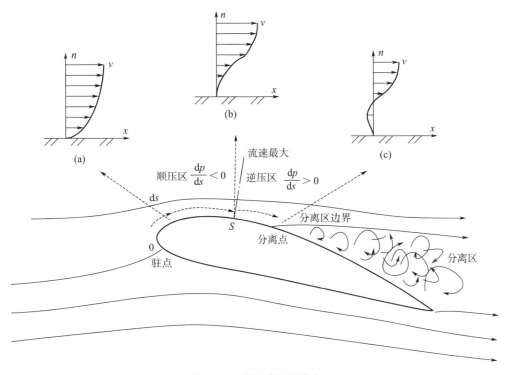

图 2 - 49　翼型附面层分离

小，当飞行攻角增加至一定数值后，C_l 达到最大值 $C_{l\max}$，其后攻角再增加时，翼型上的气流分离更严重，这时作用在翼型上的升力不仅没有增加，反而减小。

（2）翼型前缘分离

对于薄翼型（相对厚度小于 12%），有时在攻角不大时，也会出现翼型前缘气流分离，其物理现象为：将薄翼型弹翼（以 NACA65210 为例）放置至风洞试验中进行测压试验，来流以某一个马赫数流经翼型，其攻角由 −6° 往 +8° 变化过程中，当在某一正的小攻角时，弹翼发生较小的抖动情况，当攻角变大时，其抖动变剧烈。

机理分析：由于翼型薄，其翼型的前缘半径 R_L 较小，即翼型前缘驻点附近的气流速度变化很大，特别是从前驻点绕过前缘往翼型上表面流动的气流，其流速从 0 开始在很短的距离内加速至最大值（即压强最小），往后气流速度下降很快，即气流经历很大的逆压梯度，当气流不能承载这种逆压梯度时，加之这时的气流为层流状态（层流状态的气流抗分离能力相对于紊流较差），所以气流在翼型前缘往后的某一位置发生了分离，形成了一个小死水区气泡，这种分离后，气流由层流状态变化至紊流状态，由于紊流状态的气流抗分离特性较好，所以经过一段距离后，气流又重新附着于翼型向后流去。

前缘分离形成的死水区跟飞行马赫数和攻角有关，假设在某一种情况下，刚出现前缘分离，这时的死水区很小，不太影响翼型上的压强分布，作用在翼型上的升力随攻角变化还是较线性的，随着飞行攻角增加，分离点提前，分离死水区迅速变大，作用在翼型上的升力随攻角增大的变化率下降，当飞行攻角继续增加时，死水区气泡增至一定大小后破裂，气流和上翼面完全分离，这时升力急剧下降，在某个攻角下（即临界攻角），升力系数 C_l 达到最大值。

通常情况下，由于前缘分离的特性，薄翼型的最大升力系数 $C_{l\max}$ 比厚翼型的最大升力系数小许多，另外，由于在前缘分离时，死水区气泡的不稳定特性，翼型上表面的压强分布变化较大，引起翼型的气动力矩特性变化较为剧烈，所以采用薄翼型弹翼时，需要综合考虑，限制其飞行攻角。

（3）压差阻力

上面介绍了附面层分离导致的压差阻力，下面简要介绍有关影响压差阻力的因素。

1）翼型附面层分离除了与翼型攻角有关之外，还跟附面层的气流状态相关，有关试验数据表明，对于同一个翼型，附面层气流的雷诺数相同，其紊流状态下的附面层分离相对于层流状态下的附面层分离大大推迟，在工程上，以飞机机翼为例，为了减小压差阻力，人为改变翼型附面层的气流状态，在机翼较前缘的位置，安置紊流发生器，使附面层气流保持紊流状态，以使分离点大大后移，减小翼型的压差阻力。

值得提醒的是，现在的 CFD 计算软件还较难精确计算比较复杂气动外形导弹的阻力（升力计算相对较为精确），很大原因是软件很难精确计算气流分离点。

2）翼型光洁度：翼型光洁度是影响附面层分离的另一个因素，试验数据表面，相同雷诺数条件下，光洁度较高的翼型其气流分离大为推后，使得作用在翼型上的摩擦阻力减小的同时，作用在翼型上的压差阻力也大为减小。

3）雷诺数：雷诺数越大，则附面层的气流分离越滞后，可大大减小翼型的压差阻力。值得提醒的是，风洞试验的雷诺数通常较小，而空地制导武器真实在空中飞行时的雷诺数较大，这样使得两者的压差阻力存在一定的偏差，通常情况下，可根据飞行试验结果修正弹体的阻力系数。

4）非流线型外凸物：对于弹体上的非流线型外凸物，气流流经时，气流分离点十分靠前，而且与雷诺数无关，有关资料表明，非流线型外凸物的压差阻力非常大，例如在风洞里测得正方形物体的阻力系数高达 0.7～1.7。另外，根据某些试验资料的结论：每一个外凸物或不光滑部分都会获得比理论计算大得多的阻力，是一个不可忽视的量值，故从气动特性上看，对于超声速弹体，严禁弹体存在较明显的非流线型外凸物，对于低速弹体，在不要求射程的情况下，允许存在一定的小外凸物，对于跨声速飞行的弹体，严禁非流线型外凸物，如不可避免，则采用气动保型处理。例如，对于某些外露的天线，可结合气动设计，设计成圆柱状或刀片状。

2.2.7.8 翼型的临界马赫数

当来流以亚声速流过翼型时，翼型表面上各点的流速都不同，有的地方流速大于 Ma_∞，有的地方流速小于 Ma_∞，当来流马赫数 Ma_∞ 增加时，翼型表面上的流速相应增加。当翼型上最大流速达到当地声速时，这时的来流马赫数称为临界马赫数，记为 Ma_{cr}，这时速度最大点对应的压强最小，称为临界压强，记为 p_{cr}。

不同翼型的临界马赫数不同，Ma_{cr} 与攻角、翼型相对厚度、相对弯度、前缘半径等有关。当来流马赫数 Ma_∞ 超过 Ma_{cr} 一点时，翼型上表面会出现局部小超声速区域；当来流速度继续增加时，翼型上表面的超声速区域随之变大，表面出现膨胀波和斜激波，翼型表面压强分布呈现阶跃式变化；当来流马赫数继续增加时，上表面的超声速区域继续变大，上表面的斜激波强度变强且后移，下表面也随之出现超声速区域，相应地出现膨胀波和激波；当来流马赫数继续增加至 $Ma_\infty > 1.0$ 时，翼型前方出现离体正激波，气流流过离体激波后，气流流速降为亚声速；当速度继续增加时，离体激波会靠近翼型前缘，变成附体斜激波，整个流场都变成超声速流场。

由于来流马赫数 Ma_∞ 超过临界马赫数，翼型上的压强分布由于激波的作用，其气动特性（力矩特性和阻力）急剧变化，下面从机理上简单地描述作用在翼型上的阻力与来流速度之间的关系。

1）当来流速度由低速至接近 Ma_{cr} 时，阻力系数随 Ma_∞ 增加变化不大，随着 Ma_∞ 增加缓慢地增加。

2）当来流速度超过 Ma_{cr} 时，由于翼型上表面出现小许超声速区域时，阻力系数开始变大，当来流速度继续增加时，由于翼型上表面有一定强度的斜激波，出现了波阻，这时阻力系数开始大增。

3）当来流速度继续增加时，翼型表面的超声速区继续变大，来流流经上表面的流速相应地增大，加上来流在超声速区的膨胀加速作用，这时激波迅速变强，即阻力系数快速增加，这时的来流马赫数 Ma_∞ 称为翼型的发散马赫数，记为 Ma_{dd}。

4）当来流速度继续增加时，Ma_∞ 接近于 1 时，这时翼型的下表面也出现激波，并与上表面的激波一起迅速后移至翼型的后缘，这时翼型后段由于激波的作用产生的负压区域，表现为翼型吸力，这时翼型的波阻达到最大值。

5）当来流马赫数超过 1 小于 1.2 时，随着来流速度的增加，翼型上激波同情况 4），翼型上的压强分布呈现小幅变化，这时阻力系数对应着小幅缓慢降低；

6）当来流马赫数超过 1.2 后，在翼型的前缘形成一定强度的正激波，并随着来流速度的增加，正激波逐渐靠近前缘，称为附体斜激波（对应着尖头翼型），这时阻力系数随来流马赫数的增加而减小。

由于翼型上的气动特性在来流马赫数达到临界马赫数前后发生剧烈变化，在工程上需要确定翼型的临界马赫数，为了提高制导武器的性能，气动设计师总是希望设计出具有较高临界马赫数的翼型及弹翼。提高翼型的临界马赫数和改善弹体跨声速气动力特性的方法有：1）采用厚度较小的翼型；2）采用超临界翼型；3）采用后掠弹翼；4）采用小展弦比弹翼；5）采用涡流发生器等。

2.2.8　弹翼气动特性

弹翼是弹体的主要升力面，其设计要求为升力大、阻力小、临界马赫数高等，下面简单介绍弹翼的几何参数、不同弹翼几何参数对气动特性的影响以及直机翼（弹翼）的气动特性。

2.2.8.1　弹翼几何参数

表征弹翼的几何参数有弦长、展长、弹翼面积、展弦比、梢根比、后掠角等，以图 2-50（a）所示的弹翼为例简单介绍弹翼的几何参数：

1）弦长：c_0 称为翼根弦长，c_1 称为翼尖弦长；

2）展长：两翼尖之间的距离 l；

3）弹翼面积：表征弹翼的平面形状的面积：$S = 2\int_0^{\frac{l}{2}} c(z)\,\mathrm{d}z$；

平均弦长：$c_A = \dfrac{S}{l}$；

4）展弦比：$\lambda = \dfrac{l}{c_A}$

5）梢根比：$\eta = \dfrac{c_1}{c_0}$；

6）后掠角：前缘后掠角 χ_0，1/4 弦长后掠角 $\chi_{0.25}$。

另外，弹翼上反角以及弹翼安装位置也影响弹体的气动特性，弹翼上反角和弹翼安装位置定义如下。

1）上反角：弹翼与水平面之间的夹角 ψ，上反时为正，下反时为负，如图 2-50（b）所示；

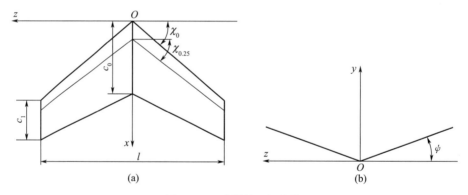

图 2-50　弹翼的几何参数

2）弹翼安装位置：根据弹翼在机身的安装位置，分上单翼、中单翼和下单翼，如图 2-51 所示。

2.2.8.2　弹翼几何参数对气动特性的影响

弹翼面积、展弦比、梢根比、后掠角、上反角以及弹翼在弹身上的安装位置在较大程度上影响弹体的法向气动特性和横侧向气动特性（横侧向气动特性内容见 2.4.2 节），下面简单加以介绍。

（1）弹翼面积

弹翼为导弹的主要气动升力面，其弹翼面积的大小在很大程度上决定了导弹的升力特

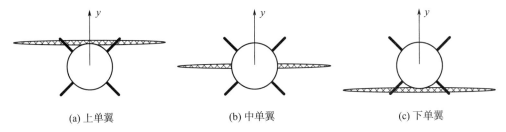

(a) 上单翼　　　　　　　　　(b) 中单翼　　　　　　　　　(c) 下单翼

图 2-51　上单翼、中单翼和下单翼

性，对于空地导弹而言，在绝大部分飞行弹道中其升力和重力近似相平衡，即要求作用在弹翼上的升力约等于导弹自身的重力。弹翼面积的确定一般考虑导弹的气动布局、质量等因素，可按如下公式初步确定弹翼面积大小

$$S = \frac{mg}{qC_l} = \frac{G}{qC_l}$$

式中　G——导弹重力；

　　　q——典型的飞行动压，取决于飞行弹道的高度和速度；

　　　C_l——通常为弹翼所采用翼型的有利升力系数或者最大升阻比对应的升力系数。

（2）展弦比

对于亚声速飞行而言，升力线斜率和诱导阻力可近似用下式计算

$$
\begin{cases}
C_l^a = \dfrac{2\pi\lambda}{2 + \sqrt{4 + \dfrac{\lambda^2\beta^2}{\eta^2}\left(1 + \dfrac{\tan^2\chi_{\max,t}}{\beta^2}\right)}}\left(\dfrac{S_{\exp}}{S_{ref}}\right)F \\[6mm]
C_{Di} = \dfrac{C_l^2}{\pi\lambda}(1+\delta)
\end{cases}
\tag{2-42}
$$

其中

$$\beta^2 = 1 + Ma^2$$

$$F = 1.07(1 + d_F/c)$$

$$\eta = \frac{C_l^a\beta}{2\pi}$$

式中　η——翼型效率，约为 0.95；

　　　$\chi_{\max,t}$——弹翼后掠角；

　　　$S_{\exp}$——弹翼外露面积；

　　　S_{ref}——参考弹翼面积；

　　　d_F——弹体直径；

　　　c　　弹翼弦长；

　　　δ——修正因子。

方程式（2-42）近似描述了弹翼的升阻比特性，由此式可知：随着弹翼展弦比增大，其升力线斜率增大，最大升力增加，升致阻力减小，气动升阻比增加，气动特性改善。但

在工程上，弹翼展弦比并不能选很大，确定弹翼展弦比时需要考虑如下因素：1）弹翼展弦比越大，对应飞行阻力发散马赫数相应小幅减小；2）由于弹翼部件加工精度和安装精度的限制，可能导致很大的滚动干扰力矩，增加滚动通道的控制难度；3）对于大展弦比弹翼，在较大迎角情况下以接近临界马赫数飞行时，容易出现翼尖先气流分离，特别是在较大后掠角的情况下（并且带有一定侧滑角），将引起很大的滚动斜吹力矩；4）弹翼展弦比增大，则弹翼根部的弯矩增大，飞行过程中，弹翼受气动载荷的作用出现上反现象，导致横向静稳定度增加，进而增加了控制难度，另外由于根部弯矩增加，增加了弹翼结构设计难度，弹翼质量增加，使得有效载荷减小。

对于亚声速飞行制导武器，通常选择较大展弦比弹翼，以获得较大的升阻比，对于依靠尾部舵偏进行滚动通道控制的制导武器，通常要求弹翼展弦比不超过 6～8，但也有型号的展弦比超过 10；对于跨声速飞行制导武器，通常选用中等展弦比的弹翼，以减小气动压缩性的影响，提高飞行临界马赫数，通常弹翼展弦比不超过 7；对于超声速制导武器，考虑到飞行的波阻影响，通常弹翼展弦比不超过 3。

（3）梢根比

梢根比在两个方面影响弹翼的气动特性。1）影响弹翼上的展向升力分布：由气动理论可知，椭圆弹翼的升力沿展向也是椭圆分布，如图 2-52 中实线所示，其诱导阻力最小；2）影响弹翼展向失速：当梢根比减小时，翼梢处的局部弦长减小，造成翼梢附近剖面升力系数斜率增加，当翼梢附近剖面升力系数大于翼型的最大升力系数时，引起翼梢附近气流分离加剧，容易造成翼梢失速。

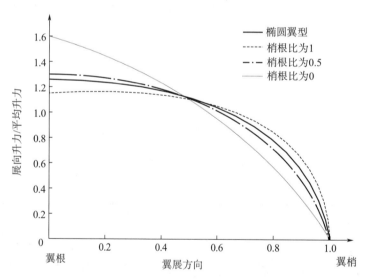

图 2-52　梢根比对展向升力分布的影响

诱导阻力系数 C_{Di} 可采用方程式（2-42）第二式进行估算，式中的 δ 与弹翼的形状相关：对于椭圆形弹翼，$\dfrac{1+\delta}{\pi}=0.318$；对于梯形弹翼（$\eta=0.33\sim0.5$），$\dfrac{1+\delta}{\pi}=0.318$；对

于平直弹翼（$\lambda = 5 \sim 6$），$\dfrac{1+\delta}{\pi} = 0.335$。

根据有关资料可知：1）在相同展弦比下，平直弹翼的诱导阻力比椭圆形弹翼高 7% 左右；2）梢根比为 0.45 时，梯形弹翼上的升力沿展向分布非常接近理想的椭圆升力分布。目前绝大多数亚跨声速飞行的巡航导弹采用梢根比为 0.4～0.5 的梯形弹翼。

（4）后掠角

如图 2 - 53（a）所示，当弹翼以某一正侧滑角 β 向前飞行时，对于右弹翼，将来流分解为沿翼型剖面来流 $V\cos(\chi - \beta)$ 和垂直于翼型剖面来流 $V\sin(\chi - \beta)$，其中 $V\cos(\chi - \beta)$ 为有效速度。同理，对于左弹翼，$V\cos(\chi + \beta)$ 为有效速度，故对于带一定后掠角的弹翼来说，右弹翼的升力大于左弹翼。另外，由于后掠作用，右弹翼有效展弦比相对于左弹翼有一定的增加。综合上述因素，可得作用于右弹翼的升力大于作用于左弹翼的升力，产生一个负滚动力矩，即导致横向静稳定。

由以上分析可知，采用后掠角弹翼，其优点是可提高弹翼的临界马赫数，推迟作用在弹翼上激波的出现，但带来的问题为：1）弹翼升力有一定的损失；2）弹翼后掠角导致横向静稳定，后掠角越大，则横向静稳定越大，故对于依靠弹翼副翼进行滚动通道控制的制导武器，可适当增加后掠角，对于依靠尾部舵偏进行滚动通道控制的制导武器，则应适当减小后掠角。

对于配备大展弦比弹翼的制导武器而言，当飞行速度为亚跨声速时，一般弹翼后掠角小于 10°；当飞行速度为跨声速时，考虑到提高临界马赫数和阻力发散马赫数，后掠角大致在 20°～40°；当飞行速度为超声速时，后掠角按亚声速前缘设计，需要在减小展弦比的同时，增大弹翼后掠角，后掠角可超过 50°。值得注意的是：当飞行速度为跨声速时，大后掠角弹翼导致弹翼横滚力矩随飞行状态急剧变化，给控制系统设计带来很大的难度。

（5）上反角

假设后掠弹翼带有一定的上反角，如图 2 - 53（b）所示，当弹翼以某一正侧滑角 β 向前飞行时，对于右弹翼，将产生一个垂直于弹翼向上的速度 $V\sin\beta\sin\psi \doteq V\beta\psi$（假设侧滑角和上反角为小角度），此速度将使右弹翼的有效飞行攻角增加 $\Delta\alpha = \beta\psi$。同理可得，由于弹翼上反效应，左弹翼有效飞行攻角减小 $\Delta\alpha = \beta\psi$。综合作用，产生一个负滚动力矩，即导致横向静稳定。

弹翼上反角主要用于调节弹体横向静稳定性，由于采用上反角或下反角，增加了弹翼的加工难度和组装难度，对于低成本的空地制导武器，通道情况下采用上反角为 0° 的弹翼。在飞行过程中，弹翼受到法向载荷的作用，将会产生一定的上反效果，进而增加了横向静稳定性。

（6）弹翼安装位置

弹翼在弹身中的安装位置不同会形成不同的弹翼-弹身干扰效果，其对横向的稳定性影响较大，下面简单地介绍上单翼、中单翼和下单翼气动布局带来的气动干扰影响。

假设某空地导弹以正侧滑角 β（飞行速度为 V）向前飞行，即无穷远处的来流速度可分解为 $V\cos\beta$ 和 $V\sin\beta$，其中 $V\sin\beta$ 为垂直于导弹对称面的侧向速度，其绕着弹翼-弹身组

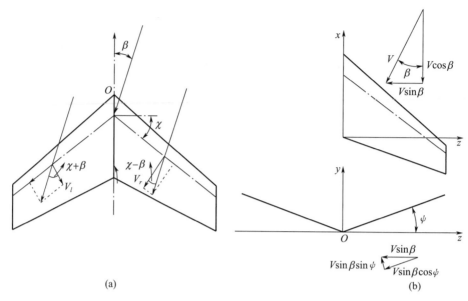

(a)

(b)

图 2 - 53　弹翼的后掠角和上反角益

合体产生横向流动，如图 2 - 54 所示，即产生沿翼展方向的附加反对称法向速度分布。对于上单翼来说，由于弹翼-弹身之间的干扰作用，来流在右弹翼根部受阻，其流速降低，压强变大，此处可近似视为产生向上的法向速度分布，也可近似看作附加一个正值的飞行攻角；同理，在左弹翼根部，产生向下的法向速度分布，近似看作附加一个负值的飞行攻角。其综合作用表现为：由于侧向来流的作用，在弹翼根部附加产生一个飞行攻角，如图 2 - 54 （a）所示，右边弹翼受到的法向力大于左边弹翼受到的法向力，产生绕纵轴逆时针的滚动力矩。对于下单翼弹翼-弹体组合体，情况刚好相反，如图 2 - 54 （b）所示。对于中单翼弹翼-弹身组合体，由于没有附加的反对称攻角分布，即不产生滚动力矩。

　　上单翼带来较大的横向稳定性，中单翼则不会为气动特性带来横向稳定性，下单翼则带来较大的横向静不稳定性。

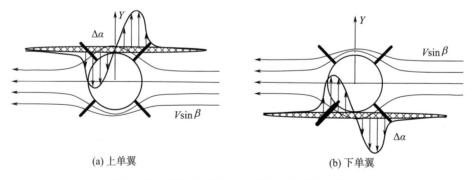

(a) 上单翼　　　　　　　　　　　　　　　(b) 下单翼

图 2 - 54　弹翼-弹身组合体对横向稳定性的影响

　　对于亚声速飞行空地制导武器，考虑到结构设计、结构安装、气动特性等因素，通常将弹翼设计为：大展弦比、直弹翼或小后掠角弹翼、无上反角、上单翼等。下面介绍大展弦比直弹翼的气动特性。

2.2.8.3　直弹翼气动特性

大展弦比直弹翼一般指展弦比 $\lambda \geqslant 5$ 的直弹翼，二维翼型相当于展弦比无穷大的弹翼，两者的气动特性存在较大区别。

（1）自由涡线和翼尖涡

与二维翼型的特性不同，对于有限翼展机翼，由于翼端的存在，在正升力情况下，弹翼下表面气流压强较高，而上表面压强相对较低，这样导致弹翼下表面气流绕过弹翼翼尖流向上翼面，即下翼面的气流向翼尖偏斜，而上翼面的气流向翼根偏斜。如图 2-55（a）所示，这种由于上下翼面在翼展方向的流动差，加上来流向后流动，在弹翼的后缘拖出的无穷多条涡线，称为自由涡线，这些自由涡线组成一个涡面，称为弹翼的自由涡面。这些自由涡线沿翼展方向逐渐变强，在翼尖处最强，由于涡线的相互作用，加上在翼尖处，弹翼下翼面的气流绕过翼尖向弹翼上翼面流去，综合表现为：在翼尖处拖出一个有旋的涡（称为翼尖涡），从后往前看，左翼翼尖拖出一个顺时针的涡，而右翼翼尖拖出逆时针的涡，如图 2-55（b）所示。

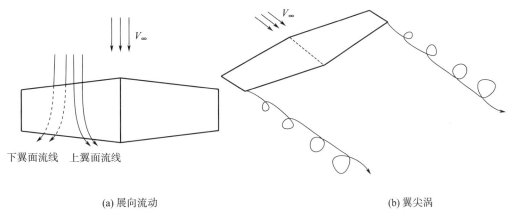

(a) 展向流动　　　　　　　　　　　　　　　(b) 翼尖涡

图 2-55　展向流动和翼尖涡

（2）附着涡和升力线理论

根据薄翼型理论，作用在翼型上的升力是由于翼型弯度和飞行攻角的综合作用，常用分布在翼型中弧线上的涡模拟作用在翼型上的升力，对于弹翼，由无数多个涡组成了一个涡面，称为附着涡面，作用在弹翼上的升力与附着涡面的强度 Γ 成比例。

一般情况，常用 Ⅱ 形马蹄涡来模拟附着涡面和自由涡面，如图 2-56 所示，Ⅱ 形马蹄涡能很好地模拟作用在弹翼上的气体特性。附着涡面由附着涡线组成，弹翼当中涡线最密，代表坏量最大，沿翼展方向，附着涡线逐渐减少，到翼尖处，涡线为 0，代表翼尖处的速度环量为 0，这样，作用在弹翼上的速度环量分布如图 2-56 所示。

Ⅱ 形马蹄涡平行于来流方向，拖向无穷远为自由涡线，展向相邻的两条（实际上，自由涡线是趋于无穷小，强度连续）自由涡线强度等于作用在对应附着涡线的环量差。

工程上据此提出了升力线假设，即假设一条变强度的附着涡线，作用在弹翼的四分之一弦长处，即为升力线。

基于升力线假设，采用如下模型去描述作用在弹翼上的气动特性，即

直匀流＋附着涡线＋自由涡面

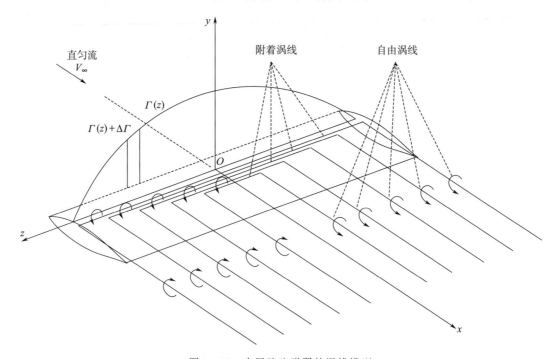

图 2-56　大展弦比弹翼的涡线模型

（3）升力和诱导阻力

由升力线假设可知，在展向 ξ 处的附着涡强为 $\Gamma(\xi)$ ，则在相邻的位置 $\xi+d\xi$ 处的涡强为 $\Gamma(\xi)+\dfrac{d\Gamma}{d\xi}d\xi$ ，则 $d\xi$ 微段拖出的自由涡强为 $\dfrac{d\Gamma}{d\xi}d\xi$ ，则根据涡的诱导速度求法，很容易求得在升力线 z 处产生的诱导速度为

$$dv_{yi}=\frac{-\dfrac{d\Gamma}{d\xi}d\xi}{4\pi(z-\xi)}$$

从弹翼的一端到弹翼的另一端对上式进行积分，即可得所有自由涡面在翼展 z 处产生的诱导下洗速度为

$$v_{yi}(z)=\int_{-\frac{l}{2}}^{\frac{l}{2}}dv_{yi}=\int_{-\frac{l}{2}}^{\frac{l}{2}}\frac{-\dfrac{d\Gamma}{d\xi}d\xi}{4\pi(z-\xi)}$$

由于诱导速度的存在，如图 2-57 所示，使来流速度方向改变了 $\alpha_i=\arctan\dfrac{-v_i}{V_\infty}$ ，即来流实际攻角为

$$\alpha_e = \alpha - \alpha_i$$

即作用在弹翼上的升力 L 方向也在与来流垂直向上的方向上偏转 α_i 角度，即升力在来流方向上产生了一个分量 D_i。

根据库塔-儒科夫斯基升力定理，可得作用在展向 z 处的气动力为

$$dR = \rho v_e \Gamma(z) dz$$

将 dR 在来流方向上分解为升力和阻力

$$dL = dR \cos\alpha_i \approx dR$$

$$dD_i = dR \sin\alpha_i \approx \alpha_i dR$$

则整个机翼的升力和阻力为

$$L = \rho V_\infty \int_{-\frac{l}{2}}^{\frac{l}{2}} \Gamma(z) dz$$

$$D_i = \rho V_\infty \int_{-\frac{l}{2}}^{\frac{l}{2}} \Gamma(z) \alpha_i dz$$

即由于有限翼展机翼存在翼端效益的影响，沿着来流方向，翼型后缘拖出自由涡，自由涡使来流的实际有效攻角减小，即出现诱导阻力，与作用在翼面的摩擦阻力和压差阻力不同，诱导阻力与来流的黏性无关。

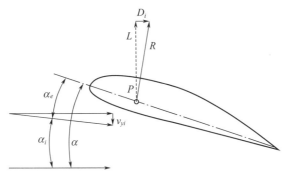

图 2 - 57　下洗速度和诱导阻力

2.3　气动布局设计

空地制导武器气动布局设计指满足总体指标的情况下，设计弹体的气动外形，包括气动面外形设计、气动面布局设计等，即

1）设计弹身几何参数，包括设计弹身的几何外形，确定弹体直径、弹身长细比、头部长细比、尾部收缩比等；

2）确定弹翼和舵面的数目，设计弹翼和舵面的翼型，设计弹翼和舵面的几何外形及尺寸；

3）对于吸气式发动机，设计发动机的进气道，并确定发动机在全弹的位置，对于涡喷发动机，常采用外露式进气道、半外露式进气道和内埋式进气道；

4）在各种约束下（结构约束等）布置弹翼、舵面相对于弹体的位置等。

空地制导武器的气动布局设计取决于战术指标和弹体特性要求：

1）为了满足战术指标，需要考虑弹体的升力、阻力、力矩的线性度范围等因素；

2）为了满足控制品质，对弹体动态特性提出要求，即考虑弹体机动性、稳定性和操纵性等因素；

3）需考虑制导系统特性和弹体结构的限制；

4）对于需考虑弹体的雷达隐身性能的空地导弹，设计气动外形时在保证气动特性的基础上，需充分考虑弹体、弹翼以及舵面的气动外形以及布局等。

制导武器的气动性能与制导控制系统品质和总体指标紧密相关，气动性能良好的弹体可以在很大程度上简化制导控制系统的设计，提升全弹的战术指标和性能，拓宽投弹条件（比如拓宽投弹速度、高度、离轴角及射程等），反之亦然。故在本节，结合制导控制系统，简述空地导弹气动布局设计相关内容。

2.3.1　气动外形分类

空地制导武器根据气动外形和特性主要分为两类，即面对称气动外形空地制导武器和轴对称气动外形空地制导武器。

（1）面对称气动外形空地制导武器

面对称气动外形制导武器的气动外形类似于飞机外形，如图 2-58～图 2-60 所示，也称为飞机型导弹或飞航式导弹，其弹翼主要为“一”字弹翼或“人”字弹翼，舵面主要为“十”字舵面、“X”字舵面、“人”字舵面或格栅舵等。

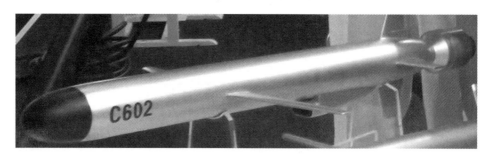

图 2-58　中单翼、“十”字控制舵面（面对称气动外形）

面对称气动外形空地制导武器根据其飞行速度，可进一步划分为超声速飞航式导弹和高亚声速飞航式导弹，超声速飞航式导弹其主要气动特征为由一对小展弦比带后掠角弹翼或平直翼或梯形弹翼提供升力；高亚声速飞航式导弹其主要气动特征为由一对大展弦比带小后掠角弹翼或平直翼或梯形弹翼提供升力，由于小后掠角（大多不超过 25°）的大展弦比弹翼的限制，其典型飞行速度为亚声速或低跨声速，马赫数一般不超过 0.9。随着控制技术和气动设计技术的发展，也出现了一类导弹：在飞行巡航段为亚声速或低跨声速飞行，在攻击段为超声速飞行，弹翼翼型选择以及弹翼设计需要在考虑控制系统性能的基础上兼顾两种飞行速度下的气动性能。

图 2 - 59　上单翼、"X"字控制舵面（面对称气动外形）

图 2 - 60　中单翼、飞机型控制舵面（面对称气动外形）

　　面对称气动外形制导武器的优点：1）对于配备大展弦比弹翼的导弹来说，由于弹翼数目较少，弹翼引起的阻力较小，升阻比较高（有的型号可超过 13.0）；2）对配备"人"字弹翼或中单翼直弹翼的导弹来说，气动斜吹力矩很小，可以忽略；其缺点：1）横侧向气动特性较差（由大展弦比弹翼引起），横侧向通道之间的气动耦合严重；2）飞行速度较低，突防能力较差（故亚声速巡航导弹一般采用贴近地面飞行）；3）对于配备"一"字弹翼的制导武器，飞行速度较低，由于弹翼结构强度和刚度的限制，法向机动性较差，另外，此类导弹的横侧向除了舵面之外无其他气动面，侧向机动性极差，故此类导弹不太适合攻击高机动目标；4）对于绝大多数面对称气动外形空地导弹，弹翼和舵面大多采用较复杂的翼型，即要求弹翼和舵面的加工精度高、弹翼和舵面的组装精度高。

　　面对称气动外形布局较适用于亚声速和低跨声速飞行、射程较远的导弹。

（2）轴对称气动外形空地制导武器

轴对称气动外形空地导弹的主要特征为采用两对弹翼（即"十"字弹翼、"X"字弹翼），常见的布局有"十"字布局方案（即"十"字弹翼＋"十"字舵面）、"X"字布局方案（即"X"字弹翼＋"X"字舵面）或混合布局方案三种，如图 2-61 和图 2-62 所示。

图 2-61　"X"字弹翼、"X"字控制舵面

图 2-62　"X"字弹翼、"十"字控制舵面

轴对称气动外形空地制导武器的优点：1）挂机时占用空间较小；2）翼型简单，加工容易；3）适于超声速飞行，纵向和侧向机动能力强；4）横侧向气动耦合小，可以简化滚动通道和偏航通道控制器设计；5）控制器设计简单，法向和侧向控制器结构及参数一致。其缺点：1）弹翼数目较多，结构质量较大；2）由于气动面数目较多，阻力较大，升阻特性较差，不太适合长距离飞行；3）四个弹翼和舵面为雷达的反射面，增加了被雷达探测到的概率。

轴对称气动外形导弹较适于超声速飞行、射程较短的导弹，对于常规布局的轴对称气动外形导弹，需要特别注意前弹翼对其后执行舵面的下洗气流影响，即需要协调弹翼和舵面的形状及大小，还需合理设计它们之间的距离，其目的是最大程度上改善弹体纵向和侧向气动力矩非线性特性等。

2.3.2　主要的气动布局及特性

按弹翼和控制舵面在弹体上安装的前后位置，制导武器的气动布局可分为常规布局、鸭翼布局、全动弹翼布局、无尾式布局、无翼式布局等，如图 2-63 所示，各种布局对应的气动特性不同，控制策略和难度也不一样，简述如下。

（1）常规布局

控制舵面在主弹翼之后的气动布局称为常规布局（也称正常布局），如图 2 - 63（a）所示，按弹体稳定性可进一步分为静稳定气动布局导弹和静不稳定气动布局导弹，其气动特性分析如下：

1）对于静稳定气动布局导弹来说，当以力矩平衡飞行时，弹翼产生向上的法向力 F_{wing}（作用点离质心距离为 l_{wing}），控制舵面产生相反方向的法向力 F_{rudder}（作用点离质心距离为 l_{rudder}），假设忽略弹身本身力矩特性可得

$$F_{\text{rudder}} = -\frac{F_{\text{wing}}\, l_{\text{wing}}}{l_{\text{rudder}}}$$

通常情况下，相对于弹翼产生的法向力，其控制舵面的法向力较小。由于控制舵面产生的法向力和主弹翼产生的法向力相反，其升阻比较静不稳定气动布局导弹小，射程较近。

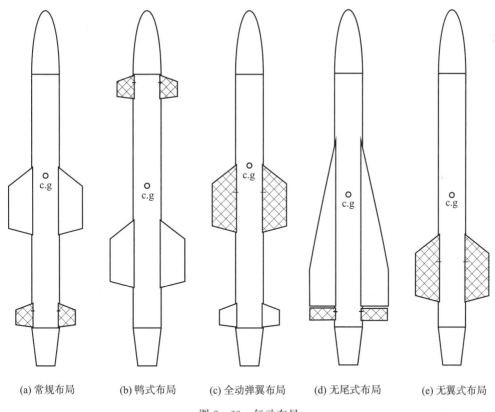

(a) 常规布局　　(b) 鸭式布局　　(c) 全动弹翼布局　　(d) 无尾式布局　　(e) 无翼式布局

图 2 - 63　气动布局

2）对于静稳定气动布局导弹来说，如需机动产生正的额外法向加速度时，需要先操作舵面往负舵偏方向偏转，即舵面产生负的法向加速度，引起弹体抬头，产生额外的飞行攻角（即产生额外的法向加速度）。从控制理论角度看，弹体（被控对象）表现为一个非最小相位环节，影响控制回路的带宽，法向通道控制响应较慢。

3) 对于静稳定气动布局导弹来说，作用于控制舵偏角的实际气流角为飞行攻角减去配平舵偏角，故可用舵偏较大，不易出现舵面气流分离而失速的现象；对于静不稳定气动布局导弹，作用于控制舵偏角的实际气流角为飞行攻角加上配平舵偏角，这时需限制舵偏角的大小，防止在大飞行攻角和配平舵偏角情况下，实际气流角较大而导致舵面气流分离而失速。

4) 控制舵偏位于弹翼之后，在各种飞行状态下，主弹翼产生的洗流对舵面的影响大小不同（表现为下洗速度和速度阻滞影响），引起弹体俯仰和偏航通道的力矩特性随飞行马赫数和飞行攻角成非线性变化，这种非线性现象随着弹翼和舵面之间的相对距离增加而减弱。

5) 受主弹翼洗流的影响，舵偏效率在某些状态下较低，故通常采用较大舵面面积（相较于鸭式气动布局）。

6) 舵机舱在弹身的后部，即通常将执行机构布置在发动机的尾喷管周围，考虑舵机结构安装位置，弹尾收缩比较小，弹体容易产生较大的底阻。另外考虑到舵机安装等因素，常采用长尾喷管发动机，在一定程度上影响发动机的工作效率。

空地制导武器大多采用此布局，根据主弹翼气动特性不同，进一步可细分为大展弦比弹翼气动布局、小展弦比梯形翼气动布局以及边条翼气动布局，如图 2 - 64 所示。

大展弦比弹翼气动布局适用于亚声速和跨声速飞行，其优点为弹体升阻特性较好，气动静稳定度变化较小，易于控制，其缺点为弹翼相对于其他两种，需要设计弹翼翼型，制造成本较高，组装较难，另外，由大展弦比弹翼带来的弹体横侧向气动耦合很大，增加了横侧向的控制难度。

小展弦比梯形翼气动布局较为常见，可视为大展弦比弹翼的一个变形，适用于跨声速或超声速飞行，其优点为弹体横侧向扰动较小，可简化控制器设计，其缺点为弹体升阻特性较差，射程较近。

边条翼气动布局为常见的一种布局，其优点：1) 可利用弹翼和弹身之间的干扰提高升力；2) 气动阻力小；3) 全弹结构质量小；4) 由于翼展小，方便多弹挂机。其缺点：弹体静稳定度随飞行攻角和马赫数变化较大，依据经典控制理论，较难取得较好的控制品质。例如美国 JDAM 即采用边条翼气动布局方案。

（2）鸭式布局

控制舵面在主弹翼之前的气动布局称之为鸭式布局，如图 2 - 63 （b）和图 2 - 65 所示，其气动特性分析如下：

1) 当导弹以力矩平衡飞行时，弹翼产生向上的法向力 F_{wing}（作用点离质心距离为 l_{wing}），控制舵面产生相同方向的法向力 F_{rudder}（作用点离质心距离为 l_{rudder}），假设忽略弹身本身力矩特性可得

$$F_{\text{rudder}} = -\frac{F_{\text{wing}} l_{\text{wing}}}{l_{\text{rudder}}}$$

由上式可知，控制舵面产生的法向力和主弹翼产生的法向力方向一致，故升阻比较高，射程较远。

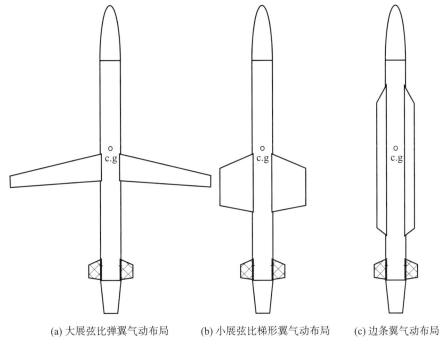

(a) 大展弦比弹翼气动布局　　　(b) 小展弦比梯形翼气动布局　　　(c) 边条翼气动布局

图 2 - 64　常规布局

2）如需要机动产生正的额外法向加速度时，直接操作舵面往正舵偏方向偏转，舵面产生正的法向加速度，同时引起弹体抬头，产生额外的飞行攻角（即产生额外的法向加速度）。从控制理论角度看，弹体（被控对象）表现为一个最小相位环节，控制回路带宽较大，法向通道控制响应较快。

3）通常情况下，采用鸭式布局的制导武器，其控制舵面离弹体质心较远，即舵效较大，可采用较小舵片（对应较小的执行机构）。

4）舵机舱在弹体的前部，一方面，方便电气设备在弹体上的安装，另一方面，可优化弹身尾部的气动外形以减小底部阻力；

5）在有侧滑角和攻角的情况下，控制舵面偏转引起的不对称下洗气流作用在主弹翼上，产生额外的滚动力矩，此力矩可能较大。

6）如采用四个舵偏差动产生滚动力矩，则舵面翼尖产生的尾涡也会对其后的主弹翼产生不对称影响。

7）因素 5）和 6）叠加产生滚动干扰力矩，情况严重时甚至会出现滚动舵偏反效情况。

8）鸭舵的实际舵偏角等效于舵面偏转角和弹体攻角之和，当同时出现弹体攻角和舵面偏转角较大时，则可能引起舵面失速，即可用舵偏角较小。

为了改善鸭式布局的缺点，工程上采取的措施：1）采用分离式鸭式布局：即在鸭翼前面一定位置处安装安定面，可改善大攻角情况下舵面失速；2）采用自由旋转尾舱：即将主弹翼安装在一个绕纵轴旋转的尾舱上，可改善由鸭翼引起不对称气流对主弹翼的影响；3）采用陀螺舵稳定滚动通道：由于鸭舵偏转对其后主弹翼产生不对称洗流的影响，故鸭舵用于俯仰和偏航通道的控制，而采用陀螺舵稳定滚动通道，即当弹体由于干扰或其他因素引起滚动时，陀螺舵由于高速旋转的转子产生进动，进而使舵发生偏转，产生与弹体滚动相反的力矩，抑制弹体滚动。

鸭式布局通常用于对控制响应速度要求较高的制导武器或者对飞行升力较为苛刻的飞机（注：飞机采用鸭式布局主要是利用位于机翼前上位置气动舵产生的涡对机翼有利的影响）。空空导弹常采用鸭式布局，如以色列"蝰蛇"3、中国 PL - 8、美国响尾蛇 AIM - 9 等。空地导弹应用鸭式布局的不多，主要有美国 AGM - 12，法国 AASM（图 2 - 65）等，随着控制技术的提升以及对战术指标的要求越来越高，预计不远的将来，会有越来越多的空地导弹采用鸭式布局。

（3）全动弹翼布局

全动弹翼布局也称为旋转弹翼布局，弹翼即为控制面，尾部安装气动受力面积较小的安定面，主要用于调节全弹的静稳定度，如图 2 - 63（c）所示。其优点为法向响应快，常规布局和鸭翼布局弹体需要操作舵面间接产生法向加速度（即操作舵面偏转产生姿态力矩，姿态力矩引起弹体姿态变化，从而产生弹体攻角，产生法向加速度），而旋转弹翼弹体直接操作旋转弹翼，引起弹翼攻角（弹翼攻角产生绝大部分弹体升力），直接产生法向加速度，故其响应很快。其响应时间取决于执行机构的带宽（一般情况下，执行机构的带宽远大于纵向控制系统的带宽）。其缺点：1）由于旋转弹翼面积较大，导致执行机构上的铰链力矩较大（主要由于弹体飞行速度经历亚声速、跨声速、超声速等，舵面的压力中心前后变化范围较大），需要较大功率的执行机构；2）当同时存在较大侧滑角和攻角时，控制舵面偏转引起的不对称下洗气流对其后的安定面产生很大的干扰力矩，当采用经典控制器时，如设计不当较难获得很好的控制品质；3）由于弹翼与弹身之间的安装间隙，不能充分利用弹翼和弹身一体化带来的气动附加升力。

采用此典型气动布局的空地制导武器有 AGM - 88（图 2 - 61）和 AGM - 78 等。

（4）无尾式布局

弹翼位置比较靠后，控制舵面紧挨着弹翼后面，称为后缘舵，其气动特性类似于常规布局，可以视为是常规布局的变形形式，如图 2 - 63（d）和图 2 - 66 所示。其气动特点：1）弹翼通常面积较大，故法向力和侧向力较大；2）由于舵面和弹翼在弹体的位置比较靠后，故无尾式布局弹体的静稳定度较大，不太适合机动性要求较高的导弹；3）全弹静稳定度随飞行攻角、侧滑角变化剧烈，其机理解释如下：当攻角和侧滑角较小时，由于弹身产生一定的静不稳定，而这时作用在弹翼和舵面上的气动力随攻角或侧滑角的增量较小且气动作用点比较靠前，故全弹表现为静不稳定或较小静稳定；当攻角或侧滑角或舵偏角较大时，作用在弹翼和舵面上的气动力随攻角或侧滑角的增量较大且气动压心逐渐后移，故全弹较大，随着飞行攻角或侧滑角的增加，全弹静稳定度大幅增加。无尾式布局气动稳定性随攻角或侧滑角剧烈变化特性给控制系统带来设计难点；4）由于舵面紧挨着前面的气动面，流经气动面的流线相对于无穷远处的流线发生较大的偏转，这样在流经舵面时会产生较大的气动耦合力矩，另外，由于舵面的存在（舵面发生偏转），也会引起前方流线的变化，进而影响前面气动面上的压强分布，产生较大气动耦合。考虑以上双重因素，此气动外形的气动耦合较为严重。

采用此典型气动布局的空地制导武器有 AGM - 65，如图 2 - 66 所示。

图 2 - 65　法国 AASM　　　　　　　图 2 - 66　无尾式布局（AGM - 65）

（5）无翼式布局

无翼式布局是全动弹翼式布局的某种变形气动布局，全动弹翼既是弹体的主升力面，又是弹体的控制舵面，通常情况下，全动弹翼面积较小且布置于弹身较后的位置，如图 2 - 63（e）所示。其气动特点：1）气动布局极为简单；2）气动阻力和升力均较小，适用于较高速度飞行的制导武器；3）全弹静稳定度随主升力面偏转变化较大，在主升力面偏角较大时，其静稳定度较大，故弹体机动性较差，适合攻击正前方的目标。

空地导弹较少采用无翼式布局，该种布局适用于以高超声速飞行的空地导弹，例如 AGM - 183。

2.3.3　气动舵面布局

对于空地制导武器，大多采用"十"字舵和"X"字舵，一般采用二个、三个或四个舵机控制四个气动舵面。气动舵面编号如图 2 - 67 所示，舵面绕舵轴沿逆时针方向偏转为正。

对于"十"字舵面，滚动舵偏 δ_x、偏航舵偏 δ_y 和俯仰舵偏 δ_z 的表示见方程组（2 - 43），对于"X"字舵面，滚动舵偏 δ_x、偏航舵偏 δ_y 和俯仰舵偏 δ_z 的表示见方程组（2 - 44）。

在工程上，对于"X"字弹翼，一般选用"X"字舵与之匹配，对于大展弦比"一"字弹翼，则优先选用"十"字舵与之匹配。按上述定义，正滚动舵偏、正偏航舵偏和正俯仰舵偏分别产生负滚动角速度、负偏航角速度和负俯仰角速度。

$$\begin{cases} \delta_x = 0.25(\delta_1 + \delta_2 + \delta_3 + \delta_4) \\ \delta_y = 0.5(-\delta_2 + \delta_4) \\ \delta_z = 0.5(-\delta_1 + \delta_3) \end{cases} \tag{2-43}$$

$$\begin{cases} \delta_x = 0.25(\delta_1 + \delta_2 + \delta_3 + \delta_4) \\ \delta_y = 0.25(-\delta_1 + \delta_2 + \delta_3 - \delta_4) \\ \delta_z = 0.25(-\delta_1 - \delta_2 + \delta_3 + \delta_4) \end{cases} \tag{2-44}$$

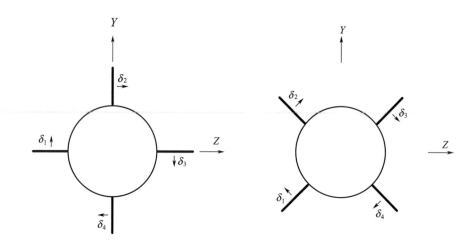

图 2 - 67　"十"字舵及"X"字舵

除了上述两种典型的控制舵面，空地制导武器通常采用的控制舵面还有飞机型舵、人字舵、三舵机-四舵面控制、三控制舵＋一固定舵等，简述如下：

（1）飞机型舵

飞机型舵采用三舵面形式，如图 2 - 68（a）所示，其滚动舵偏 δ_x、偏航舵偏 δ_y 和俯仰舵偏 δ_z 表示为

$$\begin{cases} \delta_x = 0.5(\delta_1 + \delta_3) \\ \delta_y = \delta_2 \\ \delta_z = 0.5(\delta_1 - \delta_3) \end{cases}$$

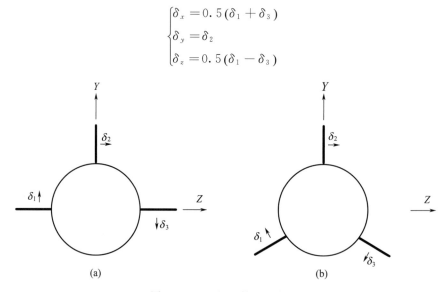

图 2 - 68　飞机型舵和人字舵

其特点：1）当存在侧滑角飞行时，会产生一个滚动力矩；2）由 δ_2 控制偏航通道，舵效较小，而且偏航舵偏引起附加的滚动力矩；3）由 δ_1 和 δ_3 控制滚动和俯仰通道，俯仰通道舵效同"十"字舵，但滚动通道舵效只有"X"字舵的一半。

飞机型舵结构适用于面对称制导武器，适用于 BTT 控制，采用飞机型舵的空地制导

武器如 WJ - 600，如图 2 - 60 所示。

（2）人字舵

人字舵采用三舵面形式，三个舵面互成 120°布置，如图 2 - 68（b）所示。其特点：1）与飞机型舵相比，当存在侧滑角飞行时，不会产生滚动力矩；2）航向稳定性较大。

（3）三控制舵＋一固定舵

对于某些打击静止目标的空地导弹来说，为了降低成本或设计需要，常采用"三控制舵＋一固定舵"的控制舵面（图 2 - 69），进一步分为"十"字舵控制方式和"X"字舵控制方式，介绍如下。

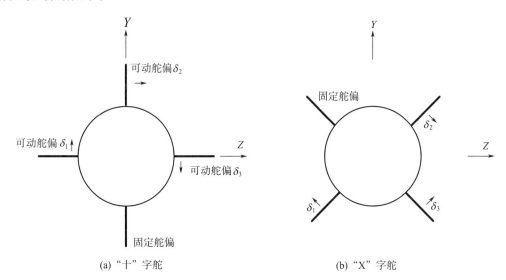

(a)"十"字舵   (b)"X"字舵

图 2 - 69   三控制舵＋一固定舵

① "十"字舵控制方式

其滚动舵偏 δ_x 、偏航舵偏 δ_y 和俯仰舵偏 δ_z 表示为

$$\begin{cases} \delta_x = \dfrac{1}{3}(\delta_1 + \delta_3) \\ \delta_y = \delta_2 \\ \delta_z = \dfrac{1}{2}(-\delta_1 + \delta_3) \end{cases} \quad (2-45)$$

如图 2 - 69（a）所示，1 号舵机用于气动舵面 1，2 号舵机用于气动舵面 2，3 号舵机用于气动舵面 3。此舵分配特点：优先根据式（2 - 45）第 2 式分配 δ_2，然后根据其他两式解算得到 δ_1 和 δ_3。

此气动舵面布局的气动特性：偏航舵效较小，而且偏航舵面偏转时，产生额外的滚动干扰力矩。

② "X"字舵控制方式

其滚动舵偏 δ_x 、偏航舵偏 δ_y 和俯仰舵偏 δ_z 表示为

$$\begin{cases} \delta_x = \dfrac{1}{2}(\delta_1 + \delta_2) \\[2mm] \delta_y = \dfrac{1}{2}(\delta_2 - \delta_3) \\[2mm] \delta_z = \dfrac{1}{2}(-\delta_1 + \delta_3) \end{cases} \qquad (2-46)$$

如图 2-69（b）所示，1 号舵机用于气动舵面 1，2 号舵机用于气动舵面 2，3 号舵机用于气动舵面 3。相比较上一种气动舵面布局，此舵分配特点：滚动、偏航及俯仰舵效均匀，各通道舵面偏转不会引起其他通道的气动干扰力矩。

2.4　气动特性及设计指标

空地导弹的气动特性在很大程度上决定了总体性能，是弹道设计和制导控制系统设计的输入条件，故根据导弹的总体指标以及制导控制系统设计指标确定弹体的气动指标也是导弹总体设计中一项很重要的设计内容。在工程上，基于导弹总体战术指标，考虑到制导控制系统指标、结构质量特性和尺寸限制等因素，依靠弹道设计确定弹体的气动指标。

气动指标间接反映被控对象的特性，下面分纵向和横侧向两部分介绍导弹的气动特性及指标。

2.4.1　纵向气动特性及设计指标

2.4.1.1　纵向气动指标

某型面对称空地制导武器的纵向气动指标（以下气动参数都以弹体长度作为参考长度，弹体横截面面积作为参考面积）：

1）静稳定度 $m_z^{C_y}$：$-0.07 \sim -0.04(\alpha = [-2°,\ 8°],\ Ma \in [0.5,\ 0.9])$；

2）操稳比 $\dfrac{\Delta\delta_z}{\Delta\alpha}$：$-0.25 \sim -0.75$；

3）升力系数：$C_l \geqslant 7.5(\beta = \delta_x = \delta_y = \delta_z = 0,\ \alpha = 5.0°,\ Ma = 0.7)$；

4）升阻比：$K \geqslant 11(\beta = \delta_x = \delta_y = \delta_z = 0,\ Ma = 0.7)$。

2.4.1.2　升力

根据气动理论知识，全弹的升力为由弹翼、尾翼（俯仰舵）和弹身等气动部件产生的升力和由上述气动部件之间的气动干扰产生的升力之和。对于经典气动布局的空地导弹，在设计之初，也常常忽略弹翼、尾翼（俯仰舵）和弹身之间气动干扰产生的升力，可将全弹的升力 L_m 表示为三个部件之和，即

$$L_m = L_{wing} + L_{elevator} + L_{body}$$

式中　L_{wing} ——由弹翼产生的升力；

　　　　$L_{elevator}$ ——由尾翼产生的升力；

　　　　L_{body} ——由弹体产生的升力。

在工程上，为了方便参考对比，常取无因次升力系数 C_l 表示导弹的升力，这样即可对不同大小导弹的升力特性进行相互比较，即

$$C_l = \frac{L_m}{qS_{ref}}$$

相应的，弹翼、尾翼以及弹身的升力系数分别表示为

$$C_{l\_wing} = \frac{L_{wing}}{qS_{ref}} , \ C_{l\_elevator} = \frac{L_{elevator}}{qS_{ref}} , \ C_{l\_body} = \frac{L_{body}}{qS_{ref}}$$

式中　S_{ref} ——参考面积，常取为导弹横截面面积；

　　　q ——飞行动压。

在全弹升力中，弹翼提供绝大部分气动升力，是最主要的气动部件；尾翼产生升力的机理类似于弹翼，提供一部分气动升力；弹体产生的升力较小。下面简单地介绍弹翼、尾翼（俯仰舵）和弹身产生升力的机理以及计算方法。

（1）弹翼升力

对于二维薄翼型弹翼，假设略去空气黏性和压缩性的影响，其升力可按式（2-41）计算，其理论升力线斜率为 $2\pi/rad$，折算成弹翼升力线斜率和升力系数为

$$C_l^\alpha = 2\pi/rad \times \frac{S_{exp}}{S_{ref}} , \ C_{l\_wing} = C_l^\alpha(\alpha - \alpha_0)$$

式中　S_{exp} ——弹翼的有效面积；

　　　S_{ref} ——气动参考面积；

　　　α_0 ——升力为 0 时对应的攻角。

实际弹翼为有限翼展的三维弹翼，与二维翼型的特性不同，由于翼端的存在，在正升力情况下，弹翼下表面气流压强较高，而上表面压强相对较低，这样导致弹翼下表面气流绕过弹翼翼尖流向上翼面，减小了上下翼面的压力差，即升力有一定的损失，如图 2-70（a）所示。另外，弹翼升力线斜率与攻角之间的线性关系也只在较小攻角之内有效，随着攻角的增加，升力线斜率则有一定程度的降低，当攻角增至某一值后，由于弹翼上翼面上的气流已经出现大面积分离，这时随攻角增加，升力不但不增加，反而急剧降低，即出现失速现象。

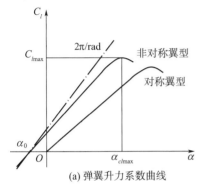 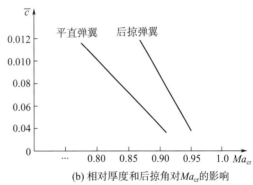

(a) 弹翼升力系数曲线　　　　　　(b) 相对厚度和后掠角对 Ma_{cr} 的影响

图 2-70　弹翼升力线斜率、翼型相对厚度对临界马赫数的影响

弹翼升力线斜率取决于弹翼的翼型、弹翼几何参数（展弦比 λ 、梢根比 η 、后掠角 χ 等）和飞行马赫数。

弹翼的翼型和几何参数对弹翼升力的影响在前面章节已有简单的介绍，下面进行补充介绍：1）对于不同翼型的薄弹翼，其升力线斜率变化不大，约为 $2\pi/\mathrm{rad}$ ；2）减小翼型的相对厚度和增加弹翼的后掠角都可以较有效地提高飞行临界马赫数，可改善跨声速飞行段的气动特性，如图 2-70（b）所示；3）展弦比对升力线斜率的影响如图 2-71（a）所示，展弦比增加时，其升力线斜率随之增加，当增加至一定值时，升力线斜率增加趋缓，当展弦比趋于无穷大时，升力线斜率等同于二维弹翼的升力线斜率。

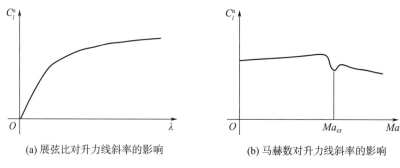

(a) 展弦比对升力线斜率的影响　　　　(b) 马赫数对升力线斜率的影响

图 2-71　升力线斜率

飞行马赫数对弹翼升力的影响主要体现在空气的压缩性，如图 2-71（b）所示，当小于跨声速时，翼型的升力线斜率随马赫数增大缓慢增大。在超声速区域，升力线斜率随着马赫数增大而减小，对于对称薄翼型弹翼，其升力线斜率表示为

$$C_l^a = \frac{4}{57.3\sqrt{Ma^2-1}}$$

（2）弹身升力

对于常规气动布局的空地导弹而言（某些特殊气动外形弹身除外），弹身一般为圆柱体（即横截面为圆形），理论和试验都表明，在小攻角下，产生升力可忽略不计，只有当大攻角飞行时，弹身背风面的气流由于气体的黏性作用而产生分离，在分离区，气流基本上不做增速或减速运动，形成等压区，即为低压区，这时弹身才产生少量的升力，且升力随着飞行攻角增大而增大。

某型号空地导弹（弹重约为 500 kg，弹径为 0.356 m，气动参考面积为 0.099 0 m²，参考长度为 3.5 m）弹身随攻角变化的升力系数曲线如图 2-72 所示，由此可见，相对于弹翼等升力面来说，其升力较小，通常情况下，在全弹升力中所占的比重不超过 3.0%。

（3）尾翼升力

尾翼（或执行舵面）产生升力的机理大致同弹翼，其不同的是两者所处的流场环境不同，即气流流经弹翼和弹身之后，由于气流和气动部件的相互作用，使得至尾翼处的气流较无穷远处未受扰动时的气流在流速和方向两方面均发生变化。

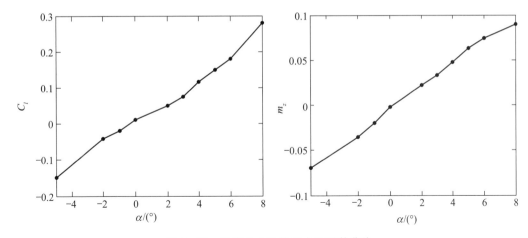

图 2 - 72　弹身升力系数和力矩系数曲线

①流速变化

气流流经弹体和弹翼后，由于气动阻力的影响，使得至尾翼处的流速有所降低，此现象称为气流阻滞，常用速度阻滞系数表示，定义为

$$k_q = \frac{q_t}{q}$$

式中　q_t ——尾翼处的动压；

　　　q ——无穷远处的来流动压；

　　　k_q ——速度阻滞系数，视尾翼相对于弹翼和弹身的位置而不同，$k_q = 0.85 \sim 1.00$。

②方向变化

气流流经弹翼和弹体时，当产生正升力时，由于反作用的影响，至尾翼处的气流相对于无穷远处未受扰的气流在方向上产生向下倾斜，即称为下洗现象，尾翼离弹翼越近，其下洗越厉害，如图 2 - 73 所示。下洗的大小由下洗角 ε 来表示，当导弹以小攻角飞行时，下洗角近似地与飞行攻角成某种线性关系，即

$$\varepsilon = \varepsilon_0 + \varepsilon^\alpha \alpha$$

式中　ε_0 ——升力等于 0 时的下洗角，是由于弹翼相对于弹身的扭转引起的气流偏斜；

　　　ε^α ——下洗角随攻角变化的斜率，$\varepsilon^\alpha = \dfrac{\partial \varepsilon}{\partial \alpha}$ ，主要是由于弹翼自由涡引起尾翼处的气流偏斜。

综上所述，尾翼（俯仰舵）对全弹的升力贡献如图 2 - 74 所示，尾翼的有效攻角可表示为

$$\alpha_e = \alpha - \varepsilon + \delta_e = \alpha_w - i_w - \varepsilon + \delta_e$$

式中　α_w ——来流与尾舵弦线之间的夹角；

　　　i_w ——弹翼安装角；

　　　δ_e ——尾舵的偏角。

尾翼升力为

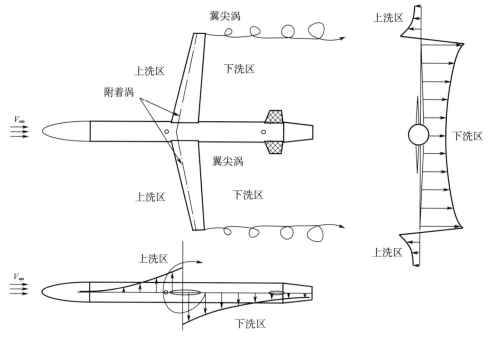

图 2-73　弹翼对尾翼的下洗作用

$$L_e = q_t C_l^a \alpha_e S_{ref} = k_q q \frac{S_{elevator}}{S_{ref}} S_{ref} C_l^a (\alpha_w - i_w - \varepsilon + \delta_e) = k_q q S_{elevator} C_l^a (\alpha_w - i_w - \varepsilon + \delta_e)$$

式中　$S_{elevator}$——尾翼面积。

将上式写成升力系数的形式，即

$$C_{l\_elevator} = k_q \frac{S_{elevator}}{S_{ref}} C_l^a (\alpha_w - i_w - \varepsilon + \delta_e)$$

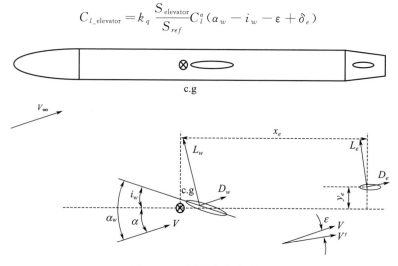

图 2-74　尾翼升力及力矩

2.4.1.3 阻力

导弹飞行阻力是指作用在导弹上的气动力在平行于飞行气流速度方向上的分量，即飞行阻力与飞行气流速度方向相反。

值得指出的是：

1) 气动减阻设计一直以来都是气动设计师或学者所追求的设计目标，对一款经典的导弹来说，当其动力系统一定，在相同升力条件下，气动阻力较小则意味着飞行速度较快，射程较远。

2) 确定导弹阻力的计算和试验方法有：a) 工程公式估算；b) CFD 计算；c) 风洞试验；d) 飞行试验校正等。其中工程公式估算阻力其精度稍差；CFD 计算（目前已开发出众多优秀的 CFD 商业软件）精度高于工程计算，对于一些气动外形较为复杂的导弹，其精度还是不能满足控制系统设计的要求；风洞试验测试阻力的精度相对较高，一般可在风洞试验数据的基础上进行修正，可进一步提高精度，但有时候，其精度也较差，其原因大致在于，导弹真实飞行时的流场与风洞试验缩比模型的流场存在差别，另外真实飞行时的气流转捩点和分离特性与风洞试验也存在一定的差别；在工程上，可采用飞行试验对导弹的飞行阻力进行修正，可以设计一种特殊飞行弹道，即在飞行平衡后，使得制导指令按某一种规律变化，由于控制的作用，弹体法向力响应制导指令，利用安装于弹体上的高精度线加速度计测量得到法向力和轴向力，在假设弹体升力精确的条件下，可计算得到阻力，进而对风洞试验数据的阻力系数进行修正。

同计算全弹升力一样，全弹的阻力可表示为三个部件的阻力之和，即

$$D_m = D_{wing} + D_{elevator} + D_{body}$$

工程上，通常计算上述各部分阻力，然后乘以一个安全系数 $k \in [1.1, 1.3]$。

下面以弹翼为例简单说明弹翼产生阻力的原理：

弹翼阻力取决于飞行马赫数、高度、攻角和侧滑角以及舵偏角，其按性质分为两类，零升阻力 D_0（定义为气动升力为 0 时的阻力）和升致阻力 D_i（由于升力存在而产生的阻力），阻力 D 表示为零升阻力与升致阻力之和，即

$$D = D_0 + D_i \tag{2-47}$$

在工程上，为了方便参考对比，常引入无量纲阻力系数，即

$$C_x = C_{x0} + C_{xi} \tag{2-48}$$

式中，C_x，C_{x0} 和 C_{xi} 分别为阻力系数、零升阻力系数和升致阻力系数，分别表示如下

$$C_x = \frac{D}{qS_{ref}} , C_{x0} = \frac{D_0}{qS_{ref}} , C_{xi} = \frac{D_{xi}}{qS_{ref}}$$

式中　q ——飞行动压；

S_{ref} ——参考面积。

零升阻力与翼型的升力无关，根据性质可进一步分为摩擦阻力、压差阻力和零升波阻；升致阻力与升力有关。根据定义零升阻力系数 C_{x0} 可近似表示为

$$C_{x0} = C_{xf} + C_{xb} + C_{xw}$$

式中　　C_{xf}——零升阻力中的摩擦阻力系数；

　　　　C_{xb}——零升阻力中的底部系数；

　　　　C_{xw}——零升阻力中的波阻系数。

下面依次简单介绍各种阻力的产生机理：

（1）摩擦阻力

摩擦阻力是由于气流的黏性而产生的（理想气体的黏性为 0，即不会产生摩擦阻力）。其物理现象解释如下：气流流经弹体表面时，由于气流的黏性作用，在弹体表面的气流速度为 0，在很薄的附面层（附面层厚度在零点几毫米至几厘米之间，在工程上，附面层厚度取为物理参考尺寸的 1%～2%）内，气流速度逐渐恢复至来流速度。故在附面层内存在很大的速度梯度，导致产生黏性力，即为摩擦阻力。

摩擦阻力与附面层内的气流类型和雷诺数相关。1）附面层内的气流按流场的特性分为层流和紊流两种，层流附面层和紊流附面层内的速度分布不同，在紊流状态下，最靠近物体表面的气流速度比层流状态下的大，即在物体表面附近的气流速度梯度较大，故其摩擦阻力也相应大许多。2）随着雷诺数的增大，其摩擦阻力逐渐减小，但是当雷诺数增大至一定值之后，随着雷诺数的增大，其摩擦阻力减小趋缓（特别是在层流状态下）。平板的摩擦阻力随着雷诺数增加的变化曲线如图 2-75 所示。3）摩擦阻力系数随着飞行速度的增大而减小。

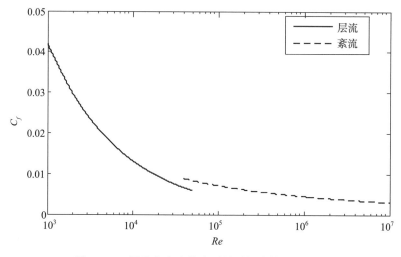

图 2-75　层流和紊流状态下的平板摩擦阻力系数

通常情况下，流经物体表面时，前面部分一般为层流状态，后面部分为紊流状态，最后部分则由于附面层气流分离，气流不再依附物体表面流动，故靠近物体表面的气流通常为混合边界层，其层流状态至紊流状态的转捩点与气流雷诺数、物体表面的形状以及表面粗糙度相关。为了减小摩擦阻力，尽可能将物体表面加工为光滑状态，使得流经物体表面的气流尽可能为层流状态，紊流状态推迟出现。

（2）压差阻力

压差阻力主要是由于气流黏性的作用，气流流过气动面后，在气动面的上尾表面分离，形成了压强差，即产生飞行阻力，称为压差阻力。从压差阻力产生的机理分析，压差阻力也是由于气流的黏性而产生的，与弹翼表面的光洁度、飞行雷诺数、飞行攻角等有关。其中飞行攻角越大，雷诺数越小，弹翼表面越粗糙，则气流分离越早，形成的压差阻力越大。反之，如果飞行攻角较小，雷诺数较大，弹翼表面光洁，则气动分离只在气动面的最后才形成，这时压差阻力很小。

（3）零升波阻

当弹体以跨声速或低超声速飞行时，弹体不同部位产生不同类型的激波，即会出现激波阻力，简称波阻。根据激波理论，其值跟激波强度相关，即与激波消耗的能量有关，当激波较强时，波阻在整个弹体阻力中占很大比例。当升力为零时，这时的波阻称为零升波阻，在以低超声速飞行时，零升波阻在整个阻力中占主要部分，随着飞行马赫数增加，与升力有关的阻力占主要部分。

对于弹翼来说，为了减小波阻，可采用尖型前缘的薄弹翼和后掠角弹翼。

①尖型前缘弹翼对波阻的影响

尖型前缘弹翼可以最大限度减弱弹翼前缘的正激波，出现强度较弱的斜激波。另外，减小弹翼相对厚度也可在理论上降低激波强度，弹翼的波阻系数近似与翼型的相对厚度 $\bar{c}$ 的平方成正比，对于具有双楔形翼型的矩形弹翼，其波阻的理论值为

$$C_{xw} = \frac{4\bar{c}^2}{\sqrt{Ma^2 - 1}}$$

翼型相对厚度对波阻系数的影响如图 2 - 76（a）所示。

②后掠角弹翼对波阻的影响

对于超声速飞行的导弹，通常采用后掠角弹翼（假设后掠角为 χ），其无穷远处未受扰动的气流速度 V_∞ 相对于弹翼翼型的有效速度为 $V_\infty \cos\chi$，即后掠角越大，则流过翼型的气流有效速度越小，不仅可推迟激波的出现，还可减弱激波强度，如图 2 - 76（b）所示。

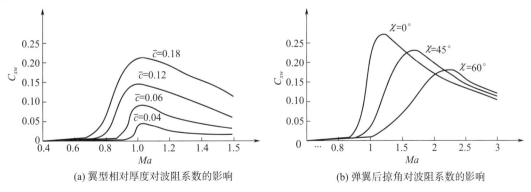

(a) 翼型相对厚度对波阻系数的影响　　　　(b) 弹翼后掠对波阻系数的影响

图 2 - 76　波阻系数

（4）升致阻力

升致阻力（又称为诱导阻力）与气流的黏性无关，是由于作用在弹翼上的升力而必然引起的一种阻力，在物理现象上表现为：三维弹翼两端拖出的自由涡。

气流流经三维弹翼（即有限翼展弹翼），会产生两个涡，自由涡和附着涡。自由涡生成机理：气流流经左弹翼时，由于弹翼下表面的压强高于上表面，所以流经上表面的流线会有沿翼展方向内偏的趋势，而流经下表面的流线会有沿翼展方向外偏的趋势，这样在弹翼翼尖处会拖出一条顺时针旋转的涡（从弹尾往前看），而右弹翼同样会产生一条方向相反的涡。附着涡生成机理：由于气流流经翼型上下表面时产生流速差（上表面由于较弯曲的原因，流速较快，下表面由于较平坦的原因，流速较慢），即在弹翼后缘拖出一条附着涡。

两个涡对弹翼之后的舵面产生下洗影响的同时，也对弹翼之前的气流产生上洗影响，在物理现象上，即改变无穷远处气流方向，在平行于无穷远处气流方向产生一个分量，即

$$C_{xi} = C_l \sin\varepsilon$$

在飞行攻角较小的情况下，考虑到 C_l 跟飞行攻角的线性关系，上式可表示为

$$C_{xi} = k\alpha\sin\alpha \approx k\alpha^2 = k_1 C_l^2 \tag{2-49}$$

（5）底部阻力

通常情况下，空地导弹由于在尾部放置发动机，故弹身尾部设计成平状或者钝状，这样气流流经弹体至底部时发生分离，即在底部区域形成死水区，在死水区内的气流为杂乱的涡运动，其气流压强相对于无穷远处的来流压强则低很多，综合作用表现为底部阻力。

由底部阻力的产生机理可知，弹身尾部越钝，其底部阻力越大，相比之下，流线型的弹体尾部设计可保证将底部阻力限制在很小的数值之内。

在工程上，可以简单地估算弹体的底部阻力 D_b

$$D_b = S_b(P_\infty - P_b)$$

式中　　P_∞——无穷远处来流的静压；

　　　　P_b——弹体底部处的气流压强；

　　　　S_b——底部平面的截面面积。

可将上式写成底阻系数的形式，即

$$D_b = S_b(P_\infty - P_b) = C_{xb}qS_{ref}$$

即

$$C_{xb} = \frac{S_b(P_\infty - P_b)}{qS_{ref}} = \frac{P_\infty - P_b}{q} \cdot \frac{S_b}{S_{ref}} = -\overline{P}_b \frac{S_b}{S_{ref}}$$

可以通过理论计算或风洞试验得到底部压力系数 $\overline{P}_b$，其在很大程度上取决于马赫数，随着马赫数增大，$\overline{P}_b$ 迅速减小。在较高马赫数情况下，其底阻在整个阻力中的比重很小，可以忽略不计，不过在亚声速飞行时，其底阻较大，通常将弹体尾部设计成收缩状。

据有关资料显示，亚声速飞行时，摩擦阻力占总阻力中的主要部分，在跨、超声速飞行中也是总阻力的重要组成部分。压差阻力在亚声速飞行总阻力中占很小一部分，可忽略

不计。波阻在理论上属于压差阻力，并随着马赫数增加而显著增加。某一架亚声速飞行的运输机，在巡航状态下，其摩擦阻力占全机总阻力的 48%，升致阻力占 37%，波阻占 3%，压差阻力占 5%，其他阻力占 2%~3%。

2.4.1.4　升阻比

工程上常关心升力和阻力之间的关系，由式（2-48）和式（2-49）可得

$$C_x = C_{x0} + k_1 C_l^2$$

即升力和阻力之间的关系可表征为二次抛物线（注：风洞试验数据以及投弹试验数据表明，阻力与升力之间的关系近似于二次抛物线，并非理想的二次抛物线）。

某一典型的空地导弹，其升力-阻力的极曲线如图 2-77 所示，工程上，定量地采用升阻比来表征导弹升力与阻力之间的特性，升阻比定义为

$$K = \frac{L}{D} = \frac{C_l}{C_x} \tag{2-50}$$

升阻比为飞行攻角和马赫数的函数，针对某一马赫数，升阻比随着飞行攻角增加而增加，当攻角增加到一定值后，攻角再增加时，升阻比则减小，故对应着一个最大升阻比，其确定过程如下：

令 $\dfrac{\mathrm{d}K}{\mathrm{d}C_l} = \dfrac{\mathrm{d}\left(\dfrac{C_l}{C_{x0} + k_1 C_l^2}\right)}{\mathrm{d}C_l} = 0$，可得

$$C_l = \sqrt{\frac{C_{x0}}{k_1}}$$

这时的升力系数 C_l 为有利升力系数 C_{lyl}，则最大升阻比为

$$K_{\max} = \frac{C_{lyl}}{C_x} = \frac{1}{2\sqrt{k_1 C_{x0}}}$$

由图 2-77 可知，当飞行马赫数较小时，其气动升阻比特性相差较小，当飞行马赫数接近 1.0 时，由于导弹出现较强的激波，使得零升阻力大增，即升阻比减小。

在进行弹道设计及气动设计时，为了使导弹具有较好的升阻特性，常将有利升力作为导弹的设计基准，即根据导弹的质量、飞行马赫数及高度确定导弹的有利升力，据此进一步确定弹翼的尺寸大小。

2.4.1.5　力矩

导弹在直线定常飞行过程中，作用在导弹上的力矩可假设由导弹的弹体、弹翼以及尾舵产生的力矩叠加而成。

（1）弹翼

在定常飞行中，作用在弹翼上的气动特性可表征为作用在弹翼焦点上的升力 L_w、阻力 D_w 和力矩 M_{0w}（图 2-78），即

$$M_w = M_{0w} + x_w \times (L_w \cos\alpha_w + D_w \sin\alpha_w) + y_w \times (D_w \cos\alpha_w + L_w \sin\alpha_w)$$

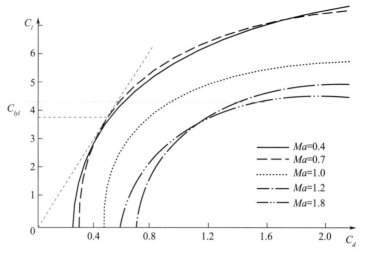

图 2-77　升力-阻力的极曲线

考虑到常规气动布局和飞行状态，$|x_w| \gg |y_w|$，$\sin\alpha_w = \alpha_w$，$\cos\alpha_w = 1$，则上式可简化为

$$M_w = M_{0w} + x_w L_w$$

在工程上，常写成无因次形式，即

$$m_w = m_{0w} + \frac{x_w C_l^a \alpha_w}{L_{ref}}$$

其中

$$m_{0w} = \frac{M_{0w}}{q L_{ref} S_{ref}}$$

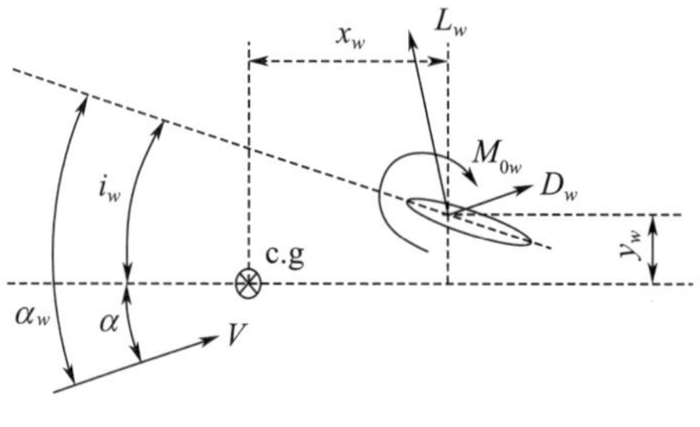

图 2-78　弹翼产生的力矩

（2）尾舵

参考图 2-74，尾舵产生绕质心的俯仰力矩可按下式计算，即

$$M_e = -x_e \times (L_e \cos\alpha_e + D_e \sin\alpha_e) + y_e \times (D_e \cos\alpha_e + L_e \sin\alpha_e) \tag{2-51}$$

上式中，由于 $x_e \gg y_e$，因此有

$$M_e \approx -x_e \times (L_e \cos\alpha_e + D_e \sin\alpha_e)$$

当导弹以小攻角飞行时，可知 α_e 也为小值，即可得 $L_e \gg D_e$，则式（2-51）可进一步简

化为

$$M_e \approx - x_e \times L_e = - x_e \times k_q q S_{\text{elevator}} C_l^a \alpha_e$$

将上式写成

$$M_e = m_z q S_{ref} L_{ref}$$

则俯仰力矩系数为

$$m_z = \frac{- x_e \times k_q S_{\text{elevator}} C_l^a \alpha_e}{S_{ref} L_{ref}}$$

工程上，习惯写成舵效的形式

$$m_z^{a_e} = \frac{- x_e \times k_q S_{\text{elevator}} C_l^a}{S_{ref} L_{ref}}$$

（3）纵向阻尼力矩

导弹在做纵向定常曲线飞行时，除了以速度 V_∞、攻角 α 做定常直线飞行时产出的气动力和力矩之外，还有一部分是导弹以角速度 ω_z 绕弹体质心旋转时产出的附加气动力及力矩，在工程上，可以认为作用在弹体上的综合气动力及力矩是此两部分的线性叠加。

假设导弹以角速度 ω_z 绕质心旋转，则产生附加的速度，如图 2 - 79（a）所示，根据 2.2.3.1 节介绍的相对飞行原理，认为导弹静止不旋转，迎头而来的来流除了直匀流之外附加一个速度，如图 2 - 79（b）所示，即可理解为：在质心之前的气流攻角线性减小，而在质心之后的气流攻角线性增大，这局部气流攻角产生的气动载荷表现为阻止导弹旋转，称为纵向气动阻尼力矩。

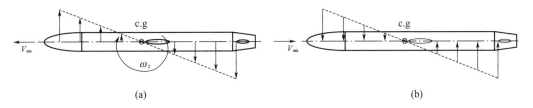

图 2 - 79　俯仰角速度产生附加速度

对于常规气动布局的导弹来说，纵向气动阻尼力矩主要由导弹的尾舵产生，当导弹以角速度 ω_z 绕质心旋转时，在尾舵处产生一个附加向上的速度，如图 2 - 80 所示。

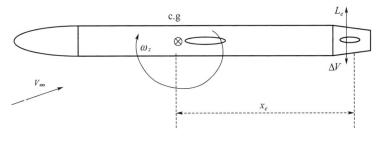

图 2 - 80　阻尼力矩产生机理

假设飞行速度为 V_∞，弹体角速度为 ω_z，假设尾舵 1/4 弦长处与质心之间的距离 x_e 远大于尾舵的弦长，基于以上假设，可近似认为由于旋转而作用在尾舵处的附加速度为

$$\Delta V = x_e \omega_z$$

由于俯仰角速度的作用，引起尾舵处的气流流速发生变化，为了简化，可假设尾舵处的速度为定值，则引起尾舵处飞行攻角的变化量为

$$\Delta \alpha_\omega \approx \frac{\Delta V}{\sqrt{k}\, V} = \frac{x_e \omega_z}{\sqrt{k}\, V}$$

由于尾舵飞行攻角增量，其附加升力为

$$\Delta L_\omega \approx k S_{\text{elevator}} \alpha_t \Delta \alpha_\omega q = k S_{\text{elevator}} \alpha_t \frac{x_e \omega_z}{\sqrt{k}\, V} q$$

此附加升力比较小，但是其对质心的力矩可能较大，不可忽略，即

$$\Delta M_z = -x_e \Delta L_\omega = -k S_{\text{elevator}} \alpha_t q \frac{x_e^2}{\sqrt{k}\, V} \omega_z \qquad (2-52)$$

在工程上，常用无因次阻尼系数表示阻尼力矩，即

$$\Delta M_z = m_z^{\overline{\omega}_z} \frac{L_{ref}}{2V} \omega_z q S_{ref} L_{ref} \qquad (2-53)$$

式中　　$m_z^{\overline{\omega}_z}$ ——单位 $\overline{\omega}_z$ 旋转时产生的阻尼力矩系数。

对比式 (2-52) 和式 (2-53)，可得

$$m_z^{\overline{\omega}_z} = -k S_{\text{elevator}} \alpha_t \frac{x_e^2}{\sqrt{k}} \frac{2}{S_{ref} L_{ref}^2}$$

对于常规布局的空地导弹来说，全弹的纵向阻尼力矩主要由尾舵产生，导弹的弹翼和弹身也产生一部分阻尼力矩，但其值较小，解释如下：1）由旋转引起的附加速度较小，其对弹身的气动力影响较小，可忽略不计；2）通常情况下，弹翼离质心较近，即附加的速度相对较小，故其产生的气动力矩也较小。在近似计算时，可以仅考虑尾舵的阻尼力矩，在此基础上增加 10%～20%，用以修正弹翼和弹身对全弹阻尼力矩的影响。

对于控制系统设计来说，上述处理可能存在一定量的偏差，但由于在飞行过程中，导弹的阻尼由弹体气动阻尼和控制阻尼两部分组成，其中控制阻尼占绝大部分，弹体气动阻尼只占小部分，故即使存在较大的偏差量，也只是在较小程度上影响控制系统响应的动态特性。

（4）下洗时差阻尼力矩

上述纵向阻尼力矩是在假设导弹飞行速度和攻角为常值的基础上得出的，即假设导弹飞行为定常运动，而在某一些飞行过程中，导弹飞行攻角以及舵偏角非恒定，即攻角和尾舵随时间变化，假设其变化率分别为 $\dot{\alpha}$ 和 $\dot{\delta}_z$。严格意义上，这时导弹飞行为非定常运动，导弹的绕流情况与定常运动时存在显著差别，作用于导弹上的气动力和力矩不仅取决于这时刻的飞行状态，而且还取决于先前的飞行状态。在工程上，为了简化，则采用"准定常假设"，即认为作用于导弹上的气动力和力矩取决于某一瞬时的飞行速度、攻角及俯仰角

速度，而与它们的变化率无关。理论和试验均表明，在某一些非定常运动情况下，计算得到的阻尼力矩与真实存在较大的误差，需要修正攻角变化率对尾舵力矩的影响。

假设导弹的飞行速度为 V_∞，角速度为 0，攻角变化率为 $\dot\alpha$，在某一时刻 t_0，飞行攻角为 α，按照"准定常假设"，可求得该时刻尾舵的攻角为

$$\alpha_e = \alpha - \varepsilon + \delta_e = \alpha_w - i_w - \varepsilon + \delta_e$$

式中，下洗角 ε 是 t_0 时刻飞行攻角 α 的对应值，而实际上，由于弹翼与尾舵之间存在一定的距离 l_t，当弹翼的攻角 α 随时间变化时，它对尾舵的影响也要经过一定的时间 τ

$$\tau = \frac{l_t}{\sqrt{k}\,V_\infty}$$

按此分析，其实计算 t_0 时刻弹翼对尾舵的下洗影响不应按 t_0 时刻的攻角，而是按 $t_0 - \tau$ 时刻对应的攻角。

在时间区间 $[t_0 - \tau,\ t_0]$，弹翼攻角的变化量为

$$\Delta\alpha = \dot\alpha \times \tau = \frac{l_t}{\sqrt{k}\,V_\infty}\dot\alpha$$

按照"准定常假设"弹翼对尾舵的下洗影响多计算了 $\Delta\alpha$，需在此基础上进行修正，即考虑 $-\Delta\alpha$ 对下洗角的影响，则

$$\Delta\varepsilon = \frac{\partial\varepsilon}{\partial\alpha} \times (-\Delta\alpha) = -\frac{l_t}{\sqrt{k}\,V_\infty}\dot\alpha\,\frac{\partial\varepsilon}{\partial\alpha}$$

同理，在工程上，常引入无因次攻角变化率

$$\bar{\dot\alpha} = \dot\alpha \times \frac{L_{ref}}{V_\infty}$$

则

$$\Delta\varepsilon = -\frac{l_t}{\sqrt{k}\,V_\infty}\dot\alpha\,\frac{\partial\varepsilon}{\partial\alpha} = -\frac{l_t}{\sqrt{k}}\bar{\dot\alpha} \times \frac{1}{L_{ref}}\frac{\partial\varepsilon}{\partial\alpha}$$

即弹翼攻角引起平尾升力的修正量为

$$\Delta L_t = -kqS_t\alpha_t \times \left(-\frac{l_t}{\sqrt{k}}\bar{\dot\alpha} \times \frac{1}{L_{ref}}\frac{\partial\varepsilon}{\partial\alpha}\right)$$

$$= \sqrt{k}\,qS_t\alpha_t\,\frac{\partial\varepsilon}{\partial\alpha}\,\frac{l_t}{L_{ref}}\bar{\dot\alpha}$$

其引起平尾力矩的修正量为

$$\Delta M_t = -\Delta L_t \times l_t = -\sqrt{k}\,qS_t\alpha_t\,\frac{\partial\varepsilon}{\partial\alpha}\,\frac{l_t^2}{L_{ref}}\bar{\dot\alpha}$$

将上式写成无因次力矩系数的形式，即

$$\Delta m_t = \frac{\Delta M_t}{qSL_{ref}} = -\sqrt{k}\,\alpha_t\,\frac{\partial\varepsilon}{\partial\alpha}\,\frac{l_t^2}{L_{ref}^2}\bar{\dot\alpha}$$

即可得

$$m_z^{\dot\alpha} = \frac{\partial\Delta m_t}{\partial\dot\alpha} = -\sqrt{k}\,\alpha_t\,\frac{\partial\varepsilon}{\partial\alpha}\,\frac{l_t^2}{L_{ref}^2}$$

2.4.1.6　纵向稳定性、机动性和操纵性

（1）稳定性

处于平衡状态下飞行的弹体受扰动后，当扰动力矩消失时弹体有恢复平衡状态的趋势，则称弹体是静稳定的。在工程上，常采用定量的静稳定度去量化说明弹体的气动稳定特性。弹体的静稳定度定义为弹体气动焦点（由攻角增加引起那部分升力的作用点）与质心之间距离的无量纲参数（通常除以全弹长）。

通常情况下，利用俯仰力矩系数随攻角的变化率来定性说明弹体的气动稳定性，当 $m_z^\alpha > 0$，则代表弹体气动静不稳定；当 $m_z^\alpha = 0$，则弹体气动临界静稳定；当 $m_z^\alpha < 0$，则弹体气动静稳定。工程上，也常采用气动稳定度来定量地描述静稳定性大小（图 2 - 81），即

$$m_z^{C_y} = \frac{\partial m_z}{\partial C_y} = \frac{m_z^\alpha}{C_y^\alpha} = \frac{C_y^\alpha(\overline{x}_{cg} - \overline{x}_F)}{C_y^\alpha} = \overline{x}_{cg} - \overline{x}_F$$

式中　$\overline{x}_{cg}$——弹体质心的无量纲位置（质心距离弹头的距离除以全弹长）；

　　　$\overline{x}_F$——弹体的气动焦点的无量纲位置。

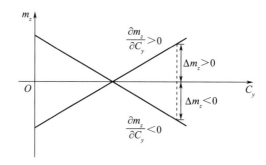

图 2 - 81　俯仰力矩系数

用 $\overline{x}_{cg} - \overline{x}_F$ 的大小和正负号去判断弹体是否静稳定以及稳定度的大小，$\overline{x}_{cg} - \overline{x}_F$ 为负值代表弹体气动静稳定，其值越大代表气动静稳定度越大，解释如下：导弹在某平衡状态下飞行，如果受到某种扰动，其攻角增加，则产生低头俯仰力矩 $\Delta m_z < 0$，即导弹具有自动恢复至初始状态的趋势（至于能否恢复至扰动前的平衡状态，则不好判断），静稳定度越大则代表其在受到扰动之后的恢复力矩越大；$\overline{x}_{cg} - \overline{x}_F$ 为 0 代表弹体气动临界稳定；$\overline{x}_{cg} - \overline{x}_F$ 为正值代表弹体气动静不稳定，其值越大代表气动静不稳定度越大。

绝大多数传统空地制导武器是按静稳定进行气动外形设计的，要求 $m_z^\alpha < 0$。在初步确定弹体静稳定度指标时，考虑如下因素：

1）气动 CFD 计算数据和风洞试验数据得到的全弹的焦点存在较大的误差，在亚声速和超声速飞行中其误差可达全弹长度的 2%，在跨声速飞行段，误差会更大。这一点也可以由如下事实验证：某型号气动模型在不同的风洞中进行测力试验，其静稳定度在某些状态下相差可达 0.02。

2）实际飞行中，全弹的静稳定度随飞行状态变化较大，图 2 - 82 所示为某型号风洞

试验的静稳定度随飞行马赫数和攻角变化情况。值得注意的是：全弹的压强分布决定了焦点的位置，考虑到真实飞行流场为非定常、实际飞行和风洞试验数据的雷诺数大小相差较大、主弹翼对其后舵面的下洗影响、真实弹体的气动面弹性变形、真实结构与风洞试验模型存在差别以及其他因素，真实飞行时的全弹静稳定度与风洞试验数据存在一定的差别。

　　3）弹体和气动受力面（弹翼和舵面）受气动载荷产生弹性变形，对于常规气动布局弹体来说，其弹体静稳定度减小。

　　4）全弹的质心存在一定的偏差。

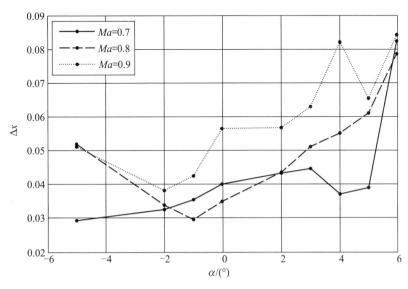

图 2 - 82　静稳定度

　　为了保证在整个飞行包络中的全弹静稳定度 $\Delta x = \overline{x}_{cg} - \overline{x}_F$ 始终小于 0 且留有一定余量，对于气动外形较简单的导弹来说，一般需要至少 $3\% \sim 4\%$ 弹体长度的余量，对于外形较复杂的导弹来说，一般需要至少 $4\% \sim 5\%$ 弹体长度的余量。

　　特别值得注意的是：如果导弹气动静稳定度过大，则给控制系统设计带来很大的困难。其原因解释如下：当静稳定度很大，即 m_z^α 很大，则弹体具有很高的气动自振频率，折算成被控对象模型，即为一个带零点的二阶模型，其阻尼项较小，而恢复项很大（特别是飞行动压很大的时候）。对于俯仰通道的控制回路而言，在工程上采用阻尼回路（目的：1）改善被控对象的阻尼特性；2）抑制被控对象的模型不确定性）作为内回路，由于原被控对象具有很高的气动一阶频率，基于经典控制理论，阻尼回路只能取较小的阻尼反馈系数，以免阻尼回路截止频率过高而引起控制裕度下降，其结果为：由于阻尼反馈系数较小，不能较好地改善弹体的阻尼特性，也不能很好地抑制弹体的模型不确定性对控制品质的影响。

　　（2）机动性

　　机动性是指改变弹体飞行速度方向和大小的能力，是衡量弹体飞行性能的一个非常重要的指标，常用弹体加速度（或过载）定量描述弹体的机动性，其中纵向加速度用于改变飞行速度大小，法向加速度用于改变飞行速度方向。

弹体的法向机动性常指弹体单位舵偏产生的加速度，机动性越大代表单位舵偏产生的加速度越大。在工程上也用加速度对舵偏的导数表示

$$C_{\delta_z}^{a_y} = \frac{\Delta a_y}{\Delta \delta_z} = \frac{C_y^\alpha \Delta \alpha q S_{ref}}{\Delta \delta_z m} = \frac{C_y^\alpha m_z^{\delta_z} q S_{ref}}{m_z^\alpha m} = \frac{m_z^{\delta_z} q S_{ref}}{(\overline{x}_{cg} - \overline{x}_F) m}$$

由此可得，弹体的机动性取决于俯仰舵效 $m_z^{\delta_z}$、飞行动压 q、静稳定度以及弹体质量，飞行动压越大，舵效越大，静稳定度越小，则对应的弹体机动性越大。

（3）操纵性

操纵性是指弹体对舵面偏转的响应特性，也可表述为：导弹在舵面偏转后，改变原来飞行状态的能力以及快慢程度。

操纵性与静稳定度紧密相关，简述如下：

假设弹体的俯仰恢复力矩 m_z^α 表示为

$$m_z^\alpha = \frac{\partial m_z}{\partial \alpha} = C_y^\alpha \frac{x_{cg} - x_F}{L_{ref}}$$

由上式可知，弹体静稳定度越大，代表着弹体的恢复力矩越大，则改变弹体飞行状态所需的操纵力矩也越大，即弹体稳定度和操纵性是矛盾的，弹体稳定度越大，则代表弹体的操纵性越差，反之亦然。

随着控制技术的提高，目前可以控制静稳定、临界稳定和静不稳定的导弹，故考虑到导弹的操纵性，可将导弹的气动外形设计为静不稳定。对于气动常规布局导弹而言，将气动设计为静不稳定状态可以在改善弹体操纵性的同时，改善弹体的升阻比特性；而对于鸭式气动布局，将气动设计为静稳定状态可改善弹体操纵性和升阻比特性。

（4）操稳比

对于静稳定弹体，常采用操稳比（$\Delta \delta_z / \Delta \alpha$）描述弹体响应与舵偏的关系，对于一款特定的制导武器，其值应该在一个合理的区间内，见表 2-5。其值过大，则弹体操纵较慢，给控制带来困难，另外由于较大的配平舵面产生较大的配平阻力，影响射程；其值过小，微小舵偏则会引起弹体的大幅响应，则需要配备较高品质的执行机构，例如若执行机构死区过大，则会引起弹体来回振荡，影响控制品质。

表 2-5 操稳比指标

制导武器气动布局类型	操稳比
正常布局	-0.5～-1.0
鸭式布局	1.2～2.0
全动弹翼	-2.0～-2.5
无尾式布局	5.0～-6.0

随着科技的发展和控制技术的提升，对临界稳定和静不稳定弹体的姿态控制已取得很好的控制品质（事实上，世界上第一架飞机即为鸭翼静不稳定气动布局）。从这层意义上来讲，弹体气动操稳比设计指标已显得不太重要。

2.4.1.7　静稳定度估算及其影响因素

全弹的气动焦点跟弹身、舵面、弹翼和其他气动面的气动特性以及它们与质心之间的相对位置有关，其气动焦点可由如下近似计算公式得到

$$\begin{cases} x_F = \dfrac{\sum\limits_{k=1}^{3} C_{yk}^a x_{Fk}}{C_y^a} \\[4mm] \overline{x}_F = \dfrac{x_F}{L_{ref}} \end{cases} \qquad (2-54)$$

式中　C_{y1}^a——弹体的升力线斜率，$C_{y1}^a = C_{y\_body}^a$；

　　　C_{y2}^a——弹翼的升力线斜率，$C_{y2}^a = C_{y\_wing}^a$；

　　　C_{y3}^a——舵面的升力线斜率，$C_{y3}^a = C_{y\_rudder}^a$；

　　　C_y^a——全弹的升力线斜率，$C_y^a = C_{y1}^a + C_{y2}^a + C_{y3}^a$；

　　　x_{F1}，x_{F2}，x_{F3}——弹体、弹翼和舵面的气动焦点和质心之间的距离；

　　　$\overline{x}_F$——全弹的无量纲气动焦点。

注：对于有其他气动面的弹体来说，还要考虑其他气动面引起的焦点位置变化，例如，如图 2-83 所示的某一型空地导弹，其背部增程组件在不同飞行攻角情况下，表面的压强分布有所变化，即对全弹的焦点也有一定的影响。

下面以常规气动布局导弹为例（图 2-83），简单地介绍弹体、弹翼以及舵面对全弹静稳定特性的影响。

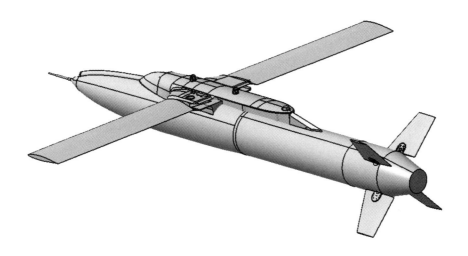

图 2-83　气动外形

（1）弹身

弹身理论上为一个静不稳定气动部件，物理解释如下：当导弹以一个正攻角飞行时，飞行速度可分解成沿弹身轴向的速度和垂直于弹身轴向的速度，在弹头部分，上表面的速

度由于叠加的作用，比下表面的速度要大，即上表面表现为低压区，下表面表现为高压区，综合表现为一个向上的法向力，如图 2 - 84 所示，而弹尾刚好相反，表现为一个向下的法向力，综合考虑，弹身为一个静不稳定的气动部件。

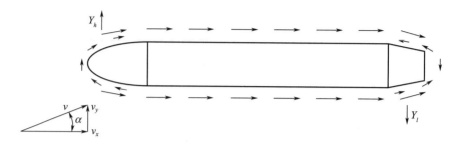

图 2 - 84　弹身气动特性

某制导武器弹身（除去舵面、弹翼等气动面）风洞试验数据显示法向力系数和俯仰力矩系数随攻角变化如图 2 - 72 所示，即由风洞试验也可验证常规弹身为一个静不稳定的气动部件。

（2）弹翼

弹翼为导弹的主要气动受力面，其对全弹静稳定性的影响较大，可能起静稳定作用，也可能起静不稳定作用。可以根据弹翼 1/4 弦线作用点与弹体质心之间的位置关系来判断其作用，对于超声速飞行状态，则根据弹翼 1/2 弦线作用点去判断其作用。

假设某飞行状态下，弹翼升力系数随飞行攻角的变化为 $C_{y\_wing}^{\alpha}$，其弹翼 1/4 弦线作用点与弹体质心之间的相对距离（即绝对距离除以参考长度）为

$$\Delta \overline{x}_{F.\,wing-cg} = -\,(\overline{x}_{F\_wing} - \overline{x}_{cg})$$

则弹翼对全弹静稳定度的影响大小为

$$\frac{\Delta \overline{x}_{F.\,wing-cg} \cdot C_{y\_wing}^{\alpha}}{C_{y}^{\alpha}}$$

（3）舵面

舵面为导弹的操作气动受力面，其对全弹的静稳定性影响很大，对于常规气动布局导弹来说，起静稳定作用，对于鸭式气动布局导弹而言，起静不稳定作用。

假设某飞行状态下，舵面升力系数随飞行攻角的变化为 $C_{y\_rudder}^{\alpha}$，其舵面 1/4 弦线作用点与弹体质心之间相对距离（即为绝对距离除以参考长度）为

$$\Delta \overline{x}_{F.\,rudder-cg} = -\,(\overline{x}_{F\_rudder} - \overline{x}_{cg})$$

则舵面对全弹静稳定度的影响大小为

$$\frac{\Delta \overline{x}_{F.\,rudder-cg} \cdot C_{y\_rudder}^{\alpha}}{C_{y}^{\alpha}}$$

由上式可知，舵面越大，舵面离弹体质心越远，则舵面在全弹静稳定度中的作用越大，在工程上，也常通过调节舵面面积大小以及舵面与质心之间的距离来调整全弹的静稳定度。

在简单介绍空地导弹全弹静稳定度概念后，在本节以某型号的气动数据为依据，简单

介绍如何根据弹身、舵面和弹翼在弹身中的位置估算全弹的静稳定度以及弹身、舵面和弹翼等气动部件在全弹静稳定度中所占的比例，具体见例 2-1。

　　例 2-1　已知弹身、弹翼及舵面的升力线斜率及它们在全弹轴向所处的位置，估算全弹的静稳定度。

　　某一款以亚跨声速飞行的空地制导武器其气动外形采用常规布局，如图 2-83 所示，弹翼采用大展弦比上单翼（直弹翼），尾舵采用"X"舵布局。全弹长 L_{ref} 为 3.225，质心为 $x_{cg} = 1.195$ m，当飞行马赫数为 0.7 时，弹身升力系数和力矩系数如图 2-72 所示，舵面升力线斜率为 $C^\alpha_{y\_rudder} = 0.147\ 1[1/(°)]$，舵效 $m^{\delta_z}_z = -0.077\ 7$，弹翼升力线斜率为 $C^\alpha_{y\_wing} = 0.880\ 6$，弹翼 1/4 弦线作用点离质心 0.058 m，下面简单地介绍如何根据已知条件估算全弹的气动静稳定度。

　　①计算弹身气动焦点及升力线斜率

　　由图 2-72 可知，弹身升力线斜率为

$$C^\alpha_{y\_body} = 0.027\ 35[1/(°)]$$

则弹身气动焦点近似为

$$x_{F\_body} = \frac{m^\alpha_z L_{ref}}{C^\alpha_{y\_body}} = \frac{0.013\ 8 \times 3.225}{0.027\ 35}\text{m} = 1.627\ 2\ \text{m}$$

　　②计算舵面气动焦点及升力线斜率

　　舵面气动焦点近似为

$$\Delta\overline{x}_{F.rudder-cg} = -[\overline{x}_{F\_rudder} - \overline{x}_{cg}] = m^{C_y}_z = \frac{m^{\delta_z}_z}{C^\alpha_{y\_rudder}} = \frac{-0.077\ 7}{0.147\ 1} = -0.528\ 4$$

即可得舵面的气动焦点离弹体质心的距离为

$$x_{F\_rudder} = \Delta\overline{x}_{F.rudder-cg} \times L_{ref} = -1.704\ 24\ \text{m}$$

　　③计算弹翼气动焦点

$$x_{F\_wing} = 0.058$$

根据焦点 1/4 弦的理论，弹翼攻角引起的焦点大约离弹体质心 0.058 m。

　　④计算全弹焦点

　　将上述计算的数据代入式（2-54），可得

$$x_F = 1.342\ 011\ \text{m}$$

折算成全弹的静稳定度为

$$m^{C_y}_z = \overline{x}_{cg} - \overline{x}_F = 0.045\ 52$$

　　由以上计算可知：弹身起静不稳定作用，弹翼起主要静稳定作用，舵也起主要静稳定作用。弹身升力线斜率、舵面升力线斜率、弹翼升力线斜率、弹翼位置以及全弹的质心都是影响全弹静稳定度的因素，表 2-6 所列为这些因素对全弹静稳定度的影响大小。

表 2 - 6　全弹静稳定度影响项

影响项		静稳定度
弹身的升力	减小一半	0.052 3
	增大一倍	0.032 6
舵的升力	减小为原来的 80%	0.032 6
	增大为原来的 1.2 倍	0.057 8
弹翼的升力	减小为原来的 80%	0.037 0
	增大为原来的 1.2 倍	0.057 5
弹翼位置	前移 10 mm	0.042 9
	后移 10 mm	0.048 2
全弹的质心	前移 70 mm	0.067 2
	后移 70 mm	0.023 8

值得注意的是，图 2 - 83 所示气动外形空地导弹的增程组件也在一定程度上影响全弹的静稳定度。

2.4.2　横侧向气动特性及设计指标

在介绍群体横侧向气动指标与被控对象特性之前，首先简单地介绍横航向稳定性等概念。

2.4.2.1　航向稳定性

与弹体纵向稳定性判据类似，弹体航向稳定性用导数 $m_y^\beta = \dfrac{\partial m_y}{\partial \beta}$ 来判断，如果 $m_y^\beta > 0$，弹体航向静不稳定；如果 $m_y^\beta = 0$，弹体航向临界稳定；如果 $m_y^\beta < 0$，弹体航向静稳定。在工程上也可根据气动焦点与弹体质心之间的无量纲距离来定量地衡量航向静稳定度大小，如图 2 - 85（a）和（b）所示。

对于航向静稳定的导弹，假设弹体受到非对称的干扰，弹体产生某一负侧滑角 β，由于 $m_y = m_y^\beta \beta > 0$，如图 2 - 85（a）所示，则将引起导弹弹头向左偏转，即弹体可以自动改变弹体的偏航角以消除侧滑角。对于航向静不稳定的导弹，当受干扰时，同样假设受到负侧滑角，则导弹弹头向右偏转，即侧滑角越来越大，以至于发散，如图 2 - 85（b）所示。

2.4.2.2　横向稳定性

弹体横向稳定性用导数 $m_x^\beta = \dfrac{\partial m_x}{\partial \beta}$ 来判断，如果 $m_x^\beta > 0$，弹体横向静不稳定；如果 $m_x^\beta = 0$，弹体横向临界稳定；如果 $m_x^\beta < 0$，弹体横向静稳定。

对于横向静稳定的导弹，假设弹体在平衡状态下飞行，突然左边来流干扰，弹体产生

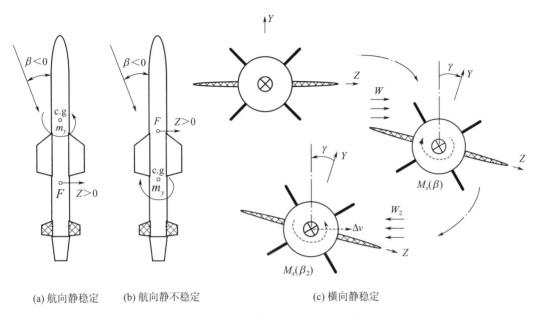

(a) 航向静稳定　　　(b) 航向静不稳定　　　　　　　　(c) 横向静稳定

图 2 - 85　航向稳定性和横向稳定性

某一负侧滑角 β，由于 $m_x(\beta) = m_x^\beta \beta > 0$，如图 2 - 85（c）所示，则将引起导弹绕纵轴正滚动，当弹体正滚动至某一正滚动角 γ 时，弹体在重力分量 $G \sin \gamma$ 的作用下加速向右侧滑运动，右侧滑运动的速度越来越大，产生正侧滑角 β_2，即产生了一个恢复滚动力矩 $m_x(\beta_2) = m_x^\beta \beta_2 < 0$，此回路滚动力矩使导弹绕纵轴负滚动的同时逐渐消除侧滑角 β_2。

值得注意的是：航向静稳定性和横向静稳定性只是表明弹体在受到干扰后，弹体姿态运动的一种趋势，并不代表着导弹的运动可以恢复至受扰之前的飞行状态。

2.4.2.3　横侧向气动指标

某型面对称空地制导武器的横侧向气动指标（以下气动参数以弹体长度作为参考长度，弹体横截面面积作为参考面积）如下所示：

1）$b = \dfrac{m_x^\beta / J_x}{m_y^\beta / J_y} \in [-1.0, 4.0]$，（$\alpha \in [-2°, 8°]$，$Ma \in [0.5, 0.9]$）；

2）航向静稳定性 $\dfrac{C_z^\beta}{m_y^\beta}$：$0.08 \sim 0.18$，（$\alpha \in [-2°, 8°]$，$Ma \in [0.5, 0.9]$）；

3）$-0.010 \leqslant m_x^{\delta x} \leqslant -0.006$，（$\alpha \in [-2°, 8°]$，$Ma \in [0.5, 0.9]$）；

4）$k = \dfrac{m_x^\beta}{m_x^{\delta x}} \in [0, 2]$，（$\alpha \in [-2°, 8°]$，$Ma \in [0.5, 0.9]$）。

针对此指标做进一步说明：1）气动指标只是针对某一类特定的气动外形和姿控系统要求的控制品质而言，对于制导系统可以忍受较差控制品质的情况下，其横侧向气动指标可以放宽，而对控制品质要求较高的情况，则要求较严格的横侧向气动指标；2）气动指标跟弹体的气动外形相关。

2.5　风洞试验数据处理

导弹的气动特性用气动参数表示，数据来源于 CFD 计算或风洞试验。众所周知，导弹在飞行过程中，气动参数变化是连续的，而风洞试验数据对应的气动参数则是离散的，故需要对风洞试验数据进行处理。

处理要求为：计算量少，处理精确等，处理方法主要有两种，即多元表格差值法和公式化法。

2.5.1　多元表格差值法

（1）方法简介

1）将风洞试验数据列成表格，将气动风洞数据分三个通道建立各自独立的表格，即滚动通道气动数据表、偏航通道气动数据表和俯仰通道气动数据表，滚动通道气动数据表见表 2-7，其他两个通道表格完全类似。

表 2-7　滚动通道气动数据表

δ_x /(°)	β /(°)	Ma	α /(°)
			-5
		0.4	...
			8
-10	0	0.6	
		0.7	
		...	
	4		
	...		
-5		同上	
0		同上	
5		同上	
10		同上	

2）根据气动数据表插值得到如下气动数据

$$\begin{cases} X_x\,(\delta_x=\delta_{x0},\beta=\beta_0,Ma=Ma_0,\alpha=\alpha_0) \\ X_y\,(\delta_y=\delta_{y0},\beta=\beta_0,Ma=Ma_0,\alpha=\alpha_0) \\ X_z\,(\delta_z=\delta_{z0},\beta=\beta_0,Ma=Ma_0,\alpha=\alpha_0) \\ X_{z0}\,(\delta_z=0,\beta=\beta_0,Ma=Ma_0,\alpha=\alpha_0) \end{cases}$$

式中，X 代表阻向力系数 CAF，法向力系数 CN，侧向力系数 CZ、滚动力矩系数 m_x、偏航力矩系数 m_y 和俯仰力矩系数 m_z，β_0 为特定某飞行侧滑角，Ma_0 为特定某飞行马赫数，α_0 为特定某飞行攻角。

3）计算气动数据

$$X = X_x + X_y + X_z - 2X_{z0}$$

（2）方法优缺点

此方法的优缺点如下：

优点：1）可以直接使用风洞试验数据，不需要进行过多的理论修正；2）可对某一些气动参数进行专项拉偏（例如，零升阻力，纵向静稳定性 m_z^α，俯仰舵效 $m_z^{\delta_z}$ 等）或对某一些气动参数进行整体拉偏。

缺点：1）阻力通过线性插值得到，忽略了阻力中升致阻力随攻角的二次曲线关系，带来计算误差；2）阻力忽略了零升阻力随高度变化的特性；3）计算量较大。

（3）适用范围

适用于面对称或轴对称空地制导武器，飞行高度为中低空，如果高度较高（如超过10 000 m），则需要对其中的某一些气动参数进行修正，特别是阻力系数。

2.5.2　公式化法

（1）方法简介

将气动进行处理，以阻力系数为例，根据弹体飞行状态（发动机是否工作）将阻力系数 C_x 分解为零升阻力系数 C_{x0}，诱导阻力系数 C_{xi} 以及底部阻力系数 C_{xb}。其中零升阻力系数为飞行高度和飞行马赫数的函数，其数据见表 2-8；升致阻力系数为飞行马赫数和飞行攻角的函数见表 2-9；底部阻力系数为飞行马赫数的函数见表 2-10。当发动机工作时，其值为 0.0。

表 2-8　零升阻力

飞行马赫数 ＼ 飞行高度/m	0	5 000	10 000	15 000	20 000
1.2					
1.5					
2.0					
2.5					
3.0					

表 2-9　升致阻力

飞行马赫数 ＼ 飞行攻角/(°)	0	2	3	4	5	6	8
1.2							
1.5							
2.0							
2.5							
3.0							

表 2 - 10　底部阻力

飞行马赫数	1.2	1.5	2.0	2.5	3.0
C_{xb}					

工程上，常将零升阻力 C_{x_0} 和底部阻力 C_{xb} 合并，称为新零升阻力，零升阻力可以通过线性插值得到，升致阻力可以通过抛物线插值得到，最后得到全弹阻力为

$$C_x = (C_{x0} + C_{xb}) + C_{xi}$$

（2）方法优缺点

此方法的优缺点：

优点：1）可根据空气动力学理论，根据以往的风洞试验数据等对风洞试验数据进行修正，使风洞试验数据更接近真实；2）计算量较小。

缺点：1）需要对风洞试验数据进行修正；2）数据处理有可能忽略某一些气动的非线性特性。

（3）适用范围

适用于轴对称空地制导武器。

2.6　气动布局设计举例

在介绍空地导弹所涉及的空气动力学基础知识之后，在本节简单介绍如何根据气动指标初步设计一款空地导弹的气动外形，旨在加深对空地导弹气动外形的理解，同时加深对姿态控制与气动外形之间的关系的理解，具体见例 2 - 2。

例 2 - 2　根据空地导弹总体参数和气动系统任务书，初步设计导弹的气动外形，使其满足任务书指标。

某一款亚跨声速飞行的空地制导武器（典型飞行马赫数为 0.6～0.8），气动外形如图 2 - 83 所示，输入条件为：

总体参数：投放马赫数为 0.6～0.8，投放高度为 6 000～12 000 m，射程为 200 km；

总体设计约束：全弹长小于 3.5 m，翼展小于 3.5 m；

战斗部和尾段舱：战斗部和尾段舱采用常规的气动外形，如图 2 - 83 所示；

结构质量特性：全弹质量为 620 kg，全弹质心为 $x_{cg} = 1.35$ m；

动力系统：固体火箭发动机为 100 kg，其中复合药剂为 70 kg；

气动布局：根据总体设计和载机挂机要求，采用常规布局，大展弦比上单翼弹翼，尾部采用"X"字舵布局；

气动约束：全弹升力线斜率 $C_y^\alpha > 1.1$，静稳定度为 $[-0.05, -0.03]$（发动机工作后），操稳比 $\dfrac{\Delta \delta_z}{\Delta \alpha}$ 为 $[-0.75, -0.25]$，俯仰舵效 $m_z^{\delta_z} \leqslant -0.104$；

弹道约束：在海拔 6 000 m 以飞行速度 $Ma = 0.698\,8$ 保持平飞。

试在上述约束条件下，初步确定气动外形，使其满足设计指标。

注：约定弹长作为气动力和力矩计算的参考长度 $L_{ref} = 3.5\,\mathrm{m}$ ，弹体横截面面积作为参考面积 $S_{ref} = 0.099\,\mathrm{m}^2$ 。

解：①弹体所需升力计算

发动机工作前弹体质量为 620 kg，发动机工作后弹体质量为 550 kg，折中计算弹体的质量为 585 kg，平飞时弹体所需的升力为

$$L = mg = 5\ 733\ \mathrm{N}$$

②翼型选择

翼型的选择是弹翼设计的关键，需要在满足结构强度和刚度的前提下，考虑翼型的相对厚度、最大厚度位置、前缘半径、弯度等因素，即

1) 对于亚声速飞行的制导武器，通常设计较厚的翼型以保证较大的升力，常取 12% 或大于 12% 厚度的翼型；对于跨声速飞行的制导武器，翼型的相对厚度对阻力系数影响较大，相对厚度降低，可降低阻力，还能提高阻力发散马赫数，对于本例典型弹道的飞行马赫数，结合弹翼结构强度和刚度要求，选取 10% 厚度的翼型。

2) 最大厚度位置越靠后，则翼型上的最大压强点越往后，可以越有效抑制翼型上的气流分离。

3) 前缘半径：前缘半径增大，气流流速增大梯度较小，不易出现弹翼前缘分离；

4) 相对弯度：相对弯度增大，零升力系数增大。

考虑到上述因素，选择层流翼型，考虑到弹翼结构强度和刚度等因素，取翼型相对厚度为 10%，最大厚度位置 $\overline{x}_f$ 为 40%（绝大多数层流翼型的最大厚度位置为 40%），最终选择了 $NACA65_3\text{-}210$ 作为弹翼的翼型，如图 2-86 所示。

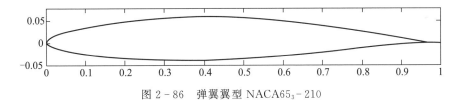

图 2-86　弹翼翼型 $NACA65_3\text{-}210$

③弹翼设计

弹翼设计的任务主要是依据导弹总体参数、战术技术指标、制导控制系统对气动指标的要求，设计满足升力要求，升阻比较佳，横侧向气动性能较佳的弹翼，即在结构等因素约束下，确定弹翼的翼展、弦长、后掠角、上反角和安装角等参数。

对于大展弦比弹翼，为了结构布局简单，通常采用上单翼或下单翼布局，本例选择上单翼布局，这样带来较大的横向静稳定度 m_x^β ，为了不使弹体的 m_x^β 过大，则采用平直弹翼。为了弹翼加工简单，通常采用无上反角弹翼，弹翼安装角也为零。

根据题意，导弹在 6 000 m 以飞行速度 $Ma = 0.698\ 8$ 飞行时的动压 q 为

$$q = 0.5 \times \rho \times v^2 = 0.5 \times 0.659\ 7 \times (0.698\ 8 \times 316.43)^2\ \mathrm{Pa} = 16\ 128\ \mathrm{Pa}$$

全弹的重力主要靠弹翼的升力来平衡（平衡飞行时，弹体产生小量的升力，舵面产生小量负升力，增程组件产生小量的升力），由于 $NACA65_3\text{-}210$ 有利升力系数为 $C_y = 0.5$

（对应的飞行攻角大约为 4°），假设三维弹翼的升力系数为二维弹翼升力系数的 95%，弹翼面积为 S，则弹翼产生的升力为

$$L_{\text{wing}} = 0.95 \times qC_y \times S = 6\,860\ \text{N}$$

可解得

$$S = 0.895\,5\ \text{m}^2$$

取弹翼弦长 $c = 0.33\ \text{m}$，则可解得弹翼展长为

$$l = 2.713\,5\ \text{m}$$

考虑到弹翼安装在增程组件两端，增程组件的宽度为 0.676 m，则全弹的翼展为

$$2.713\,5\ \text{m} + 0.676\ \text{m} = 3.389\,5\ \text{m}$$

④舵面设计

采用"X"字舵面，考虑到结构强度和刚度（满足弯矩和扭矩指标）等因素，采用对称薄翼型，例如 NACA0006，如图 2-87 所示。根据典型弹道的飞行马赫数，采用梯形舵面，如图 2-88 所示。

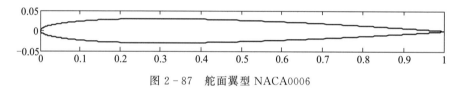

图 2-87　舵面翼型 NACA0006

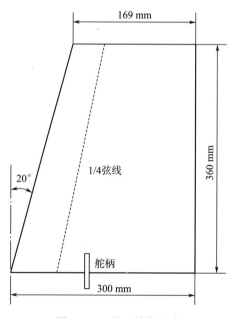

图 2-88　舵面结构尺寸

假设三维舵面的升力系数为二维舵面升力系数的 80%，单个舵面的升力线斜率为

$$C_y^{\delta} = 0.8 \times 0.9 \times 2\pi/\text{rad} = 0.079\,1$$

假设舵面面积为 S_{rudder}，则俯仰舵偏的升力线斜率为

$$C_y^{\delta_z} = 4 \times \frac{\sqrt{2}}{2} C_y^\delta \frac{S_{rudder}}{S_{ref}}$$

根据气动总体布局和发动机的安装位置，通常将舵面安装在弹体的尾部，如图 2-83 所示，通过结构设计，可以近似计算得到舵面气动压心到弹体前点的距离为 $x_{F\_rudder} = 3.27$ m，则俯仰舵效为

$$m_z^{\delta_z} = \frac{C_y^{\delta_z} \times (x_{cg} - x_{F\_rudder})}{L_{ref}} = -0.010\ 4$$

解得

$$S_{rudder} = 0.084\ 1\ m^2$$

考虑到飞行速度等因素，最终设计的舵面尺寸如图 2-88 所示，计算得到

$$S_{rudder}(last) = 0.084\ 42\ m^2 \geqslant 0.084\ 1\ m^2$$

计算俯仰舵升力线斜率为

$$C_y^{\delta_z} = 0.190\ 8$$

根据操稳比 -0.5，计算得到俯仰舵偏为 -2°，-2° 舵偏角产生的升力为

$$L(\delta_z = -2°) = -2 \times 0.190\ 8 \times 0.099 \times 16\ 128 = -609.29\ N$$

假设弹身产生的升力为 0（实际上，弹体在较大攻角情况下产生小量的升力，如图 2-72（a）所示）和增程组件产生的升力为 0（实际上，如果增程组件上盖板按一定的弧面或某翼型上翼面设计，则产生一定量的升力），则全弹的升力为

$$L = L_{wing} + L(\delta_z = -2°) = 6\ 250.7\ N$$

即配平后飞行升力大于弹体重力，可以在规定的高度以飞行速度 $Ma = 0.698\ 8$ 保持平飞。

⑤弹翼和舵面在全弹结构中的布局

弹翼和舵面在全弹中的布局遵循结构约束、气动约束等条件。结构约束主要为挂机机构约束（即弹体弹翼和舵面不能与载机和挂弹架存在结构干涉，并留有安全空间余量）。

弹体升力焦点近似为

$$X_{F\_body} = \frac{m_z^\alpha L_{ref}}{C_y^\alpha} - x_{cg} = \frac{0.055\ 1 \times 3.5}{0.109\ 4} - x_{cg} = 1.762\ 8 - 1.350 = 0.412\ 8$$

下面简单计算 $C_{y\_rudder}^\alpha$ 和 $C_{y\_wing}^\alpha$

$$C_{y\_rudder}^\alpha = 4 \times \frac{\sqrt{2}}{2} \times 0.8 \times 0.9 \times 2\pi/rad = 0.223\ 3$$

$$C_{y\_wing}^\alpha = 0.9 \times \frac{2 \times \pi \times (1 + 0.9\bar{c})}{57.3} \times \frac{2.713\ 5 \times 0.33}{0.099\ 0} = 1.027$$

假设全弹的静稳定度为 -0.04，则全弹的焦点位置为

$$x_F = x_{cg} + 0.04 \times L_{ref} = 1.56\ m$$

代入焦点计算公式，可得

$$x_{F\_wing} = 1.387\ 7\ m$$

根据弹翼翼型焦点 1/4 弦的理论，即可确定弹翼在弹身的位置，设计完的气动外形如图 2-89 所示。

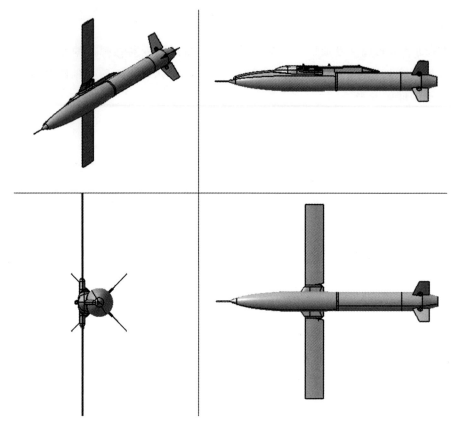

图 2 - 89 气动外形

设计完毕后，全弹的升力线斜率为

$$C_y^\alpha = C_{y\_body}^\alpha + C_{y\_wing}^\alpha + C_{y\_rudder}^\alpha$$

$$= \frac{0.109\ 4}{4} + 1.027 + 0.190\ 4 = 1.244\ 8$$

全弹的俯仰力矩斜率为

$$m_z^\alpha = -C_y^\alpha (\overline{x}_F - \overline{x}_{cg}) = -0.049\ 8$$

俯仰舵效为

$$m_z^{\delta_z} = \frac{C_{y\_rudder}^\alpha \times (x_{cg} - x_{F\_rudder})}{L_{ref}} = -0.104\ 4$$

2.7 坐标系定义及转换

研究空地制导武器制导和控制问题时常涉及弹体在空间的运动，而弹体在空间的运动由质心的移动和绕质心的转动两部分组成，描述弹体移动和转动的动力学与运动学方程需要在定义的参考坐标系中进行。

2.7.1 坐标系定义

常用的空间三维坐标系有直角坐标系和极坐标系，制导控制系统常用直角坐标系，即笛卡儿直角坐标系，按右手定则确定，用右手的大拇指、食指和中指排成两两正交的情况下，食指指向坐标系的 x 轴，中指指向 y 轴，大拇指指向 z 轴。飞行动力学和制导控制系统常用的坐标系如下：

（1）地面坐标系 $Oxyz$

地面坐标系是与地球固连的直角坐标系，原点 O 取在弹体质心在地面（水平面）上的投影，Ox 轴在当地水平面内，指向目标；Oy 轴与地面垂直，向上为正；Oz 轴与 Ox 和 Oy 轴构成右手直角坐标系。

（2）弹体坐标系 $Ox_1y_1z_1$

弹体坐标系是与弹体固连的直角坐标系，原点 O 取在弹体的质心上，Ox_1 轴与弹体纵轴重合，指向弹体前端；Oy_1 轴在弹体纵向对称面内，且垂直于 Ox_1 轴，向上为正；Oz_1 轴与 Ox_1 和 Oy_1 轴构成右手直角坐标系。

（3）弹道坐标系 $Ox_2y_2z_2$

原点 O 取在弹体的质心上，Ox_2 轴与弹体速度方向一致，Oy_2 轴位于包含速度矢量的铅垂平面内，且与 Ox_2 轴垂直，向上为正；Oz_2 轴与 Ox_2 和 Oy_2 轴构成右手直角坐标系。

（4）速度坐标系 $Ox_3y_3z_3$

速度坐标系是与弹体速度矢量固连的直角坐标系，原点 O 取在弹体的质心上，Ox_3 轴与弹体速度矢量一致，Oy_3 轴位于弹体纵向对称平面内，且与 Ox_3 轴垂直，向上为正；Oz_3 轴与 Ox_3 和 Oy_3 轴构成右手直角坐标系。

（5）视线坐标系 $Ox_sy_sz_s$

原点 O 取在弹体的质心上，Ox_s 与弹目视线一致，指向目标方向为正；Oy_s 在铅垂平面内，且垂直于 Ox_s 轴，向上为正；Oz_s 轴与 Ox_s 和 Oy_s 轴构成右手直角坐标系。

2.7.2 坐标系转换

为了描述简便，导弹各运动状态量（如弹体位置、速度、加速度、姿态、角速度、作用在弹体上的力和力矩、攻角、侧滑角等物理量）一般在不同的坐标系进行描述，例如弹体的位置、速度定义在地面坐标系中，气动力定义在速度坐标系中，气动力矩、角速度定义在弹体坐标系中。为了研究简便，常涉及各个坐标系之间的转换，坐标系转换的实质：将在一个坐标系的矢量投影在另一个坐标系中。下面简单介绍下两直角坐标系转换的基本关系式。

已知某矢量 $\boldsymbol{V}$ 在 A 直角坐标系中的坐标分量为 $[x_a,\ y_a,\ z_a]^\mathrm{T}$，$\boldsymbol{V}$ 在 B 直角坐标系中的坐标分量为 $[x_h,\ y_h,\ z_h]^\mathrm{T}$，它们之间的关系为

$$\begin{bmatrix} x_b \\ y_b \\ z_b \end{bmatrix} = \boldsymbol{T}_{A \to B} \begin{bmatrix} x_a \\ y_a \\ z_a \end{bmatrix}$$

式中　　$\boldsymbol{T}_{A \to B}$——A 坐标系至 B 坐标系的转换矩阵，通常 A 坐标系转换至 B 坐标系需要经
　　　　　　过三次最基础的坐标系旋转。

设 B_1 坐标系 $Ox_b y_b z_b$ 由 A 坐标系 $Ox_a y_a z_a$ 绕 Ox_a 轴旋转 α 而得到，如图 2-90（a）
所示，则转换矩阵为

$$\boldsymbol{T}_{A \to B_1}(\alpha) = \begin{bmatrix} 1 & 0 & 0 \\ 0 & \cos\alpha & \sin\alpha \\ 0 & -\sin\alpha & \cos\alpha \end{bmatrix}$$

相应地，设 B_2 坐标系由 B_1 坐标系绕 Oy_b 轴旋转 β 而得到，如图 2-90（b）所示，则
转换矩阵为

$$\boldsymbol{T}_{B_1 \to B_2}(\beta) = \begin{bmatrix} \cos\beta & 0 & -\sin\beta \\ 0 & 1 & 0 \\ \sin\beta & 0 & \cos\beta \end{bmatrix}$$

设 B 坐标系由 B_2 坐标系绕 Oz_b 轴旋转 γ 而得到，如图 2-90（c）所示，则相应的转
换矩阵为

$$\boldsymbol{T}_{B_2 \to B}(\gamma) = \begin{bmatrix} \cos\gamma & \sin\gamma & 0 \\ -\sin\gamma & \cos\gamma & 0 \\ 0 & 0 & 1 \end{bmatrix}$$

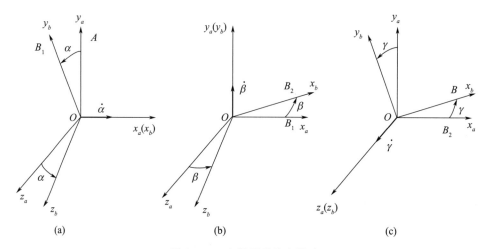

图 2-90　坐标系的基本转动

假设 A 直角坐标系先绕 Ox_a 轴旋转 α 角至 B_1 坐标系，然后绕 B_1 坐标系 Oy_b 轴旋转 β
角至 B_2 坐标系，最后绕 B_2 坐标系 Oz_b 轴旋转 γ 角得到 B 直角坐标系，则 A 坐标系至 B 坐
标系的转换矩阵 $\boldsymbol{T}_{A \to B}$ 为

$$\boldsymbol{T}_{A \to B} = \boldsymbol{T}_{B_2 \to B}(\gamma)\boldsymbol{T}_{B_1 \to B_2}(\beta)\boldsymbol{T}_{A \to B_1}(\alpha)$$

飞行动力学和制导控制系统常用的坐标转换如下：

（1）弹体相对于地面坐标系

弹体姿态相对于地面坐标系用三个姿态角表示，如图 2-91（a）所示。

滚动角 γ：弹体法向轴 Oy_1 与包含弹体纵轴 Ox_1 的铅垂面之间的夹角，绕弹体纵轴 Ox_1 顺时针旋转为正，逆时针旋转为负，滚动角的范围为 $-180° < \gamma \leqslant 180°$。

偏航角 ψ：弹体纵轴 Ox_1 在水平面内的投影与 Ox 轴之间的夹角，绕 Oy 轴逆时针旋转为正，偏航角的范围为 $0° \leqslant \psi < 360°$。

俯仰角 ϑ：弹体纵轴 Ox_1 与水平面之间的夹角，在水平面上方为正，俯仰角的范围为 $-90° \leqslant \vartheta \leqslant 90°$。

从地面坐标系变换至弹体坐标系，其转换矩阵见表 2-11。

表 2-11　地面坐标系至弹体坐标系

	Ox	Oy	Oz
Ox_1	$\cos\vartheta\cos\psi$	$\sin\vartheta$	$-\cos\vartheta\sin\gamma$
Oy_1	$-\sin\vartheta\cos\psi\cos\gamma + \sin\psi\sin\gamma$	$\cos\vartheta\cos\gamma$	$\sin\vartheta\sin\psi\cos\gamma + \cos\psi\sin\gamma$
Oz_1	$\sin\vartheta\cos\psi\sin\gamma + \sin\psi\cos\gamma$	$-\cos\vartheta\sin\gamma$	$-\sin\vartheta\sin\psi\sin\gamma + \cos\psi\cos\gamma$

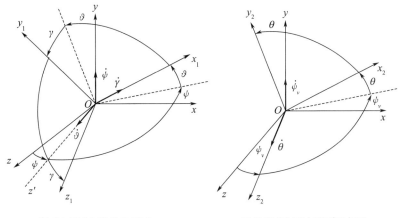

(a) 地面坐标系与弹体坐标系　　　　(b) 地面坐标系与弹道坐标系

图 2-91　地面坐标系、弹体坐标系和弹道坐标系

（2）弹道相对于地面坐标系

弹道相对于地面坐标系用两个弹道角表示，如图 2-91（b）所示。

弹道倾角 θ：速度矢量 $\boldsymbol{V}$ 与水平面之间的夹角，抬头为正，弹道倾角的范围为 $-90° \leqslant \theta \leqslant 90°$。

弹道偏角 ψ_v：速度矢量 $\boldsymbol{V}$ 在水平面内的投影与 Ox 轴之间的夹角，绕 Oy 轴逆时针旋转为正，弹道偏角的范围为 $0° \leqslant \psi_v < 360°$。

从地面坐标系变换至弹道坐标系，其转换矩阵见表 2-12。

表 2-12　地面坐标系至弹道坐标系

	Ox	Oy	Oz
Ox_2	$\cos\theta\cos\psi_v$	$\sin\theta$	$-\cos\theta\sin\psi_v$

续表

	Ox	Oy	Oz
Oy_2	$-\sin\theta\cos\psi_v$	$\cos\theta$	$\sin\theta\sin\psi_v$
Oz_2	$\sin\psi_v$	0	$\cos\psi_v$

（3）弹目视线相对于地面坐标系

弹目视线相对于地面坐标系用两个视线角表示，如图 2 - 92（a）所示。

弹目视线高低角 q_D：弹目视线与水平面之间的夹角，抬头为正，高低角的范围为 $-90° \leqslant q_D \leqslant 90°$。

弹目视线方位角 q_T：弹目视线在水平面内的投影与 Ox 轴之间的夹角，绕 Oy 轴逆时针旋转为正，方位角的范围为 $-180° < q_T \leqslant 180°$。

从地面坐标系变换至视线坐标系，其转换矩阵见表 2 - 13。

表 2 - 13　地面坐标系至视线坐标系

	Ox	Oy	Oz
Ox_s	$\sin q_D \cos q_T$	$\sin q_D$	$-\cos q_D \sin q_T$
Oy_s	$-\sin q_D \cos q_T$	$\cos q_D$	$\sin q_D \sin q_T$
Oz_s	$\sin q_T$	0	$\cos q_T$

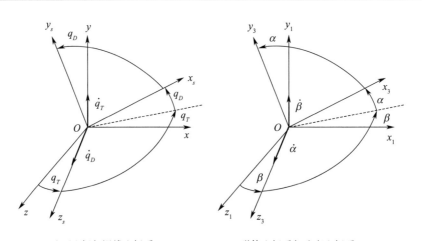

(a) 地面坐标与视线坐标系　　　　(b) 弹体坐标系与速度坐标系

图 2 - 92　地面坐标系、视线坐标系、弹体坐标系和速度坐标系

（4）速度矢量相对于弹体坐标系

速度矢量相对于弹体坐标系用两个气流角表示，如图 2 - 92（b）所示。

攻角 α：空速矢量 $\boldsymbol{V}$ 在弹体纵向对称平面内的投影与纵轴 Ox_1 之间的夹角，当空速矢量 $\boldsymbol{V}$ 沿弹体法向轴 Oy_1 的分量为正时，攻角 α 为正，反之为负，攻角的范围为 $-90° \leqslant \alpha \leqslant 90°$。

侧滑角 β：空速矢量 $\boldsymbol{V}$ 与纵向对称平面之间的夹角，当空速矢量 $\boldsymbol{V}$ 沿弹体侧轴 Oz_1 的分量为正时，侧滑角 β 为正，反之为负，侧滑角的范围为 $-90° \leqslant \beta \leqslant 90°$。

从弹体坐标系变换至速度坐标系，其转换矩阵见表 2-14。

表 2-14　弹体坐标系至速度坐标系

	Ox_1	Oy_1	Oz_1
Ox_3	$\cos\alpha\cos\beta$	$-\sin\alpha\cos\beta$	$\sin\beta$
Oy_3	$\sin\alpha$	$\cos\alpha$	0
Oz_3	$-\cos\alpha\sin\beta$	$\sin\alpha\sin\beta$	$\cos\beta$

（5）弹道相对于速度坐标系

弹道相对于速度坐标系用速度滚动角表示，如图 2-93 所示。

速度滚动角 γ_v：Oy_3 与包含速度矢量 **V** 的铅垂面 Ox_2y_2 之间的夹角，绕 Ox_2 逆时针旋转为正，速度滚动角的范围为 $-180° < \gamma_v \leqslant 180°$。

从弹道坐标系变换至速度坐标系，其转换矩阵见表 2-15。

表 2-15　弹道坐标系至速度坐标系

	Ox_2	Oy_2	Oz_2
Ox_3	1	0	0
Oy_3	0	$\cos\gamma_v$	$\sin\gamma_v$
Oz_3	0	$-\sin\gamma_v$	$\cos\gamma_v$

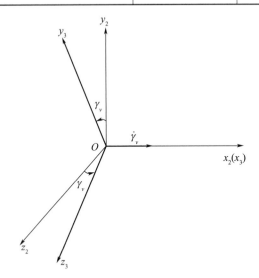

图 2-93　弹道坐标系和速度坐标系

2.8　弹体运动状态方程

导弹在惯性空间的运动可描述为弹体（可看成被控对象）在控制的作用下，即受到力和力矩（由控制量直接产生或间接产生）的作用下，弹体运动状态量随时间的变化过程。

描述弹体运动涉及弹体动力学方程、运动学方程、弹体质量特性变化方程、角度几何关系式等。

2.8.1　力和力矩

导弹在飞行过程中，弹体质心和姿态运动受到作用在其上面的力和力矩的影响。

2.8.1.1　作用在弹体上的力

通常情况下，作用在导弹上的力有重力、发动机推力和气动力，即可表示为

$$F = G + P + R$$

式中　F——总的作用力；

　　　　G——重力；

　　　　P——发动机推力；

　　　　R——气动力。

（1）重力

空地导弹在接近地球表面的大气中飞行，故受到地球引力以及地球自转引起的离心力，如图 2-94 所示，弹体所受的重力 G 为

$$G = mg$$

式中　m——弹体的质量；

　　　　g——重力加速度。

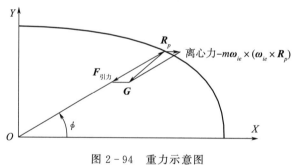

图 2-94　重力示意图

考虑地球自转，重力 G 表示为

$$G = F_{引力} - m\boldsymbol{\omega}_{ie} \times (\boldsymbol{\omega}_{ie} \times R_p)$$

式中　$F_{引力}$——地球引力，指向地心；

　　　　$-m\boldsymbol{\omega}_{ie} \times (\boldsymbol{\omega}_{ie} \times R_p)$——离心力；

　　　　$\boldsymbol{\omega}_{ie}$——地球自转角速度，其数值为 15.041 08(°)/h；

　　　　R_p——弹体相对于地心的位置矢量。

重力加速度实际上很复杂，可根据精度要求，建立不同精度的模型，飞行动力学常用如下公式计算重力加速度

$$g = 9.780\ 49(1 + 0.005\ 288\ 4 \sin^2\phi - 0.000\ 005\ 9 \sin^2 2\phi - 0.000\ 002\ 86h)$$

式中　ϕ——纬度；

h ——海拔。

（2）发动机推力

发动机推力是用于克服导弹飞行所产生阻力的动力，空地导弹大多采用固体火箭发动机、火箭冲压发动机、涡轮喷气发动机或涡轮风扇发动机，下面以固体火箭发动机和涡轮喷气发动机为例说明推力产生的原理和模型。

①固体火箭发动机

发动机燃烧室里的推进剂燃烧会产生高温高压燃气流，经发动机尾喷管膨胀高速喷出，产生推力，其推力 P 可简单地表示为

$$P = \dot{m}\mu_e + (p_e - p_a)A_e \qquad (2-55)$$

式中　$\dot{m}$ ——推进剂消耗的流量（kg/s），也常用 μ 表示；

　　　μ_e ——喷气速度（m/s）；

　　　p_e ——喷口截面处的燃气压强（Pa）；

　　　p_a ——发动机工作高度的大气压强（Pa）；

　　　A_e ——喷口截面处的截面积（m²）。

由式（2-55）可知，固体火箭发动机推力主要由动推力 $\dot{m}\mu_e$ 和静推力 $(p_e - p_a)A_e$ 两部分共同产生，动推力占总推力的 90% 以上，静推力所占比例低于 10%，静推力随飞行高度的增加而增加。在工程上，固体火箭发动机推力也可简化为

$$P = \mu I_{sp} g$$

式中　I_{sp} ——推进剂比冲，即单位质量的推进剂所能带来的冲量（动量的改变），单位为 s。

②涡轮喷气发动机

按照理论力学的动量定理，在尾喷管完全膨胀的情况下，涡轮喷气发动机的推力 P 表示为

$$P = m'(v_j - v_i)$$

式中　m' ——进入发动机的空气质量流量（kg/s）；

　　　v_j ——尾管口喷出的气流速度（m/s）；

　　　v_i ——进入进气道的气流速度（m/s）。

由上式可知发动机推力主要取决于空气质量流量 m' 和喷气速度 v_j，而这些参数又与耗油率、飞行高度与飞行速度、发动机工作状态等有关。下面简单介绍发动机工作状态以及发动机特性曲线。

（a）发动机工作状态

发动机工作状态按发动机转速分为：加力状态、最大状态、额定状态、巡航状态和慢车状态。

加力状态（注：对于小型的涡喷发动机，通常无加力状态）：对于带加力燃烧室的涡喷发动机，对应于最大转速，加力燃烧室喷嘴喷出补充燃料，燃烧后进一步提高燃气温度，增加喷气速度。使用加力后推力大约可增加 25%，耗油率增加近一倍以上，连续工作

时间较短。

最大状态：对应于最大许用转速的工作状态。推力为非加力时的最大值，工作时间较短，通常用于短时加速、爬升、空中机动等。

额定状态：对应于最大转速 97% 左右，推力为最大状态的 85%～90%，可较长时间工作，用于平飞、爬升、巡航飞行等。

巡航状态：转速约为额定转速的 90%，推力约为额定推力的 80%，单位推力耗油率最小，可不限时工作，用于巡航飞行。对于空地巡航导弹设计而言，发动机选型时，要使得巡航状态下的推力平衡飞行阻力。

慢车状态：转速约为额定转速的 30%，推力很小，约为最大推力的 3%～5%，连续工作时间不能太长，主要用于避免发动机空中停车。

（b）发动机特性曲线

发动机推力和耗油率与发动机转速、飞行高度和速度等相关，发动机特性通常分为油门特性、速度特性以及高度特性。

1）油门特性。对于飞行高度和速度一定的情况，发动机推力和耗油率随发动机转速的变化关系即为油门特性，也称为转速特性或节流特性。

飞行高度和速度一定时，发动机转速 n 越大，则对应的进入发动机空气质量流量 m' 越大，尾管喷出的气流速度 v_j 也越大，推力也越大，发动机推力可近似与转速 n^3 成比例，如图 2-95（a）所示；另一方面，转速 n 越大，对应的耗油率 $c_{f,t}$ 也越大，在工程上通常用单位推力耗油率表示发动机的性能，即

$$c_f = \frac{c_{f,t}}{P}$$

单位推力耗油率随发动机转速 n 变化的示意图如图 2-95（b）所示，随着转速 n 增加，进入进气道的空气流量增加，其耗油率也随着增加，同时发动机推力以更快的速度增加，所以单位推力耗油率将减小。当转速增至某一速度时（即巡航转速），其单位推力耗油率达到最小值，转速再增加时，其单位推力耗油率随之增加。

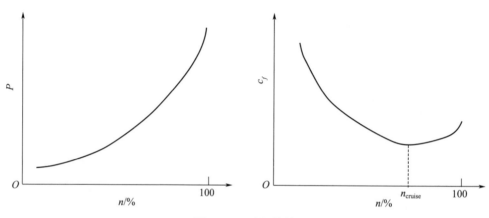

图 2-95　油门特性

2）速度特性。对于飞行高度和发动机转速一定的情况，发动机推力和耗油率随飞行速度的变化关系即为速度特性。

发动机推力随速度的变化曲线如图 2 - 96（a）所示，在飞行速度较小时，发动机推力随飞行速度增大而略有减小，其后随飞行速度增大，其推力增大较快，当速度增大至某一个超声数 Mp 后，其推力随速度增大而减小。其原因解释如下：发动机推力为进入发动机空气质量流量 m' 和喷气速度差（$v_j - v_i$）的乘积，当飞行速度很小时，气流在压力机前的冲压效果不显著，即进入发动机空气质量流量 m' 和喷气速度 v_j 均没有明显变化，但随着 v_i 增大，其速度差（$v_j - v_i$）减小，故表现为推力随速度增大而缓慢减小；其后随着飞行速度增大，进入发动机空气质量流量 m' 和喷气速度 v_j 也显著增大，所以发动机推力随之显著增大；随着飞行马赫数超过 1 时，发动机推力达到最大值，飞行速度再增大时，由于冲压作用过大，进入压气机的空气和涡轮前的空气温度随着升高，为了不使涡轮温度过高，这时需要降低燃油和空气的混合比，以确保涡轮前的燃气温度不超过规定值，其结果导致速度差（$v_j - v_i$）减小，故推力随之减小。

单位推力耗油率随速度的变化如图 2 - 96（b）所示，由于飞行速度增大，m' 呈线性增大，发动机推力也增大，但是发动机推力增大速度较慢，则单位推力耗油率随着飞行速度一直增大，如图 2 - 96（b）所示。

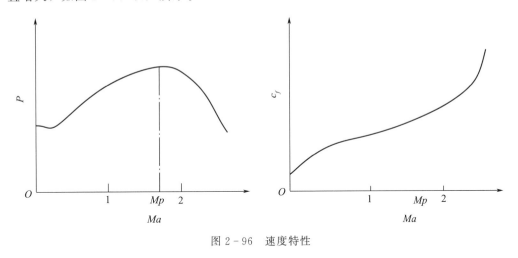

图 2 - 96 速度特性

3）高度特性。对于飞行速度和发动机转速一定的情况，发动机推力和耗油率随飞行高度的变化关系即为高度特性。

飞行高度增加，由于空气密度随高度呈指数减小，故 m' 也对应减小，当飞行高度小于同温层高度时，高度越高、空气温度越低，则使得发动机热循环效率越高，综合作用的结果：推力随飞行高度增加而减小，如图 2 - 97（a）所示；另一方面，由于飞行高度增加，推力减小速度相对较慢，单位推力耗油率随着飞行高度的增加缓慢减小，如图 2 - 97（b）所示。

综上所述，发动机推力和单位推力耗油率与飞行高度、速度、发动机工作状态等多种因素相关，在工程上通常在发动机工作状态确定的状态下得到推力随高度和速度变化的曲

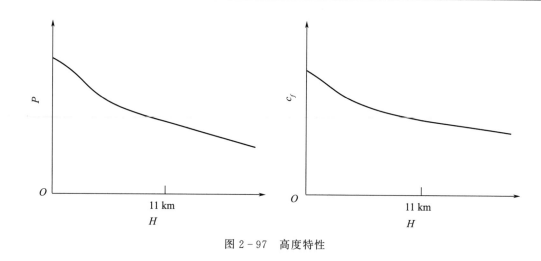

图 2 - 97　高度特性

线或表格以及单位推力耗油率随高度和速度变化的曲线或表格，分别见表 2 - 16 和表 2 - 17。

表 2 - 16　推力随高度（H）和马赫数(Ma) 的变化

单位:N

Ma ＼ H /m	0	1 000	2 000	3 000	4 000	5 000	6 000
0.5	1 233.66	1 094.25	967.87	853.59	750.5	657.7	574.44
0.6	1 326.52	1 176.62	1 040.73	917.8	806.9	707.2	617.7
0.7	1 442.6	1 279.56	1 131.8	998.1	877.6	769.1	671.7
0.8	1 585.3	1 406.2	1 243.8	1 096.9	964.4	845.2	738.2
0.9	1 758.96	1 560.2	1 380	1 217.1	1 070	937.8	819

表 2 - 17　单位推力耗油率随高度（H）和马赫数(Ma) 的变化

单位:kg/(daN · h)

Ma ＼ H /m	0	1 000	2 000	3 000	4 000	5 000	6 000
0.5	1.537	1.519	1.5	1.48	1.47	1.45	1.43
0.6	1.553	1.535	1.52	1.5	1.48	1.46	1.44
0.7	1.572	1.553	1.54	1.52	1.5	1.48	1.46
0.8	1.593	1.575	1.56	1.54	1.52	1.5	1.48
0.9	1.617	1.599	1.58	1.56	1.54	1.52	1.5

（3）气动力

导弹在大气中飞行，其弹体表面自然受到气动力的作用，通常将其在速度坐标系下分解为阻力 D（方向与速度方向相反）、升力 L（方向与速度方向垂直，与 Oy_3 一致）和侧力

Z_w（方向与速度方向垂直，与 Oz_3 一致），D、L 和 Z_w 表示为

$$D = CDF \times Q \times S_{ref}$$

$$L = CL \times Q \times S_{ref}$$

$$Z_w = CZ \times Q \times S_{ref}$$

式中　CDF，CL，CZ ——气动阻力系数、升力系数和侧力系数；

　　　Q ——动压；

　　　S_{ref} ——弹体参考面积。

工程上，也常将气动力在弹体坐标系下分解为轴向力 X（方向与弹体纵轴 Ox_1 一致）、法向力 Y（方向与弹体法向轴 Oy_1 一致）和侧向力 Z（方向与弹体侧向轴 Oz_1 一致），X、Y 和 Z 表示为

$$X = C_X \times Q \times S_{ref}$$

$$Y = C_Y \times Q \times S_{ref}$$

$$Z = C_Z \times Q \times S_{ref}$$

式中　C_X，C_Y，C_Z ——气动轴向力系数、法向力系数和侧向力系数。

弹体坐标系下的气动力和速度坐标系下的气动力，可通过表 2-14 提供的转换矩阵加以转换，即

$$
\begin{bmatrix} CDF \\ CL \\ CZ \end{bmatrix} =
\begin{bmatrix}
\cos\alpha\cos\beta & -\sin\alpha\cos\beta & \sin\beta \\
\sin\alpha & \cos\alpha & 0 \\
-\cos\alpha\sin\beta & \sin\alpha\sin\beta & \cos\beta
\end{bmatrix}
\begin{bmatrix} C_X \\ C_Y \\ C_Z \end{bmatrix}
$$

2.8.1.2　作用在弹体上的力矩

作用在弹体上的力，只要作用点不通过质心，都会产生绕质心的力矩，按其特性分为气动力矩（由作用在弹体上的气动力产生）和发动机推力力矩。

（1）气动力矩

气动力矩的表达式为

$$M_x = m_x \times Q \times S_{ref} \times L_{ref}$$

$$M_y = m_y \times Q \times S_{ref} \times L_{ref}$$

$$M_z = m_z \times Q \times S_{ref} \times L_{ref}$$

式中　L_{ref} ——参考长度（对于空地制导武器，一般取弹长或弹径作为参考长度）；

　　　M_x，M_y，M_z ——绕弹体纵轴 Ox_1 的滚动力矩，绕弹体法向轴 Oy_1 的偏航力矩，
　　　　　　　　绕弹体侧轴 Oz_1 的俯仰力矩；

　　　m_x，m_y，m_z ——滚动力矩系数、偏航力矩系数和俯仰力矩系数，其表达式为

$$
\begin{cases}
m_x = m_{x0} + m_x^{\omega_x}\omega_x + m_x^{\delta_x}\delta_x + m_x^{\beta}\beta + m_x^{\delta_y}\delta_y + m_x^{\omega_y}\omega_y \\
m_y = m_{y0} + m_y^{\omega_y}\omega_y + m_y^{\delta_y}\delta_y + m_y^{\beta}\beta + m_y^{\delta_x}\delta_x + m_y^{\omega_x}\omega_x + m_y^{\dot{\delta}_y}\dot{\delta}_y + m_y^{\dot{\beta}}\dot{\beta} \\
m_z = m_{z0} + m_z^{\omega_z}\omega_z + m_z^{\delta_z}\delta_z + m_z^{\alpha}\alpha + m_z^{\dot{\alpha}}\dot{\alpha} + m_z^{\dot{\delta}_z}\dot{\delta}_z
\end{cases}
$$

式中　m_{x0} ——滚动干扰力矩系数，取决于弹体加工精度及装配精度；

m_{y0}——偏航干扰力矩系数，取决于弹体加工精度及装配精度；

m_{z0}——俯仰初始力矩系数，即飞行攻角和俯仰舵偏等于 0 时的力矩系数；

$m_x^{\omega_x}$——滚动阻尼系数；

$m_x^{\omega_y}$——滚动交叉阻尼系数；

$m_y^{\omega_y}$——偏航阻尼系数；

$m_y^{\omega_x}$——偏航交叉阻尼系数；

$m_z^{\omega_z}$——俯仰阻尼系数；

$m_x^{\delta_x}$——滚动舵效；

$m_y^{\delta_y}$——偏航舵效；

$m_z^{\delta_z}$——俯仰舵效；

m_x^{β}——横滚稳定力矩系数；

m_y^{β}——航向稳定力矩系数；

m_z^{α}——俯仰稳定力矩系数；

$m_z^{\dot{\alpha}}$, $m_z^{\dot{\delta}}$——攻角和俯仰舵偏变化率引起的下洗力矩系数；

$m_y^{\dot{\beta}_y}$, $m_y^{\dot{\beta}}$——侧滑角和偏航舵偏变化率引起的下洗力矩系数；

$m_x^{\delta_y}$——偏航舵偏引起的滚动力矩系数；

$m_y^{\delta_x}$——滚动舵偏引起的偏航力矩系数。

以俯仰通道为例，简单地对以上系数做进一步解释，其他两个通道的气动系数意义相类似。

$m_z^{\omega_z}$ 为俯仰气动力矩系数 m_z 对 ω_z 的导数，即 $m_z^{\omega_z} = \partial m_z / \partial \omega_z$，表示单位 ω_z 引起的俯仰力矩系数，其值为负。

$m_z^{\delta_z}$ 为俯仰气动力矩系数 m_z 对俯仰舵偏 δ_z 的导数，即 $m_z^{\delta_z} = \partial m_z / \partial \delta_z$，也称俯仰舵效，表示单位俯仰舵偏引起的俯仰力矩系数，对于常规气动布局弹体，其值为负，对于鸭式气动布局弹体，其值为正。

m_z^{α} 为俯仰气动力矩系数 m_z 对攻角 α 的导数，即 $m_z^{\alpha} = \partial m_z / \partial \alpha$，表示单位攻角引起的俯仰力矩系数，对于静稳定弹体，其值为负，对于临界稳定弹体，其值为 0，对于静不稳定弹体，其值为正。

$m_z^{\dot{\alpha}}$ 为俯仰气动力矩系数 m_z 对攻角变化率 $\dot{\alpha}$ 的导数，即 $m_z^{\dot{\alpha}} = \partial m_z / \partial \dot{\alpha}$，表示弹体攻角变化时的下洗作用引起的俯仰力矩系数，其值为负。

$m_z^{\dot{\delta}_z}$ 为俯仰气动力矩系数 m_z 对俯仰舵偏变化率 $\dot{\delta}_z$ 的导数，即 $m_z^{\dot{\delta}_z} = \partial m_z / \partial \dot{\delta}_z$，表示俯仰舵偏变化率所引起的洗流时差对应的俯仰力矩系数，其值为负。

（2）发动机推力力矩

根据理论力学，发动机推力矢量不经过弹体的质心时（表示为推力矢量偏心和推力矢量偏角），则会产生一个绕质心的力矩，此力矩可视为一个干扰力矩。

发动机推力作用点在 Oy_1z_1 平面的投影定义为推力矢量偏心，如图 2-98 所示，法向

推力偏心为 Δy（推力作用点在 Oz_1 的上面定义为正），侧向推力偏心为 Δz（推力作用点在 Oy_1 的右面定义为正）。发动机推力矢量与弹体纵轴不一致时，则存在推力矢量偏角，方位角偏差为 $\Delta \psi$，高低角偏差为 $\Delta \vartheta$，则推力大小和推力在弹体坐标系可表示为

$$\begin{cases} P = \mu I_{sp} g \\ \boldsymbol{P} = P\cos\Delta\vartheta\cos\Delta\psi\boldsymbol{i} + P\sin\Delta\vartheta\boldsymbol{j} + P\cos\Delta\vartheta\sin\Delta\psi\boldsymbol{k} \end{cases}$$

推力作用点在弹体坐标系中可表示为

$$\boldsymbol{R} = \Delta x\boldsymbol{i} + \Delta y\boldsymbol{j} + \Delta z\boldsymbol{k}$$

由于推力矢量偏心和推力矢量偏角引起绕弹体轴的干扰力矩为

$$\boldsymbol{M} = \boldsymbol{R} \times \boldsymbol{P}$$
$$= (\Delta yP\cos\Delta\vartheta\sin\Delta\psi - \Delta zP\sin\Delta\vartheta)\boldsymbol{i} -$$
$$(\Delta xP\cos\Delta\vartheta\sin\Delta\psi - \Delta zP\cos\Delta\vartheta\cos\Delta\psi)\boldsymbol{j} +$$
$$(\Delta xP\sin\Delta\vartheta - \Delta yP\cos\Delta\vartheta\cos\Delta\psi)\boldsymbol{k}$$

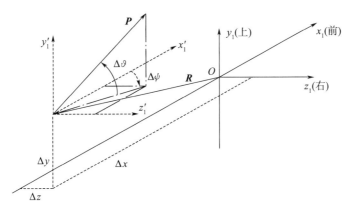

图 2 - 98　发动机推力及力矩

2.8.2　弹体动力学方程

将弹体看成刚体，弹体在三维空间的运动由质心移动和绕质心转动合成，应用牛顿第二定律（质点的动量定理）和动量矩定理，可得

$$\frac{\mathrm{d}(m\boldsymbol{V})}{\mathrm{d}t} = \boldsymbol{F} \tag{2-56}$$

$$\frac{\mathrm{d}\boldsymbol{H}}{\mathrm{d}t} = \boldsymbol{M} \tag{2-57}$$

式中　$m\boldsymbol{V}$ ——弹体的动量；

　　　$\boldsymbol{F}$ ——作用在弹体上的力；

　　　$\boldsymbol{H}$ ——弹体的动量矩；

　　　$\boldsymbol{M}$ ——作用在弹体上的力矩。

具体描述弹体在空间的运动，涉及弹体的线加速度、速度、位置、角加速度、角速度、姿态等状态量，不仅要考虑绝对量，还要考虑相对量，即考虑动坐标系引起的牵引运

动。在下面简单地介绍刚体的动量方程和动量矩方程，在此基础上得到弹体的质心动力学方程和运动学方程。

2.8.2.1　绝对运动和相对运动

假设矢量 $\boldsymbol{R}$ 在动坐标系 $OXYZ$ 表示为

$$\boldsymbol{R} = x\boldsymbol{i} + y\boldsymbol{j} + z\boldsymbol{k}$$

式中　x，y，z —— $\boldsymbol{R}$ 在三个坐标轴的投影；

　　　$\boldsymbol{i}$，$\boldsymbol{j}$，$\boldsymbol{k}$ —— $OXYZ$ 三个轴的单位矢量。

假设 $\boldsymbol{\omega}$ 为动坐标系 $OXYZ$ 绕 O 点的角速度矢量，则

$$\frac{\mathrm{d}\boldsymbol{R}}{\mathrm{d}t} = \frac{\mathrm{d}x}{\mathrm{d}t}\boldsymbol{i} + \frac{\mathrm{d}y}{\mathrm{d}t}\boldsymbol{j} + \frac{\mathrm{d}z}{\mathrm{d}t}\boldsymbol{k} + x\frac{\mathrm{d}\boldsymbol{i}}{\mathrm{d}t} + y\frac{\mathrm{d}\boldsymbol{j}}{\mathrm{d}t} + z\frac{\mathrm{d}\boldsymbol{k}}{\mathrm{d}t}$$

$$= \frac{\partial\boldsymbol{R}}{\partial t} + x(\boldsymbol{\omega}\times\boldsymbol{i}) + y(\boldsymbol{\omega}\times\boldsymbol{j}) + z(\boldsymbol{\omega}\times\boldsymbol{k})$$

$$= \frac{\partial\boldsymbol{R}}{\partial t} + \boldsymbol{\omega}\times(x\boldsymbol{i} + y\boldsymbol{j} + z\boldsymbol{k})$$

$$= \frac{\partial\boldsymbol{R}}{\partial t} + \boldsymbol{\omega}\times\boldsymbol{R}$$

式中　$\dfrac{\partial\boldsymbol{R}}{\partial t}$ —— $\boldsymbol{R}$ 对时间 t 的相对导数；

　　　$\boldsymbol{\omega}\times\boldsymbol{R}$ ——由于动坐标系的转动而引起的牵连运动，即绝对运动为相对运动和牵连运动之和。

2.8.2.2　质心动力学

选择弹道坐标系 $Ox_2y_2z_2$ 作为动坐标系，地面坐标系 $Oxyz$ 为参考坐标系来推导弹体质心动力学。

假设弹体飞行速度为 $\boldsymbol{V}$，在 $Ox_2y_2z_2$ 可表示为

$$\boldsymbol{V} = v\boldsymbol{i} + 0\boldsymbol{j} + 0\boldsymbol{k}$$

式中　v —— $\boldsymbol{V}$ 的大小。

再假设动坐标系相对于地面坐标系的角速度矢量 $\boldsymbol{\omega}$ 表示为弹道倾角变化矢量 $\dot{\boldsymbol{\theta}}$ 和弹道偏角变化矢量 $\dot{\boldsymbol{\psi}}_v$ 之和，即

$$\boldsymbol{\omega} = \dot{\boldsymbol{\theta}} + \dot{\boldsymbol{\psi}}_v$$

如图 2-91（b）所示，$\boldsymbol{\omega}$ 在动坐标系 $Ox_2y_2z_2$ 的矢量可表示为

$$\boldsymbol{\omega} = \dot{\boldsymbol{\theta}} + \dot{\boldsymbol{\psi}}_v = \dot{\psi}_v\sin\theta\boldsymbol{i} + \dot{\psi}_v\cos\theta\boldsymbol{j} + \dot{\theta}\boldsymbol{k}$$

假设质量变化为 0，则式（2-56）左边可以改写为

$$\frac{\mathrm{d}(m\boldsymbol{V})}{\mathrm{d}t} = m\frac{\mathrm{d}\boldsymbol{V}}{\mathrm{d}t} = m\left(\frac{\partial\boldsymbol{V}}{\partial t} + \boldsymbol{\omega}\times\boldsymbol{V}\right) = m\left(\frac{\mathrm{d}v}{\mathrm{d}t}\boldsymbol{i} + v\dot{\theta}\boldsymbol{j} - v\dot{\psi}_v\cos\theta\boldsymbol{k}\right) \tag{2-58}$$

式（2-56）右边综合作用力为 $\boldsymbol{F} = \boldsymbol{G} + \boldsymbol{P} + \boldsymbol{R}$，将其在动坐标系中投影。

（1）重力投影

重力投影表示为

$$\boldsymbol{G} = -G\sin\theta\boldsymbol{i} - G\cos\theta\boldsymbol{j} + 0\boldsymbol{k} \tag{2-59}$$

（2）发动机推力投影

假设发动机工作时无推力偏心及推力偏角，则发动机推力在弹体坐标系下表示为 $\boldsymbol{P} = P\boldsymbol{i} + 0\boldsymbol{j} + 0\boldsymbol{k}$，将其投影在速度坐标系可得

$$\boldsymbol{P} = P\cos\alpha\cos\beta\boldsymbol{i} + P\sin\alpha\boldsymbol{j} - P\cos\alpha\sin\beta\boldsymbol{k}$$

再投影至弹道坐标系，可得

$$\boldsymbol{P} = P\cos\alpha\cos\beta\boldsymbol{i} + P(\cos\gamma_v\sin\alpha + \sin\gamma_v\cos\alpha\sin\beta)\boldsymbol{j} + P(\sin\gamma_v\sin\alpha - \cos\gamma_v\cos\alpha\sin\beta)\boldsymbol{k} \tag{2-60}$$

（3）空气动力投影

空气动力 $\boldsymbol{R}$ 在速度坐标系中表示为 $\boldsymbol{R} = -D\boldsymbol{i} + L\boldsymbol{j} + Z\boldsymbol{k}$，通过矩阵变换（速度坐标系转至弹道坐标系，如图 2-93 所示）

$$\boldsymbol{R} = -D\boldsymbol{i} + (L\cos\gamma_v - Z\sin\gamma_v)\boldsymbol{j} + (L\sin\gamma_v + Z\cos\gamma_v)\boldsymbol{k} \tag{2-61}$$

由式（2-56）、式（2-58）、式（2-59）、式（2-60）和式（2-61）可得导弹质心运动的动力学方程的标量形式

$$\begin{cases} m\dfrac{\mathrm{d}V}{\mathrm{d}t} = P\cos\alpha\cos\beta - X - G\sin\theta \\[2mm] mV\dfrac{\mathrm{d}\theta}{\mathrm{d}t} = P(\sin\alpha\cos\gamma_v + \cos\alpha\sin\beta\sin\gamma_v) + Y\cos\gamma_v - Z\sin\gamma_v - G\cos\theta \\[2mm] -mV\cos\theta\dfrac{\mathrm{d}\psi_v}{\mathrm{d}t} = P(\sin\alpha\sin\gamma_v - \cos\alpha\sin\beta\cos\gamma_v) + Y\cos\gamma_v + Z\cos\gamma_v \end{cases} \tag{2-62}$$

式中　$\dfrac{\mathrm{d}V}{\mathrm{d}t}$——弹体质心加速度沿弹道方向的分量，称为弹道切向加速度；

　　　$V\dfrac{\mathrm{d}\theta}{\mathrm{d}t}$——弹体质心加速度沿弹道法向 Oy_2 的分量，称为弹道法向加速度；

　　　$-V\cos\theta\dfrac{\mathrm{d}\psi_v}{\mathrm{d}t}$——弹体质心加速度沿弹道侧向 Oz_2 的分量，称为弹道侧向加速度。

2.8.2.3　姿态动力学

选择弹体坐标系 $Ox_1y_1z_1$ 作为动坐标系，地面坐标系 $Oxyz$ 为参考坐标系来推导姿态动力学。

设动坐标系相对于地面坐标系的角速度矢量 $\boldsymbol{\omega}$ 表示为

$$\boldsymbol{\omega} = \omega_x\boldsymbol{i} + \omega_y\boldsymbol{j} + \omega_z\boldsymbol{k}$$

则式（2-57）左边可以改写为

$$\dfrac{\mathrm{d}\boldsymbol{H}}{\mathrm{d}t} = \dfrac{\partial\boldsymbol{H}}{\partial t} + \boldsymbol{\omega} \times \boldsymbol{H}$$

$$= \dfrac{\mathrm{d}H_x}{\mathrm{d}t}\boldsymbol{i} + \dfrac{\mathrm{d}H_y}{\mathrm{d}t}\boldsymbol{j} + \dfrac{\mathrm{d}H_z}{\mathrm{d}t}\boldsymbol{k} + (\omega_yH_z - \omega_zH_y)\boldsymbol{i} + (\omega_zH_x - \omega_xH_z)\boldsymbol{j} + (\omega_xH_y - \omega_yH_x)\boldsymbol{k} \tag{2-63}$$

假设交叉转动惯量均为 0，即 $J_{xy} = J_{yx} = 0$，$J_{xz} = J_{zx} = 0$，$J_{yz} = J_{zy} = 0$，则

$$\boldsymbol{H} = H_x \boldsymbol{i} + H_y \boldsymbol{j} + H_z \boldsymbol{k} = J_x \omega_x \boldsymbol{i} + J_y \omega_y \boldsymbol{j} + J_z \omega_z \boldsymbol{k}$$

式中　　J_x、J_y 和 J_z——弹体绕轴 Ox_1、Oy_1 和 Oz_1 的转动惯量，则

$$\begin{cases} \dfrac{\mathrm{d}H_x}{\mathrm{d}t} = J_x \dfrac{\mathrm{d}\omega_x}{\mathrm{d}t} \\[2mm] \dfrac{\mathrm{d}H_y}{\mathrm{d}t} = J_y \dfrac{\mathrm{d}\omega_y}{\mathrm{d}t} \\[2mm] \dfrac{\mathrm{d}H_z}{\mathrm{d}t} = J_z \dfrac{\mathrm{d}\omega_z}{\mathrm{d}t} \end{cases} \tag{2-64}$$

将式（2-64）代入式（2-63），可得

$$\begin{aligned} \frac{\mathrm{d}\boldsymbol{H}}{\mathrm{d}t} = &\left(J_x \frac{\mathrm{d}\omega_x}{\mathrm{d}t} + \omega_y \omega_z J_z - \omega_z \omega_y J_y \right) \boldsymbol{i} + \\ &\left(J_y \frac{\mathrm{d}\omega_y}{\mathrm{d}t} + \omega_z \omega_x J_x - \omega_x \omega_z J_z \right) \boldsymbol{j} + \left(J_z \frac{\mathrm{d}\omega_z}{\mathrm{d}t} + \omega_x \omega_y J_y - \omega_y \omega_x J_x \right) \boldsymbol{k} \end{aligned}$$

$$\tag{2-65}$$

将式（2-57）右边力矩投影至弹体坐标系中

$$\boldsymbol{M} = M_x \boldsymbol{i} + M_y \boldsymbol{j} + M_z \boldsymbol{k} \tag{2-66}$$

由式（2-65）和式（2-66）可得导弹转动动力学方程的标量形式为

$$\begin{cases} J_x \dfrac{\mathrm{d}\omega_x}{\mathrm{d}t} = M_x - (J_z - J_y)\omega_y \omega_z \\[2mm] J_y \dfrac{\mathrm{d}\omega_y}{\mathrm{d}t} = M_y - (J_x - J_z)\omega_x \omega_z \\[2mm] J_z \dfrac{\mathrm{d}\omega_z}{\mathrm{d}t} = M_z - (J_y - J_x)\omega_x \omega_y \end{cases} \tag{2-67}$$

2.8.3　弹体运动学方程

弹体运动学描述弹体的质心移动和转动（即位置、速度、姿态和姿态变化率等状态量）在地面坐标系中的表达式，分为质心运动学和姿态运动学。

（1）质心运动学

在弹道坐标系中，弹体速度可表示为

$$\begin{bmatrix} V_{x2} \\ V_{y2} \\ V_{z2} \end{bmatrix} = \begin{bmatrix} V \\ 0 \\ 0 \end{bmatrix}$$

将弹体速度投影在地面坐标系，即得

$$\begin{cases} \dfrac{\mathrm{d}x}{\mathrm{d}t} = V_x = V\cos\theta\cos\psi_v \\[2mm] \dfrac{\mathrm{d}y}{\mathrm{d}t} = V_y = V\sin\theta \\[2mm] \dfrac{\mathrm{d}z}{\mathrm{d}t} = V_z = -V\sin\theta\sin\psi_v \end{cases} \tag{2-68}$$

（2）姿态运动学

令弹体角速度为 $\boldsymbol{\omega} = \dot{\gamma} + \dot{\psi} + \dot{\vartheta}$，如图 2-91（a）所示，$\dot{\gamma}$ 与 Ox_1 重合，$\dot{\psi}$ 与 Oy 重合，$\dot{\vartheta}$ 与 Oz' 重合，则 $\boldsymbol{\omega}$ 可表示如下

$$
\boldsymbol{\omega} = \begin{bmatrix} \omega_x \\ \omega_y \\ \omega_z \end{bmatrix} = L(\gamma, \psi, \vartheta) \begin{bmatrix} 0 \\ \dot{\psi} \\ 0 \end{bmatrix} + L(\gamma) \begin{bmatrix} 0 \\ 0 \\ \dot{\vartheta} \end{bmatrix} + \begin{bmatrix} \dot{\gamma} \\ 0 \\ 0 \end{bmatrix} = \begin{bmatrix} 1 & \sin\vartheta & 0 \\ 0 & \cos\vartheta\cos\gamma & \sin\gamma \\ 0 & -\cos\vartheta\sin\gamma & \cos\gamma \end{bmatrix} \begin{bmatrix} \dot{\gamma} \\ \dot{\psi} \\ \dot{\vartheta} \end{bmatrix}
$$

$$(2-69)$$

即

$$
\begin{cases}
\omega_x = \dot{\gamma} + \dot{\psi}\sin\vartheta \\
\omega_y = \dot{\psi}\cos\vartheta\cos\gamma + \dot{\vartheta}\sin\gamma \\
\omega_z = -\dot{\psi}\cos\vartheta\sin\gamma + \dot{\vartheta}\cos\gamma
\end{cases}
\tag{2-70}
$$

由式（2-69）可得

$$
\begin{bmatrix} \dot{\gamma} \\ \dot{\psi} \\ \dot{\vartheta} \end{bmatrix} = \begin{bmatrix} 1 & \sin\vartheta & 0 \\ 0 & \cos\vartheta\cos\gamma & \sin\gamma \\ 0 & -\cos\vartheta\sin\gamma & \cos\gamma \end{bmatrix}^{-1} \begin{bmatrix} \omega_x \\ \omega_y \\ \omega_z \end{bmatrix}
$$

即

$$
\begin{cases}
\dot{\gamma} = \omega_x - \tan\vartheta(\omega_y\cos\gamma - \omega_z\sin\gamma) \\
\dot{\psi} = \dfrac{1}{\cos\vartheta}(\omega_y\cos\gamma - \omega_z\sin\gamma) \\
\dot{\vartheta} = \omega_y\sin\gamma + \omega_z\cos\gamma
\end{cases}
\tag{2-71}
$$

2.8.4　弹体质量特性变化方程

弹体质量特性变化主要涉及弹体质量、质心以及转动惯量变化等，表达式如下

$$
\begin{cases}
\dfrac{\mathrm{d}m}{\mathrm{d}t} = \dot{m} = \mu \\[2mm]
x_{cg} = \dfrac{m_l x_l + m_{\text{engine}} x_{\text{engine}}}{m(t)} \\[2mm]
y_{cg} = \dfrac{m_l y_l + m_{\text{engine}} y_{\text{engine}}}{m(t)} \\[2mm]
z_{cg} = \dfrac{m_l z_l + m_{\text{engine}} z_{\text{engine}}}{m(t)} \\[2mm]
J_x = J_{x\_l} + J_{x\_\text{engine}}(t) \\[1mm]
J_y = J_{y\_l} + J_{y\_\text{engine}}(t) \\[1mm]
J_z = J_{z\_l} + J_{z\_\text{engine}}(t)
\end{cases}
\tag{2-72}
$$

式中　x_{cg}，y_{cg}，z_{cg}——弹体轴向、法向和侧向质心；

　　　J_x，J_y，J_z——弹体绕纵轴、法向轴和侧向轴的转动惯量；

　　　m_l，m_{engine}——除发动机外的剩余质量和发动机实时质量；

　　　x_l，y_l，z_l——弹体除发动机外的轴向、法向和侧向质心；

　　　x_{engine}，y_{engine}，z_{engine}——发动机的轴向、法向和侧向质心；

　　　J_{x_l}，J_{y_l}，J_{z_l}——弹体除发动机外的绕纵轴、法向轴和侧向轴的转动惯量；

　　　$J_{x\_engine}(t)$，$J_{y\_engine}(t)$，$J_{z\_engine}(t)$——发动机弹体绕纵轴、法向轴和侧向轴的转动惯量。

2.8.5　角度几何关系式

导弹质心运动动力学方程［如式（2-62）所示］中各个角度变量和弹体姿态角之间并不是相互独立的，存在一定的几何关系式，其角度关系如图2-99（a）所示。

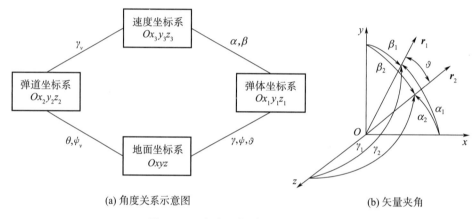

(a) 角度关系示意图　　　　　　　　　(b) 矢量夹角

图2-99　角度几何关系及矢量夹角

设矢量在地面坐标系中表示为 $\boldsymbol{r}=\begin{bmatrix}0 & 1 & 0\end{bmatrix}^{\mathrm{T}}$，即其在弹体坐标系下的分量为

$$\begin{bmatrix}Ox_1 \\ Oy_1 \\ Oz_1\end{bmatrix}=\begin{bmatrix}\cos\vartheta\cos\psi & \sin\vartheta & -\cos\vartheta\sin\gamma \\ -\sin\vartheta\cos\psi\cos\gamma+\sin\psi\sin\gamma & \cos\vartheta\cos\gamma & \sin\vartheta\sin\psi\cos\gamma+\cos\psi\sin\gamma \\ \sin\vartheta\sin\psi\sin\gamma+\sin\psi\cos\gamma & -\cos\vartheta\sin\gamma & -\sin\vartheta\sin\psi\sin\gamma+\cos\psi\cos\gamma\end{bmatrix}\begin{bmatrix}0 \\ 1 \\ 0\end{bmatrix}$$

$$=\begin{bmatrix}\sin\vartheta \\ \cos\vartheta\cos\gamma \\ -\cos\vartheta\sin\gamma\end{bmatrix}$$

将上式投影在速度坐标系，可得

$$\begin{bmatrix} Ox_3 \\ Oy_3 \\ Oz_3 \end{bmatrix} = \begin{bmatrix} \cos\alpha\cos\beta & -\sin\alpha\cos\beta & \sin\beta \\ \sin\alpha & \cos\alpha & 0 \\ -\cos\alpha\sin\beta & \sin\alpha\sin\beta & \cos\beta \end{bmatrix} \begin{bmatrix} \sin\vartheta \\ \cos\vartheta\cos\gamma \\ -\cos\vartheta\sin\gamma \end{bmatrix} \qquad (2-73)$$

$$= \begin{bmatrix} \cos\alpha\cos\beta\sin\vartheta - \sin\alpha\cos\beta\cos\vartheta\cos\gamma - \sin\beta\cos\vartheta\sin\gamma \\ \sin\alpha\sin\vartheta - \cos\alpha\cos\gamma \\ -\cos\alpha\sin\beta\sin\vartheta + \sin\alpha\sin\beta\cos\vartheta\cos\gamma - \cos\beta\cos\vartheta\sin\gamma \end{bmatrix}$$

同理，将此矢量投影至弹道坐标系，再投影至速度坐标系，可得

$$\begin{bmatrix} Ox_3 \\ Oy_3 \\ Oz_3 \end{bmatrix} = \begin{bmatrix} \sin\theta \\ \cos\theta\cos\gamma_v \\ -\cos\theta\sin\gamma_v \end{bmatrix} \qquad (2-74)$$

联立式（2-73）和式（2-74），可解得弹道倾角的几何关系式和速度滚动角分别为

$$\sin\theta = \cos\alpha\cos\beta\sin\vartheta - \sin\alpha\cos\beta\cos\vartheta\cos\gamma - \sin\beta\cos\vartheta\sin\gamma$$

$$\sin\gamma_v = \frac{-1}{\cos\theta}(-\cos\alpha\sin\beta\sin\vartheta + \sin\alpha\sin\beta\cos\vartheta\cos\gamma - \cos\beta\cos\vartheta\sin\gamma)$$

采用类似的方法，可得 α 和 β 与其他角度之间的关系，即可得各角度之间的几何关系式为

$$\begin{cases} \sin\beta = \cos\theta\left[\cos\gamma\sin(\psi-\psi_v) + \sin\vartheta\sin\gamma\cos(\psi-\psi_v)\right] - \sin\theta\cos\vartheta\sin\gamma \\ \sin\alpha = \dfrac{1}{\cos\beta}\{\cos\theta\left[\sin\vartheta\cos\gamma\sin(\psi-\psi_v) + \sin\gamma\sin(\psi-\psi_v)\right] - \sin\theta\cos\vartheta\cos\gamma\} \\ \sin\gamma_v = \dfrac{1}{\cos\theta}(\cos\alpha\sin\beta\sin\vartheta - \sin\alpha\sin\beta\cos\gamma\cos\vartheta + \cos\beta\sin\gamma\cos\vartheta) \end{cases}$$

2.8.6　操纵关系式

在忽略导弹在飞行过程中弹体质心和转动惯量变化的情况下，由弹体质心动力学与运动学（6 个方程）、弹体姿态动力学与运动学（6 个方程）、弹体质心变化方程（1 个方程）及角度几何关系式（3 个方程）16 个方程组成了无控状态下导弹的运动轨迹，即当操纵舵面 $\delta_x(t)$、$\delta_y(t)$ 和 $\delta_z(t)$ 以及发动机推力调节参数 $\delta_p(t)$ 保持不变，在初始条件给定的情况下，可以唯一确定导弹在空间的运动轨迹，即确定 $V(t)$、$\theta(t)$、$\psi_v(t)$、$\omega_x(t)$、$\omega_y(t)$、$\omega_z(t)$、$x(t)$、$y(t)$、$z(t)$、$\gamma(t)$、$\psi(t)$、$\vartheta(t)$、$m(t)$、$\alpha(t)$、$\beta(t)$、$\gamma_v(t)$ 等随时间的变化。

导弹在空中飞行时其制导和控制系统都工作，操纵控制舵面以及调节发动机的工作状态以达到控制导弹飞行弹道的目的。换句话说，不同的发动机工作状态以及舵面偏转，对应作用在弹体的力和力矩特性不同，弹体在惯性空间的飞行轨迹随之不同。为了确定导弹在惯性空间的飞行弹道，不仅要确定弹体的初始条件，而且还得补充 4 个关系式，也称之为操纵关系式，即确定 $\delta_x(t)$、$\delta_y(t)$ 和 $\delta_z(t)$ 及 $\delta_p(t)$ 的关系式，通常 $\delta_x(t)$、$\delta_y(t)$、$\delta_z(t)$ 和 $\delta_p(t)$ 与飞行状态相关，因此其一般形式可表示为

$$\begin{cases} \delta_x = \delta_x(t, V, \theta, \psi_v, \cdots, \gamma) \\ \delta_y = \delta_y(t, V, \theta, \psi_v, \cdots, \gamma) \\ \delta_z = \delta_z(t, V, \theta, \psi_v, \cdots, \gamma) \\ \delta_p = \delta_p(t, V, \theta, \psi_v, \cdots, \gamma) \end{cases}$$

即有控飞行应至少有 20 个方程，以确定 $V(t)$、$\theta(t)$、$\psi_v(t)$、$\omega_x(t)$、$\omega_y(t)$、$\omega_z(t)$、$x(t)$、$y(t)$、$z(t)$、$\gamma(t)$、$\psi(t)$、$\vartheta(t)$、$m(t)$、$\alpha(t)$、$\beta(t)$、$\gamma_v(t)$、$\delta_x(t)$、$\delta_y(t)$、$\delta_z(t)$ 和 $\delta_p(t)$ 等状态量。

在工程上 $\delta_x(t)$、$\delta_y(t)$、$\delta_z(t)$ 和 $\delta_p(t)$ 与采用的制导律和姿控律等相关，某型号确定制导律和姿控律以及相应的参数之后，即确定了导弹在惯性空间的飞行弹道。

对于绝大多数空地导弹，采用三通道控制，输入为制导律的三个通道指令，即滚动角指令、法向加速度指令（或高度指令或俯仰角指令或弹道倾角指令等）和侧向加速度指令（或偏航角指令或弹道偏角指令）。姿态控制系统操纵舵偏角以使导弹滚动角、法向加速度（或高度或俯仰角或弹道倾角等）和侧向加速度（或偏航角或弹道偏角）与指令值一致。假设输入指令为 x_c，导弹瞬时状态为 x，则误差量 e 为

$$e = x_c - x$$

实际上，误差量始终不为 0，姿控系统性能越好，则误差量越小。在工程上，姿控系统总是根据误差量以及导弹的飞行状态量去调整舵偏量以消除此误差量。实际上调整舵偏量比较复杂，工程上常采用基于经典控制理论或基于现代控制理论的控制器，而且舵偏量的调整还关系到执行机构的响应特性，但为了分析方便，常假设姿控系统是理想的，即可以保证上式的误差量为 0，即

$$e = x_c - x = 0 \tag{2-75}$$

式（2-75）称为理想操纵关系式，对于空地导弹，具体如下

$$\begin{cases} \phi_1 = \theta_c(t) - \theta(t) = 0 \\ \phi_2 = \psi_{vc}(t) - \psi_v(t) = 0 \\ \phi_3 = \gamma_c(t) - \gamma(t) = 0 \\ \phi_4 = V_c(t) - V(t) = 0 \end{cases} \tag{2-76}$$

式中　　$\theta_c(t)$，$\psi_{vc}(t)$，$\gamma_c(t)$，$V_c(t)$——弹道的期望值，即法向速度方向、侧向速度方向、导弹滚动角和飞行速度；

　　　　$\theta(t)$，$\psi_v(t)$，$\gamma(t)$，$V(t)$——弹道的实际响应。当然，在工程上弹道的期望值还可能是其他飞行状态量。

方程组（2-76）第 1 式和第 2 式用于操纵导弹改变法向和侧向的速度方向，第 3 式用于控制弹体滚动姿态，第 4 式用于控制导弹径向速度。

对于绝大多数空地导弹，在工程上，通过调节发动机的推力大小以及控制气动舵面的偏转来控制导弹在惯性空间的飞行弹道。对于装配固体火箭发动机或助推器的空地导弹而言，其推力大小和方向一般固定，即不能通过调节发动机推力来控制导弹的径向飞行速度，即不能实现第 4 式条件，对于装配涡轮喷气发动机或涡轮风扇发动机的空地导弹而

言，则可以通过调节发动机节气阀偏角 δ_p 可实现发动机的推力调节，进而控制导弹的径向飞行速度，可实现第 4 式。另外，第 1、2 和 3 式则通过控制弹体滚动舵、偏航舵和俯仰舵舵偏来实现。

2.9　弹体的纵向运动和横侧向运动

由 2.8 节内容可知，弹体在空间的运动极为复杂，即使采用简化方法，也得需要 20 个方程去描述，实际上要完整描述弹体在空间的运动需要更多的方程，例如重力 G 的计算表达式、气动力计算方程、气动力矩计算方程、发动机推力产生的力矩、发动机工作引起的弹体质心和转动惯量变化等，方程数越多越能真实逼真地描述弹体在惯性空间的运动，但同时也使求解复杂化。在工程上，特别是弹道设计初始阶段，基于弹体运动的特点，常将弹体在空间的复杂运动分解为比较简化的纵向运动和侧向运动，既可满足弹道求解精度要求，又方便理论分析。

（1）纵向运动

假设弹体在某一个垂直平面内运动，控制系统理想工作，即弹体对称面与飞行平面重合，将地面坐标系的 Ox 选为飞行的方向。基于以上假设，弹体运动方程中的 z，ψ_v，γ_v，γ，ψ，β，ω_x，ω_y 都为 0，这种运动称为纵向运动。其由纵向平面内的质心移动和绕 Oz_1 的转动构成，其运动方程可表示成如方程组（2-77）所示。此方程组包含 V，θ，ω_z，m，x，y，ϑ，θ，α，δ_z 和 δ_p 10 个变量 [其中 $M_z = f(\delta_z，\alpha，\cdots)$，$P = f(\delta_p，V，y，\cdots)$]，共 10 个方程，第 9 个和第 10 个是操纵方程，故方程组是封闭的，可单独求解得到数值解。

$$
\begin{cases}
m\dfrac{\mathrm{d}V}{\mathrm{d}t} = P\cos\alpha - X - G\sin\theta \\[2mm]
mV\dfrac{\mathrm{d}\theta}{\mathrm{d}t} = P\sin\alpha + Y - G\cos\theta \\[2mm]
J_z\dfrac{\mathrm{d}\omega_z}{\mathrm{d}t} = M_z \\[2mm]
\dfrac{\mathrm{d}m}{\mathrm{d}t} = -\mu \\[2mm]
\dfrac{\mathrm{d}x}{\mathrm{d}t} = V\cos\theta \\[2mm]
\dfrac{\mathrm{d}y}{\mathrm{d}t} = V\sin\theta \\[2mm]
\dfrac{\mathrm{d}\vartheta}{\mathrm{d}t} = \omega_z \\[2mm]
\theta = \vartheta - \alpha \\[2mm]
\phi_1 = \theta_c(t) - \theta(t) = 0 \\[2mm]
\phi_4 = v_c(t) - v(t) = 0
\end{cases}
\qquad (2-77)
$$

（2）侧向运动

假设弹体在水平面内运动，状态量 z，ψ_v，γ_v，γ，ψ，β，ω_x，ω_y 等参数不为 0，包含弹体沿 Oz 的平移和绕 Ox_1 和 Oy_1 的角运动，其方程表示为

$$\begin{cases}
-mV\cos\theta\,\dfrac{\mathrm{d}\psi_v}{\mathrm{d}t}=P\,(\sin\alpha\sin\gamma_v-\cos\alpha\sin\beta\cos\gamma_v)+Y\cos\gamma_v+Z\cos\gamma_v \\[2mm]
J_x\,\dfrac{\mathrm{d}\omega_x}{\mathrm{d}t}=M_x-(J_z-J_y)\omega_y\omega_z \\[2mm]
J_y\,\dfrac{\mathrm{d}\omega_y}{\mathrm{d}t}=M_y-(J_x-J_z)\omega_x\omega_z \\[2mm]
\dfrac{\mathrm{d}z}{\mathrm{d}t}=-V\sin\theta\sin\psi_v \\[2mm]
\dfrac{\mathrm{d}\gamma}{\mathrm{d}t}=\omega_x-\tan\vartheta\,(\omega_y\cos\gamma-\omega_z\sin\gamma) \\[2mm]
\dfrac{\mathrm{d}\psi}{\mathrm{d}t}=\dfrac{1}{\cos\vartheta}(\omega_y\cos\gamma-\omega_z\sin\gamma) \\[2mm]
\sin\beta=\cos\theta\,[\cos\gamma\sin(\psi-\psi_v)+\sin\vartheta\sin\gamma(\psi-\psi_v)]-\sin\theta\cos\vartheta\sin\gamma \\[2mm]
\sin\gamma_v=\dfrac{1}{\cos\theta}(\cos\alpha\sin\beta\sin\vartheta-\sin\alpha\sin\beta\cos\gamma\cos\vartheta+\cos\beta\sin\gamma\cos\vartheta) \\[2mm]
\phi_2=\psi_{vc}(t)-\psi_v(t)=0 \\[2mm]
\phi_3=\gamma_{vc}(t)-\gamma_v(t)=0
\end{cases} \quad (2-78)$$

侧向运动方程组除了包含 z，ψ_v，γ_v，γ，ψ，β，ω_x，ω_y 状态量之外，还包含 V，θ，α，m，δ_z 和 δ_p 等纵向参数，即不能单独求解侧向运动方程，需要和纵向运动方程联立求解。

注：只有在一定的假设情况下，运动方程才可简化为纵向运动和侧向运动，而且纵向运动和侧向运动只是原来复杂运动的一种近似。

2.10　弹体纵向动态特性分析

在 2.8 节中，已推导的弹体质心和姿态运动学和动力学方程是一组非线性微分方程，在初始条件和控制量已知的情况下，可求解得到理想弹道（基于标准大气，弹体气动参数、结构参数、发动机参数等取设计值），又称为未扰动弹道，但实际飞行过程中，弹体会因为受到各种内部干扰和外部干扰而偏离理想弹道，即为扰动弹道。

当扰动量比较小时，可采用"小扰动"假设研究扰动弹道，即将小扰动引起的扰动弹道看作在理想弹道的基础上叠加一个扰动偏差运动，这样研究扰动弹道只需研究扰动偏差运动即可。而扰动偏差运动可近似表示为线性微分方程，这就大大简化了研究复杂性。

导弹在惯性空间的飞行过程中，滚动、偏航和俯仰三个通道是耦合的，若侧向运动参数比较小，如滚动角 γ、侧滑角 β、弹道偏角 ψ_v 比较小，忽略弹体横侧向运动对纵向运动的影响，将飞行轨道投影在铅垂面内，即可得弹体在这个铅垂面内的纵向运动，描述纵向运动的状态变量为 V、α、ϑ、ω_z、θ、X 和 Y 等，控制量为 δ_z 和 δ_p。

2.10.1　纵向扰动方程组

由式（2-77）可知，纵向运动方程总共 10 个方程，其中微分方程 7 个，代数方程 1 个，2 个约束条件。共包含 $V(t)$，$\theta(t)$，$\omega_z(t)$，$m(t)$，$x(t)$，$y(t)$，$\vartheta(t)$、$\alpha(t)$ 8 个状态参数和 $\delta_z(t)$、$\delta_p(t)$ 2 个控制参数，由于推力 P 是推进剂流量、高度和速度的函数，即 $P = P(V, y, \mu, \delta_p)$，气动阻力 X、升力 Y、气动力矩 M_z 是速度、攻角、侧滑角和俯仰舵偏的函数，即 $X = X(V, \alpha, \beta, \delta_z)$，$Y = (V, \alpha, \beta, \delta_z)$，$M_z = M_z(V, \alpha, \beta, \delta_z)$，重力 G 是飞行高度的函数，即 $G = G(y)$。即在各状态量初始值给定以及俯仰舵面角和发动机油门等控制量给定的情况下，积分式（2-77），即可得到一条理想弹道，称为基准弹道，其相应的状态量用下标" $*$ "表示，例如 $V_*(t)$，$\theta_*(t)$，$\omega_{z*}(t)$ 等。在实际飞行中，弹体受扰动，各运动参数会脱离基准值，即实际弹道可表示为基准弹道与扰动偏差弹道之和，以飞行速度为例，表示为

$$V(t) = V_*(t) + \Delta V(t)$$

式中　$V(t)$——实际受扰动后的飞行速度；

　　　$\Delta V(t)$——受扰动后真实飞行速度偏离基准值的大小，简称状态偏差量。

其他状态偏差量也可以类似表示为

$$
\begin{cases}
V(t) = V_*(t) + \Delta V(t) \\
\theta(t) = \theta_*(t) + \Delta\theta(t) \\
\omega_z(t) = \omega_{z*}(t) + \Delta\omega_z(t) \\
m(t) = m_*(t) + \Delta m(t) \\
\vartheta(t) = \vartheta_*(t) + \Delta\vartheta(t) \\
\alpha(t) = \alpha_*(t) + \Delta\alpha(t) \\
\delta_z(t) = \delta_{z*}(t) + \Delta\delta_z(t) \\
\delta_p(t) = \delta_{p*}(t) + \Delta\delta_p(t)
\end{cases}
$$

这些偏差量即反映受扰后的运动状态，如果直接代入方程组（2-77），则由于存在非线性而较难直接求解。在工程上采用"小扰动"假设，可将非线性的微分方程简化为线性微分方程。

"小扰动"假设的前提条件是假设所受的扰动是小量，引起各状态偏差量也是小量。基于"小扰动"假设，在如下假设条件下，即可得到简化的小扰动线性微分方程。

1）假设飞行攻角 α 为小量，即可得 $\sin\alpha \approx \alpha$；

2）弹体结构质量特性不变；

3）发动机安装角为 0，发动机推力 $P = P(V, \rho, \delta_p)$；

4）重力保持不变；

5）气动阻力 $X = X(V, \rho, \alpha)$；

6）气动升力 $Y = Y(V, \rho, \alpha, \delta_z)$；

7）气动俯仰力矩 $M_z = M_z(V, \rho, \alpha, \delta_z, \omega_z, \dot{\alpha})$。

假设基准运动为等速直线平飞，则上述力和力矩中可去掉空气密度变化带来的影响。将气动阻力、升力和俯仰力矩以及推力在基准点泰勒一阶展开，省略高阶项，即可得

$$
\begin{cases}
X = X_* + \left(\dfrac{\partial X}{\partial V}\right)_* \Delta V + \left(\dfrac{\partial X}{\partial \alpha}\right)_* \Delta \alpha \\[2mm]
Y = Y_* + \left(\dfrac{\partial Y}{\partial V}\right)_* \Delta V + \left(\dfrac{\partial Y}{\partial \alpha}\right)_* \Delta \alpha + \left(\dfrac{\partial Y}{\partial \delta_z}\right)_* \Delta \delta_z \\[2mm]
M_z = M_{z*} + \left(\dfrac{\partial M_z}{\partial V}\right)_* \Delta V + \left(\dfrac{\partial M_z}{\partial \alpha}\right)_* \Delta \alpha + \left(\dfrac{\partial M_z}{\partial \delta_z}\right)_* \Delta \delta_z + \left(\dfrac{\partial M_z}{\partial \omega_z}\right)_* \Delta \omega_z + \left(\dfrac{\partial M_z}{\partial \dot{\alpha}}\right)_* \dot{\alpha} \\[2mm]
P = P_* + \left(\dfrac{\partial P}{\partial V}\right)_* \Delta V + \left(\dfrac{\partial P}{\partial \delta_p}\right)_* \Delta \delta_p
\end{cases}
$$

在上述假设前提下，可以将方程组（2-77）线性化，以方程组（2-77）第 1 式为例，对于基准运动，则有

$$
m \frac{\mathrm{d} V_*}{\mathrm{d} t} = P_* \cos\alpha_* - X_* - G \sin\theta_* \tag{2-79}
$$

假设受扰动后，实际弹道方程为

$$
m \frac{\mathrm{d} V}{\mathrm{d} t} = P \cos\alpha - X - G \sin\theta + F_{xg} \tag{2-80}
$$

式中 F_{xg} ——除 $\Delta\alpha$，ΔV 和 $\Delta\theta$ 等扰动之外的扰动，一般为小量。

假设导弹质量在很短时间内保持不变，将式（2-80）左右部分在基准点泰勒展开，即得

$$
m \frac{\mathrm{d} V}{\mathrm{d} t} = m\left(\frac{\mathrm{d} V_* + \Delta V}{\mathrm{d} t}\right) \tag{2-81}
$$

$$
P\cos\alpha - X - G\sin\theta = P_* \cos\alpha_* + \cos\alpha\left[\left(\frac{\partial P}{\partial V}\right)_* \Delta V + \left(\frac{\partial P}{\partial \delta_p}\right)_* \Delta \delta_p + \left(\frac{\partial P}{\partial \alpha}\right)_* \Delta \alpha\right] -
$$
$$
P\sin\alpha\,\Delta\alpha - \left[X_* + \left(\frac{\partial X}{\partial V}\right)_* \Delta V + \left(\frac{\partial X}{\partial \alpha}\right)_* \Delta \alpha\right] - (G\sin\theta_* + G\cos\theta\,\Delta\theta)
$$
$$
\tag{2-82}
$$

由式（2-79）～式（2-82）可得

$$
m \frac{\mathrm{d}\Delta V}{\mathrm{d} t} = \cos\alpha\left[\left(\frac{\partial P}{\partial V}\right)_* \Delta V + \left(\frac{\partial P}{\partial \delta_p}\right)_* \Delta \delta_p + \left(\frac{\partial P}{\partial \alpha}\right)_* \Delta \alpha\right] -
$$
$$
P\sin\alpha\,\Delta\alpha - \left[\left(\frac{\partial X}{\partial V}\right)_* \Delta V + \left(\frac{\partial X}{\partial \alpha}\right)_* \Delta \alpha\right] - G\cos\theta\,\Delta\theta
$$
$$
\doteq \left(\frac{\partial P}{\partial V} - \frac{\partial X}{\partial V}\right)_* \Delta V + \left(\frac{\partial P}{\partial \delta_p}\right)_* \Delta \delta_p - \left(\frac{\partial X}{\partial \alpha} - \frac{\partial P}{\partial \alpha}\right)_* \Delta \alpha - G\cos\theta\,\Delta\theta
$$
$$
= (P^V - X^V)_* \Delta V + (P^{\delta_p})_* \Delta \delta_p - (X^\alpha - P^\alpha)_* \Delta \alpha - G\cos\theta\,\Delta\theta
$$

式中，$(P^V - X^V)_*$、$(P^{\delta_p})_*$ 和 $(X^\alpha - P^\alpha)_*$ 为对应基准弹道的数值，为了表示简便，也常省略脚注"$*$"，则上式可简写成

$$
\frac{\mathrm{d}\Delta V}{\mathrm{d} t} = \frac{P^V - X^V}{m}\Delta V + \frac{P^{\delta_p}}{m}\Delta \delta_p - \frac{X^\alpha - P^\alpha}{m}\Delta \alpha - g\cos\theta\,\Delta\theta + \frac{F_{xg}}{m}
$$

式中 $\dfrac{F_{xg}}{m}$ ——由干扰力 F_{xg} 引起的速度方向的加速度。

由于假设质量为常量不变，故可消除方程组（2-77）第 4 式，方程组第 5 式和第 6 式的状态量为 x 和 y，在其他几个式中不涉及或者其小扰动量对其他状态量的影响较小，故也可以不考虑方程组（2-77）第 5 式和第 6 式。对其他剩余的方程式采用类似的处理方法，可得 ΔV，$\Delta \theta$，$\Delta \omega_z$ 和 $\Delta \vartheta$ 为变量的一次微分方程组

$$
\begin{cases}
\dfrac{\mathrm{d}\Delta V}{\mathrm{d}t} = \dfrac{P^V - X^V}{m}\Delta V - \dfrac{P^\alpha + X^\alpha}{m}\Delta \alpha - g\cos\theta\,\Delta\theta + \dfrac{P^{\delta_p}}{m}\Delta\delta_p + \dfrac{F_{xg}}{m} \\[2mm]
\dfrac{\mathrm{d}\Delta\theta}{\mathrm{d}t} = -\dfrac{P^V\alpha + Y^V}{mV}\Delta V + \dfrac{P + Y^\alpha}{mV}\Delta\alpha + \dfrac{g\sin\theta}{V}\Delta\theta + \dfrac{Y^{\delta_z}}{mV}\Delta\delta_z + \dfrac{F_{yg}}{mV} \\[2mm]
\dfrac{\mathrm{d}\Delta\omega_z}{\mathrm{d}t} = \dfrac{M_z^V}{J_z}\Delta V + \dfrac{M_z^\alpha}{J_z}\Delta\alpha + \dfrac{M_z^{\omega_z}}{J_z}\Delta\omega_z + \dfrac{M_z^{\delta_z}}{J_z}\Delta\delta_z + \dfrac{M_z^{\dot\alpha}}{J_z}\Delta\dot\alpha + \dfrac{M_{zg}}{J_z} \\[2mm]
\dfrac{\mathrm{d}\Delta\vartheta}{\mathrm{d}t} = \Delta\omega_z \\[2mm]
\Delta\vartheta = \Delta\theta + \Delta\alpha
\end{cases}
\qquad (2-83)
$$

式中 $\dfrac{F_{yg}}{mV}$ ——由法向干扰力 F_{yg} 引起的弹道倾角变化率；

$\dfrac{M_{zg}}{J_z}$ ——由俯仰干扰力矩 M_{zg} 引起的俯仰角加速度。

方程组（2-83）用于表征弹体受扰动后各扰动量的变化特性，为一个四阶线性微分方程组，称为纵向扰动偏差方程组。为了方程组书写简便，在工程上引入简化的符号以代表动力系数，采用 a_{ij} 表示，a_{ij} 的第一个脚注表示运动方程的顺序号，第二个脚注表示运动参数偏量的顺序号，例如 $a_{11} = \dfrac{P^V - X^V}{m}$ ，其他的以此类推。

方程组（2-83）第 1 式主要涉及影响弹道切线加速度的参数，见表 2-18。

表 2-18 速度动力系数

名称	数学表达式	单位	物理意义	重要性
速度动力系数	$a_{11} = \dfrac{P^V - X^V}{m}$	1/s	速度增加一个单位,引起切向加速度变化量	可忽略
重力动力系数	$a_{13} = g\cos\theta$	m/s^2	弹道倾角增加一个单位,引起切向加速度变化量	可忽略
切向动力系数	$a_{14} = \dfrac{P^\alpha + X^\alpha}{m}$	m/s^2	攻角增加一个单位,引起切向加速度变化量	可忽略
推力动力系数	$a_{17} = \dfrac{P^{\delta_p}}{m}$	m/s^2	发动机油门增加一个单位,引起切向加速度变化量	不可忽略
切向干扰力动力系数	$a_{16} = \dfrac{1}{m}$	1/kg	切向干扰力引起切向加速度变化量	

方程组（2-83）第 2 式主要涉及影响弹体俯仰角加速度的参数，见表 2-19。

表 2 - 19　角速度动力系数

名称	数学表达式	单位	物理意义	重要性
速度动力系数	$a_{21} = \dfrac{M_z^V}{J_z}$	1/ms	速度增加一个单位,引起俯仰角加速度变化量	可忽略
阻尼动力系数	$a_{22} = \dfrac{M_z^{\omega_z}}{J_z}$	1/s	角速度增加一个单位,引起俯仰角加速度变化量	不可忽略
恢复动力系数	$a_{24} = \dfrac{M_z^\alpha}{J_z}$	1/s²	攻角增加一个单位,引起俯仰角加速度变化量	不可忽略
下洗延迟动力系数	$a'_{24} = \dfrac{M_z^{\dot\alpha}}{J_z}$	1/s	气流下洗对俯仰力矩的影响,攻角变化率增加一个单位,引起俯仰角加速度变化量	不可忽略
操纵动力系数	$a_{25} = \dfrac{M_z^{\delta_z}}{J_z}$	1/s²	俯仰舵偏增加一个单位,引起俯仰角加速度变化量	不可忽略
下洗延迟动力系数	$a'_{25} = \dfrac{M_z^{\dot\delta_z}}{J_z}$	1/s	气流下洗对俯仰力矩的影响,舵偏变化率增加一个单位,引起俯仰角加速度变化量	可忽略
俯仰干扰力矩动力系数	$a_{26} = \dfrac{1}{J_z}$	1/(kg · m²)	俯仰干扰力矩引起俯仰角加速度变化量	

方程组（2-83）第 3 式主要涉及影响弹道倾角变化率的参数，见表 2-20。

表 2 - 20　弹道倾角动力系数

名称	数学表达式	单位	物理意义	重要性
速度动力系数	$a_{31} = -\dfrac{P^V\alpha + Y^V}{mV}$	1/m	速度增加一个单位,引起弹道倾角变化率	可忽略
重力动力系数	$a_{33} = \dfrac{g\sin\theta}{V}$	1/s	弹道倾角增加一个单位,引起弹道倾角变化率	可忽略
法向力动力系数	$a_{34} = \dfrac{P + Y^\alpha}{mV}$	1/s	攻角增加一个单位,引起弹道倾角变化率	不可忽略
舵面动力系数	$a_{35} = \dfrac{Y^{\delta_z}}{mV}$	1/s	俯仰舵偏增加一个单位,引起弹道倾角变化率	不可忽略
法向干扰力动力系数	$a_{36} = \dfrac{1}{mV}$	s/(kg · m)	法向干扰力引起弹道倾角变化率	

表 2-18～表 2-20 中，a_{11}、a_{13}、a_{14}、a_{21}、a_{22}、a_{24}、a'_{24}、a_{25}、a_{31}、a_{33}、a_{34} 和 a_{35} 等称为动力系数。这些动力系数分别表征着导弹的动力学特性，进一步说明如下：

1）动力系数具有明确的物理意义，其大小取决于飞行动压、气动参数、结构参数和发动机工作状态等；

2）a_{17} 对于装配涡轮喷气发动机或涡扇喷气发动机的导弹而言，其表示一个单位油门增量引起弹道切向加速度变化量；

3）当空地导弹进行无动力滑翔时，推力 $P=0$，则有

$$a_{11} = -\frac{X^V}{m} \text{ , } a_{14} = \frac{X^\alpha}{m} \text{ , } a_{31} = -\frac{Y^V}{mV} \text{ , } a_{34} = \frac{Y^\alpha}{mV} \text{ , } a_{17} = 0$$

4）动力系数 $a_{22} = \dfrac{M_z^{\omega_z}}{J_z}$, $a_{24} = \dfrac{M_z^\alpha}{J_z}$, $a_{25} = \dfrac{M_z^{\delta_z}}{J_z}$, $a_{33} = \dfrac{g\sin\theta}{V}$, $a_{34} = \dfrac{Y^\alpha + P}{mV}$, $a_{35} = \dfrac{Y^{\delta_z}}{mV}$

等为比较重要的动力系数，其大小对弹体的姿态运动产生较大影响；

5）动力系数 $a_{24} = \dfrac{M_z^\alpha}{J_z} = \dfrac{m_z^\alpha q S_{ref} L_{ref}}{J_z} = \dfrac{C_N^\alpha q S_{ref} L_{ref}}{J_z}(x_{cg} - x_f)$ ，其中 $\Delta x = x_{cg} - x_f$ 定

义为全弹静稳定度，一般情况下 $\dfrac{C_N^\alpha q S_{ref} L_{ref}}{J_z} > 0$，则恢复动力系数的正负极性和大小与静

稳定度有关。当 $\Delta x > 0$ 时，即 $a_{24} > 0$，则弹体为静稳定状态，当弹体受扰
动脱离原平衡位置时，弹体会产生恢复力矩；当 $\Delta x = 0$ 时，即 $a_{24} = 0$，则弹体为中立稳定，当弹体受扰
动脱离原平衡位置时，弹体不会产生恢复力矩；当 $\Delta x < 0$ 时，即 $a_{24} < 0$，则弹体为静不
稳定，当弹体受扰动脱离原平衡位置时，弹体会产生发散力矩；

6）$a_{25} = \dfrac{M_z^{\delta_z}}{J_z} = \dfrac{m_z^{\delta_z} q S_{ref} L_{ref}}{J_z} = \dfrac{C_N^{\delta_z} q S_{ref} L_{ref}}{J_z}(x_{cg} - x_{f\delta_z})$ ，其中 $\Delta x = x_{cg} - x_{f\delta_z}$ 定义为舵

面至全弹质心的距离。a_{25} 表示俯仰舵的效率，表示俯仰舵偏转一个单位（$\Delta \delta_z = 1 \text{ rad}$）
时，所引起的弹体绕侧轴的角加速度变化量，对于正常气动布局，其值为负，对于鸭式气
动布局，其值为正；

7）$a_{34} = \dfrac{Y^\alpha + P}{mV} = \dfrac{C_y^\alpha q S_{ref} + P}{mV}$ ，表示飞行攻角增加一个单位所引起的弹道倾角变化，

其由两部分作用组成：1）气动升力增大，则法向加速度增大，引起弹道倾角变化；2）当
攻角增大时，发动机推力在垂直于飞行速度法向的分量引起弹道倾角变化；

8）$a_{35} = \dfrac{Y^{\delta_z}}{mV} = \dfrac{C_Y^{\delta_z} q S_{ref}}{mV}$ ，表示俯仰舵偏增加一个单位所引起的弹道倾角变化率。

根据各动力系数的定义，方程组（2-83）可改写为

$$
\begin{cases}
\dfrac{\mathrm{d}\Delta V}{\mathrm{d}t} = a_{11}\Delta V + a_{13}\Delta\theta + a_{14}\Delta\alpha + a_{17}\Delta\delta_p + a_{16}F_{gx} \\[2mm]
\dfrac{\mathrm{d}^2\Delta\vartheta}{\mathrm{d}t^2} = a_{21}\Delta V + a_{22}\dfrac{\mathrm{d}\Delta\vartheta}{\mathrm{d}t} + a_{24}\Delta\alpha + a_{24}'\dfrac{\mathrm{d}\Delta\alpha}{\mathrm{d}t} + a_{25}\Delta\delta_z + a_{26}M_{gx} \\[2mm]
\dfrac{\mathrm{d}\Delta\theta}{\mathrm{d}t} = a_{31}\Delta V + a_{33}\Delta\theta + a_{34}\Delta\alpha + a_{35}\Delta\delta_z + a_{36}F_{gy} \\[2mm]
\Delta\vartheta = \Delta\theta + \Delta\alpha
\end{cases} \tag{2-84}
$$

式（2-84）经过处理，可得

$$
\begin{cases}
\dfrac{\mathrm{d}\Delta V}{\mathrm{d}t} = a_{11}\Delta V + a_{13}\Delta\theta + a_{14}\Delta\alpha + a_{17}\Delta\delta_p + a_{16}F_{gx} \\[2mm]
\dfrac{\mathrm{d}\Delta\omega_z}{\mathrm{d}t} = a_{21}\Delta V + a_{22}\Delta\omega_z + a_{24}\Delta\alpha + a_{24}'\dfrac{\mathrm{d}\Delta\alpha}{\mathrm{d}t} + a_{25}\Delta\delta_z + a_{26}M_{gx} \\[2mm]
\dfrac{\mathrm{d}\Delta\alpha}{\mathrm{d}t} = -a_{31}\Delta V + \Delta\omega_z - (a_{34} + a_{33})\Delta\alpha - a_{33}\Delta\vartheta - a_{35}\Delta\delta_z - a_{36}F_{gy} \\[2mm]
\dfrac{\mathrm{d}\Delta\vartheta}{\mathrm{d}t} = \Delta\omega_z
\end{cases} \tag{2-85}
$$

忽略干扰力和干扰力矩的影响，可将上述方程组写成状态空间的形式，即

$$\begin{cases} \dot{\boldsymbol{x}} = \boldsymbol{A}\boldsymbol{x} + \boldsymbol{B}\boldsymbol{u} \\ \boldsymbol{y} = \boldsymbol{C}\boldsymbol{x} \end{cases} \tag{2-86}$$

其中

$$\boldsymbol{x} = \begin{bmatrix} \Delta V \\ \Delta \omega_z \\ \Delta \alpha \\ \Delta \vartheta \end{bmatrix}, \boldsymbol{u} = \begin{bmatrix} \Delta \delta_z \\ \Delta \delta_p \end{bmatrix}$$

$$\boldsymbol{A} = \begin{bmatrix} a_{11} & 0 & a_{14} - a_{13} & a_{13} \\ a_{21} - a'_{24}a_{31} & a_{22} + a'_{24} & -a'_{24}a_{34} + a'_{24}a_{33} + a_{24} & -a'_{24}a_{33} \\ -a_{31} & 1 & -a_{34} + a_{33} & -a_{33} \\ 0 & 1 & 0 & 0 \end{bmatrix} \tag{2-87}$$

$$\boldsymbol{B} = \begin{bmatrix} 0 & a_{17} \\ a_{25} - a'_{24}a_{35} & 0 \\ -a_{35} & 0 \\ 0 & 0 \end{bmatrix} \tag{2-88}$$

$$\boldsymbol{C} = \begin{bmatrix} 1 & 0 & 0 & 0 \\ 0 & 1 & 0 & 0 \\ 0 & 0 & 1 & 0 \\ 0 & 0 & 0 & 1 \end{bmatrix} \tag{2-89}$$

式中 $\boldsymbol{A}$ ——状态方程的特征阵；

   $\boldsymbol{B}$ ——控制阵。

由方程组（2-86）可知，对于纵向扰动方程来说，控制量 $\boldsymbol{u}$ 为俯仰舵和发动机油门，输出量为飞行速度、俯仰角速度、攻角和俯仰角，下面推导俯仰舵至输出量的传递函数。

2.10.2   弹体传递函数

（1）弹体四阶传递函数

对于空地制导武器，a'_{24} 通常情况下比 a_{22} 小，而且更难获得较精确值，在工程上，可以将 a'_{24} 合并到阻尼项中，一般情况下，这样处理不会引起弹体特性显著变化，即

$$a_{22}\frac{\mathrm{d}\Delta\vartheta}{\mathrm{d}t} + a'_{24}\frac{\mathrm{d}\Delta\alpha}{\mathrm{d}t} \approx (a_{22} + a'_{24})\omega_z = a_{22}\omega_z$$

由 $\boldsymbol{Y}(s) = \boldsymbol{C}(s\boldsymbol{I} - \boldsymbol{A})^{-1}\boldsymbol{B}$ ，可得

$$\begin{cases} \dfrac{\Delta V(s)}{\Delta\delta_z(s)} = \dfrac{A_1 s^2 + A_2 s + A_3}{\det(s\boldsymbol{I} - \boldsymbol{A})} \\[3mm] \dfrac{\Delta\omega_z(s)}{\Delta\delta_z(s)} = \dfrac{B_1 s^3 + B_2 s^2 + B_3 s}{\det(s\boldsymbol{I} - \boldsymbol{A})} \\[3mm] \dfrac{\Delta\alpha(s)}{\Delta\delta_z(s)} = \dfrac{C_1 s^3 + C_2 s^2 + C_3 s + C_4}{\det(s\boldsymbol{I} - \boldsymbol{A})} \\[3mm] \dfrac{\Delta\vartheta(s)}{\Delta\delta_z(s)} = \dfrac{B_1 s^2 + B_2 s + B_3}{\det(s\boldsymbol{I} - \boldsymbol{A})} \end{cases} \tag{2-90}$$

其中

$$\det(sI-A)=s^4+P_1s^3+P_2s^2+P_3s+P_4 \tag{2-91}$$

$$\begin{cases}P_1=a_{34}-a_{33}-a_{22}-a_{11}\\P_2=-a_{22}a_{34}+a_{22}a_{33}-a_{24}-a_{11}a_{34}+a_{11}a_{33}+a_{11}a_{22}+a_{31}a_{14}-a_{31}a_{13}\\P_3=a_{24}a_{33}+a_{11}a_{22}a_{34}-a_{11}a_{22}a_{33}+a_{11}a_{24}-a_{21}a_{14}-a_{31}a_{22}a_{14}+a_{31}a_{22}a_{13}\\P_4=a_{21}a_{33}a_{14}-a_{21}a_{31}a_{34}+a_{31}a_{13}a_{24}-a_{11}a_{24}a_{33}\end{cases}$$

$$\begin{cases}A_1=-a_{35}(a_{14}-a_{13})\\A_2=a_{25}a_{14}+a_{35}a_{22}(a_{14}-a_{13})\\A_3=-a_{25}(a_{33}a_{14}-a_{13}a_{34})-a_{35}a_{13}a_{24}\end{cases}$$

$$\begin{cases}B_1=a_{25}\\B_2=-a_{35}a_{24}+a_{25}(a_{34}-a_{33}-a_{11})\\B_3=-a_{25}[a_{11}(a_{34}+a_{33})+a_{31}(a_{14}-a_{13})]+a_{35}(a_{24}a_{11}-a_{21}a_{14}+a_{21}a_{13})\end{cases}$$

$$\begin{cases}C_1=-a_{35}\\C_2=a_{35}(a_{22}-a_{11})+a_{25}\\C_3=-a_{35}a_{11}a_{22}-a_{25}(a_{11}+a_{33})\\C_4=-a_{25}a_{31}a_{13}+a_{35}a_{21}a_{13}+a_{25}a_{11}a_{33}\end{cases}$$

通常情况下，方程组（2-90）第 2 式可写成如下形式

$$\frac{\Delta\omega_z(s)}{\Delta\delta_z(s)}=\frac{K_Ms(T_{\theta1}s+1)(T_{\theta2}s+1)}{(T_P^2s^2+2\xi_PT_P+1)(T_S^2s^2+2\xi_ST_S+1)} \tag{2-92}$$

式中　K_M ——传递函数的传递系数；

$T_{\theta1}$，$T_{\theta2}$ —— $\Delta\theta$ 传递函数的分子的时间常数；

ξ_P ——长周期运动的阻尼比；

ξ_S ——短周期运动的阻尼比；

T_P ——长周期运动的时间常数；

T_S ——短周期运动的时间常数。

式（2-91）或式（2-92）分母为弹体的特征多项式，通常情况下可表示为两个二次因式之积，分别代表短周期和长周期运动模态。短周期模态对应着一对较大的共轭复根，表征弹体姿态运动模态，弹体焦点一般在弹体质心之后，短周期模态对应的共轭复根具有负实部，即代表短周期为稳定模态，当弹体焦点前移至弹体质心之前某处时（此处 $a_{22}a_{34}+a_{24}=0$），短周期可简化为一个一阶被控对象，当弹体焦点继续前移时，短周期模态对应的特征根变成一正一负的实根，即弹体表现为不稳定。长周期模态对应着一对较小的共轭复根，表征弹体质心运动模态，在某些情况下，长周期模态可能变成一正一负的两个实根，即长周期模态不稳定。

（2）长周期模态和短周期模态存在的物理成因

对于常规布局的空地导弹都存在长周期模态和短周期模态，之所以具有这两种运动模态是由于导弹的飞行速度、气动特性和结构质量特性决定的，解释如下：对于常规布局的

空地导弹而言，弹体一般具有较大的纵向静稳定性，即 m_z^α 的量级较大，在一定飞行速度下（即具有一定的动压），当弹体受到一定量的扰动，脱离平衡飞行状态，飞行攻角增加了 $\Delta\alpha$，这时即产生较大的恢复力矩 $m_z = m_z^\alpha \Delta\alpha$，而一般情况下转动惯量 J_z 不是很大，因而会产生较大角速度 $\Delta\dot{\omega}_z$，即会使弹体的攻角和俯仰角发生快速变化，由于弹体本身具有一定的阻尼特性，故俯仰角和攻角在很短时间内振荡收敛（时间长短取决于飞行动压、静稳定性和气动阻尼）。在攻角和俯仰角收敛的过程中，飞行速度一般变化较慢，由于飞行攻角的变化，导致飞行阻力和升力变化相对较小，由于弹体质量较大，气动引起的阻力和升力导致飞行速度和弹道倾角缓慢变化。

（3）纵向运动模态简化

在工程上，设计纵向姿态控制回路的目的是通过控制弹体的姿态变化而实现对弹体质心法向运动的控制。由于弹体速度和弹道倾角变化较慢，而且其变化量对弹体姿态的影响也较弱，故为了建模和分析简便，常忽略弹体速度和弹道倾角变化对弹体姿控的影响，即令长周期模态变量 $\Delta V = \Delta\theta = 0$，另外，也忽略地球重力对弹体姿态运动的影响，同时将下洗延迟影响折算到俯仰阻尼动力系数中，即

$$a_{22}\frac{\mathrm{d}\Delta\vartheta}{\mathrm{d}t} + a'_{24}\frac{\mathrm{d}\Delta\alpha}{\mathrm{d}t} \approx (a_{22} + a'_{24})\frac{\mathrm{d}\Delta\vartheta}{\mathrm{d}t} \approx a_{22}\frac{\mathrm{d}\Delta\vartheta}{\mathrm{d}t}$$

则

$$\begin{cases} \dfrac{\mathrm{d}\Delta\omega_z}{\mathrm{d}t} = (a_{22} + a'_{24})\omega_z + a_{24}\Delta\alpha + a_{25}\Delta\delta_z \\ \dfrac{\mathrm{d}\Delta\alpha}{\mathrm{d}t} = \Delta\omega_z - a_{34}\Delta\alpha - a_{35}\Delta\delta_z \end{cases}$$

写成状态空间的形式，即

$$\begin{cases} \dot{\boldsymbol{x}} = \boldsymbol{Ax} + \boldsymbol{Bu} \\ \boldsymbol{y} = \boldsymbol{Cx} \end{cases} \tag{2-93}$$

其中

$$\boldsymbol{x} = \begin{bmatrix} \Delta\omega_z \\ \Delta\alpha \end{bmatrix}, \boldsymbol{A} = \begin{bmatrix} a_{22} & a_{24} \\ 1 & -a_{34} \end{bmatrix}, \boldsymbol{B} = \begin{bmatrix} a_{25} \\ -a_{35} \end{bmatrix}, \boldsymbol{C} = \begin{bmatrix} 1 & 0 \\ 0 & 1 \end{bmatrix}$$

由 $\boldsymbol{Y}(s) = \boldsymbol{C}(s\boldsymbol{I} - \boldsymbol{A})^{-1}\boldsymbol{B}$，可得

$$\begin{cases} G_{\delta_z}^{\omega_z}(s) = \dfrac{\Delta\omega_z(s)}{\Delta\delta_z(s)} = \dfrac{a_{25}s + a_{25}a_{34} - a_{35}a_{24}}{\det(s\boldsymbol{I} - \boldsymbol{A})} \\ G_{\delta_z}^{\alpha}(s) = \dfrac{\Delta\alpha(s)}{\Delta\delta_z(s)} = \dfrac{-a_{35}s + a_{25} + a_{35}a_{22}}{\det(s\boldsymbol{I} - \boldsymbol{A})} \end{cases}$$

其中

$$\det(s\boldsymbol{I} - \boldsymbol{A}) = s^2 + (-a_{22} + a_{34})s - a_{22}a_{34} - a_{24} \tag{2-94}$$

被控对象的稳定性取决于式（2-94）根的正负号，$(-a_{22} + a_{34})$ 为阻尼项，决定弹体运动模态的振荡特性，$-a_{22}a_{34} - a_{24}$ 为恢复项，决定运动模态的恢复特性。根据劳斯判据，弹体动稳定的条件为

$$\begin{cases} -a_{22}+a_{34}>0 \\ -a_{22}a_{34}-a_{24}>0 \end{cases} \tag{2-95}$$

一般情况下，$-a_{22}>0$，$a_{34}>0$，所以上述方程组第 1 式自然满足。第 2 式取决于弹体静稳定度、阻尼系数和法向力动力系数，对于静稳定弹体，第 2 式自然满足，即弹体静稳定，被控对象为稳定环节；对于静不稳定弹体，当 $a_{24}<-a_{22}a_{34}$ 时，被控对象为稳定环节，当 $a_{24}=-a_{22}a_{34}$ 时，被控对象为临界稳定，当 $a_{24}>-a_{22}a_{34}$ 时，被控对象为不稳定环节。

通常情况下，根据 $-a_{22}a_{34}-a_{24}$ 与 0 之间的大小关系，将 $G_{\delta_z}^{\omega_z}(s)$ 写成如下形式。

① 弹体稳定

当 $-a_{22}a_{34}-a_{24}>0$ 时，弹体稳定，则

$$G_{\delta_z}^{\omega_z}(s)=\frac{K_M(T_1 s+1)}{T_M^2 s^2+2T_M \zeta_M s+1} \tag{2-96}$$

$$\begin{cases} K_M=\dfrac{-a_{25}a_{34}+a_{35}a_{24}}{a_{22}a_{34}+a_{24}} \\[3mm] T_M=\dfrac{1}{\sqrt{-a_{24}-a_{22}a_{34}}} \\[3mm] \zeta_M=\dfrac{-a_{22}-a'_{24}+a_{34}}{2\sqrt{-a_{24}-a_{22}a_{34}}} \\[3mm] T_1=\dfrac{a_{25}}{a_{25}a_{34}-a_{35}a_{24}} \end{cases} \tag{2-97}$$

式中　K_M——弹体增益，表示单位舵偏作用下所能产生的弹道倾角角速度，表征法向机动性，其值越大，代表机动性越强；

　　　T_M——弹体时间常数，表征弹体响应的快慢，其值越小代表弹体响应外界干扰或俯仰舵偏的速度越快；

　　　ζ_M——弹体自然阻尼系数，代表弹体振荡特性，一般情况下，此值较小，代表弹体阻尼较小；

　　　T_1——弹体气动力时间常数，代表弹体弹道倾角变化滞后于姿态的变化，此值越大，代表滞后越严重。

② 弹体临界稳定

当 $-a_{22}a_{34}-a_{24}=0$ 时，弹体临界稳定，则

$$G_{\delta_z}^{\omega_z}(s)=\frac{K_M(T_1 s+1)}{T_M^2 s^2+2T_M \zeta_M s+1}$$

$$\begin{cases} K_M=\dfrac{-a_{25}a_{34}+a_{35}a_{24}}{a_{22}+a_{34}} \\[3mm] T_M=\dfrac{1}{a_{22}+a_{34}} \\[3mm] T_1=\dfrac{a_{25}}{a_{25}a_{34}-a_{35}a_{24}} \end{cases}$$

③弹体不稳定

当 $-a_{22}a_{34}-a_{24}<0$ 时，弹体不稳定，则

$$G_{\delta_z}^{\omega_z}(s)=\frac{K_M(T_1s+1)}{-T_M^2s^2+2T_M\zeta_Ms+1}$$

$$\begin{cases} K_M=\dfrac{-a_{25}a_{34}+a_{35}a_{24}}{a_{22}a_{34}+a_{24}} \\[3mm] T_M=\dfrac{-1}{\sqrt{a_{24}+a_{22}a_{34}}} \\[3mm] \zeta_M=\dfrac{-a_{22}-a'_{24}+a_{34}}{2\sqrt{a_{24}+a_{22}a_{34}}} \\[3mm] T_1=\dfrac{a_{25}}{a_{25}a_{34}-a_{35}a_{24}} \end{cases}$$

简化后的传递函数其参数跟动力系数相关，而动力系数跟导弹飞行状态等相关。导弹在飞行过程中，飞行状态可能快速变化，对应的动力系数随之急剧变化，导致被控对象特性相应发生急剧变化。下面以某一微小型空地导弹投弹试验为例说明被控对象特性的变化，其飞行状态量变化如图 2-100 所示，相应的动力系数变化如图 2-101 和图 2-102 所示，被控对象增益与气动力时间常数和阻尼系数与时间常数变化分别如图 2-103 和图 2-104 所示。由图可知被控对象各重要参数变化剧烈，其中 K_M 在区间 $[-15,-2]$ 之间变化，在某些时间点，还存在比较大的跳变，T_1 在区间 $[0.08,1.05]$ 之间变化，ζ_M 在区间 $[0.1,2]$ 之间变化，T_M 在区间 $[0.05,0.8]$ 之间变化。

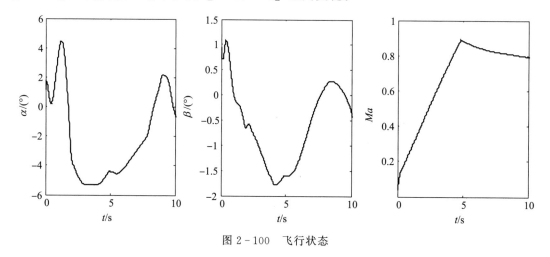

图 2-100 飞行状态

（4）弹体四阶和二阶模型之间的区别

式（2-92）和式（2-96）为弹体的俯仰舵偏至俯仰角速度的传递函数，阶数分别为四阶和二阶，在控制系统设计中，常采用二阶模型作为被控对象，二阶模型忽略了弹体速度以及重力加速度对其的影响。二阶模型和四阶模型的关系如下

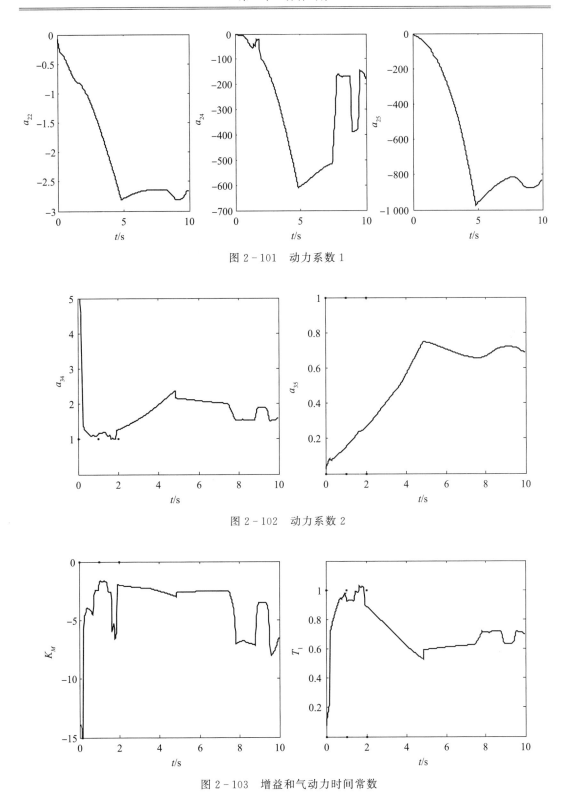

图 2 - 101　动力系数 1

图 2 - 102　动力系数 2

图 2 - 103　增益和气动力时间常数

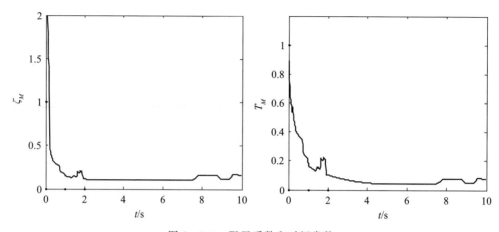

图 2-104　阻尼系数和时间常数

$$G_{\delta_z}^{\omega_z}(s)\big|_{4\,\text{order}} = \frac{\Delta\omega_z(s)}{\Delta\delta_z(s)} = \frac{K_M s(T_{\theta 1}s+1)(T_{\theta 2}s+1)}{(T_P^2 s^2 + 2\xi_P T_P + 1)(T_S^2 s^2 + 2\xi_S T_S + 1)}$$

$$= \frac{s(T_{\theta 1}s+1)}{(T_P^2 s^2 + 2\xi_P T_P + 1)}\frac{K_M(T_{\theta 2}s+1)}{(T_S^2 s^2 + 2\xi_S T_S + 1)}$$

$$= \frac{s(T_{\theta 1}s+1)}{(T_P^2 s^2 + 2\xi_P T_P + 1)}G_{\delta_z}^{\omega_z}(s)\big|_{2\,\text{order}}$$

根据上式，可得弹体四阶模型相当于弹体二阶模型串联"长周期模态"，在低频段，$\left|\dfrac{s(T_{\theta 1}s+1)}{(T_P^2 s^2 + 2\xi_P T_P + 1)}\right|$ 不为 1，在中高频段，$\left|\dfrac{s(T_{\theta 1}s+1)}{(T_P^2 s^2 + 2\xi_P T_P + 1)}\right|$ 接近于 1，即可忽略不计。下面以面对称制导武器为例说明二阶模型和四阶模型的特性及两者之间的区别。

例 2-3　二阶模型和四阶模型传递函数及差别。

某面对称制导武器，飞行高度为 2 000 m，马赫数为 0.7，攻角为 3°；弹体纵向动力系数：$a_{11}=0.019\,9$，$a_{21}=0.007$，$a_{31}=0.000\,05$，$a_{22}=-3.646$，$a_{13}=-7.528\,2$，$a_{33}=-0.026\,75$，$a_{14}=1.408$，$a_{24}=-80.344$，$a_{34}=1.268\,5$，$a_{25}=-148.7$，$a_{35}=0.167\,4$，$V=232.4$，求弹体二阶模型和四阶模型传递函数，并分析它们之间的区别。

解：将上述动力系数代入式（2-96）和方程组（2-90）第 2 式，可得

$$G_{\delta_z}^{\omega_z}(s)\big|_{2\,\text{order}} = \frac{-1.75s - 2.061\,6}{0.011\,8s^2 + 0.057\,8s + 1} = \frac{-148.7(s+1.178)}{(s+2.457+8.884\,3\mathrm{i})(s+2.457-8.884\,3\mathrm{i})}$$

$$G_{\delta_z}^{\omega_z}(s)\big|_{4\,\text{order}} = \frac{-148.7s(s+1.204)(s-0.019\,4)}{(s+2.458+8.882\,6\mathrm{i})(s+2.458-8.882\,6\mathrm{i})(s+0.002\,67+0.025\,2\mathrm{i})(s+0.002\,67-0.025\,2\mathrm{i})}$$

假设

$$\frac{-148.7(s+1.204)}{(s+2.458+8.882\,6\mathrm{i})(s+2.458-8.882\,6\mathrm{i})} \approx \frac{-148.7(s+1.178)}{(s+2.457+8.884\,3\mathrm{i})(s+2.457-8.884\,3\mathrm{i})}$$

则

$$G_{\delta_z}^{\omega_z}(s)\big|_{4\,\text{order}} = G_{\delta_z}^{\omega_z}(s)\big|_{2\,\text{order}} \times \frac{s(s-0.019\,4)}{(s+0.002\,67+0.025\,2\mathrm{i})(s+0.002\,67-0.025\,2\mathrm{i})}$$

$$= G_{\delta_z}^{\omega_z}(s)\big|_{2\,\text{order}} \times G(\text{长周期})$$

即弹体四阶传递函数相当于弹体二阶传递函数（短周期模态）与长周期模态之积，而当频率 $\omega \geqslant 0.1$ rad/s 时，长周期模态传递函数的幅值 $A(\omega \geqslant 0.1$ rad/s$)=1$，即当 $\omega \geqslant 0.1$ rad/s 时

$$G_{\delta_z}^{\omega_z}(s)\big|_{4\,order} \doteq G_{\delta_z}^{\omega_z}(s)\big|_{2\,order}$$

其二阶和四阶弹体传递函数的 bode 图如图 2-105 所示，输入正弦舵偏指令，幅值为 $1°$，频率分别为 0.001 Hz、0.01 Hz、0.1 Hz 和 1.5 Hz，响应角速度如图 2-106 和图 2-107 所示。由图可知：

1）当角频率为 0.001 Hz 时，由于四阶弹体传递函数包含的长周期模态完全表现出来，而二阶弹体传递函数中不含长周期模态，故二阶和四阶弹体传递函数相差很大；

2）当 $\omega \geqslant 0.05$ Hz 时，二阶和四阶弹体传递函数近似相等，两者之间的差别程度随着频率的提高而减小；

3）对于二阶传递函数，随着频率提高，其相位超前量变大，另外相位超前量随着弹体气动力时间常数 T_1 的变大而增大；

4）对于二阶传递函数，随着频率提高，其幅值变大，当频率增大至弹体的短周期频率时，幅值达到最大值，短周期频率处的幅值为 29.7 dB，低频段频率（$\omega = 0.01$ Hz）处幅值为 6.3 dB，两者的时域响应幅值差 14.79 倍 $\left[10^{(29.7-6.3)/20}\right]$，即应避免舵偏频率接近于短周期频率。

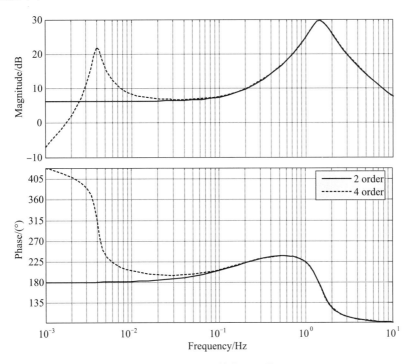

图 2-105　二阶和四阶弹体传递函数的 bode 图

结论：

1）二阶传递函数（即短周期传递函数）可精确描述弹体中低频段和高频段的姿态运动模态，但不能描述低频段的姿态运动模态，即不能全面反映弹体的姿态运动模态；

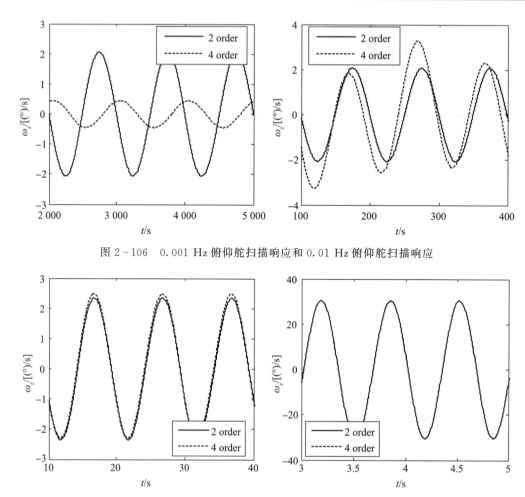

图 2-106　0.001 Hz 俯仰舵扫描响应和 0.01 Hz 俯仰舵扫描响应

图 2-107　0.1 Hz 俯仰舵扫描响应和 1.5 Hz 俯仰舵扫描响应

2）短周期模态可以较好地描述弹体姿态运动模态的快变模态。

2.10.3　动力系数对传递函数的影响

从物理意义上，弹体气动阻尼（表征为气动阻尼系数 $m_z^{\omega_z}$ 或动导数 a_{22}）、气动稳定性（表征为稳定力矩系数 m_z^{α} 或动导数 a_{24}）、气动操纵力矩（表征为气动舵效系数 $m_z^{\delta_z}$ 或动导数 a_{25}）、C_y^{α}、$C_y^{\delta_z}$ 和重力等影响弹体在空中的姿态动态特性。从数学上，根据式（2-90）和式（2-96），被控对象的特性在很大程度上取决于 a_{22}、a_{24}、a_{25}、a_{34} 和 a_{33} 动导数，下面分别从 bode 图、根轨迹图和弹体传递函数等方面分析各动力系数对被控对象特性的影响。

（1）a_{22} 变化影响

a_{22} 主要影响弹体的自然阻尼，对于具有较大静稳定度的弹体来说，其阻尼随 a_{22} 成比例增加。

仿真条件：动力系数见例 2-3，a_{22} 分别取 -3.65，-2.43，-1.22，0。

　　仿真结果：弹体 bode 图如图 2-108 所示，根轨迹图如图 2-109 所示，弹体传递函数见式（2-98）。

$$
\begin{cases}
G_{\delta_z}^{\omega_z}(s)\big|_{a_{22}=-3.65} = \dfrac{-148.68(s+1.178)}{(s+2.46+8.88\mathrm{i})(s+2.46-8.88\mathrm{i})} \\[2mm]
G_{\delta_z}^{\omega_z}(s)\big|_{a_{22}=-2.43} = \dfrac{-148.68(s+1.178)}{(s+1.85+8.94\mathrm{i})(s+1.85-8.94\mathrm{i})} \\[2mm]
G_{\delta_z}^{\omega_z}(s)\big|_{a_{22}=-1.22} = \dfrac{-148.68(s+1.178)}{(s+1.24+8.96\mathrm{i})(s+1.24-8.96\mathrm{i})} \\[2mm]
G_{\delta_z}^{\omega_z}(s)\big|_{a_{22}=0} = \dfrac{-148.68(s+1.178)}{(s+0.63+8.96\mathrm{i})(s+0.63-8.96\mathrm{i})}
\end{cases}
\qquad (2-98)
$$

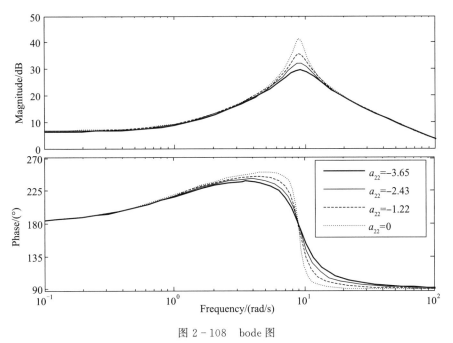

图 2-108　bode 图

　　仿真结论：1）a_{22} 的幅值从大变小，弹体在频域上表现为低频段和高频段一致，中频段存在一定的差别，a_{22} 越小，对应的弹体自然阻尼越小；2）从 bode 图可以看出，由于弹体自然阻尼比较小，故引起弹体在中频段的幅值变化和相位变化比较剧烈，所以必须加阻尼回路对中频段的幅值和相位加以改造；3）对于常规的空地制导武器，由于自然阻尼的值本身在控制回路阻尼中的比例较小，所以主要依靠角速度反馈提供控制阻尼，故 a_{22} 大小对控制系统来说影响不大。

　　（2）a_{24} 变化影响

　　a_{24} 主要影响弹体的自振频率和弹体增益，a_{24} 越大，弹体的自振频率越大，弹体的增益越小。

　　仿真条件：动力系数见例 2-3，a_{24} 分别取 -80.344，-60.258，-40.172，-20.086 和 0。

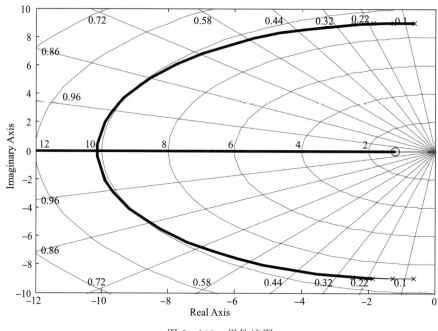

图 2 - 109　根轨迹图

仿真结果：弹体 bode 图如图 2 - 110 所示，根轨迹图如图 2 - 111 所示，弹体传递函数见式（2 - 99）。

$$
\begin{cases}
G_{\delta z}^{\omega z}(s)\big|_{a_{24}=-80.344}=\dfrac{-148.68(s+1.18)}{(s+2.46+8.88i)(s+2.46-8.88i)} \\[2mm]
G_{\delta z}^{\omega z}(s)\big|_{a_{24}=-40.172}=\dfrac{-148.68(s+1.20)}{(s+2.46+7.67i)(s+2.46-7.67i)} \\[2mm]
G_{\delta z}^{\omega z}(s)\big|_{a_{24}=-60.258}=\dfrac{-148.68(s+1.22)}{(s+2.46+6.23i)(s+2.46-6.23i)} \\[2mm]
G_{\delta z}^{\omega z}(s)\big|_{a_{24}=-20.086}=\dfrac{-148.68(s+1.24)}{(s+2.46+4.32i)(s+2.46-4.32i)} \\[2mm]
G_{\delta z}^{\omega z}(s)\big|_{a_{24}=0}=\dfrac{-148.68}{s+3.65}
\end{cases}
\tag{2-99}
$$

仿真结论：1）a_{24} 的幅值由小变大，在低频段（指低于自振频率）和中频段（指自振频率左右）其幅值和相位存在很大的差别，无论是幅值还是相位都随着 a_{24} 急剧变化，即 a_{24} 是影响弹体特性最重要的因素；在高频段（指高于自振频率）其幅值和相位完全一致，即表示无论弹体静稳定度大小，弹体对高于自振频率很多的信号的响应类似，随频率增高，其响应迅速衰减。2）a_{24} 越小，对应的弹体在低频段的增益越大，弹体气动自振频率越低，自然阻尼越大，当 a_{24} 减小至 0 时，弹体二阶振荡特性减弱为一个一阶环节，如图 2 - 110 所示。3）a_{24} 越大，弹体气动自振频率越高，振荡峰值越大，这给控制系统设计带来一定的设计难度。

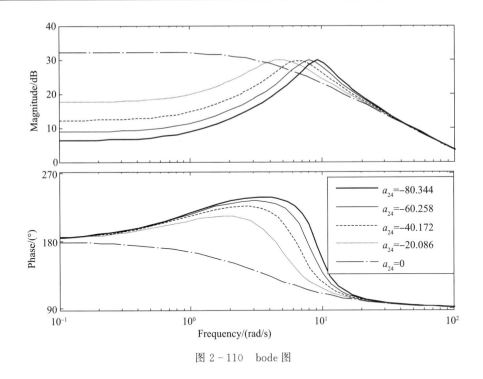

图 2-110　bode 图

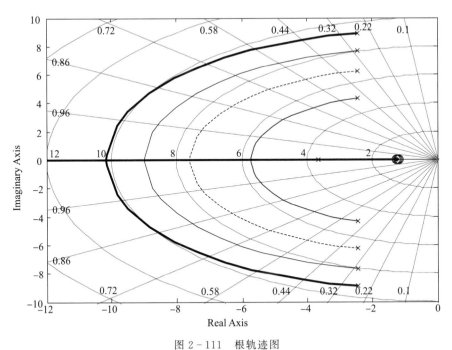

图 2-111　根轨迹图

（3）a_{25} 变化影响

a_{25} 主要影响弹体增益，a_{25} 越大，弹体增益越大。

仿真条件：动力系数见例 2-3，a_{25} 分别取 -148.696，-111.522 和 -74.348。

仿真结果：弹体 bode 图如图 2-112 所示，根轨迹图如图 2-113 所示，弹体传递函数见式（2-100）。

$$\begin{cases} G_{\delta_z}^{\omega_z}(s)\big|_{a_{25}=-148.696} = \dfrac{-148.68(s+1.18)}{(s+2.46+8.88i)(s+2.46-8.88i)} \\[3mm] G_{\delta_z}^{\omega_z}(s)\big|_{a_{25}=-111.522} = \dfrac{-111.522(s+1.15)}{(s+2.46+8.88i)(s+2.46-8.88i)} \\[3mm] G_{\delta_z}^{\omega_z}(s)\big|_{a_{25}=-74.348} = \dfrac{-74.348(s+1.22)}{(s+2.46+8.88i)(s+2.46-8.88i)} \end{cases} \quad (2-100)$$

仿真结论：1）a_{25} 的幅值由小变大，弹体传递函数的幅值曲线向上平移，相位曲线变化很小；2）a_{25} 越大，对应的弹体增益越大，弹体气动时间常数稍有变化；3）对于常规的战术导弹，其俯仰舵效随飞行状态（攻角、侧滑角和马赫数）变化相对较小而且舵效值相对比较精确，故 a_{25} 对弹体特性的影响相对较小。

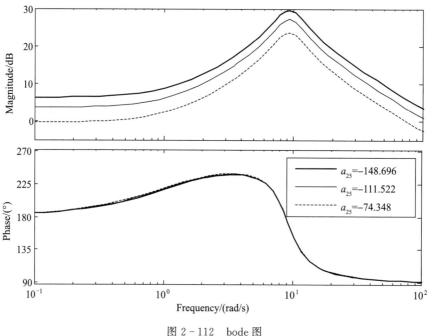

图 2-112　bode 图

（4）a_{33} 变化影响

a_{33} 影响长周期的运动模态，对短周期的运动模态无影响。

仿真条件：动力系数见例 2-3，a_{33} 分别取 0，0.021 1，0.036 6 和 0.042 2，即弹道倾角为 0°，-30°，-60°和-90°。

仿真结果：弹体 bode 图如图 2-114 所示，弹体传递函数如式（2-101）所示。

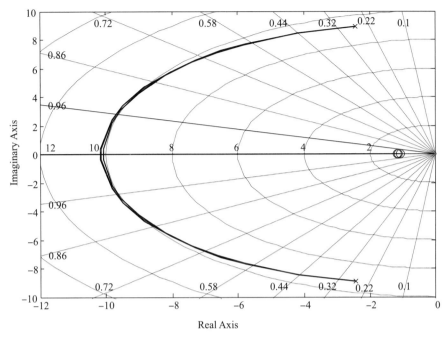

图 2 - 113　根轨迹图

$$\begin{cases} G_{\delta_z}^{\omega_z}(s)\big|_{a_{33}=0} = \dfrac{-148.696(s+1.18)(s-0.019)}{(s+2.46+8.88i)(s+2.46-8.88i)(s-0.01-0.037i)(s-0.01+0.037i)} \\[3mm] G_{\delta_z}^{\omega_z}(s)\big|_{a_{33}=0.0211} = \dfrac{-148.696(s+1.16)(s-0.019)}{(s+2.46+8.88i)(s+2.46-8.88i)(s-0.02-0.036i)(s-0.02+0.036i)} \\[3mm] G_{\delta_z}^{\omega_z}(s)\big|_{a_{33}=0.0366} = \dfrac{-148.696(s+1.14)(s-0.019)}{(s+2.46+8.88i)(s+2.46-8.88i)(s-0.027-0.026i)(s-0.027+0.026i)} \\[3mm] G_{\delta_z}^{\omega_z}(s)\big|_{a_{33}=0.0422} = \dfrac{-148.696(s+1.14)(s-0.019)}{(s+2.46+8.88i)(s+2.46-8.88i)(s-0.04)(s-0.02)} \end{cases}$$

$$(2-101)$$

仿真结论：弹道倾角从 0° 变化至 −90°，即 a_{33} 由 0 变大，只影响低频段的幅值和相位特性，即只影响弹体的长周期模态。

2.10.4　被控对象可控性和可观性分析

依据线性系统理论，纵向扰动方程可用状态方程组（2 - 86）表示，其中状态矩阵 $\boldsymbol{A}$ 的特征值是表征系统动力学特征的一个非常重要的参数。工程上，通过适当的非奇异线性变换可将状态矩阵 $\boldsymbol{A}$ 变换为由特征值表征的标准型。当特征值两两相异时，标准型具有对角阵的形式，对角阵元素即表征矩阵 $\boldsymbol{A}$ 的运动模态；当特征值非互异时，标准型具有约旦标准型的形式。

对于式（2 - 86）表达的状态空间形式，通过线性变换 $\bar{\boldsymbol{x}} = \boldsymbol{P}^{-1}\boldsymbol{x}$（$\boldsymbol{P}$ 为非奇异变换阵，其各列为 $\boldsymbol{A}$ 的各特征值对应的特征向量）可以转换为对角阵或约旦标准型，即

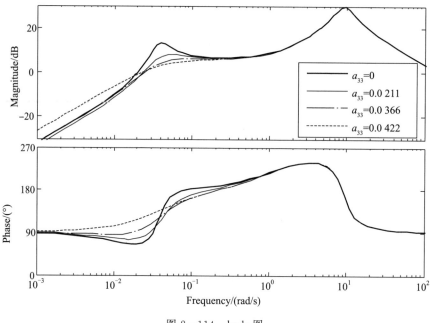

图 2 - 114　bode 图

$$x = P\overline{x} \tag{2-102}$$

$$\begin{cases} \dot{\overline{x}} = P^{-1}AP\overline{x} + P^{-1}Bu \\ y = CP\overline{x} \end{cases} \tag{2-103}$$

经过线性变换，可从变换后的方程组分析被控对象的特性，即

1）$\boldsymbol{\Lambda} = \boldsymbol{P}^{-1}\boldsymbol{A}\boldsymbol{P}$ 为对角标准型，假设 $\boldsymbol{A}$ 的特征值为实数且无重根，即特征值 λ_1，λ_2，…，λ_n 各不相同，则

$$\boldsymbol{\Lambda} = \boldsymbol{P}^{-1}\boldsymbol{A}\boldsymbol{P} = \begin{bmatrix} \lambda_1 & 0 & 0 & 0 & 0 \\ 0 & \lambda_2 & 0 & 0 & 0 \\ 0 & 0 & \ddots & 0 & 0 \\ 0 & 0 & 0 & \ddots & 0 \\ 0 & 0 & 0 & 0 & \lambda_n \end{bmatrix} \tag{2-104}$$

如果 $\boldsymbol{A}$ 的特征值有一对复数根，令 $\lambda_i = \sigma_i \pm \mathrm{j}\omega_i$，其特征向量也为复数 $p_i = a \pm \mathrm{j}b$。在工程上，经常用实数处理复数根，即将复数改写为 $p_i = [a，b]$，而对应的模块为

$$\boldsymbol{\Lambda} = \boldsymbol{P}^{-1}\boldsymbol{A}\boldsymbol{P} = \begin{bmatrix} \lambda_1 & 0 & 0 & 0 & 0 & 0 \\ 0 & \lambda_2 & 0 & 0 & 0 & 0 \\ 0 & 0 & \ddots & 0 & 0 & 0 \\ 0 & 0 & 0 & \sigma_i & \omega_i & 0 \\ 0 & 0 & 0 & -\omega_i & \sigma_i & 0 \\ 0 & 0 & 0 & 0 & 0 & \lambda_n \end{bmatrix} \tag{2-105}$$

经线性变换后矩阵 $\boldsymbol{\Lambda}$ 的对角线元素为 $\boldsymbol{A}$ 的特征值，表征 $\boldsymbol{A}$ 的运动模态特性，当其特

征值 λ_1，λ_2，$\cdots$，λ_n 为各不相同的负实数根时，代表被控对象稳定，受扰动后以指数的形式收敛，当存在一对带负实数的复数根时，受扰动后以指数振荡的形式收敛，当存在正根时，被控对象受扰动后则发散。

2）$P^{-1}B$ 为可控阵，表征控制量对某运动模态的"控制力度"，如果可控阵某元素为 0，即表征此元素对应的控制量对某运动模态的控制作用为 0，即此运动模态不受此控制量控制；

3）CP 是可观测阵，表征某模态变量对输出量的"贡献力度"，如果某一元素为零，即表征对应的模态变量对输出的贡献为 0。

例 2 - 4　被控对象可控性及可观测性分析。

某面对称制导武器，飞行高度为 2 000 m，马赫数为 0.7；攻角为 3°；纵向动力系数：$a_{11} = 0.019\ 9$，$a_{21} = 0.007$，$a_{31} = 0.000\ 05$，$a_{22} = -3.646$，$a_{13} = -7.528\ 2$，$a_{33} = -0.026\ 75$，$a_{14} = 1.408$，$a_{24} = -80.344$，$a_{34} = 1.268\ 5$，$a_{25} = -148.7$，$a_{35} = 0.167\ 4$；飞行速度 $V = 232.4$，试分析被控对象的可控性和可观性。

解：将上述动力系数代入式（2 - 87）和式（2 - 88），可得被控对象的特征矩阵和控制矩阵

$$A = \begin{bmatrix} -0.019\ 9 & 0 & 8.936\ 6 & -7.528\ 2 \\ 0.007\ 0 & -3.646\ 3 & -80.344\ 0 & 0 \\ -0.000\ 0 & 1.000\ 0 & -1.295\ 2 & 0.026\ 7 \\ 0 & 1 & 0 & 0 \end{bmatrix}, B = \begin{bmatrix} 0 & 1 \\ -148.696\ 0 & 0 \\ -0.167\ 4 & 0 \\ 0 & 0 \end{bmatrix}$$

求解 A 的特征值，可得

短周期特征值 $\lambda_{1,2} = -2.458\ 2 \pm 8.882\ 6i$，长周期特征值 $\lambda_{3,4} = -0.022\ 5 \pm 0.033\ 7i$

求解得到 A 的特征矩阵为

$$P = \begin{bmatrix} -0.023\ 2 - 0.003\ 2i & -0.023\ 2 + 0.003\ 2i & -1 & -1 \\ 0.987\ 8 & 0.987\ 8 & -0.000\ 14 - 0.000\ 12i & -0.000\ 14 + 0.000\ 12i \\ -0.014\ 6 - 0.109\ 2i & -0.014\ 6 + 0.109\ 2i & -0.000\ 08 + 0.000\ 005i & -0.000\ 08 - 0.000\ 005i \\ -0.028\ 6 - 0.103\ 3i & -0.028\ 6 + 0.103\ 3i & -0.000\ 4 - 0.004\ 5i & -0.000\ 4 + 0.004\ 5i \end{bmatrix}$$

可以验证

$$P^{-1}AP = \begin{bmatrix} -2.458\ 2 + 8.882\ 6i & 0 & 0 & 0 \\ 0 & -2.458\ 2 - 8.882\ 6i & 0 & 0 \\ 0 & 0 & -0.022\ 5 + 0.033\ 7i & 0 \\ 0 & 0 & 0 & -0.022\ 5 - 0.033\ 7i \end{bmatrix}$$

工程上常将带复数的特征矩阵改写成实数的形式，即

$$P = \begin{bmatrix} -0.023\ 2 & -0.003\ 2 & -1 & 0 \\ 0.987\ 8 & 0 & -0.000\ 14 & 0.000\ 12 \\ -0.014\ 6 & -0.109\ 2 & -0.000\ 08 & 0.000\ 005 \\ -0.028\ 6 & 0.103\ 3 & -0.000\ 44 & 0.004\ 5 \end{bmatrix}$$

根据式（2-103）第 1 式，可得

$$
\begin{bmatrix} \dot{\overline{x}}_{s1} \\ \dot{\overline{x}}_{s2} \\ \dot{\overline{x}}_{l1} \\ \dot{\overline{x}}_{l2} \end{bmatrix} = \begin{bmatrix} -2.458\,2 & 8.882\,5 & 0 & 0 \\ -8.882\,5 & -2.458\,2 & 0 & 0 \\ 0 & 0 & -0.022\,5 & 0.033\,7 \\ 0 & 0 & -0.033\,7 & -0.022\,5 \end{bmatrix} \begin{bmatrix} \overline{x}_{s1} \\ \overline{x}_{s2} \\ \overline{x}_{l1} \\ \overline{x}_{l2} \end{bmatrix} + \begin{bmatrix} -150.580\,3 & -0.000\,2 \\ 21.651\,7 & 0.000\,8 \\ 3.424\,3 & -1.0 \\ -461.399\,6 & -0.082\,9 \end{bmatrix} \begin{bmatrix} \Delta\delta_z \\ \Delta\delta_p \end{bmatrix}
$$

式中　$\overline{x}_{s1}$，$\overline{x}_{s2}$——短周期模态变量；

　　　　$\overline{x}_{l1}$，$\overline{x}_{l2}$——长周期模态变量。

根据式（2-102），可得

$$
x = \begin{bmatrix} \Delta V \\ \Delta\omega_z \\ \Delta\alpha \\ \Delta\vartheta \end{bmatrix} = \begin{bmatrix} -0.023\,2 & -0.003\,2 & -1 & 0 \\ 0.987\,8 & 0 & -0.000\,14 & 0.000\,12 \\ -0.014\,6 & -0.109\,2 & -0.000\,08 & 0.000\,005 \\ -0.028\,6 & 0.103\,3 & -0.000\,44 & 0.004\,5 \end{bmatrix} \begin{bmatrix} \overline{x}_{s1} \\ \overline{x}_{s2} \\ \overline{x}_{l1} \\ \overline{x}_{l2} \end{bmatrix}
$$

由以上公式可以看出：

1）ΔV 主要取决于长周期模态变量，短周期模态变量对其影响较小；

2）$\Delta\omega_z$、$\Delta\alpha$、$\Delta\vartheta$ 主要取决于短周期模态变量，长周期模态变量对 $\Delta\omega_z$ 和 $\Delta\vartheta$ 有一定影响，但对 $\Delta\alpha$ 的影响几乎可以忽略不计；

3）短周期阻尼为 $\zeta_s = \cos[\arctan(8.882\,5/2.458\,2)] = 0.267$，长周期阻尼为 $\zeta_l = \cos[\arctan(0.033\,7/0.022\,5)] = 0.55\,5$，即短周期运动模态阻尼较小，而长周期运动模态阻尼较大；

4）短周期运动模态在很大程度上取决于俯仰舵偏，而发动机推力控制几乎不影响短周期运动模态。

2.10.5　自由扰动运动

依据线性方程组（2-86），导弹飞行状态变化受自身状态和控制的双重作用，即飞行状态是自身的齐次运动和控制作用运动的线性组合。导弹自身的齐次运动也称为导弹自由扰动，是假设在控制作用不变的情况下，弹体受某种扰动后的自由运动模态。

假设输入 $u = 0$，则线性方程组（2-86）第 1 式可写成

$$\dot{x} = Ax \tag{2-106}$$

对式（2-106）两边求拉氏变换，可得

$$x(s) = (sI - A)^{-1} x_0 \tag{2-107}$$

式（2-107）即为自由扰动运动的拉氏方程，求拉氏反变换即可得状态变量 x 对初始扰动的时域响应

$$x(t) = L^{-1}[(sI - A)^{-1} x_0] \tag{2-108}$$

式中　$sI - A$——特征矩阵，即

$$sI - A = \begin{bmatrix} s - a_{11} & 0 & -a_{14} + a_{13} & -a_{13} \\ -a_{21} + a'_{24} a_{31} & s - (a_{22} + a'_{24}) & a'_{24} a_{34} - a'_{24} a_{33} - a_{24} & a'_{24} a_{33} \\ a_{31} & -1 & s - (-a_{34} + a_{33}) & a_{33} \\ 0 & -1 & 0 & s \end{bmatrix}$$

$$(2-109)$$

在工程上，也常利用线性代数中的克莱姆法则求解上式，具体步骤如下

1）计算特征矩阵的特征根，令式（2-109）右边等于 0，即

$$\det(sI - A) = 0$$

由此可解得相应的特征根：λ_1、λ_2、λ_3 和 λ_4。

2）令 $x_0 = [v_0, \omega_{z0}, \alpha_0, \vartheta_0]^T$ 代替矩阵 $(sI - A)$ 的第一列，记为

$$G_1(s) = \begin{bmatrix} v_0 & 0 & -a_{14} + a_{13} & -a_{13} \\ \omega_{z0} & s - (a_{22} + a'_{24}) & a'_{24} a_{34} - a'_{24} a_{33} - a_{24} & a'_{24} a_{33} \\ \alpha_0 & -1 & s - (-a_{34} + a_{33}) & a_{33} \\ \vartheta_0 & -1 & 0 & s \end{bmatrix}$$

3）由克莱姆法则，可得

$$\Delta v(s) = \frac{G_1(s)}{\det(sI - A)}$$

4）由拉氏反变换，可得

$$\Delta v(t) = \sum_{i=1}^{4} \frac{G_1(s)}{\det(sI - A)} (s - \lambda_i) \Big|_{s = \lambda_i} \cdot e^{\lambda_i t}$$

对于实根，上式可简化为

$$\Delta v(t) = a_1 e^{\lambda_1 t} + a_2 e^{\lambda_2 t} + a_3 e^{\lambda_3 t} + a_4 e^{\lambda_4 t}$$

式中　　a_i——特征根 λ_i 对应运动模态的幅值，表征特征根对运动模态的贡献大小。

同理，可解得自由扰动 $\Delta \omega_z(t)$、$\Delta \alpha(t)$ 和 $\Delta \vartheta(t)$ 的数学表达式，即

$$\begin{cases} \Delta \omega_z(t) = b_1 e^{\lambda_1 t} + b_2 e^{\lambda_2 t} + b_3 e^{\lambda_3 t} + b_4 e^{\lambda_4 t} \\ \Delta \alpha(t) = c_1 e^{\lambda_1 t} + c_2 e^{\lambda_2 t} + c_3 e^{\lambda_3 t} + c_4 e^{\lambda_4 t} \\ \Delta \vartheta(t) = d_1 e^{\lambda_1 t} + d_2 e^{\lambda_2 t} + d_3 e^{\lambda_3 t} + d_4 e^{\lambda_4 t} \end{cases}$$

例 2-5　纵向自由扰动分析。

动力系数同例 2-4，假设弹体受到一个偶然的扰动，飞行攻角由 0°增至 2°，即初始扰动 $x_0 = [0 \quad 0 \quad 2° \quad 0]^T$，试求解当扰动消失后的状态量变化。

解： 由动力系数可求得被控对象的特征方程为

$$|sI - A| = \begin{vmatrix} s + 0.019\,9 & 0 & -8.936\,6 & +7.528\,2 \\ -0.007\,0 & s + 3.646\,3 & 80.344\,0 & 0 \\ 0.000\,0 & -1.0 & s + 1.295\,2 & -0.026\,7 \\ 0 & -1.0 & 0 & s \end{vmatrix} = 0$$

求解得到 $\lambda_{1,2} = -2.458\,2 \pm 8.882\,6i$，$\lambda_{3,4} = -0.022\,5 \pm 0.033\,7i$，根据式（2-107）

求解可得扰动偏差的频域表达式为

$$\begin{cases} \Delta V(s) = \dfrac{0.035(8.94s^2 + 32.59s + 604.8)}{s^4 + 4.961s^3 + 85.16s^2 + 3.832s + 0.139} \\[2mm] \Delta\omega_z(s) = \dfrac{-0.035(80.34s + 1.534)s}{s^4 + 4.961s^3 + 85.16s^2 + 3.832s + 0.139} \\[2mm] \Delta\alpha(s) = \dfrac{-0.035(s^3 + 3.666s^2 + 0.072492s + 0.0528)}{s^4 + 4.961s^3 + 85.16s^2 + 3.832s + 0.139} \\[2mm] \Delta\vartheta(s) = \dfrac{-0.035(80.34s + 1.534)}{s^4 + 4.961s^3 + 85.16s^2 + 3.832s + 0.139} \end{cases}$$

根据式（2-108），求解可得扰动偏差的时域表达式为

$$\begin{cases} \Delta V(t) = 0.00103\mathrm{e}^{-2.45t}\cos(8.88t) + 0.074\mathrm{e}^{-2.45t}\sin(8.88t) - \\ \qquad 0.00103\mathrm{e}^{-0.0225t}\cos(0.033t) + 7.3827\mathrm{e}^{-0.0225t}\sin(0.033t) \\[1mm] \Delta\omega_z(t) = -0.00085\mathrm{e}^{-2.45t}\cos(8.88t) - 0.31597\mathrm{e}^{-2.45t}\sin(8.88t) + \\ \qquad 0.85486\mathrm{e}^{-0.0225t}\cos(0.033t) + 0.10395\mathrm{e}^{-0.0225t}\sin(0.033t) \\[1mm] \Delta\alpha(t) = 0.0349\mathrm{e}^{-2.45t}\cos(8.88t) + 0.0046^{-2.45t}\sin(8.88t) - \\ \qquad 0.000039\mathrm{e}^{-0.0225t}\cos(0.033t) + 0.00059\mathrm{e}^{-0.0225t}\sin(0.033t) \\[1mm] \Delta\vartheta(t) = 0.033\mathrm{e}^{-2.45t}\cos(8.88t) + 0.0091\mathrm{e}^{-2.45t}\sin(8.88t) - \\ \qquad 0.033\mathrm{e}^{-0.0225t}\cos(0.033t) + 0.0328\mathrm{e}^{-0.0225t}\sin(0.033t) \end{cases}$$

$$(2-110)$$

扰动偏差 $\Delta V(t)$、$\Delta\omega_z(t)$、$\Delta\alpha(t)$ 和 $\Delta\vartheta(t)$ 随时间的变化如图 2-115 和图 2-116 所示，由式（2-110）、图 2-115 和图 2-116 可知：

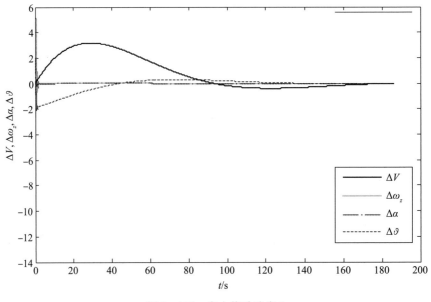

图 2-115　自由扰动响应 1

1）各个扰动偏差是由短周期运动模态和长周期运动模态组成的，但是每个扰动偏差量中的短周期运动模态和长周期运动模态所占比重不同；

2）$\Delta\alpha$ 在扰动运动初期快速变化，随后平缓变化至未受扰之前的状态，即主要表现为短周期运动模态，长周期运动模态所占比重很小；

3）ΔV 和 $\Delta\theta$ 始终变化缓慢，短周期模态所占比重小，长周期模态所占比重大；

4）$\Delta\omega_z$ 和 $\Delta\vartheta$ 在扰动初期快速变化，随后缓慢变化，即短周期运动模态和长周期运动模态所占比重都较大。

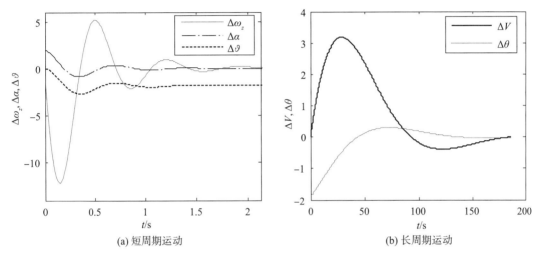

(a) 短周期运动　　　　　　　　　　　　　(b) 长周期运动

图 2 - 116　自由扰动响应 2

2.10.6　纵向操纵运动

根据小扰动假设，导弹纵向动态特性可用方程组（2 - 85）来表征，即弹体飞行状态的变化受弹体自由扰动运动、操纵运动及干扰的作用，其中自由扰动运动考虑的是导弹的动稳定特性，即导弹受到扰动后的动态响应特性，其前提条件是在操纵面保持不动的情况下，导弹自身飞行状态对自身的作用；干扰主要表现为导弹在飞行过程中受到外界干扰（可表征为干扰力和干扰力矩）作用下的飞行状态变化；操纵运动即为所谓的动操纵性，即当舵面偏转后弹体从一个飞行状态转至另一个飞行状态的动态响应特性及能力。

注：在这里着重强调的是，对于带有姿态控制系统的导弹而言，姿态控制系统输出即为导弹的操纵运动。导弹在飞行过程中时刻受到操纵运动、导弹自身的自由运动以及扰动三种作用的影响。到目前为止，导弹姿态控制大多采用经典控制，属于被动控制，故飞行控制品质也在很大程度上受弹体动态特性和扰动的影响，并不是只要导弹具有足够的舵效就能获得良好的控制品质。

导弹动操纵性可以理解为舵面偏转后，导弹反应舵面偏转改变原有飞行状态的能力及反应快慢的程度，在工程上主要从稳态增量和瞬态响应特性来描述。

为了在同一舵偏角下评定不同导弹的操纵性，一般规定舵面做如下两种典型偏转。

（1）舵面阶跃偏转

舵面阶跃偏转即认为舵偏在理想阶跃输入下，考察弹体飞行状态量的变化过程（也称为过渡过程）和响应，其特性与弹体结构特性、气动特性以及初始飞行状态相关。

（2）舵面简谐偏转

导弹舵偏做简谐偏转时，导弹飞行状态量随之以同一频率变化，但其响应的幅值和延迟随输入的简谐频率变化，具体可见例 2 - 3。舵面做简谐偏转可以考核导弹在不同简谐频率下的导弹动态响应，即可据此提取导弹作为被控对象的频率特性。

导弹纵向操纵性主要指当俯仰舵偏转后，导弹绕弹体侧轴转动而改变其飞行攻角、俯仰角、弹道倾角以及法向过载等飞行状态的特性。在工程上，也常采用静操纵性和动操纵性来综合衡量导弹的操作性，静操纵性指导弹舵面偏转后，导弹响应的稳定值与舵面偏转值之间的比值关系，可用操作比（舵面与攻角之间的比值）来衡量；而动操纵性则注重响应的过程，主要有上升时间、超调量、到达新稳态所需的时间、振荡周期等。

2.10.7　小扰动假设的缺陷

到目前为止，绝大多数导弹型号姿控系统模型都是基于小扰动假设条件下建立的弹体被控对象，在被控对象各状态参数（例如，飞行攻角、侧滑角、飞行马赫数、舵偏量等）变化较小或弹体气动特性随飞行状态变化平滑的情况下，基于小扰动假设建立的被控对象具有足够的精度。然而飞行状态变化剧烈或者弹体气动特性随飞行状态变化剧烈，基于小扰动假设建立的被控对象模型则精度较差，或者说基于小扰动假设建立的被控对象只能在较短的时间内有效（注：较短时间并没有较明确的量值定义，在较大程度上取决于飞行状态参数引起的弹体特性变化）。

目前导弹的姿态控制回路大多采用基于经典理论的 PID 控制、PID 控制改进形式或超前-滞后校正网络等，其本质属于"被动"控制，即控制回路感受到控制偏差后，才给出控制指令（特别是对于以积分控制为主的控制回路），这样给出控制指令需要时间，另外执行机构响应控制指令也需要一定的时间，即当执行机构响应原先的控制指令时，这时被控对象已经与先前的被控对象在特性上相差较大。这也导致出现如下现象：基于单个特征点调试的控制回路具有较好的控制品质和较强的鲁棒性，但是弹道仿真或飞行试验表现出来的控制品质却较差。

2.11　弹体横侧向动态特性分析

横侧向运动指弹体侧向质心运动、弹体绕弹体纵轴的角运动和弹体绕法向轴的角运动，侧向运动参数主要为 ω_x、ω_y、ψ_V、ψ、γ、β 和 Z，控制参数主要为 δ_x 和 δ_y。相应地，弹体横侧向动态特性分析即为横侧向扰动运动分析：弹体受到横航向瞬时的扰动，例如侧向阵风、不对称垂直侧风或执行机构扰动等，导致弹体出现额外的侧滑角 β、角速度 ω_x 和 ω_y、滚动角 γ 等偏差量，当扰动消失后分析各偏差量的变化特性。相比于纵向扰动运动（可看成弹体在受到扰动后，在俯仰恢复力矩、惯性力矩、阻尼力矩相互作用下的扰动运动），横侧向扰动涉及两个静稳定力矩（$m_x^\beta \beta$ 和 $m_y^\beta \beta$），两个角速度引起的阻尼力矩（$m_x^{\omega_x} \omega_x$ 和 $m_y^{\omega_y} \omega_y$）和交叉阻尼力矩（$m_x^{\omega_y} \omega_y$ 和 $m_y^{\omega_x} \omega_x$），两个操纵力矩（$m_x^{\delta_x} \delta_x$ 和 $m_y^{\delta_y} \delta_y$）和交叉操纵力矩（$m_x^{\delta_y} \delta_y$ 和 $m_y^{\delta_x} \delta_x$），滚动和偏航运动之间耦合严重，即横侧向扰动更为复杂。

对于面对称制导武器，弹体扰动运动在忽略重力的假设条件下可分为纵向扰动运动和横侧向扰动运动（也称为横航向扰动运动），对于轴对称制导武器，在一定的假设条件下，横侧向扰动运动模态可进一步分解为滚动模态和偏航模态，其中偏航模态的特性与纵向运动模态完全一致。

2.11.1 横侧向扰动方程组

基于小扰动假设，在如下假设条件下，根据弹体动力学方程和运动学方程可求得弹体横侧向扰动偏差方程，如式（2-111）所示。

1）基准运动的纵向运动参数不受扰动；

2）横侧向的参数数值不太大；

3）横侧向的扰动为小量。

$$
\begin{cases}
\dfrac{\mathrm{d}\Delta\omega_x}{\mathrm{d}t} = \dfrac{M_x^{\omega_x}}{J_x}\Delta\omega_x + \dfrac{M_x^{\omega_y}}{J_x}\Delta\omega_y + \dfrac{M_x^\beta}{J_x}\Delta\beta + \dfrac{M_x^{\delta_y}}{J_x}\Delta\delta_y + \dfrac{M_x^{\delta_x}}{J_x}\Delta\delta_x + \dfrac{M_{gx}}{J_x} \\[2mm]
\dfrac{\mathrm{d}\Delta\omega_y}{\mathrm{d}t} = \dfrac{M_y^{\omega_x}}{J_y}\Delta\omega_x + \dfrac{M_y^{\omega_y}}{J_y}\Delta\omega_y + \dfrac{M_y^\beta}{J_y}\Delta\beta + \dfrac{M_y^{\dot\beta}}{J_y}\Delta\dot\beta + \dfrac{M_y^{\delta_y}}{J_y}\Delta\delta_y + \dfrac{M_{gy}}{J_y} \\[2mm]
\cos\theta\,\dfrac{\mathrm{d}\Delta\psi_V}{\mathrm{d}t} = \left(\dfrac{P-Z^\beta}{mV} - a_{33}\right)\Delta\beta + \dfrac{-g\cos\theta}{V}\Delta\gamma + \dfrac{-Z^{\delta_y}}{mV}\Delta\delta_y + \dfrac{F_{gz}}{mV} \\[2mm]
\dfrac{\mathrm{d}\Delta\psi}{\mathrm{d}t} = \dfrac{1}{\cos\vartheta}\Delta\omega_y \\[2mm]
\dfrac{\mathrm{d}\Delta\gamma}{\mathrm{d}t} = \Delta\omega_x - \tan\vartheta\,\Delta\omega_y \\[2mm]
\dfrac{\mathrm{d}\Delta z}{\mathrm{d}t} = -V\cos\theta\,\Delta\psi_V \\[2mm]
\cos\theta\,\Delta\psi_V = \cos\theta\,\Delta\psi - \Delta\beta + \alpha\,\Delta\gamma
\end{cases}
\tag{2-111}
$$

式中 $\dfrac{M_{gx}}{J_x}$ ——由滚动干扰力矩 M_{gx} 引起的滚动角加速度；

$\dfrac{M_{gy}}{J_y}$ ——由偏航干扰力矩 M_{gy} 引起的偏航角加速度；

$\dfrac{F_{gz}}{mV}$ ——由侧向干扰力 F_{zg} 引起的弹道偏角的变化率。

为了方程组书写简便，也引入简化的符号以代表动力系数，采用 b_{ij} 表示，b_{ij} 的第一个脚注表示运动方程的顺序号，第二个脚注表示运动参数偏量的顺序号，例如 $b_{11} = \dfrac{M_x^{\omega_x}}{J_x}$，其他的以此类推。

方程组（2-111）第1式主要涉及弹体滚动角加速度参数，见表2-21。

表 2-21　滚动动力系数

名称	数学表达式	单位	物理意义	重要性
阻尼动力系数	$b_{11} = \dfrac{M_x^{\omega_x}}{J_x}$	1/s	ω_x 增加一个单位，引起滚动角加速度量	不可忽略
交叉阻尼动力系数	$b_{12} = \dfrac{M_x^{\omega_y}}{J_x}$	1/s	ω_y 增加一个单位，引起滚动角加速度量	可忽略
恢复动力系数	$b_{14} = \dfrac{M_x^{\beta}}{J_x}$	1/s^2	侧滑角增加一个单位，引起滚动角加速度量	不可忽略
交叉操纵动力系数	$b_{15} = \dfrac{M_x^{\delta_y}}{J_x}$	1/s^2	偏航舵偏增加一个单位，引起滚动角加速度量	可忽略
操纵动力系数	$b_{17} = \dfrac{M_x^{\delta_x}}{J_x}$	1/s^2	滚动舵偏增加一个单位，引起滚动角加速度量	不可忽略
滚动干扰力矩动力系数	$b_{18} = \dfrac{1}{J_x}$	1/(kg·m^2)	滚动干扰力矩引起滚动角加速度量	

方程组（2-111）第2式主要涉及弹体偏航角加速度参数，见表2-22。

表 2-22　偏航动力系数

名称	数学表达式	单位	物理意义	重要性
交叉阻尼动力系数	$b_{21} = \dfrac{M_y^{\omega_x}}{J_y}$	1/s	ω_x 增加一个单位，引起偏航角加速度量	可忽略
阻尼动力系数	$b_{22} = \dfrac{M_y^{\omega_y}}{J_y}$	1/s	ω_y 增加一个单位，引起偏航角加速度量	不可忽略
恢复动力系数	$b_{24} = \dfrac{M_y^{\beta}}{J_y}$	1/s^2	侧滑角增加一个单位，引起偏航角加速度量	不可忽略
下洗动力系数	$b'_{24} = \dfrac{M_y^{\dot{\beta}}}{J_y}$	1/s	气流侧洗对偏航力矩的影响，侧滑角变化率增加一个单位，引起偏航角加速度量	可忽略
操纵动力系数	$b_{25} = \dfrac{M_y^{\delta_y}}{J_y}$	1/s^2	偏航舵偏增加一个单位，引起偏航角加速度量	不可忽略
偏航干扰力矩动力系数	$b_{28} = \dfrac{1}{J_y}$	1/(kg·m^2)	偏航干扰力矩引起偏航角加速度量	

方程组（2-111）第3式主要涉及弹道偏角变化率参数，见表2-23。

表 2-23　弹道偏角动力系数

名称	数学表达式	单位	物理意义	重要性
侧向力动力系数	$b_{34} = \dfrac{P - Z^{\beta}}{mV}$	1/s	侧滑角增加一个单位，引起弹道偏角变化率	不可忽略
舵面动力系数	$b_{35} = \dfrac{-Z^{\delta_y}}{mV}$	1/s	偏航舵偏增加一个单位，引起弹道偏角变化率	不可忽略
重力动力系数	$b_{36} = \dfrac{-g\cos\vartheta}{V}$	1/s	弹道倾角增加一个单位，引起弹道偏角变化率	可忽略
侧向干扰力动力系数	$b_{38} = \dfrac{1}{mV}$	s/(kg·m)	侧向干扰力引起弹道偏角变化率	

动力系数 $b_{11}=\dfrac{M_x^{\omega_x}}{J_x}$、$b_{14}=\dfrac{M_x^\beta}{J_x}$、$b_{17}=\dfrac{M_x^{\delta_x}}{J_x}$、$b_{22}=\dfrac{M_y^{\omega_y}}{J_y}$、$b_{24}=\dfrac{M_y^\beta}{J_y}$、$b_{25}=\dfrac{M_y^{\delta_y}}{J_y}$ 等为比较

重要的系数，具有很明确的物理意义，对弹体动态特性的影响较大。

定义动力系数后，式（2-111）即可改写为

$$
\begin{cases}
\dfrac{\mathrm{d}\Delta\omega_x}{\mathrm{d}t}=b_{11}\Delta\omega_x+b_{12}\Delta\omega_y+b_{14}\Delta\beta+b_{15}\Delta\delta_y+b_{17}\Delta\delta_x+b_{18}M_{gx}\\[2mm]
\dfrac{\mathrm{d}\Delta\omega_y}{\mathrm{d}t}=b_{21}\Delta\omega_x+b_{22}\Delta\omega_y+b_{24}\Delta\beta+b'_{24}\Delta\beta+b_{25}\Delta\delta_y+b_{28}M_{gy}\\[2mm]
\cos\theta\dfrac{\mathrm{d}\Delta\psi_V}{\mathrm{d}t}=(b_{34}-a_{33})\Delta\beta+b_{36}\Delta\gamma+b_{35}\Delta\delta_y+b_{38}F_{gz}\\[2mm]
\dfrac{\mathrm{d}\Delta\psi}{\mathrm{d}t}=\dfrac{1}{\cos\vartheta}\Delta\omega_y\\[2mm]
\dfrac{\mathrm{d}\Delta\gamma}{\mathrm{d}t}=\Delta\omega_x-\tan\vartheta\,\Delta\omega_y\\[2mm]
\dfrac{\mathrm{d}\Delta z}{\mathrm{d}t}=-V\cos\theta\,\Delta\psi_V\\[2mm]
\cos\theta\,\Delta\psi_V=\cos\theta\,\Delta\psi-\Delta\beta+\alpha\,\Delta\gamma
\end{cases}
\tag{2-112}
$$

式（2-112）经简单变换，可得

$$
\begin{cases}
\dfrac{\mathrm{d}\Delta\omega_x}{\mathrm{d}t}=b_{11}\Delta\omega_x+b_{12}\Delta\omega_y+b_{14}\Delta\beta+b_{15}\Delta\delta_y+b_{17}\Delta\delta_x+b_{18}M_{gx}\\[2mm]
\dfrac{\mathrm{d}\Delta\omega_y}{\mathrm{d}t}=b_{21}\Delta\omega_x+b_{22}\Delta\omega_y+b_{24}\Delta\beta+b'_{24}\Delta\beta+b_{25}\Delta\delta_y+b_{28}M_{gy}\\[2mm]
\dfrac{\mathrm{d}\beta}{\mathrm{d}t}=\alpha\omega_x-(\alpha\tan\vartheta-b_{32})\Delta\omega_y-(b_{34}-a_{33})\Delta\beta-b_{36}\gamma+b_{35}\Delta\delta_y+b_{38}F_{gz}\\[2mm]
\dfrac{\mathrm{d}\Delta\gamma}{\mathrm{d}t}=\Delta\omega_x-\tan\vartheta\,\Delta\omega_y
\end{cases}
$$

$$\tag{2-113}$$

写成状态空间的形式，即

$$
\begin{cases}
\dot{\boldsymbol{x}}=\boldsymbol{A}\boldsymbol{x}+\boldsymbol{B}\boldsymbol{u}\\
\boldsymbol{y}=\boldsymbol{C}\boldsymbol{x}
\end{cases}
\tag{2-114}
$$

其中

$$
\boldsymbol{x}=\begin{bmatrix}\Delta\omega_x\\\Delta\omega_y\\\Delta\beta\\\Delta\gamma\end{bmatrix},\ \boldsymbol{u}=\begin{bmatrix}\delta_x\\\delta_y\end{bmatrix}
$$

$$
\boldsymbol{A}=\begin{bmatrix}
b_{11} & b_{12} & b_{14} & 0\\
b_{21}+b'_{24}\alpha & b_{22}-b'_{24}b_{32}-b'_{24}\alpha\tan\vartheta & b_{24}-b'_{24}(b_{34}-a_{33}) & -b_{36}b'_{24}\\
\alpha & -(\alpha\tan\vartheta+b_{32}) & -b_{34}+a_{33} & -b_{36}\\
1 & -\tan\vartheta & 0 & 0
\end{bmatrix}
$$

$$\tag{2-115}$$

$$\boldsymbol{B} = \begin{bmatrix} b_{17} & b_{15} \\ 0 & b_{25} - b'_{24} b_{35} \\ 0 & -b_{35} \\ 0 & 0 \end{bmatrix} \qquad (2-116)$$

$$\boldsymbol{C} = \begin{bmatrix} 1 & 0 & 0 & 0 \\ 0 & 1 & 0 & 0 \\ 0 & 0 & 1 & 0 \\ 0 & 0 & 0 & 1 \end{bmatrix} \qquad (2-117)$$

由方程组（2-113）可知，对于横侧向方程来说，控制量 $\boldsymbol{u}$ 为滚动舵和偏航舵，输出量为绕弹体纵轴角速度、绕弹体法向轴角速度、侧滑角和滚动角，下面推导滚动舵至输出量及偏航舵至输出量的传递函数。

2.11.2 弹体传递函数

对于空地制导武器，b'_{24} 通常情况比 b_{22} 小，较难获得精确值且其值对控制回路的影响较小，故在工程上常将 b'_{24} 合并到 b_{22} 阻尼项中，一般情况下，这样处理不会引起弹体特性显著变化，即

$$b_{22}\omega_y + b'_{24}\dot{\beta} \approx (b_{22} + b'_{24})\omega_y \approx b_{22}\omega_y$$

令 $\boldsymbol{B} = \begin{bmatrix} b_{17} \\ 0 \\ 0 \\ 0 \end{bmatrix}$，由 $\boldsymbol{Y}(s) = \boldsymbol{C}(s\boldsymbol{I} - \boldsymbol{A})^{-1}\boldsymbol{B}$，可得滚动舵至状态变量 $\boldsymbol{x} = \begin{bmatrix} \Delta\omega_x \\ \Delta\omega_y \\ \Delta\beta \\ \Delta\gamma \end{bmatrix}$ 的传递

函数为

$$\begin{cases} G_{\delta_x}^{\omega_x}(s) = \dfrac{\Delta\omega_x(s)}{\Delta\delta_x(s)} = \dfrac{-b_{17}(s^3 + A_1 s^2 + A_2 s + A_3)}{\det(s\boldsymbol{I} - \boldsymbol{A})} \\[3mm] G_{\delta_x}^{\omega_y}(s) = \dfrac{\Delta\omega_y(s)}{\Delta\delta_x(s)} = \dfrac{-b_{17}(B_1 s^2 + B_2 s + B_3)}{\det(s\boldsymbol{I} - \boldsymbol{A})} \\[3mm] G_{\delta_x}^{\beta}(s) = \dfrac{\Delta\beta(s)}{\Delta\delta_x(s)} = \dfrac{-b_{17}(C_1 s^2 + C_2 s + C_3)}{\det(s\boldsymbol{I} - \boldsymbol{A})} \\[3mm] G_{\delta_x}^{\gamma}(s) = \dfrac{\Delta\gamma(s)}{\Delta\delta_x(s)} = \dfrac{-b_{17}(D_1 s^2 + D_2 s + D_3)}{\det(s\boldsymbol{I} - \boldsymbol{A})} \end{cases} \qquad (2-118)$$

其中

$$\det(s\boldsymbol{I} - \boldsymbol{A}) = s^4 + P_1 s^3 + P_2 s^2 + P_3 s + P_4 \qquad (2-119)$$

$$\begin{cases} P_1 = -b_{11} + b_{34} - a_{33} - b_{22} \\ P_2 = -b_{21}b_{12} - b_{22}b_{34} + b_{11}a_{33} + b_{11}b_{22} + \alpha(b_{24}\tan\vartheta - b_{14}) + b_{22}a_{33} + b_{24}b_{32} - b_{11}b_{34} \\ P_3 = -b_{21}b_{12}b_{34} + b_{21}b_{12}a_{33} + b_{36}(b_{14} - b_{24}\tan\vartheta) + b_{21}b_{14}b_{32} + b_{11}b_{22}(b_{34} - a_{33}) - b_{11}b_{24}b_{32} + \\ \qquad \alpha[(b_{21}b_{14} - b_{11}b_{24})\tan\vartheta + b_{14}b_{22} - b_{12}b_{24}] \\ P_4 = b_{36}[(-b_{21}b_{14} + b_{11}b_{24})\tan\vartheta + b_{12}b_{24} - b_{14}b_{22}] \end{cases}$$

$$
\begin{cases}
A_1 = b_{34} - a_{33} - b_{22} \\
A_2 = b_{22}(a_{33} - b_{34}) + b_{24}\alpha\tan\vartheta + b_{24}b_{32} \\
A_3 = \tan(\vartheta)b_{24}b_{36}
\end{cases}
$$

$$
\begin{cases}
B_1 = b_{21} \\
B_2 = b_{21}b_{34} - b_{21}a_{33} + \alpha b_{24} \\
B_3 = -b_{24}b_{36}
\end{cases}
$$

$$
\begin{cases}
C_1 = \alpha \\
C_2 = -b_{21}\alpha\tan\vartheta - b_{21}b_{32} - \alpha b_{22} - b_{36} \\
C_3 = b_{21}b_{36}\tan\vartheta + b_{36}b_{22}
\end{cases}
$$

$$
\begin{cases}
D_1 = -b_{21}\tan\vartheta - b_{22} + b_{34}a_{33} \\
D_2 = b_{22}a_{33} - b_{21}\tan(\vartheta)b_{34} + b_{21}\tan(\vartheta)a_{33} - b_{22}b_{34} + b_{24}b_{32}
\end{cases}
$$

令 $\boldsymbol{B} = \begin{bmatrix} b_{15} \\ b_{25} \\ -b_{35} \\ 0 \end{bmatrix}$，由 $\boldsymbol{Y}(s) = \boldsymbol{C}(s\boldsymbol{I} - \boldsymbol{A})^{-1}\boldsymbol{B}$，可得偏航舵至状态变量 $\boldsymbol{x} = \begin{bmatrix} \Delta\omega_x \\ \Delta\omega_y \\ \Delta\beta \\ \Delta\gamma \end{bmatrix}$ 的传

递函数为

$$
\begin{cases}
G_{\delta_y}^{\omega_x}(s) = \dfrac{\Delta\omega_x(s)}{\Delta\delta_y(s)} = \dfrac{A_1 s^3 + A_2 s^2 + A_3 s + A_4}{\det(s\boldsymbol{I} - \boldsymbol{A})} \\[3mm]
G_{\delta_y}^{\omega_y}(s) = \dfrac{\Delta\omega_y(s)}{\Delta\delta_y(s)} = \dfrac{B_1 s^3 + B_2 s^2 + B_3 s + B_4}{\det(s\boldsymbol{I} - \boldsymbol{A})} \\[3mm]
G_{\delta_y}^{\beta}(s) = \dfrac{\Delta\beta(s)}{\Delta\delta_y(s)} = \dfrac{C_1 s^3 + C_2 s^2 + C_3 s + C_4}{\det(s\boldsymbol{I} - \boldsymbol{A})} \\[3mm]
G_{\delta_y}^{\gamma}(s) = \dfrac{\Delta\gamma(s)}{\Delta\delta_y(s)} = \dfrac{D_1 s^2 + D_2 s + D_3}{\det(s\boldsymbol{I} - \boldsymbol{A})}
\end{cases}
\tag{2-120}
$$

其中

$$
\det(s\boldsymbol{I} - \boldsymbol{A}) = s^4 + P_1 s^3 + P_2 s^2 + P_3 s + P_4 \tag{2-121}
$$

$$
\begin{cases}
A_1 = b_{15} \\
A_2 = b_{15}b_{34} - b_{15}a_{33} - b_{15}b_{22} + b_{25}b_{12} - b_{35}b_{14} \\
A_3 = -b_{15}b_{22}b_{34} + b_{15}b_{22}a_{33} + b_{15}b_{24}\alpha\tan\vartheta + b_{15}b_{24}b_{32} + b_{25}b_{12}b_{34} - b_{25}b_{12}a_{33} - \\
\qquad b_{25}b_{14}\alpha\tan\vartheta - b_{25}b_{14}b_{32} - b_{35}b_{12}b_{24} + b_{35}b_{14}b_{22} \\
A_4 = -b_{15}\tan\vartheta b_{24}b_{36} + b_{25}\tan\vartheta b_{14}b_{36}
\end{cases}
$$

$$
\begin{cases}
B_1 = -b_{25} \\
B_2 = -b_{15}b_{21} - b_{25}b_{34} + b_{25}a_{33} + b_{25}b_{11} + b_{35}b_{24} \\
B_3 = -b_{15}b_{21}b_{34} + b_{15}b_{21}a_{33} - b_{15}\alpha b_{24} + b_{25}b_{11}b_{34} - b_{25}b_{11}a_{33} + b_{25}\alpha b_{14} - \\
\qquad b_{35}b_{24}b_{11} + b_{35}b_{21}b_{14} \\
B_4 = b_{15}b_{24}b_{36} - b_{25}b_{14}b_{36}
\end{cases}
$$

$$\begin{cases}
C_1 = b_{35} \\
C_2 = -b_{15}\alpha + b_{25}\alpha\tan\vartheta + b_{25}b_{32} - b_{35}b_{22} - b_{35}b_{11} \\
C_3 = -b_{15}b_{21}\tan\vartheta + b_{15}b_{21}b_{32} + b_{15}\alpha b_{22} + b_{15}b_{36} - b_{25}b_{36}\tan\vartheta - b_{25}b_{11}\alpha\tan\vartheta - b_{25}b_{11}b_{32} - \\
\quad b_{25}\alpha b_{12} + b_{35}b_{11}b_{22} - b_{35}b_{21}b_{12} \\
C_4 = -b_{15}b_{21}b_{36}\tan\vartheta - b_{15}b_{36}b_{22} + b_{25}b_{11}b_{36}\tan\vartheta + b_{25}b_{12}b_{36}
\end{cases}$$

$$\begin{cases}
D_1 = -b_{25}\tan\vartheta + b_{15} \\
D_2 = b_{25}b_{12}s - b_{15}b_{21}\tan\vartheta + b_{35}b_{24}\tan\vartheta - b_{25}\tan\vartheta b_{34} + b_{25}\tan\vartheta a_{33} + b_{25}\tan\vartheta b_{11} + b_{15}b_{34} - \\
\quad b_{15}a_{33} - b_{15}b_{22} + b_{35}b_{14}b_{22} - b_{35}b_{14} \\
D_3 = b_{15}b_{22}a_{33} - b_{35}b_{12}b_{24} - b_{15}b_{21}\tan\vartheta b_{34} + b_{15}b_{21}\tan\vartheta a_{33} + b_{25}\tan\vartheta b_{11}b_{34} - b_{25}\tan\vartheta b_{11}a_{33} - \\
\quad b_{35}b_{24}\tan\vartheta b_{11} + b_{35}b_{21}b_{14}\tan\vartheta - b_{15}b_{22}b_{34} + b_{15}b_{24}b_{32} + b_{25}b_{12}b_{34} - b_{25}b_{12}a_{33} - b_{25}b_{14}b_{32}
\end{cases}$$

方程组（2-118）为滚动舵至角速度 ω_x、ω_y、侧滑角和滚动角的传递函数，方程组（2-120）为偏航舵至角速度 ω_x、ω_y、侧滑角和滚动角的传递函数。

2.11.2.1 横侧向运动模态

通常情况下，可将特征方程式（2-121）写成 $(s+T_R)(s+T_S)(s^2+2\xi_D\omega_D s+\omega_D^2)$ 的形式，即可分解为三个模态，两个一阶模态和一个二阶振荡模态。对于面对称空地制导武器，T_R 一般较大，即此模态运动衰减很快，常称为滚动模态；T_S 一般很小，即此模态运动衰减慢，常称为螺旋模态；$s^2+2\xi_D\omega_D s+\omega_D^2$ 对应一个较低阻尼系数的二阶振荡模态，常称为荷兰滚模态。

下面以某面对称制导武器为例，说明横侧向运动模态及特性。

例 2-6 横侧向运动模态。

某一面对称制导武器，飞行高度为 2 000 m，马赫数为 0.7，攻角为 3°；横侧向弹体动力系数：$b_{11}=-5.863$，$b_{12}=-4.099$，$b_{14}=-132.061$，$b_{15}=23.996$，$b_{17}=-72.99$，$b_{21}=0.050\,3$，$b_{22}=-1.066$，$b_{24}=-50.5$，$b_{24}'=0$，$b_{25}=-87.82$，$b_{32}=-1.006$，$b_{34}=0.114$，$b_{35}=0.089$，$b_{36}=0.043$，$a_{33}=0.003\,6$，试分析弹体的横侧向运动模态。

解： 将上述动力系数代入式（2-115）和式（2-116），可得

$$\boldsymbol{A}=\begin{bmatrix} -5.863\,0 & -4.099 & -132.06 & 0 \\ 0.046\,8 & -1.116\,2 & -50.494\,0 & 0.002\,2 \\ 0.069\,8 & 0.993\,7 & -0.119\,1 & -0.043\,0 \\ 1 & -0.176\,3 & 0 & 0 \end{bmatrix}, \boldsymbol{B}=\begin{bmatrix} -72.99 & 23.996 \\ 0 & -87.915\,5 \\ 0 & -0.089 \\ 0 & 0 \end{bmatrix}$$

特征方程如下

$$|s\boldsymbol{I}-\boldsymbol{A}|=\begin{vmatrix} s+5.863\,0 & 4.099 & 132.06 & 0 \\ -0.046\,8 & s+1.116\,2 & 50.494\,0 & -0.002\,2 \\ -0.069\,8 & -0.993\,7 & s+0.119\,1 & 0.043\,0 \\ -1 & 0.176\,3 & 0 & s \end{vmatrix}$$

$$= (s+5.115\,66)(s^2+1.964\,9s+55.820\,5)(s+0.017\,7)$$

$$\tag{2-122}$$

即可得特征根为

$$\lambda_1 = -5.116 , \lambda_2 = -0.017\,7 , \lambda_{3,4} = -0.982\,5 \pm 7.471\,3i$$

求解得到 A 的特征矩阵为

$$P = \begin{bmatrix} -0.903\,8 & -0.903\,8i & -0.979\,4 & -0.01 \\ -0.290\,4 + 0.287\,1i & -0.290\,4 - 0.287\,1i & 0.058\,4 & 0.043\,8 \\ 0.042\,4 + 0.042\,2i & 0.042\,4 - 0.042\,2i & 0.003\,7 & -0.000\,9 \\ 0.008\,1 + 0.113\,0i & 0.008\,1 + 0.113\,0i & 0.193\,5 & 0.999\,0 \end{bmatrix}$$

根据式（2-122）可知，面对称制导武器的横侧向运动具有三个模态：滚动模态、荷兰滚模态和螺旋模态。下面从理论和物理现象两方面分析三个模态的特性及产生机理。

（1）滚动模态

对应的特征根为 $\lambda_1 = -5.116$，对应于各模态参数之比为

$$\omega_x : \omega_y : \beta : \gamma = -0.979\,4 : 0.058\,4 : 0.003\,7 : 0.193\,5$$

从数学上看，滚动模态的运动特征为：弹体受扰动后，绕弹体纵轴角速度 ω_x 很快单调衰减，而角速度 ω_y、侧滑角则衰减很慢。

物理解释：一般情况下面对称制导武器的气动和结构具有如下特性：1）弹体结构为细长体，其弹体绕纵轴转动惯量 J_x 较小，而绕法向轴转动惯量 J_y 则大得多；2）由于弹体具有较大的弹翼，故滚动阻尼也较大；3）研究弹体受扰动后的运动，假设 $\Delta\delta_x$ 和 $\Delta\delta_y$ 为 0，故在扰动运动初期，一般可忽略偏航方向的运动，即 $\omega_y = \beta = 0$，方程组（2-113）第 1 式可简化为

$$\dot{\omega}_x = b_{11}\omega_x$$

即滚动模态特征为

$$\lambda_1 = -5.863$$

由于存在角速度 ω_x，即左右弹翼存在有效攻角差，故左右弹体存在升力差，升力差导致很大的反向滚动角加速度，使得滚动运动很快地衰减。

需要说明的是：1）滚动模态对空地导弹的影响随着飞行动压的增加而增强，当高空低速飞行时，其滚动模态的作用较弱，即受到扰动后滚动运动模态以较慢的速度趋于衰减；2）滚动模态对某些空地导弹的作用可能表现不明显，例如亚声速轴对称空地制导武器；3）为了提高在干扰作用下的弹体滚动运动特性，则需要增加滚动阻尼器，对于大展弦比弹翼的面对称空地导弹，阻尼主要由弹体自身阻尼以及阻尼器两者共同产生，而对于某些小展弦比弹翼的轴对称空地导弹，阻尼主要由阻尼器产生，弹体自身的气动阻尼可以忽略不计。

（2）荷兰滚模态

对应的特征根为 $\lambda_{3,4} = -0.982\,5 \pm 7.471\,3i$，对应于各模态参数之比为

$$\omega_x : \omega_y : \beta : \gamma = -0.903\,8 : (-0.290\,4 + 0.287\,1i) : (0.042\,4 + 0.042\,2i) : (0.008\,1 + 0.113\,0i)$$

从数学上看，荷兰滚模态运动的特征为：弹体受扰动后，ω_x、ω_y、侧滑角和滚动角以较高频率（阻尼较小）振荡收敛。

物理解释：当弹体受到侧向扰动而绕纵轴顺时针滚动，即滚动角 $\gamma > 0$，绕纵轴正滚动的同时，由于升力在水平面内的分量使弹头向左偏转，即产生正侧滑角 $\beta > 0$。由于正侧滑的作用，产生了两个恢复力矩，即滚动力矩 $m_x = m_x^\beta \beta < 0$ 和偏航力矩 $m_y = m_y^\beta \beta < 0$，这两个力矩分别使滚动角和侧滑角趋于零，由于 b_{14} 在较大程度上大于 b_{24}，即弹体以较大的角速度绕纵轴逆时针滚动（即 $\omega_x(t) < 0$），而此时弹体以较小的角速度绕弹体法向轴转动，即弹体向右偏转（消除侧滑角），并且受到偏航阻尼的影响。当滚动角减小至零时，这时侧滑角还没减至零，导致弹体继续绕纵轴反方向转动，这时弹体正滚动变为负滚动。如此形成反复振荡运动，即为飘摆运动，又称为荷兰滚，如图 2-117（a）所示。

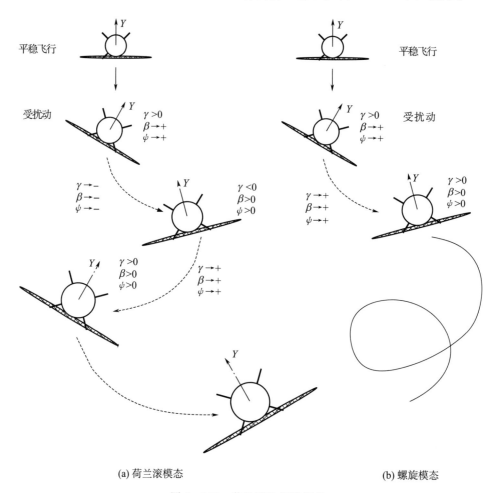

(a) 荷兰滚模态　　　　　　　　　　　　　　　(b) 螺旋模态

图 2-117　荷兰滚及螺旋模态

需要说明的是：1）荷兰滚模态产生的原因是横向静稳定性过强而偏航静稳定性较弱；2）对于大展弦比面对称空地导弹，容易出现荷兰滚模态，特别是对于弹体细长、弹翼展弦比较大且为后掠角的导弹；3）在荷兰滚运动中，受到阻尼 $m_x^{\omega_x} \omega_x$ 和 $m_y^{\omega_y} \omega_y$ 的作用，而交叉阻尼 $m_x^{\omega_y} \omega_y$ 和 $m_y^{\omega_x} \omega_x$ 可能起阻尼作用，也可能起激励放大作用；4）当 $m_x^\beta \gg m_y^\beta$ 时，荷兰滚可能发散；5）改善荷兰滚模态的方法是减小横向静稳定性和增大航向静稳定性。

（3）螺旋模态

对应的特征根 $\lambda_2 = -0.0177$，对应于各模态参数之比为

$$\omega_x : \omega_y : \beta : \gamma = -0.01 : 0.043\,8 : -0.000\,9 : 0.99\,9$$

从数学上看，螺旋模态的运动特征为：弹体受扰动后，滚动角单调缓慢变化、偏航也以更小量值单调变化。

物理解释：假设弹体受扰动，具有正的滚动角，即 $\gamma > 0$，由于升力在水平面内的分量使弹头向左偏转，即产生正侧滑角 $\beta > 0$，由于 $b_{14}\beta = \dfrac{M_x^{\beta}\beta}{J_x}$ 较小，则使弹体绕纵轴反方向做较慢的滚动，而 $b_{24}\beta = \dfrac{M_y^{\beta}\beta}{J_y}$ 较大，使得弹体绕法向轴反方向快速旋转，即 $\omega_y < 0$，这样交叉阻尼产生的滚动力矩为 $m_x^{\omega_y}\omega_y > 0$。当 $m_x^{\omega_y}\omega_y > m_x^{\beta}\beta$ 时，滚动角将越来越大，弹头越来越向左偏移。随着滚动角越来越大，升力的垂直分量 $Y\cos\gamma$ 越来越小，水平分量 $Y\sin\gamma$ 逐渐增大，致使弹体盘旋半径逐渐变小，高度不断下降，如图 2-117（b）所示。

需要说明的是：1）螺旋模态产生的原因是横向静稳定性过弱而偏航静稳定性过强；2）大展弦比面对称空地导弹不容易出现螺旋模态，而小展弦比轴对称空地导弹容易出现螺旋模态；3）螺旋模态其值较小，即发散很慢，不会造成快速发散；4）改善螺旋模态的方法是增大横向静稳定性和减小航向静稳定性。

综上所述，空地制导武器的横侧向被控对象可表示为四阶模型，在控制系统设计时，使用比较复杂，常采用简化模型。

2.11.2.2　滚动模态近似

横侧向运动模态是滚动模态、荷兰滚模态和螺旋模态的综合，对于轴对称制导武器，一般情况下 $M_y^{\omega_y}$、M_x^{β}、$M_x^{\delta_y}$ 较小，即 b_{12}、b_{14}、b_{15} 可忽略不计，再假设制导武器的飞行俯仰角较小，即忽略 $\tan\vartheta\,\Delta\omega_y$ 对滚动的影响，由方程组（2-113）可得简化的滚动运动模态

$$\begin{cases} \dfrac{\mathrm{d}\Delta\omega_x}{\mathrm{d}t} = b_{11}\Delta\omega_x + b_{17}\Delta\delta_x + b_{18}M_{gx} \\[2mm] \dfrac{\mathrm{d}\Delta\gamma}{\mathrm{d}t} = \Delta\omega_x \end{cases} \tag{2-123}$$

求解可得

$$\begin{cases} G_{\delta_x}^{\omega_x}(s) = \dfrac{\Delta\omega_x(s)}{\Delta\delta_x(s)} = \dfrac{b_{17}}{s - b_{11}} = \dfrac{K_M}{T_M s + 1} \\[3mm] G_{\delta_x}^{\gamma}(s) = \dfrac{\Delta\gamma(s)}{\Delta\delta_x(s)} = \dfrac{K_M}{s(T_M s + 1)} \end{cases} \tag{2-124}$$

其中

$$K_M = -\dfrac{b_{17}}{b_{11}}$$

$$T_M = -\dfrac{1}{b_{11}}$$

式中　K_M ——弹体滚动增益；

　　T_M ——时间常数。

弹体滚动运动模态可简化为一个一阶惯性环节。

例 2 - 7　轴对称制导武器滚动通道一阶模型和四阶模型的区别。

轴对称制导武器，飞行高度为 10 000 m，马赫数为 0.8，攻角为 4.0°；弹体动力系数：$b_{11} = -0.121\,3$，$b_{12} = 0$，$b_{14} = -2.56$，$b_{15} = 29.283$，$b_{17} = -94.33$，$b_{21} = 0.0$，$b_{22} = -0.452$，$b_{24} = -15.11$，$b'_{24} = 0$，$b_{25} = -38.50$，$b_{31} = -0.999$，$b_{34} = 0.065\,2$，$b_{35} = 0.060\,2$，$b_{36} = 0.041$，$a_{33} = 0.002$，试分析弹体滚动通道一阶模型和四阶模型之间的差别。

解：将动力系数代入式（2 - 118）和式（2 - 124），可得弹体一阶模型和四阶模型

$$
\begin{cases}
G_{\delta_x}^{\omega_x}(s)\big|_{1\,\text{order}} = \dfrac{-94.326\,5}{s + 0.121\,4} \\[3mm]
G_{\delta_x}^{\omega_x}(s)\big|_{4\,\text{order}} = \dfrac{-94.326\,5(s - 0.007\,319)(s^2 + 0.544\,8s + 14.94)}{(s + 0.102\,9)(s + 0.022\,01)(s^2 + 0.534s + 15.12)} \\[3mm]
\quad = \dfrac{-127.28}{s + 0.102\,9} + \dfrac{34.04}{s + 0.022\,01} + \dfrac{-0.54(s + 0.267) - 0.077\,3 \times 15.045\,1}{(s + 0.267)^2 + 15.045\,1}
\end{cases}
$$

一阶模型和四阶模型的根轨迹图（阻尼内回路线性反馈）和 bode 图如图 2 - 118 和图 2 - 119 所示，由图可知：

1）荷兰滚模态的零点和极点形成偶极子，它们之间的距离与极点至虚轴的距离相比可忽略不计，即可忽略荷兰滚模态的影响；

2）螺旋模态由一个极点和不稳定零点组成，两者都是很小的值，并且靠近虚轴，在 bode 图上表现为在低频段的幅值和相位偏差，最大差 $20 \times \log_{10}(0.007\,319/0.022\,01) = -9.564$ dB，在中高频段，螺旋模态的影响可忽略，基于经典控制理论可知，两者响应的稳态值存在一定差别，在初始响应阶段两者差别可忽略，故也可忽略螺旋模态对滚动模态的影响。

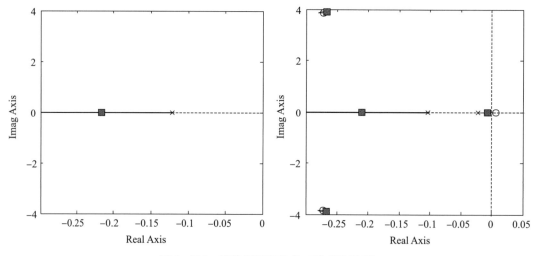

图 2 - 118　弹体模型零极点（轴对称模型）

从时域上荷兰滚权值相对于滚动模态和螺旋模态的权值可以忽略不计，对单位舵偏的响应如图 2-120 所示，由图可知，一阶模型和四阶模型对单位舵偏的响应相似，差别不大，即可用一阶模型代替四阶模型。

从时域和频域分析看，对于轴对称弹体滚动通道模型来说，可以用简化的一阶模型代表被控对象，并能保证足够的精度。另外，通过加阻尼，荷兰滚模态和螺旋模态的作用趋于减弱，这两个模态对滚动模态几乎无影响。

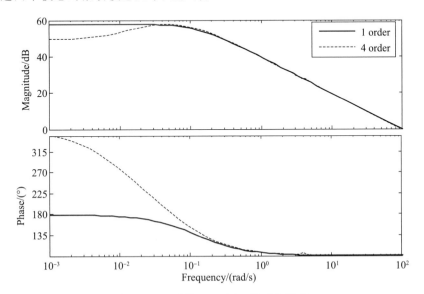

图 2-119 弹体 bode 图（轴对称模型）

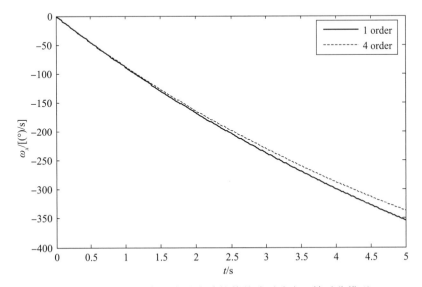

图 2-120 滚动角速度对滚动舵偏的阶跃响应（轴对称模型）

例 2-8 面对称制导武器滚动通道一阶模型和四阶模型的区别。

面对称制导武器，其动力系数同例 2-6，试分析弹体滚动通道一阶模型和四阶模型之间的差别。

解：将动力系数代入式（2-118）和式（2-124），可得一阶弹体模型和四阶弹体模型

$$\begin{cases} G_{\delta_x}^{\omega_x}(s)\,\big|_{1\,\text{order}} = \dfrac{-12.45}{0.170\,6s+1} \\[3mm] G_{\delta_x}^{\omega_x}(s)\,\big|_{4\,\text{order}} = \dfrac{-72.99(s+0.007\,612)(s^2+1.228s+50.3)}{(s+5.116)(s+0.017\,7)(s^2+1.965s+56.79)} \\[3mm] \qquad\qquad = \dfrac{-70.412}{s+5.116} + \dfrac{0.128}{s+0.017\,7} + \dfrac{s^2+2.706\,4s+20.802\,4}{s^2+1.965s+56.79} \end{cases}$$

一阶模型和四阶模型的根轨迹图和 bode 图如图 2-121 和图 2-122 所示，由图可知：

1）荷兰滚模态的零点和极点形成偶极子，它们之间的距离与极点至虚轴的距离相比较小，即可在一定程度上忽略荷兰滚模态的影响；

2）螺旋模态由一个极点（-0.017 7）和零点（-0.007 612）组成，两者都是很小值，并且靠近虚轴，在 bode 图上表现为低频段的幅值和相位偏差，在低频段最大相差 $20 \times \log_{10}(0.007\,612/0.017\,7) = -7.33\ \text{dB}$，在中高频段，螺旋模态影响可忽略。

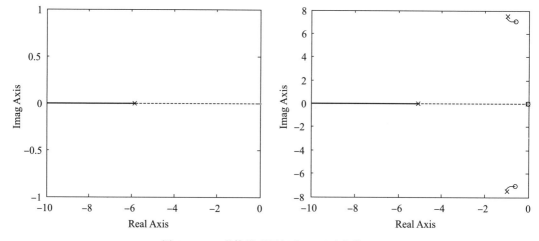

图 2-121　弹体模型零极点（面对称模型）

从时域上，荷兰滚和螺旋模态的权值相对于滚动模态的权值可以忽略不计，对单位舵偏的响应如图 2-123 所示，由图可知，一阶模型和四阶模型对单位舵偏的响应相似，差别不大，即可用一阶模型代替四阶模型。

从时域和频域分析，对于面对称弹体滚动通道模型来说，可以用简化的一阶模型代表被控对象，并能保证足够的精度。另外，通过对姿态控制增加阻尼回路，荷兰滚模态和螺旋模态的作用趋于减弱，这两个模态对滚动模态的影响可忽略。

2.11.2.3　荷兰滚模态近似

轴对称制导武器 $m_y^{\omega_x}$ 比较小，即 b_{21} 可忽略不计，再假设制导武器弹道倾角、攻角、俯仰角、滚动角为小量，在工程上将下洗的影响考虑到阻尼中（$b_{22}\Delta\omega_y + b'_{24}\Delta\beta \approx b_{22}\Delta\omega_y$），则方程组（2-113）第 2 式和第 3 式可以改写为

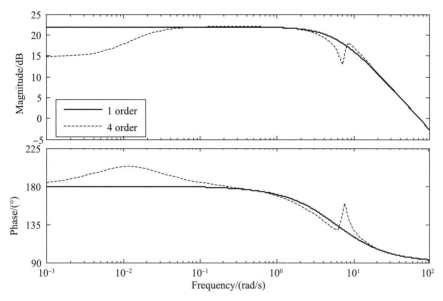

图 2 - 122　弹体 bode 图（面对称模型）

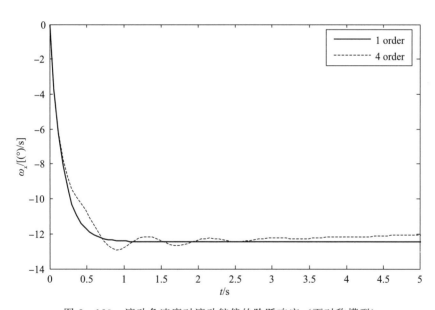

图 2 - 123　滚动角速度对滚动舵偏的阶跃响应（面对称模型）

$$\begin{cases} \dfrac{\mathrm{d}\Delta\omega_y}{\mathrm{d}t} = b_{22}\Delta\omega_y + b_{24}\Delta\beta + b_{25}\Delta\delta_y + b_{18}M_{gx} \\ \dfrac{\mathrm{d}\Delta\beta}{\mathrm{d}t} = -\Delta\omega_y - b_{34}\Delta\beta - b_{35}\Delta\delta_y - b_{38}F_{gz} \end{cases}$$

忽略干扰的影响，上式可写成状态空间的形式，即

$$\begin{cases} \dot{\boldsymbol{x}} = \boldsymbol{A}\boldsymbol{x} + \boldsymbol{B}\boldsymbol{u} \\ \boldsymbol{y} = \boldsymbol{C}\boldsymbol{x} \end{cases} \tag{2-125}$$

其中

$$x = \begin{bmatrix} \Delta\omega_y \\ \Delta\beta \end{bmatrix}, \quad A = \begin{bmatrix} b_{22} & b_{14} \\ -1 & b_{34} \end{bmatrix}, \quad B = \begin{bmatrix} b_{25} \\ b_{35} \end{bmatrix}, \quad C = \begin{bmatrix} 1 & 0 \\ 0 & 1 \end{bmatrix}$$

由 $y(s) = C(sI - A)^{-1}B$ ，可得

$$\begin{cases} G_{\delta_y}^{\omega_y}(s) = \dfrac{\Delta\omega_y(s)}{\Delta\delta_y(s)} = \dfrac{b_{25}s + b_{25}b_{34} - b_{35}b_{24}}{\det(sI - A)} \\[3mm] G_{\delta_y}^{\beta}(s) = \dfrac{\Delta\beta(s)}{\Delta\delta_y(s)} = \dfrac{-(b_{35}s + b_{25} - b_{35}b_{22})}{\det(sI - A)} \end{cases}$$

其中

$$\det(sI - A) = s^2 + (b_{34} - b_{22})s - b_{22}b_{34} - b_{24} \tag{2-126}$$

令

$$\det(sI - A) = 0$$

上式即为荷兰滚的特征根方程。

荷兰滚模态与纵向通道短周期模态类似，荷兰滚模态的稳定性取决于式（2-126）系数的正负号，$b_{34} - b_{22}$ 为阻尼项，决定运动模态的振荡阻尼特性，$-b_{22}b_{34} - b_{24}$ 为恢复项，决定运动模态的恢复特性。根据劳斯判据，弹体动稳定的条件为

$$\begin{cases} b_{34} - b_{22} > 0 \\ -b_{22}b_{34} - b_{24} > 0 \end{cases} \tag{2-127}$$

一般情况下，$-b_{22} > 0$，$b_{34} > 0$，所以方程组（2-127）第1式自然满足。第2式取决于弹体静稳定度、阻尼系数和法向力动力系数，对于静稳定弹体，第2式自然满足，即弹体动稳定，被控对象为稳定环节；对于静不稳定弹体，当 $b_{24} < -b_{22}b_{34}$，被控对象为稳定环节，当 $b_{24} = -b_{22}b_{34}$，被控对象为临界稳定，$b_{24} > -b_{22}b_{34}$ 时，被控对象为不稳定环节。

通常情况下，根据 $-b_{22}b_{34} - b_{24}$ 与 0 之间的大小关系，将 $G_{\delta_y}^{\omega_y}(s)$ 写成如下形式。

（1）$-b_{22}b_{34} - b_{24} > 0$

当 $-b_{22}b_{34} - b_{24} > 0$ 时，弹体稳定，即

$$G_{\delta_y}^{\omega_y}(s) = \frac{K_M(T_1 s + 1)}{T_M^2 s^2 + 2T_M \zeta_M s + 1} \tag{2-128}$$

$$\begin{cases} K_M = \dfrac{-b_{25}b_{34} + b_{35}b_{24}}{b_{22}b_{34} + b_{24}} \\[4mm] T_M = \dfrac{1}{\sqrt{-b_{22}b_{34} - b_{24}}} \\[4mm] \zeta_M = \dfrac{-b_{22} - b_{24}' + b_{34}}{2\sqrt{-b_{22}b_{34} - b_{24}}} \\[4mm] T_1 = \dfrac{b_{25}}{b_{25}b_{34} - b_{35}b_{24}} \end{cases} \tag{2-129}$$

式中　K_M——弹体增益，表示单位舵偏作用下所能产生的弹道偏角角速度，表征法向机动性，其值越大，代表机动性越强；

T_M ——弹体时间常数，表征弹体响应的快慢，其值越小代表弹体响应外界干扰或俯仰舵偏角越快；

ζ_M ——弹体自然阻尼系数，表征弹体振荡特性，一般情况下，此值较小，代表弹体阻尼较小；

T_1 ——弹体气动力时间常数，代表弹体弹道偏角变化滞后于姿态的变化，此值越大，代表滞后越严重。

（2）$-b_{22}b_{34} - b_{24} = 0$

当 $-b_{22}b_{34} - b_{24} = 0$ 时，弹体临界稳定，即

$$G_{\delta_y}^{\omega_y}(s) = \frac{K_M(T_1 s + 1)}{T_M^2 s^2 + 2T_M \zeta_M s + 1}$$

$$\begin{cases} K_M = \dfrac{-b_{25}b_{34} + b_{35}b_{24}}{b_{22}b_{34} + b_{34}} \\[3mm] T_M = \dfrac{1}{b_{22} + b_{34}} \\[3mm] T_1 = \dfrac{b_{25}}{b_{25}b_{34} - b_{35}b_{24}} \end{cases}$$

（3）$-b_{22}b_{34} - b_{24} < 0$

当 $-b_{22}b_{34} - b_{24} < 0$ 时，弹体不稳定，即

$$G_{\delta_y}^{\omega_y}(s) = \frac{K_M(T_1 s + 1)}{-T_M^2 s^2 + 2T_M \zeta_M s + 1}$$

$$\begin{cases} K_M = \dfrac{-b_{25}b_{34} + b_{35}b_{24}}{b_{22}b_{34} + b_{24}} \\[3mm] T_M = \dfrac{-1}{\sqrt{b_{24} + b_{22}b_{34}}} \\[3mm] \zeta_M = \dfrac{-b_{22} - b'_{24} + b_{34}}{2\sqrt{b_{24} + b_{22}b_{34}}} \\[3mm] T_1 = \dfrac{b_{25}}{b_{25}b_{34} - b_{35}b_{24}} \end{cases}$$

2.11.2.4　螺旋模态近似

螺旋模态的主要特征是航向角和滚动角慢速单调增加，其侧滑角和角速度 ω_x 较小。根据此特点，在工程上，为了较简单地获得近似的螺旋模态，对方程组（2-113）进行如下简化处理：

1）假设弹体自由扰动运动，即忽略控制力矩以及干扰力矩对螺旋模态的影响；

2）忽略侧力方程以及滚动方程；

3）假设角速度 ω_x 变化为 0，并假设角速度 ω_x 近似于 0。

根据以上假设，方程组（2-113）可改写为

$$
\begin{cases}
b_{12}\Delta\omega_y + b_{14}\Delta\beta = 0 \\
\dfrac{\mathrm{d}\Delta\omega_y}{\mathrm{d}t} = b_{22}\Delta\omega_y + b_{24}\Delta\beta
\end{cases}
$$

即可得

$$
\frac{\mathrm{d}\Delta\omega_y}{\mathrm{d}t} + \frac{b_{22}b_{14} - b_{24}b_{12}}{b_{14}}\Delta\omega_y = 0
$$

对上式求拉氏变换，即可得螺旋模态的近似根为

$$
s = \frac{b_{22}b_{14} - b_{24}b_{12}}{b_{14}}
$$

通常情况下，$b_{22} < 0$，$b_{14} < 0$ 和 $b_{24} < 0$，当 $b_{22}b_{14} > b_{24}b_{12}$，其特征根为正值，意味着螺旋模态稳定，反之亦然。

2.11.3　动力系数对传递函数的影响

下面主要分析重要动力系数对横侧向运动模态的影响，以举例的方式分析 b_{14} 和 b_{24} 变化对传递函数的影响，动力系数如例 2-6 所示。

（1）b_{14} 变化影响

横向稳定性 b_{14} 由 0 变化至 -150（间隔 -15），各模态的根轨迹如图 2-124 和图 2-125 所示，由图可知 b_{14} 由小变大，对三模态的运动有小幅的影响，螺旋模态的根小幅减小；滚动模态的根小幅减小；荷兰滚模态的频率变大。

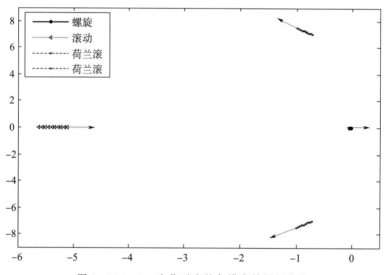

图 2-124　b_{14} 变化对应的各模态特征根变化

（2）b_{24} 变化影响

航向稳定性 b_{24} 由 -25 变化至 -75（间隔 -5），各模态的根轨迹如图 2-126 和图 2-127 所示，由图可知 b_{24} 由小变大，对三模态的运动均有影响，螺旋模态由不稳定变化至稳定；滚动模态的根远离虚轴，即受扰动后，滚动模态衰减加快，对控制作用的响应加

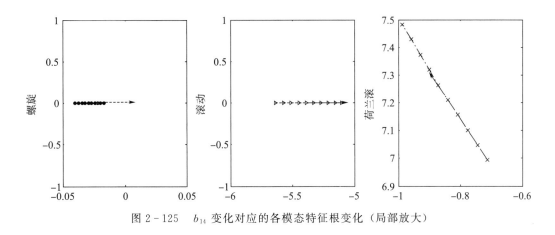

图 2 - 125　b_{14} 变化对应的各模态特征根变化（局部放大）

快；荷兰滚模态的频率变大，阻尼减小，即受扰动后，振荡变剧烈。b_{24} 变化主要影响弹体的荷兰滚模态。

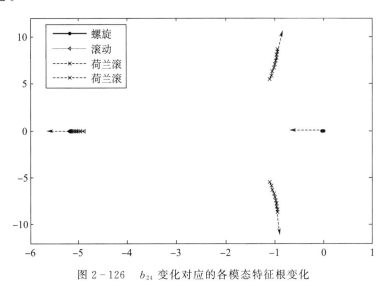

图 2 - 126　b_{24} 变化对应的各模态特征根变化

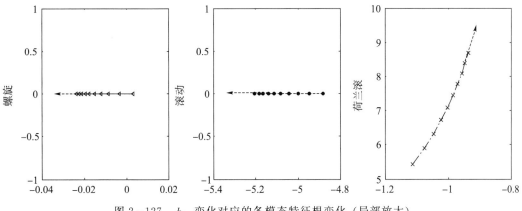

图 2 - 127　b_{24} 变化对应的各模态特征根变化（局部放大）

2.11.4 被控对象可控性和可观性分析

例 2-9 被控对象可控性及可观测性分析。

某一面对称制导武器，飞行高度、马赫数、攻角及动力系数同例 2-6，试对其进行可控性及可观性分析。

解： 在例 2-6 中已求得特征根为

$$\lambda_1 = -5.116, \lambda_2 = -0.017\ 7, \lambda_{3,4} = -0.982\ 5 \pm 7.471\ 3i$$

其特征矩阵为

$$P = \begin{bmatrix} -0.903\ 8 & -0.903\ 8i & -0.979\ 4 & -0.01 \\ -0.290\ 4+0.287\ 1i & -0.290\ 4-0.287\ 1i & 0.058\ 4 & 0.043\ 8 \\ 0.042\ 4+0.042\ 2i & 0.042\ 4-0.042\ 2i & 0.003\ 7 & -0.000\ 9 \\ 0.008\ 1+0.113\ 0i & 0.008\ 1+0.113\ 0i & 0.193\ 5 & 0.999\ 0 \end{bmatrix}$$

可以验证

$$P^{-1}AP = \begin{bmatrix} -0.982\ 5+7.471\ 3i & 0 & 0 & 0 \\ 0 & -0.982\ 5-7.471\ 3i & 0 & 0 \\ 0 & 0 & -5.115\ 6 & 0 \\ 0 & 0 & 0 & -0.017\ 7 \end{bmatrix}$$

工程上常将复数矩阵写成实数矩阵的形式

$$P = \begin{bmatrix} -0.903\ 8 & 0 & -0.979\ 4 & -0.01 \\ -0.290\ 4 & 0.287\ 1 & 0.058\ 4 & 0.043\ 8 \\ 0.042\ 4 & 0.042\ 2 & 0.003\ 7 & -0.000\ 9 \\ 0.008\ 1 & 0.113\ 0 & 0.193\ 5 & 0.999\ 0 \end{bmatrix}$$

根据式（2-103）第 1 式，可得

$$\begin{bmatrix} \dot{\overline{x}}_1 \\ \dot{\overline{x}}_2 \\ \dot{\overline{x}}_3 \\ \dot{\overline{x}}_4 \end{bmatrix} = \begin{bmatrix} -0.98\ 5 & 7.470\ 9 & 0 & 0 \\ -7.470\ 9 & -0.985 & 0 & 0 \\ 0 & 0 & -5.115\ 6 & 0 \\ 0 & 0 & 0 & -0.017\ 7 \end{bmatrix} \begin{bmatrix} \overline{x}_1 \\ \overline{x}_2 \\ \overline{x}_3 \\ \overline{x}_4 \end{bmatrix} + \begin{bmatrix} 3.016\ 6 & 145.548\ 7 \\ -9.606\ 8 & -133.428\ 3 \\ 71.872\ 7 & -159.271\ 6 \\ -12.859\ 1 & 44.762\ 3 \end{bmatrix} \begin{bmatrix} \Delta\delta_x \\ \Delta\delta_y \end{bmatrix}$$

$$(2-130)$$

根据式（2-103）第 2 式，可得

$$x = \begin{bmatrix} \Delta\omega_x \\ \Delta\omega_y \\ \Delta\beta \\ \Delta\gamma \end{bmatrix} = \begin{bmatrix} -0.903\ 8 & 0 & -0.979\ 4 & -0.01 \\ -0.290\ 4 & 0.287\ 1 & 0.058\ 4 & 0.043\ 8 \\ 0.042\ 4 & 0.042\ 2 & 0.003\ 7 & -0.000\ 9 \\ 0.008\ 1 & 0.113\ 0 & 0.193\ 5 & 0.999\ 0 \end{bmatrix} \begin{bmatrix} \overline{x}_1 \\ \overline{x}_2 \\ \overline{x}_3 \\ \overline{x}_4 \end{bmatrix}$$

式中　$\overline{x}_1, \overline{x}_2$——荷兰滚模态变量；

　　　$\overline{x}_3$——滚动模态变量；

　　　$\overline{x}_4$——螺旋模态变量。

从上式可以看出：

1) 滚动模态稳定，受扰动后以 $e^{-5.116t}$ 衰减，衰减时间 0.135 5 s，即滚动模态当干扰消失后很快趋于平稳状态；

2）螺旋模态稳定，受扰动后以 $e^{-0.017\,7t}$ 衰减，衰减时间 39.15 s，即螺旋模态当干扰消失后以慢的速度趋于平稳状态；

3）荷兰滚模态阻尼为 0.130 7，振荡周期为 1.20 Hz，即说明荷兰滚模态阻尼需要增加阻尼，而不需要增稳；

4）滚动模态受扰动后很快收敛，自身具有较大的"阻尼"特性，只需增加一定的控制阻尼即可，其受控于偏航舵和滚动舵；

5）螺旋模态受扰动后收敛很慢，对控制的影响较小，受控于偏航舵和滚动舵；

6）荷兰滚模态主要取决于偏航舵偏，滚动舵偏对其影响较小；

7）滚动模态受滚动舵和偏航舵影响很大，即偏航舵偏会引起很大的滚动运动，即横侧存在很大的耦合，这决定了本导弹侧向机动能力很弱，其原因为：侧向机动需要较大的侧滑角，偏航通道需要较大的偏航舵平衡，但偏航舵偏会带来很大的滚动模态（对滚动通道来说是干扰），需要更大的滚动舵偏克服。

2.11.5　自由扰动运动

弹体自由扰动运动是在无控制作用下，弹体受某种瞬间扰动后其运动（状态变量）随时间变化的规律。

对横侧向自由扰动运动的分析方法类似于纵向自由扰动运动。下面以某型制导武器为例分析横侧向自由扰动运动的特性。

例 2 - 10　横侧向自由扰动分析。

动力系数同例 2 - 6，假设弹体受瞬时侧风的扰动，飞行侧滑角增量 $\Delta\beta$ 由 0° 增至 2°，即初始扰动 $\boldsymbol{x}_0 = [\,0\quad 0\quad 2°\quad 0\,]^\mathrm{T}$，试分析横侧向自由扰动的运动特性。

解： 对自由扰动的响应求拉氏变换，即

$$\boldsymbol{x}(s) = (s\boldsymbol{I} - \boldsymbol{A})^{-1}\boldsymbol{x}_0$$

则可得

$$
\begin{cases}
\begin{aligned}
\Delta\omega_x(s) &= \dfrac{-0.034\,906(-59.570s + 132.06s^2 + 0.050\,566)}{(s + 0.017\,7)(s + 5.115\,7)(s^2 + 1.964\,9s + 55.820\,5)} \\
&= -0.034\,906\left(\dfrac{-0.000\,138\,3}{s + 0.017\,7} + \dfrac{0.353\,21}{s + 5.115\,7} + \dfrac{-0.353\,0s - 2.802\,7}{s^2 + 1.964\,9s + 55.820\,5}\right) \\
\Delta\omega_y(s) &= \dfrac{-0.034\,906(50.494s^2 + 302.22s + 0.286\,77)}{(s + 0.017\,7)(s + 5.115\,7)(s^2 + 1.964\,9s + 55.820\,5)} \\
&= -0.034\,906\left(\dfrac{0.000\,609}{s + 0.017\,7} + \dfrac{-0.021\,07}{s + 5.115\,7} + \dfrac{0.020\,46s - 1.870\,3}{s^2 + 1.964\,9s + 55.820\,5}\right) \\
\Delta\beta(s) &= \dfrac{0.034\,906(s^3 + 6.979\,2s^2 + 6.736\,4s + 0.011\,146)}{(s + 0.017\,7)(s + 5.115\,7)(s^2 + 1.964\,9s + 55.820\,5)} \\
&= 0.034\,906\left(\dfrac{-0.000\,012\,7}{s + 0.017\,7} + \dfrac{-0.001\,344\,8}{s + 5.115\,7} + \dfrac{0.036\,263s - 0.011}{s^2 + 1.964\,9s + 55.820\,5}\right) \\
\Delta\gamma(s) &= \dfrac{-0.034\,906(123.16s - 112.86)}{(s + 0.017\,7)(s + 5.115\,7)(s^2 + 1.964\,9s + 55.820\,5)} \\
&= -0.034\,906\left(\dfrac{-0.013\,88}{s + 0.017\,7} + \dfrac{0.069\,78}{s + 5.115\,7} + \dfrac{-0.055\,89s - 0.356\,6}{s^2 + 1.964\,9s + 55.820\,5}\right)
\end{aligned}
\end{cases}
$$

对上式求拉氏反变换，即可得扰动表达式

$$\begin{cases} \Delta\omega_x(t) = 0.353\,21e^{-5.115\,7t} - 0.353\,07e^{-0.982\,47t}\cos(7.471\,3t) - \\ \qquad\qquad 0.421\,57e^{-0.982\,47t}\sin(7.471\,3t) - 0.000\,138\,3e^{-0.017\,7t} \\ \Delta\omega_y(t) = -0.021\,07e^{-5.115\,7t} + 0.020\,461e^{-0.982\,47t}\cos(7.471\,3t) - \\ \qquad\qquad 0.247\,64e^{-0.982\,47t}\sin(7.471\,3t) + 0.000\,609e^{-0.017\,7t} \\ \Delta\beta(t) = -0.001\,344\,8e^{-5.115\,7t} + 0.036\,264e^{-0.982\,47t}\cos(7.471\,3t) + \\ \qquad\qquad 0.003\,291\,3e^{-0.982\,47t}\sin(7.471\,3t) - 0.000\,012\,78e^{-0.017\,7t} \\ \Delta\gamma(t) = -0.069\,78e^{-5.115\,7t} - 0.055\,89e^{-0.982\,47t}\cos(7.471\,3t) - \\ \qquad\qquad 0.040\,391e^{-0.982\,47t}\sin(7.471\,3t) + 0.013\,88e^{-0.017\,7t} \end{cases}$$

$$(2-131)$$

扰动偏差 $\Delta\omega_x(t)$、$\Delta\omega_y(t)$、$\Delta\beta(t)$ 和 $\Delta\gamma(t)$ 随时间的变化如图 2-128、图 2-129 所示。由式（2-131）、图 2-128 和图 2-129 可知：

1）各个扰动偏差是由滚动模态、荷兰滚模态以及螺旋模态组成的。

2）$\Delta\beta$ 在扰动初期快速变化，随后平缓变化至未受扰之前的状态，主要表现为短周期运动模态，长周期运动模态所占比重很小。

3）倾斜运动：大实根 $\lambda_1 = -5.116$ 对应的运动模态为倾斜运动，即受扰动后，由于受到弹翼和舵面的滚动阻尼作用，滚动角速度很快地衰减至 0，其衰减速度主要取决于 $b_{11} = \dfrac{M_x^{\omega_x}}{J_x}$ 的数值。对于装备大展弦弹翼的空地导弹而言，倾斜运动模态值 λ_1 数值较大，对应的非周期运动对 $\Delta\omega_x$ 有显著影响，对 $\Delta\omega_y$ 和 $\Delta\beta$ 影响很小。受扰后 $\Delta\omega_x$ 将很快衰减，其衰减一半的时间为 $\Delta t = 0.135\,5$ s。

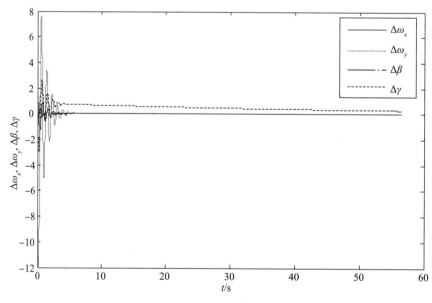

图 2-128　自由扰动响应

4）荷兰滚运动：共轭复根 $\lambda_{3,4} = -0.982\,5 \pm 7.471\,3i$ 对应的运动模态为荷兰滚运动，特征运动 $\Delta\omega_x / \Delta\omega_y / \Delta\beta / \Delta\gamma = De^{-0.982\,5t} \sin(7.471\,3t + \varphi)$，振幅衰减一半时间为 0.654 9 s，振荡周期为 1.189 Hz，主要取决于 b_{24}，阻尼主要取决于 b_{22}。

5）螺旋运动：小实根 $\lambda_2 = -0.017\,7$ 对应的运动模态为螺旋运动，振幅衰减一半时间为 39.16 s，是稳定的。螺旋运动一般为小根，表现为滚动角和偏航角单调缓慢变化，对姿态控制影响较小。

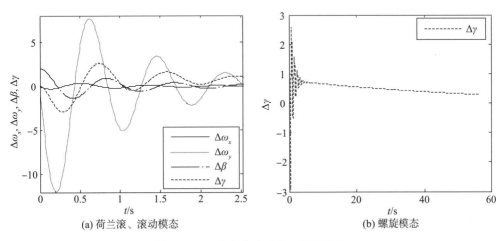

(a) 荷兰滚、滚动模态　　　　　　　　(b) 螺旋模态

图 2 - 129　自由扰动响应（局部放大）

2.11.6　横侧向稳定概念及稳定边界

（1）偏航静稳定力矩及航向静稳定性

①偏航静稳定力矩

由侧滑角 β 引起的导弹偏航力矩。

②航向静稳定性

导弹在飞行平衡状态下受到外界非对称瞬时扰动，假设产生小的侧滑角 $\Delta\beta > 0$，弹体产生右偏航力矩，使弹体向右偏，以减小 $\Delta\beta$，称导弹在原平衡状态具有航向静稳定性。否则，则为航向静不稳定。

用平衡状态点处偏航力矩系数对侧滑角的导数 m_y^β 作为判据：

1）$m_y^\beta < 0$，则偏航静稳定；

2）$m_y^\beta = 0$，则偏航临界稳定；

3）$m_y^\beta > 0$，则偏航静不稳定。

（2）横向静稳定力矩及横向静稳定性

①横向静稳定力矩

由侧滑角 β 引起的导弹滚动力矩。

②横向静稳定性

导弹在飞行平衡状态下受到外界非对称瞬时扰动，假设产生小的左倾斜角 $\Delta\gamma < 0$，

升力和重力的综合作用使弹体产生向右侧滑，即 $\Delta\beta<0$，此侧滑产生正滚动力矩，使弹体正滚动，即阻止弹体左倾斜，使弹体往平衡状态运动，称导弹在原平衡状态具有横向静稳定性。否则，则为横向静不稳定。

用平衡点处的滚动力矩系数对侧滑角的导数 m_x^β 作为判据：

1）$m_x^\beta<0$，则横向静稳定；

2）$m_x^\beta=0$，则横向临界稳定；

3）$m_x^\beta>0$，则横向静不稳定。

（3）稳定边界

在分析横侧向动态特性中，气动导数 m_y^β 和 m_x^β 是两个极重要的参数，其不仅关系到弹体横侧向的动态特性，甚至影响其稳定性。在理论上，一般针对横侧向的特征方程［式（2-119）］求取特征值进而判断其稳定特性。在工程上，常以 m_y^β（或 b_{24}）和 m_x^β（或 b_{14}）为坐标轴绘制横侧向稳定边界以便从图上大致分析其特性。值得着重强调的是：导弹横侧向动态特性仅说明弹体的某种动态特性，即使不稳定，也不意味着横侧向动态特性较差，更不意味着横侧向不可控。

横侧向稳定边界以 $b_{14}=m_x^\beta qs/J_x$ 作为横坐标，$b_{24}=m_y^\beta qs/J_y$ 作为纵坐标给出，以例2-6提供的动力系统为例，如图2-130所示。

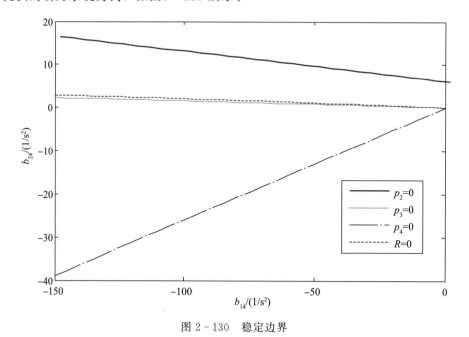

图 2-130　稳定边界

依据横侧向的特征方程［式（2-119）］，根据劳斯判据，可得劳斯表

$$
\begin{array}{ccc}
s^4 & 1 & p_2 \quad p_4 \\[2mm]
s^3 & p_1 & p_3 \\[2mm]
s^2 & \dfrac{p_1 p_2 - p_3}{p_1} & p_4 \\[4mm]
s^1 & \dfrac{p_1 p_2 p_3 - p_1^2 p_4 - p_3^2}{p_1 p_2 - p_3} & \\[4mm]
s^0 & p_4 &
\end{array}
$$

系统稳定的充要条件为

$$
\begin{cases}
p_1 > 0, \ p_2 > 0, \ p_3 > 0, \ p_4 > 0 \\[2mm]
\dfrac{p_1 p_2 - p_3}{p_1} > 0 \\[3mm]
\dfrac{p_1 p_2 p_3 - p_1^2 p_4 - p_3^2}{p_1 p_2 - p_3} > 0
\end{cases}
$$

一般情况下 $p_1 \approx -\dfrac{-M_x^{\omega_x}}{J_x} > 0$，故上式可等价于

$$
\begin{cases}
p_2 > 0, \ p_3 > 0, \ p_4 > 0 \\[2mm]
S = p_1 p_2 - p_3 > 0 \\[2mm]
R = p_1 p_2 p_3 - p_1^2 p_4 - p_3^2 > 0
\end{cases}
$$

以上稳定边界条件中，当 $R > 0$ 成立时，可得 $S > 0$，故稳定边界条件可简化为

$$
\begin{cases}
p_2 > 0, \ p_3 > 0, \ p_4 > 0 \\[2mm]
R = p_1 p_2 p_3 - p_1^2 p_4 - p_3^2 > 0
\end{cases}
$$

即稳定边界由四段线组成，其中边界 $p_2 > 0$，$p_3 > 0$ 和 $p_4 > 0$ 中的 b_{14} 和 b_{24} 之间为线性关系，边界 $R > 0$ 中的 b_{24} 和 b_{14} 之间则为二次关系。

由图 2-130 可知，$[b_{14}, \ b_{24}]$ 落入由 $p_3 > 0$ 和 $p_4 > 0$ 组成的区域之间时，弹体横侧向动态稳定。

2.11.7　滚动干扰力矩

对于面对称制导武器，滚动干扰力矩较基本型制导武器更为复杂

$$
m_x = m_{x0} + m_x^{\delta_x} \delta_x + m_x^{\delta_y} \delta_y + m_x^{\omega_x} \omega_x + m_x^{\omega_y} \omega_y + m_x^{\beta} \beta
$$

式中　m_{x0}——由于受限于弹翼加工精度和装配精度造成左右弹翼不对称所引起的气动误差，此值可能较大，其特点是其大小随飞行条件变化很小。故理论上，只需一个额外相对应的滚动舵来克服，但额外滚动舵占用了最大可用滚动舵，而且额定滚动舵给偏航通道带来干扰偏航力矩，这也给控制回路设计带来一定的困难；

　　　$m_x^{\delta_x}$——滚动舵效，在跨声速前其值变化不大，当飞行速度超过跨声速时，其值可能增加；

　　　$m_x^{\delta_y}$——偏航舵引起的滚动力矩，其值随飞行攻角增大而小幅增大，为有害干扰；

$m_x^{\omega_x}$ ——滚动阻尼系数；

$m_x^{\omega_y}$ ——由于导弹偏航运动所带来左右弹翼有效速度不同而产生的滚动力矩，也为有害干扰；

m_x^{β} ——斜吹力矩系数，此系数实际值跟理论值相差较大，是由于在侧滑状态下飞行时左右弹翼有效速度不同而产生的滚动力矩，另外由于左右有效速度不同产生的气流分离不一样，也影响 m_x^{β} 随飞行速度和马赫数的变化规律。此值可视为滚动运动的干扰力矩，在较大程度上影响滚动控制回路的控制品质。

2.11.8 滚动控制回路可控性分析

由经典控制理论知识可知，即使被控对象自身不稳定，只要增加控制器后，将控制器和被控对象看成一个控制回路，通过调整控制回路的结构或参数，将控制回路的特征根调节至左半平面，即可说明被控对象是可控的。

由式（2-123）可知，滚动通道为中立稳定（一个负根和一个零根）。故需要加入滚动控制，通常加入的控制器为 PD 控制器和 PID 控制器。

（1）PD 控制器

滚动控制回路的 PD 控制器可表示为

$$\Delta\delta_x = K_p\Delta\gamma + K_d\Delta\dot{\gamma}$$

式中　K_p ——比例系数；

　　　K_d ——微分系数。

将上式代入式（2-123）可得控制回路的方程为

$$\frac{\mathrm{d}^2\Delta\gamma}{\mathrm{d}t^2} - b_{11}\frac{\mathrm{d}\Delta\gamma}{\mathrm{d}t} = b_{17}K_p\Delta\gamma + b_{17}K_d\Delta\dot{\gamma} + b_{18}M_{gx}$$

为了简化，略去符号 Δ，略去干扰项 $b_{18}M_{gx}$ ，则得

$$\ddot{\gamma} = (b_{11} + b_{17}K_d)\dot{\gamma} + b_{17}K_p\gamma$$

对上式求拉氏变换，可得

$$s^2 - (b_{11} + b_{17}K_d)s - b_{17}K_p = 0$$

取 $K_p < 0, K_d < -\dfrac{b_{11}}{b_{17}}$ ，即可保证滚动控制回路受扰动时稳定可控，其比例和微分控制的作用为：

1) 比例 K_p 的作用：当产生偏差 $\Delta\gamma$ 时，舵就会产生消除 $\Delta\gamma$ 的舵偏 $\Delta\delta_x = K_p\Delta\gamma$ ，使原来中立稳定的通道变为相当于滚动静稳定的通道。

2) 微分 K_d 的作用：相当于阻尼 b_{11} 提高到 $b_{11} + b_{17}K_d$ ，即起增加阻尼的作用。

（2）PID 控制

滚动控制回路的 PID 控制器可表示为

$$\Delta\delta_x = K_p\Delta\gamma + K_i\int\Delta\gamma\,\mathrm{d}t + K_d\Delta\dot{\gamma}$$

式中　K_i——积分系数。

同理,将上式代入式(2-123)可得控制回路的方程为

$$\frac{\mathrm{d}^2 \Delta \gamma}{\mathrm{d}t^2} - b_{11} \frac{\mathrm{d}\Delta \gamma}{\mathrm{d}t} = b_{17} K_p \Delta \gamma + b_{17} K_i \int \Delta \gamma \, \mathrm{d}t + b_{17} K_d \Delta \dot{\gamma} + b_{18} M_{gx}$$

为了书写简化,略去符号 Δ,略去干扰项 $b_{18} M_{gx}$,则得

$$\ddot{\gamma} = (b_{11} + b_{17} K_d) \dot{\gamma} + b_{17} K_p \gamma + b_{17} K_i \int \gamma \, \mathrm{d}t$$

对上式求拉氏变换,可得

$$s^3 - (b_{11} + b_{17} K_d) s^2 - b_{17} K_p s - b_{17} K_i = 0$$

上式即为加入 PID 控制器后的特征方程,根据劳斯判据,可得劳斯表:

$$
\begin{array}{lll}
s^3 & 1 & -b_{17} K_p \\
s^2 & -(b_{11} + b_{17} K_d) & -b_{17} K_i \\
s & \dfrac{(b_{11} + b_{17} K_d) b_{17} K_p + b_{17} K_i}{-(b_{11} + b_{17} K_d)} & 0 \\
s^0 & -b_{17} K_i & 0
\end{array}
$$

要使加入控制器之后,滚动控制回路可控,则

$$K_p > 0 \, , \, K_d < -\frac{b_{11}}{b_{17}} \, , \, K_i > -K_p (b_{11} + b_{17} K_d)$$

根据经典控制理论,当满足以下条件时,控制回路可控:

1) 比例系数 $K_p > 0$;

2) 微分系数 $K_d < -\dfrac{b_{11}}{b_{17}}$;

3) 积分系数 $K_i > -K_p (b_{11} + b_{17} K_d)$;

4) 根据劳斯判据,仅能保证加入控制器之后,控制回路是稳定的,但是要保证加入控制器之后控制回路具有较好的控制品质和鲁棒性,则要求特征根在根轨迹平面上处于较好的位置,即需要较好地设计比例、微分和积分参数。

2.12　特征弹道和特征点选取原则

姿控回路要求在总体给定的投弹包络和飞行包络中满足设计性能指标,飞行包络涉及从低空至高空,低速至高速等各种飞行状态。

一般情况下,姿控回路设计的流程为:

1) 选择典型特征弹道,在特征弹道上选取典型特征点;

2) 依据设计指标,基于选取的特征点进行控制回路设计,根据被控对象的特点确定控制回路结构,在此基础上初步确定控制参数;

3) 在理想情况下,进行姿控回路测试及参数微调;

4) 在拉偏情况下(气动拉偏、结构拉偏),进行姿控回路测试及参数微调,最终确定

控制回路结构以及参数。

下面详细介绍选取特征弹道和特征点时的注意事项，当然每个型号根据自己的特点可能还有特殊要求。

（1）特征弹道选取

①低速高空近界弹道

沿此弹道飞行，可以在很大程度覆盖飞行马赫数、攻角和动压的变化范围，而且表征弹体对象的某些重要气动参数随飞行马赫数和攻角急剧变化，如纵向静稳定度、航向静稳定度、横向静稳定度和舵效等。另外，大多数控制参数都依据动压进行在线调整。所以此弹道可以考核姿控回路在气动参数和动压大范围变化情况下的性能，即被控对象剧烈变化情况下的适应性。

另外，为了更好地考核滚动通道和偏航通道控制回路的性能，需要设计侧向有较大机动和干扰的弹道，这样能在更大程度上覆盖弹体气动参数的变化范围，如纵向气动参数、横侧向气动参数以及耦合状态的气动参数。

②低空远界弹道

沿此弹道飞行，飞行状态参数变化较慢，气动参数变化跨度较小，考核较理想弹道的控制系统特性。

（2）特征点选择

特征点选取的原则：设计理想弹道，在理想弹道上选取具有代表性的点作为特征点，特征点作为理想弹道上具有代表性的点，既代表着理想弹道中具有代表性的点，又需要覆盖特殊的点。弹体动态特性分析和控制系统设计只需在特征点开展，即可覆盖所有的飞行状态，满足不同飞行包络、不同环境下的控制具有较好的品质。

根据导弹自身的特点，常选用如下弹道点作为特征点：

①动压最大点

由以上论述可知，控制参数依据动压或其他重要飞行状态参数进行调整，动压最大点往往对应被控对象某些特征量达到极值，例如弹体增益最大、弹体时间常数最小等。此特征点可考核控制参数在动压最大点的设计合理性，其中重点考核此特征点处开环系统截止频率、相位裕度、幅值裕度、延迟裕度等，通常情况下，动压最大点对应着系统延迟裕度较小。另外，此点还可考核某些控制参数限幅设计的合理性。

②动压最小点

动压最小点往往对应被控对象某些特征量达到极值，如弹体增益最小、弹体时间常数最大等。此特征点可考核控制参数在动压最小点的设计合理性，重点考核此特征点处开环系统截止频率、相位裕度、幅值裕度、延迟裕度等，通常情况下，动压最小点对应的闭环系统带宽最小，考核是否满足制导回路带宽要求。另外，此点也可考核某些控制参数限幅设计的合理性。

③阻尼系数最大点或最小点

阻尼系数最小点通常对应被控对象的阻尼为最小，考核阻尼回路反馈系数的下限，阻尼最小通常对应的飞行状态为高空低速，这时弹体本身阻尼系数较小，设计时甚至可忽略，阻尼回路主要靠控制阻尼。阻尼系数最大点通常对应被控对象的阻尼为最大，考核阻尼回路反馈系数的上限，要求阻尼反馈系数不能太大，否则姿控系统响应过于缓慢，延迟裕度过小。

对于某一些轴对称制导武器，如果弹翼面积和翼展不是很大，则可以忽略弹体滚动气动阻尼，当弹翼翼展很大时，则滚动气动阻尼较大，不能忽略，对于某些大展弦比空地制导武器，弹体滚动气动阻尼甚至大于控制阻尼。

④静稳定最大点

静稳定最大点对应被控对象的阻尼最小，弹体增益最小以及时间常数最小，重点考核此特征点处开环回路的截止频率及闭环系统的带宽，这时控制器增益应适当取较大值。

⑤静稳定最小点

静稳定最小点对应被控对象的阻尼最大，弹体增益最大以及时间常数最大，弹体模型不确定性最大，控制内回路设计应充分考虑被控对象的模型不确定性，内回路反馈系数可适当增大，控制外回路设计应考虑被控对象高增益情况。

⑥弹机分离时刻的离轨点

弹机分离时刻，弹体由于受到载机气动的干扰，姿态剧烈变化，需要进行动态特性分析和控制系统设计，控制系统设计以控制系统稳定性为主，不要求快速性。对于某一些无人直升机悬停发射的情况，由于离轨时，弹体速度很小，这时作用在弹体的气动力和力矩较小，而发动机工作产生很大的干扰力矩（由于发动机推力很大及发动机推力偏心和推力线偏斜等），控制系统设计时需要特别注意。

⑦发动机工作前

对于发动机在弹体尾部的制导武器，发动机工作前则对应了弹体静稳定较小点，对应的弹体特性为弹体阻尼大，弹体增益大，时间常数大，控制内回路设计和外回路设计注意事项同静稳定最小点。

⑧发动机工作中

对于大推力的发动机（如单室双推发动机的第一级），由于大推力发动机工作时，弹体的动态特性比较特殊（特别是当飞行速度较小时），另外，这时弹体的飞行状态快速变化（如飞行马赫数快速增加），不仅弹体气动特性快速变化，而且由于飞行动压快速增加导致作用在弹体上的气动力和力矩剧烈变化，而原则上弹体动态特性分析是基于"小扰动"假设建立的线性方程，这时却不满足弹体"小扰动"假设，控制系统设计和弹体动态特性分析时需要重视。

⑨发动机工作后

对于发动机在弹体尾部的制导武器，发动机工作后则对应了弹体静稳定较大点，设计内回路时，可适当减小内回路反馈系数，外回路设计需适当加大控制器增益，以保证较大的控制带宽。

注：

1）对于一些带助推器的空地制导武器，可视助推器脱落前后两个气动外形为两个被控对象；

2）飞行速度进入跨声速点也应该作为特征点进行弹体动态特性分析。

参 考 文 献

［1］ 李凤蔚. 空气与气体动力学引论［M］. 西安：西北工业大学出版社，2007.

［2］ 钱翼稷. 空气动力学［M］. 北京：北京航空航天大学出版社，2004.

［3］ 张有济. 战术导弹飞行力学设计［M］. 北京：宇航出版社，1998.

［4］ 李新国，方群. 有翼导弹飞行动力学［M］. 西安：西北工业大学出版社，2005.

［5］ 钱杏芳，林瑞雄，赵亚男. 导弹飞行力学［M］. 北京：北京理工大学出版社，2006.

第 3 章　弹道设计

3.1　引言

弹道设计是战术导弹总体设计和制导控制系统总体设计中非常重要的一项设计内容，直接关系到战术导弹的性能指标。

空地导弹的弹道按控制方式可以分为方案弹道（对应于自主控制方式）和导引弹道（对应于自动瞄准和遥远控制）两大类。本章介绍方案弹道设计，导引弹道设计将在第6章进行介绍。值得注意的是，在工程上，弹道设计也有狭义和广义上的定义，狭义上的弹道设计通常指方案弹道设计，属于在型号研制之初，主要以战术设计指标（如飞行速度、射程等）为依据，基于初步计算的气动数据、结构参数以及动力系统等，初步设计导弹的方案弹道，即设计导弹飞行弹道倾角 $\theta_c(t)$、俯仰角 $\vartheta_c(t)$、攻角 $\alpha_c(t)$、高度 $H_c(t)$ 或法向过载 $n_c(t)$ 等；广义上的弹道设计则覆盖面很广，需要详细设计和优化从投弹到攻击目标整个弹道，包括方案弹道的设计及优化、导引弹道的设计及优化、两者之间的衔接弹道设计等工作，需要建立详细气动、结构、动力、制导和姿态模型，在考虑目标运动特性和打击角度之后，确定最佳的攻击弹道，即在考虑各种误差、偏差以及扰动的情况下，设计最佳弹道，使整个攻击弹道射程最远、命中精度最高、突防效果最佳。

弹道设计通常按设计的详细程度分为简化的三自由度弹道设计以及详细的六自由度弹道设计。

三自由度弹道设计通常指在没有详细的气动特性、结构质量特性和动力特性参数的条件下，依据型号总体设计指标，初步确定弹体结构质量特性、气动特性以及动力特性，在此基础上对纵向平面内的弹道进行初步设计和仿真，初步确定弹道方案，对射程等指标进行考核。

六自由度弹道设计是基于三自由度弹道设计，在弹体气动、结构质量特性、动力特性、执行机构、控制系统等确定的情况下，建立详细的气动特性、结构、动力模型，结合弹道轨迹，建立弹体质心运动学和姿态动力学模型，在此条件下考虑到姿态控制、执行机构模型、目标运动特性、导引头模型以及其他一些重要单机模型在六自由度空间内对弹道进行设计和仿真，在六自由度弹道设计阶段，主要针对方案弹道和导引弹道的具体参数进行微调和优化，最终确定弹道方案。

弹道设计在战术导弹研制的各阶段均发挥很重要的作用，特别是在导弹总体方案论证阶段，弹道设计用于初步确定导弹的气动、结构、动力等性能指标。

3.2　弹道设计任务

弹道设计的任务根据特性分为两部分：

1）弹道总体设计：主要是依托战术指标的要求，在初步确定弹体结构质量特性、气动特性（主要确定弹体纵向气动参数，如升力、阻力和力矩特性）、动力特性等条件下，初步确定导弹的飞行状态量（如飞行高度、弹道倾角等）随时间的变化规律；

2）弹道计算和分析：主要依托弹道总体设计，在建立详细的弹体结构质量特性、气动特性和动力特性等模型的基础上，建立目标运动学模型、弹体运动学和动力学模型、执行机构模型等，在确定导引头特性模型的基础上依据采用的方案弹道与导引弹道以及姿控律进行弹道计算，并对弹道计算结果进行分析，进而改进或优化弹道设计。

弹道总体设计和弹道计算及分析两部分是互相关的，通常需要经过多轮的迭代才能获得较优品质的弹道。

3.3　弹道设计作用

弹道设计是拟定型号战术技术指标、导弹操作使用条件、总体性能分析、气动设计、弹体结构设计、动力系统设计、导航系统设计、控制系统设计、火控系统设计等的主要技术依据。

在型号的设计初期（方案论证阶段），弹道设计的任务是依据导弹的总体战术指标，初步确定导弹气动参数、结构质量特性、动力系统等。例如，根据弹道设计确定轨迹形式，基于弹道设计结果，修改气动参数指标，经过多次的迭代优化，最终确定气动设计指标以及初步弹道。

在制导控制系统设计阶段，依据确定的气动参数、结构质量特性、动力系统、执行机构、导引设备、制导律和控制律等，优化方案弹道，优化制导策略及制导律，优化控制律，设计合理的发动机点火时间等，使得导弹以一定余量满足总体设计指标。

3.4　弹道设计原则

随着制导控制技术的发展，型号弹道设计一般遵循如下原则：

1）总体指标：弹道设计满足制导武器的总体战术指标及制导控制系统的设计指标，特别是射程指标、投弹包络（包括投弹速度、高度以及离轴角范围等），另外还得着重考虑弹道的突防性能；

2）可实现性：根据国内外现有技术水平以及正式型号定型时能够达到的技术水平进行弹道设计，着重考虑制导控制系统硬件（导引头、惯性测量单元、执行机构等）对弹道的影响，另外弹道设计需要优先考虑导弹姿控的实现；

3）多样性：弹道设计应该体现多样性，而非单一性，这可以在很大范围内，拓宽导弹的使用条件；

4）继承性：学习和继承以前经典型号的弹道设计技术，考虑技术和设备的继承性，在学习以前经典型号弹道优缺点的基础上进行优化和改进设计；

5）全局性：总体与分系统及各分系统之间有很多互相矛盾的要求，设计弹道时应从全局综合考虑；

6）多方案：通常根据战术指标进行多种方案设计及比较，选择最优方案，或进行多轮弹道优化，从而优化弹道设计。

3.5　弹道设计主要阶段

弹道设计在导弹不同设计阶段其内容和重点有所不同，弹道设计按阶段划分可分为方案论证阶段、初步设计阶段、技术设计阶段、飞行试验阶段和设计定型阶段等，每个设计阶段弹道设计的输入条件、设计内容和完成标志等有所不同。

3.5.1　方案论证阶段

（1）输入条件

1）导弹的主要战术指标和使用要求，如作战使命、目标特性、载机、射程指标、投放包络、巡航速度、平飞高度、动力体制、控制体制、导弹外形尺寸和发射质量要求等；

2）弹道方案初步设想；

3）明确型号研制对弹道设计的要求；

4）估算导弹结构质量特性、动力系统参数和气动参数（工程气动计算软件或 CFD 计算数据）等。

（2）设计内容

1）设计弹道形状；

2）设计推力程序；

3）设计飞行程序；

4）初步选择导引规律；

5）初步确定投放包络；

6）验证相关的战术技术指标。

（3）完成标志

编写弹道设计方案论证报告并完成评审，方案论证报告的内容应包括：

1）初步计算导弹的射程，包括最大射程、最小射程及最佳射程；

2）导弹的飞行程序及技术实施初步方案；

3）初步确定初、中及末制导的弹道方式以及它们之间的过渡方式；

4）初步设计典型弹道，并提供数据及曲线；

5）典型弹道特性的初步分析。

3.5.2　初步设计阶段

（1）输入条件

1）方案阶段的技术保障条件；

2）导弹较详细的结构质量特性（包括质量及转动惯量）、弹体结构安装偏差、气动参数（CFD 计算数据）以及动力系统参数等。

（2）设计内容

1）基于方案论证评审意见改进方案论证阶段的弹道设计；

2）计算干扰力和干扰力矩；

3）详细计算导弹的射程，包括最大射程、最小射程及最佳射程；

4）细化导弹的飞行程序及技术实施初步方案；

5）初步确定初、中及末制导的弹道方式以及它们之间的过渡方式；

6）详细设计各种典型弹道以及极限弹道；

7）确定导弹的投放包络以及使用条件，投放包络包括发射高度、速度、离轴角范围等，使用条件包括允许的风速、投放方式等。

（3）完成标志

编写初步弹道设计报告并完成评审，设计报告的内容应包括：

1）导弹的射程，包括最大射程、最小射程及最佳射程；

2）导弹干扰力、干扰力矩的计算报告；

3）初、中及末制导的弹道方式，以及它们之间的过渡方式；

4）典型弹道及极限弹道，并提供数据及曲线；

5）导弹的投放包络以及使用条件。

3.5.3　技术设计阶段

（1）输入条件

1）详细的结构质量特性（包括质量及转动惯量）、弹体结构安装偏差、气动参数（风洞测力试验和动导数试验数据）以及动力系统参数（地面试车数据）等；

2）结构质量特性偏差（包括质量偏差、质心偏差、转动惯量偏差）、气动参数偏差（包括静气动参数偏差和动气动参数偏差）以及动力系统参数偏差与安装偏差；

3）大气偏差模型以及风场模型；

4）确定的方案弹道及导引弹道；

5）初步设计的姿控律；

6）详细的目标运动特性和导引头模型；

7）火控系统的需求；

8）基于导发架和导弹滑块结构以及助推发动机或一级发动机推力特性；

9) 终端视线角约束弹道设计，例如纵向垂直打击或侧向定向打击弹道设计等。

（2）设计内容

1) 详细设计并调试初始弹道，特别对于直升机低空悬停发射导弹，需要在确定风场条件、导弹离轨状态、动力系统参数偏差与安装偏差、结构质量特性偏差、气动参数偏差、执行机构电气和机械零位之间的偏差等条件下，优化离轨弹道，以免导弹初始弹道飞行过低而触地；

2) 详细设计中弹道和末端弹道；

3) 详细设计初中弹道交接段和中末弹道交接段；

4) 计算并分析在控制系统作用下的理想弹道和干扰弹道，给出导弹的典型弹道数据及曲线；

5) 计算、仿真和分析全弹道的弹道特性，并在此基础上进行参数优化；

6) 详细设计特殊弹道，如垂直打击或侧向定向攻击弹道，并进行优化；

7) 确定火控系统弹道计算的拉偏条件，进行详细的火控弹道计算。

（3）完成标志

编写详细弹道设计报告并完成评审，设计报告的内容应包括：

1) 优化弹道设计，并在拉偏条件下计算导弹射程，确定最大射程、最小射程及最佳射程；

2) 特殊弹道设计，诸如垂直弹道设计、侧向定向攻击弹道设计等，并在拉偏条件下进行优化和计算；

3) 在极限拉偏条件下，进行极限弹道测试；

4) 确定导弹的投放包络以及使用条件；

5) 完成火控弹道计算。

3.5.4　飞行试验阶段

（1）输入条件

1) 产品技术设计已结束；

2) 飞行试验目的、考核项目；

3) 载机、靶场、风场、目标移动特性、制导姿控考核项等。

（2）设计内容

1) 基于试验目的和考核项目设计飞行试验弹道；

2) 计算飞行试验弹道，进行各种拉偏计算和弹道特性分析；

3) 对异常弹道进行预测；

4) 计算导弹的第一落区和第二落区。

（3）完成标志

1) 提供飞行试验弹道数据及曲线；

2) 完成飞行试验结果分析技术报告；

3) 对飞行试验结果进行复现、分析和仿真。

4）根据飞行试验结果对弹道设计进行改进或优化。

3.5.5　设计定型阶段

（1）输入条件

导弹设计定型飞行试验。

（2）设计内容

根据定型原始数据计算典型全弹道。

（3）完成标志

1）编制弹道设计定型文件；

2）提供典型全弹道数据。

3.6　方案弹道设计

所谓的方案弹道也称为方案制导（相对于导引制导而言），其本质上是一种程序控制制导，故也称为程序制导，即要求导弹按某种固定的程序弹道飞行。一般情况下，这种弹道是预先设计好的，一旦导弹投放出去，就按此弹道飞行，不能中间变更，也与目标是否运动无关，故这类弹道适于攻击静止目标。

不同于导引弹道的特性，方案弹道只用于导弹的初制导和中制导等。对于空地导弹而言，经常采用"方案弹道＋导引弹道"的形式，即在投弹初始段或平飞段采用方案弹道，在弹道末段采用导引弹道。下面以某型空射巡航导弹的弹道为例简要介绍方案弹道，如图3-1所示，空射巡航导弹投放后，可采用两个不同的弹道打击目标：1）在导入段内迅速将飞行高度降低至某一高度（在3～15 m之间），在这段可采用"高度"方案弹道或"弹道倾角"方案弹道，其后转入平飞阶段，可采用"高度"方案弹道，飞行至距离目标某一射程之内，导引头开机、搜索并锁定目标，进入末制导段，或为了提高打击效果，继续以某"高度"方案弹道爬升至某一高度，再转入末制导段攻击目标。2）在导入段内将飞行高度降低至某一个高度（如5 000 m或6 000 m），在这一段，同理可采用"高度"方案弹道或"弹道倾角"方案弹道，其后转入平飞阶段，采用"高度"方案弹道，飞行至目标上方时，导引头开机、搜索并锁定目标，之后进入末制导，以垂直打击目标。

采用低空飞行的弹道，导弹可较有效地避开敌方地面目标雷达的探测（但是很难避开空中敌方雷达的探测），但是其不能很好地发挥导弹的气动特性（导弹以低升阻比特性飞行），飞行时其阻力较大，只能通过装配低油耗的发动机或增加燃油量以达到射程指标。采用高空飞行的弹道，导弹可较好地利用弹体的气动特性（导弹以高升阻比特性飞行），其飞行阻力较小，射程较远，并且在末端可以以垂直姿态打击目标，这样带来的好处：1）末端打击速度较大；2）可以以垂直姿态打击目标，这可以较有效地提高导弹的突防能力。

值得强调的是，进行方案弹道设计时并不需要刻意照搬以前型号的经验，可以基于型号的具体打击任务、导弹的气动和动力特性、敌方的防御布置等条件创新性地设计出较优

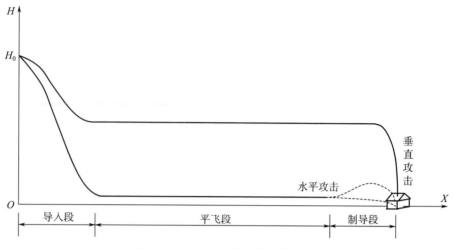

图 3-1　某空射巡航导弹的弹道

弹道品质的弹道。

随着制导和姿控技术的发展，某一些直升机低空悬停发射的微小型导弹，也常常用"方案弹道＋导引弹道"的形式，如图 3-2 所示。例如，在导弹发动机工作段，可以基于气动、动力以及结构质量特性设计"弹道倾角"方案弹道，既可以避免导弹飞行过早触地，又可以将导弹引导至一个较好的高度以探测到目标发射或反射的电磁信号，在此之后可接入基于角度的导引律，即可实现整个姿控系统在中末制导采用一套姿控方案。

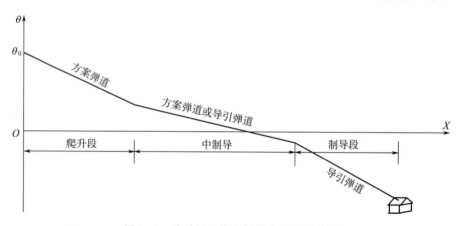

图 3-2　直升机悬停发射微小型导弹弹道

3.6.1　纵向平面内的方案弹道

对于空地导弹，特别是远程空地导弹，侧向运动机动较小，一般采用导引弹道。在弹道设计初期阶段，主要是在纵向平面内进行方案弹道设计，其飞行动力学和运动学方程为

$$\begin{cases} \dfrac{\mathrm{d}V}{\mathrm{d}t} = P\cos\alpha - \dfrac{X}{m} - g\sin\theta \\[2mm] \dfrac{\mathrm{d}\theta}{\mathrm{d}t} = \dfrac{1}{mV}(P\sin\alpha + Y - mg\cos\theta) \\[2mm] \dfrac{\mathrm{d}\omega_z}{\mathrm{d}t} = \dfrac{1}{J_z}M_z(\delta_z(t)) \\[2mm] \dfrac{\mathrm{d}\vartheta}{\mathrm{d}t} = \omega_z \\[2mm] \dfrac{\mathrm{d}x}{\mathrm{d}t} = V\cos\theta \\[2mm] \dfrac{\mathrm{d}y}{\mathrm{d}t} = V\sin\theta \\[2mm] \dfrac{\mathrm{d}m}{\mathrm{d}t} = -\mu(\delta_p(t)) \\[2mm] \alpha = \vartheta - \theta \\[1mm] \varepsilon_1 = 0 \\[1mm] \varepsilon_4 = 0 \end{cases} \qquad (3-1)$$

确定纵向平面内的方案弹道取决于两个理想约束式 $\varepsilon_1 = 0$ 和 $\varepsilon_4 = 0$，即

1）飞行速度的方向；

2）飞行速度的大小。

飞行速度的方向由约束式 $\varepsilon_1 = 0$ 确定，即确定飞行速度在纵向平面内的方向，根据飞行状态量可确定不同的方案弹道，在理论上战术导弹可采用的方案弹道有：弹道倾角 $\theta_c(t)$、俯仰角 $\vartheta_c(t)$、攻角 $\alpha_c(t)$、法向过载 $n_c(t)$ 和高度 $H_c(t)$ 方案弹道等。

飞行速度的大小由约束式 $\varepsilon_4 = 0$ 确定，即确定飞行速度的大小，在工程上，取决于发动机类型及工作状态。

此方程组包含 10 个未知量，即 $V(t)$、$\theta(t)$、$\omega_z(t)$、$x(t)$、$y(t)$、$m(t)$、$\alpha(t)$、$\vartheta(t)$、俯仰舵偏 $\delta_z(t)$ 和发动机油门 $\delta_p(t)$，其中发动机推力 P 跟具体的发动机类型有关，对于涡轮喷气发动机（包括涡轮风扇发动机）来说，推力 P 为油门 $\delta_p(t)$、飞行高度 y 及速度 V 的函数，对于火箭发动机来说，推力 P 为耗油率和飞行高度的函数（耗油率取决于发动机设计），气动力 X、Y 和力矩 M_z 为 V、α 和 $\delta_z(t)$ 的函数，重力加速度 g 为飞行高度 y 的函数。当给定确定的初始值，在确定两个理想约束式的情况下，可以唯一确定弹道的数值解。

一般在导弹总体方案论证阶段，采用此方程组初步对战术指标进行论证，很重要的一项工作就是论证导弹的射程指标，故为了简化分析和计算，常略去弹体姿态动力学和运动学对射程的影响，采用如下假设：

1）X、Y 和 M_z 仅为 V 和 α 的函数，即忽略由于发动机工作引起的全弹质心变化导致的全弹力矩变化；

2）弹体为刚性，控制系统为理想状态，即假设弹体姿态变化瞬间完成，可忽略弹体

姿态动力学和运动学。

基于以上假设，方程组（3-1）简化为

$$
\begin{cases}
\dfrac{\mathrm{d}V}{\mathrm{d}t}=P\cos\alpha-\dfrac{X}{m}-g\sin\theta \\[2mm]
\dfrac{\mathrm{d}\theta}{\mathrm{d}t}=\dfrac{1}{mV}(P\sin\alpha+Y-mg\cos\theta) \\[2mm]
\dfrac{\mathrm{d}x}{\mathrm{d}t}=V\cos\theta \\[2mm]
\dfrac{\mathrm{d}y}{\mathrm{d}t}=V\sin\theta \\[2mm]
\dfrac{\mathrm{d}m}{\mathrm{d}t}=-\mu(\delta_p(t)) \\[2mm]
\varepsilon_1=0 \\[2mm]
\varepsilon_4=0
\end{cases}
\tag{3-2}
$$

此方程组包含 7 个未知量，即 $V(t)$、$\theta(t)$、$x(t)$、$y(t)$、$m(t)$、$\alpha(t)$ 和 $\delta_p(t)$，7 个方程，即可确定唯一解。

此方程组即为简化的方案弹道设计方程，相对于方程组（3-1），其省略了弹道变量 $\omega_z(t)$、$\vartheta(t)$ 以及 $\delta_z(t)$，依据此方程组即可设计如下方案弹道：弹道倾角 $\theta_c(t)$、俯仰角 $\vartheta_c(t)$、攻角 $\alpha_c(t)$、法向过载 $n_c(t)$ 和高度 $H_c(t)$ 方案弹道等。值得补充说明的是：

1）弹道倾角 $\theta_c(t)$、俯仰角 $\vartheta_c(t)$、攻角 $\alpha_c(t)$、法向过载 $n_c(t)$ 和高度 $H_c(t)$ 之间存在关联关系，例如：$n_c(t)=V\dot{\theta}_c(t)$；攻角 $\alpha_c(t)$ 可转换为 $n_c(t)$；$\dot{H}_c(t)=V\sin(\theta_c)$ 等。

2）$\varepsilon_4=0$ 为飞行速度的理想控制关系式，取决于发动机的工作状态，针对不同发动机类型，可以进一步对方程组（3-2）进行简化。

3）空地制导武器常采用无动力滑翔飞行、固体火箭发动机助推飞行和喷气发动机助推飞行：a）对于无动力滑翔飞行的空地制导武器，飞行过程中弹体质量为常值，即方程组（3-2）第5式和第7式不起作用；b）对于基于固体火箭发动机助推飞行的空地制导武器，其秒流量 μ 为已知函数（通常为常值），即可去掉方程组（3-2）第7式，其推力为流量和飞行高度的函数，也可近似为流量的线性函数；c）对于基于喷气发动机或冲压发动机为动力的空地制导武器，μ 和推力大小可调节，且为飞行速度和高度的函数，通常情况下要求空地导弹以定高定速飞行，这时发动机推力用于平衡导弹的飞行阻力。在导弹飞行过程中，由于质量变化，发动机的推力也得跟着调节，故方程组（3-2）第5式和第7式为发动机油门的函数。

3.6.2 俯仰角程序

空地制导武器在投弹后，在初始弹道段常根据飞行环境等条件确定俯仰角程序 $\vartheta_c(t)$。确定俯仰角程序之后，理想控制关系式为

$$
\varepsilon_1=\vartheta_c(t)-\vartheta(t)=0
\tag{3-3}
$$

式中　ϑ——弹体飞行过程中的实际俯仰角。

描述给定俯仰角的飞行方案的运动方程组为

$$
\begin{cases}
\dfrac{\mathrm{d}V}{\mathrm{d}t} = \dfrac{P\cos\alpha}{m} - \dfrac{X}{m} - g\sin\theta \\[2mm]
\dfrac{\mathrm{d}\theta}{\mathrm{d}t} = \dfrac{1}{mV}(P\sin\alpha + Y - mg\cos\theta) \\[2mm]
\dfrac{\mathrm{d}x}{\mathrm{d}t} = V\cos\theta \\[2mm]
\dfrac{\mathrm{d}y}{\mathrm{d}t} = V\sin\theta \\[2mm]
\alpha = \vartheta - \theta \\[2mm]
\vartheta = \vartheta_c(t)
\end{cases}
\tag{3-4}
$$

式 (3-4) 假设控制系统是理想工作的，即实际俯仰角无时差地跟踪俯仰角程序 $\vartheta_c(t)$，在建模时也忽略了弹体姿态动力学，但实际上，弹体俯仰角响应飞行方案 $\vartheta_*(t)$ 需要借助弹上控制系统实现。

基于俯仰角程序的控制系统较容易实现，利用三自由度陀螺或惯性导航系统测量和解算得到弹体实际飞行的俯仰角 $\vartheta(t)$，$\vartheta(t)$ 与装定在弹载计算机中的程序指令 $\vartheta_c(t)$ 作差，产生控制偏差量，弹上姿控系统据此形成控制律，给出指令升降舵舵偏量，弹上执行机构系统驱使实际升降舵偏转，进而控制实际俯仰角 $\vartheta(t)$ 趋于 $\vartheta_c(t)$。

在工程上，姿控系统通常采用 PI 控制或 PID 控制器，两者的数学表达式为

$$
\begin{cases}
\delta_z = K_p\Delta\vartheta + K_i\displaystyle\int\Delta\vartheta\,\mathrm{d}t \\[3mm]
\delta_z = K_p\Delta\vartheta + K_i\displaystyle\int\Delta\vartheta\,\mathrm{d}t + K_d\Delta\dot{\vartheta}
\end{cases}
$$

其中

$$
\Delta\vartheta = \vartheta_c(t) - \vartheta
$$
$$
\Delta\dot{\vartheta} = \dot{\vartheta}_c(t) - \dot{\vartheta}
$$

式中　$\Delta\vartheta$——控制偏差量；

　　　$\Delta\dot{\vartheta}$——控制偏差量的微分；

　　　$\displaystyle\int\Delta\vartheta\,\mathrm{d}t$——控制偏差量的积分量；

　　　K_p，K_i，K_d——比例因子、积分因子和微分因子，通过调节三者的大小，即可调节控制品质。

3.6.3　攻角程序

空地制导武器在初制导和中制导段常采用攻角程序弹道，设计攻角程序弹道时，需考虑如下因素：

1) 在初制导段，在某一些特殊使用条件下，常将攻角设置为 0.0 和较小值，这样折

叠弹翼或折叠舵面所受的气动力较小，有利于某一些空地导弹折叠弹翼或折叠舵面的顺利开展；

2）在中制导段，为了最大程度发挥导弹的气动特性，常将飞行攻角设置为最大升阻比对应的攻角，对应射程接近于最远；

3）由于导弹气动特性在跨声速段（飞行马赫数 $\in [0.8，1.2]$）急剧变化，因此常设置为零攻角或很小攻角飞行；

4）对于某一些采用冲压发动机或涡轮喷气发动机（特别是采用内埋式进气道的导弹），为了使发动机正常工作，需要限制飞行攻角的大小。

在工程上，可采用攻角测量设备实时测量弹体的飞行攻角，但是精度较差而且伴随较大的噪声，故常将攻角程序转换为俯仰角程序或过载程序。下面以转换为过载程序为例进行介绍。

（1）设置程序攻角

根据导弹的气动特性、结构质量特性以及弹目距离等信息，设置导弹的飞行程序攻角

$$\alpha = \alpha_c(t)$$

式中　　$\alpha_c(t)$——事前设计好的飞行程序攻角，也可根据投弹后的弹目信息等在线规划。

（2）转换为弹体法向加速度指令

计算导弹飞行攻角 α 和配平俯仰舵偏角 δ_z 所对应的升力系数 C_l，据此计算弹体的法向加速度指令

$$a_{y\_c} = QC_l S_{ref} \tag{3-5}$$

式中　　Q——飞行动压；

　　S_{ref}——气动参考面积。

a_{y_c} 即为程序攻角对应的法向加速度指令，在工程上考虑到结构强度等因素，还需对 a_{y_c} 进行限幅处理。

下面以举例的方式简单地给出某一型号的飞行方案弹道——攻角程序，具体见例 3-1。

例 3-1　设计某一型号的飞行攻角程序。

试设计某一无动力滑翔制导武器的飞行攻角程序，投放高度为 10 500 m，马赫数为 0.7，设计中制导的飞行攻角程序，使其以最佳升阻比飞行。

解：根据此滑翔制导武器的气动特性，可得最佳升阻比对应的攻角约为 4.75°（攻角 4.0°～5.0°都对应着较大气动升阻比），按式（3-5）将其转换为过载程序，其中制导对应的飞行法向加速度如图 3-4（b）所示。设计好的弹道如图 3-3～图 3-5 所示，其中图 3-3 为导弹飞行高度和飞行马赫数随时间的变化曲线，图 3-4 为飞行攻角和法向加速度随时间的变化曲线，图 3-5 为俯仰舵偏和俯仰角随时间的变化曲线。

由图可见，在中制导段导弹可以以较优的攻角程序飞行，飞行高度和飞行姿态变化较为平缓，对应着导弹的射程也较远。

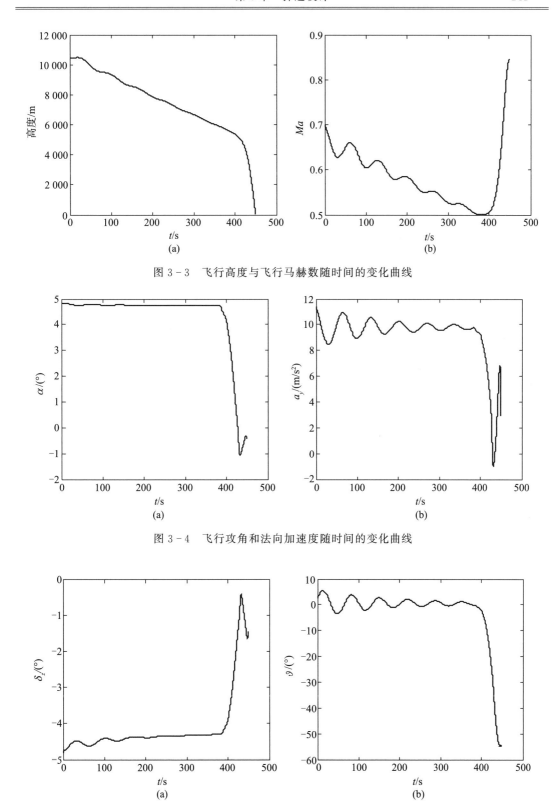

图 3 - 3　飞行高度与飞行马赫数随时间的变化曲线

图 3 - 4　飞行攻角和法向加速度随时间的变化曲线

图 3 - 5　俯仰舵偏和俯仰角随时间的变化曲线

3.6.4　高度程序

空地巡航导弹或空射飞航式空舰导弹，为了增强突防能力，在中制导段，通常采用定高飞行，例如法国"飞鱼"AM39 导弹，采用的飞行弹道如图 3-6 所示，即

$$\varepsilon_1 = H_c(t) - H(t) = 0$$

式中　H——导弹实际飞行高度；

　　　$H_c(t)$——设计的高度程序弹道。

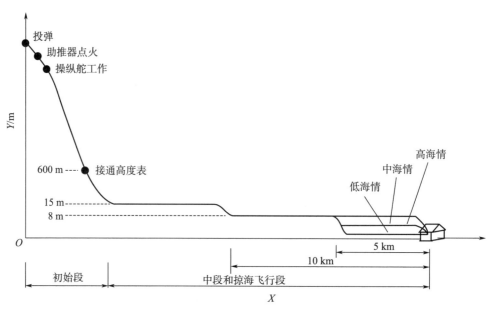

图 3-6　"飞鱼"AM39 导弹的飞行弹道

另外，空地巡航导弹或空射飞航式空舰导弹在投放后，在初制导段也往往采用高度程序控制，高度一般按指数形式衰减或线性衰减至某一特定高度，即

$$H_c(t) = \begin{cases} (H_0 - H_1)\,\mathrm{e}^{-(t-t_0)} + H_1 & t_0 \leqslant t < t_1 \\ H_1 & t \geqslant t_1 \end{cases} \tag{3-6}$$

$$H_c(t) = \begin{cases} H_0 - \dfrac{H_0 - H_1}{t_1 - t_0}(t - t_0) & t_0 \leqslant t < t_1 \\ H_1 & t \geqslant t_1 \end{cases} \tag{3-7}$$

式中　H_0——投放时刻的初始高度；

　　　H_1——巡航飞行的高度。

针对这种飞行方案弹道的控制系统较容易实现，可通过捷联惯性导航系统解算得到的实际飞行高度或由雷达高度表或激光高度表（精度可达 0.5 m）测量输出的高度，与装定在弹载计算机 $H_c(t)$ 做比较，形成控制偏差量，弹上姿控系统据此形成控制律，给出俯仰舵偏指令，弹上执行机构驱使俯仰舵偏转，进而控制实际飞行高度 $H(t)$ 趋于 $H_c(t)$。

在工程上，姿控系统通常采用 PI 或 PID 控制器，两者的数学表达式为

$$\begin{cases} \delta_z = K_p \Delta H + K_i \displaystyle\int \Delta H \, \mathrm{d}t \\ \delta_z = K_p \Delta H + K_i \displaystyle\int \Delta H \, \mathrm{d}t + K_d \Delta \dot{H} \end{cases}$$

其中

$$\Delta H = H_c(t) - H$$

$$\Delta \dot{H} = \dot{H}_c(t) - \dot{H}(t)$$

式中　ΔH —— 控制偏差量；

　　　$\Delta \dot{H}$ —— 控制偏差量的微分；

　　　$\displaystyle\int \Delta H \, \mathrm{d}t$ —— 控制偏差量的积分量。

通过调节比例因子、积分因子和微分因子三者的大小，即可调节控制品质。

例 3 - 2　试设计某一小型轴对称空地制导武器的飞行高度程序。

某一小型轴对称空地制导武器：弹重 110 kg，采用单室双推发动机，投放高度 50 m，导弹离轨速度为 $Ma = 0.05$，射程为 30 km，用于攻击水面小型舰艇，试设计中制导的飞行高度程序弹道。

解：根据此投放的特点，在投放之初，单室双推发动机大推力工作，使导弹飞行速度迅速增加，以获得足够的气动升力，避免高度快速下降而坠地或坠海，在大推力工作之后，将高度控制在离地面或水面 15 m 高度飞行，依靠发动机小推力工作，在离目标 10 km 之处将高度调节为 8.0 m 飞行，在离目标 5 km 之处将高度调节为 5 m 飞行（假设为中海浪情况），在目标进入导引头有效作用距离之内，导引头开始工作，转入导引弹道飞行。

按上述飞行方案，仿真结果如图 3 - 7 ～图 3 - 10 所示，图 3 - 7 为导弹飞行天速和高度随时间变化曲线，图 3 - 8 为导弹飞行攻角和马赫数随时间变化曲线，图 3 - 9 为导弹质量和质心随时间变化曲线，图 3 - 10 为俯仰角和俯仰舵偏随时间变化曲线。其中设计的高度程序弹道和响应如图 3 - 7（b）所示，由图可知，可以设计具有较优弹道品质的高度程序，飞行高度控制精度很高，结合导航高度精度或高度表的测量精度，可以满足掠海飞行的要求。

3.6.5　法向过载程序

给出法向过载（或加速度）的飞行方案 $n_c(t)$，即设计弹道的程序法向加速度，则理想控制关系式为

$$\varepsilon = n_c(t) - n(t) = 0 \tag{3-8}$$

式中　$n(t)$ —— 弹体飞行过程中的实际法向加速度；

　　　$n_c(t)$ —— 根据各种情况而设计成不同形状的形式。

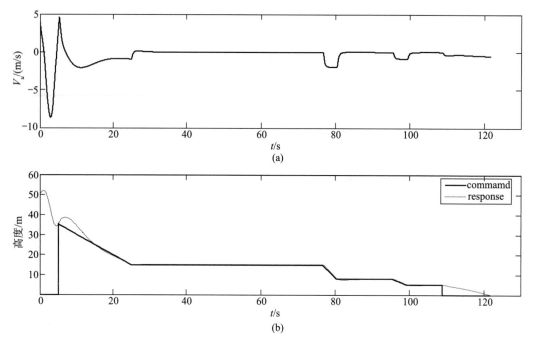

图 3-7　飞行天速和高度随时间变化曲线

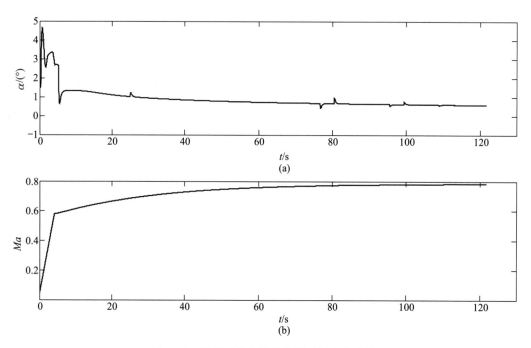

图 3-8　飞行攻角和马赫数随时间变化曲线

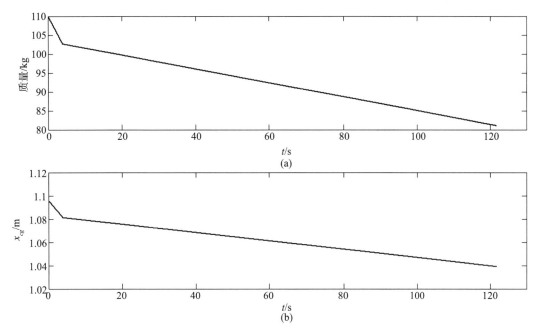

图 3-9 质量和质心随时间变化曲线

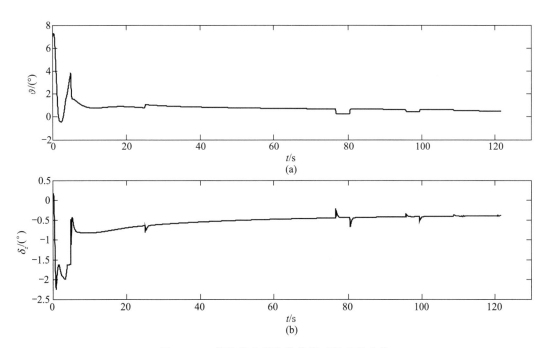

图 3-10 俯仰角和俯仰舵偏随时间变化曲线

3.6.6 弹道倾角程序

给出弹道倾角的飞行方案 $\theta_c(t)$，即设计弹道的程序弹道倾角，则理想控制关系式为

$$\varepsilon = \theta_c(t) - \theta(t) = 0 \qquad\qquad (3-9)$$

式中　　$\theta(t)$——弹体飞行过程中的实际弹道倾角；

　　　　$\theta_c(t)$——其根据各种情况而设计成不同形状的形式。

在工程上，常将爬升弹道设计成弹道倾角程序，即考虑到投弹时刻的弹道倾角初始值，结合投弹时的飞行速度、发动机的工作状态、弹体结构质量特性和气动特性等设计因素，在投弹时刻规划一条随时间变化的弹道倾角。

弹道倾角程序的另一种表达式为

$$\varepsilon = \dot{\theta}_c(t) - \dot{\theta}(t) = 0$$

上式可简单转换为

$$\varepsilon = n_c(t) - n(t) = 0$$

即也可以将弹道倾角程序转换为法向过载程序。

参 考 文 献

［1］ 张有济. 战术导弹飞行力学设计 ［M］. 北京：宇航出版社，1998.

［2］ 李新国，方群. 有翼导弹飞行动力学 ［M］. 西安：西北工业大学出版社，2005.

［3］ 钱杏芳，林瑞雄，赵亚男. 导弹飞行力学 ［M］. 北京：北京理工大学出版社，2006.

［4］ 飞航导弹弹道设计与计算，QJ 2272—1992.

第 4 章　捷联惯性导航系统设计

4.1　引言

惯性导航是弹上制导控制系统中的一个必不可少的量测系统，为制导和姿控解算提供载体的位置、速度、姿态、加速度和角速度等信息，随着捷联惯性导航技术的发展，越来越多的战术空地导弹选用捷联惯性导航技术。

在工程上，实现实时或离线输出载体（或弹体，在本书载体概念等同于弹体）的位置、速度、姿态、加速度和角速度的技术或方法称为导航技术，用来完成导航功能的系统称为导航系统。随着科学技术的迅速发展，目前广泛使用的导航方法有：1）航标方法；2）航位推算法；3）天文导航；4）陆基无线电导航；5）卫星无线电导航；6）地形匹配；7）地磁导航；8）惯性导航（简称惯导）等。其中惯性导航具有实时性、输出信息多、自主性等优点，已广泛应用于航空、航天与航海等。

惯性导航系统的基本工作原理：基于 3 个互相正交的加速度计输出的载体质心运动加速度分量，并在给定的初始条件下，由弹载计算机计算出载体的位置（即经度、纬度和高度）、速度和距离；由三个互相正交的陀螺测量载体在惯性空间的角运动，并经转换、处理，计算输出载体的姿态。

惯性导航系统是一种依据惯性原理，不依靠外部信息，不向外部辐射任何能量的自主式导航系统，仅靠系统本身就能在全天候全天时条件下、在全球范围内和任何介质环境里自主地、隐蔽地进行连续的三维空间定位和定姿，能够输出载体的位置、速度、加速度、姿态和角速度等多种导航参数。其优点：1）不向外辐射任何能量，不受外界电磁干扰的影响，没有不良因素带来的工作环境限制，可工作于全天候全天时条件下；2）提供的导航信息多，如位置、速度、加速度、姿态和角速度等；3）数据更新率高，几乎可以实时输出导航信息。其缺点：1）需要初始对准提供导航初始值；2）导航误差随时间累积，长时间工作会累积较大的导航误差。

按照惯性器件（包含陀螺和加速度计等）在载体上的安装方式，惯性导航系统可分为平台惯性导航系统（简称为 PINS）和捷联惯性导航系统（简称为 SINS）。PINS 器件安装于一个物理平台上，基于陀螺信息，通过伺服电机驱动稳定平台，使其模拟导航坐标系，每个轴对应着一个陀螺和加速度计，可测量载体的线加速度和角速度，经过一系列积分运算便可得到位置、速度和姿态信息等。PINS 用环架将惯性器件与载体隔离开来，这样陀螺的测量范围较小，系统的导航精度易于保证。SINS 将惯性器件（也称为惯性测量单元，简称惯组）直接安装于载体上，再从姿态矩阵的元素中提取载体的姿态信息，用姿态矩阵把加速度计输出的沿载体坐标系各轴的加速度转换到导航坐标系，然后进行导航位置和速度计算。SINS 和 PINS 的主要区别在于：1）与 PINS 采用真实的物理平台实现惯性导航算法相对应，SINS 则需要依赖捷联算法实现数学平台功能，从而进行惯性导航解算，故 SINS 导航算法的误差在很大程度上取决于搭建数学仿真平台算法的精确度；2）SINS 由于省略了复杂的物理平台（机械式），而具有结构简单、体积小、质量小、成本低、功耗小、易加工、维护简便、寿命长、可靠性高等特点；3）由于 SINS 将惯性器件直接安装在载体上，工作环境较为恶劣，这一方面要求惯性器件具有较高的测量范围，并且经过静态误差和动态误差补偿，另一方面，要求姿态更新算法和导航算法对特有误差进行补偿，以保证较好的解算精度；4）影响惯性导航精度的一个很重要因素为初始对准，平台惯性导航系统的惯性器件可以根据地球自转角速度和当地的重力加速度而实现比较精确的初始对准，还可以根据需要对惯性器件的误差进行标定，而 SINS 的惯性器件直接安装在载体上，较难直接对安装在载体上的惯性器件进行标定，一般需要拆下来，单独放置在速率台上进行标定，故常要求 SINS 的惯性器件具有较高的稳定性。

随着 MEMS 陀螺、光纤陀螺、激光陀螺等新型陀螺的出现和发展，以及弹载计算机技术的快速发展，SINS 的优越性日趋明显。目前，绝大多数战术空地制导武器采用 SINS。

4.2　基本规定

捷联惯性导航系统（以下简称惯性导航系统）用到的参数符号较多，为了叙述方便，特将参数说明如下：

IMU：惯性测量单元；

INS：惯性导航系统；

PINS：平台惯性导航系统；

SINS：捷联惯性导航系统；

g ：重力加速度；

G ：引力加速度；

λ ：经度；

L ：纬度；

h ：高度；

v_e，v_n，v_u：东速，北速，天速；

∇_x，∇_y，∇_z：加速度零偏；

ϕ_x，ϕ_y，ϕ_z：失准角；

γ，ψ，ϑ：载体姿态角，即滚动角、偏航角和俯仰角；

ε_x，ε_y，ε_z：陀螺零偏；

$\boldsymbol{\omega}_{ie}$：地球自转角速度；

R_p：地球参考椭球短轴半径；

R_e：地球参考椭球长轴半径；

R_m：子午圈曲率半径；

R_n：卯酉圈曲率半径；

f：椭球扁率；

e：椭球第一偏心率；

e'：椭球第二偏心率；

$\boldsymbol{v}_{ep}$：平台（即载体）相对于地球的速度；

$\dot{\boldsymbol{v}}_{ep}$：载体对地速度在导航坐标系中的变化率；

$\boldsymbol{f}$，$\boldsymbol{f}^n$，$\boldsymbol{f}^b$：比力、导航坐标系下的比力、载体坐标系下的比力。

$\boldsymbol{\omega}_{ib}^b$：载体相对于惯性坐标系的角速度在载体坐标系中的投影；

$\boldsymbol{\omega}_{in}^b$：平台相对于惯性坐标系的角速度在载体坐标系中的投影；

$\boldsymbol{\omega}_{nb}^b$：载体相对于导航坐标系的角速度在载体坐标系中的投影；

$\boldsymbol{\omega}_{ie}^n$：地球自转角速度在导航坐标系中的投影；

$\boldsymbol{\omega}_{en}^n$：导航坐标系相对于地心坐标系的角速度在导航坐标系中的投影；

$\boldsymbol{\omega}_{in}^n$：导航坐标系相对于惯性坐标系的角速度在导航坐标系中的投影；

$\boldsymbol{C}_{A_2}^{A_1}$：将矢量从 A_2 坐标系投影到 A_1 坐标系的方向余弦矩阵；

$\boldsymbol{C}_n^b$：姿态矩阵；

$\boldsymbol{C}_n^e$：位置矩阵；

$\boldsymbol{H}$：输出反馈阵；

$\boldsymbol{I}$：单位矩阵；

$\boldsymbol{Q}$：四元数；

$M(\boldsymbol{Q})$：四元数的矩阵形式；

$[\boldsymbol{a}\times]$ 或 $(\boldsymbol{a}\times)$：$\boldsymbol{a}=[a_x \quad a_y \quad a_z]^{\mathrm{T}}$ 矢量的反对称阵形式，代表如下矩阵

$$[\boldsymbol{a}\times]=\begin{bmatrix} 0 & -a_z & a_y \\ a_z & 0 & -a_x \\ -a_y & a_x & 0 \end{bmatrix}$$

4.3　坐标系及转换矩阵

进行惯性导航系统设计需要用到各种坐标系以及坐标系之间的转换，为了研究方便，在本节对其加以简单叙述。

4.3.1　坐标系定义

惯性导航系统根据应用的不同选用不同的坐标系作为导航坐标系，经常选用的导航坐标系有指北方位坐标系、自由方位坐标系和游动方位坐标系，其中指北方位坐标系应用比

较多，本文选用东北天地理坐标系作为导航坐标系。另外，在 SINS 导航方程的推导和解算中还涉及如下几个坐标系：地心惯性坐标系、地球坐标系、地理坐标系、发射惯性坐标系、载体坐标系、导航坐标系、游动坐标系以及平台坐标系等，它们的定义如下：

地心惯性坐标系（$Ox_iy_iz_i$，简称为 i 系）：又称天球坐标系，如图 4 - 1 (a) 所示，确定地心惯性坐标系首先得确定在惯性空间指向不变的参考线。在惯性空间，地球自转轴和地球公转轴是保持不变的，由地球自转轴可确定天体赤道，由公转轴可确定天体黄道，两者在天体上相交于春分点和秋分点，即春分点在惯性空间是恒定的，可将地心至春分点作为地心惯性坐标系的参考线。地心惯性坐标系取原点为地心；x_i 轴和 y_i 轴位于地球赤道平面内，x_i 轴指向春分点；z_i 轴指向地球自转轴。

地球坐标系（$Ox_ey_ez_e$，简称为 e 系）：又称地心固连（ECEF）坐标系，如图 4 - 1 (b) 所示，原点为地球中心；x_e 轴和 y_e 轴位于地球赤道平面内，x_e 轴指向格林威治子午线；z_e 轴指向地球自转轴。

地理坐标系（$Ox_gy_gz_g$，简称为 g 系）：如图 4 - 1 (b) 所示，原点为载体重心；x_g 轴沿当地纬线指东，与当地水平面平行；y_g 轴沿当地子午线指北；z_g 轴垂直于水平面指向天顶，与 x_g、y_g 轴构成右手坐标系。

发射惯性坐标系（$Ox_{li}y_{li}z_{li}$，简称为 li 系）：又简称发射坐标系，原点取为发射时刻载体在地表面的投影点，y_{li} 指向天向（即指向参考椭球体的法向，不通过地心），x_{li} 在水平面内指向目标点，z_{li} 与 x_{li} 和 y_{li} 轴构成右手坐标系。

载体坐标系（$Ox_by_bz_b$，简称为 b 系）：如图 4 - 1 (b) 所示，原点为载体重心；x_b 轴与载体侧轴一致，y_b 轴指向载体纵向方向；z_b 轴指向载体法向方向。

导航坐标系（$Ox_ny_nz_n$，简称为 n 系）：如图 4 - 1 (b) 所示，导航坐标系是惯性导航系统求解导航参数时所选取作为导航基准的坐标系。当选用导航坐标系与地理坐标系重合时，可将这种导航坐标系称为指北方位坐标系。

游动坐标系：在高纬度地区，沿垂直轴的平台跟踪角速度过大，在物理上较难实现。在工程上，常需要用到与地理坐标系仅在水平面内相差一个游动方位角 α 的当地水平坐标系作为导航坐标系，也称为游动自由坐标系。

平台坐标系（$Ox_py_pz_p$，简称为 p 系）：平台坐标系是惯性导航系统用来解算导航量所采用的参考坐标系，原点定义为载体重心，当惯性导航系统不存在误差时，平台坐标系与导航坐标系相重合，当惯性导航系统存在误差时，平台坐标系相对于导航坐标系就存在误差角。对于平台惯性导航系统，平台坐标系通过调节惯性元件的台体实现，平台坐标系与导航坐标系之间的误差角（也称为失准角）是由于平台的加工精度、装配精度、敏感元件本身误差以及初始对准误差等因素所造成的；对于捷联惯性导航系统，平台坐标系由"数学平台"（捷联惯性导航系统无物理平台）所确定，"数学平台"与导航坐标系之间的误差角取决于：1）初始对准误差；2）数学平台的解算精度；3）惯组误差等。

根据坐标系的定义，地心惯性坐标系可视为惯性坐标系，其他的坐标系为非惯性坐标系，需要指出的是，绝对的惯性坐标系是不存在的（如在地球大气层中飞行的载体受到地

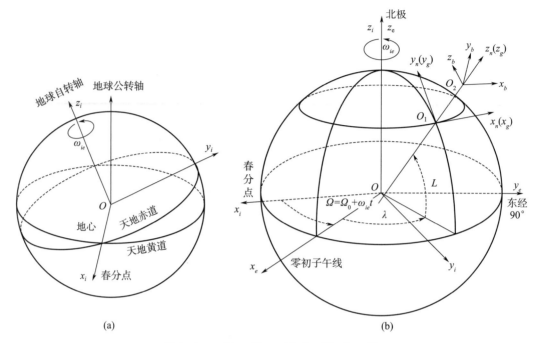

图 4-1　i 系、e 系、g 系（n 系）和 b 系

球引力和地球自转引起的离心力作用，同时还受到月球引力对载体的影响），但研究在地球大气层内飞行的载体，地心惯性坐标系和发射惯性坐标系可保证足够的求解精度。

4.3.2　坐标系转换

（1）i 系至 e 系的转换矩阵

设地球旋转速率为 ω_{ie}，初始参考时刻春分点（x_i）与格林威治子午线（x_e）之间的夹角为 Ω_0，则在任一时刻 t，i 系与 e 系之间的角度差为

$$\Omega(t) = \Omega_0 + \omega_{ie}t \qquad (4-1)$$

则从 i 系至 e 系的转换矩阵为

$$\boldsymbol{C}_i^e = \boldsymbol{R}_z(\Omega) = \begin{bmatrix} \cos\Omega & \sin\Omega & 0 \\ -\sin\Omega & \cos\Omega & 0 \\ 0 & 0 & 1 \end{bmatrix} \qquad (4-2)$$

（2）e 系至 n 系的转换矩阵

e 系和 n 系之间的方位关系如图 4-1（b）所示，在实际应用中常用经度 λ 和纬度 L 表示瞬时载体的位置，在工程上确定了地理坐标系（g 系）相对于地球坐标系（e 系）的方位关系即可确定载体的位置。地球坐标系先绕 Oz_e 轴转动（$\lambda + 90°$）角，此坐标系记为 $Ox'y'z'$，再绕 Ox' 轴转动（$-L + 90°$）角，即得到地理坐标系。用 $\boldsymbol{C}_e^g$（$\boldsymbol{C}_e^n$ 或 $\boldsymbol{C}_e^p$）表示从地球坐标系到地理（导航）坐标系的转换矩阵，则有

$$\boldsymbol{C}_e^g = \boldsymbol{C}_e^n = \begin{bmatrix} -\sin\lambda & \cos\lambda & 0 \\ -\cos\lambda \sin L & -\sin\lambda \sin L & \cos L \\ \cos\lambda \cos L & \sin\lambda \cos L & \sin L \end{bmatrix} \qquad (4-3)$$

由于 $\boldsymbol{C}_e^g$ 包含载体的经度和纬度信息，可以据此提取载体的经度和纬度信息，故称为位置矩阵。

（3）n 系至 b 系的转换矩阵

n 系与 b 系之间的角度关系可由三个欧拉角表示，如图 4-2 所示，将 n 系转至 b 系的顺序：地理坐标系绕 Oz_g 转 ψ 角，可得坐标系 $Ox'y'z'$，然后绕 Ox' 转 ϑ，最后绕 Oy_b 转 γ 角即转至 $Ox_b y_b z_b$。n 系转至 b 系的转换矩阵为

$$\boldsymbol{C}_n^b = \begin{bmatrix} -\sin\gamma \sin\vartheta \sin\psi + \cos\gamma \cos\psi & \sin\gamma \cos\psi \sin\vartheta + \cos\gamma \sin\psi & -\sin\gamma \cos\vartheta \\ -\sin\psi \cos\vartheta & \cos\psi \cos\vartheta & \sin\vartheta \\ \cos\gamma \sin\vartheta \sin\psi + \sin\gamma \cos\psi & -\cos\gamma \cos\psi \sin\vartheta + \sin\gamma \sin\psi & \cos\gamma \cos\vartheta \end{bmatrix}$$

$$= \begin{bmatrix} C_{11} & C_{12} & C_{13} \\ C_{21} & C_{22} & C_{23} \\ C_{31} & C_{32} & C_{33} \end{bmatrix}$$

$$(4-4)$$

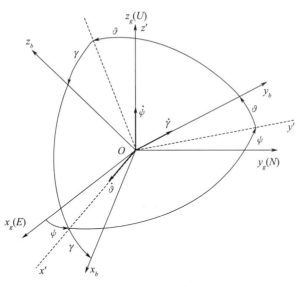

图 4-2　姿态角

由于 $\boldsymbol{C}_n^b$ 包含载体的姿态信息，可以据此提取载体相对于 n 系的姿态信息，即滚动、偏航和俯仰信息，故称为姿态矩阵。

另外，在 n 系转至 b 系的过程中，其变换矩阵都是单位正交矩阵，由单位正交矩阵的性质可得，b 系转至 n 系的转换矩阵 $\boldsymbol{C}_b^n$ 为

$$\boldsymbol{C}_b^n = (\boldsymbol{C}_n^b)^{-1} = (\boldsymbol{C}_n^b)^{\mathrm{T}}$$

4.4 地球模型

惯性导航的任务为在惯性空间内确定载体的位置、速度、姿态和航向等信息，要确定这些状态量，必须确定参考物，对于空地制导武器，由于其用于攻击地球表面的目标，故通常选用地球作为参考物。

4.4.1 地球几何形状及 WGS-84 坐标系

由于地球自转的影响，地球呈现扁圆体，沿赤道方向鼓出，南极稍微凹入，类似于一个旋转椭球体。视问题的性质，一般常采用三种地球几何模型：1) 圆球：即将地球看成一个球心为地心，半径为 6 371 km 的圆球；2) 大地水准体：通过地球海平面的地球重力场等势面形成的空间体，即假设地球被海水包围，各处海平面所形成的地球形状；3) 参考旋转椭球体（也称为地球参考椭球体）：地心为椭球体的中心，由某一椭圆绕椭圆短轴自转 180° 形成的椭球体。

三个模型中，圆球模型最为简单，但是精度最低；大地水准体精度最高，但是模型较为复杂，很难用数学模型去描述；参考旋转椭球体与大地水准体很接近，在垂直方向最大误差约为 150 m，垂线偏离真垂线（大地水准体的法向）最大误差为 3″。参考旋转椭球体可以用较为简单的数学模型表示，故为了分析方便，惯性导航系统常采用参考旋转椭球体。

为了便于导航计算，通过大地测量可得到多种近似于大地水准体的参考旋转椭球体，如克拉索夫斯基、海福德、1975 年国际会议推荐的参考椭球体（1975 年）、克拉克和 WGS-84（1984 年）、BJ-54、BJ-80（1975 年）等，各参考椭球体的精度有所不同，大多基于本国或本地区测量得到，有一定的地区适应性和局限性，现在，国际上大多采用精度更高的 WGS-84 参考旋转椭球体。

WGS-84 参考旋转椭球体的坐标系定义如下：

原点：地球的质量中心。

Z 轴：平行于协议地球极 CTP（Conventional Terrestrial Pole），CTP 由 BIH（Bureau International de L'Heure）采用 BIH 站的坐标定义。

X 轴：WGS-84 基准子午面与 CTP 所定义赤道面的交线，WGS-84 基准子午线与 BIH 采用的 BIH 站的坐标定义的零子午线相同。

Y 轴：与 X 轴、Z 轴构成右手的、地球固连地心的直角坐标系，即在 CTP 所定义的赤道面内把 X 轴向东旋转 90°。

为了描述参考旋转椭球体，定义如下参数：

R_p：地球参考椭球短轴半径；

R_e：地球参考椭球长轴半径；

扁率 f：$f = \dfrac{R_e - R_p}{R_e}$；

第一偏心率 e : $e = \dfrac{\sqrt{R_e^2 - R_p^2}}{R_e}$;

第二偏心率 e' : $e' = \dfrac{\sqrt{R_e^2 - R_p^2}}{R_p}$ 。

根据上述定义，WGS - 84 椭球体常量见表 4 - 1。

表 4 - 1　WGS - 84 椭球体常量

名称	量值	单位
地球参考椭球长轴半径 R_e	6 378 137	m
地球参考椭球短轴半径 R_p	6 356 752	m
地球旋转角速度 ω_{ie}	$7.292\ 115 \times 10^{-5}$	rad/s
地球引力常量 μ	$3.986\ 005 \times 10^{-14}$	m^3/s^2
二阶引力常量 J_2	$1.082\ 63 \times 10^{-3}$	
扁率 f	0.003 352 8	
第一偏心率 e	0.081 819 79	
赤道处重力加速度 g_{WGS_0}	9.780 326 771 4	m/s^2
重力加速度计算常量 g_{WGS_1}	0.001 931 851 386 39	
平均(标准)重力加速度 g	9.797 644 656 1	m/s^2

4.4.2　纬度和高度

在惯性导航中，常采用不同定义的纬度和高度，简述如下：

（1）纬度

在工程上，由于采用了不同的地球几何模型，故常对应不同的纬度定义，如图 4 - 3 所示，假设 p 为离地球表面某一高度上的一点，圆球的法向 pp_1 为地心垂线，与 OX 的夹角为地心纬度，用 L_c 表示；大地水准体的法向 pp_3 为天文垂线，与 OX 的夹角为天文纬度，用 L_g 表示；参考椭球体的法向 pp_2 为地理垂线，与 OX 的夹角为地理纬度，用 L 表示。根据有关资料，地理垂线和天文垂线之间相差较小，最大值为 $3''$，故用地理垂线近似代替天文垂线也可获得很高的精度。

绝大多数导航系统输出的纬度为地理纬度。

（2）高度

同理，由于采用不同的地球几何模型，则对应不同的高度定义，如图 4 - 3 所示，定义 pp_2 为椭球高度，pp_3 为海拔（也称为绝对高度），pp_4 为载体的相对高度。另外，p 点大气压力相对于标准气压换算的高度为气压高度，在标准大气压分布和标准温度分布下，气压高度相当于海拔。

大多数导航系统输出的高度为海拔，而卫星无线电导航（简称卫星导航）的输出高度

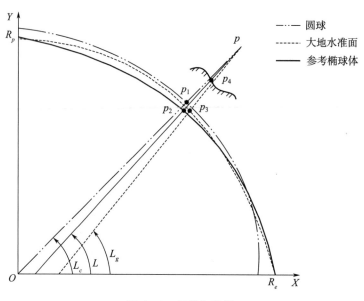

图 4-3　纬度与高度

大多为椭球高度。由于两者采用的模型存在一定的差别，故海拔和椭球高度在某一些地方存在较大的差别，某一些地区相差可超过 50 m，但最大相差不超过 150 m。在工程上，可将两者之间的差值存为相对于经纬度的数据库，当两者高度转换时，通过插值方法补偿绝大部分误差值。

4.4.3　地球曲率半径

如图 4-4 所示，设 P 为旋转椭球体上的点，其法向为 PR，过 P 点沿经度圈（即南北方向）作切线 AA'，沿纬度圈（即东西方向）作切线 BB'，则由 AA' 和法向确定的平面和地球参考椭球体相交的圈为子午圈，由 BB' 和法向确定的平面和地球参考椭球体相交的圈为卯酉圈。定义子午圈上各点的曲率半径为 R_m，卯酉圈上各点的曲率半径为 R_n。

子午圈曲率半径 R_m 可由下式求得

$$R_m \approx R_e(1 - 2f + 3f \sin^2 L) \tag{4-5}$$

在工程上，常表示为

$$\frac{1}{R_m} = \frac{(1 + 2f - 3f \sin^2 L)}{R_e}$$

根据定义，子午圈为一个椭圆，在赤道处，其曲率半径较小，为 $R_e(1 - 2f)$，在两极处，其曲率半径较大，为 $R_e(1 + f)$。

对于卯酉圈的曲率半径，可由下式求得

$$R_n \approx R_e(1 + f \sin^2 L) \tag{4-6}$$

或表示为

$$\frac{1}{R_n} = \frac{(1 - f \sin^2 L)}{R_e}$$

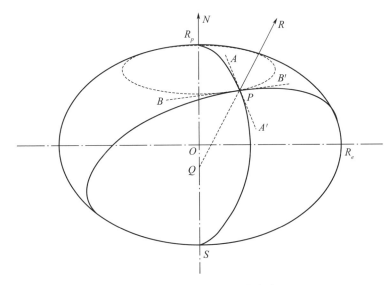

图 4 - 4　旋转椭球体的主曲率半径

根据定义，卯酉圈为一个椭圆，在赤道处，其退化为一个圆，其半径较大，为 $R_e(1+f)$，在两极处，其曲率半径较小，为 R_e。

4.4.4　地球重力模型

相对于 i 系，引力加速度可表示成

$$\boldsymbol{G}_i = \begin{bmatrix} G_X \\ G_Y \\ G_Z \end{bmatrix} = \begin{bmatrix} -\dfrac{\mu}{R^2}\left\{1 + \dfrac{3}{2}J_2\left(\dfrac{R_e}{R}\right)^2\left[1 - 5\left(\dfrac{Z}{R}\right)^2\right]\right\}\dfrac{X}{R} \\[3ex] -\dfrac{\mu}{R^2}\left\{1 + \dfrac{3}{2}J_2\left(\dfrac{R_e}{R}\right)^2\left[1 - 5\left(\dfrac{Z}{R}\right)^2\right]\right\}\dfrac{Y}{R} \\[3ex] -\dfrac{\mu}{R^2}\left\{1 + \dfrac{3}{2}J_2\left(\dfrac{R_e}{R}\right)^2\left[3 - 5\left(\dfrac{Z}{R}\right)^2\right]\right\}\dfrac{Z}{R} \end{bmatrix} \qquad (4-7)$$

其中

$$R = \sqrt{(X^2 + Y^2 + Z^2)}$$

式中　X，Y，Z ——载体在 i 系中投影的分量；

　　　R ——载体至 i 系中原点的距离。

在地球大气层附近载体除了受到地球引力的作用，还受到离心力的作用（由于地球自转产生），故载体受到的重力加速度表示为

$$\boldsymbol{g} = \boldsymbol{G} - \boldsymbol{\omega}_{ie} \times (\boldsymbol{\omega}_{ie} \times \boldsymbol{R}) \qquad (4-8)$$

式中　$\boldsymbol{R}$ ——载体距地心的矢量。

基于式（4-7）计算的引力加速度具有很高的精度，可达 $10^{-5}g$，但求解时，需要在地心惯性坐标系下求解得到载体的位置，使用不方便。在工程上，现在大多选用 WGS-84 坐标系进行导航，其海拔为 0 米处的重力加速度为

$$g = g_e \frac{(1 + k \sin^2 L)}{\sqrt{1 - e^2 \sin^2 L}}$$

其中

$$k = \frac{R_p g_p}{R_e g_e} - 1$$

式中　　g_e，g_p——参考椭球体赤道和极点处的理论重力加速度。

可写成数值式

$$g = 978.032\ 677\ 14\ \frac{1 + 0.001\ 931\ 851\ 386\ 39 \sin^2 L}{\sqrt{1 - 0.006\ 694\ 379\ 990\ 13 \sin^2 L}} \tag{4-9}$$

上式为海平面高度的重力加速度大小，在飞行高度 h 处的重力加速度可通过下式得到

$$g_h = g \left(\frac{R_e}{R_e + h}\right)^2$$

在工程上，对于空地导弹，由于飞行高度相对于地球半径是小量，也可以将上式线性化展开为

$$g_h = g \left(\frac{R_e}{R_e + h}\right)^2 = g \frac{(R_e + h)^2 - 2R_e h - h^2}{(R_e + h)^2} \approx g \left(1 - \frac{2h}{R_e}\right) \tag{4-10}$$

地球不完全是一个同质椭球，当地重力矢量方向（大地水准面）不会完全垂直于椭球表面，此偏差称为垂线偏斜，常用南北方向和东西方向的两个偏斜角（ξ 和 η）表示，其中 ξ 为天文纬度和地理纬度之间的夹角，两个偏斜角都为小量，最大不超过 $20''$。重力异常引起的重力偏差在地理坐标系中可表示为

$$\boldsymbol{g}^\alpha = [\xi g \quad -\eta g \quad 0]$$

进行长时间精确导航时，需要考虑此重力偏差，经重力偏差修正后的重力在地理坐标系中的数学模型为

$$\boldsymbol{g}_{\text{true}} = \boldsymbol{g} + \boldsymbol{g}^\alpha = [0 \quad 0 \quad g] + [\xi g \quad -\eta g \quad 0] = [\xi g \quad -\eta g \quad g]$$

值得说明的是，ξ 和 η 是经度和纬度的函数，由大地测量得到。

4.4.5　地心系坐标与地理经纬度、高度的变换关系

惯性导航在地球上的定位常采用两种定位参考坐标系：1）在地球直角坐标系中（即 e 系）定位；2）在地球球面坐标系（即地理坐标系）中定位，表示为经度、纬度和高度。

（1）球面坐标系变换至 e 系（WGS-84）坐标

已知载体地理经度 λ，纬度 L 和高度 h，分两步确定载体在 e 系下的坐标。

1）根据式（4-6）计算卯酉圈曲率半径 R_n；

2）然后根据下式计算载体在 e 系中的坐标

$$\begin{cases} x = (R_n + h)\cos L \cos \lambda \\ y = (R_n + h)\cos L \sin \lambda \\ z = [R_n(1 - e)^2 + h]\sin L \end{cases} \tag{4-11}$$

（2）e 系（WGS-84）坐标变换至球面坐标系

已知载体在 e 系中的坐标 x，y 和 z，分三步计算载体的地理纬度、经度和高度。

1）根据 e 系中的坐标 x 和 y，计算载体的经度

$$\lambda_{main} = \arctan \frac{y}{x} \qquad (4-12)$$

由（4-12）解算得到的经度区间为 $[-90°，90°]$，而惯性导航中经度的定义域为 $\lambda \in [-180°，180°]$，故还需按载体在 e 系中的坐标 x 和 y 确定载体经度，如下式

$$\lambda = \begin{cases} \lambda_{main} & x > 0 \\ \lambda_{main} + 180° & x < 0, y > 0 \\ \lambda_{main} - 180° & x < 0, y < 0 \end{cases} \qquad (4-13)$$

2）计算纬度 L 和高度 h，由如下迭代公式给出

$$L_0 = \arctan \left[\frac{z}{\sqrt{x^2 + y^2}} \frac{1}{(1-f)^2} \right] \qquad (4-14)$$

$$(R_n + h)_{i+1} = \frac{x}{\cos L_i \cos \lambda} \qquad (4-15)$$

$$(R_n)_{i+1} = \frac{R_e}{\sqrt{\cos^2 L_i + (1-e^2) \sin^2 L_i}} \qquad (4-16)$$

$$L_{i+1} = \arctan \left(\frac{z}{\sqrt{x^2 + y^2}} \frac{(R_n + h)_i}{(R_n + h)_i - (R_n)_i e^2} \right) \qquad (4-17)$$

一般经 1～3 次迭代后，即可满足精度要求，可以设定迭代停止条件，即

$$\Delta L = |L_{i+1} - L_i| < \varepsilon \ (\varepsilon \text{ 为一个小数})$$

3）计算高度

$$h = (R_n + h)_i - (R_n)_i$$

4.5　惯性测量单元

载体在惯性空间的运动为六自由度，三个角运动和三个线运动，陀螺用来测量载体的角运动（角度或角速度），加速度计用于测量载体的线加速度，在工程上，常将陀螺和加速度计封装在一起，称为惯性测量单元。

下面简单介绍加速度计和陀螺的工作原理以及性能指标。

4.5.1　加速度计

（1）加速度计简介及分类

加速度计：又称比力敏感器，以牛顿第二定律作为理论基础。在载体上安装加速度计的目的：用于敏感和测量载体沿一定方向的比力（即作用在载体的外力与重力之间的矢量差），然后经过计算（一次积分和二次积分）求得载体运动的位置、速度和加速度信息等。

值得注意的是：加速度计并非用于测量载体的绝对加速度，而是用于测量作用于载体上的外力（除重力之外），从此意义上，不应该称之为加速度计。

加速度计种类繁多，特性也不尽相同，按物理原理可分为摆式和非摆式，摆式加速度计包括积分摆式加速度计、液浮摆式加速度计和挠性摆式加速度计，非摆式加速度计包括振梁加速度计和静电加速度计；按测量的自由度可分为单轴、双轴、三轴加速度计；按测量精度可分为高精度（$\leqslant 0.001 \text{ m/s}^2$）、中精度（$0.01 \sim 0.001 \text{ m/s}^2$）和低精度（$\geqslant 0.01 \text{ m/s}^2$）加速度计；按照工作原理和结构的不同，可分为两大类，即机械加速度计和固态加速度计。

①机械加速度计

机械加速度计大致包括摆式加速度计、双轴力反馈加速度计和摆式积分陀螺加速度计等。

②固态加速度计

固态加速度计包括振动加速度计、表面声波加速度计、静电加速度计、光纤加速度计以及硅微机械加速度计等。

石英挠性加速度计是力反馈摆式加速度计中的一种，如图 4-5 所示，是在液浮摆式加速度计基础上发展起来的新一代加速度计，其组成包括挠性杆、摆组件、力矩器、信号器等，是通过检测质量敏感输入加速度，再经电路调制和解调，输出信号完全正比于输入加速度的大小。

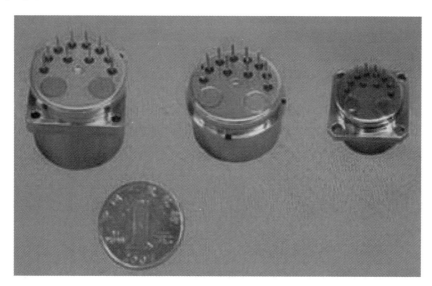

图 4-5　石英挠性加速度计

石英挠性加速度计与液浮式加速度计原理相类似，同样是由力矩再平衡回路所产生的力矩平衡加速度引起惯性力矩。其区别在于液浮式加速度计是悬浮在液体中，而石英挠性加速度计是连接在一个挠性（弹性）支承上，由于挠性支承消除了液浮式加速度计轴承的摩擦力矩，精度更高，动态特性更好。从 20 世纪 60 年代问世以来，石英挠性加速度计很快就取代了液浮摆式加速度计，在海、陆、空各种惯性导航系统中得到广泛应用。

（2）加速度计工作原理及模型

机械加速度计简化模型如图 4-6（a）所示，通常由质量块（质量为 m）、弹簧（弹力系数为 K）、阻尼器（阻尼系数为 D）和壳体组成，假设此加速度计垂直向上，O 为载体基座无向上加速度时的质量块位置，也定义为坐标原点，Ox 垂直向上。当加速度计跟随载体基座以加速度 a 向上运动时，其受到质量块重力、弹簧弹性力和阻尼器阻尼力等作用，根据牛顿第二定理，可得

$$m(\ddot{x}+a)=-D\dot{x}-Kx-mg$$

即可得

$$m\ddot{x}+D\dot{x}+Kx=-m(g+a)$$

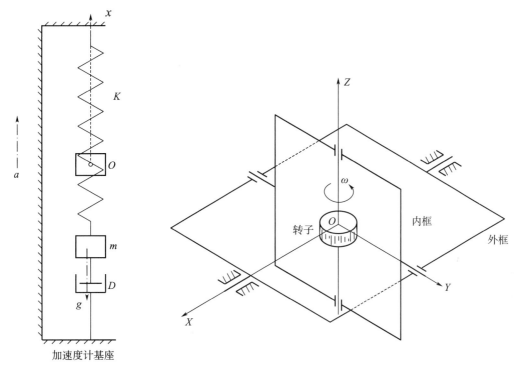

(a) 机械加速度计工作原理   (b) 机械陀螺工作原理

图 4-6 机械式惯性测量单元工作原理

当基座以加速度 a 向上运动达到平衡时，即 $\ddot{x}=\dot{x}=0$，则

$$-\frac{Kx}{m}=g+a=\frac{F_{弹簧}}{m}$$

惯性导航中，常将作用在单位质量上非重力的外力定义为比力，根据上式，比力取决于载体质量块受到的相对加速度和重力加速度之和。

上面简述了机械加速度计的工作原理，实际上已很少应用，随着科技的发展，加速度计也有了飞快的发展，目前战术空地导弹大多采用石英挠性加速度计等。

（3）加速度计误差模型

通常惯组中的三个加速度计以右手正交的方式安装于基座上，三个加速度计分别输出载体所受比力在载体坐标系下的分量 f_x，f_y 和 f_z，即可得载体所受比力为 $\boldsymbol{f} = f_x \boldsymbol{i} + f_y \boldsymbol{j} + f_z \boldsymbol{k}$。在工程上，加速计输出不可避免地存在测量误差 Δf_x，Δf_y 和 Δf_z，其中 Δf_x 表示为

$$\Delta f_x = k_0 + k_1 f_x + k_2 f_y + k_3 f_z$$

式中　k_0——零位误差；

　　　k_1——比例误差系数；

　　　k_2，k_3——三轴之间的耦合误差。

当然还有其他小量的非线性项，对于石英挠性加速度计，零位误差和比例误差是主要的误差项，耦合误差项相对较小。

4.5.2　陀螺

（1）陀螺简介及分类

传统意义上的陀螺仪是安装在框架中绕回转体对称轴高速旋转的物体，具有定轴性和进动性，利用这些特性可制成敏感角速度的速率陀螺和敏感角位置的位置陀螺。由于光学、MEMS 等技术的发展，出现了基于 MEMS 技术和光学技术的新型陀螺仪，现在习惯上将能够完成陀螺功能的装置统称为陀螺或陀螺仪。

随着技术的发展，已开发出种类多、性能优异的各式各样的陀螺，按支承系统的不同，陀螺可分为滚珠轴承支承陀螺，液浮、气浮与磁浮陀螺，挠性陀螺（动力调谐式挠性陀螺仪）和静电陀螺等；按物理特性的不同，陀螺可分为利用高速旋转体物理特性工作的转子式陀螺，以及利用其他物理原理工作的半球谐振陀螺、微机械陀螺、环形激光陀螺和光纤陀螺等；按工作机理的不同，陀螺可分为以经典力学为基础的陀螺（通常称为机械陀螺）和以非经典力学为基础的陀螺（如振动陀螺、光学陀螺、硅微陀螺等）。

（2）机械陀螺的组成及工作原理

机械陀螺组成：由高速转动的转子、内框架和外框架等构成，如图 4 - 6（b）所示，转子为角动量的载体，内外框架构成了万向支架，陀螺转子的质心与转轴（也为支承中心）重合。

机械陀螺工作原理：一个高速旋转物体的旋转轴所指的方向在不受外力影响时，在惯性空间保持稳定，不会改变。此特性进一步表述为机械陀螺的两个基本特性：定轴性和进动性。这两个特性都建立在角动量守恒的原则下。

假设高速旋转转子的动量矩为 $\boldsymbol{H}$，作用在转子上的外力矩为 $\boldsymbol{M}$，由理论力学可知，外力矩和转子的动量矩之间的关系为

$$\boldsymbol{M} = \frac{\mathrm{d}\boldsymbol{H}}{\mathrm{d}t}$$

①定轴性

当陀螺转子以高速旋转，在没有任何外力矩作用在其上面时，陀螺自转轴在惯性空间

中的指向保持稳定不变，即指向一个固定的方向，同时具有反抗任何改变转子轴向的惯性。此物理现象称为陀螺的定轴性或稳定性。

根据哥氏定理，在惯性空间对动量矩 $\boldsymbol{H}$ 求导，可得

$$\frac{\mathrm{d}\boldsymbol{H}}{\mathrm{d}t}\bigg|_i = \frac{\mathrm{d}\boldsymbol{H}}{\mathrm{d}t}\bigg|_e + \boldsymbol{\omega}_{ie} \times \boldsymbol{H}$$

当无外力矩作用时，即 $\boldsymbol{M} = \boldsymbol{0}$，可得

$$\frac{\mathrm{d}\boldsymbol{H}}{\mathrm{d}t}\bigg|_e = -\boldsymbol{\omega}_{ie} \times \boldsymbol{H} = \boldsymbol{H} \times \boldsymbol{\omega}_{ie}$$

即当动量矩矢量和地球自转轴不重合时，在地球坐标系下，动量矩发生变化，分析如下：

如图 4 - 7 所示，假设初始动量矩为 $\boldsymbol{H} = [H_x, H_y, H_z]^\mathrm{T}$，将上式写成矩阵的形式

$$\begin{bmatrix} \dfrac{\mathrm{d}H_x}{\mathrm{d}t}\bigg|_e \\[2mm] \dfrac{\mathrm{d}H_y}{\mathrm{d}t}\bigg|_e \\[2mm] \dfrac{\mathrm{d}H_z}{\mathrm{d}t}\bigg|_e \end{bmatrix} = \begin{bmatrix} 0 & H_z & -H_y \\ H_z & 0 & H_x \\ H_y & -H_x & 0 \end{bmatrix} \begin{bmatrix} 0 \\ 0 \\ \omega_{ie} \end{bmatrix} = \begin{bmatrix} -H_y\omega_{ie} \\ H_x\omega_{ie} \\ 0 \end{bmatrix} \qquad (4-18)$$

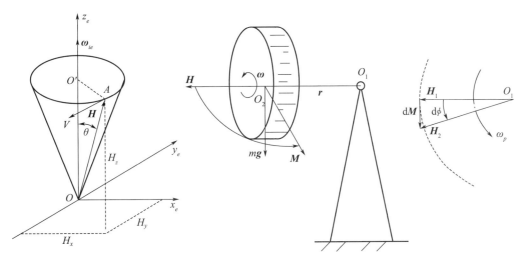

图 4 - 7　陀螺特性

由式（4 - 18）可知，动力矩将围绕平行于地球自转轴的轴做圆锥运动，其方向由 $\boldsymbol{H} \times \boldsymbol{\omega}_{ie}$ 确定，其周期为地球自转周期，此运动也称为陀螺的表观运动。当在地球北极，动量矩矢量与地球自转轴平行时，则在地球上观测不到表观运动，当在地球赤道上，动量矩矢量与地球自转轴正交时，在惯性空间所观测到陀螺的表观运动在地心坐标系上为一个圆，半径为 $|\boldsymbol{H}|$。

②进动性

当转子高速旋转时，如图 4 - 6 (b) 所示，若外力矩作用于外环轴，陀螺仪将绕内环轴转动；若外力矩作用于内环轴，陀螺仪将绕外环轴转动。其转动角速度方向与外力矩作

用方向互相垂直，陀螺的此特性称为进动性。

无外力矩作用时，即 $\boldsymbol{M}=\boldsymbol{0}$，可得

$$\left.\frac{\mathrm{d}\boldsymbol{H}}{\mathrm{d}t}\right|_i = \boldsymbol{M}$$

下面以某陀螺在重力矩作用下为例说明陀螺的进动性。

某理想陀螺的质量为 m，转动惯量为 I，以某速度 ω 绕自身旋转轴 O_1O_2 转动，其支撑在一个支承架上，受到重力矩 $m\boldsymbol{r} \times \boldsymbol{g}$ 的作用，如图 4-7 所示。

在重力矩的作用下，陀螺向着外力矩（重力矩的方向）运动，其大小可利用微分得到，即在某很短时间内，在外力矩的作用下，角动量增加量为 $\Delta\boldsymbol{H}$，则

$$\Delta\boldsymbol{H} = \boldsymbol{M}\Delta t$$

而

$$\omega_p = \frac{\mathrm{d}\phi}{\mathrm{d}t} = \lim_{\Delta t \to 0}\frac{\Delta\phi}{\Delta t} = \lim_{\Delta t \to 0}\frac{\Delta H/H}{\Delta t} = \lim_{\Delta t \to 0}\frac{M\Delta t/H}{\Delta t} = \frac{M}{H} = \frac{mgr}{I\omega^2}$$

进动角速度的方向取决于动量矩 $\boldsymbol{H}$ 的方向（与转子自转角速度矢量的方向一致）和外力矩 $\boldsymbol{M}$ 的方向，而且是自转角速度矢量以最短的路径追赶外力矩。

（3）非经典力学为基础的陀螺

随着科技的发展，出现了许多非经典力学为基础的陀螺，其种类繁多，具有传统陀螺不具有的优点，已大量应用于战术武器，下面简单地介绍两种基于光学原理的陀螺：激光陀螺和光纤陀螺。

环形激光陀螺（RLG）利用光程差的原理来测量角速度。两束光波沿着同一个圆周路径反向而行，当光源与圆周均发生旋转时，两束光的行进路程不同，产生了相位差，通过测量该相位差可以测出激光陀螺的角速度。在国外，激光陀螺发展已经十分成熟，新型激光陀螺研究（包括一些关于机械抖动激光陀螺和四频差动激光陀螺的技术改进）的主要成果是在激光陀螺的小型化、工程化和新型化等方面取得的进展。2007 年年初，美国 Honeywell 公布了 GG1320 RLG 的两种升级产品：数字 RLG GG1320AN（军用）和 GG1320AN01（民用）。它们均是将电子设备和 RLG 封装成简单易用的独立单元，提供数字化的 I/O 接口。前者的偏差稳定性和随机游走达到：3.5×10^{-4}（°）/h 和 3.5×10^{-4}（°）/h，线性度为 5 ppm。

光纤陀螺（Fiber Optical Gyro，FOG）与环形激光陀螺的基本原理相同，光纤陀螺采用萨格奈克干涉原理（由法国物理学家 Sagnac 提出，采用光学方法测量角速度），利用光纤绕成环形光路，并检测出随转动而产生的反向旋转的两路激光束之间的相位差，从而计算出旋转角速度。

①工作原理

由光源发出的激光经过分束器在 A 点被分解为沿顺时针和逆时针方向传播的两束光（即透射光和反射光），如图 4-8 所示，其进入圆环形腔体。如果腔体相对于惯性空间没有转动，则两束光在环路内绕一圈的光程是相等的，所需的时间为

$$t = \frac{2\pi r}{c}$$

假设腔体以角速度 ω 绕垂直于光路平面的中心轴线顺时针旋转（光纤环和分束器随之旋转），从 A 点出发的两束反向传播光束在环路内绕一圈的光程不再相同，顺时针和逆时针方向传播的光束绕行一圈需要的时间分别为

$$t_1 = \frac{2\pi r}{c + r\omega} \ , \ t_2 = \frac{2\pi r}{c - r\omega}$$

即可得时间差

$$\Delta t = t_2 - t_1 = \frac{2\pi r}{c - r\omega} - \frac{2\pi r}{c + r\omega} = \frac{4\pi r^2 \omega}{c^2 - r^2 \omega^2} \doteq \frac{4S}{c^2}\omega$$

式中　S——环形光路所覆盖的面积。

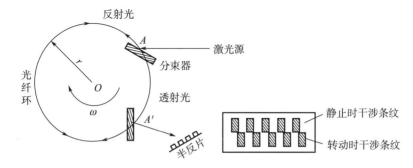

图 4-8　光纤陀螺工作原理

也可得两束光在光纤环旋转的情况下到达分束器的光程差

$$\Delta L = \Delta t \times c = \frac{4S}{c}\omega$$

由此表明两束光的光程差与输入角速度成正比。

根据光学理论，两束光之间的光程差与它们之间的相位差有以下关系

$$\Delta\varphi = \frac{2\pi}{\lambda}\Delta L = \frac{8\pi S}{\lambda c}\omega = \frac{4\pi r l}{c\lambda}\omega$$

式中　λ——激光的波长；

　　　l——单匝光纤环的周长，$l = 2\pi r$。

在工程上，光纤陀螺采用多匝光纤环（设为 n 匝），两束光绕行 n 周再次汇合时的相移应为

$$\Delta\varphi = \frac{4\pi r n l}{c\lambda}\omega = K\omega$$

式中　K——光纤陀螺刻度因子。

顺、逆光束在环路内传播一周后通过半反片发生干涉，形成干涉条纹，光程差改变一个波长时，干涉条纹就移动一个。由于光程差与腔体转动角速度成正比，因此干涉条纹的移动速度也与腔体转动角速度成正比，这一现象被称为 Sagnac 效应。基于 Sagnac 效应的

干涉仪通过检测干涉条纹的移动速度来确定转动角速度。故光纤陀螺也称为光纤干涉仪陀螺。

②优点

由于光纤可以进行绕制（一般长度为 500～2 500 m），因此光纤陀螺中激光回路的长度比环形激光陀螺大大增加，使得检测灵敏度和分辨率也提高了几个数量级，从而有效地克服了环形激光陀螺的闭锁问题。光纤陀螺的主要优点在于：1）无运动部件，陀螺牢固稳定，耐冲击和抗加速度运动，特别适用于捷联惯性导航；2）结构简单，零部件少，价格较低；3）快速启动（原理上可瞬间启动）；4）检测灵敏度和分辨率高（可达 10^{-7} rad/s）；5）动态范围宽 ［可达±300 （°）/s]；6）高可靠性和长寿命；7）对重力加速度不敏感。这些优点是传统机械式陀螺所无法比拟的，所以在高精度应用领域，光纤陀螺正在逐步取代静电陀螺（静电陀螺虽然精度高，但结构复杂、成本较高、使用和维护不方便）。

③使用

目前高精度的光纤陀螺的精度已可达到 0.000 2 （°）/h，从 20 世纪 90 年代起，0.1 （°）/h 的中精度干涉型光纤陀螺 （IFOG） 已投入批量生产。目前，战术级空地导弹大多采用捷联型光纤陀螺。

（4）陀螺的技术指标

表征陀螺的技术指标主要有：零偏、零偏稳定性、零偏重复性、零偏温度灵敏度刻度因子（标度因数）、阈值、分辨率、随机游走系数、带宽 、输出延迟时间、启动时间等。

①零偏

当输入角速度为零时，陀螺仪的输出量称为陀螺的零偏，以规定时间内测得的输出量平均值相应的等效输入角速度表示，单位为 （°）/h。

②零偏稳定性

当输入角速度为零时，衡量输出围绕其均值（即零偏）的离散程度，称为零偏稳定性，也称为偏置稳定性或零漂。静态情况下长时间稳态输出是一个平稳随机过程，故稳态输出将围绕零偏起伏和波动。一般用均方差或标准差来表示这种起伏和波动。

零漂值的大小标志着输出值围绕零偏的离散程度，零偏稳定性的单位用 （°）/h 表示，其值越小，稳定性越好。陀螺的零偏随时间、环境温度等因素变化而变化，并带有很大的随机性，由此又有了零偏重复性、零偏温度灵敏度等概念。

③零偏重复性

在同样条件下及规定的间隔时间内，重复测量陀螺仪零偏之间的一致程度。以各次测试所得零偏的标准偏差表示，单位为 （°）/h。

④零偏温度灵敏度

相对于室温零偏，由温度变化引起陀螺仪零偏变化量与温度变化量之比，一般取最大值表示，单位为 （°）/ （h·℃）。

⑤刻度因子

陀螺刻度因子（也称为标度因数）是指陀螺输出与输入角速度的比值，该比值是根据整个输入角速度范围内测得的输入/输出数据，通过最小二乘法拟合求出的直线斜率，实际上刻度因子拟合的残差决定了该拟合数据的置信度，表征了与陀螺实际输入/输出的偏离程度。

由此从不同角度引出了标度因数非线性度、标度因数不对称度、标度因数重复性以及标度因数温度灵敏度等概念。

⑥阈值

阈值表示陀螺能敏感到的最小输入角速度。由该输入角速度产生的输出量至少应等于按标度因数所期望输出值的 50%。

⑦分辨率

分辨率表示在规定的输入角速度下能敏感的最小输入角速度增量，分辨率属于陀螺的动态性能指标。

阈值和分辨率均表征陀螺的灵敏度。

⑧随机游走系数

随机游走系数是指由白噪声产生的随时间积累的陀螺输出误差系数，单位为 $(°)/h^{1/2}$。这里的"白噪声"是指陀螺系统遇到某一种随机干扰，这种干扰是一个随机过程。当外界条件基本不变时，可认为这种噪声的主要随机特性是不随时间的推移而改变。从功率谱角度来看，这种噪声对不同频率的输入都能进行干扰，抽象地把这种噪声假定在各频率分量上都有相同的功率，类似于白光的能谱，故称之为"白噪声"。

⑨带宽

陀螺仪频率特性测试中，规定在测得的幅频特性中幅值降低 3 dB 所对应的频率范围。

⑩输出延迟

陀螺仪输出相对于信号输入的延迟时间。

⑪启动时间

陀螺仪在规定的工作条件下，从加电开始至达到规定性能所需要的时间。

4.5.3　惯组指标

对于空地制导武器来说，惯性测量单元是必备的弹上设备，由加速度计和角速度陀螺组成，以某型光纤惯组（光纤型陀螺＋石英挠性加速度计）为例，说明惯组的性能指标要求：

（1）结构总体参数

包括体积、重量、外形尺寸及加工精度、机械接口及安装基准等。

（2）电气参数

包括电气接口（电连接器型号及点号）、通信协议（数据帧格式、数据内容）、供电及功耗等。

（3）惯组主要技术参数

1）启动时间（若采用温控方案，此指标包含预热时间）；

2）稳定时间；

3）标定间隔时间；

4）输出延迟；

5）使用环境和环境适应性：使用环境包括温度、湿度及大气压强等；环境适应性包括存储及运输条件、存放环境条件等；

6）寿命和可靠性。

（4）陀螺性能参数

1）零偏、零偏稳定性及零偏重复性；

2）零偏对环境温度、温度梯度及电磁场的灵敏性；

3）测量范围及分辨率；

4）标度因数、标度因数非线性及标度因数重复性；

5）随机游走系数；

6）带宽；

7）耦合误差。

（5）加速度计性能参数

1）零偏、零偏稳定性及零偏重复性；

2）测量范围及分辨率；

3）标度因数、标度因数非线性及标度因数重复性；

4）随机游走系数；

5）带宽；

6）耦合误差。

某一惯性测量单元的指标如下：

（1）加速度计技术指标

量程：$-10\,g \sim +10\,g$

阈值：$5 \times 10^{-4}\,g$

分辨率：$\leqslant 0.01\ \mathrm{m/s^2}$

带宽：$\geqslant 100\ \mathrm{Hz}$

比例误差 $\delta K_1 / K_1$（全温）：$\leqslant 0.001$（1σ）

零偏：$\leqslant 1 \times 10^{-3}\,g$

零偏稳定性：$\leqslant 1.0 \times 10^{-3}\,g$

零偏重复性：$\leqslant 0.5 \times 10^{-3}\,g$（$1\sigma$）

标度因数误差：$\leqslant 200\ \mathrm{ppm}$

随机游走系数：$\leqslant 0.001\,g\ /\mathrm{h^{1/2}}$

耦合误差：$\leqslant 3.5'$

（2）角速度陀螺技术指标

量程：±400（°）/s

阈值：0.01（°）/s

分辨率：≤0.01（°）/s

带宽：≥50 Hz

零偏：≤10（°）/h

零偏稳定性：≤5（°）/h（1σ）

零偏重复性：≤5（°）/h（1σ）

标度因数误差：≤200 ppm

随机游走系数：≤1.0（°）/h$^{1/2}$

比例误差：≤0.001（1σ）

耦合误差（全温）：≤3.5′

4.6　惯性导航基本方程

假设载体在 i 系中的位置矢量为 $\boldsymbol{R}$，根据理论力学哥氏定理，可得

$$\frac{\mathrm{d}\boldsymbol{R}}{\mathrm{d}t}\Big|_i = \frac{\mathrm{d}\boldsymbol{R}}{\mathrm{d}t}\Big|_e + \boldsymbol{\omega}_{ie} \times \boldsymbol{R} \tag{4-19}$$

式中　$\dfrac{\mathrm{d}\boldsymbol{R}}{\mathrm{d}t}\Big|_i$——载体在 i 系下的速度；

$\dfrac{\mathrm{d}\boldsymbol{R}}{\mathrm{d}t}\Big|_e$——载体在 e 系下的速度，常用 $\boldsymbol{v}_{ep}$ 表示，即地速；

$\boldsymbol{\omega}_{ie} \times \boldsymbol{R}$——地球自转产生的牵连速度。

将式（4-19）在 i 系下求导，可得

$$\frac{\mathrm{d}^2\boldsymbol{R}}{\mathrm{d}t^2}\Big|_i = \frac{\mathrm{d}\boldsymbol{v}_{ep}}{\mathrm{d}t}\Big|_i + \boldsymbol{\omega}_{ie} \times \frac{\mathrm{d}\boldsymbol{R}}{\mathrm{d}t}\Big|_i = \frac{\mathrm{d}\boldsymbol{v}_{ep}}{\mathrm{d}t}\Big|_p + \boldsymbol{\omega}_{ip} \times \boldsymbol{v}_{ep} + \boldsymbol{\omega}_{ie} \times (\boldsymbol{v}_{ep} + \boldsymbol{\omega}_{ie} \times \boldsymbol{R})$$

由于 $\boldsymbol{\omega}_{ip} = \boldsymbol{\omega}_{ie} + \boldsymbol{\omega}_{ep}$，则

$$\frac{\mathrm{d}^2\boldsymbol{R}}{\mathrm{d}t^2}\Big|_i = \frac{\mathrm{d}\boldsymbol{v}_{ep}}{\mathrm{d}t}\Big|_p + (2\boldsymbol{\omega}_{ie} + \boldsymbol{\omega}_{ep}) \times \boldsymbol{v}_{ep} + \boldsymbol{\omega}_{ie} \times (\boldsymbol{\omega}_{ie} \times \boldsymbol{R})$$

令 $\dfrac{\mathrm{d}\boldsymbol{v}_{ep}}{\mathrm{d}t}\Big|_p = \dot{\boldsymbol{v}}_{ep}$，则

$$\frac{\mathrm{d}^2\boldsymbol{R}}{\mathrm{d}t^2}\Big|_i = \dot{\boldsymbol{v}}_{ep} + (2\boldsymbol{\omega}_{ie} + \boldsymbol{\omega}_{ep}) \times \boldsymbol{v}_{ep} + \boldsymbol{\omega}_{ie} \times (\boldsymbol{\omega}_{ie} \times \boldsymbol{R}) \tag{4-20}$$

在惯性空间，假设某质点的质量为 m，所受的力包括非引力外力 $\boldsymbol{F}$ 和地球引力 $m\boldsymbol{G}$，根据牛顿第二定律

$$m\frac{\mathrm{d}^2\boldsymbol{R}}{\mathrm{d}t^2}\Big|_i = \boldsymbol{F} + m\boldsymbol{G}$$

即

$$\frac{\mathrm{d}^2 \boldsymbol{R}}{\mathrm{d}t^2}\bigg|_i = \frac{\boldsymbol{F}}{m} + \boldsymbol{G} = \boldsymbol{f} + \boldsymbol{G} \tag{4-21}$$

式中，$\boldsymbol{f}$ 为作用在单位质量上的外力，称为比力，由式（4-20）和式（4-21）可得

$$\dot{\boldsymbol{v}}_{ep} = \boldsymbol{f} - (2\boldsymbol{\omega}_{ie} + \boldsymbol{\omega}_{ep}) \times \boldsymbol{v}_{ep} - \boldsymbol{\omega}_{ie} \times (\boldsymbol{\omega}_{ie} \times \boldsymbol{R}) + \boldsymbol{G} \tag{4-22}$$

令 $\boldsymbol{g} = -\boldsymbol{\omega}_{ie} \times (\boldsymbol{\omega}_{ie} \times \boldsymbol{R}) + \boldsymbol{G}$，即地球重力场由地球引力和地球自转产生的离心力组成，$\boldsymbol{g}$ 为重力加速度矢量，则式（4-22）可改写为

$$\dot{\boldsymbol{v}}_{ep} = \boldsymbol{f} - (2\boldsymbol{\omega}_{ie} + \boldsymbol{\omega}_{ep}) \times \boldsymbol{v}_{ep} + \boldsymbol{g} \tag{4-23}$$

上式即为比力方程，是惯性导航系统中的基本方程。对其做进一步说明：

1）$\dot{\boldsymbol{v}}_{ep}$ 为载体相对于地球的加速度矢量，即在平台坐标系内观测载体的速度变化率，可将上式在平台坐标系中投影，即

$$\dot{\boldsymbol{v}}_{ep}^p = \boldsymbol{f}^p - (2\boldsymbol{\omega}_{ie}^p + \boldsymbol{\omega}_{ep}^p) \times \boldsymbol{v}_{ep}^p + \boldsymbol{g}^p$$

2）$\boldsymbol{f}$ 为加速度计输出的比力矢量；$(2\boldsymbol{\omega}_{ie} + \boldsymbol{\omega}_{ep}) \times \boldsymbol{v}_{ep}$ 为由于地球自转和载体相对于地球运动产生的加速度，为哥氏加速度和牵连加速度，称为有害加速度。由式（4-23）可知，在进行惯性导航计算时，需要在比力的基础上扣除有害加速度及重力加速度。

3）在载体静止情况下，由于 $\dot{\boldsymbol{v}}_{ep}^p = \boldsymbol{v}_{ep}^p = \boldsymbol{0}$，根据上式，可得

$$\boldsymbol{f}^p = -\boldsymbol{g}^p$$

即加速度计的输出为作用于载体的比力，其方向与重力加速度相反。

4.7　捷联惯性导航的力学编排

通常情况下，捷联惯性导航系统（SINS）的工作包括：1）系统启动和自检；2）系统初始化，包括载体的位置和速度初始化；3）在静基座状态下，系统通过自主对准确定载体的初始姿态；4）在静基座条件下通过软件实现惯组的误差补偿；5）位置、速度和姿态的更新计算。在功能上，捷联惯性导航系统（SINS）同平台惯性导航系统（PINS）一样，主要输出载体的位置、速度、姿态信息等，如图4-9所示，SINS解算不同于PINS，由于没有PINS的物理实体平台，需要建立虚拟的"数学平台"，导航解算需要更多地依靠复杂的捷联算法实现。

SINS解算包括惯组误差补偿、姿态解算、速度解算（即速度 $\boldsymbol{v}_{ep}$ 的修正解算）、位置解算和高度解算等。其中姿态阵的更新计算、比力坐标转换以及姿态角计算三项内容代替PINS中的实体导航平台的功能，构成了"数学平台"，"数学平台"的算法设计是整个SINS解算的核心，简单介绍如下：

（1）惯组误差补偿

捷联在载体上的惯组（包括加速度计和陀螺）输出载体坐标系下的载体加速度和角速度信息，对于一些中低精度的惯组，其精度较差，一般针对其特性建立误差模型，输出需经误差补偿，以提高惯组的精度。

（2）姿态解算

如图4-9所示，虚线框里的模块为SINS的数学平台，主要计算载体的姿态阵，计算

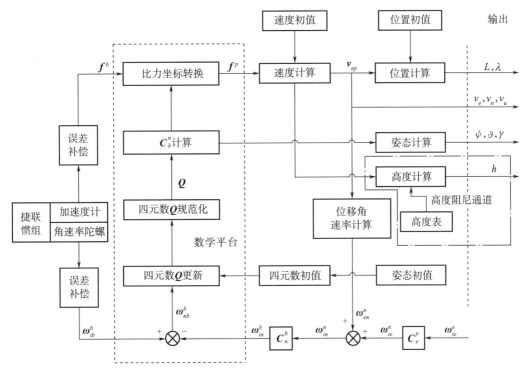

图 4 - 9　捷联算法原理框图

步骤如下：

1) 根据 $\boldsymbol{\omega}_{ie}^{e}$ 和位置矩阵 $\boldsymbol{C}_{e}^{p}(\boldsymbol{C}_{e}^{n})$ 计算得到地球自转角速度在 n 系下的投影 $\boldsymbol{\omega}_{ie}^{n}$；

2) 根据平台速度 $\boldsymbol{v}_{ep}$（即载体速度）计算平台相对于地球的角速度在 n 系下的投影 $\boldsymbol{\omega}_{en}^{n}$；

3) 根据 $\boldsymbol{\omega}_{ie}^{n}$ 和 $\boldsymbol{\omega}_{en}^{n}$ 计算得到 $\boldsymbol{\omega}_{in}^{n}$，经姿态转换矩阵 $\boldsymbol{C}_{n}^{b}$ 得到 $\boldsymbol{\omega}_{in}^{b}$；

4) 根据 $\boldsymbol{\omega}_{in}^{b}$ 和 $\boldsymbol{\omega}_{ib}^{b}$ 计算得到 $\boldsymbol{\omega}_{nb}^{b}$，更新四元数，对四元数进行规范化处理，提取姿态矩阵 $\boldsymbol{C}_{b}^{n}$；

5) 根据姿态矩阵 $\boldsymbol{C}_{b}^{n}$，提取载体的姿态。

（3）速度解算

根据加速度计输出的比力 $\boldsymbol{f}^{b}$（$\boldsymbol{f}_{ib}^{b}$，即投影在载体坐标系下），经载体姿态阵转换至 n 系下的比力，再消除有害加速度的影响（即载体相对于地球运动造成的向心加速度、地球自转产生的哥氏加速度和重力加速度），计算得到 n 系下的速度，即东向、北向和天向速度，也可以得到载体的合速度。

（4）位置解算

依据平台速度，可计算得到载体相对于 e 系的角速度在 n 系下的角速度 $\boldsymbol{\omega}_{en}^{n}$，经位置更新模块 $\dot{\boldsymbol{C}}_{n}^{e}=\boldsymbol{C}_{n}^{e}(\boldsymbol{\omega}_{en}^{n}\times)$ 可更新位置矩阵 $\boldsymbol{C}_{n}^{e}$，在此基础上再提取位置信息，即纬度、经度和高度等。

（5）高度解算

如果载体飞行时间较长（如大于 300 s），考虑惯性导航高度通道发散特性，需要外加高度计进行高度阻尼通道设计，高度阻尼通道输出高度信息。

捷联惯性导航中的姿态解算和位置解算方程（均可表示为矩阵微分方程）是捷联惯性导航算法中的核心，称为捷联惯性导航的基本力学编排，也常称与此两个方程相关的力学方程为基本力学方程。在下面章节依次较详细地介绍惯组误差补偿、姿态解算、速度解算、位置解算以及高度通道设计等。

4.7.1　惯组误差补偿

由于 SINS 惯组在安装于载体后再进行标定比较麻烦，故在工程上也常设计惯组误差补偿算法，在静基座的情况下对惯组的误差进行估计并反馈补偿，补偿后可大幅提高惯组的精度，提高导航精度。

捷联惯性导航的惯组误差补偿原理如图 4-10 所示，其中 a_{ib} 和 ω_{ib} 分别表示载体在惯性空间的真实线加速度和角速度，$\overline{a}_{ib}$ 和 $\overline{\omega}_{ib}$ 分别表示加速度计和角速度陀螺的测量值，δa_{ib} 和 $\delta\omega_{ib}$ 分别表示加速度计和角速度陀螺的误差模型输入补偿值。在载体上的捷联惯组输出弹体坐标系下的载体加速度和角速度信息，一般经误差模型输入补偿值补偿后，即从加速度和角速度信息中扣除加速度计和陀螺的模型误差值，得到补偿后的弹体加速度 a_{ib}^{b} 和角速度 ω_{ib}^{b} ，即

$$\begin{cases} \boldsymbol{\omega}_{ib}^{b} = \overline{\boldsymbol{\omega}}_{ib} - \delta\boldsymbol{\omega}_{ib}^{b} \\ \boldsymbol{a}_{ib}^{b} = \overline{\boldsymbol{a}}_{ib} - \delta\boldsymbol{a}_{ib}^{b} \end{cases}$$

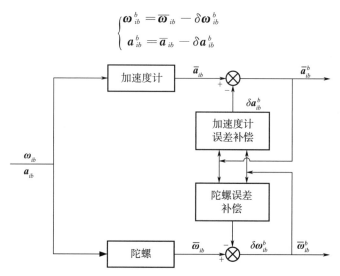

图 4-10　惯组误差补偿原理框图

加速度计误差补偿和陀螺误差补偿算法是针对该类型的陀螺特性和加速度计特性而进行的，设计算法前，需要建立起加速度计和陀螺的数学模型。

4.7.2　姿态解算

姿态解算即确定载体在导航坐标系中的姿态，是 SINS 算法的核心部分，依据算法确定由 b 系至 n 系的姿态矩阵 $\boldsymbol{C}_b^n$。载体的姿态体现了 b 系与 n 系之间的方位关系，确定两个坐标系之间的方位关系需要借助矩阵法和力学中的刚体定点运动的位移定理。目前描述动坐标系相对参考坐标系方位关系的方法有多种，可简单地将其分为 3 种，即欧拉角法、方向余弦法和四元数法，在本节依次介绍三种姿态更新算法。

4.7.2.1　欧拉角法

一个动坐标系相对参考坐标系的方位或姿态，可以由动坐标系依次绕三个不同的轴旋转的三个角度来确定。将载体坐标系（b 系）视为动坐标系，导航坐标系（n 系）视为参考坐标系，如图 4-11 所示，则姿态角 γ，ψ 和 ϑ 即为一组 n 系与 b 系之间的欧拉角。

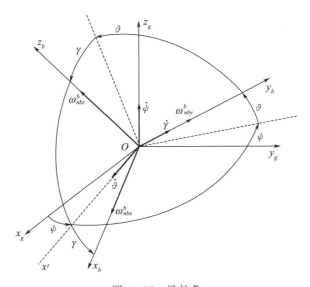

图 4-11　欧拉角

值得指出的是：描述两个直角坐标系之间的欧拉角有多种定义模式，故在使用欧拉角之前，必须明确其定义，本章的欧拉角定义具体可参考第 2 章相关内容。

假设载体坐标系相对于导航坐标系的角速度矢量在载体坐标系的投影 $\boldsymbol{\omega}_{nb}^b$ 已知，则可以得到 $\boldsymbol{\omega}_{nb}^b$ 分量和姿态欧拉角之间的关系，如图 4-11 所示，将欧拉角的变化率 $\dot{\gamma}$、$\dot{\psi}$ 和 $\dot{\vartheta}$ 往 b 系投影，可得

$$\begin{bmatrix} \omega_{nbx}^b \\ \omega_{nby}^b \\ \omega_{nbz}^b \end{bmatrix} = C_\gamma C_\vartheta \begin{bmatrix} 0 \\ 0 \\ \dot{\psi} \end{bmatrix} + C_\gamma \begin{bmatrix} \dot{\vartheta} \\ 0 \\ 0 \end{bmatrix} + \begin{bmatrix} 0 \\ \dot{\gamma} \\ 0 \end{bmatrix} = \begin{bmatrix} -\cos\vartheta\sin\gamma & \cos\gamma & 0 \\ \sin\vartheta & 0 & 1 \\ \cos\vartheta\cos\gamma & \sin\gamma & 0 \end{bmatrix} \begin{bmatrix} \dot{\psi} \\ \dot{\vartheta} \\ \dot{\gamma} \end{bmatrix}$$

由上式可得欧拉角微分方程

$$\begin{bmatrix} \dot{\gamma} \\ \dot{\psi} \\ \dot{\vartheta} \end{bmatrix} = \frac{1}{\cos\vartheta} \begin{bmatrix} \sin\gamma\cos\vartheta & \cos\vartheta & -\cos\gamma\cos\vartheta \\ -\sin\gamma & 0 & \cos\gamma \\ \cos\gamma\cos\vartheta & 0 & \sin\gamma\cos\vartheta \end{bmatrix} \begin{bmatrix} \omega_{nbx}^b \\ \omega_{nby}^b \\ \omega_{nbz}^b \end{bmatrix}$$

基于上式，根据角速度陀螺输出（还需去除地球自转角速度以及载体线运动引起的角速度等）和上时刻的姿态角即可更新姿态角。

欧拉角法的优点：1）方程关系式比较简单明了，易于理解；2）理论上，求解不存在解算误差。其缺点：1）需要解算滚动角和俯仰角的正弦和余弦值，在较大程度上影响计算的实时性；2）当俯仰角接近于 $\pm 0.5\pi$，微分方程出现奇点。

欧拉角法的优缺点决定了其只适用于载体俯仰角不太大的情况（不适用于全姿态载体的姿态变化），另外，随着弹载计算机计算能力的提升，欧拉角法也不失为一种较好的姿态解算算法。

4.7.2.2　方向余弦法

方向余弦法又称九参数法，即对姿态矩阵直接求解其微分形式，实时更新姿态阵，从中提取姿态信息。

假设某矢量 $\boldsymbol{r}$，根据理论力学哥氏定理，有

$$\frac{\mathrm{d}\boldsymbol{r}}{\mathrm{d}t}\bigg|_n = \frac{\mathrm{d}\boldsymbol{r}}{\mathrm{d}t}\bigg|_b + \boldsymbol{\omega}_{nb} \times \boldsymbol{r} \tag{4-24}$$

将上式在 b 系下投影，可得

$$\frac{\mathrm{d}\boldsymbol{r}}{\mathrm{d}t}\bigg|_n^b = \frac{\mathrm{d}\boldsymbol{r}}{\mathrm{d}t}\bigg|_b^b + (\boldsymbol{\omega}_{nb} \times \boldsymbol{r})^b = \dot{\boldsymbol{r}}^b + \boldsymbol{\omega}_{nb}^b \times \boldsymbol{r}^b \tag{4-25}$$

根据 $\boldsymbol{r}$ 在 b 系和 n 系之间的转换关系，有

$$\boldsymbol{r}^b = \boldsymbol{C}_n^b \boldsymbol{r}^n$$

对其两边求导，可得

$$\dot{\boldsymbol{r}}^b = \dot{\boldsymbol{C}}_n^b \boldsymbol{r}^n + \boldsymbol{C}_n^b \dot{\boldsymbol{r}}^n = \dot{\boldsymbol{C}}_n^b \boldsymbol{r}^n + \boldsymbol{C}_n^b \frac{\mathrm{d}\boldsymbol{r}}{\mathrm{d}t}\bigg|_n^n = \dot{\boldsymbol{C}}_n^b \boldsymbol{r}^n + \frac{\mathrm{d}\boldsymbol{r}}{\mathrm{d}t}\bigg|_n^b \tag{4-26}$$

由式（4-25）和式（4-26）可知

$$\dot{\boldsymbol{C}}_n^b \boldsymbol{r}^n = -\boldsymbol{\omega}_{nb}^b \times \boldsymbol{r}^b = -\boldsymbol{\omega}_{nb}^b \times \boldsymbol{C}_n^b \boldsymbol{r}^n$$

即

$$\dot{\boldsymbol{C}}_n^b = -\boldsymbol{\omega}_{nb}^b \times \boldsymbol{C}_n^b = -\boldsymbol{\omega}_{nb}^{bk} \boldsymbol{C}_n^b$$

上式即为方向余弦矩阵微分方程，可写成矩阵的形式

$$\begin{bmatrix} \dot{C}_{11} & \dot{C}_{12} & \dot{C}_{13} \\ \dot{C}_{21} & \dot{C}_{22} & \dot{C}_{23} \\ \dot{C}_{31} & \dot{C}_{32} & \dot{C}_{33} \end{bmatrix} = -\begin{bmatrix} 0 & -\omega_{nbz}^b & \omega_{nby}^b \\ \omega_{nbz}^b & 0 & -\omega_{nbx}^b \\ -\omega_{nby}^b & \omega_{nbx}^b & 0 \end{bmatrix} \begin{bmatrix} C_{11} & C_{12} & C_{13} \\ C_{21} & C_{22} & C_{23} \\ C_{31} & C_{32} & C_{33} \end{bmatrix} \tag{4-27}$$

方向余弦法的优点：可避免欧拉角法当俯仰角趋于 $\pm 0.5\pi$ 时，导航解算出现异常的情况，可全姿态工作；其缺点：方向余弦法需要求解 9 个线性微分方程，求解时，需要大

量计算三个姿态角的正弦和余弦值，严重影响计算的实时性。

方向余弦法的优缺点决定了其在工程上应用较少。

4.7.2.3　四元数法

四元数是代数学中的一个古老分支，由哈米尔顿于 1843 年提出基本概念，在空间技术和捷联惯性导航中得到广泛的工程应用。

（1）四元数定义

四元数是由 1 个实数单位和 3 个虚数单位 i、j、k 组成的包含 4 个实元的超复数，其基本形式为

$$Q = (q_0, q_1, q_2, q_3) = q_0 + q_1 i + q_2 j + q_3 k \qquad (4-28)$$

式中，q_0 为标量，q_1、q_2、q_3 为沿矢量 i、j、k 方向的分量。

四元数虚数单位 i、j 和 k 满足如下乘法规则

$$\begin{cases} i \circ i = j \circ j = k \circ k = -1 \\ i \circ j = -j \circ i = k \\ j \circ k = -k \circ j = i \\ k \circ i = -i \circ k = j \end{cases}$$

式中　符号"$\circ$"——四元数相乘。

四元数除了写成复数形式外，还可写成矢量式、三角式或指数式，分别如下

$$Q = q_0 + q$$

$$Q = \cos \frac{\theta}{2} + u \sin \frac{\theta}{2}$$

$$Q = e^{\frac{\theta}{2} u}$$

其中，矢量式中 $q = q_1 i + q_2 j + q_3 k$ 为四元数的矢量部分；三角式中 θ 为实数，$\cos \dfrac{\theta}{2}$ 为标量部分，u 为单位矢量；指数式中 θ 和 u 同三角式。

四元数为了书写方便，常写成列阵或方阵形式，如

$$Q = [q_0 \quad q_1 \quad q_2 \quad q_3]^T$$

$$M(Q) = \begin{bmatrix} q_0 & -q_1 & -q_2 & -q_3 \\ q_1 & q_0 & -q_3 & q_2 \\ q_2 & q_3 & q_0 & -q_1 \\ q_3 & -q_2 & q_1 & q_0 \end{bmatrix} \quad \text{或} \quad M^*(Q) = \begin{bmatrix} q_0 & -q_1 & -q_2 & -q_3 \\ q_1 & q_0 & q_3 & -q_2 \\ q_2 & -q_3 & q_0 & q_1 \\ q_3 & q_2 & -q_1 & q_0 \end{bmatrix}$$

其中，$M(Q)$ 的第一列为四元数本身，第一行为四元数的标量和矢量部分取反，剩余部分称为四元数的核，即

$$\begin{bmatrix} q_0 & -q_3 & q_2 \\ q_3 & q_0 & -q_1 \\ -q_2 & q_1 & q_0 \end{bmatrix}$$

$M^*(Q)$ 除了核与 $M(Q)$ 不同之外，其他的元素相同，其核为

$$\begin{bmatrix} q_0 & q_3 & -q_2 \\ -q_3 & q_0 & q_1 \\ q_2 & -q_1 & q_0 \end{bmatrix}$$

定义四元数 $\boldsymbol{Q}$ 的共轭四元数 $\boldsymbol{Q}^*$ 为

$$\boldsymbol{Q}^* = q_0 - \boldsymbol{q}$$

（2）四元数运算

①加法和减法

四元数的加减法满足交换律和结合律，假设两个四元数 $\boldsymbol{Q}$ 和 $\boldsymbol{P}$ 为

$$\boldsymbol{Q} = q_0 + q_1\boldsymbol{i} + q_2\boldsymbol{j} + q_3\boldsymbol{k}$$
$$\boldsymbol{P} = p_0 + p_1\boldsymbol{i} + p_2\boldsymbol{j} + p_3\boldsymbol{k}$$

则

$$\boldsymbol{Q} \pm \boldsymbol{P} = \boldsymbol{P} \pm \boldsymbol{Q} = (q_0 \pm p_0) + (q_1 \pm p_1)\boldsymbol{i} + (q_2 \pm p_2)\boldsymbol{j} + (q_3 \pm p_3)\boldsymbol{k}$$

②乘法

四元数与标量相乘

$$a\boldsymbol{Q} = \boldsymbol{Q}a = aq_0 + aq_1\boldsymbol{i} + aq_2\boldsymbol{j} + aq_3\boldsymbol{k}$$

四元数与四元数相乘

$$\boldsymbol{Q} \circ \boldsymbol{P} = (q_0 + \boldsymbol{q}) \circ (p_0 + \boldsymbol{p})$$
$$= q_0 p_0 + q_0 \boldsymbol{p} + p_0 \boldsymbol{q} + \boldsymbol{q} \circ \boldsymbol{p}$$
$$= q_0 p_0 + q_0 \boldsymbol{p} + p_0 \boldsymbol{q} + \boldsymbol{q} \times \boldsymbol{p} - \boldsymbol{q} \cdot \boldsymbol{p}$$

四元数与四元数相乘还可以写成如下分量的形式：假设四元数 $\boldsymbol{R}$ 为四元数 $\boldsymbol{Q}$ 和 $\boldsymbol{P}$ 的乘积，则

$$\boldsymbol{R} = \boldsymbol{Q} \circ \boldsymbol{P}$$
$$= (q_0 + q_1\boldsymbol{i} + q_2\boldsymbol{j} + q_3\boldsymbol{k}) \circ (p_0 + p_1\boldsymbol{i} + p_2\boldsymbol{j} + p_3\boldsymbol{k})$$
$$= (q_0 p_0 - q_1 p_1 - q_2 p_2 - q_3 p_3) + (q_0 p_1 + q_1 p_0 + q_2 p_3 - q_3 p_2)\boldsymbol{i} +$$
$$(q_0 p_2 + q_2 p_0 + q_1 p_3 - q_3 p_1)\boldsymbol{j} + (q_0 p_3 + q_3 p_0 + q_2 p_1 - q_1 p_2)\boldsymbol{k}$$
$$= r_0 + r_1\boldsymbol{i} + r_2\boldsymbol{j} + r_3\boldsymbol{k}$$

上式可写成矩阵的形式

$$\begin{bmatrix} r_0 \\ r_1 \\ r_2 \\ r_3 \end{bmatrix} = M(\boldsymbol{Q})\boldsymbol{P} = \begin{bmatrix} q_0 & -q_1 & -q_2 & -q_3 \\ q_1 & q_0 & -q_3 & q_2 \\ q_2 & q_3 & q_0 & -q_1 \\ q_3 & -q_2 & q_1 & q_0 \end{bmatrix} \begin{bmatrix} p_0 \\ p_1 \\ p_2 \\ p_3 \end{bmatrix}$$

或

$$\begin{bmatrix} r_0 \\ r_1 \\ r_2 \\ r_3 \end{bmatrix} = M^*(\boldsymbol{P})\boldsymbol{Q} = \begin{bmatrix} p_0 & -p_1 & -p_2 & -p_3 \\ p_1 & p_0 & p_3 & -p_2 \\ p_2 & -p_3 & p_0 & q_1 \\ p_3 & p_2 & -p_1 & p_0 \end{bmatrix} \begin{bmatrix} q_0 \\ q_1 \\ q_2 \\ q_3 \end{bmatrix}$$

③范数和求模

四元数的范数和模分别定义为

$$\| \boldsymbol{Q} \| = q_0^2 + q_1^2 + q_2^2 + q_3^2 \tag{4-29}$$

$$| \boldsymbol{Q} | = \sqrt{q_0^2 + q_1^2 + q_2^2 + q_3^2} \tag{4-30}$$

若四元数的范数 $\| \boldsymbol{Q} \| = 1$，则称此四元数为规范化四元数。

④除法

如果四元数 $\boldsymbol{Q} \circ \boldsymbol{P} = 1$，则称 $\boldsymbol{P}$ 为 $\boldsymbol{Q}$ 的逆，记为 $\boldsymbol{P} = \boldsymbol{Q}^{-1}$。

根据四元数范数和共轭的定义，可得

$$\boldsymbol{Q} \circ \boldsymbol{Q}^* = (q_0 + q_1 \boldsymbol{i} + q_2 \boldsymbol{j} + q_3 \boldsymbol{k}) \circ (q_0 - q_1 \boldsymbol{i} - q_2 \boldsymbol{j} - q_3 \boldsymbol{k})$$
$$= q_0^2 + q_1^2 + q_2^2 + q_3^2 = \| \boldsymbol{Q} \|$$

由上式可知

$$\boldsymbol{Q} \circ \frac{\boldsymbol{Q}^*}{\| \boldsymbol{Q} \|} = 1$$

即可知四元数 $\boldsymbol{Q}$ 的逆为

$$\boldsymbol{Q}^{-1} = \frac{\boldsymbol{Q}^*}{\| \boldsymbol{Q} \|}$$

（3）用四元数表示定轴旋转

在刚体定点转动理论中，根据欧拉定理，动坐标系相对于参考坐标系的方位，等效于动坐标系绕某一个等效转轴转动一个角度 θ，如果用 $\boldsymbol{u}$ 表示沿等效转轴方向的单位矢量（$\boldsymbol{u}$ 与参考坐标系之间的关系用三个欧拉角表示，即 α，β 和 γ），则动坐标系的方位可以完全由 $\boldsymbol{u}$ 和 θ 两个参数来确定

$$\boldsymbol{Q} = \cos \frac{\theta}{2} + \boldsymbol{u} \sin \frac{\theta}{2} = \cos \frac{\theta}{2} + \sin \frac{\theta}{2} \cos\alpha \boldsymbol{i} + \sin \frac{\theta}{2} \cos\beta \boldsymbol{j} + \sin \frac{\theta}{2} \cos\gamma \boldsymbol{k} \tag{4-31}$$

即，四元数的标量部分表示旋转角的一半的余弦值，而矢量部分则表示旋转轴在参考坐标系下的矢量，即

$$\begin{cases} q_0 = \cos \dfrac{\theta}{2} \\[2mm] q_1 = \sin \dfrac{\theta}{2} \cos\alpha \\[2mm] q_2 = \sin \dfrac{\theta}{2} \cos\beta \\[2mm] q_3 = \sin \dfrac{\theta}{2} \cos\gamma \end{cases}$$

（4）用四元数表示矢量坐标转换

将四元数写成矢量形式

$$Q = q_0 + \boldsymbol{q}$$

$$= \frac{q_0}{\parallel \boldsymbol{Q} \parallel} + \frac{\sqrt{q_1^2 + q_2^2 + q_3^2}}{\parallel \boldsymbol{Q} \parallel} \frac{\boldsymbol{q}}{q_1^2 + q_2^2 + q_3^2}$$

$$= \cos\alpha + \boldsymbol{u}\sin\alpha$$

其中

$$\cos\alpha = \frac{q_0}{\parallel \boldsymbol{Q} \parallel}$$

$$\sin\alpha = \frac{\sqrt{q_1^2 + q_2^2 + q_3^2}}{\parallel \boldsymbol{Q} \parallel}$$

如图 4-12 所示，某矢量 $\boldsymbol{r}'$ 由矢量 $\boldsymbol{r}$ 绕某矢量 $\boldsymbol{u}$ 旋转 θ 得到。设 $\boldsymbol{r}$ 与单位圆相交于 A 点，$\boldsymbol{r}'$ 与单位圆相交于 B 点，$\boldsymbol{d}$ 表示矢量 OO'，$O'A$ 与 $O'C$ 相垂直，由矢量之间的几何关系可得

$$\begin{cases} \boldsymbol{r} = \boldsymbol{a} + \boldsymbol{d} \\ \boldsymbol{r}' = \boldsymbol{b} + \boldsymbol{d} \\ \boldsymbol{b} = \boldsymbol{a}\cos\theta + \boldsymbol{c}\sin\theta \\ \boldsymbol{c} = \boldsymbol{u} \times \boldsymbol{r} \\ \boldsymbol{d} = (\boldsymbol{r} \cdot \boldsymbol{u})\boldsymbol{u} \end{cases}$$

即可得

$$\begin{aligned} \boldsymbol{r}' &= \boldsymbol{b} + \boldsymbol{d} \\ &= (\boldsymbol{r} - \boldsymbol{d})\cos\theta + \boldsymbol{c}\sin\theta + \boldsymbol{d} \\ &= \boldsymbol{r}\cos\theta + (1 - \cos\theta)(\boldsymbol{r} \cdot \boldsymbol{u})\boldsymbol{u} + \sin\theta\boldsymbol{u} \times \boldsymbol{r} \end{aligned} \tag{4-32}$$

令 $Q = \cos\alpha + \boldsymbol{u}\sin\alpha$ ，则

$$\begin{aligned} \boldsymbol{Q} \circ \boldsymbol{r} \circ \boldsymbol{Q}^* &= (\cos\alpha + \boldsymbol{u}\sin\alpha) \circ \boldsymbol{r} \circ (\cos\alpha - \boldsymbol{u}\sin\alpha) \\ &= \cos^2\alpha\boldsymbol{r} - \sin2\alpha\boldsymbol{r} \circ \boldsymbol{u} - \sin^2\alpha\boldsymbol{u} \circ \boldsymbol{r} \circ \boldsymbol{u} \\ &= \cos^2\alpha\boldsymbol{r} - \sin2\alpha\boldsymbol{r} \times \boldsymbol{u} + \sin2\alpha\boldsymbol{r} \cdot \boldsymbol{u} - \sin^2\alpha\boldsymbol{u} \circ \boldsymbol{r} \circ \boldsymbol{u} \\ &= \cos^2\alpha\boldsymbol{r} - \sin2\alpha\boldsymbol{r} \times \boldsymbol{u} + \sin2\alpha\boldsymbol{r} \cdot \boldsymbol{u} - \sin^2\alpha[\boldsymbol{r} - 2(\boldsymbol{r} \cdot \boldsymbol{u})\boldsymbol{u}] \\ &= \cos2\alpha\boldsymbol{r} - \sin2\alpha\boldsymbol{r} \times \boldsymbol{u} + \sin2\alpha\boldsymbol{r}\boldsymbol{u} + 2\sin^2\alpha(\boldsymbol{r} \cdot \boldsymbol{u})\boldsymbol{u} \\ &= \cos2\alpha\boldsymbol{r} - \sin2\alpha\boldsymbol{r} \times \boldsymbol{u} + (1 - \cos2\alpha)(\boldsymbol{r} \cdot \boldsymbol{u})\boldsymbol{u} \end{aligned}$$

$$\tag{4-33}$$

令 $2\alpha = \theta$，比较以上两式，可得

$$\boldsymbol{r}' = \boldsymbol{Q} \circ \boldsymbol{r} \circ \boldsymbol{Q}^* \tag{4-34}$$

（5）四元数微分方程

四元数不仅可描述两个坐标系之间的一次旋转关系，也可以描述坐标系之间的连续旋转，由于四元数用一个转轴矢量和一个转动角表示，当转轴矢量和转动角趋于无限小时，可导出四元数与转轴矢量角速度之间的关系。

假设从 n 系至 b 系的旋转四元数为

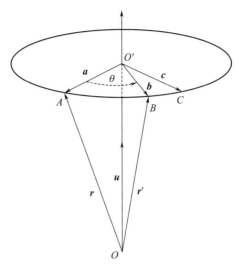

图 4 - 12　矢量的定轴旋转

$$\boldsymbol{Q} = \cos\frac{\theta}{2} + \boldsymbol{u}\sin\frac{\theta}{2}$$

对上式两边求导得

$$\frac{\mathrm{d}\boldsymbol{Q}}{\mathrm{d}t} = -\frac{\dot{\theta}}{2}\sin\frac{\theta}{2} + \boldsymbol{u}\frac{\dot{\theta}}{2}\cos\frac{\theta}{2} + \sin\frac{\theta}{2}\frac{\mathrm{d}\boldsymbol{u}}{\mathrm{d}t} \tag{4-35}$$

根据哥氏定理，将 $\dfrac{\mathrm{d}\boldsymbol{u}}{\mathrm{d}t}$ 在导航坐标系中投影

$$\frac{\mathrm{d}\boldsymbol{u}}{\mathrm{d}t} = \boldsymbol{C}_b^n\left.\frac{\mathrm{d}\boldsymbol{u}}{\mathrm{d}t}\right|_b^b + \boldsymbol{\omega}_{nb}^n \times \boldsymbol{u}^n = \boldsymbol{\omega}_{nb}^n \times \boldsymbol{u}^n = \dot{\theta}\boldsymbol{u}^n \times \boldsymbol{u}^n = 0$$

将上式代入式（4 - 35）可得

$$
\begin{aligned}
\frac{\mathrm{d}\boldsymbol{Q}}{\mathrm{d}t} &= -\frac{\dot{\theta}}{2}\sin\frac{\theta}{2} + \boldsymbol{u}\frac{\dot{\theta}}{2}\cos\frac{\theta}{2} \\
&= \frac{\dot{\theta}}{2}\cos\frac{\theta}{2}\boldsymbol{u} + \boldsymbol{u}\circ\boldsymbol{u}\frac{\dot{\theta}}{2}\sin\frac{\theta}{2} \\
&= \frac{\dot{\theta}}{2}\boldsymbol{u}\circ\left(\cos\frac{\theta}{2} + \sin\frac{\theta}{2}\boldsymbol{u}\right) \\
&= \frac{\dot{\theta}}{2}\boldsymbol{u}\circ\boldsymbol{Q}
\end{aligned}
\tag{4-36}
$$

其中，$\dfrac{\dot{\theta}}{2}\boldsymbol{u}$ 可以写成：$\dfrac{\dot{\theta}}{2}\boldsymbol{u} = \dfrac{1}{2}\boldsymbol{\omega}_{nb}^n$，则式（4 - 36）可进一步写成

$$\frac{\mathrm{d}\boldsymbol{Q}}{\mathrm{d}t} = \frac{1}{2}\boldsymbol{\omega}_{nb}^n \circ \boldsymbol{Q} \tag{4-37}$$

式中，$\boldsymbol{\omega}_{nb}^n$ 代表载体坐标系相对于 n 系的角速度在 n 系中的投影，而捷联惯性导航的陀螺在

b 系中对载体角速度进行测量，运用四元数表示两矢量的转换关系，可得

$$\boldsymbol{\omega}_{nb}^{b} = \boldsymbol{Q} \circ \boldsymbol{\omega}_{nb}^{n} \circ \boldsymbol{Q}^{*}$$

则式（4-37）可写成

$$\frac{\mathrm{d}\boldsymbol{Q}}{\mathrm{d}t} = \frac{1}{2}\boldsymbol{Q} \circ \boldsymbol{\omega}_{nb}^{b} \circ \boldsymbol{Q}^{*} \circ \boldsymbol{Q} = \frac{1}{2}\boldsymbol{Q} \circ \boldsymbol{\omega}_{nb}^{b} \tag{4-38}$$

上式即为四元数的微分方程，对其求解即可得到载体姿态阵的四元数形式。

（6）四元数姿态微分方程求解

将载体四元数姿态微分方程写成矩阵的形式

$$\begin{bmatrix} \dot{q}_0 \\ \dot{q}_1 \\ \dot{q}_2 \\ \dot{q}_3 \end{bmatrix} = \frac{1}{2} \begin{bmatrix} 0 & -\omega_{nbx}^{b} & -\omega_{nby}^{b} & -\omega_{nbz}^{b} \\ \omega_{nbx}^{b} & 0 & \omega_{nbz}^{b} & -\omega_{nby}^{b} \\ \omega_{nby}^{b} & -\omega_{nbz}^{b} & 0 & \omega_{nbx}^{b} \\ \omega_{nbz}^{b} & \omega_{nby}^{b} & -\omega_{nbx}^{b} & 0 \end{bmatrix} \begin{bmatrix} q_0 \\ q_1 \\ q_2 \\ q_3 \end{bmatrix} = \frac{1}{2} M^{*}\left(\boldsymbol{\omega}_{nb}^{b}(t)\right)\boldsymbol{q}(t) \tag{4-39}$$

式中　　ω_{nbx}^{b}，ω_{nby}^{b}，ω_{nbz}^{b}——载体坐标系相对于导航坐标系的角速度沿载体坐标系三个轴向的分量；

　　　　$M(\cdot)$——对括号中矢量取反对称阵。

求解四元数的微分方程一般有数值积分法和增量法两种，其中数值积分法通常采用四阶龙格-库塔法求其数值解，一般适用于速率陀螺输出为角速度的情况，而增量法一般采用毕卡逼近法求其数值解，适用于陀螺输出为角增量的情况。

①四阶龙格-库塔法

通常用四阶龙格-库塔法求解式（4-39），其计算公式如下

$$\boldsymbol{q}(t_{k+1}) = \boldsymbol{q}(t_k) + \frac{T}{6}(\boldsymbol{K}_1 + 2\boldsymbol{K}_2 + 2\boldsymbol{K}_3 + \boldsymbol{K}_4) \tag{4-40}$$

$$\begin{cases} \boldsymbol{K}_1 = 0.5M^{*}\left(\boldsymbol{q}(t_k)\right) \circ \boldsymbol{\omega}_{nb}^{b}(t) \\ \boldsymbol{K}_2 = 0.5M^{*}\left(\boldsymbol{q}(t_k) + 0.5T \cdot \boldsymbol{K}_1\right) \circ \boldsymbol{\omega}_{nb}^{b}(t_k + 0.5T) \\ \boldsymbol{K}_3 = 0.5M^{*}\left(\boldsymbol{q}(t_k) + 0.5T \cdot \boldsymbol{K}_2\right) \circ \boldsymbol{\omega}_{nb}^{b}(t_k + 0.5T) \\ \boldsymbol{K}_4 = 0.5M^{*}\left(\boldsymbol{q}(t_k) + T \cdot \boldsymbol{K}_3\right) \circ \boldsymbol{\omega}_{nb}^{b}(t_k + T) \end{cases} \tag{4-41}$$

式中　　$\boldsymbol{q}(t_k)$——第 k 时刻 t_k 的四元数值；

　　　　$\boldsymbol{q}(t_{k+1})$——第 $k+1$ 时刻 t_{k+1} 的四元数值；

　　　　T——计算周期。

②毕卡逼近法

根据式（4-39），可得

$$\boldsymbol{q}(t) = \mathrm{e}^{\frac{1}{2}\int M^{*}\left(\boldsymbol{\omega}_{nb}^{b}(t)\right)\mathrm{d}t}\boldsymbol{q}(0)$$

写成离散的形式

$$\boldsymbol{q}(t_{k+1}) = \mathrm{e}^{\frac{1}{2}\int_{t_k}^{t_{k+1}} M^{*}\left(\boldsymbol{\omega}_{nb}^{b}(t)\right)\mathrm{d}t}\boldsymbol{q}(t_k) \tag{4-42}$$

令

$$\Delta\boldsymbol{\theta} = \int_{t_k}^{t_{k+1}} M(\boldsymbol{\omega}_{nb}^b(t))\mathrm{d}t$$

$$= \int_{t_k}^{t_{k+1}} \begin{bmatrix} 0 & -\omega_{nbx}^b & -\omega_{nby}^b & -\omega_{nbz}^b \\ \omega_{nbx}^b & 0 & \omega_{nbz}^b & -\omega_{nby}^b \\ \omega_{nby}^b & -\omega_{nbz}^b & 0 & \omega_{nbx}^b \\ \omega_{nbz}^b & \omega_{nby}^b & -\omega_{nbx}^b & 0 \end{bmatrix} \mathrm{d}t$$

$$\approx \begin{bmatrix} 0 & -\Delta\theta_x & -\Delta\theta_y & -\Delta\theta_z \\ \Delta\theta_x & 0 & \Delta\theta_z & -\Delta\theta_y \\ \Delta\theta_y & -\Delta\theta_z & 0 & \Delta\theta_x \\ \Delta\theta_z & \Delta\theta_y & -\Delta\theta_x & 0 \end{bmatrix}$$

式中，$\Delta\theta_x$、$\Delta\theta_y$ 和 $\Delta\theta_z$ 为弹体坐标系下三个陀螺在时间 $[t_k, t_{k+1}]$ 区间内的角增量，即

$$\Delta\theta_x = \int_{t_k}^{t_{k+1}} \omega_{nbx}^b \mathrm{d}t$$

其他的类似。

则将 $\mathrm{e}^{\frac{1}{2}\int_{t_k}^{t_{k+1}} M^*(\omega_{nb}^b(t))\mathrm{d}t} = \mathrm{e}^{\frac{1}{2}\Delta\boldsymbol{\theta}}$ 按泰勒展开，即

$$\mathrm{e}^{\frac{1}{2}\Delta\boldsymbol{\theta}} = \boldsymbol{I} + \frac{1}{2}\Delta\boldsymbol{\theta} + \frac{1}{2!}\left(\frac{1}{2}\Delta\boldsymbol{\theta}\right)^2 + \cdots$$

其中，$\Delta\boldsymbol{\theta}^2$ 可表示为

$$\Delta\boldsymbol{\theta}^2 = \begin{bmatrix} 0 & -\Delta\theta_x & -\Delta\theta_y & -\Delta\theta_z \\ \Delta\theta_x & 0 & \Delta\theta_z & -\Delta\theta_y \\ \Delta\theta_y & -\Delta\theta_z & 0 & \Delta\theta_x \\ \Delta\theta_z & \Delta\theta_y & -\Delta\theta_x & 0 \end{bmatrix} \begin{bmatrix} 0 & -\Delta\theta_x & -\Delta\theta_y & -\Delta\theta_z \\ \Delta\theta_x & 0 & \Delta\theta_z & -\Delta\theta_y \\ \Delta\theta_y & -\Delta\theta_z & 0 & \Delta\theta_x \\ \Delta\theta_z & \Delta\theta_y & -\Delta\theta_x & 0 \end{bmatrix}$$

$$= \begin{bmatrix} -\Delta\theta^2 & 0 & 0 & 0 \\ 0 & -\Delta\theta^2 & 0 & 0 \\ 0 & 0 & -\Delta\theta^2 & 0 \\ 0 & 0 & 0 & -\Delta\theta^2 \end{bmatrix} = -\Delta\theta^2 \boldsymbol{I}$$

其中

$$\Delta\theta^2 = \Delta\theta_x^2 + \Delta\theta_y^2 + \Delta\theta_z^2$$

同理可得

$$\begin{cases} \Delta\boldsymbol{\theta}^3 = -\Delta\theta^2\Delta\boldsymbol{\theta} \\ \Delta\boldsymbol{\theta}^4 = \Delta\theta^4\boldsymbol{I} \\ \Delta\boldsymbol{\theta}^5 = \Delta\theta^4\Delta\boldsymbol{\theta} \\ \Delta\boldsymbol{\theta}^6 = -\Delta\theta^6\boldsymbol{I} \\ \cdots \end{cases}$$

即可得

$$e^{\frac{1}{2}\Delta\boldsymbol{\theta}} = \boldsymbol{I} + \frac{1}{2}\Delta\boldsymbol{\theta} + \frac{1}{2!}(-\Delta\theta^2\boldsymbol{I})^2 - \frac{1}{3!}\Delta\theta^2\boldsymbol{I} + \frac{1}{4!}(-\Delta\theta^2\boldsymbol{I})^2$$

$$= \boldsymbol{I}\left[1 - \frac{1}{2!}\left(\frac{\Delta\theta}{2}\right)^2 + \frac{1}{4!}\left(\frac{\Delta\theta}{2}\right)^4 - \frac{1}{6!}\left(\frac{\Delta\theta}{2}\right)^6 + \cdots\right] + \frac{\Delta\boldsymbol{\theta}}{2}\left(\frac{\Delta\theta}{2} - \frac{1}{3!}\left(\frac{\Delta\theta}{2}\right)^3 + \frac{1}{5!}\left(\frac{\Delta\theta}{2}\right)^5 - \cdots\right)$$

$$= \cos\left(\frac{\Delta\theta}{2}\right)\boldsymbol{I} + \frac{\sin\left(\frac{\Delta\theta}{2}\right)}{\Delta\theta}\Delta\boldsymbol{\theta}$$

则式（4-42）可改写成三角函数的形式

$$\boldsymbol{q}(t_{k+1}) = \left[\cos\left(\frac{\Delta\theta}{2}\right)\boldsymbol{I} + \frac{\sin\left(\frac{\Delta\theta}{2}\right)}{\Delta\theta}\Delta\boldsymbol{\theta}\right]\boldsymbol{q}(t_k)$$

基于上式更新四元素时，需将 $\cos\left(\frac{\Delta\theta}{2}\right) = c$ 和 $\sin\left(\frac{\Delta\theta}{2}\right) = s$ 展开泰勒级数，取不同项时，可推倒得到不同精度的算法。

（a）一阶算法

将 c 和 s 展开级数，取一阶值，可得

$$\boldsymbol{q}(t_{k+1}) = \{\boldsymbol{I} + 0.5\Delta\boldsymbol{\theta}\}\boldsymbol{q}(t_k)$$

（b）二阶算法

将 c 和 s 展开级数，取二阶值，可得

$$\boldsymbol{q}(t_{k+1}) = \left\{\left[1 - \frac{(\Delta\theta)^2}{8}\right]\boldsymbol{I} + 0.5\Delta\boldsymbol{\theta}\right\}\boldsymbol{q}(t_k)$$

（c）三阶算法

将 c 和 s 展开级数，取三阶值，可得

$$\boldsymbol{q}(t_{k+1}) = \left\{\left[1 - \frac{(\Delta\theta)^2}{8}\right]\boldsymbol{I} + \left[0.5 - \frac{(\Delta\theta)^2}{48}\right]\Delta\boldsymbol{\theta}\right\}\boldsymbol{q}(t_k)$$

（d）四阶算法

将 c 和 s 展开级数，取四阶值，可得

$$\boldsymbol{q}(t_{k+1}) = \left\{\left[1 - \frac{(\Delta\theta)^2}{8} + \frac{(\Delta\theta)^4}{384}\right]\boldsymbol{I} + \left[0.5 - \frac{(\Delta\theta)^2}{48}\right]\Delta\boldsymbol{\theta}\right\}\boldsymbol{q}(t_k)$$

算法阶数越高，求解精度越高，但同时其计算量越大，一般视飞行弹道的情况决定算法的阶数，如果载体姿态变化较快，则应取较高阶数的算法，反之亦然。

值得注意的是：基于四元数毕卡逼近法在本质上为单子样算法，不可交换误差补偿不彻底，当载体姿态来回振荡时，这种误差更加严重，需要开发多子样的解算算法，以降低姿态变化带来的圆锥运动效应对解算误差的影响。

4.7.2.4 四元数与欧拉角之间的关系

根据四元数的定轴旋转公式［见式（4-34）］，将载体坐标系视为动坐标系，导航坐标系视为参考坐标系，有两种方法可得到四元数与欧拉角之间的关系：1）从载体坐标系到导航坐标系的变换需经过三次旋转得到；2）将动坐标系由参考坐标系定轴旋转得到。

（1）方法一

如图 4-11 所示，由 4.3 节内容可知，导航坐标系（定义为"东北天"坐标系）经三次旋转可转至载体坐标系（定义为"右前上"坐标系），每次旋转用四元数表示如下

$$\begin{cases} \boldsymbol{Q}_\psi = \sin\left(\dfrac{\psi}{2}\right)\boldsymbol{k} + \cos\left(\dfrac{\psi}{2}\right) \\[2mm] \boldsymbol{Q}_\vartheta = \sin\left(\dfrac{\vartheta}{2}\right)\boldsymbol{i} + \cos\left(\dfrac{\vartheta}{2}\right) \\[2mm] \boldsymbol{Q}_\gamma = \sin\left(\dfrac{\gamma}{2}\right)\boldsymbol{j} + \cos\left(\dfrac{\gamma}{2}\right) \end{cases} \qquad (4-43)$$

令某一矢量 $\boldsymbol{r}$ ，在导航坐标系中表示为 $\boldsymbol{r}^n$ ，在载体坐标系中表示为 $\boldsymbol{r}^b$ ，则 $\boldsymbol{r}^b$ 和 $\boldsymbol{r}^n$ 之间的关系可由上述三个四元数表示，即

$$\boldsymbol{r}^b = \boldsymbol{Q}_\gamma^* \circ \boldsymbol{Q}_\vartheta^* \circ \boldsymbol{Q}_\psi^* \boldsymbol{r}^n \boldsymbol{Q}_\psi \circ \boldsymbol{Q}_\vartheta \circ \boldsymbol{Q}_\gamma$$

令

$$\boldsymbol{Q} = \boldsymbol{Q}_\psi \circ \boldsymbol{Q}_\vartheta \circ \boldsymbol{Q}_\gamma = q_0 + q_1\boldsymbol{i} + q_2\boldsymbol{j} + q_3\boldsymbol{k} \qquad (4-44)$$

则 $\boldsymbol{Q}$ 表示从导航坐标系至载体坐标系的转换四元数。

根据四元数的乘法规则，可以得出四元数与欧拉角的关系为

$$\begin{cases} q_0 = -\sin\dfrac{\psi}{2}\sin\dfrac{\vartheta}{2}\cos\dfrac{\gamma}{2} + \cos\dfrac{\psi}{2}\cos\dfrac{\vartheta}{2}\sin\dfrac{\gamma}{2} \\[2mm] q_1 = -\sin\dfrac{\psi}{2}\cos\dfrac{\vartheta}{2}\cos\dfrac{\gamma}{2} + \cos\dfrac{\psi}{2}\sin\dfrac{\vartheta}{2}\sin\dfrac{\gamma}{2} \\[2mm] q_2 = \sin\dfrac{\psi}{2}\cos\dfrac{\vartheta}{2}\sin\dfrac{\gamma}{2} + \cos\dfrac{\psi}{2}\sin\dfrac{\vartheta}{2}\cos\dfrac{\gamma}{2} \\[2mm] q_3 = \sin\dfrac{\psi}{2}\sin\dfrac{\vartheta}{2}\sin\dfrac{\gamma}{2} + \cos\dfrac{\psi}{2}\cos\dfrac{\vartheta}{2}\cos\dfrac{\gamma}{2} \end{cases} \qquad (4-45)$$

上式即为四元数和姿态欧拉角之间的关系，在捷联惯性导航中，也常通过上式给姿态四元数赋初值。

（2）方法二

由式（4-34）可知，可将导航坐标系看成动坐标系，将载体坐标系看成参考坐标系，则导航坐标系绕定轴旋转可至载体坐标系，即

$$\boldsymbol{r}^b = \boldsymbol{Q}^* \circ \boldsymbol{r}^n \circ \boldsymbol{Q}$$

写成四元数矩阵的形式，则可得

$$\begin{bmatrix} 0 & \boldsymbol{r}^b \end{bmatrix}^\mathrm{T} = M(\boldsymbol{Q}^*)M^*(\boldsymbol{Q}) \circ \begin{bmatrix} 0 & \boldsymbol{r}^n \end{bmatrix}^\mathrm{T}$$

展开，即

$$
\begin{bmatrix} 0 \\ x_b \\ y_b \\ z_b \end{bmatrix} = M(\boldsymbol{Q}^*)M^*(\boldsymbol{Q}) \begin{bmatrix} 0 \\ x_n \\ y_n \\ z_n \end{bmatrix}
$$

$$
= \begin{bmatrix} q_0 & q_1 & q_2 & q_3 \\ -q_1 & q_0 & q_3 & -q_2 \\ -q_2 & -q_3 & q_0 & q_1 \\ -q_3 & q_2 & -q_1 & q_0 \end{bmatrix} \begin{bmatrix} q_0 & -q_1 & -q_2 & -q_3 \\ q_1 & q_0 & q_3 & -q_2 \\ q_2 & -q_3 & q_0 & q_1 \\ q_3 & q_2 & -q_1 & q_0 \end{bmatrix} \begin{bmatrix} 0 \\ x_n \\ y_n \\ z_n \end{bmatrix}
$$

$$
= \begin{bmatrix} q_0^2+q_1^2+q_2^2+q_3^2 & 0 & 0 & 0 \\ 0 & q_0^2+q_1^2-q_2^2-q_3^2 & 2q_1q_2+2q_0q_3 & 2q_1q_3-2q_0q_2 \\ 0 & 2q_1q_2-2q_0q_3 & q_0^2-q_1^2+q_2^2-q_3^2 & 2q_2q_3+2q_0q_1 \\ 0 & 2q_1q_3+2q_0q_2 & 2q_2q_3-2q_0q_1 & q_0^2-q_1^2-q_2^2+q_3^2 \end{bmatrix} \begin{bmatrix} 0 \\ x_n \\ y_n \\ z_n \end{bmatrix}
$$

由上式可得

$$
\begin{bmatrix} x_b \\ y_b \\ z_b \end{bmatrix} = \begin{bmatrix} q_0^2+q_1^2-q_2^2-q_3^2 & 2q_1q_2+2q_0q_3 & 2q_1q_3-2q_0q_2 \\ 2q_1q_2-2q_0q_3 & q_0^2-q_1^2+q_2^2-q_3^2 & 2q_2q_3+2q_0q_1 \\ 2q_1q_3+2q_0q_2 & 2q_2q_3-2q_0q_1 & q_0^2-q_1^2-q_2^2+q_3^2 \end{bmatrix} \begin{bmatrix} x_n \\ y_n \\ z_n \end{bmatrix} \quad (4-46)
$$

即

$$
\boldsymbol{C}_n^b = \begin{bmatrix} q_0^2+q_1^2-q_2^2-q_3^2 & 2q_1q_2+2q_0q_3 & 2q_1q_3-2q_0q_2 \\ 2q_1q_2-2q_0q_3 & q_0^2-q_1^2+q_2^2-q_3^2 & 2q_2q_3+2q_0q_1 \\ 2q_1q_3+2q_0q_2 & 2q_2q_3-2q_0q_1 & q_0^2-q_1^2-q_2^2+q_3^2 \end{bmatrix} \quad (4-47)
$$

　　此阵与式（4-4）表达的姿态阵是等价的，即对应的矩阵元素也是相等的。假设四元数已知，即可求得姿态阵的 9 个元素，反过来，假设姿态阵已知，即可求得四元数的四个元。

由式（4-4）和式（4-47）可得

$$
\begin{cases} q_0^2+q_1^2+q_2^2+q_3^2 = 1 \\ q_0^2+q_1^2-q_2^2-q_3^2 = C_{11} \\ q_0^2-q_1^2+q_2^2-q_3^2 = C_{22} \\ q_0^2-q_1^2-q_2^2+q_3^2 = C_{33} \end{cases}
$$

由上式可得

$$
\begin{cases} q_0 = \pm 0.5\sqrt{1+C_{11}+C_{22}+C_{33}} \\ q_1 = \pm 0.5\sqrt{1+C_{11}-C_{22}-C_{33}} \\ q_2 = \pm 0.5\sqrt{1-C_{11}+C_{22}-C_{33}} \\ q_3 = \pm 0.5\sqrt{1-C_{11}-C_{22}+C_{33}} \end{cases} \quad (4-48)
$$

上式中四元数四个元的符号确定方法如下：

　　由式（4-4）和式（4-47），可得

$$\begin{cases} 4q_0q_1 = C_{23} - C_{32} \\ 4q_0q_2 = C_{31} - C_{13} \\ 4q_0q_3 = C_{12} - C_{21} \end{cases}$$

根据式（4-48）先确定 q_0 的符号（可取正号或负号），然后 q_1，q_2 和 q_3 的符号由上式确定，假设 q_0 的符号为正，则

$$\begin{cases} \mathrm{sign}(q_0) = + \\ \mathrm{sign}(q_1) = \mathrm{sign}(C_{23} - C_{32}) \\ \mathrm{sign}(q_2) = \mathrm{sign}(C_{31} - C_{13}) \\ \mathrm{sign}(q_3) = \mathrm{sign}(C_{12} - C_{21}) \end{cases} \tag{4-49}$$

或者 q_0 的符号任意取，然后 q_1，q_2 和 q_3 的符号由下式确定

$$\begin{aligned} \mathrm{sign}(q_1) &= \mathrm{sign}(q_0)\mathrm{sign}(C_{23} - C_{32}) \\ \mathrm{sign}(q_2) &= \mathrm{sign}(q_0)\mathrm{sign}(C_{31} - C_{13}) \\ \mathrm{sign}(q_3) &= \mathrm{sign}(q_0)\mathrm{sign}(C_{12} - C_{21}) \end{aligned} \tag{4-50}$$

当捷联惯性导航通过自主式初始对准（参见 4.9 节）后，即可确定弹体的姿态阵，根据式（4-48）确定四元数四个元的大小，再根据式（4-49）式（4-50）确定四元数四个元的符号。

4.7.2.5　四元数归一化处理

由于计算机计算存在计算误差，经过多步计算后，四元数的范数不再严格等于 1，需要周期性地对四元数进行归一化处理，令 $\boldsymbol{Q}$ 和 $\hat{\boldsymbol{Q}}$ 分别表示计算机的四元数以及归一化后的四元数，即

$$\begin{cases} \boldsymbol{Q} = q_0 + q_1\boldsymbol{i} + q_2\boldsymbol{j} + q_3\boldsymbol{k} \\ \hat{\boldsymbol{Q}} = \hat{q}_0 + \hat{q}_1\boldsymbol{i} + \hat{q}_2\boldsymbol{j} + \hat{q}_3\boldsymbol{k} \end{cases}$$

则

$$\hat{q}_i = \frac{q_i}{\sqrt{q_0^2 + q_1^2 + q_2^2 + q_3^2}}$$

4.7.2.6　姿态角解算

捷联惯性导航算法实时更新姿态矩阵（表示为四元数），再在姿态矩阵中提取 γ、ψ 和 ϑ 的主值

$$\begin{cases} \gamma_{\mathrm{main}} = \arctan\dfrac{-C_{13}}{C_{33}} = \arctan\dfrac{-(2q_1q_3 - 2q_0q_2)}{q_0^2 - q_1^2 - q_2^2 + q_3^2} \\ \psi_{\mathrm{main}} = \arctan\dfrac{-C_{21}}{C_{22}} = \arctan\dfrac{-(2q_1q_2 - 2q_0q_3)}{q_0^2 - q_1^2 + q_2^2 - q_3^2} \\ \vartheta_{\mathrm{main}} = \arcsin C_{23} = \arcsin(2q_2q_3 + 2q_0q_1) \end{cases} \tag{4-51}$$

惯性导航中姿态角的定义域为：滚动角 $\gamma \in [-180°, 180°]$，偏航角 $\psi \in [-180°, 180°]$，俯仰角 $\vartheta \in [-90°, 90°]$，即滚动角和俯仰角的定义域和其对应的反三角函数主

值一致，不存在多值问题，而偏航角按方程组（4-51）解算出主值后，还需判断是在哪一个象限，在此基础上修正偏航角的大小，具体姿态角解算为

$$\begin{cases} \gamma = \gamma_{\text{main}} \\ \psi = \begin{cases} \psi_{\text{main}} & C_{22} > 0 \\ \psi_{\text{main}} + 180° & C_{22} < 0, \psi_{\text{main}} < 0（或 C_{21} < 0） \\ \psi_{\text{main}} - 180° & C_{22} < 0, \psi_{\text{main}} > 0（或 C_{21} > 0） \end{cases} \\ \vartheta = \vartheta_{\text{main}} \end{cases}$$

在第 4.7.2.3～4.7.2.5 节较简单地介绍了四元数在姿态角解算中的应用，四元数法只需求解四个未知量的线性微分方程，在迭代计算中，并不需要计算各种姿态角的三角函数，故计算量相对较少，而且算法简单，容易编程实现。四元数法的本质是旋转矢量法中的单子样算法，在理论上，当计算步长较大时，只适合于低动态变化的载体的姿态解算。对于高动态变化的载体，需要开发多子样的旋转矢量法。

4.7.2.7　姿态角速度 $\boldsymbol{\omega}_{nb}^b$ 的解算

如图 4-9 所示，求解姿态矩阵时要使用的是 $\boldsymbol{\omega}_{nb}^b$，即载体相对导航坐标系的角速度在载体坐标系下的投影，而陀螺实际测得的是载体相对于惯性空间的角速度在载体坐标系的投影 $\boldsymbol{\omega}_{ib}^b$，故必须从 $\boldsymbol{\omega}_{ib}^b$ 中去掉 $\boldsymbol{\omega}_{in}^b$，由角速度之间的关系可得

$$\boldsymbol{\omega}_{ib}^b = \boldsymbol{\omega}_{in}^b + \boldsymbol{\omega}_{nb}^b = \boldsymbol{C}_n^b(\boldsymbol{\omega}_{ie}^n + \boldsymbol{\omega}_{en}^n) + \boldsymbol{\omega}_{nb}^b \tag{4-52}$$

则

$$\boldsymbol{\omega}_{nb}^b = \boldsymbol{\omega}_{ib}^b - \boldsymbol{C}_n^b(\boldsymbol{\omega}_{ie}^n + \boldsymbol{\omega}_{en}^n) \tag{4-53}$$

4.7.2.8　迁移速率的解算

g 系跟踪载体运动所形成的绕地心的转动，在惯性空间随地球自转而变化，即相对于惯性空间转动的角速度为

$$\boldsymbol{\omega}_{in}^n = \boldsymbol{\omega}_{ie}^n + \boldsymbol{\omega}_{en}^n \tag{4-54}$$

其中 e 系相对 i 系的变化率在 e 系中表示为

$$\boldsymbol{\omega}_{ie}^e = [0 \quad 0 \quad \omega_{ie}]^T \tag{4-55}$$

则根据式（4-3），有

$$\boldsymbol{\omega}_{ie}^n = \boldsymbol{C}_e^n \boldsymbol{\omega}_{ie}^e = [0 \quad \omega_{ie}\cos L \quad \omega_{ie}\sin L]^T \tag{4-56}$$

g 系（即 n 系）相对 e 系的变化率（也称迁移速率）在地理坐标系中表示为

$$\boldsymbol{\omega}_{en}^n = [-\dot{L} \quad \dot{\lambda}\cos L \quad \dot{\lambda}\sin L] = \left[\frac{-v_{eny}^n}{R_m + h} \quad \frac{v_{enx}^n}{R_n + h} \quad \frac{v_{enx}^n}{R_n + h}\tan L\right]^T \tag{4-57}$$

g 系相对 e 系的变化率在 e 系中表示为

$$\boldsymbol{\omega}_{en}^e = [\dot{L}\sin\lambda \quad -\dot{\lambda} \quad -\dot{L}\cos\lambda] = \left[\frac{v_{eny}^n\sin\lambda}{R_m + h} \quad \frac{-v_{enx}^n}{(R_n + h)\cos L} \quad \frac{-v_{eny}^n\cos\lambda}{(R_m + h)}\right]^T$$

$$\tag{4-58}$$

4.7.3　速度解算

由比力方程可得，载机在导航坐标系中的速度微分方程为

$$\dot{\boldsymbol{v}}_{en}^{n} = \boldsymbol{f}_{ib}^{n} - (2\boldsymbol{\omega}_{ie}^{n} + \boldsymbol{\omega}_{en}^{n}) \times \boldsymbol{v}_{en}^{n} + \boldsymbol{g}^{n} \tag{4-59}$$

将上式写成矩阵分量的形式

$$\begin{bmatrix} \dot{v}_{enx}^{n} \\ \dot{v}_{eny}^{n} \\ \dot{v}_{enz}^{n} \end{bmatrix} = \begin{bmatrix} f_{ibx}^{n} \\ f_{iby}^{n} \\ f_{ibz}^{n} \end{bmatrix} + \begin{bmatrix} 0 & 2\omega_{iez}^{n} + \omega_{enz}^{n} & -2\omega_{iey}^{n} - \omega_{eny}^{n} \\ -2\omega_{iez}^{n} - \omega_{enz}^{n} & 0 & 2\omega_{iex}^{n} + \omega_{enx}^{n} \\ 2\omega_{iey}^{n} + \omega_{eny}^{n} & -2\omega_{iex}^{n} - \omega_{enx}^{n} & 0 \end{bmatrix} \begin{bmatrix} v_{enx}^{n} \\ v_{eny}^{n} \\ v_{enz}^{n} \end{bmatrix} - \begin{bmatrix} 0 \\ 0 \\ g \end{bmatrix} \tag{4-60}$$

对于空地导弹来说，在绝大多数飞行段，其飞行速度较为平稳，采用二阶龙格-库塔法对速度微分方程进行数值求解也可获得足够精度的数值解。

设迭代周期为 T_1，则应用二阶龙格-库塔法求解速度微分方程的公式如式（4-61）～式（4-64）所示。

$$\begin{cases} K_1 = T_1\{f_{ibx}^{n}(t_k) + [2\omega_{iez}^{n}(t_k) + \omega_{enz}^{n}(t_k)]v_{eny}^{n}(t_k) - [2\omega_{iey}^{n}(t_k) + \omega_{eny}^{n}(t_k)]v_{enz}^{n}(t_k)\} \\ K_2 = T_1\{f_{iby}^{n}(t_k) - [2\omega_{iez}^{n}(t_k) + \omega_{enz}^{n}(t_k)]v_{enx}^{n}(t_k) + [2\omega_{iex}^{n}(t_k) + \omega_{enx}^{n}(t_k)]v_{enz}^{n}(t_k)\} \\ K_3 = T_1\{f_{ibz}^{n}(t_k) + [2\omega_{iey}^{n}(t_k) + \omega_{eny}^{n}(t_k)]v_{enx}^{n}(t_k) - [2\omega_{iex}^{n}(t_k) + \omega_{enx}^{n}(t_k)]v_{eny}^{n}(t_k) - g\} \end{cases} \tag{4-61}$$

$$\begin{cases} y_1 = v_{enx}^{n}(t_k) + K_1 \\ y_2 = v_{eny}^{n}(t_k) + K_2 \\ y_3 = v_{enz}^{n}(t_k) + K_3 \end{cases} \tag{4-62}$$

$$\begin{cases} P_1 = T_1\{f_{ibx}^{n}(t_{k+1}) + [2\omega_{iez}^{n}(t_{k+1}) + \omega_{enz}^{n}(t_{k+1})]y_2 - [2\omega_{iey}^{n}(t_{k+1}) + \omega_{eny}^{n}(t_{k+1})]y_3\} \\ P_2 = T_1\{f_{iby}^{n}(t_{k+1}) - [2\omega_{iez}^{n}(t_{k+1}) + \omega_{enz}^{n}(t_{k+1})]y_1 + [2\omega_{iex}^{n}(t_{k+1}) + \omega_{enx}^{n}(t_{k+1})]y_3\} \\ P_3 = T_1\{f_{ibz}^{n}(t_{k+1}) + [2\omega_{iey}^{n}(t_{k+1}) + \omega_{eny}^{n}(t_{k+1})]y_1 - [2\omega_{iex}^{n}(t_{k+1}) + \omega_{enx}^{n}(t_{k+1})]y_2 - g\} \end{cases} \tag{4-63}$$

$$\begin{cases} v_{enx}^{n}(t_{k+1}) = v_{enx}^{n}(t_k) + \dfrac{K_1 + P_1}{2} \\ v_{eny}^{n}(t_{k+1}) = v_{eny}^{n}(t_k) + \dfrac{K_2 + P_2}{2} \\ v_{enz}^{n}(t_{k+1}) = v_{enz}^{n}(t_k) + \dfrac{K_3 + P_3}{2} \end{cases} \tag{4-64}$$

依次计算式（4-61）～式（4-64），即可将载体的 $\boldsymbol{v}_{en}^{n}(t_k)$ 更新至 $\boldsymbol{v}_{en}^{n}(t_{k+1})$。

4.7.4　位置解算

（1）位置微分方程

确定载体的位置，即在地球坐标系内确定地理坐标系。假设地球坐标系为参考坐标系，地理坐标系为动坐标系，假设某矢量 $\boldsymbol{r}$，根据理论力学哥氏定理，有

$$\frac{\mathrm{d}\boldsymbol{r}}{\mathrm{d}t}\bigg|_{e} = \frac{\mathrm{d}\boldsymbol{r}}{\mathrm{d}t}\bigg|_{n} + \boldsymbol{\omega}_{en} \times \boldsymbol{r} \tag{4-65}$$

将上式在 n 系下投影，可得

$$\frac{\mathrm{d}\boldsymbol{r}}{\mathrm{d}t}\bigg|_{e}^{n} = \frac{\mathrm{d}\boldsymbol{r}}{\mathrm{d}t}\bigg|_{n}^{n} + (\boldsymbol{\omega}_{en} \times \boldsymbol{r})^{n} = \dot{\boldsymbol{r}}^{n} + \boldsymbol{\omega}_{en}^{n} \times \boldsymbol{r}^{n} \qquad (4-66)$$

根据 $\boldsymbol{r}$ 在 e 系和 n 系之间的转换关系，有

$$\boldsymbol{r}^{n} = \boldsymbol{C}_{e}^{n}\boldsymbol{r}^{e}$$

对其两边求导，可得

$$\dot{\boldsymbol{r}}^{n} = \dot{\boldsymbol{C}}_{e}^{n}\boldsymbol{r}^{e} + \boldsymbol{C}_{e}^{n}\dot{\boldsymbol{r}}^{e} = \dot{\boldsymbol{C}}_{e}^{n}\boldsymbol{r}^{e} + \boldsymbol{C}_{e}^{n}\frac{\mathrm{d}\boldsymbol{r}}{\mathrm{d}t}\bigg|_{e}^{e} = \dot{\boldsymbol{C}}_{e}^{n}\boldsymbol{r}^{e} + \frac{\mathrm{d}\boldsymbol{r}}{\mathrm{d}t}\bigg|_{e}^{n} \qquad (4-67)$$

由式（4-66）和式（4-67）可知

$$\dot{\boldsymbol{C}}_{e}^{n}\boldsymbol{r}^{e} = -\boldsymbol{\omega}_{en}^{n} \times \boldsymbol{r}^{n} = -\boldsymbol{\omega}_{en}^{n} \times \boldsymbol{C}_{e}^{n}\boldsymbol{r}^{e}$$

即

$$\dot{\boldsymbol{C}}_{e}^{n} = -\boldsymbol{\omega}_{en}^{n} \times \boldsymbol{C}_{e}^{n} \qquad (4-68)$$

式中　$(\boldsymbol{\omega}_{en}^{n}) \times$ ——地理坐标系相对于地球坐标系的角速度在地理坐标系中的投影所构成的反对称矩阵。

（2）位置微分方程求解

将位置微分方程表示成矩阵分量形式，表示为

$$\begin{bmatrix} \dot{C}_{11} & \dot{C}_{12} & \dot{C}_{13} \\ \dot{C}_{21} & \dot{C}_{22} & \dot{C}_{23} \\ \dot{C}_{31} & \dot{C}_{32} & \dot{C}_{33} \end{bmatrix} = \begin{bmatrix} 0 & \omega_{enz}^{n} & -\omega_{eny}^{n} \\ -\omega_{enz}^{n} & 0 & \omega_{enx}^{n} \\ \omega_{eny}^{n} & -\omega_{enx}^{n} & 0 \end{bmatrix} \cdot \begin{bmatrix} C_{11} & C_{12} & C_{13} \\ C_{21} & C_{22} & C_{23} \\ C_{31} & C_{32} & C_{33} \end{bmatrix} \qquad (4-69)$$

对于空地导弹，由于机动比较小，载体法向加速度和轴向加速度较小，故采用一阶龙格-库塔法或欧拉角法即可满足导航位置解算精度要求，设迭代周期为 T_{2}，将上式写成如下分量的格式

$$\begin{cases} C_{11}(t_{k+1}) = C_{11}(t_{k}) + T_{2}[C_{21}(t_{k})\omega_{enz}^{n} - C_{31}(t_{k})\omega_{eny}^{n}] \\ C_{12}(t_{k+1}) = C_{12}(t_{k}) + T_{2}[C_{22}(t_{k})\omega_{enz}^{n} - C_{32}(t_{k})\omega_{eny}^{n}] \\ C_{13}(t_{k+1}) = C_{13}(t_{k}) + T_{2}[C_{23}(t_{k})\omega_{enz}^{n} - C_{33}(t_{k})\omega_{eny}^{n}] \\ C_{21}(t_{k+1}) = C_{21}(t_{k}) + T_{2}[-C_{11}(t_{k})\omega_{enz}^{n} + C_{31}(t_{k})\omega_{enx}^{n}] \\ C_{22}(t_{k+1}) = C_{22}(t_{k}) + T_{2}[-C_{12}(t_{k})\omega_{enz}^{n} + C_{32}(t_{k})\omega_{enx}^{n}] \\ C_{23}(t_{k+1}) = C_{23}(t_{k}) + T_{2}[-C_{13}(t_{k})\omega_{enz}^{n} + C_{33}(t_{k})\omega_{enx}^{n}] \\ C_{31}(t_{k+1}) = C_{31}(t_{k}) + T_{2}[C_{11}(t_{k})\omega_{eny}^{n} - C_{21}(t_{k})\omega_{enx}^{n}] \\ C_{32}(t_{k+1}) = C_{32}(t_{k}) + T_{2}[C_{12}(t_{k})\omega_{eny}^{n} - C_{22}(t_{k})\omega_{enx}^{n}] \\ C_{33}(t_{k+1}) = C_{33}(t_{k}) + T_{2}[C_{13}(t_{k})\omega_{eny}^{n} - C_{23}(t_{k})\omega_{enx}^{n}] \end{cases} \qquad (4-70)$$

（3）位置参数提取

从前面的地球坐标系和地理坐标系的转换关系可知，位置矩阵 $\boldsymbol{C}_{e}^{n}$ 是 L 和 λ 的函数，即

$$C_{e}^{g} = C_{e}^{n} = \begin{bmatrix} -\sin\lambda & \cos\lambda & 0 \\ -\cos\lambda\sin L & -\sin\lambda\sin L & \cos L \\ \cos\lambda\cos L & \sin\lambda\cos L & \sin L \end{bmatrix} \qquad (4-71)$$

由上式可得

$$\begin{cases} L_{\text{main}} = \arctan \dfrac{C_{33}}{C_{23}} \\ \lambda_{\text{main}} = \arctan \dfrac{C_{22}}{C_{21}} \end{cases} \quad (4-72)$$

由于纬度的定义域为 $L \in [-90°, 90°]$，即可得

$$L = L_{\text{main}}$$

经度的定义域为 $\lambda \in [-180°, 180°]$，经度按方程组（4-72）解算出主值后，还需判断位于哪一个象限，判断方法如下

$$\lambda = \begin{cases} \lambda_{\text{main}} & C_{31} > 0 \\ \lambda_{\text{main}} + 180° & C_{31} < 0, \lambda_{\text{main}} < 0 \text{（或 } C_{32} > 0） \\ \lambda_{\text{main}} - 180° & C_{31} < 0, \lambda_{\text{main}} > 0 \text{（或 } C_{32} < 0） \end{cases} \quad (4-73)$$

4.7.5　高度通道设计

在惯性导航位置解算中，垂直通道是不稳定的，在存在加速度计误差、速度误差及高度误差时，这些误差量对高度解算的误差以指数形式发散，具体解算如下：

由式（4-60）可得

$$\dot{v}_{enz}^n = f_{ibz}^n + (2\omega_{iey}^n + \omega_{eny}^n) \times v_{enx}^n - (2\omega_{iex}^n + \omega_{enx}^n) \times v_{eny}^n - g(h)$$

令 $a_z = (2\omega_{iey}^n + \omega_{eny}^n) \times v_{enx}^n - (2\omega_{iex}^n + \omega_{enx}^n) \times v_{eny}^n$（地球自转和载体相对于地球存在速度时引起的哥氏加速度和牵引加速度，两者合称为有害加速度），则

$$\dot{v}_{enz}^n = f_{ibz}^n + a_z - g(h) \quad (4-74)$$

其中

$$g(h) = g_0 \left(\frac{R_e}{R_e + h} \right)^2 = g_0 \frac{(R_e + h)^2 - 2R_e h - h^2}{(R_e + h)^2}$$

当 $h \ll R$ 时

$$g(h) \approx g_0 \left(1 - \frac{2h}{R_e} \right) \quad (4-75)$$

依据式（4-74）和式（4-75）可得，高度通道传递函数的系统框图如图 4-13 所示，下面分别分析加速度计误差、速度误差及高度误差引起的高度变化规律。

（1）加速度计误差

在忽略初始速度误差和高度误差条件下，加速度计至高度的传递函数为

$$G_{f_z}^h(s) = \frac{h(s)}{f_z(s)} = \frac{1}{s^2 - \dfrac{2g_0}{R}} = \frac{1}{\left(s - \sqrt{\dfrac{2g_0}{R}} \right) \left(s + \sqrt{\dfrac{2g_0}{R}} \right)} \approx \frac{1}{s^2}$$

根据上式，因为高度通道为线性系统，则垂直加速度计存在误差 Δf_z 时，加速度计误差 Δf_z 至 $\Delta h(t)$ 的传递函数为

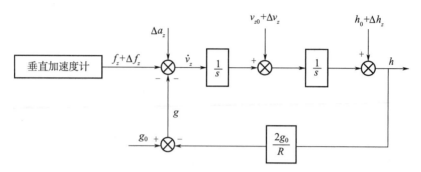

图 4-13　惯性导航高度通道传递函数的系统框图

$$G_{\Delta f_z}^{\Delta h}(s) = \frac{\Delta h(s)}{\Delta f_z(s)} = \frac{1}{s^2 - \dfrac{2g_0}{R}} = \frac{1}{\left(s - \sqrt{\dfrac{2g_0}{R}}\right)\left(s + \sqrt{\dfrac{2g_0}{R}}\right)} \approx \frac{1}{s^2}$$

对上式求拉氏反变换，可得

$$\Delta h(t) = \frac{1}{2\sqrt{\dfrac{2g_0}{R}}}\left(e^{\sqrt{\frac{2g_0}{R}}t} - e^{-\sqrt{\frac{2g_0}{R}}t}\right)\Delta f_z$$

即高度通道存在不稳定根，其误差传播中具有与 $e^{\sqrt{\frac{2g_0}{R}}t}$ 成比例的随时间发散的分量。加速度计误差引起导航高度解算发散。

注：需要注意的是，加速度计误差引起惯性导航高度误差和发散是两个概念，加速度计误差引起导航解算误差（假设重力加速度不随着高度变化），其高度误差可表示为 $\Delta h(t) = 0.5 \times \Delta f_z \times t^2$，而高度解算发散则由上式表示，即表示加速度计误差引起高度误差缓慢振荡变化的传播特性。

（2）速度误差

同理可解算得到，速度误差 Δv_z 至 $\Delta h(t)$ 的传递函数为

$$G_{\Delta v_z}^{\Delta h}(s) = \frac{\Delta h(s)}{\Delta v_z(s)} = \frac{s}{s^2 - \dfrac{2g_0}{R}} = \frac{s}{\left(s - \sqrt{\dfrac{2g_0}{R}}\right)\left(s + \sqrt{\dfrac{2g_0}{R}}\right)} \approx \frac{1}{s}$$

对上式求拉氏反变换，可得

$$\Delta h(t) = \left(0.5 \times e^{\sqrt{\frac{2g_0}{R}}t} + 0.5 \times e^{-\sqrt{\frac{2g_0}{R}}t}\right)\Delta v_z$$

同样，速度误差引起高度解算发散。

（3）高度误差

同理可解算得到，高度误差 Δh_0 至 $\Delta h(t)$ 的传递函数为

$$G_{\Delta h_0}^{\Delta h}(s) = \frac{\Delta h(s)}{\Delta h_0(s)} = \frac{s^2}{s^2 - \dfrac{2g_0}{R}} = \frac{s^2}{\left(s - \sqrt{\dfrac{2g_0}{R}}\right)\left(s + \sqrt{\dfrac{2g_0}{R}}\right)} \approx 1$$

对上式求拉氏反变换，可得

$$\Delta h(t) = \left[\delta(t) - \frac{\sqrt{\frac{2g_0}{R}}}{2} \left(\mathrm{e}^{\sqrt{\frac{2g_0}{R}}t} - \mathrm{e}^{-\sqrt{\frac{2g_0}{R}}t} \right) \right] \Delta h_0$$

同样，高度误差引起高度解算发散。

（4）高度通道发散原因

高度通道发散的物理原因：随着高度增加，重力加速度减小［见式（4-75）］，从控制角度分析：由于垂直加速度计误差引起高度解算误差，而高度误差正反馈于输入端，即引起高度通道发散。

假设：垂直加速度计误差为 $0.001\ \mathrm{m/s^2}$，$R = 6\ 371\ 000\ \mathrm{m}$，则可得高度误差曲线如图 4-14 所示，即随着时间的积累，高度误差以指数 $\mathrm{e}^{0.001\,8\,t}$ 发散，当飞行时间短于 100 s 时，可忽略不计，当飞行时间超过 500 s 后，高度误差发散速度加快。

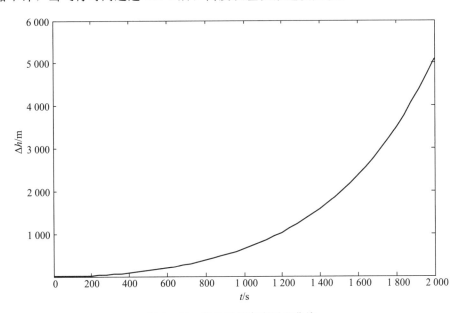

图 4-14　惯性导航高度误差曲线

（5）高度通道设计

由于惯性导航高度通道解算发散，一般采用引入外部高度信息进行组合或补偿。工程上通常有两种方式：1）用高精度的高度测量值直接替换惯性导航系统的高度值，如采用 GPS 高度替换惯性导航系统的高度值；2）利用外部高度测量值对惯性导航系统的高度通道进行阻尼设计。现采用气压高度计对惯性导航系统进行阻尼回路设计，其系统框图如图 4-15 所示。

根据图 4-15，则可得

$$\begin{cases} \dot{v}_z = -k_2(h - h_r) + f_z + \Delta f_z + \Delta a_z - g_0 + 2\dfrac{g_0}{R}h \\[2mm] \dot{h} = -k_1(h - h_r) + v_z \end{cases}$$

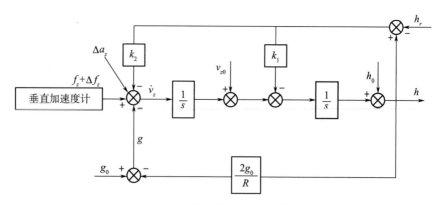

图 4-15　惯性导航高度通道模块

写成状态空间的形式，即

$$\begin{cases} \dot{\boldsymbol{x}} = \boldsymbol{A}\boldsymbol{x} + \boldsymbol{B}\boldsymbol{u} \\ \boldsymbol{y} = \boldsymbol{C}\boldsymbol{x} \end{cases} \tag{4-76}$$

其中

$$\boldsymbol{x} = \begin{bmatrix} v_z \\ h \end{bmatrix}, \boldsymbol{u} = \begin{bmatrix} h_r \\ f_z + \Delta f_z + \Delta a_z - g_0 \end{bmatrix}, \boldsymbol{A} = \begin{bmatrix} 0 & -k_2 + 2\dfrac{g_0}{R} \\ 1 & -k_1 \end{bmatrix}, \boldsymbol{B} = \begin{bmatrix} k_2 & 1 \\ k_1 & 0 \end{bmatrix}, \boldsymbol{C} = \begin{bmatrix} 0 & 1 \end{bmatrix}$$

则由 $\boldsymbol{Y}(s) = \boldsymbol{C}(s\boldsymbol{I} - \boldsymbol{A})^{-1}\boldsymbol{B}$ ，可得

$$\frac{h(s)}{u(s)} = \frac{h_r(k_2 + k_1 s)}{s^2 + k_1 s + k_2 - \dfrac{2g_0}{R}} + \frac{f_z + \Delta f_z + \Delta a_z - g_0}{s^2 + k_1 s + k_2 - \dfrac{2g_0}{R}}$$

即系统的特征方程为

$$s^2 + k_1 s + k_2 - \frac{2g_0}{R} = 0$$

　　根据经典控制理论，设计合适的 k_1 和 k_2，即可将特征根配置在坐标系的左半平面所希望的位置，不仅可抑制误差对高度通道发散的影响，而且可以调整其响应的阻尼特性以及收敛速度。

4.8　捷联惯性导航误差分析

　　在 4.7 节介绍的捷联惯性导航的力学编排都是基于理想情况，而在工程上，惯性导航不可避免地工作于各种误差下，各种误差都影响惯性导航精度。针对捷联惯性导航的特性，下面简单地列举各种误差源：

　　1）惯性器件误差：主要包括加速度计和陀螺的零偏、零偏稳定性、随机噪声、刻度因子误差等；

　　2）惯性器件安装误差：包括加速度计和陀螺在惯性器件基座中的安装误差以及惯性

器件在载体上的安装误差;

3）系统初值误差：包括数学平台的初始对准误差，以及初始位置及速度误差;

4）计算误差：包括力学编排误差、计算机算法截断误差以及各种建模误差（例如，地球模型、重力模型等都是实际物理量的近似值);

5）干扰误差：包括随机干扰信号。

各种误差都影响惯性导航的解算精度，最终体现在误差微分方程里，下面简单介绍数学平台误差角、速度误差以及位置误差等微分方程。

（1）数学平台误差角方程

对于平台惯性导航，由平台模拟导航坐标系，当平台存在误差时，即平台坐标系与导航坐标系之间存在误差角，也称失准角，即

$$\phi = [\phi_x \quad \phi_y \quad \phi_z]^\mathrm{T}$$

如图 4-16 所示，地理坐标系与导航坐标系（即数学平台）之间存在失准角，地理坐标系依次绕 z_g、x_{n1} 和 y_{n2} 转动 ϕ_z、ϕ_x 和 ϕ_y 即可得导航坐标系，其转换矩阵为

$$\boldsymbol{C}_g^n = \begin{bmatrix} \cos\phi_y & 0 & -\sin\phi_y \\ 0 & 1 & 0 \\ \sin\phi_y & 0 & \cos\phi_y \end{bmatrix} \begin{bmatrix} 1 & 0 & 0 \\ 0 & \cos\phi_x & -\sin\phi_x \\ 0 & \sin\phi_x & \cos\phi_x \end{bmatrix} \begin{bmatrix} \cos\phi_z & \sin\phi_z & 0 \\ -\sin\phi_z & \cos\phi_z & 0 \\ 0 & 0 & 1 \end{bmatrix}$$

$$\approx \begin{bmatrix} 1 & \phi_z & -\phi_y \\ -\phi_z & 1 & \phi_x \\ \phi_y & -\phi_x & 1 \end{bmatrix}$$

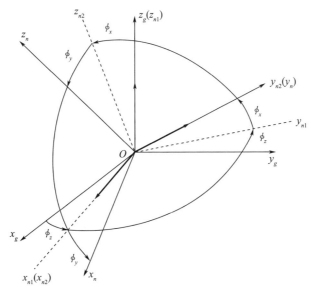

图 4-16 地理坐标系与导航坐标系的转换关系

对于 SINS，假设精确的数学平台坐标系为 p，而用于惯性导航解算的数学平台为 n，则真实的姿态阵为

$$\boldsymbol{C}_b^p = \boldsymbol{C}_b^n \boldsymbol{C}_n^p = C_b^n \begin{bmatrix} 1 & \phi_z & -\phi_y \\ -\phi_z & 1 & \phi_x \\ \phi_y & -\phi_x & 1 \end{bmatrix} = \boldsymbol{C}_b^n (\boldsymbol{I} - \boldsymbol{\phi} \times)$$

平台坐标系相对于惯性空间的转动角速度在平台坐标系可表示为

$$\boldsymbol{\omega}_{ip}^p = \boldsymbol{C}_n^p \boldsymbol{\omega}_{in}^n + \dot{\boldsymbol{\phi}}^n \tag{4-77}$$

$$= [\boldsymbol{I} - \boldsymbol{\phi}^n \times] \boldsymbol{\omega}_{in}^n + \dot{\boldsymbol{\phi}}^n = \boldsymbol{\omega}_{in}^n - \boldsymbol{\phi}^n \times \boldsymbol{\omega}_{in}^n + \dot{\boldsymbol{\phi}}^n$$

在工程上，考虑等效陀螺漂移 $\boldsymbol{\varepsilon}^p$ ，$\boldsymbol{\omega}_{ip}^p$ 可表示如下

$$\boldsymbol{\omega}_{ip}^p = \boldsymbol{\omega}_{ic}^p + \boldsymbol{\varepsilon}^p \tag{4-78}$$

式中　$\boldsymbol{\omega}_{ic}^p$ ——平台在施加角速度作用下的转动角速度。

由式（4-77）和式（4-78）可得

$$\dot{\boldsymbol{\phi}}^n = \boldsymbol{\phi}^n \times \boldsymbol{\omega}_{in}^n + \boldsymbol{\omega}_{ic}^p - \boldsymbol{\omega}_{in}^n + \boldsymbol{\varepsilon}^p \tag{4-79}$$

其中

$$\boldsymbol{\omega}_{ic}^p - \boldsymbol{\omega}_{in}^n = \delta \boldsymbol{\omega}_{ie}^n + \delta \boldsymbol{\omega}_{en}^n , \quad \boldsymbol{\omega}_{in}^n = \boldsymbol{\omega}_{ie}^n + \boldsymbol{\omega}_{en}^n$$

其中 $\boldsymbol{\omega}_{ie}^n = \begin{bmatrix} 0 \\ \omega_{ie}\cos L \\ \omega_{ie}\sin L \end{bmatrix}$ ，则 $\delta \boldsymbol{\omega}_{ie}^n = \begin{bmatrix} 0 \\ -\omega_{ie}\sin L \delta L \\ \omega_{ie}\cos L \delta L \end{bmatrix}$ 。

$$\boldsymbol{\omega}_{en}^n = \begin{bmatrix} -\dfrac{v_y}{R} \\[2mm] -\dfrac{v_x}{R} \\[2mm] \dfrac{v_y}{R}\tan L \end{bmatrix} , \quad 则 \delta \boldsymbol{\omega}_{en}^n = \begin{bmatrix} -\dfrac{\delta v_y}{R} \\[2mm] -\dfrac{\delta v_x}{R} \\[2mm] \dfrac{\delta v_x}{R}\tan L + \dfrac{v_x}{R}\sec^2 L \delta L \end{bmatrix} 。$$

将 $\delta \boldsymbol{\omega}_{ie}^n$ 和 $\delta \boldsymbol{\omega}_{en}^n$ 等代入式（4-79），可得平台误差角方程为

$$\begin{cases} \dot{\phi}_x = -\dfrac{1}{R}\delta v_y + \left(\omega_{ie}\sin L + \dfrac{v_x}{R}\tan L\right)\phi_y - \left(\omega_{ie}\cos L + \dfrac{v_x}{R}\right)\phi_z + \varepsilon_x \\[4mm] \dot{\phi}_y = \dfrac{1}{R}\delta v_x - \omega_{ie}\sin L \delta L - \left(\omega_{ie}\sin L + \dfrac{v_x}{R}\tan L\right)\phi_x - \dfrac{v_y}{R}\phi_z + \varepsilon_y \\[4mm] \dot{\phi}_z = \dfrac{1}{R}\delta v_x \tan L + \left(\omega_{ie}\cos L + \dfrac{v_x}{R}\sec^2 L\right)\delta L + \left(\omega_{ie}\cos L + \dfrac{v_x}{R}\right)\phi_x + \dfrac{v_y}{R}\phi_y + \varepsilon_z \end{cases}$$

$$(4-80)$$

由平台误差角微分方程可知，引起平台误差角的误差源可分为四类：1）导航速度误差引起的；2）平台误差角自身引起的；3）陀螺漂移引起的；4）导航纬度误差引起的。

（2）速度误差方程

对比力方程［见式（4-23）］求变分可得

$$\delta \dot{\boldsymbol{v}}_{ep} = \delta \boldsymbol{f} - \delta(2\boldsymbol{\omega}_{ip} + \boldsymbol{\omega}_{ep}) \times \boldsymbol{v}_{ep} - (2\boldsymbol{\omega}_{ip} + \boldsymbol{\omega}_{ep}) \times \delta \boldsymbol{v}_{ep}$$

其中

$$\delta \boldsymbol{f} = \boldsymbol{f}^p - \boldsymbol{f}^n$$

令 $\boldsymbol{f}^p$ 为加速度计实际输出，假设加速度计的测量误差为 ∇^p，则

$$\boldsymbol{f}^p = \boldsymbol{C}_n^p \boldsymbol{f}^n + \nabla^p = [\boldsymbol{I} - \boldsymbol{\phi}^n \times] \boldsymbol{f}^n + \nabla^p$$

则可得

$$\delta \boldsymbol{f} = \boldsymbol{f}^p - \boldsymbol{f}^n = \boldsymbol{f}^n \times \boldsymbol{\phi}^n + \nabla^p$$

即可得

$$\delta \dot{\boldsymbol{v}}_{ep} = \boldsymbol{f}^n \times \boldsymbol{\phi}^n + \nabla^p - (2\delta \boldsymbol{\omega}_{ip} + \delta \boldsymbol{\omega}_{ep}) \times \boldsymbol{v}_{ep} - (2\boldsymbol{\omega}_{ip} + \boldsymbol{\omega}_{ep}) \times \delta \boldsymbol{v}_{ep}$$

上式即为速度误差方程的矢量形式，也经常写成分量形式，如下

$$\begin{cases} \delta \dot{v}_x = f_y \phi_z - f_z \phi_y + \nabla_x + \left(\dfrac{v_y}{R} \tan L - \dfrac{v_z}{R} \right) \delta v_x + \left(2\omega_{ie} \sin L + \dfrac{v_z}{R} \tan L \right) \delta v_y - \\ \qquad \left(2\omega_{ie} \cos L + \dfrac{v_x}{R} \right) \delta v_z + \left(2\omega_{ie} \cos L v_y + \dfrac{v_x v_y}{R} \sec^2 L + 2\omega_{ie} \sin L v_z \right) \delta L \\ \delta \dot{v}_y = f_z \phi_x - f_x \phi_z + \nabla_y - 2\left(\omega_{ie} \sin L + \dfrac{v_x}{R} \tan L \right) \delta v_x - \dfrac{v_z}{R} \delta v_y - \dfrac{v_y}{R} \delta v_z - \\ \qquad \left(2\omega_{ie} \cos L + \dfrac{v_x}{R} \sec^2 L \right) v_x \delta L \\ \delta \dot{v}_z = f_x \phi_y - f_y \phi_x + \nabla_z + 2\left(\omega_{ie} \cos L + \dfrac{v_x}{R} \right) \delta v_x + 2\dfrac{v_y}{R} \delta v_y - 2\omega_{ie} \sin L v_x \delta L \end{cases}$$

$$(4-81)$$

由速度误差微分方程可知，引起速度误差的误差源可分为四类：1）导航速度误差引起的；2）平台误差角自身引起的；3）加速度零偏引起的；4）导航纬度误差引起的。

（3）位置误差方程

导航的经度、纬度和高度变化可表示为

$$\dot{L} = \dfrac{v_y}{R}, \quad \dot{\lambda} = \dfrac{v_x}{R} \sec L, \quad \dot{h} = v_z$$

对上式求变分，可得

$$\begin{cases} \delta \dot{L} = \dfrac{\delta v_y}{R} \\ \delta \dot{\lambda} = \dfrac{\delta v_x}{R} \sec L + \dfrac{v_x}{R} \sec L \tan L \delta L \\ \delta \dot{h} = \delta v_z \end{cases} \qquad (4-82)$$

由位置误差微分方程可知，引起位置误差的误差源主要有：1）北向速度误差引起纬度误差；2）东向速度误差和纬度误差引起经度误差；3）天向速度误差引起高度误差。

综上所述，式（4-80）、式（4-81）和式（4-82）这三组方程组成了动基座条件下的惯性导航误差方程，考虑到如下因素：1）高度通道不稳定发散，故不考虑高度和天向速度的微分方程；2）经度不影响其他误差项，故可略去方程组（4-82）第 2 式。由上述方程组可知，在动基座条件下分析误差的传播特性较为麻烦，在工程上通常在静基座条件下分析导航系统的误差特性，即假设

$$v_x = v_y = v_z = 0$$

　　在此假设条件下，得到静基座条件下的惯性导航误差传播方程，写成矩阵的形式

$$
\begin{bmatrix} \dot{\phi}_x \\ \dot{\phi}_y \\ \dot{\phi}_z \\ \delta\dot{v}_x \\ \delta\dot{v}_y \\ \dot{\delta L} \end{bmatrix} = \begin{bmatrix} 0 & \omega_{ie}\sin L & -\omega_{ie}\cos L & 0 & -\dfrac{1}{R} & 0 \\ -\omega_{ie}\sin L & 0 & 0 & \dfrac{1}{R} & 0 & -\omega_{ie}\sin L \\ \omega_{ie}\cos L & 0 & 0 & \dfrac{1}{R}\tan L & 0 & \omega_{ie}\cos L \\ 0 & -g & 0 & 0 & 2\omega_{ie}\sin L & 0 \\ g & 0 & 0 & -2\omega_{ie}\sin L & 0 & 0 \\ 0 & 0 & 0 & 0 & \dfrac{1}{R} & 0 \end{bmatrix} \begin{bmatrix} \phi_x \\ \phi_y \\ \phi_z \\ \delta v_x \\ \delta v_y \\ \delta L \end{bmatrix} + \begin{bmatrix} \varepsilon_x \\ \varepsilon_y \\ \varepsilon_z \\ \nabla_x \\ \nabla_y \\ 0 \end{bmatrix}
$$

$$(4-83)$$

将式（4-83）写成矩阵的形式

$$\dot{\boldsymbol{x}} = \boldsymbol{A}\boldsymbol{x} + \boldsymbol{w}$$

对上式进行拉氏变换，可得

$$s\boldsymbol{x}(s) - \boldsymbol{x}_0 = \boldsymbol{A}\boldsymbol{x}(s) + \boldsymbol{w}(s)$$

即

$$\boldsymbol{x}(s) = \frac{\boldsymbol{w}(s) + \boldsymbol{x}_0}{(s\boldsymbol{I} - \boldsymbol{A})} \tag{4-84}$$

式中　　$\boldsymbol{x}_0$——导航初始误差；

　　　　$\boldsymbol{w}(s)$——惯组误差。

　　导航的初始误差和惯组的误差都会影响导航误差。

　　下面分析其特征方程

$$
|s\boldsymbol{I} - \boldsymbol{A}| = \begin{vmatrix} s & -\omega_{ie}\sin L & \omega_{ie}\cos L & 0 & \dfrac{1}{R} & 0 \\ \omega_{ie}\sin L & s & 0 & -\dfrac{1}{R} & 0 & \omega_{ie}\sin L \\ -\omega_{ie}\cos L & 0 & s & -\dfrac{1}{R}\tan L & 0 & -\omega_{ie}\cos L \\ 0 & g & 0 & s & -2\omega_{ie}\sin L & 0 \\ -g & 0 & 0 & 2\omega_{ie}\sin L & s & 0 \\ 0 & 0 & 0 & 0 & -\dfrac{1}{R} & s \end{vmatrix}
$$

$$= (s^2 + \omega_{ie}^2)\left[\left(s^2 + \frac{g}{R}\right)^2 + 4s^2\omega_{ie}^2\sin^2 L\right] = 0$$

令 $\dfrac{g}{R} = \omega_s^2$ ，即可得特征方程组

$$\begin{cases} s^2 + \omega_{ie}^2 = 0 \\ (s^2 + \omega_s^2)^2 + 4s^2\omega_{ie}^2\sin^2 L = 0 \end{cases}$$

由于 $\omega_s = 0.001\ 240\ \text{rad/s}$ ，$\omega_{ie} = 0.000\ 072\ 9\ \text{rad/s}$ ，即 $\omega_s \gg \omega_{ie}$ ，则

$$(s^2 + \omega_s^2)^2 + 4s^2\omega_{ie}^2\sin^2 L = s^4 + 2s^2(\omega_s^2 + 2\omega_{ie}^2\sin^2 L) + \omega_s^4$$

$$\approx s^4 + s^2\left[(\omega_s + \omega_{ie}\sin L)^2 + (\omega_s - \omega_{ie}\sin L)^2\right] + \omega_s^4$$

$$\approx \left[s^2 + (\omega_s + \omega_{ie}\sin L)^2\right] \cdot \left[s^2 + (\omega_s - \omega_{ie}\sin L)^2\right] = 0$$

根据上式，可得

$$\begin{cases} s_{1,2} = \pm j\omega_{ie} \\ s_{3,4} = \pm j(\omega_s + \omega_{ie}\sin L) \\ s_{5,6} = \pm j(\omega_s - \omega_{ie}\sin L) \end{cases}$$

式中　ω_{ie}——地球自转角速度；

　　　ω_s——舒拉频率；

　　　$\omega_{ie}\sin L$——付科频率（大小跟地理纬度有关）。

由于特征根都为虚根，即导航系为无阻尼自由振荡，其中包含三个周期的运动

$$\begin{cases} T_1 = \dfrac{2\pi}{\omega_{ie}} = 86\,400 \text{ s} \\[2mm] T_2 = \dfrac{2\pi}{\omega_s} = 5\,066.06 \text{ s} \\[2mm] T_3 = \dfrac{2\pi}{\omega_{ie}\sin L} = 172\,800 \text{ s}(L = 30°) \end{cases}$$

即各种误差、加速度计零偏和陀螺漂移都引起导航误差以阻尼的形式振荡，在理论上不会衰减，由于 $T_2 \ll T_3$，则特征根 $s_{3,4}$ 和 $s_{5,6}$ 引起的振荡频率接近，假设某一误差源引起误差 $\Delta x(t)$ 传播，其中可能含有 $s_{3,4}$ 和 $s_{5,6}$ 特征根的振荡特性，即

$$\Delta x(t) = x_0\sin(\omega_s + \omega_{ie}\sin L)t + x_0\sin(\omega_s - \omega_{ie}\sin L)t$$

$$= 2x_0\sin(\omega_s t)\cos(\omega_{ie}\sin L t)$$

可视为将舒拉振荡调制在付科振荡上。

为了分析方便，常省略交叉耦合项 $-2\omega_{ie}\sin L\delta v_x$ 和 $2\omega_{ie}\sin L\delta v_y$ 的影响，即忽略了付科振荡的影响（付科振荡的振荡周期长，当纬度为 30° 时，其周期为 172 800 s），可得到近似误差传播特性。

对式（4-84）进行改写如下

$$x(s) = \frac{(sI - A)^*}{|sI - A|}\left[w(s) + x_0\right]$$

令 $\dfrac{(sI - A)^*}{|sI - A|} = T$，对 T 的分量求拉氏反变换，即可求得某误差源引起的导航误差传播特性。

例 4-1　在考虑和忽略付科振荡两种情况下，分别分析仿真速率陀螺对平台角的影响。

解：假设侧向角速度陀螺的常值漂移 $\varepsilon_y = 1.0(°)/s$，则其对三个失准角的影响如图 4-17～图 4-19 所示，其中（a）图是忽略付科振荡的曲线，（b）图是考虑付科振荡的曲线；假设北向失准角为 $\phi_y = 1.0°$，则其对东速、北速以及纬度的影响如图 4-20～图 4-23 所示，其中图（a）是忽略付科的曲线，图（b）是考虑付科的曲线。

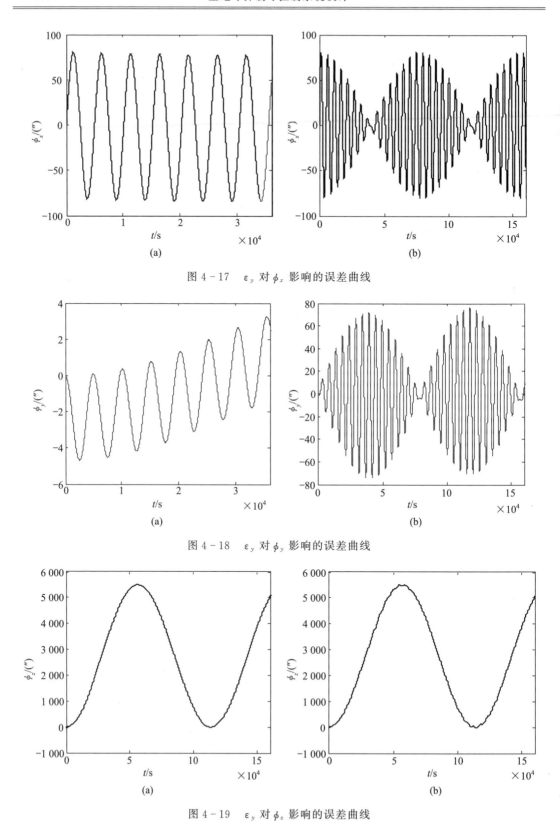

图 4 - 17　ε_y 对 ϕ_x 影响的误差曲线

图 4 - 18　ε_y 对 ϕ_y 影响的误差曲线

图 4 - 19　ε_y 对 ϕ_z 影响的误差曲线

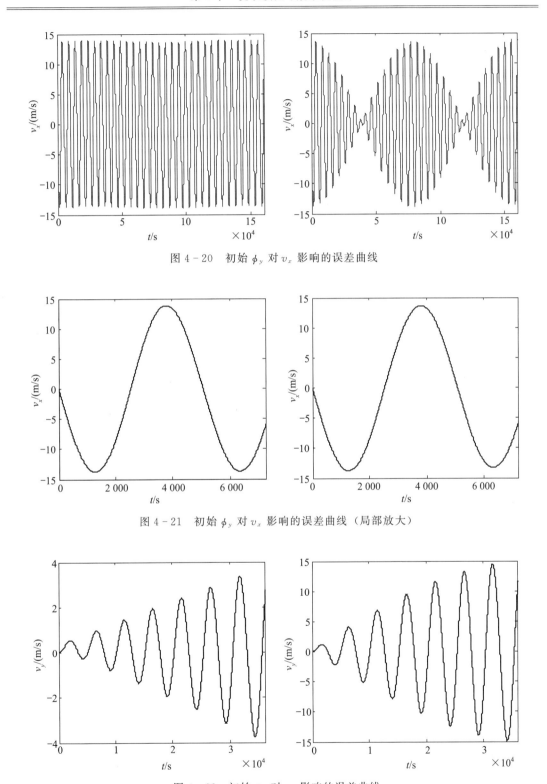

图 4-20　初始 ϕ_y 对 v_x 影响的误差曲线

图 4-21　初始 ϕ_y 对 v_x 影响的误差曲线（局部放大）

图 4-22　初始 ϕ_y 对 v_y 影响的误差曲线

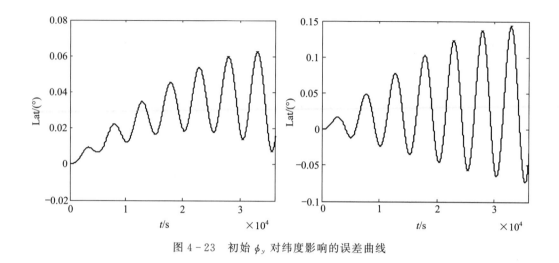

图 4 - 23　初始 ϕ_y 对纬度影响的误差曲线

本例的 MATLAB 仿真程序见本章后附录。

4.9　初始对准

由于惯性导航技术是基于积分的一种算法，故在执行惯性导航工作任务之前，需要确定其初值，包括初始位置、速度及惯性平台或数学平台，其中初始位置和速度大多需要外部输入确定，而惯性平台和数学平台则需要通过对准实现。

对于平台惯性导航系统来说，由于物理实体平台的存在，初始对准过程是将该平台调整到与指定的导航坐标系一致。

对于捷联惯性导航系统来说，由于采用"数学平台"代替了实体平台，初始对准即为确定数学平台的初始值（即确定惯性器件的初始姿态阵）。初始对准误差是惯性导航系统的主要误差源之一，其性能通常表征为准确性和快速性，其中，准确性直接关系到导航系统的解算精度，快速性直接影响着惯性导航系统的反应时间。对于 SINS 来说，初始对准依靠算法实现，对准算法也是国际上惯性导航技术领域一直研究的重点，目前已开发出各种有效并应用于工程的对准算法。

对于 SINS 而言，初始对准按实现方法分为两类：空中传递对准和地面初始对准。

空中传递对准必须在导弹发射前完成，属于动基座传递对准，依据载机高精度母惯导信息，建立误差微分方程，基于"速度＋位置"组合，采用"摇摆"或"S"机动，利用卡尔曼滤波算法完成传递对准，据有关资料显示，美国在这方面展开了较深入的研究，并在工程上实现，滚动和俯仰失准角对准精度可达 $3''$，偏航失准角对准精度可达 $6''$。

地面初始对准是在地面载体静止的情况下完成的，属于静基座初始对准。其对准方法按实现的方式分为两种：外部注入式和自主式对准。其中外部注入式对准是利用外部的光学工具测量载体惯性器件的姿态角，然后注入惯性导航系统。随着差分卫星导航技术的发展，可以基于双天线差分 GPS 技术测定载体的偏航和俯仰角（测角精度可达 0.05°RMS@

4m 基线），也可达到较高的对准精度。自主式对准是利用载体自身惯性器件观测地球两个很重要的参数（重力加速度和地球自转角速度）而进行的对准，在理论上，为了获得较高的对准精度，则要求加速度计和速率陀螺具有较高的精度。

对准过程按对准时间和对准精度通常分为两步，即粗对准和精对准。

粗对准对平台惯性导航系统而言，直接利用加速度计和陀螺的输出信号控制导航平台，在较短时间内使平台坐标系与导航坐标系趋于一致。对于捷联惯性导航系统而言，可基于载体加速度计的输出，简单地计算得到较高精度的载体俯仰角和滚动角，但是较难得到精度较高的偏航角，只有在法向陀螺较高精度的情况下，才能获得一定精度的偏航角，对于中精度或低精度的陀螺，一般利用地标法或定姿 GPS 确定偏航角。

精对准是在粗对准的基础上，根据静基座对准的特性，建立简化的系统导航误差模型，利用自适应卡尔曼滤波器或其他观测器估计计算得到较精确的初始姿态阵。

下面简述解析粗对准原理以及自主式初始对准原理及方法。

4.9.1　解析粗对准

解析粗对准是基于载体相对于地球静止的情况下进行的，属于粗对准的一种方法，方法简单易行。

假设载体相对于地球的姿态角为 γ 、ψ 和 ϑ，加速度计测量得到的为作用于载体上的反作用比力，将其投影在载体坐标系 $Ox_b y_b z_b$

$$\begin{bmatrix} a_x \\ a_y \\ a_z \end{bmatrix} = \boldsymbol{C}_n^b \begin{bmatrix} 0 \\ 0 \\ -g \end{bmatrix} = \begin{bmatrix} g\sin\gamma\cos\vartheta \\ -g\sin\vartheta \\ -g\cos\gamma\cos\vartheta \end{bmatrix} \tag{4-85}$$

由上式可得

$$\begin{cases} \gamma = \arcsin\left(\dfrac{a_x}{\cos(\vartheta)g}\right) \\ \vartheta = -\arcsin\left(\dfrac{a_y}{g}\right) \end{cases}$$

即利用加速度计即可确定载体的滚动角以及俯仰角，当加速度计精度较高时，可以保证较高的对准精度，例如法向加速度测量精度为 $1 \times 10^{-3} g$ 时，可解算得到对准精度为 $0.057°$ 的俯仰角。

由式（4-85）可知，只利用加速度计无法获得载体偏航角，在工程上，则利用角速度陀螺感受地球自转角速度来确定偏航角。将地球自转角速度投影至载体坐标系 $Ox_b y_b z_b$，可得

$$\begin{bmatrix} \omega_x \\ \omega_y \\ \omega_z \end{bmatrix} = \boldsymbol{C}_n^b \boldsymbol{C}_e^n \begin{bmatrix} 0 \\ 0 \\ \omega_{ie} \end{bmatrix} = \begin{bmatrix} (\sin\gamma\cos\psi\sin\vartheta - \cos\gamma\sin\psi)\cos L\omega_{ie} - \sin\gamma\cos\vartheta\sin L\omega_{ie} \\ \cos\psi\cos\vartheta\cos L\omega_{ie} + \sin\vartheta\sin L\omega_{ie} \\ (-\cos\gamma\cos\psi\sin\vartheta - \sin\gamma\sin\psi)\cos L\omega_{ie} + \cos\gamma\cos\vartheta\sin L\omega_{ie} \end{bmatrix}$$

由上式可得

$$\psi = \arccos \frac{\omega_y - \sin\vartheta \sin L \omega_{ie}}{\cos\vartheta \cos L \omega_{ie}}$$

在俯仰角和地理纬度已知的情况下，利用上式可解算得到偏航角，但求解精度受限于法向角速度陀螺的精度、载体的俯仰角以及载体所处的纬度。在工程上，为了提高解算精度，可将载体的俯仰角调整至很小的角度，另外此对准方法在高纬度地区使用时，解算精度较差。

4.9.2　自主式初始对准

由于自主式初始对准是基于静基座条件下进行的，可确定载体的位置，故可略去导航纬度引起的误差项，在此基础上，为了简化算法，还略去交叉耦合项 $-2\omega_{ie}\sin L \delta v_x$ 和 $2\omega_{ie}\sin L \delta v_y$，则系统误差方程可简化为

$$
\begin{cases}
\dot{\phi}_x = -\dfrac{1}{R}\delta v_y + \phi_y \omega_{ie}\sin L - \phi_z \omega_{ie}\cos L + \varepsilon_x \\[2mm]
\dot{\phi}_y = \dfrac{1}{R}\delta v_x - \phi_x \omega_{ie}\sin L + \varepsilon_y \\[2mm]
\dot{\phi}_z = \dfrac{1}{R}\tan L \delta v_x + \phi_x \omega_{ie}\cos L + \varepsilon_z \\[2mm]
\delta \dot{v}_x = -g\phi_y + \nabla_x \\[2mm]
\delta \dot{v}_y = g\phi_x + \nabla_y \\[2mm]
\delta \dot{v}_z = \nabla_z
\end{cases}
\tag{4-86}
$$

通常情况下，经初始对准后，ϕ_x 和 ϕ_y 已较小，而 ϕ_z 较大，这样除了保留 $\phi_z\omega_{ie}\cos L$ 之外，略去与 ϕ_x 和 ϕ_y 相关的耦合项，由于垂直高度通道与其他通道不存在耦合关系，故可将上式分为独立的两组，水平误差方程见式（4-87），方位误差方程见式（4-88）。

$$
\begin{cases}
\dot{\phi}_x = -\dfrac{1}{R}\delta v_y - \phi_z \omega_{ie}\cos L + \varepsilon_x \\[2mm]
\delta \dot{v}_y = g\phi_x + \nabla_y \\[2mm]
\dot{\phi}_y = \dfrac{1}{R}\delta v_x + \varepsilon_y \\[2mm]
\delta \dot{v}_x = -g\phi_y + \nabla_x
\end{cases}
\tag{4-87}
$$

$$
\begin{cases}
\dot{\phi}_x = -\dfrac{1}{R}\delta v_y - \phi_z \omega_{ie}\cos L + \varepsilon_x \\[2mm]
\dot{\phi}_z = \dfrac{1}{R}\tan L \delta v_x + \varepsilon_z \\[2mm]
\delta \dot{v}_y = g\phi_x + \nabla_y
\end{cases}
\tag{4-88}
$$

即可将水平对准和方位对准独立开来考虑。

4.9.3　水平初始对准

根据简化的水平误差方程组（4-87），水平对准进一步分为两个独立的方程组，俯仰

对准和滚动对准，方程组（4-87）式1和式2对应俯仰对准，对应的俯仰对准误差框图如图 4-24（a）所示，方程组（4-87）式3和式4对应滚动对准，对应的滚动对准误差框图如图 4-24（b）所示。两个水平对准回路相类似，下面以俯仰对准为例说明水平对准原理。

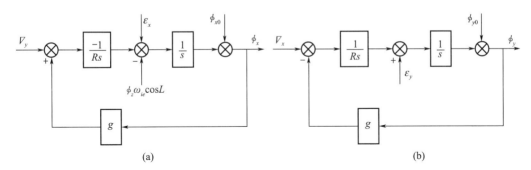

图 4-24　水平误差框图

（1）误差特性分析

由于简化的误差方程为线性微分方程，由经典控制理论可知，对准角误差受加速度计偏差 ∇_y、陀螺漂移 ε_x、$\phi_z\omega_{ie}\cos L$ 和初始对准角误差 ϕ_{x0} 的影响，最终对准角误差是四者的综合结果。

① 初始对准角误差 ϕ_{x0}

由图 4-24（a）可得，ϕ_{x0} 对输出的传函为

$$\frac{\phi_x(s)}{\phi_{x0}(s)} = \frac{s^2}{s^2 + g/R} = \frac{s^2}{s^2 + \omega_s^2}$$

假设初始对准角误差 ϕ_{x0} 为常值，则其拉氏变换为 $\phi_{x0}(s) = \dfrac{\phi_{x0}}{s}$，故对准角输出为

$$\phi_x(s) = \frac{\phi_{x0}s}{s^2 + \omega_s^2}$$

对其求拉氏反变换，可得

$$\phi_x(t) = \phi_{x0}\cos\omega_s t$$

即初始对准角误差对输出失准角的影响为余弦函数，失准角以 ϕ_{x0} 为幅值做休拉周期振荡。

② 陀螺漂移 ε_x 和 $\phi_z\omega_{ie}\cos L$

由图 4-24（a）可得，陀螺漂移 ε_x 和 $\phi_z\omega_{ie}\cos L$ 对输出的传函相同，其中陀螺漂移对失准角的传函为

$$\frac{\phi_x(s)}{\varepsilon_x(s)} = \frac{s}{s^2 + g/R} = \frac{s}{s^2 + \omega_s^2}$$

假设陀螺漂移 ε_x 为常值，对其求拉氏反变换，可得

$$\phi_x(t) = \frac{\varepsilon_x}{\omega_s}\sin\omega_s t$$

同理可得耦合项 $\phi_z\omega_{ie}\cos L$ 对输出失准角的影响为

$$\phi_x(t) = \frac{\phi_z \omega_{ie} \cos L}{\omega_s} \sin \omega_s t$$

即两者对输出失准角的影响为正弦振荡。

③加速度计偏差 ∇_y

由图 4 - 24（a）可得，加速度计偏差 ∇_y 对输出的传函为

$$\frac{\phi_x(s)}{\nabla_y(s)} = -\frac{1}{R} \frac{1}{s^2 + g/R} = -\frac{1}{R} \frac{1}{s^2 + \omega_s^2}$$

同理可得

$$\phi_x(s) = -\frac{\nabla_y}{R} \frac{1}{s^2 + \omega_s^2} \frac{1}{s}$$

求拉氏反变换，可得

$$\phi_x(t) = -\frac{\nabla_y}{g}(1 - \cos \omega_s t)$$

④综合影响

根据线性系统理论，当存在加速度计偏差 ∇_y、陀螺漂移 ε_x、$\phi_z \omega_{ie} \cos L$ 和初始对准角误差 ϕ_{x0} 时，对准角输出为

$$\phi_x(t) = \phi_{x0} \cos \omega_s t + \frac{\varepsilon_x - \phi_z \omega_{ie} \cos L}{\omega_s} \sin \omega_s t - \frac{\nabla_y}{g}(1 - \cos \omega_s t)$$

即对准角做休拉振荡（振荡周期为 84.4 min），振荡的幅值受各种因素的影响。

（2）二阶对准回路设计

根据经典控制理论，加速度计偏差 ∇_y、陀螺漂移 ε_x、$\phi_z \omega_{ie} \cos L$ 和初始对准角误差 ϕ_{x0} 对输出的影响受前向通道传递函数以及反馈通道传递函数的影响，由于两者都是常值或积分环节，故输入对输出的影响表现为振荡，为了抑制振荡，需要将积分环节改造为惯性环节，另外为了使对准尽量快地收敛，还需改变休拉振荡周期。

令 $E_x = -\phi_z \omega_{ie} \cos L + \varepsilon_x$，引入两个控制项，则方程组（4 - 87）式 1 和式 2 可改写如下

$$\begin{cases} \dot{\phi}_x = -\dfrac{1}{R} \delta v_y + E_x + u_1 \\ \delta \dot{v}_y = g \phi_x + \nabla_y + u_2 \end{cases}$$

写成状态空间的形式，即

$$\begin{cases} \dot{x} = Ax + Bu + W \\ y = Cx \end{cases} \qquad (4 - 89)$$

其中

$$x = \begin{bmatrix} \phi_x \\ \delta v_y \end{bmatrix}, A = \begin{bmatrix} 0 & -1/R \\ g & 0 \end{bmatrix}, B = \begin{bmatrix} 1 & 0 \\ 0 & 1 \end{bmatrix}, u = \begin{bmatrix} u_1 \\ u_2 \end{bmatrix}, W = \begin{bmatrix} E_x \\ \nabla_y \end{bmatrix}, C = \begin{bmatrix} 0 & 1 \end{bmatrix}, y = \delta v_y$$

由可控性矩阵的秩 rank $[B, AB] = 2$ 可知，该系统可控，按经典控制理论，反馈不同的状态量即可构成不同的对准方案，在理论上，可选择状态反馈和输出反馈。

1) 状态反馈：选择反馈状态量 ϕ_x 和 δv_y，可将系统的极点配置至希望的位置，即可使系统以较快的速度和品质收敛，但是由于状态量 ϕ_x 不可测，在工程上需要增加状态观测器对其进行观测，增加了系统实现的复杂度；

2) 输出反馈：反馈 δv_y 即可构成输出反馈，此方案较为简单。

本节简单介绍输出反馈，如图 4-25（a）所示，取 δv_y 作为量测量，则量测方程为

$$z = Cx \; , \; C = [0 \quad 1]$$

令 $u = -Hx$，$H = \begin{bmatrix} 0 & h_1 \\ 0 & h_2 \end{bmatrix}$，则式（4-89）可改写为

$$\dot{x} = (A - BH)x + W$$

其特征方程为

$$|sI - (A - BH)| = \begin{vmatrix} s & h_1 + \dfrac{1}{R} \\ -g & s + h_2 \end{vmatrix}$$

$$= s^2 + h_2 s + h_1 g + \frac{g}{R} = 0$$

增加输出反馈后，特征根由 $\pm\sqrt{\dfrac{g}{R}}\,\mathrm{i}$ 变化至 $-\dfrac{h_2}{2} \pm \dfrac{\mathrm{i}}{2}\sqrt{-h_2^2 + 4\left(h_1 g + \dfrac{g}{R}\right)}$，即可通过选择不同的反馈系数 h_1 和 h_2 将特征根配置至希望的位置。在工程上依据对准时间可快速确定反馈系统的系数 h_1 和 h_2。

基于对准回路的特性，假设对准周期为 T，则对准角频率为 $\omega = 2\pi / T$，据此确定反馈系数

$$\begin{cases} h_1 g + \dfrac{g}{R} \approx h_1 g = \omega^2 \\ h_2 = 2 \times 0.707 \times \omega \end{cases}$$

即可得

$$\begin{cases} h_1 = \dfrac{4\pi^2}{g T^2} \\ h_2 = \dfrac{4\pi \times 0.707}{T} \end{cases}$$

（3）三阶对准回路设计

根据经典控制理论，基于二阶对准回路可以抑制加速度计偏差 ∇_y、陀螺漂移 ε_x、$\phi_z \omega_{ie} \cos L$ 和初始对准角误差 ϕ_{x0} 对输出的影响，但是并不能消除陀螺漂移 ε_x、$\phi_z \omega_{ie} \cos L$ 对输出的影响。根据控制理论，如图 4-25（a）所示，对速度 δv_y 进行积分并接入前向通路可以消除陀螺漂移 ε_x 和 $\phi_z \omega_{ie} \cos L$ 对输出的影响。分析如下：

①初始对准角误差 ϕ_{x0}

由图 4-25（a）可知，ϕ_{x0} 对输出的传函为

$$\frac{\phi_x(s)}{\phi_{x0}(s)} = \frac{s^3 + h_2 s^2}{s^3 + h_2 s^2 + (1 + h_1 R)\omega_s^2 s + g h_3}$$

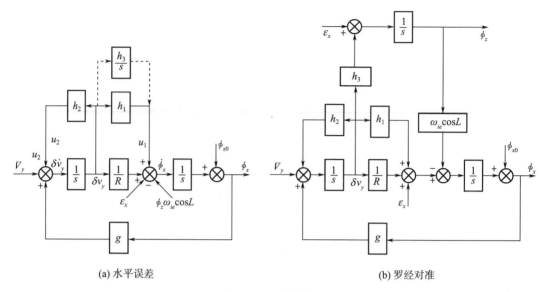

(a) 水平误差　　　　　　　　　　(b) 罗经对准

图 4 - 25　对准回路

其对输出的影响为

$$\phi_x(t) = \lim_{t \to \infty} \phi_x(t) = \lim_{s \to 0} s\phi_x(s) = \lim_{s \to 0} s \frac{s^3 + h_2 s^2}{s^3 + h_2 s^2 + (1 + h_1 R)\omega_s^2 s + gh_3} \frac{\phi_x}{s} = 0$$

即初始对准角误差 ϕ_{x0} 对输出的影响随着时间增长趋于 0。

②陀螺漂移 ε_x 和 $\phi_z\omega_{ie}\cos L$

由图 4 - 25 （a） 可知，陀螺漂移 ε_x 和 $\phi_z\omega_{ie}\cos L$ 对输出的传函相同，为

$$\frac{\phi_x(s)}{\varepsilon_x - \phi_z\omega_{ie}\cos L} = \frac{(s + h_2)s}{s^3 + h_2 s^2 + (1 + h_1 R)\omega_s^2 s + gh_3}$$

其对输出的影响为

$$\phi_x(t) = \lim_{t \to \infty} \phi_x(t) = \lim_{s \to 0} s\phi_x(s) = \lim_{s \to 0} s \frac{(s + h_2)s}{s^3 + h_2 s^2 + (1 + h_1 R)\omega_s^2 s + gh_3} \frac{\varepsilon_x - \phi_z\omega_{ie}\cos L}{s} = 0$$

即陀螺漂移 ε_x 和 $\phi_z\omega_{ie}\cos L$ 对输出的影响随着时间增长趋于 0。

③加速度计偏差 ∇_y

图 4 - 25 （a） 可知，加速度计偏差 ∇_y 对输出的传函为

$$\frac{\phi_x(s)}{\nabla_y} = \frac{-\left(\dfrac{1 + h_1 R}{R}\right)s - h_3}{s^3 + h_2 s^2 + (1 + h_1 R)\omega_s^2 s + gh_3}$$

其对输出的影响为

$$\phi_x(t) = \lim_{t \to \infty} \phi_x(t) = \lim_{s \to 0} s\phi_x(s) = \lim_{s \to 0} s \frac{-\left(\dfrac{1 + h_1 R}{R}\right)s - h_3}{s^3 + h_2 s^2 + (1 + h_1 R)\omega_s^2 s + gh_3} \frac{\nabla_y}{s} = \frac{-\nabla_y}{g}$$

即加速度计偏差 ∇_y 对输出的影响随着时间增长趋于 $-\dfrac{\nabla_y}{g}$。

④综合影响

根据线性系统理论，当存在加速度计偏差 ∇_y、陀螺漂移 ε_x、$\phi_z\omega_{ie}\cos L$ 和初始对准角误差 ϕ_{x0} 时，对准角输出为

$$\phi_x(t) = \lim_{t\to\infty}\phi_x(t) = -\frac{\nabla_y}{g}$$

即对于三阶水平对准，可以消除陀螺漂移 ε_x、$\phi_z\omega_{ie}\cos L$ 和初始对准角误差 ϕ_{x0} 对输出的影响。

（4）仿真举例

例 4 - 2　设计二阶水平对准回路

惯性器件分别取两种：1）加速度计零偏为 1 mg，陀螺为 1.0（°）/h，2）加速度计零偏为 0.1 mg，陀螺为 0.1（°）/h；初始东速为 0，初始对准角为 0.5°，试设计二阶水平对准回路，并对结果进行分析。

解：假设加速度计零偏为 1 mg，初始对准角为 0.5°。

①反馈系数的影响

仿真如下三种情况：1）系数 1：$h_1 = 0$，$h_2 = 0$；2）系数 2：$h_1 = 0$，$h_2 = 0.001\,754$；3）假设收敛周期为 600 s，计算得到 $h_1 = 0.000\,011\,2$，$h_2 = 0.02$。

假设侧向角速度陀螺的常值漂移 $\varepsilon_y = 1.0$（°）/h，初始对准角为 0.5°，仿真结果如图 4 - 26 所示，由图可知：1）反馈系数为 0 时，对准角以舒拉周期做余弦运动，并不收敛，如图中实线所示；2）当增加阻尼时，只要阻尼设计合理，对准角收敛，但收敛速度很慢，阻尼环节并不能改变对准回路的固有频率，如图中虚线所示；3）如图 4 - 25 所示，反馈回路中的重力加速度 g 较为固定，故想改变收敛速度，依据 $\omega_s^2 = g/R$，只能改变 R 的值，根据经典控制理论，串联一个系数即可加以改变，可将 $1/R$ 调整至 $(1 + h_2 R)/R$，h_2 越大，其收敛速度越快，如图中点画线所示。

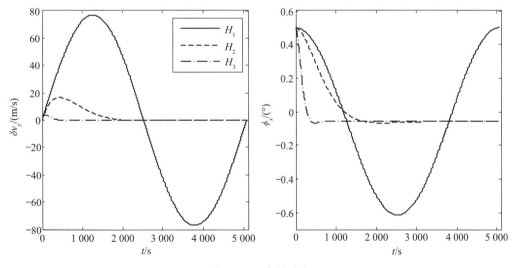

图 4 - 26　水平对准

②加速度计偏差 ∇_y、陀螺漂移 ε_x、$\phi_z\omega_{ie}\cos L$ 的影响

仿真如下三种情况，仿真条件见表 4 - 2，仿真结果如图 4 - 27、图 4 - 28 和表 4 - 2 所示。

表 4 - 2　加速度计偏差 ∇_y、陀螺偏移 ε_x、$\phi_z\omega_{ie}\cos L$ 的影响

情况	具体值	ϕ_x 稳态精度/(°)
情况 1	$\nabla_y = 1.0 \text{ mg}$	0.057 3
情况 2	$\nabla_y = 1.0 \text{ mg}$，$\varepsilon_x = 0.2(°)/\text{h}$	0.067 3
情况 3	$\nabla_y = 1.0 \text{ mg}$，$\varepsilon_x = 0.2 \ (°)/\text{h}$，$\phi_z = 10'$	0.069 1

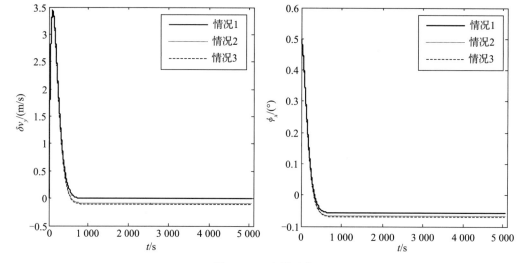

图 4 - 27　水平对准

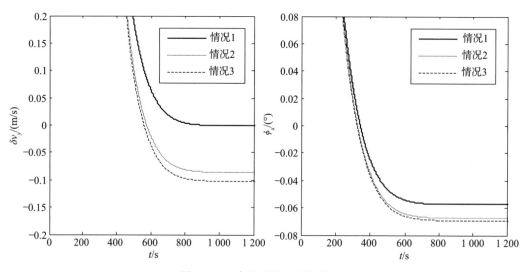

图 4 - 28　水平对准（局部放大）

　　分析仿真结果可知：1）只存在加速度误差值时，其对准精度与解析粗对准完全一致；
2）侧向陀螺和方位对准角对对准精度均有影响；3）对准精度为加速度计偏差、陀螺漂
移、$\phi_z \omega_{ie} \cos L$ 三者影响的线性之和；4）基于二阶水平对准，根据理论计算，当存在加速
度计偏差、陀螺漂移以及法向失准角不为 0 时，水平对准存在误差。

4.9.4　方位罗经初始对准

　　惯性平台在水平对准的基础上，还需方位对准（也称为罗经对准），即将平台的 Oy_p
调整至正北方向，方位对准基于方位误差方程参考式（4 - 88），其对准回路如图 4 - 25
（b）所示，由此可知，罗经对准是在水平对准的基础进行。

　　假设水平对准已完成，忽略水平对准对方位的影响作用，在基于简化的方位误差方程
［见式（4 - 88）］基础上引入控制项，即可得

$$\begin{cases} \dot{\phi}_x = -\dfrac{1}{R}\delta v_y - \phi_z \omega_{ie}\cos L + \varepsilon_x + u_1 \\ \delta \dot{v}_y = g\phi_x + \nabla_y + u_2 \\ \dot{\phi}_z = \varepsilon_z + u_3 \end{cases}$$

写成状态空间的形式，即

$$\begin{cases} \dot{\boldsymbol{x}} = \boldsymbol{A}\boldsymbol{x} + \boldsymbol{B}\boldsymbol{u} + \boldsymbol{W} \\ \boldsymbol{y} = \boldsymbol{C}\boldsymbol{x} \end{cases} \tag{4 - 90}$$

其中

$$\boldsymbol{x} = \begin{bmatrix} \phi_x \\ \delta v_y \\ \phi_z \end{bmatrix}, \boldsymbol{A} = \begin{bmatrix} 0 & -\dfrac{1}{R} & -\omega_{ie}\cos L \\ g & 0 & 0 \\ 0 & 0 & 0 \end{bmatrix}, \boldsymbol{B} = \begin{bmatrix} 1 & 0 & 0 \\ 0 & 1 & 0 \\ 0 & 0 & 1 \end{bmatrix}, \boldsymbol{u} = \begin{bmatrix} u_1 \\ u_2 \\ u_3 \end{bmatrix}, \boldsymbol{W} = \begin{bmatrix} \varepsilon_x \\ \nabla_y \\ \varepsilon_z \end{bmatrix}$$

$$\boldsymbol{C} = (0 \quad 1 \quad 0), y = \delta v_y$$

　　由可控性矩阵的秩 rank $[\boldsymbol{B}，\boldsymbol{AB}]$ = 3 可知，该系统可控，本文采用输出反馈。令
$\boldsymbol{u} = -\boldsymbol{H}\boldsymbol{y}(\boldsymbol{H} = [h_1 \quad h_2 \quad h_3]')$，则式（4 - 90）可改写如下

$$\dot{\boldsymbol{x}} = (\boldsymbol{A} - \boldsymbol{B}\boldsymbol{H}\boldsymbol{C})\boldsymbol{x} + \boldsymbol{W} \tag{4 - 91}$$

其特征方程为

$$|s\boldsymbol{I} - (\boldsymbol{A} - \boldsymbol{B}\boldsymbol{H}\boldsymbol{C})| = \begin{vmatrix} s & \dfrac{1}{R} + h_1 & \omega_{ie}\cos L \\ -g & s + h_2 & 0 \\ 0 & h_3 & s \end{vmatrix}$$

$$= s^3 + h_2 s^2 + (h_1 g + \omega_s^2)s - g h_3 \omega_{ie}\cos L = 0$$

　　由特征方程式可知，只要纬度不为 $\pm 90°$，即可通过调节 $h_1，h_2$ 和 h_3 可将特征方程的
根配置在左半平面内期望的位置以获得较佳的动态特性。

　　由式可得状态量 x 随状态量初值与陀螺和加速度计偏差的传函，在此基础上可得状态

量方位对准角 ϕ_z 的稳态值为

$$\phi_{z\infty} = \frac{\varepsilon_z}{\omega_{ie}\cos L} - \frac{\left(h_1 + \frac{1}{R}\right)\varepsilon_x}{h_3\omega_{ie}\cos L}$$

4.10　确定初始条件

由于 SINS 是基于积分原理而实现的算法，故需要确定导航初值以及 SINS 算法涉及的各种矩阵初值。

（1）确定导航初值

确定导航初值即确定载体初始的位置、速度和姿态等信息。

1）位置确定：初始位置 λ_0、L_0 和 h_0 可按载体导航系统开始工作的起始点来定，由外部输入；

2）速度确定：对于导航系统从静止状态开始工作，初始速度设为 $v_{en}^n|_0 = 0$；对于导航系统从运动状态开始工作，可根据其他导航系统确定出该时刻的速度作为初值；

3）姿态确定：对于导航系统从静止状态开始工作，确定姿态有两种方法：a）初始姿态角 γ_0 和 ϑ_0 可由自身的惯性测量单元的加速度计输出经运算得到，ψ_0 需要由外部输入；b）对于高精度的角速度陀螺和加速度计，可进行自主初始对准，得到导航姿态初值。对于导航系统从运动状态开始工作，可根据其他导航系统通过动态对准确定出该时刻的姿态角作为初值。

（2）矩阵初始化

1）计算初始四元数 $\boldsymbol{Q}_0$：根据四元数与欧拉角的变换关系，将 γ_0，ψ_0，ϑ_0 代入式（4-45）得到 $\boldsymbol{Q}_0$；

2）计算初始姿态矩阵 $\boldsymbol{C}_b^n$：将 γ_0，ψ_0，ϑ_0 代入式（4-4），求得初始姿态矩阵 $\boldsymbol{C}_b^n$；

3）计算初始位置矩阵 $\boldsymbol{C}_e^n$：将 λ_0 和 L_0 代入式（4-3），求得初始位置矩阵 $\boldsymbol{C}_e^n$；

4）计算地球速率 ω_{ie}^n 初值：将初始地理纬度 L_0 代入式（4-56），求得 ω_{ie}^n 初值；

5）计算重力加速度初值 g_0：将 L_0 和 h_0 代入式（4-9）和式（4-10），求得 g_0 初值。

4.11　导航仿真

下面举例说明本文介绍的导航算法的性能，例 4-3 为在无惯性器件误差、理想初始对准的情况下，分析捷联导航算法的解算精度；例 4-4 为中精度惯性器件误差、存在一定初始对准误差的情况下，考核惯性器件误差和初始对准误差对捷联惯性导航算法解算精度的影响。

例 4-3　捷联导航算法的解算精度。

无惯性器件误差和初始对准误差条件下仿真某一短程空地导弹投弹弹道，分析捷联导航算法的解算精度。

（1）仿真条件

1）初始条件。

位置：经度 116.4°，纬度 39.9°，高度 3 000 m；

速度：东速 0.0 m/s，北速 15 m/s，天速 0.0 m/s；

姿态：滚动角 1°，偏航角 3°，俯仰角 5°；

角速度：$\omega_x = -2.0(°)/s$，$\omega_y = -4.0(°)/s$，$\omega_z = -6.0(°)/s$；

2）惯性器件误差：无；

3）初始对准误差：无。

（2）仿真结果

载体的经度、纬度和高度随时间变化曲线如图 4 - 29 所示，速度随时间变化曲线如图 4 - 30 所示，加速度随时间变化曲线如图 4 - 31 所示，姿态随时间变化曲线如图 4 - 32 所示，角速度随时间变化曲线如图 4 - 33 所示。

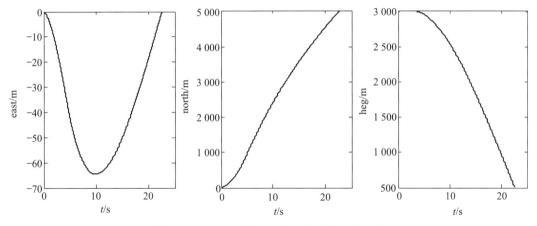

图 4 - 29　经度、纬度和高度随时间变化曲线

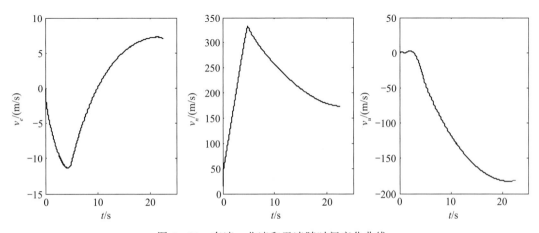

图 4 - 30　东速、北速和天速随时间变化曲线

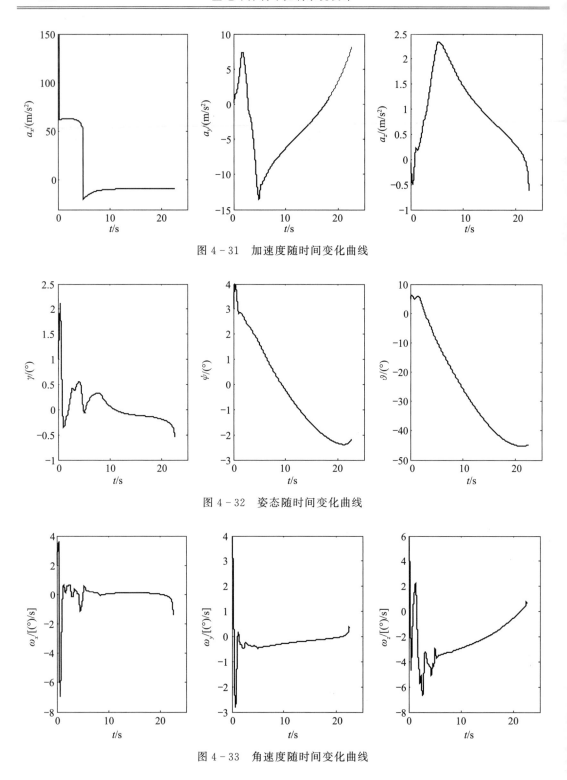

图 4 - 31　加速度随时间变化曲线

图 4 - 32　姿态随时间变化曲线

图 4 - 33　角速度随时间变化曲线

　　由于惯性导航算法基于积分算法，故不同时间步长对应着不同的解算精度，其仿真精度见表 4 - 3。

表 4 - 3　仿真精度

计算步长/ms	位置误差/m			速度误差/(m/s)			姿态误差/(°)		
	Δ east	Δ north	Δ alt	v_e	v_n	v_u	γ	ψ	ϑ
1	0.001	0.05	0.10	0.002	0.002	0.002	0.001	0.003	0.000 4
2.5	0. 0.04	0.18	0.26	0.003	0.004	0.004	0.002	0.006	0.007
5.0	0.007	0.35	0.52	0.005	0.007	0.008	0.005	0.013	0.015

（3）仿真分析及结论

基于本文开发的捷联导航算法属于较低精度的算法，即使较短的弹道，在弹道末段也存在一定的导航误差，且当载体以较高动态变化时，其导航解算精度进一步下降。

本文开发的导航算法，对于位置和速度采用低阶的积分方法，故其解算精度较差，并且随着计算步长的增加，其算法精度以较快速度下降。

例 4 - 4　惯性器件误差和初始对准误差对捷联导航算法解算精度的影响。

在存在惯性器件误差和初始对准误差条件下仿真某一短程空地导弹投弹弹道，分析惯性器件误差和初始对准误差对捷联导航算法解算精度的影响。

（1）仿真条件

①初始条件

仿真初始条件同例 4 - 3。

②惯性器件误差

加速度计：零偏 0.001 g，随机白噪声均方根 0.000 01 g，刻度因子误差 100 ppm，耦合误差 1.0′；

陀螺：零偏 4.0（°）/h，随机白噪声均方根 0.010 00，刻度因子误差 100 ppm，耦合误差 1.0′。

本例模拟的惯性器件测量误差如图 4 - 34 所示，某真实光纤惯性器件测量误差如图 4 - 35 所示。

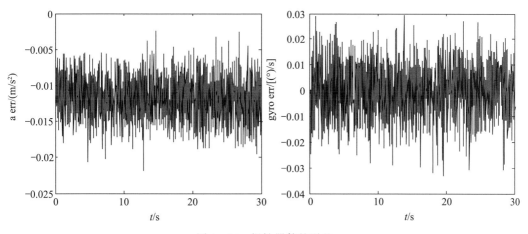

图 4 - 34　惯性器件的误差

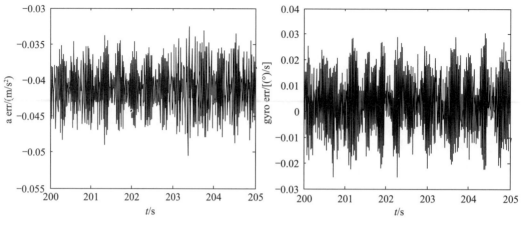

图 4 - 35 　某真实惯性器件的误差

③初始对准误差

位置：2.0 m；

速度：0.02 m/s；

对准误差角：6′。

（2）仿真结果

位置误差随时间变化曲线如图 4 - 36 所示，速度误差随时间变化曲线如图 4 - 37 所示，姿态误差随时间变化曲线如图 4 - 38 所示。

注：其中误差为导航值与理想值之间的差值。

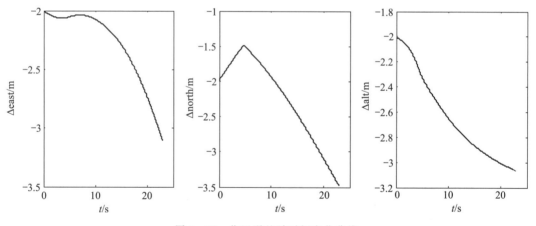

图 4 - 36 　位置误差随时间变化曲线

（3）仿真分析及结论

由于惯性器件为中低精度，并存在一定的平台失准角，故解算精度较为一般，随着时间增加，各种误差值也随之增加并可能加剧。基于中低精度的惯性器件以及本文介绍的捷联算法可以实现较低精度的导航，适用于时间短、射程近的打击目标。

对于飞行时间长于本例的飞行弹道，其位置解算精度将不能满足精度要求，需要提高惯性器件的精度，改进初值对准精度或和其他导航方式组成复合导航。

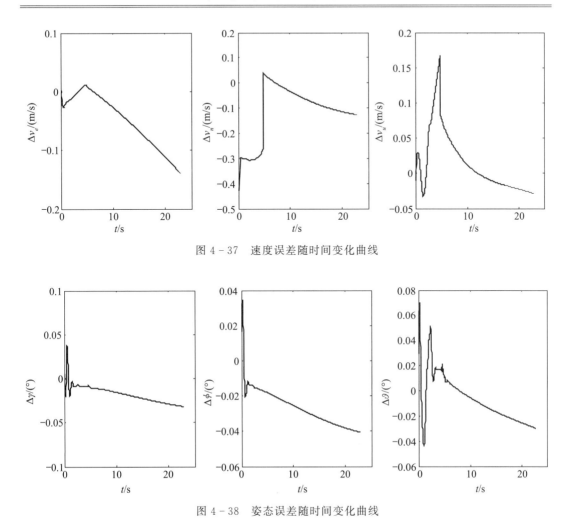

图 4 - 37 速度误差随时间变化曲线

图 4 - 38 姿态误差随时间变化曲线

4.12 小结

本章简要叙述捷联惯性导航原理及算法,其算法属于"中低"精度,适用于时间较短、弹体姿态变化不太剧烈、对导航精度要求不太高的捷联导航算法。采用各种微分方程的积分算法也是基于空地导弹飞行姿态和速度的变化特点。

SINS 与 PINS 一样,惯组误差和算法误差都会导致导航误差,与 PINS 不同的是:SINS 的导航功能更多地依靠复杂的捷联算法实现,故需要根据情况开发相适应的 SINS 算法,尽量将 SINS 算法导致的误差降至总导航误差的 15% 以下。

对于 SINS,由于需要搭建"数学平台",故数学平台算法的精度在很大程度上影响整个导航的精度,数学平台即为姿态更新算法,是 SINS 算法的核心,也是影响捷联惯性导航系统精度的主要因素之一,因此设计和采用合理的姿态更新算法就成为需要研究的课题。在工程实践中常用四元数法,但由于刚体有限转动的不可交换性,在四元数算法中不可避免地引入了不可交换误差，特别对于长航时惯性导航、载机高动态飞行时，误差很大，需要对导航划船效应、圆锥效益等进行算法补偿，读者可参考相关的文献。

　　另一种适应长航时捷联惯性导航的方法，即为组合导航，例如，惯性-多普勒导航、惯性-天文导航、惯性-卫星导航、惯性-地形匹配。对于空地导弹，目前大多采用惯性-卫星导航以及惯性-地形匹配等。

附录　例 4-1 源代码

```
% ex4_8_1.m
% developed by qiong studio


close all;clear all;clc;


d2r = pi/180;
r2d = 180/pi;


syms s t Wie g L Re
A = [ 0              2 * Wie * sin(L)    0               0           -g              0;
     -2 * Wie * sin(L)  0               0               g           0               0;
      0              1/Re               0               0           0               0;
      0             -1/Re               0               0           Wie * sin(L)   -Wie * sin(L);
      1/Re           0                 -Wie * sin(L)   -Wie * sin(L)  0              0;
      tan(L)/Re      0                  Wie * cos(L)    Wie * cos(L)  0              0];
S = [s 0 0 0 0 0;
     0 s 0 0 0 0;
     0 0 s 0 0 0;
     0 0 0 s 0 0;
     0 0 0 0 s 0;
     0 0 0 0 0 s];
sI_A = S - A;


abs_sI_A = det(sI_A)


sI_A_inv = inv(sI_A);
G = sI_A_inv(5,4);
R = 0.5 * d2r/3600/s;
```

```
C = G * R;
C_temp = subs(C,{Re,Wie,g,L},{6371000,0.000072722,9.8,0.7854})
C_s = vpa(C_temp,9)
c_t = ilaplace(C_s)
c_t = vpa(c_t,6)


time = 0:0.5:24 * 3600 * 2;
c_t = subs(c_t,t,time);


figure
plot(time,c_t);
```

参 考 文 献

［1］ 方群，袁建平，郑鄂．卫星定位导航基础［M］．西安：西北工业大学出版社，1999.

［2］ 顾宏．高精度光纤陀螺仪及其关键技术研究［D］．天津：南开大学，2008.

［3］ 袁信，俞济祥，陈哲．导航系统［M］．北京：航空工业出版社，1993：32－35.

［4］ 王巍．光纤陀螺惯性系统［M］．北京：中国宇航出版社，2010：1－212.

［5］ 谭健荣，刘永智，黄琳．光纤陀螺的发展现状［J］．激光技术，2006，30（5）：544－547.

［6］ 秦永元．惯性导航［M］．北京：科学出版社，2006.

［7］ GJB 2426—1995，光纤陀螺仪测试方法.

［8］ 王巍，何胜．MEMS惯性仪表技术发展趋势［J］．导弹与航天运载技术，2009（3）：23－28.

［9］ 杨艳娟．捷联惯性导航系统关键技术研究［D］．哈尔滨：哈尔滨工程大学，2001.

［10］ 陈小刚，赵琳，高伟．捷联惯性导航中的划船效应及其补偿算法［J］．中国惯性技术学报，2002，10（2）：12－17.

［11］ 王养柱，崔中兴．捷联式惯性导航系统算法研究［J］．中国惯性技术学报，2000，8（2）：31－35.

［12］ 张朝霞，凌明祥，等．捷联惯性导航系统姿态算法的研究［J］．中国惯性技术学报，1999，7（1）：13－16.

［13］ David H Titterton，John L Weston．捷联惯性导航技术［M］．2版．张天光，王秀萍，王丽霞，等译．北京：国防工业出版社，2007.

［14］ B B 马特维耶夫，B Я 拉斯波波夫．捷联式惯性导航系统设计原理［M］．贾福利，陶冶，王兴岭，等译．北京：国防工业出版社，2017.

［15］ 秦永元，张士邈．捷联惯性导航姿态更新的四子样旋转矢量优化算法［J］．中国惯性技术学报，2001，9（4）：1－7.

［16］ 陈哲．捷联惯性导航系统原理［M］．北京：宇航出版社，1986.

［17］ 秦永元，张洪钺，汪叔华．卡尔曼滤波与组合导航原理［M］．西安：西北工业大学出版社，1998：238－336.

［18］ 严恭敏，秦永元．捷联惯性导航系统静基座初始对准精度分析及仿真［J］．计算机仿真，2006，23（10）：36－40.

［19］ 魏春岭，张洪钺．捷联惯性导航系统粗对准方法的比较［J］．航天控制，2000，03：16－21.

［20］ 李辰淑．捷联惯性导航初始对准技术研究［D］．大连：大连理工大学，2013.

［21］ 赵毅．惯性导航系统传递对准的现状及发展［J］．中国科技信息，2010（15）：44－45.

第5章 制导系统设计基础

5.1 引言

制导系统是精确制导武器的必备系统，在制导武器系统中占据极为重要的地位，在很大程度上决定制导武器的制导精度或命中概率，也是精确制导武器区别于普通武器最本质之处。

为了使制导武器能有效地杀伤或摧毁目标，制导系统须具备如下功能：在常见环境及干扰情况下，将导弹导引至能有效地杀伤目标作用距离之内，使制导精度满足战术指标。这需要设计性能良好的制导系统，这是因为：1）目标是随机运动，目前还缺少相应弹上制导设备对目标的机动进行较好的探测，这在本质上决定了制导系统属于"被动"工作状态，只能依据自身的能力去抑制目标机动带来的影响；2）在很宽投弹包络内，不仅要确保导弹姿态控制稳定，而且为了完成攻击任务，需要设计较大带宽的姿态控制系统；3）环境因素：制导系统要克服不同地域、季节变化、环境变化、天气变化、大气扰动等因素对其不利的影响；4）敌方干扰：随着科学技术的进步，敌方会实施各种各样的电磁干扰、红外干扰、诱饵及欺骗等，并且这些干扰、诱饵及欺骗越来越多样化，能高效地保护目标，制导系统需要在硬件和软件（算法）方面针对现有或预期的干扰与诱饵进行相应的升级。

制导系统设计所涉及的研究内容很多，在本书中只简单加以叙述，在本章简要介绍制导系统设计所涉及的一些基础知识，在第6章将详细阐述导引弹道。

5.2 制导系统的定义、功能及组成

制导武器的制导系统通常有广义和狭义上的定义。

（1）制导系统广义定义

①系统定义

广义上制导系统即为制导控制系统，也称为飞行控制系统，是制导武器系统的"中枢神经"，一般指将武器导向目标的弹上设备、电气系统和制导控制软件的总称。广义上制导系统也可理解为引导和控制导弹按一定的规律攻击目标的技术和方法的总称。

②系统组成

制导武器的制导控制系统由弹上硬件和软件组成，由于制导体制及类型的不同，各制导系统的硬件设备也相差极大，弹上硬件包括导引头、惯性测量单元、执行机构、弹载计

算机、卫星接收装置、大气测量系统、供电设备、弹上电缆等，软件通常由火控解算模块、导引律模块、姿态控制模块、制导控制流程时序模块、导航模块、执行机构控制模块、导引头输出数据处理模块与大气测量系统模块等组成。

③系统功能及工作流程

广义上制导系统制导控制回路简图如图 5-1 所示，从结构上可分为导引回路和姿态控制回路（简称控制回路或姿控回路）两部分，即对应导引功能和姿态控制功能（简称姿控功能）。导引功能：通过制导装置测量导弹相对目标或制导站的各种信息，据此选择合适的导引律，优化导引系数，计算得到导引指令。姿控功能：姿控系统根据导引系统输入的导引指令以及被控对象的频率特性，选择合适的控制回路结构，计算得到控制器参数，生成姿控指令。导弹执行机构响应姿控指令，偏转舵面以操纵导弹，迅速而准确地执行导引系统发出的导引指令，控制导弹飞向目标。

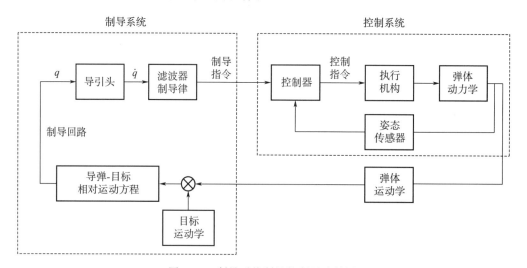

图 5-1　制导系统制导控制回路简图

广义上制导系统的功能和工作流程总结如下：

1）利用弹上或制导站的制导设备测量目标和导弹的飞行参数，并进行相应的转换处理，使其适合于所采用的导引律；

2）考虑制导设备输出信息的特性以及其他因素，选择合适的导引律，并优化其系数，形成导引指令；

3）根据导引指令的类型以及被控对象的频率特性等，确定合适的控制回路结构，据此计算或优化控制器参数，生成三通道执行机构指令；

4）根据执行机构指令和伺服控制被控对象的频率特性确定伺服控制回路的结构，据此计算或优化控制器参数，基于执行机构指令与响应计算得到电机驱动指令；

5）电机驱动指令经数模转换后，成为模拟信号，经功放模块后，驱动三通道的舵面偏转，或驱动二维矢量发动机的推力方向偏转，或控制弹体姿控发动机工作等；

6）经执行机构操作后，导弹姿态响应导引指令，引导导弹攻击目标。

（2）制导系统狭义定义

狭义上的制导系统也常称为导引系统，是指广义制导系统中的导引功能部分，即通过制导装置确定导弹相对目标或制导站的各种信息（如位置信息、视线角速度、视线角、相对速度等），据此信息按照设定的导引方法形成导引指令（如角度指令、弹体过载指令），以供姿控系统使用。

导引系统由制导硬件和相应的软件构成，硬件指完成导引工作的弹上导引设备及配套设备的总和，对于现代数字控制导弹来说，主要由导引头及附属的电源模块、弹载计算机、弹上电缆网等组成；软件主要由导引头输出信号处理模块（包括数据解析、异常处理、数据滤波等）、制导时序模块、坐标转换模块以及导引律模块等组成。其中导引头和导引律模块分别是制导系统硬件和软件的核心。

①导引头

除卫星无线电制导、遥控制导以及自主制导之外，空地制导武器制导系统大多由导引头感受导弹—目标相对运动，导引头按是否配有伺服机构，可分为捷联型和框架型导引头，其中捷联型导引头测量弹目视线角度信息，经坐标转换得到所需的惯性坐标系下的视线角度信息或角速度信息；框架型导引头测量纵向平面和水平面内的视线角速度，经低通滤波器或卡尔曼滤波器处理输出弹目视线角速度等信息。

导引头输出信息一般需要经过异常值剔除、滤波处理、坐标转换之后才能应用于制导律算法，形成最终的制导指令。

②导引律

导引律（也称为导引规律）是在惯性空间基于导引设备探测的弹目相对运行信息，导引制导武器飞行并拦截目标的算法。导引律是制导武器系统设计的重要内容之一，是影响制导武器综合性能的最直接、最重要的因素。采用不同的导引律，对应着不同的飞行弹道特性和运动参数。

导引弹道的设计任务主要是依据弹上制导设备，选择合适的导引律，以最佳弹道（特别是末段的弹道特性）攻击目标。导引律不仅影响制导武器的弹道特性，而且会直接影响到整个制导系统的繁简程度和导弹的脱靶量。因此，导引律的选择和导引弹道的设计，为导引系统的设计提供了重要的依据和必要的技术支撑。

说明一下，本章对制导系统的描述以狭义定义的制导系统为主，有关姿态控制部分将在其后的专门章节中介绍。

5.3　制导系统分类

根据空地导弹弹上制导设备是否配备导引头或按照制导体制的不同，制导系统可分为非自动寻的制导、自动寻的制导和复合制导等，如图 5-2 所示。

5.3.1　非自动寻的制导

非自动寻的制导指弹上设备不配备导引头，不能利用目标辐射或反射的电磁信号信

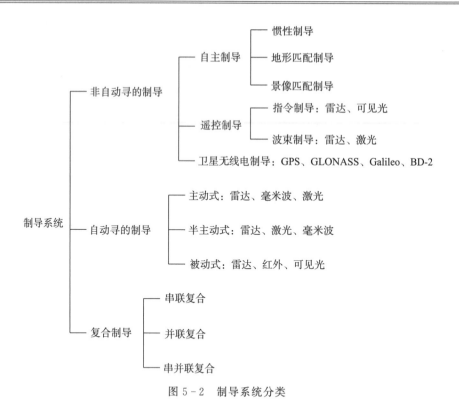

图 5-2　制导系统分类

息进行制导，按是否接收外来的无线电信号可分为三类：自主制导、遥控制导和卫星制导。

5.3.1.1　自主制导

自主制导指弹上制导系统不与目标及制导站发生电磁信号交互，此类制导一般事先装定目标点信息及规划好飞行程序弹道（即方案弹道，具体见第 3 章内容），利用弹上量测设备实时测量得到弹体的加速度和角速度信息或地貌特征的地理信息，经弹载计算机软件处理得到弹体的导航数据（包括位置、速度、姿态）或地形匹配参数，再与程序弹道的相应参数进行比较，产生制导指令，控制弹体质心按规划好的程序弹道飞行，直至攻击目标。

自主制导的优点：1）在飞行过程中不与外界发生电磁信号交互，抗干扰性好，不易被敌方发现，2）制导作用距离远。

缺点：只能攻击静止目标，制导精度一般。

自主制导的优缺点决定其在一般情况下作为制导武器的初始制导段或中制导段使用。另外高性能惯性制导也可用于制导武器全程制导，低精度惯性制导常与卫星无线电制导、地形匹配制导等组成复合制导用于攻击静止目标。

空地制导武器采用的自主制导主要有惯性制导、地形匹配制导和景像匹配制导。

（1）惯性制导

惯性制导是利用弹上的惯性测量单元（包括线加速度计和角速度陀螺）测量弹体的加速度信息和角速度信息，在弹体初始位置、速度和姿态已知的情况下（通过地面初始自主式对准或空中传递对准得到），通过积分计算得到弹体的实时位置、速度和姿态信息，再与程序弹道参数进行比较，经过校正网络得到控制指令，控制弹体沿规划好的程序弹道飞行。根据惯性测量单元在弹上的安装方式，可分为平台式惯性制导和捷联式惯性制导（如图 5-3 所示，具体可参考第 4 章内容）两种。

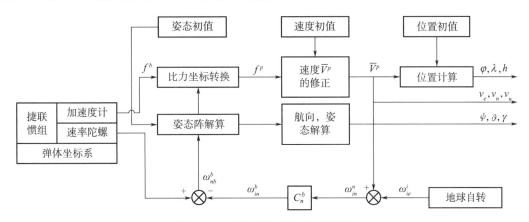

图 5-3 捷联式惯性制导原理简图

惯性制导的优点是抗干扰性强、隐蔽性能好、不受气象条件限制。其缺点：1）需要高精度的初始对准；2）制导误差随飞行时间而累积，因此工作时间较长的惯性制导系统，常用其他制导方式来修正其积累的误差。惯性制导的优缺点决定了其一般作为制导武器的初制导和中制导，或者与其他制导模式组成复合制导。若只依赖惯性制导，则只能用于攻击固定目标。

（2）地形匹配制导

地形匹配制导是利用地形的高度信息进行制导，也称为地形等高线匹配制导（terrain contouring matching，简称 TERCOM）。地形匹配制导需要预先用侦察卫星、无人机或其他侦察手段，测绘出导弹预定飞行航迹的地形高度数据并制成数字地图，存储在弹载计算机的地形匹配数据库中，在数字地图里将待飞行区域划分为 $N \times M$ 个网格，存储着每个网格的平均相对高度值，如图 5-4（a）所示。将弹载无线电高度表和气压高度表实时测量的地面相对高度和海拔数据与弹载计算机中的高程数字地图做比较，用最优匹配方法确定测得的地形剖面的地理位置，即确定导弹的地理位置，解算得到导弹当前位置偏离预定位置的纵向和横向偏差，即确定导弹实际飞行弹道与规划弹道之间的偏差，在此基础上，算出修正弹道偏差的指令，弹上控制系统执行指令，控制导弹沿预定的飞行航迹飞向目标。

其特点：1）数字地图的方格越小，制导精度越高；2）地形越复杂，精度越高；3）不需连续使用，只需选择若干定位区，如图 5-5 所示，其中在起飞点和终端各设置一

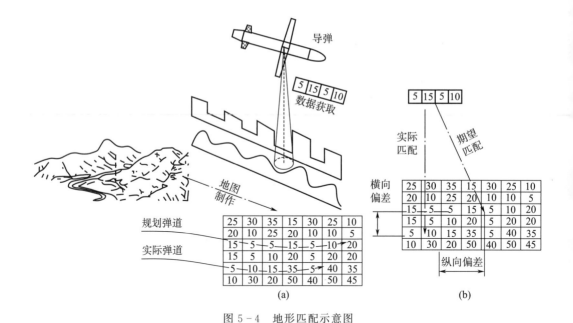

图 5-4　地形匹配示意图

个修正地图，在中间弹道根据需要设置若干个修正地图；4）为一维导航。其优点：1）精度较高，不受气象条件的影响；2）自主匹配，不受外界干扰；3）可自由规划飞行弹道，这样可避开敌方防空区域；4）导弹可以以很低的高度（地面防空雷达的探测盲区）飞行，在很大程度上降低导弹被拦截的可能。其缺点：1）只能在地形起伏比较明显的路线上才能起作用，在平坦的地区或水面上飞行不能使用；2）需要专业人员根据地形的特性规划出飞行弹道，增加了工作量和武器使用的不便性；3）需要预先基于侦察卫星、无人机或其他侦察手段，测绘数字地图；4）需要定期更新地形数字地图，以免因为地形、季节等因素变化而使原先的数字地图信息过时而失效。

　　通常情况下，地形匹配制导与惯性制导组成复合制导，如图 5-6 所示，全程飞行用惯性制导，在预定的若干个飞行段，用地形匹配制导修正惯性制导的误差，同时利用地形匹配可以修正弹上陀螺零位漂移和加速度计的零位误差，提高随后的惯性制导精度。早期开发的远程巡航导弹大多使用惯性制导/地形匹配复合制导，圆概率误差将近 30 m。

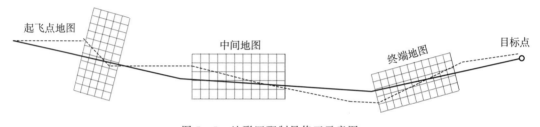

图 5-5　地形匹配制导修正示意图

　　惯性/地形匹配复合制导简要说明如下：

1）导弹发射后，由弹载惯性导航系统和大气测量系统组合输出导弹相对于海平面的

高度 H_a，由无线电高度表测量出相对于地面的高度 H_r，两者做差计算得到地面相对于海平面的高度 ΔH；

2）将惯性导航输出的经度 λ 和纬度 ϕ，地面的海拔以及地形匹配数据库代入地形匹配相关算法，则得到地形匹配的输出 λ'' 和 ϕ''；

3）将惯性导航输出的经度 λ 和纬度 ϕ 与地形匹配相关输出 λ'' 和 ϕ'' 做差，经卡尔曼滤波器输出经度修正量 $\Delta\lambda$ 和纬度修正量 $\Delta\phi$；

4）对惯性导航输出进行修正，得到惯性/地形匹配复合制导的输出量经度、纬度和高度。

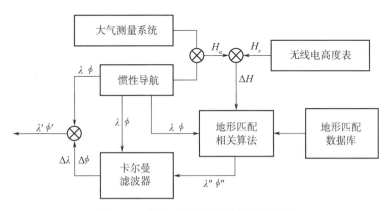

图 5-6　惯性/地形匹配复合制导简图

（3）景像匹配制导

景像匹配制导是利用景像信息进行制导，也称为景像匹配区域相关器（SMAC）制导，又称为"数字景像匹配区域相关器制导"，多用于巡航导弹的末制导，是利用弹载"景像匹配区域相关器"获取目标区域景物图像数字地图（称为灰度数字地图），将其与预存的参考图像（灰度数字参考地图）进行相关处理，从而确定导弹相对于目标的位置，如图 5-7 所示。实现这种制导，需在巡航导弹发射前预先在被攻击的目标附近选择地貌光学特征明显的地区作为景像匹配区，并把匹配区分成若干正方形小单元，通过侦察获得匹配区，包括目标本身在内的光学图像，把每个单元的平均光强度换算成相应的数值，构成反映景像匹配区各单元光线强弱的数字式景像地图，并存储在导弹的制导计算机中。当导弹飞临目标上空时，弹上的电视摄像机开始工作，实拍地面上的景物图像，经过实时数字化处理后，形成数字景像地图，与弹上预存储的数字景像地图进行比较，确定导弹是否偏离预定的航线。如有偏离，制导系统会发出控制指令，修改导弹飞行轨迹。

景像匹配制导是以区域地形为匹配特征，是二维匹配，同样要求区域地形有所区分，大多用作空地导弹的末制导。相较于一维地形匹配，景像匹配制导的制导精度大幅提高，可达到米级。

5.3.1.2　遥控制导

遥控制导指载机上照射设备（也称制导站或引导站）发出制导波束（雷达和激光波

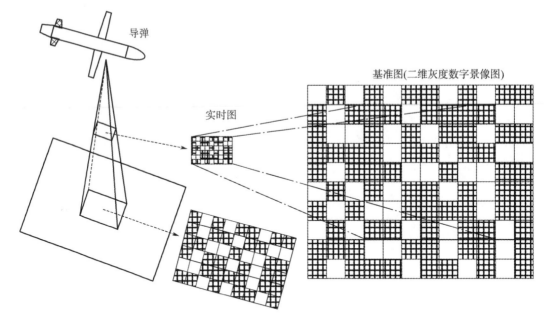

图 5 - 7　景像匹配示意图

束）自动跟踪照射目标，弹上制导设备探测到导弹偏离波束中心的距离和方向，据此产生制导指令，控制系统响应制导指令，控制弹体沿波束中心线飞行以攻击目标。

　　遥控制导基于载机照射设备照射目标产生制导指令，其优点：1) 弹上设备简单，成本低；2) 制导精度较高；3) 可打击移动目标。其缺点：1) 照射信号受环境因素影响大，在恶劣天气使用受限；2) 制导精度随作用距离增加而降低，而且容易受干扰；3) 载机需要始终照射目标，容易受攻击。

　　遥控制导常用于攻击移动目标，在地（舰）空导弹和空空导弹上应用较多，也可用于空地制导武器。遥控制导按其结构和导引方法可分为指令制导、波束制导、TVM 制导等，空地制导武器大都采用指令制导和波束制导。

　　（1）指令制导

　　指令制导是由载机的量测设备同时测量导弹和目标的坐标信息，根据导引法生成制导指令，再由导引站发送制导指令给导弹，控制导弹飞向目标的一种制导。按作用形式可分为有线指令制导、无线电指令制导，有线指令制导大都用于早期反坦克导弹。

　　指令制导设备由弹上指令接收装置和弹外制导站组成，制导站测出导弹和目标的运动参数，根据选定的导引方法，计算出弹道校正量，以指令形式发送给导弹。弹上指令接收装置接收指令并转换成导引信号，控制导弹攻击目标。

　　指令制导系统一般由装在制导站的跟踪测量装置、指令形成装置、指令传输装置、装在导弹上的指令接收和变换装置以及弹上控制装置 5 个部分组成。1) 跟踪测量装置：用于测量目标和导弹的瞬时位置或其他运动参数（速度、角速度等），一般基于雷达或电视摄像等；2) 指令形成装置：对目标和导弹的运动参数进行比较计算，形成指令信号。在早期反坦克制导采用光学瞄准器或电视摄像器的系统中，依靠操作手跟踪测量和发出指令；3）指令传输装置：一可采用无线或有线的方式将指令传送给导弹，采用有线光缆时，其作用距离受限，一般不超过 5 km；4）指令接收和变换装置：导弹接收制导站发来的信号并加以变换、放大（为了抗干扰和便于传送，指令在传输过程中常编成密码形式），再将其变换为控制系统可执行的信号；5）弹上控制装置：由惯性器件、计算机和执行机构组成，按指令驱动执行机构调整导弹飞行姿态以飞向目标。

　　工程上比较成熟的指令制导主要有雷达指令制导和电视指令制导。雷达指令制导由目标跟踪雷达和导弹跟踪雷达分别对目标和导弹的运动参数进行观测，并将这些参数送入制导计算机，根据选定的导引方法，计算导引修正量，通过发送设备发送给导弹，弹上指令接收设备形成导引信号，控制导弹攻击目标。雷达指令制导作用距离远，弹上设备简单，但导引精度随导弹飞行距离的增加而降低，且易受干扰。电视指令制导是利用弹上电视摄像机获取目标信息，由导引站产生指令控制导弹飞向目标的制导，可见光摄像机装在导弹头部，摄取目标和背景的图像，通过无线电发送至载机制导站，在载机火控显示屏上显示目标信号。由目标信号在显示屏的位置可反映目标和导弹的相对位置。若图像偏离显示屏中心，其偏差量在制导计算机中形成导引指令，发送给导弹，弹上接收机接收导引指令控制导弹攻击目标。电视指令制导的优点是能清楚识别目标和选择目标。导引精度不受导弹飞行距离的影响。缺点是受气象条件的影响较大，且易受干扰。如美国 AGM - 53A "秃鹰"空地导弹即采用电视指令制导，头部装有电视摄像机，摄取的目标与背景图像通过弹载发射机发送至制导站，制导站形成制导指令再送给导弹，弹上接收机接收导引指令，控制弹体姿态，攻击目标。

　　（2）波束制导

　　波束制导又称驾波制导，由制导站发射波束照射并自动跟踪目标，弹上导引装置自动识别导弹偏离波束中心线的方向及距离，据此形成制导指令，控制导弹沿波束中心线飞向目标。波束制导主要有雷达波束制导和激光波束制导两种。

　　雷达波束制导是利用导引站发射雷达波束照射目标，并自动跟踪目标，弹上导引装置能自动识别导弹偏离波束中心线的方向及距离，据此采用三点法，形成制导指令，由姿控系统响应指令，操作执行机构，纠正和消除偏差量，使弹体沿着波束中心线（等强信号线）飞向目标。

　　目前雷达波束制导按布站模式可分为单雷达波束制导和双雷达波束制导，空地制导武器大多采用基于圆锥扫描雷达的单雷达波束制导，雷达发射天线辐射"笔状"的旋转波束，使波束的最强方向偏离天线一个小角度，当波束绕天线光轴旋转时，在波束旋转中心线上的各点信号强度不随波束旋转而改变，即为波束的等强信号线。在波束制导中，在导弹进入雷达波束后，导弹上的制导设备会检测到导弹相对于等强信号线的角度偏差，形成偏差信号，与基准信号做差比较，即形成制导指令。

　　采用波束制导需要导引雷达自动跟踪目标，即导引雷达发射信号后，通过天线收发开关转换至接收状态，这样接收目标回波信号，经过信号处理，输出给目标跟踪装置，目标跟踪装置驱动天线，使等强信号线跟踪目标的运动。

　　采用雷达波束制导的导弹其弹上导引设备简单，载机照射及跟踪目标之后，可在一个波束中间导引几发制导武器去攻击同一目标。波束制导的缺点：1）导引精度随飞行距离增加而降低，如图5-8所示，为了提高制导精度，需要采用较窄的波束，但增加了控制导弹进入雷达波束的难度，而且即使进入雷达波束，当姿态控制不好或受扰动也容易出波束；2）抗干扰性和隐蔽性较差；3）载机导引站需实时照射及跟踪目标，本身机动受到限制而且易受到敌方防空力量的攻击。

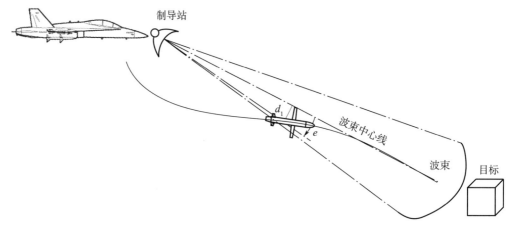

图5-8　波束制导误差图

　　激光波束制导是利用载机制导站（即激光照射器）发射一束定向激光束照射并跟踪目标，安装在导弹尾部的弹载接收机接收反射的激光，弹载计算机经信号处理判断导弹偏离波束中心线的距离和方向，依据导引律产生制导指令，姿控系统控制导弹沿波束中心线飞向目标。

　　激光波束制导设备由弹载制导装置和弹外制导站组成，如图5-9所示，制导站由目标瞄准器、激光器和导引光束形成装置组成，其中目标瞄准器为一般的光学望远镜，通过自动跟踪方式使激光器产生的光束对准目标并跟踪目标。在激光波束中飞行的导弹，弹体尾部装有4个"＋"字形配置的激光接收器。当导弹在激光波束中心线飞行时，4个接收器接收到的能量相同，导引装置不形成导引信号。当导弹偏离激光中心线时，4个接收器接收到的能量不一样，从而测出导弹与激光波束中心线的偏差，采用三点法形成制导指令，控制导弹飞回激光波束中心，直至命中目标。

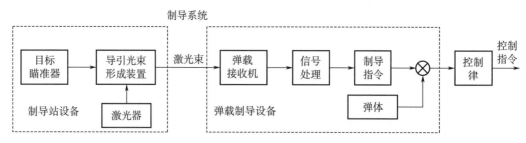

图5-9　激光波束制导系统框图

　　由于激光波束具有发散角小，方向性强，单色性好，强度高的特点，故激光波束制导系统的优点为：1）目标分辨率高，制导精度高，且导引精度随导弹飞行距离变化的影响较小；2）不易受干扰；3）结构简单，成本较低；4）可以与其他寻的系统兼容。其缺点为：1）激光波束易被吸收和散射，对某一些目标的攻击，其效果较差；2）受战场环境和气象条件（云、雾、雨、雪等）的影响大；3）容易受自身发动机燃烧喷射烟雾的干扰，一般要求采用无烟或少烟燃烧剂的固体发动机；4）探测距离有限，只能用于近距离攻击，典型攻击距离为 3～10 km；5）激光照射器在攻击目标过程中需一直照射目标，故载机容易受敌方攻击。

5.3.1.3　卫星无线电制导

　　卫星无线电制导在工程上也称为卫星制导，弹上卫星接收装置接收导航卫星发过来的无线电信号，经解码获得导航电文，解算得到弹体的位置、速度等信息。通常卫星制导与弹上的惯性导航系统组合成卫星/惯性复合制导，即由复合制导系统实时解算得到弹体位置、速度以及姿态等信息，再基于已装定的目标位置信息，计算得到弹目视线角速度，经修正比例导引法形成制导指令，由弹上姿态控制系统响应制导指令直至击中目标。

　　目前已经投入使用或正处于研发阶段的全球卫星导航系统有美国的 GPS、俄罗斯的 GLONASS、欧洲的 Galileo，中国的 BD－2 以及印度的 IRSSS（印度区域导航卫星系统）。下面以美国的 GPS 为例，简要地介绍卫星导航系统的组成、精度等。

　　GPS 由空间设备、地面控制设备及用户设备三部分组成，空间设备原计划由 24 颗导航卫星构成，其中 21 颗工作卫星，3 颗备用卫星（现在第三代 GPS 首星已发射入轨，总共由 32 颗卫星组成，其精度和抗干扰性大为提高）；地面控制设备由 5 个地面监控站、3 个上行数据发送站和 1 个主控站构成；用户设备为各种 GPS 接收机。其工作原理：精确制导武器弹上 GPS 接收装置可与弹上的惯性导航组成复合制导，利用弹上安装的 GPS 接收装置接收 4 颗以上导航卫星播发的信号来修正导弹的飞行路线，提高制导精度，其 GPS 系统空间定位精度优于 10 m。GPS 设计当初是军民两用，考虑到自身的军事利益，美军将 GPS 服务分为两个等级，即标准定位服务（SPS）和精密定位服务（PPS），只有后者才能实时获取精确的 GPS 数据。精确制导武器利用 GPS 可以大大提高制导精度，美国陆军战术导弹 ATACMS、"联合防区外发射武器"（JSOW）、"联合直接攻击弹药"（JDAM）、美国 BGM－109C "战斧" 巡航导弹改装采用 GPS 复合制导系统，其主要改进是加装一个 GPS 接收装置，可使 CEP 由 9 m 降为 3 m。

　　采用卫星无线电制导后可避免对地形匹配制导的依赖，缩短制定攻击任务所需时间，另外卫星无线电制导可在全天候全天时条件下使用，大大拓宽了使用条件。其优点：1）弹上设备简单且成本低；2）可将卫星导航芯片（纽扣大小）集成在弹载计算机上，减小了制导设备的体积和重量；3）导航精度不随时间提高。其缺点：1）单接收天线无线电制导只能输出载体位置和速度信息，不能输出姿态信息；2）输出信息更新率较低，很难直接获得实时信号；3）导航无线电信号长距离传输，接收机收到的信号很弱，很容易受干扰。

卫星制导的优缺点决定了其不能作为单一的制导设备，一般情况下，常与惯性制导组合形成复合制导，利用两者各自的优点进行制导解算，可实时解算得到弹体的位置、速度、姿态信息，用于攻击静止目标。

5.3.2　自动寻的制导

自动寻的制导常简称为自寻的制导或自动导引，弹上制导设备探测目标辐射或反射的电磁信号，测量目标-导弹之间的相对运动关系，据此形成制导指令，导引导弹攻击目标。

自寻的制导比较适合攻击短距离目标，具备"发射后不管"能力，即要求弹上制导设备具有探测、识别、跟踪及锁定目标的能力。自寻的制导精度受探测距离的影响较小，但探测距离较近（被动雷达自寻的制导除外），常用作空地制导武器的末制导。这种制导方式按接收电磁信号波长不同可分为（微波）雷达寻的（波长：$10\sim1\,000$ mm）、毫米波寻的（波长：$1\sim10$ mm）、红外寻的（波长：$0.78\sim14$ μm）、电视寻的（波长：$0.38\sim0.78$ μm）和激光寻的制导（波长：1.06 μm 或 10.6 μm）；按照弹上安装的制导系统或探测信号的来源不同可分为主动式寻的、半主动式寻的和被动式寻的制导。

5.3.2.1　主动式寻的制导

弹上制导系统装备主动式导引头，由其发出电磁波对目标进行照射，接收机接收到目标反射回来的电磁信号，测量得到目标-导弹之间的相对运动关系，依据制导律产生制导指令，控制导弹按制导指令飞向目标，如图 5 - 10（a）所示。其优点：1）具备"发射后不管"能力，发射后就不再需要任何外界的操纵，完全独立自主工作；2）制导精度随着弹目距离的减小而提高。其缺点：1）额外增加了制导系统的重量、体积和成本；2）弹上设备复杂；3）探测距离受限于发射机的功率和目标的反射信号特性，探测距离比较近；4）暴露自身的电磁信号，不具有隐身功能，而信号容易受干扰，容易被对方战术导弹拦截。

基于目前的技术发展，主动式寻的制导只能采用无线电波和毫米波信号。基于主动式寻的制导的空地制导武器主要有：法国 AM39 "飞鱼"空舰导弹（主动雷达制导），AGM - 65H（主动毫米波制导），X - 58K（主动毫米波制导）等。

5.3.2.2　半主动式寻的制导

由载机或地面制导站对目标进行电磁照射（通常为激光或无线电波），弹上接收机接收目标反射的电磁信号，测量得到目标-导弹之间的相对位置及其运动参数，按选定的导引方法产生制导指令，姿控系统基于制导指令生成姿控指令，操纵导弹飞向目标，如图 5 - 10（b）所示。其优点：1）由于可以采用较大功率的发射机对目标进行照射，所以探测距离优于主动式制导；2）导弹自身不发射电磁信号，隐蔽性较好；3）制导精度随着弹目距离减小而提高；4）与主动式寻的相比，弹上设备简单，导弹成本较低。其缺点：在攻击目标的过程中，需要载机上的照射设备连续照射目标，导致载机容易受攻击。

半主动式寻的制导大多利用激光和无线电波等信号，采用半主动式寻的制导的空地制导武器主要有：法国 AS - 30L 空地导弹，AGM - 65E，宝石路系列制导炸弹。

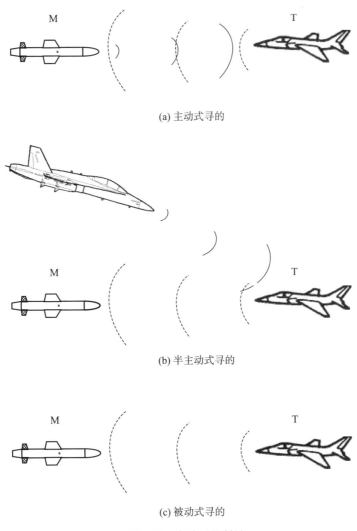

(a) 主动式寻的

(b) 半主动式寻的

(c) 被动式寻的

图 5 - 10　自动寻的制导

5.3.2.3　被动式寻的制导

　　弹上制导系统只安装接收设备，接收目标本身辐射或反射的电磁信号，据此信号确定导弹—目标之间的相对运动关系，依据制导律生成制导指令，导引导弹去攻击目标，如图 5 - 10（c）所示。其优点：1）不需要载机或导弹导引头对目标进行电磁照射；2）弹上只安装接收设备，制导设备简单，成本较低。其缺点：1）探测距离较短（被动雷达制导除外）；2）可用于被动式寻的的信号较少，主要为无线电波、可见光或红外线信号；3）对目标的依赖性较大，抗干扰性较差；4）对于基于无线电被动式寻的制导的导弹，当目标关闭发射无线电波时，则无法继续进行制导。

　　目前用于被动式寻的制导的信号有可见光、红外信号以及雷达信号，采用被动式制导的空地制导武器主要有：AGM - 78 标准、AGM - 88 哈姆、YJ - 91、KH - 31、AARGM - ER（被动雷达＋毫米波制导）等。

5.3.3 复合制导

随着光电干扰技术、隐身技术、反辐射技术以及伪装技术等快速发展，战场环境越来越复杂化及恶劣化，单一的制导模式或体制受制于各自弱点很难取得很好的打击效果，例如：1）自主制导中的惯性制导的误差随着时间的增加而累积；2）自主制导不能反应目标的运动特性，故自主制导通常用作导弹的初制导和中制导；3）遥控制导随着作用距离的增加，由于制导设备角度偏差导致的位置误差随之变大；4）自寻的制导随着导弹接近目标，其制导设备的测量角精度随之提高，即制导误差越来越小；5）激光半主动制导的制导精度高，但受环境因素影响较大，作用距离近，而毫米波的制导精度一般，但其穿透雨雾、雾霾的能力较强；6）被动反辐射制导随着敌方雷达关机以及雷达诱饵技术的提升，单依靠被动反辐射制导击中敌方雷达的概率几乎降至0。故在工程实际应用中，常将各种制导体制和方式进行组合，在其中某段（初始段、中段和末段）或几段中采用多种制导体制和方法，并称其为复合制导（又称组合制导）。复合制导是一种取长补短的办法，其目的是增大制导距离，提高制导精度和抗干扰能力。采用复合制导后，弹上设备体积增大，成本增加，系统复杂度由于元器件增多将大幅提高，系统可靠度降低，目前复合制导朝着小型化、低成本化、高可靠性等方向发展。

在制导过程中，根据复合方式不同，可分为串联复合制导、并联复合制导和串并联复合制导三种。串联复合制导是在飞行弹道不同阶段采用不同制导体制和模式，其主要目的是增大导弹射程同时又确保制导精度，通常在截获目标后，根据合适的判据进入末制导。采用串联复合制导方式，当制导体制转换时，制导量大小或制导指令都可能发生跳变，需设计合理的中末制导交接班过程，以保证弹道的平滑过渡。并联复合制导在整个飞行弹道或某段飞行弹道同时采用两种或两种以上制导方式，以便在各种环境和干扰条件下，提高制导精度。串并联复合制导是在飞行过程中，既有串联方式又有并联方式的复合制导方式。

复合制导体制和形式多种多样，已开发出各种不同组合的复合制导，复合制导的使用效果取决于多模导引头的性能以及复合制导律的先进性。

（1）多模导引头

多模导引头是指导引头同时装有两种或两种以上探测器，按一定的方式组合协调工作，不同探测器同时工作或分时工作。按结构实现不同，多模导引头大致分为如下两种：1）分离式：每模采用独立的光学/天线和探测器；2）共孔径式：采用同一个光学/天线，探测器分开布置。在工程上，现在开发比较成熟的是双模导引头。

双模导引头是将两个波段或两个体制的末制导技术应用于同一个导引头中，主要包括：紫外/红外导引头、红外双色导引头、被动反辐射/红外成像导引头、微波主动雷达/被动反辐射导引头、双波段雷达导引头、毫米波/红外成像导引头、主动雷达/红外成像导引头、主动雷达/电视成像、红外成像/激光导引头等多种类型。下面简要介绍几种比较成熟的双模导引头。

毫米波/红外成像导引头：导引头采用主动毫米波，由于波长较长，其穿透烟雾能力强，可以在有雾天气下使用，但相对于红外制导而言，其制导信号品质一般，而红外制导精度高，但是受环境因素影响较大，探测距离较近，其成像受季节、气候、天气、阳光照射、目标与背景之间的热辐射差等因素的影响。故在工程上将这两种制导体制组合，使其既具备红外制导精度高的特点，又具备毫米波制导穿透烟雾能力强，可全天候工作的特点。此复合制导已应用于小型的中近程空地导弹，例如 AGM - 45 "地狱之火" 导弹在后续开发的型号即采用毫米波/红外复合制导。

被动反辐射/红外成像导引头：被动反辐射导引头的特点是制导探测距离远，但制导信号品质较差，噪声大，测角误差较大（特别是低频段雷达信号，例如 L 波段和 S 波段信号），抗干扰能力差等；而红外制导精度高，但是受环境因素大，探测距离较近等。故在工程上将两者结合，可以兼顾制导精度和探测距离，而且在目标雷达关机时，按目标雷达开机时的雷达信号估计目标的大致位置进行制导，当弹目距离小于红外探测距离时，切换至红外导引模式，可以实现对关机的目标雷达进行高精度打击。

另外随着技术的发展，根据战场需求变化，各国正在研发或已研发出了三模导引头，比较典型和成熟的三模导引头主要有：1）毫米波/雷达/红外制导复合三模导引头；2）毫米波雷达/激光半主动/红外成像制导复合三模导引头。在工程技术实现上，三模导引头并不是三种体制的探测器或信息处理系统的简单叠加，而是在弹载计算机的控制下通过几种探测器的协调工作，充分利用探测器获取多维的目标特征信息进行数据融合处理，提取制导有关的信号，完成对于干扰模式下的目标识别、对抗场景分析判断等任务，实现在复杂目标环境下以及敌方各种干扰的情况下对目标进行识别及跟踪，达到多种制导体制相互弥补的目的，大幅提高武器系统的抗干扰能力、全天候作战能力、自主作战能力以及作战使用灵活性。

（2）复合导引律

对于中远程或远射程空地制导武器，为了兼顾射程以及末制导精度，通常采用复合导引律。常用的复合导引律有：程序制导/寻的末制导，指令制导/寻的末制导，波束制导/寻的末制导等，由于寻的末制导具有较高的制导精度，故在制导弹道末段都采用寻的末制导。

5.4　导引头

导引头是目标跟踪装置，相当于导弹的 "眼睛"，是制导控制系统的关键量测设备，依据目标辐射或反射的电磁信号来探测、识别、跟踪及锁定目标。导引头输出信息为制导回路生成制导指令提供依据，其性能和特性在很大程度上决定了空地制导武器的制导精度。

5.4.1　分类、组成、功能及工作状态

5.4.1.1　分类

随着科技的发展，已研发出不同制导体制、不同功能的导引头，按不同的制导体制和特性导引头分类如下：

1）按导引头接收光学或电磁信号特性的不同，导引头可分为电视导引头（也称为可见光导引头）、红外导引头、激光导引头、毫米波导引头、反辐射导引头（也称被动雷达导引头）、雷达导引头和多模复合导引头等；

2）按制导方式的不同，导引头可分为指令制导导引头、波束制导导引头、寻的制导导引头；

3）按导引头接收电磁信号或光学信号来源的不同，导引头可分为被动式寻的导引头、半主动式寻的导引头和主动式寻的导引头。其中被动式寻的导引头接收目标辐射的电磁信号，半主动式寻的导引头接收由于其他照射源照射目标引起目标反射的电磁信号，主动式寻的导引头接收由于本导引头照射目标引起目标反射的电磁信号；

4）按导引头是否配有伺服机构，导引头可分为捷联式和伺服式，其中捷联式导引头将光轴或天线轴等相关的探测组件固定于导引头基座上，一般输出为弹目视线角信号；伺服式导引头配置伺服控制平台，相关的探测组件固定于伺服平台，一般输出弹目视线角速度信号；

5）按导引头接收信息体制的不同，导引头可分为成像导引头和点源导引头，成像导引头主要有红外成像、可见光成像以及 SAR 成像等，点源导引头主要有红外点源、激光点源以及雷达点源等。

5.4.1.2　组成

导引头是战术导弹关键的导引测量设备，不同导引头的工作原理和组成等不尽相同，对于框架式（也称为伺服式）导引头来说，通常由探测系统、信息处理系统、稳定及跟踪系统三部分组成。

（1）探测系统

探测系统用于探测目标，是导引头的核心部件，不同种类导引头的探测系统大为不同，对于红外成像导引头来说，探测系统由光学系统和红外探测器等组成，对于激光半主动导引头来说，探测系统由光学系统和激光光学探测器（大多采用四象限探测器）等组成。

（2）信息处理系统

用于对探测所获取的目标和背景信息进行信号处理，提取有用信号，完成对目标的识别、捕获及锁定，并解算得到弹目视线角、视线角速度等信息，对于主动雷达导引头，还可获得弹目相对距离及速度等。

（3）稳定及跟踪系统

由于导弹在飞行过程中受到外部气流干扰、内部干扰的作用，又受限于被控对象的特

性和控制回路的控制品质，导弹姿态在控制回路的作用下响应制导指令的同时伴随某一量级的姿态振荡，两者都会引起导引头的基准（光学导引头的光轴或雷达导引头的天线轴）发生变化，影响制导精度。如果导引头测量基准发生剧烈变化，对于成像制导来说，将严重影响导引头识别目标，即使导引头锁定目标，也会导致目标丢失。故对于伺服式导引头来说，稳定及跟踪系统是其必备的系统，其包含两个作用，即稳定和跟踪作用。稳定作用：控制导引头测量基准在惯性空间的指向稳定；跟踪功能：控制导引头测量基准对准目标。

5.4.1.3 功能

导引头功能大致相同，即在规定的自然条件、飞行环境、目标背景以及各种电磁干扰的影响下完成如下功能：

1）与弹载计算机完成交互式通信功能，依据弹载计算机发送的命令，完成导引头自检、预置、扫描目标、锁定目标等功能；并向弹载计算机返回自检结果、确认锁定目标、进入盲区标识等信息。

2）隔离导弹姿态运动及扰动对导引头的影响：对于伺服式导引头，需要设计稳定平台来隔离弹体扰动对导引头输出的影响，稳定导引头光轴或天线轴及相关的探测组件，为导引头正常工作提供基础；对于捷联式导引头，由于导引头光轴或天线轴及相关的探测组件直接固连于导引头基座，只能通过数学的方法对输出的信息进行处理，在工程上，需要设计姿态解耦算法来隔离导弹姿态变化对导引头输出的影响。

3）捕获目标：接收目标辐射或反射的电磁信号，处理原始电磁信号，在此基础上，完成对目标的自动搜索，完成目标识别（自动识别或人工识别），然后锁定要攻击的目标，实现对目标的捕获。

4）跟踪目标：在完成目标识别及捕获的基础上，自动跟踪目标。对于伺服式导引头，通过跟踪回路确保目标处于瞬时视场的中心；对于捷联式导引头，需要确保目标不会溢出导引头的探测视场，这一部分工作则由弹上制导系统承担。

5）输出制导信息：导引头在跟踪目标的同时实时输出制导回路所需的信息，对于伺服式导引头，输出导引头坐标系下的弹目视线角速度；对于捷联式导引头，则输出弹体坐标系下的弹目视线角。对于某一些主动导引头，还输出导弹相对于目标的相对运动速度及弹目距离。

6）判断真假目标：这一部分工作由导引头或弹上控制系统完成，即导引系统需要实时判断是否跟踪真目标，如果是假目标，则需要放弃跟踪目标，进而重新搜索及捕获目标。

7）目标丢失及重新捕获：一般情况下，导引头第一次搜索、识别及跟踪目标需要一定的时间，当在目标丢失后，导引头需具有保持目标参数的记忆功能，在此基础上可快速重新捕获目标。

8）抗干扰：针对不同的导引头已研发出各式各样的干扰手段，例如对于红外制导，主要的干扰为红外诱饵、调制干扰器、红外气溶胶、红外烟幕、红外箔条等，即红外导引头必须具有抗红外干扰的能力。

随着科技的进步以及作战需求的提高，导引头功能也在不断地完善和扩展中，例如：

1）对于成像导引头，需要具备图像稳定功能，即导引头能够生成稳定、清晰的图像，给目标识别创造良好的条件。

2）抗背景干扰：导弹在实战环境中，很有可能受到各种干扰的作用，例如对于红外成像制导，最突出的干扰为来自自然背景的红外辐射干扰。最为主要的两种干扰分别来自空中和地面或海面，其特点为：干扰随时间和空间变化，是随机干扰，导引头必须具有一定的抗干扰功能，在较大程度上抑制背景干扰对导引头工作的影响。

3）作为引信的解保触发信号，即当导引头整流罩触地破碎，引信解保装置探测到此信号时即解保。

5.4.1.4　工作状态

不同导引头的工作状态存在较大的差别，对于伺服式导引头而言，比较典型的工作状态有：角度预置状态、搜索状态、视线稳定状态和跟踪状态，下面简单地加以介绍。

（1）角度预置状态

导引头的角度预置一般在导引头开机启动自检之后进行，其目的是预判目标相对于导弹的位置，将导引头光轴或雷达天线轴对准目标，在弹目距离小于导引头的探测距离后尽可能提早发现目标。一般根据导弹的实时飞行状态以及目标可能出现的位置（可通过光电吊舱设备对目标进行估计定位），实时计算得到惯性坐标系下的弹目视线角，基于导弹的姿态信息，解算得到导引头坐标系下的弹目视线信息，据此形成预置角，导引头伺服控制按预置角将导引头光轴或雷达天线轴指向目标。

对于打击固定目标或射程较短的情况，通常依靠导引头角度预置功能即可在导引头开机后发现并识别目标。对于射程较远或目标机动性较大的情况，由于受限于导引头瞬时视场、导引头预置角控制精度、目标机动随机性等因素的影响，在弹目距离小于导引头探测距离后，目标仍有可能处在导引头的瞬时视场之外。

导引头角度预置功能的效果除了取决于导引头安装精度、导弹导航姿态精度、导引头预置角控制精度、预置角算法之外，还在很大程度上取决于导引头的瞬时视场角（其定义见5.4.4节内容），瞬时视场角越大，依靠角度预置功能发现目标的概率越大，反之亦然。

（2）搜索状态

在完成导引头角度预置状态工作之后，目标还有可能不在导引头的瞬时视场之内。当判断弹目距离小于导引头的探测距离之后其导引头还未探测到目标，这时需要启动导引头角度搜索功能，在惯性空间按照一定预置的规则转动导引头的光轴，以期探测到目标，并对其进行识别。

相对于捷联式导引头，伺服式导引头设计考虑到：1）提高导引头测量弹目视线的精度；2）增大导引头的探测距离；3）减小热噪声（对于红外导引头，瞬时视场角大，则相应的噪声较大）等因素，故光学系统等效焦距一般较长，瞬时视场角一般较小，例如有的瞬时视场角大约只有 $6.0° \times 5.0°$ 或更小。由于瞬时视场角较小，以方位角为例，考虑各种占用视场角的误差：1）目标定位误差，假设目标定位误差在侧向投影为 100 m，导引头识别目标的距离为 4 000 m，这样侧向占用视场角超过 1.43°；2）导航偏航角误差为 1.5°；3）惯组安装精度为 0.2°；4）导引头的安装精度为 0.3°；5）预置和搜索状态时，导引头的控制精度取决于电位计的精度和控制算法，假设为 0.4°（假设电位计精度为 0.2°，控制精度为 0.2°）；6）其他因素引起的占用视场角为 0.5°。故在某种情况下，侧向占用视场角可超过 4.33°（对于某些低端的空地制导武器，其误差值可能更大），在目标进入导引头的探测距离时，不能确保目标在导引头的瞬时视场之内，即需要启动导引头搜索功能。另外，由于某种原因，导引头在跟踪目标的过程中可能丢失目标，这时也需启动搜索功能，以重新发现及捕获目标。

不同制导体制通常根据各自的特点，采用不同的搜索方式，设计搜索方式需尽量快搜索到目标，避免搜索盲区，通用的搜索方式有矩形扫描、圆形扫描、六边形扫描、圆锥扫描、行扫描、玫瑰扫描等。

（3）视线稳定状态

导弹在惯性空间飞行时，其姿态按某种规律变化（即响应制导指令），在此基础上，弹体受到某些内外干扰因素的影响，即导弹姿态在惯性空间做有用的变化同时夹杂干扰引起的姿态扰动，为了使导引头正常工作，需要隔离导弹姿态变化对导引头测量基准的影响，即需要在惯性空间对导引头的测量基准进行稳定控制。

（4）角度跟踪状态

当导引头探测、识别和捕获目标之后，即需启动导引头的角度跟踪状态，导引头跟踪状态的作用为：1）使导引头光学轴或天线轴始终对准目标，以免目标偏离瞬时视场；2）提取弹目视线角速度信息，以供制导回路使用。

5.4.2　稳定平台

伺服式导引头依靠稳定平台将导引头的光学系统（或雷达导引头的天线）稳定在惯性空间的某一个指向，也依据稳定平台的功能将光学系统（或雷达导引头的天线）调节至惯性空间的某一个指向，即稳定平台的性能在很大程度上影响导引头的性能指标。

稳定平台由陀螺、伺服系统、配套的结构件及电气设备、电源、软件等组成，依靠陀螺实现在惯性空间的指向基准，依据伺服系统将光学系统（或雷达导引头的天线）控制至所指的方向。

稳定平台的功能：1）稳定作用：将平台稳定在惯性空间，隔离导弹姿态运动或扰动对稳定平台的影响，保证稳定平台上的光轴或天线轴稳定于惯性空间；2）扫描作用：控制稳定平台按一定的规则做扫描运动，可使导引头扫描和搜索目标；3）跟踪作用：当导引头搜索到目标，在目标识别后锁定所需攻击目标之后，需要依据失调角（定义为导引头光学轴向或导引头的天线轴向与弹目视线之间的夹角）将导引头光学轴向或导引头的天线轴向控制至弹目视线，实现导引头的跟踪功能，在此过程中，可以输出制导所需的弹目视线角速度。

下面简单介绍导引头的稳定方式和结构形式，详细的可参考相关资料。

5.4.2.1　实现方式

要实现稳定平台的功能，保证稳定平台在惯性空间的稳定指向，即需要建立以陀螺等测量平台角速度为主要器件的高精度伺服平台，并配置高品质的控制算法。

由于制导武器的重量、尺寸、价格等存在很大的区别，决定了对其采用的配套导引头的要求也不同，故其稳定平台的实现方式也不一样。随着科技的发展，导引头稳定平台的稳定方式也在逐渐发展，常用的稳定方式可分为：动力陀螺稳定方式、积分陀螺稳定方式、速率陀螺稳定方式等。

（1）动力陀螺稳定方式

众所周知，当高速旋转的陀螺转子无外部输入控制力矩时，陀螺转子轴向在惯性空间的指向保持恒定，故在理论上，可将导引头的光学系统固连于陀螺转子，保证光学系统的轴向与陀螺转子轴重合，即可隔离导弹姿态变化对光轴的影响，如图 5-11 所示。

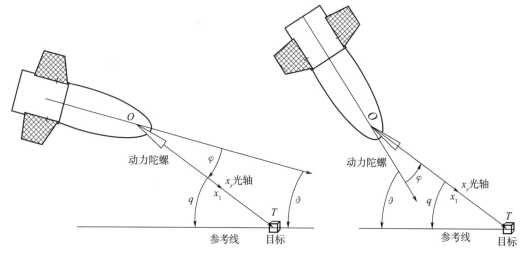

图 5-11　动力陀螺稳定方式示意图

动力陀螺稳定方式主要利用动力陀螺的定轴性和进动性。

①利用定轴性实现光学系统轴向稳定

在工程上，将高速旋转的转子安装在一个球形万向节，球形万向节与导引头基座固连，陀螺转子通过外部输入力矩而高速旋转，为了消除转子重力矩对旋转轴的影响，要求陀螺的重心与球形万向节重合。将光学系统、探测器与转子固连，即可利用转子的定轴性实现光学系统轴向在惯性空间的稳定。

②利用进动性调节光学系统轴向的指向

在工程上，陀螺转子通常用磁性材料制作，在陀螺转子的外面铺设环形的磁力线圈，即当磁力线圈通电时，根据电磁理论，磁性转子受到电磁力的作用将产生逆时针的电磁力矩 $\boldsymbol{M}$，假设高速旋转时的转子角动量为 $\boldsymbol{H}$，根据陀螺的进动性：$\boldsymbol{M} = \boldsymbol{\omega} \times \boldsymbol{H}$，即转子产生进动转动角速度 $\boldsymbol{\omega}$，即可实现光轴的定向转动。

（2）速率陀螺稳定方式

根据第 4 章介绍的速率陀螺知识，将速率陀螺固连于稳定平台，可测量稳定平台相对于惯性空间的角速度，在此基础上通过力矩电机控制稳定平台朝相反方向的角速度进行补偿，在理论上即可保证稳定平台在惯性空间的指向保持恒定，从而使导引头的光学轴向在惯性空间保持稳定。

5.4.2.2 结构

常用的稳定平台按结构特性可分为三轴框架结构和二轴框架结构，如果需要在惯性空间完全隔离导弹姿态运动或扰动对导引头的影响，则需要采用三轴伺服式导引头，而如果通过控制的作用，可将弹体滚动角控制至 0°附近较小值时，则采用二轴伺服式导引头。需要指出的是，二轴框架稳定平台只有两个转动自由度，由于导弹在空间的姿态需要用三个姿态欧拉角表示，故在理论上，二轴框架稳定平台不能很好地隔离导弹姿态变化对其的影响，特别是存在滚动角不为 0 的情况时。

（1）三轴伺服式导引头

三轴伺服式导引头由内框、中框和外框三个自由度的转动框架组成，三框架互相正交，每框的轴向交于一点，其中外框对应着滚动转动，中框对应着偏航转动，而内框则对应着俯仰转动。

由于三轴伺服式导引头具有三个自由度，在理论上，其可完全隔离导弹姿态变化对导引头稳定平台的影响。

（2）二轴直角坐标导引头

二轴框架结构又进一步分为直角坐标式和极坐标式。直角坐标式通常称为俯仰-偏航式，极坐标式通常称为俯仰-滚动式或偏航-滚动式。下面以俯仰-偏航式为例简单地介绍二轴直角坐标式稳定平台。

相对于三轴伺服式导引头，二轴直角坐标导引头取消了外框—滚动，只保留内框—偏航框架和中框—俯仰框架，将导引头的光学系统固连于内框，如图 5-12 所示。同样，内框和中框框架轴保持正交结构，相交于一点。

随着陀螺小型化技术的进步，稳定平台越来越多地采用基于角速度陀螺的稳定平台结构，故下面以二轴直角坐标为例，说明基于角速度陀螺的二轴直角坐标稳定平台的组成、结构特性以及优缺点等。

①组成

框架伺服稳定平台由力矩电机、角速度陀螺、电位计或光电编码器、支撑轴承、配套结构件、配套电缆、计算机和相应的控制软件等组成，如图 5-12 所示。

②设计指标

伺服平台的设计指标主要包括：1）伺服平台带宽（即快速性）；2）控制精度；3）隔离度；4）光轴或天线轴的转动范围等。这些指标的定义见 5.4.3 节相关内容，具体指标可参考 5.4.7.13 节相关内容。

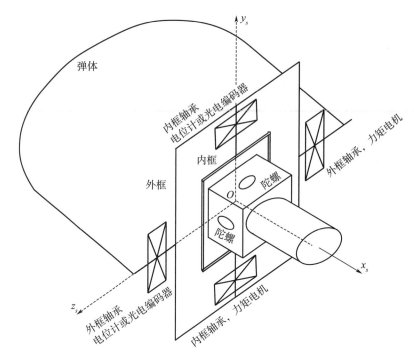

图 5-12　二轴直角坐标稳定平台结构简图

③伺服平台控制

伺服平台控制的设计方法是与控制理论的发展紧密相连的，随着控制理论的发展，出现了许多关于伺服平台控制的设计方法，如基于经典控制理论设计方法、复合控制设计方法、LQG 设计方法、H_∞ 设计方法、变结构控制设计方法、自适应控制设计方法、自学习与智能控制设计方法等。无论选取哪种设计方法，都是以系统的稳定性、快速性、控制精度、动态性能、低速平稳性等为主要设计指标。

伺服平台控制从控制理论上来说较为成熟，但是对于某一类输入有较大延迟时，其控制设计难度就大为增加。到目前为止，国内外伺服平台控制系统设计方法大多采用基于经典控制理论的设计方法或者复合控制设计方法，下面简单地介绍基于经典控制理论的设计方法。

稳定平台包括两个轴的稳定控制，两个轴的控制是独立的，两者的区别仅是控制算法的参数取值不同。

稳定平台控制按控制任务的不同，可划分为：1）角度预置和搜索控制；2）跟踪控制。角度预置和搜索控制类似于常规的电机伺服系统控制，读者可参考相关的文献，其控制框图如图 5-13 所示，图中 $\theta_r(s)$ 为输入指令，$\theta(s)$ 为输出位置信号；$G_c(s)$ 为控制器；K_{pwm} 为电机功放系数。由于输入指令 $\theta_r(s)$ 随时间变化是确定的，故控制较为简单。而跟踪控制则与上述控制不同，其将目标与光学系统中心之间的像素差作为输入量进行伺服控制，考虑到探测器输出延迟等因素，其控制设计难度较大。

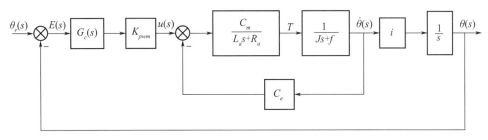

图 5 - 13 导引头伺服控制框图

④优缺点

俯仰-偏航框架结构的优点:结构简单、直观,容易实现。缺点:由于力矩电机布置在直径方向上,相对于极坐标式稳定平台,不利于导引头直径小型化;另外其转角范围受到框架长度方向的限制。

5.4.3 跟踪系统

跟踪功能是导引头最重要的工作状态,当导引头探测、识别、捕获目标之后需要导引头锁定目标,即将导引头的光学轴向或天线轴向始终对准静止或移动目标。

下面以某红外点源制导体制为例,简要介绍导引头跟踪系统的组成与工作过程、设计指标以及数学模型,其他导引头的类似。

(1) 组成与工作过程

如图 5 - 14 所示,以陀螺稳定跟踪系统为例,其由光学系统、调制器、探测器、误差信号处理器、力矩电机、陀螺等组成。跟踪系统的主要功能为:通过光学系统、调制器和探测器探测出失调角(即光学系统光轴偏离弹目视线的角度),经误差信号处理、放大后,生成所需的光学轴向偏转角度,通过力矩电机驱使陀螺进动,进而带动导引头光轴趋于弹目视线,以使导引头光学轴向始终指向目标中心,从而实现角跟踪功能。

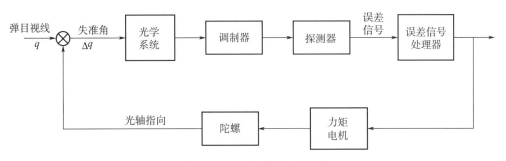

图 5 - 14 跟踪系统组成框图

(2) 设计指标

导引头跟踪系统的设计指标主要有四个:快速性、精度、隔离度和光轴或天线轴的转动范围。其设计指标在很大程度上取决于导弹自身的飞行特性以及目标的运动特性。

①快速性

对于攻击固定目标而言，由于弹目视线角速度较小，跟踪系统的执行机构带宽可以较小，即对应着较小的框架角速度，甚至可小于 10 (°)/s；对于攻击机动性较强的目标来说，在接近目标时，由于弹目视线变化很快，要求跟踪系统的执行机构带宽较大，即对应着较大的框架角速度。

②精度

要求跟踪系统具有较高的跟踪精度，其一，确保跟踪系统高质量地锁定目标；其二，提取高精度、高品质的弹目视线角速度，以供制导回路之用。

③隔离度

通常需要导引头的跟踪系统高质量跟踪目标，即需要跟踪系统具有消除和隔离弹体干扰和姿态运动的能力。对姿态干扰和姿态运动的隔离能力常用隔离度 $isolation$ 表征，其定义如下

$$isolation = \frac{导引头光轴或天线轴的扰动幅值}{导引头扰动幅值}$$

即隔离度是稳态精度的一个相对度量，同一个导引头对不同输入频率的响应有所不同。另外，由于非线性因素的影响，同一导引头对同一频率下不同幅值输入得到的隔离度也有所不同。故在工程上，常用一定频率一定幅值的正弦波去测试导引头的隔离度。

值得注意的是，现在大部分伺服式导引头采用双框架伺服结构，测试导引头隔离度时，一般单通道单独测试（例如测试俯仰通道时，导引头偏航通道和滚动通道不运动），测试结果偏理想，而导弹在空中飞行过程中，三个通道的姿态都是实时变化的，例如滚动和俯仰姿态变化势必影响偏航的隔离度。

④光轴或天线轴的转动范围

光轴或天线轴的转动范围在很大程度上取决于攻击目标的运动特性、导弹的飞行特性以及采用的导引律等因素，对于攻击静止目标或慢速移动目标，目标的机动能力较小，其导引头的光轴或天线轴转动范围可以适当降低，例如在方位方向，光轴转动范围 ±15° 即可满足制导和姿控回路的使用要求。

在结构上，光轴或天线轴的转动范围越大，则导引头的结构尺寸就越大，故也常基于目标运动、导弹自身的飞行特性优化制导律，尽可能以小的转动范围以适应制导武器打击目标的要求。

（3）数学模型

如图 5-15 所示，当存在失调角时，即导引头光轴或雷达天线指向（用 q_T 表示）和弹目视线指向（用 q 表示）不一致，即 $\Delta q = q_T - q \neq 0$，此量将引起导引头的探测系统相应地输出一个控制量，此控制量再驱动导引头的稳定平台伺服机构，使导引头光轴或雷达天线轴朝减小失调角 Δq 的方向运动。整个过程是循序渐进的、动态的，此即导引头的角跟踪功能。

导引头角跟踪功能可简化为由探测系统和平台伺服机构组成，如图 5-15（a）所示，其中探测系统的输入量为导引头的失调角 Δq，输出量为 $u(s)$，由于探测系统的响应时间

极短，其可简化为一个常系数模块，即探测系统的传递函数 $G_1(s)$ 可等价于

$$G_1(s) = \frac{u(s)}{\Delta q(s)} = K_1$$

平台伺服机构的传递函数用 $G_2(s)$ 表示，可等效于一个积分环节串联一阶环节的控制结构或简化为一个积分环节，即表示如下

$$G_2(s) = \frac{q(s)}{u(s)} = \frac{K_2}{s}$$

则导引头角跟踪功能等价于

$$G(s) = \frac{u(s)}{q_T(s)} = \frac{K_1}{1 + K_1 \frac{K_2}{s}} = \frac{\frac{1}{K_2}s}{\frac{1}{K_1 K_2}s + 1}$$

即导引头的角跟踪功能等价于一个由一个微分环节和一个一阶惯性环节串联的组合。将上式进行如下变换，可得导引头的输出为

$$u(s) = \frac{\frac{1}{K_2}s}{\frac{1}{K_1 K_2}s + 1}q_T(s) = \frac{\frac{1}{K_2}}{\frac{1}{K_1 K_2}s + 1}\dot{q}_T(s)$$

通常情况下，K_2 比较大，上式可简化为

$$u(s) \approx \frac{1}{K_2}\dot{q}_T(s)$$

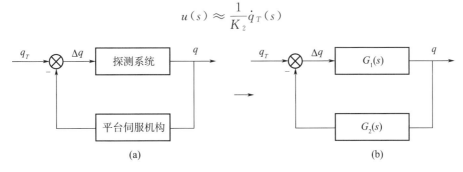

图 5-15　导引头角跟踪功能控制框图

5.4.4　光学制导

导引头按接收目标电磁信号的特性不同可分为电视导引头、红外导引头、激光导引头、毫米波导引头、反辐射导引头等几大类，各导引头的结构、组成、工作原理不尽相同，其中电视导引头、红外导引头、激光导引头等其工作原理类似，由光学系统将导引头视场范围内的激光、可见光以及红外线聚焦于位于光学系统等效焦距处的探测器，由此提取制导信号，即这三种导引头都是基于光学制导技术。

光学制导技术采用光学设备，接收目标反射或辐射的光学信号，通过光电信息转换，将目标的光学信号转换为包含有目标形体的图像或目标位置等信息，对该信息进行信号处理，提取制导所需的信号，用于制导的技术。

5.4.4.1　光学制导体制

光学制导按制导体制分为两大类：光学指令制导和光学寻的制导。

（1）光学指令制导

光学指令制导又称为光学遥控制导，是用装于导弹武器系统的发射阵地或发射载体上的光学设备，接收目标的光学反射或辐射信息，实现对目标的搜索、识别、捕获及锁定。同时也接收拦截导弹的光学反射或辐射信息，实现对拦截导弹空间位置和运动参数的测量，把对目标和导弹的跟踪、测量信号送回阵地指挥控制中心，经处理、计算和分析，形成制导指令，最后再通过发射机发给导弹，控制导弹飞向目标。

由于作为指令制导的光学设备对目标的搜索距离和视场有一定的局限性，因而光学指令制导很少单独作战使用，大多与微波雷达技术复合，构成光电复合指令制导系统，以实现不同作战环境条件下的作战任务，提高武器系统作战的有效性。早期的某些空地导弹武器系统采用光学指令制导，现代空地导弹较少采用此体制。

（2）光学寻的制导

制导武器上的光学接收设备接收来自目标的自然或人为的光学辐射或反射信号，对此光学信号进行处理，实现对目标的搜索、识别、捕获和锁定，并控制导弹飞向目标。光学寻的制导是目前最重要的制导方式，已广泛应用于空地导弹。

5.4.4.2　光学制导频谱

光学制导是基于目标反射或辐射光学信号而工作的一种制导技术。光学信号频率波段位于 X 射线和毫米波之间，其波长为 10 nm 至 1 mm，按电磁波的频率或波长不同分为三段，即紫外线、可见光以及红外线。其中紫外线波长为 10 nm 至 0.38 μm，可见光波长为 0.38 μm 至 0.78 μm，红外线波长为 0.78 μm 至 1 000 μm，如图 5-16 所示。

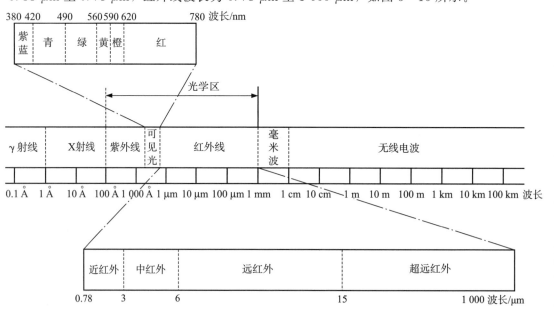

图 5-16　电磁波频谱

（1）可见光

可见光在整个电磁波频谱中占极小部分，并不是一种单纯的光，而是由几种不同色的光组成，在自然界，阳光是一种典型的可见光，当阳光通过棱镜后，由于不同波长的光线穿透介质产生的折射角度不同（介质折射率不同），因而在棱镜后面，其阳光分散成红、橙、黄、绿、青、蓝、紫七色光。人眼可以感受到的可见光波长范围为 390～770 nm，部分人感受到的波长为 380～780 nm，正常人眼对波长为 555nm 附近的可见光（属于绿光区域）最为敏感。

（2）红外线

在电磁波频谱中，红外线位于微波和可见光—红色光之间，为人眼不可见光，波长为 0.76～1 000 μm，红外波段的短波端与可见光—红色光相邻，长波端与微波相接。与可见光辐射主要来自高温辐射源不同（如太阳、高温燃烧气体、灼热金属等），任何低温、室温或高温物体都不停地向外辐射不同波长的红外线。

根据电磁波理论，红外线和可见光一样都是电磁波，因此也具有可见光所具有的一般性质：1）遵从反射和折射定律；2）存在着干涉、衍射和偏振及介质中的吸收和散射现象；3）由于电磁波具有波动性和粒子性，所以红外线也以光子形式存在；4）由于红外线和可见光以及紫外线都属于波长较短的电磁波，故其表现出较强的粒子性，也可等效为很多光量子（光子）的运动，即光的能量可以以光子衡量，一个光子的能量为

$$E = h\nu = \frac{hc}{\lambda}$$

式中　　h ——普朗克（Planck）常数，$h = 6.626 \times 10^{-34}$ W/s^2；

　　　　ν ——频率；

　　　　λ ——波长。

由上式可知，红外线波长越长能量越小，波长越短能量越大，温度越高；温度高到一定程度时就进入可见光—红色光的频段。

红外线与其他电磁波不同，具有其特殊性：

1）需要借助红外线探测器才能观测：由于人眼看不见红外线，所以在研究与应用红外线时，必须借助对红外线敏感的探测器，如利用其热敏感效应而制造的各类热敏感探测器，利用其电效应而制成的各类光电探测器等；

2）光化学作用较差：红外线光子能量小，如波长为 100 μm 的红外光子，其能量仅为可见光光子能量的 1/200；

3）热效应显著：与可见光相比热效应显著，如当手靠近白炽灯时，皮肤有强烈的灼热感，因白炽灯光线中有大量红外线；当手靠近荧光灯时，则几乎感觉不到热的刺激，因其不含有红外线；

4）红外线易被一般物质所吸收，穿透力也较弱。

（3）紫外线

紫外线按频率波段位于可见光—紫色光与 X 射线之间，也称为紫外光或紫外辐射，是肉眼不可见的电磁波，波长为 10～390 nm。

紫外线的特性随着波长变化略有差异，故也将紫外线划分为如下几个波段：1）UV-A 近紫外线，波长为 320～390 nm；2）UV-B 中紫外线，波长为 280～320 nm；3）UV-C 远紫外线，波长为 200～280 nm；4）UV-D 极远紫外线，波长为 10～200 nm。

紫外线由于波长短于可见光，因此具有较为特殊的特性，例如荧光效应、生物效应、光电效应以及化学效应等。大气中的氧气分子对波长短于 300 nm 的紫外线具有强烈的吸收作用，但波长为 300～390 nm 的紫外线则可以穿透大气，并且大气对紫外线具有较强的散射作用，在低空区域表现为比较均匀分布的亮背景，而低空活动的军事飞行器辐射出的紫外线在均匀亮背景的天空中形成一个暗点，此性质即可用于制导，即紫外制导。紫外制导具有：1）探测距离较近；2）不易受干扰，具有较强的抗干扰能力。

红外线、可见光与紫外线三者本质上都属于电磁波，具有如下性质：1）波粒性，即具有波动性和粒子性；2）三者在真空中的传播速度为光速；3）三者在空中沿直线传播，服从光学折射和反射定理。

红外线、紫外线与可见光相比，其不同之处：1）红外线和紫外线为人眼不可见，而人眼可观测到可见光；2）红外线的波长比可见光的波长长很多，故在大气中传输时其衰减小，传播距离相对较远；3）紫外线的波长比可见光的波长短，同理，其在大气中的传输距离相对较近；4）红外线具有明显的热效应，可用于热成像制导；5）由于可见光的波长比红外线的短，故可见光成像的质量优于红外线热成像。

5.4.4.3 光学寻的制导分类

光学寻的制导包括红外寻的制导、电视寻的制导（也称为可见光寻的制导）、激光寻的制导及其由它们组合而成的复合制导。

5.4.4.4 光学镜头参数

由于目标辐射的能量很弱，所以需要设计光学系统将其汇聚于探测器的敏感面，即加入光学系统后，探测器上所获取的辐射能大为增加，从而增加了导引头的探测距离。不同导引头的光学系统有所不同，但可等效为一个凸透镜的成像原理，其凸透镜的焦距等效于原光学系统的焦距，如图 5-17 所示，其中 OO_1 为光学系统的光轴，Ozy 为物平面，$O_1z_1y_1$ 为焦平面，目标 T 在物平面中用极坐标 (ρ, θ) 表示，T_1 为目标在焦平面的成像，用极坐标 (ρ_1, θ_1) 表示。目标偏离光轴的偏离量用 ρ 和失调角 Δq 表示。

在导引头实际应用中，其物距 R（即目标与透镜之间的距离）远远大于焦距 f，故可以认为目标成像聚焦于透镜的焦距附近，根据光学系统成像原理，目标和成像存在一一对应关系，即可得

$$\begin{cases} \theta = \theta_1 \\ \rho = f \tan \Delta q \end{cases}$$

下面简单介绍光学系统几个主要的参数：

（1）有效接收口径

有效接收口径 D 表征光学系统的有效接收面积，也称为通光孔径，对于反射式光学系统来说，主反射镜的口径即为光学系统的有效接收口径。光学系统的有效接收口径越

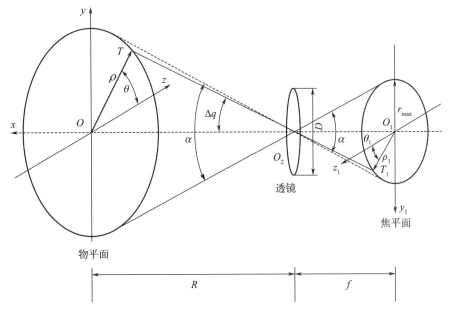

图 5 - 17　光学系统的等效示意图

大，代表着光学系统所聚集的能量越多。为了接收更多的目标辐射能量以增加光学系统的作用距离，总是希望有效接收口径越大越好，但是受到像差设计以及光学尺寸的限制，有效口径尺寸不能太大。

（2）焦距

焦距 f 是光学系统的一个重要参数，其决定了光学成像位置和大小，也决定了光学系统的瞬时视场角大小，具体设计时，通常要求 $f > D$。

（3）视场角

视场角 α（这里指瞬时视场角）的大小表征光学系统所观测到有效空间的大小，其大小与镜头的焦距和探测器的大小有关。假设探测器的尺寸为 $a \times b$，则方位视场角 α 和高低视场角 β 表示如下

$$\tan(0.5\alpha) = \frac{0.5a}{f}, \tan(0.5\beta) = \frac{0.5b}{f} \qquad (5-1)$$

近似可得

$$\alpha = \frac{a}{f}, \beta = \frac{b}{f} \qquad (5-2)$$

视场角越大代表观测到的空间越大，但其目标尺寸成像越小，背景噪声越大，从这点看，并不是光学系统的视场角越大越好。

为了更好地理解导引头光学系统焦距、视场角和探测器尺寸大小之间的关系，下面举一个例子说明。

例 5 - 1　求装甲目标成像所占的像素点尺寸。

某一个光学成像探测器的大小尺寸为 $10.88\ \text{mm} \times 8.16\ \text{mm}$，其像素点为 $640 \times$

480 pixel，光学焦距为 110 mm，某装甲目标尺寸为 6 m×3 m，位于导引头正前方 2.5 km 处，试求此目标在焦距处成像所占的像素。

解：由探测器尺寸大小和光学系统焦距，根据式（5-2）可得探测器对应的视场角为

$$\alpha = 5.648\ 7°, \beta = 4.242\ 5°$$

则探测器方位和高低视场每个像素点对应的角度分别为 0.008 8° 和 0.008 8°。

根据装甲目标尺寸和位置，可解得装甲目标所占方位视场角和高低视场角分别为 0.137 5° 和 0.068 8°，即可得此装甲目标成像所占的方位和高低像素点约为 15 pixel 和 7 pixel。

5.4.4.5　瞬时视场和大视场以及各种角度之间的关系

瞬时视场角：对于不同制导体制的导引头，瞬时视场角大小的决定因素有所不同，对于光学制导体制的导引头，其瞬时视场角取决于光学系统的等效焦距和探测器尺寸大小。

导引头框架角：对于捷联式导引头，此角为 0° 或预置一个小角度；对于伺服式导引头，此角取决于导引头伺服平台框架的结构特性等，定义为导引头伺服平台内环法向与导引头基座之间的夹角，用 φ 表示，此角越大，代表导引头搜索的范围越大。

导引头大视场角：对于捷联式导引头，大视场角即为瞬时视场角；对于伺服式导引头，大视场角为框架角与瞬时视场角之和。

失调角：导引头光轴并不是始终指向目标，光轴与弹目视线之间的夹角定义为失调角，用 Δq 表示。

其他角度定义如图 5-18 所示，q_T 为光轴与参考线之间的角度，称为光轴角；q 为弹目视线角（如在水平面内定义为高低角，如在铅垂面内定义为方位角）；θ 为弹道角（如在水平面内定义为弹道倾角，如在铅垂面内定义为弹道偏角）；θ' 为相对弹道角（如在水平面内定义为相对弹道倾角，如在铅垂面内定义为相对弹道偏角）；ϑ 为导弹姿态角（如在水平面内定义为偏航角，如在铅垂面内定义为俯仰角）；α 为飞行气动角（如在水平面内定义为侧滑角，如在铅垂面内定义为攻角）。

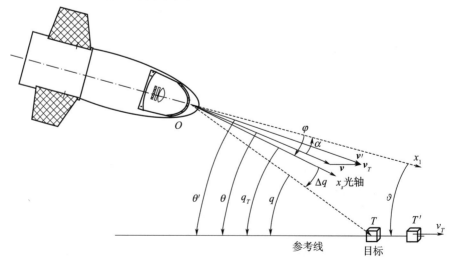

图 5-18　各种角度之间的关系

由图 5 - 18 可知：

1）光轴角为弹目视线角和失调角之和；

2）导弹姿态角为弹道角和飞行气动角之和，也为光轴角和框架角之和。

5.4.5　红外制导

5.4.5.1　红外线简介和热辐射

热辐射是物体通过电磁波传递能量的现象，有很多种形式，其区别是发射电磁波的激励方式不同，外在表现是辐射的波长不一样，以及吸收该辐射能量后引起的效应不同。红外线是一种热辐射（红外线波长电磁能的辐射），由物体内部分子热振动而产生的一种电磁波，其波长介于毫米波（其波长为 $1\sim10$ mm）和可见光（其波长为 $0.38\sim0.76$ μm）之间，为 $0.76\sim1\,000$ μm。根据在大气中的传播特性，红外线进一步划分为四个子波段：近红外（$0.76\sim3$ μm）、中红外（$3\sim6.0$ μm）、远红外（$6.0\sim15.0$ μm）和极远红外（$15.0\sim1\,000.0$ μm）。需注意的是：四个子波段的分界线具有一定的随意性（四个子波段的红外线之间的物理特性并没有明显的差异性），不同资料给出的波段范围略有不同。

红外线和可见光一样都属于电磁波，因而满足电磁波的基本关系式

$$f\lambda = c$$

式中　λ ——波长；

　　　f ——频率；

　　　c ——光在真空中的速度，$c = 2.997\,924\,58\times10^8$ m/s。

光在不同介质中传播时，其频率保持不变，波长会随介质改变，传播速度也会随之变化

$$c_n = \frac{c}{n}$$

式中　n ——介质的折射率，在空气中 $n \approx 1$。

5.4.5.2　红外热辐射基本定律

（1）基本辐射量

根据电磁理论，物质内部的带电粒子变速运动或旋转运动会发射或吸收电磁波，形成振荡的电磁场，以振荡电磁场的形式在空间传播能量，即电磁辐射。红外线也是电磁波中的一种，红外线以电磁波形式传播的能量称为辐射能，涉及辐射度学中的相关知识，辐射度学最基本的物理量即为辐射功率，其他的物理量均由辐射功率导出。辐射度学基本的物理量有辐射功率、辐射度、辐射强度、辐亮度以及辐照度，下面分别进行简单介绍。

①辐射功率

红外线以电磁波形式传播的能量称为辐射能，用 Q 表示，单位为焦耳（J）。单位时间内辐射源辐射出去的能量称为辐射通量，以 P 表示，也称为辐射功率，是指单位时间内发射（传输或接收）的辐射能，单位为 W。辐射功率 P 的定义表示为

$$P = \lim_{\Delta t \to 0}\left(\frac{\Delta Q}{\Delta t}\right) = \frac{\partial Q}{\partial t}$$

辐射功率的物理意义是整个辐射源在单位时间内向整个半球空间（半球空间是指"向前"，而不包括"向后"）发射的辐射能。用于红外导引的红外探测器响应的往往是辐射能相对于时间的速率，即为辐射功率。

②辐射度

辐射功率与辐射源的面积有关，辐射源的面积越大，则发射的功率也越大。为了研究辐射源面积对辐射特性的影响，引入辐射度的概念，也称为辐出度或辐射出射度。

辐射源单位面积向半球空间（立体角为 2π）发射的辐射功率，称为辐射源的辐射度。单位为瓦每平方厘米（W/cm^2）。辐射度 M 的定义表示为

$$M = \lim_{\Delta A \to 0}\left(\frac{\Delta P}{\Delta A}\right) = \frac{\partial P}{\partial A}$$

A 为辐射源的面积，相应地辐射源的辐射功率可以表示为

$$P = \int_{源面积A} M \, dA$$

辐射度用于表征辐射源表面发射的辐射功率 P 沿表面的分布情况。

③辐射强度

辐射功率和辐射度为一个辐射源发射出去的总辐射功率及其在发射表面的分布情况，在工程上常需要知道辐射源发射的辐射功率在空间不同方向的分布情况，其表征量为辐射强度和辐亮度，其中辐射强度使用于点辐射源（简称为点源），辐亮度使用于面辐射源（简称为面源）。故在讨论辐射强度和辐亮度之前需要讨论点辐射源和面辐射源。

点辐射源与面辐射源：相对于观测者（一般指探测器）的张角很小的辐射源称为点辐射源（一般辐射源相对于观测者的视觉张角小于 3°）；相对于观测者的张角很大的辐射源称为面辐射源。

点源单位立体角内的辐射功率称为辐射强度，单位为瓦每球面度（W/sr）。辐射强度 I 的定义表示为

$$I = \lim_{\Delta \Omega \to 0}\left(\frac{\Delta P}{\Delta \Omega}\right) = \frac{\partial P}{\partial \Omega}$$

辐射强度给出了点源发射的辐射功率在某方向上角密度的度量，如图 5 - 19 （c）所示，很明显它与辐射功率的关系还可表示为

$$P = \int_{发射立体角\Omega} I \, d\Omega$$

其中空间立体角定义如图 5 - 19 （a）所示，在一个半径为 R 的球面上取某一个面元 A，此面元与球心所形成的锥体角即称为空间立体角 Ω，其表达式为 $\Omega = \dfrac{A}{R^2}$，即可得整个球面对应的空间立体角为 $4\pi R^2/R^2 = 4\pi$。

④辐亮度

对于面辐射源（也简称为扩展源）有辐亮度的概念，辐亮度为扩展源单位面积在某方向上单位立体角内的辐射功率。如图 5 - 19 （c）所示，取扩展源表面某一小面积元 ΔA，

取与小面积元法向成 θ 的某一个立体角单元 $\Delta\Omega$ ，则从面积元 ΔA 向立体角单元 $\Delta\Omega$ 内辐射的功率为二级小量 $\Delta(\Delta P)=\Delta^2 P$ 。另外，从 ΔA 向 $\Delta\Omega$ 的辐射量即等价于在 θ 方向观察到来自 ΔA 的辐射，而在 θ 方向上看见 ΔA 是 ΔA 在 θ 的投影。故可以定义在 θ 方向观察到扩展源表面的小面积元的辐亮度 L 为

$$L=\lim_{\substack{\Delta A\to 0 \\ \Delta\Omega\to 0}}\frac{\Delta^2 P}{\Delta A\,\Delta\Omega}=\frac{\partial^2 P}{\partial A\,\partial\Omega\cos\theta} \tag{5-3}$$

辐亮度 L 的单位为瓦每球面度平方米 $[\,\mathrm{W/(m^2\cdot sr)}\,]$ 。

由式（5-3）可知：辐亮度与观测者所在的方位角 θ 有关。根据辐亮度的定义，源面上的小面积元 ΔA 在 θ 方向上的小立体角 $\Delta\Omega$ 内发射的辐射功率为

$$\Delta^2 P=L\cos\theta\,\Delta A\,\Delta\Omega$$

ΔA 向半球空间（2π 球面度）发射的辐射功率为

$$\Delta P=(\int_{(2\pi)}L\cos\theta\,\mathrm{d}\Omega)\Delta A$$

根据辐射度 M 的定义，有

$$M=\frac{\partial P}{\partial A}=\int_{(2\pi)}L\cos\theta\,\mathrm{d}\Omega$$

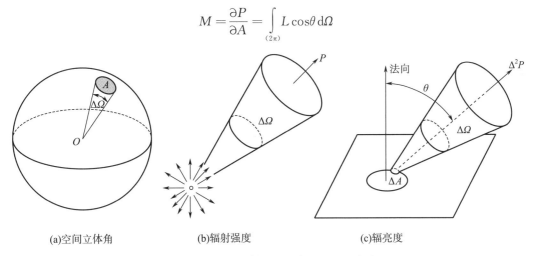

(a)空间立体角　　　　(b)辐射强度　　　　(c)辐亮度

图 5-19　空间立体角、辐射强度和辐亮度

⑤辐照度

辐照度用于表示被照面接收辐射的特性，是被照表面单位面积上接收的辐射功率。单位为瓦每平方厘米（$\mathrm{W/cm^2}$）。辐照度 E 的定义可表示为

$$E=\lim_{\Delta A\to 0}\left(\frac{\Delta P}{\Delta A}\right)=\frac{\partial P}{\partial A}$$

辐照度 E 的大小不仅与在被照面上的位置有关，而且还与辐射源的特性及被照面与源的相对位置有关。如图 5-20 所示，两点源 S_1 和 S_2 的辐射强度 I 相同，它们在某一位置产生的辐照度为

$$E_1 = \frac{\mathrm{d}P}{\mathrm{d}A} = \frac{I\,\mathrm{d}\Omega_1}{l^2\,\mathrm{d}\Omega_1} = \frac{I}{l^2}$$

$$E_2 = \frac{\mathrm{d}P}{\mathrm{d}A} = \frac{I\,\mathrm{d}\Omega_2}{l^2\,\mathrm{d}\Omega_1} = \frac{I\cos\theta}{l^2}$$

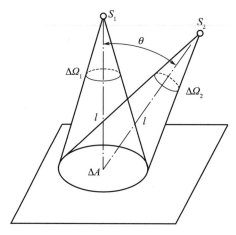

图 5 - 20　不同点源辐照度

（2）光谱辐射量

前面几个辐射量只考虑了辐射功率的空间分布特征，并认为这些辐射量包含了波长从 0 到 ∞ 的全部辐射，所以常把它们称为全辐射量。在工程上，比较关心某一个特定波长附近的辐射特性，即在指定波长 λ 处取一个小的波长间隔 $\Delta\lambda$，在此波长间隔内的辐射量（通指辐射功率 P、辐射度 M、辐射强度 I、辐亮度 L 或辐照度 E）的增量为 ΔX，则相应的光谱辐射量为

$$X_\lambda = \lim_{\Delta\lambda \to 0} \frac{\Delta X}{\Delta\lambda}$$

光谱辐射量为波长单位间隔（取波长单位为 μm）内的辐射度量。辐射功率 P、辐射度 M、辐射强度 I、辐亮度 L 或辐照度 E 等相应地称为光谱辐射功率、光谱辐射度、光谱辐射强度、光谱辐亮度或光谱辐照度，即

光谱辐射功率 P_λ：$P_\lambda = \dfrac{\partial P}{\partial \lambda}$（单位：$\mathrm{W} \cdot \mu\mathrm{m}^{-1}$）。

光谱辐射度 M_λ：$M_\lambda = \dfrac{\partial M}{\partial \lambda}$（单位：$\mathrm{W} \cdot \mathrm{m}^{-2} \cdot \mu\mathrm{m}^{-1}$）。

光谱辐射强度 I_λ：$I_\lambda = \dfrac{\partial I}{\partial \lambda}$（单位：$\mathrm{W} \cdot \mathrm{sr}^{-1} \cdot \mu\mathrm{m}^{-1}$）。

光谱辐亮度 L_λ：$L_\lambda = \dfrac{\partial L}{\partial \lambda}$（单位：$\mathrm{W} \cdot \mathrm{m}^{-2} \cdot \mathrm{sr}^{-1} \cdot \mu\mathrm{m}^{-1}$）。

光谱辐照度 E_λ：$E_\lambda = \dfrac{\partial E}{\partial \lambda}$（单位：$\mathrm{W} \cdot \mathrm{m}^{-2} \cdot \mu\mathrm{m}^{-1}$）。

（3）黑体辐射规律

当热辐射的能量投射到物体表面上时，和可见光一样，也发生吸收、反射和穿透现象。在外界投射到物体表面上的总能量 P_0 中，一部分（P_α）被物体吸收，另一部分（P_ρ）被物体反射，其余部分（P_τ）则会穿透物体。按照能量守恒定律有

$$P_0 = P_\alpha + P_\rho + P_\tau$$

即可得

$$1 = \frac{P_\alpha}{P_0} + \frac{P_\rho}{P_0} + \frac{P_\tau}{P_0}$$

式中　$\dfrac{P_\alpha}{P_0}$——物体的吸收率，记为 α；

　　　$\dfrac{P_\rho}{P_0}$——物体的反射率，记为 ρ；

　　　$\dfrac{P_\tau}{P_0}$——物体的穿透率，记为 τ，即

$$\alpha + \rho + \tau = 1$$

如果 $\alpha = 1$，则 $\rho = \tau = 0$，即所有落在物体上的辐射能完全被吸收，此类物体称为绝对黑体（简称黑体）。

如果 $\rho = 1$，则 $\alpha = \tau = 0$，即所有落在物体上的辐射能完全被反射出去，如果反射满足光学反射定理，此类物体称为镜体，如果反射情况是漫反射，此类物体称为白体。

如果 $\tau = 1$，则 $\alpha = \rho = 0$，即所有落在物体上的辐射能完全穿透物体，此类物体称为绝对透明体。

在自然界中，虽然完全符合理想模型的黑体、白体和透明体并不存在，但和它们很相似的物体却是存在的。例如，煤炭的吸收率达到 0.96，可视为黑体；磨光的金子反射率几乎可达 0.98，可视为白体；常温下空气对热辐射呈现透明的性质，可视为近似透明体；双原子气体（氧气、氮气）可视为 $\tau = 1$ 的透明体；干燥的空气也可以近似视为透明体，但当空气中掺有较大量水蒸气和二氧化碳气体时，则不能再作为透明体来处理，因为这两种气体对某几个红外波段具有强吸收作用。

在自然界中大部分物体的透射性能与照射其上的辐射波长有关，对于某一波长范围的辐射线表现出良好的透射性能，而对另一些波长范围则表现为非透明体性能，即物体对波长具有选择性。例如普通玻璃对可见光来说是良好的透明体，但对紫外线和红外线来说就不是透明体，因此人们在普通玻璃的室内进行日光浴的效果就与室外显著不同。例如，用于中波红外制导导引头的整流罩（采用石英玻璃制成）对近红外线有很好的透过能力，而对 6 μm 以上波长的红外线则有阻挡作用。

（4）辐射度学基本定理

①普朗克定理

1900 年，马克思·普朗克发现黑体辐射的基本定律，即揭示了黑体单色辐射力 W_λ 和波长 λ，热力学绝对温度 T（单位：K）之间的关系为

$$W_\lambda = \frac{2\pi h c^2}{\lambda^5} \frac{1}{e^{hc/\lambda kT}-1}$$

式中　W_λ ——光谱辐射通量密度（ $W \cdot cm^{-2} \cdot \mu m^{-1}$ ）；

　　　λ ——波长（ μm ）；

　　　k ——玻耳兹曼（Boltzmann）常数，$k=1.380\ 622\times10^{-23} W \cdot s^{-1} \cdot K^{-1}$。

将以上常量代入上式，可得

$$W_\lambda = \frac{C_1}{\lambda^5} \frac{1}{e^{\frac{c_2}{\lambda T}}-1}$$

式中　C_1 ——普朗克第一常数，$C_1=3.741\ 88\times10^4 W \cdot cm^{-2} \cdot K^{-4}$ ；

　　　C_2 ——普朗克第二常数，$C_2=1.438\ 833\times10^4 \mu m \cdot K$ 。

W_λ—λ 随温度变化的关系曲线称为普朗克曲线，如图 5-21 所示，其特点如下：

1）随波长 λ 连续变化，平滑、具有单一峰值；

2）单一温度对应一条曲线；

3）温度越高，W_λ 也越高；

4）不同温度下的曲线永不相交；

5）曲线峰值对应的波长 λ 随温度的升高而减小；

6）随着温度的升高，黑体辐射的辐射度呈指数增长；

7）黑体辐射能量的 75% 位于波长大于 λ 的范围，而 25% 位于波长小于 λ 的范围。

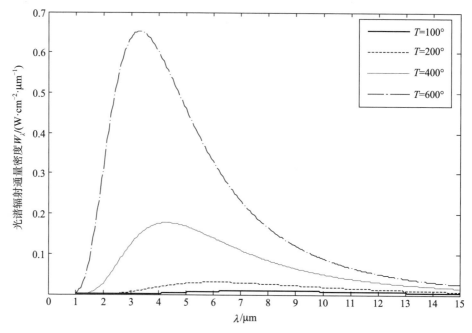

图 5-21　不同温度下光谱辐射通量密度曲线

②维恩位移定律

维恩位移定律又称维恩定律，于 1893 年由 Wilhelm Wien 提出。

普朗克光谱分布函数对波长求偏微分，并令其为零，可得出最大光谱辐射度的波长 $\lambda_{\max}$ 与黑体温度 T 成反比例关系，即

$$\lambda_{\max} = \frac{C}{T} = \frac{2\,897.8}{T} \tag{5-4}$$

式中　C——常量，称为维恩常量。

在工程上还常采用与维恩位移定律形式相似的一个法则，即

$$\begin{cases} \lambda_{0.5\_\min} = \dfrac{1\,800}{T} \\[3mm] \lambda_{0.5\_\max} = \dfrac{5\,100}{T} \end{cases}$$

式中　$\lambda_{0.5\_\min}$——光谱辐射通量密度下降至 $W_{\lambda\cdot\max}$ 的 0.5 处的 λ 值，由近似计算可知，总辐射量大约有 3.8% 位于 $[0, \lambda_{0.5\_\min}]$ 处，大约有 35% 的辐射通量对应的波长大于 $\lambda_{0.5\_\max}$，即位于 $[\lambda_{0.5\_\min}, \lambda_{0.5\_\max}]$ 之间的辐射功率占总功率的 61%。

维恩位移定律表明：黑体辐射能力 $M_B(\lambda, T)$ 的最大值所对应的波长 λ_m 与 T 成反比，随着温度升高，λ_m 向着短波方向移动，这也是定律中"位移"的物理意义，即温度越高的物体其所发出的光波波长越短。

在地球自然界中实际可以达到的温度范围内，光谱辐射的峰值波长均位于红外区域。例如，人体（310 K）发射峰值波长为 9.4 μm，飞机尾喷口温度为 1 000 K 左右，其峰值波长为 2.897 8 μm。而太阳（太阳表面温度约为 6 000 K）的发射峰值波长为 0.48 μm，即太阳辐射的最大辐射在紫外线区。

③斯蒂芬-玻尔兹曼定律

在从零到无穷大的波长范围内，对普朗克光谱分布函数积分，可得黑体辐射到半球空间的辐射通量密度为

$$W = \int_0^\infty W_\lambda \, \mathrm{d}\lambda = \sigma T^4$$

式中　σ——斯蒂芬-玻尔兹曼常数，$\sigma = 5.669\,7 \times 10^{-12}$ W·cm^{-2}·K^{-4}。

辐射通量密度与绝对温度的四次方成正比。因此，相当小的温度变化，就会引起辐射通量密度很大的变化。

（5）非黑体辐射规律

非黑体辐射规律用基尔霍夫辐射定律（Kirchhoff's radiation law）表征。

对于非黑体，用 ε 表示非黑体辐射源的辐射通量密度 W' 与具有同一温度的黑体辐射通量密度 W 之比，即

$$\varepsilon = \frac{W'}{W} \tag{5-5}$$

式中　ε——发射率或黑度。

单位黑体的辐射力最大，即黑体的发射率为 1，非黑体的发射率介于 0～1 之间，根据 ε 随波长的变化情况 [图 5-22（a）]，辐射体分为如下三类：

1）黑体：$\varepsilon(\lambda)=1$；

2）灰体：$\varepsilon(\lambda)=\mathrm{const}<1$；

3）选择性辐射体，$\varepsilon(\lambda)$ 随波长变化。

自然界中，严格意义上，几乎所有物体的辐射都是有选择性的，具有粗糙表面的固体的选择性最小，大多工程材料的辐射具有很小的选择性，近似于灰体。对于气体，其辐射具有较大的选择性。例如，水蒸气和二氧化碳在某一些波长内发射率大，而在另一些波长上则发射率小。需要指出的是：1）灰体的辐射和黑体的辐射一样具有连续光谱且其光谱曲线的形状与黑体相类似［图 5 - 22（b）］；2）其发射率不随着波长变化；3）相同温度下，黑体和灰体具有相同的峰值波长。

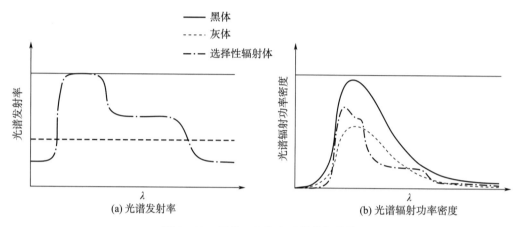

图 5 - 22　黑体、灰体和选择性辐射体

基尔霍夫发现，在任一给定温度的热平衡条件下，任何物体的辐射通量密度和吸收率之比都相同，等于同一温度下黑体的辐射通量密度，即

$$\frac{W'}{\alpha}=W \tag{5-6}$$

比较式（5-5）和式（5-6）可知，任何不透明体材料的发射率等于吸收率，即好的吸收体必然也是好的辐射体。同理有

$$\frac{M(\lambda,T)}{\alpha(\lambda,T)}=M'(\lambda,T)$$

在给定温度下，对某一波长来说，物体对辐射的吸收本领和发射本领的比值与物体本身的性质无关，对于一切物体都是恒量。

5.4.5.3　红外辐射在大气中传输

对于空地导弹来说，目标（看作辐射源）发射的红外线要经过大气后才会被弹上的红外导引头所接收，即从目标发射的辐射通量在到达导引头之前，会和大气中不同的成分发生互相作用，总体上表现为辐射通量经过大气时会被吸收和散射，具体表现为：1）辐射通量的能量逐渐衰减；2）辐射通量的传播方向、相位和偏振发生变化；3）目标辐射源和其背景之间的对比度减弱，故大气对红外辐射有着直接的影响。

（1）大气的结构和组成

按温度、成分和电离状态等特性，地球的大气从低往高处，可依次分为对流层、平流层、中间层、电离层以及外层大气，具体内容可见第 2 章相关章节。

对于空地导弹，其飞行范围主要涉及对流层和平流层，此两层中的大气的组成成分随季节、地点、天气、工业生产等因素的变化而变化，大致可分为定常成分、可变成分以及分布在低空的液固态悬浮物。其中定常成分主要指在高度 80 km 以下的干燥大气，其组成几乎是固定的，见表 5 - 1。可变成分指水蒸气、SO_2 等气体成分，其特点是随着时间、地点变化很大。低空的液固态悬浮物主要指分布在低空的微颗粒，主要分为大气气溶胶以及固态降水粒子，其中大气气溶胶按大小可分为三类：1）半径小于 0.1 μm 称为爱根核；2）半径在 0.1～1.0 μm 之间的称为大粒子；3）半径大于 1 μm 的称为巨粒子。值得注意的是，云、雾和霾都是由大气气溶胶构成的，其中霾的粒子最小，大约为 0.1～0.5 μm，当粒子增大至超过 1 μm 时，凝聚水滴或冰晶就形成了雾，云的形成类似雾。其中固态降水粒子主要指半径大于 100 μm 的粒子，通常指雾滴、冰雹、冰晶、雪等。

表 5 - 1　地球（干燥）大气的组成

成分（化学式）	体积百分比/%	2～15 μm 之间的吸收
氮（N_2）	78.084	无
氧（O_2）	20.946	无
氩（Ar）	0.934	无
二氧化碳（CO_2）	0.032	有
氖（Ne）	1.818×10^{-3}	无
氦（He）	5.24×10^{-4}	无
甲烷（CH_4）	2.0×10^{-4}	有
氪（Kr）	1.14×10^{-4}	无
一氧化二氮（N_2O）	5.0×10^{-5}	有
氢（H_2）	5.0×10^{-5}	无
氙（Xe）	9.0×10^{-6}	无

由表 5 - 1 可知：

1）表中所提的大气组成成分其比例是固定的；

2）地球大气主要由氮气和氧气组成；

3）在接近地球表面时，还存在水蒸气和气溶胶（以液体或固体为分散相和气体为分散介质形成的溶胶称为气溶胶，亦称气体分散胶体），其所占比例随地区、季节、昼夜等条件变化，在低空还有云、雾、雪、灰尘和霾；

4）水蒸气是大气中主要的红外吸收成分，其含量随着高度的增加而减少，高度大于 12 km 时，其含量可以忽略；

5）在某一些工业区存在微量的二氧化硫、灰尘等。

据有关资料可知：单原子气体（主要为惰性气体，如氩、氖、氦、氙和氡等）和双原子气体对红外线是透明的；二氧化碳对中心波长 $2.7\ \mu m$、$4.3\ \mu m$ 和 $15\ \mu m$ 的三个波段产生强烈的吸收。另外，甲烷和一氧化二氮也吸收红外线，但其在大气中所占的比例很小，综合作用不大，可以忽略。

（2）大气对红外线的衰减作用

由以上分析可知，大气对红外线的传播具有衰减作用，通常用透过率来表示大气对红外线的衰减作用，即

$$\tau = e^{-\beta L}$$

式中　τ——大气透过率；

　　　β——衰减系数；

　　　L——红外线传播距离。

通常情况下大气的衰减作用体现为：1）大气的吸收作用，即大气中某一些气体的选择性吸收作用；2）大气的散射作用。故衰减系数 β 可表示为

$$\beta = \alpha + \sigma$$

式中　α——吸收系数；

　　　σ——散射系数。

两者系数随波长变化，在红外波段，吸收比散射要严重许多。

①大气的散射作用

大气中悬浮微粒如云、雾、雨、雪、尘埃、烟（其微粒直径为 0.01 微米至几十微米）等对红外线产生散射作用，进而使红外线在其中传播时发生衰减。

在吸收很小的大气窗口中，散射是衰减的重要原因，散射引起的辐射衰减可表示为

$$\tau_s = e^{-\gamma x}$$

根据散射理论，当辐射波长 $\lambda \gg$ 粒子半径时，其产生的散射命名为瑞利散射，其表示为

$$\sigma = \frac{K}{\lambda^4}$$

式中　K——散射元浓度，是和散射元尺寸有关的系数。

由上式可知，瑞利散射的散射系数与波长的四次方成反比，大气分子以及霾的尺寸大小远小于红外波长，故对于波长较长的红外线来说，其瑞利散射很弱。

当辐射波长与粒子半径相似时，如大气中的云和雾的尺寸大小为 $5\sim15\ \mu m$，其产生的散射命名为米氏散射，其表示为

$$\sigma = K r^2$$

式中　K——与粒子数目及波长相关的系数；

　　　r——散射粒子的半径。

由上式可知，米氏散射与粒子半径的平方成正比，例如薄雾天气时，由于雾颗粒比较小，这时红外线具有较好的透过率；浓雾天气时，由于雾颗粒较大，故散射作用较强，这

时红外线穿透能力很弱。

②大气的吸收作用

由有关理论及试验可知，大气中对红外线产生吸收作用的成分主要由三原子分子气体所决定，即水蒸气（H_2O）、二氧化碳（CO_2）以及臭氧（O_3），其作用见表 5 - 2。

表 5 - 2　大气吸收作用

吸收气体	红外线吸收带(中心)波长/μm						
H_2O	0.94	1.14	1.38	1.87	2.7	3.2	6.3
CO_2	1.4	1.6	2.0	2.7	4.3	4.8	5.2
O_3	4.8	9.6	14	—	—	—	—

二氧化碳在空气中的比例比较稳定，约为 0.033%。随着高度的增加，水蒸气的含量急剧减少。因此在高空，水蒸气对红外线的吸收退居次要地位，二氧化碳对红外线的吸收占主要地位。

臭氧对红外线存在吸收带，但在低空由于存在二氧化碳和水蒸气更强的吸收带，臭氧的吸收带一般显不出来。而低空的臭氧浓度很低，大约是亿分之二，因此在低空时一般可忽略臭氧的吸收。而当系统工作在高空时，就必须考虑臭氧的吸收。

大气对长波辐射起吸收作用的主要成分是水蒸气，其次是二氧化碳和臭氧，其散射作用基本可忽略。

5.4.5.4　背景辐射

背景辐射大致分为两类：1）空中的背景辐射，包括太阳、月亮、大气和云团等；2）地面的背景辐射，通指地面之外的物体产生的红外辐射，例如建筑物周围的地皮等。背景辐射进入导引头会产生背景干扰，影响导引头的正常工作，故导引头设计时，需要从多方面设计以抑制或消除背景干扰。

（1）空中的背景辐射

太阳是一个巨大的辐射源，可视为一个热等离子体和磁场交织着的理想球体（其直径约为 1 392 000 km），其中心温度为 2 000 万℃，表面温度为 5 500℃，粗略计算时，常将太阳的光谱辐射特性看成温度为 6 000 K 的等效黑体，根据式（5 - 4），可得太阳辐射能的最大值对应的波长为 0.483 0 μm，绝大多数辐射能集中波长在 0.15～4 μm，如图 5 - 23 所示，即比目标和其他背景辐射波长要短很多。

太阳垂直入射地表面的辐照度为 1 368 W/m^2，由于红外导引头通常工作于地球大气的底层，必须对大气的吸收和散射进行修正，在地球表面的照度，大约是这个值的三分之二，即太阳垂直入射地表面的辐照度约为 880～900 W/m^2，主要集中在 0.15～4.0 μm 波长，4 μm 波长以上的红外辐射在地球表面上的辐照度远低于 880～900 W/m^2。地球与太阳之间的距离约为 1.495×10^8 km（远大于太阳直径），站在地球上，可将太阳视为热点源，由于太阳的辐照度很强，特别是正对着太阳，实际测得的结果是太阳对光学导引头（包括激光半主动导引头、可见光导引头和红外导引头）的影响较大，尤其是在与太阳垂

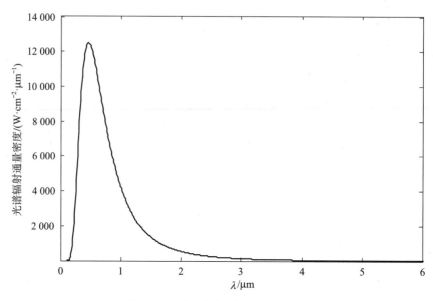

图 5-23　太阳的辐射通量密度曲线

直入射方向成 $0°\sim50°$ 角的范围内影响更大，几乎受到强干扰就不能工作，甚至光学的探测器（许多红外系统设计的最小探测照度可低至 $10^{-10}\,W/cm^2$）可能会烧毁。

地球接收月球的辐射主要来自月球反射的太阳辐射，月球也是一个热点源，其表面温度为 $-183\sim127\,℃$，即也产生一定量的热辐射，其辐射光谱最大值对应的波长约为 $12.6\,\mu m$。

大气辐射对工作于大气中的红外系统影响也很大，往往决定了导引系统的工作性能和背景噪声水平。大气辐射红外线的波长大致分为两类：1）波长小于 $3\,\mu m$，主要是大气中三原子气体（如二氧化碳、水蒸气等）以及悬浮物对太阳光的散射；2）波长大于 $3\,\mu m$，主要为大气自身热辐射。

空中云团的辐射有反射太阳的辐射（波长 $3\mu m$ 以下）和自身的辐射，光谱分布与晴朗的天空相近，辐射波长为 $6\sim15\,\mu m$。

（2）地面的背景辐射

白天对地观察到的地球表面辐射由反射和散射太阳光线以及地球表面自身热辐射两部分组成：1）太阳辐射的光谱特征通常可以认为与 $6\,000\,K$ 黑体一样，其光谱辐射功率密度的峰值在 $0.483\,0\,\mu m$ 处，且整个发射能量的 98% 在 $0.15\sim3\,\mu m$ 波段内；2）地球自身表面热辐射的峰值波长约为 $10\,\mu m$，其辐射等同于 $280\,K$ 灰体。因此，光谱分布出现两个峰值：短波峰值是太阳光产生的，而长波峰值来自地球自身热辐射。最小值在两个峰值之间约 $3.5\,\mu m$ 处。夜间，太阳辐射部分的辐射消失了，其光谱分布就相当于地球环境温度的灰体光谱分布。

5.4.5.5　红外大气窗口

任何温度在绝对零度以上的物体都向外辐射红外线，红外辐射能量随物体温度上升而迅速增加，红外波长随着温度上升而反比减小。红外线作为一种电磁波，其在空气中的传播自然会伴随着衰减，即被传播介质吸收和散射。大气中的水蒸气、二氧化碳、云、雾、雨、雪、尘埃等不仅吸收而且散射红外线。对一些波长来说，传播几千米的距离其衰减还是很小，而对另一些波长来说，几米距离的传播，其辐射就衰减得近似于零。试验和理论分析均表明，不同波段的电磁波在大气中衰减特性不同，相对传播特性较好的频段称为大气窗口，对于红外频段，大概有以下几个大气窗口：$0.7 \sim 0.92~\mu m$、$0.92 \sim 1.1~\mu m$、$1.1 \sim 1.4~\mu m$、$1.9 \sim 2.7~\mu m$、$2.7 \sim 3.4~\mu m$、$4.3 \sim 5.9~\mu m$ 以及 $8 \sim 14~\mu m$，如图 5 - 24 所示。红外制导常用的大气窗口为 $3 \sim 5~\mu m$ 和 $8 \sim 14~\mu m$，也称为中红外波段和长红外波段。

红外系统通常采用下列三个光谱通带中的一个，即：$2.0 \sim 2.5~\mu m$、$3.2 \sim 4.8~\mu m$、$8 \sim 13~\mu m$。当红外辐射在大气窗口波段传输时，辐射的衰减主要是由大气散射所造成的。

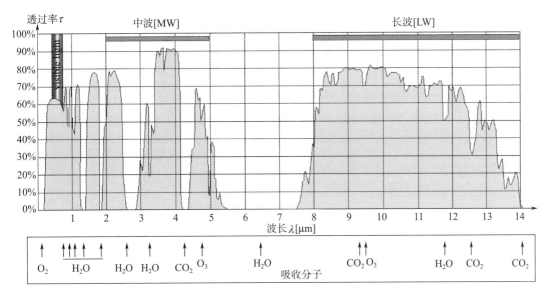

图 5 - 24　红外线大气透射光谱

5.4.5.6　红外寻的制导技术

红外寻的制导技术：利用红外接收设备，被动接收目标辐射的红外线，经光学调制和信息处理后输出目标的位置参数，提供给制导控制系统进行制导。

5.4.6　红外点源制导

红外制导方式可进一步分为两大类，一类为点源制导，另一类为成像制导，其中点源制导原理简单、制导设备体积小、质量小，成本较低，技术发展成熟；而成像制导则能更好地对目标进行探测、识别及锁定，是重点发展的一种红外制导技术。

红外点源制导是将目标看成是一个热点源，多用于被动寻的。

5.4.6.1　组成

红外点源导引头作为跟踪测量装置，由光学系统、调制器（大多为调制盘）、探测器

（也称为光电转换器，有的配备制冷设备）、伺服机构（也称为角跟踪系统）及相应的电子
线路等组成，如图 5-25 所示。其中光学系统、调制器、探测器以及伺服系统所组成的光
电机械系统称为位标器，是导引头的核心部件，主要作用为对目标进行发现和探测，即光
学系统用于接收目标辐射的红外能量，并将它聚集于调制器上，调制器把目标连续辐射的
红外能量调制成包含目标相对于导引头的方位偏差的能量交变脉冲信号，并实现空间滤
波，探测器将能量交变脉冲信号转换为电脉冲信号；电子线路用于对探测器的输出信号进
行处理（滤波、放大以及变换等），输出为目标位置角误差（框架角），是导引头的信息处
理模块；伺服机构依据目标位置角误差驱动框架带动光学系统进动，使光轴朝向弹目视
线，消除角误差，是导引头的光学系统的驱动机构。

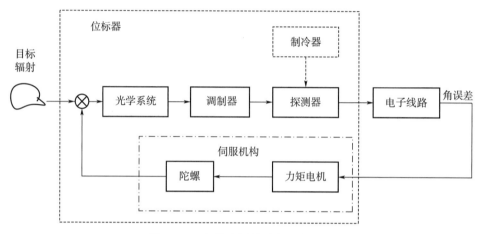

图 5-25   红外点源导引头组成框图

　　光学系统有多种形式，大多采用折返式（其原因是折反式光学系统相比于直射式光学
系统更容易小型化）。光学系统主要由整流罩、主反射镜、次反射镜、伞形光栏、矫正透
镜、滤光片、调制盘和红外探测器等组成，如图 5-26 所示。

　　1）整流罩是一块半球形或半椭球形的透镜，除了保证导弹头部的气动外形之外，也
起透过某一波段的红外线，提高透过整流罩后红外线的纯度等作用，例如采用石英玻璃制
成的整流罩对中近红外线有很好的透过能力，而对 6 μm 以上波长的红外线则有阻挡作用。
另外，整流罩是一块负透镜，其产生的球差与主反射镜的球差大小相等，方向相反，这样
即可提高成像的质量；

　　2）主反射镜主要为凹镜结构，一般为球面镜或抛物面镜，是光学系统的主镜，镀有
反射系数大的材料，例如铝或银，用于将红外线聚集反射至次反射镜；

　　3）次反射镜一般为球面镜或平面镜，是光学系统的次镜，用于反射主反射镜聚集过
来的红外线。由于红外线在主反射镜和次反射镜来回反射，这在很大程度上缩短了光学系
统的轴向尺寸；

　　4）伞形光栏用于隔离来自目标以外的杂散光，这样使目标辐射的红外线经过伞形光
栏后的红外线"更纯"；

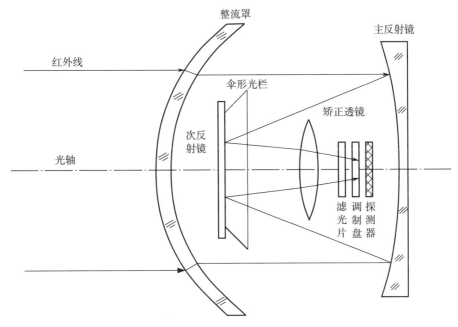

图 5 - 26　光学系统组成

5）矫正透镜为一个凸透镜，用于校正像差，提高像质；

6）滤光片为一种特种材料制成的滤光器件，用于滤除探测器工作波段之外的电磁信号，使相关波段范围内的红外线照射至探测器；

7）调制盘用于调制红外线，放置于光学系统的焦平面，可将原先恒定红外线点源信号调制为包含目标方位信息的交变红外信号，并且有一定的背景滤波作用；

8）探测器是导引头的核心部件，用于光电转换，将目标热红外信号转换为微弱的电流信号，为后续信号处理提供原始目标信号。

5.4.6.2　工作过程

红外点源导引头工作过程较为简单：

1）目标辐射的红外线透过整流罩，经主反射镜、伞形光栏、次反射镜和滤光片聚焦到调制盘上；

2）调制盘是一个具有光学调制图案（由透明和不透明方格组成）的圆盘，通过转动对红外线进行调制；

3）红外探测器将调制后的红外辐射能转换为电信号；

4）此电信号一般为微弱且包含噪声的信号，须设计电子线路进行信号的滤波、放大和处理，最终得到目标的角位置信息（方位角和高低角）；

5）将角度信息送给伺服机构，驱使伺服机构转动，使光轴与弹目视线一致，使导引头锁定目标；

6）从步骤5）中提取视线角速度，提供给制导回路使用。

5.4.6.3　调制过程

在导引头光学系统的焦平面上放置一个光学调制盘，通过调制盘调制接收的目标辐射的红外线能量，由于目标的辐射能量与背景的辐射能量不同，所以能调制出包含目标的辐射能量，达到区分目标和背景辐射的目的，即达到捕捉目标的目的。简单地说，就是由导引头中的红外探测元件敏感到目标热源并产生电信号。所以，探测元件是红外导引头中最关键的元件。

在阐述调制过程之前，首先得了解：1）为什么需要对红外信号进行调制；2）调制的目的；3）调制盘；4）调制的形式。

（1）调制的意义

对于红外点源导引头，在工程上，来自目标的红外辐射能并不能直接加以应用，其原因如下：

1）由于弹目距离较远，目标辐射的红外辐射能到达红外导引头探测器时，其能量极微弱，在工程上必须进行放大处理。

2）基于恒定的距离，假设目标辐射的辐射功率相同且传播路线和环境恒定，红外导引头探测器输出的电信号也是一个恒定的直流信号，并不适合对其进行放大变换处理。

3）背景干扰，例如云团、大气、地面等都可以视为扩展辐射源，其辐射的辐射能同样被导引头探测器接收到，不同季节或一天的不同时段，其背景辐射能可能相差很多倍，背景干扰和目标的辐射都在探测器处转换为微弱的直流信号，经放大处理后，很难直接区别背景干扰和目标的辐射信号。

4）背景干扰和目标辐射的红外线在波长上可能差别不大，即较难通过增加滤光片的方法有效地滤除背景干扰。

综上所述，必须在背景干扰和目标辐射能量到达探测器之前采用调制盘对其进行调制。

（2）调制盘及调制的概念

①调制/解调的概念

调制：对所需处理的信号或被传输的信息做某种形式上的变换，使之更便于处理或传输。

解调：从已调制过的信号中恢复原始信号的过程，解调即通常说的"信息检测"。

②调制盘

对于红外点源制导而言，调制盘是红外探测和目标跟踪系统中一个必备的元件，其结构尺寸很小，直径为几毫米，由透明和不透明的栅格区域组成，即在蓝宝石基板上采用光刻栅格的工艺制作而成，在其不同栅格区涂上不同材质的物质，成为透明栅格（红外辐射能穿过）、不透明栅格（红外辐射不能穿过）以及半透明栅格（红外辐射半穿过），如图5-27（a）所示。

对于红外点源制导而言，由于探测距离较远，相对于红外探测器，目标红外辐射源的辐射张角较小，即可视为点辐射源，其在探测器的映射称为像点，其尺寸为小于等于一个栅格的尺寸，将调制盘置于光学系统的焦平面，则目标像点就映射在调制盘上，当调制盘以恒速绕光轴快速旋转时，即可对目标像点的辐射能量进行调制，调制后的目标辐射功率是时间的周期函数，例如方波、梯形波、三角波或正弦波，如图 5 - 27（b）所示。

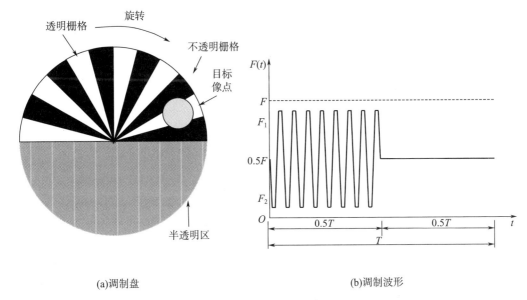

(a)调制盘　　　　　　　　　　　(b)调制波形

图 5 - 27　调制盘和调制波形

③目标/背景干扰红外热辐射调制工作过程

目标/背景干扰红外热辐射调制工作过程，如图 5 - 28 所示，目标与背景干扰的红外热辐射为连续热辐射，经导引头光学系统后聚焦于调制盘，调制盘以一定的频率高速绕光轴转动，即可将连续热辐射功率调制为离散交变的调制波形，经探测器的光电转换后输出交变的微弱电信号，经放大后，由解调电路提取目标信号。

对辐射能调制主要是为了使断续的辐射能中包含目标信息，便于信号的放大、处理和检测。调制后的辐射功率是时间的周期性函数（即调制波形）。调制波形由像点与调制盘孔径（指一个透辐射栅格或一个不透辐射栅格）的比例关系确定。

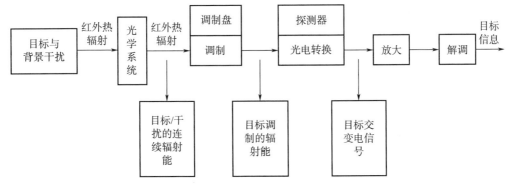

图 5 - 28　目标/背景干扰红外热辐射调制示意图

（3）调制盘基本功用

由以上分析可知，调制盘在目标/背景干扰红外热辐射调制工作中起调制作用，其意义在于：

①使恒稳的光能转变成交变的光能

目标热辐射经导引头的光学系统后聚焦于探测器，假设在某一段时间内：1）目标的热辐射保持不变；2）目标—导引头之间的几何关系保持恒定；3）大气对目标热辐射的衰减作用恒定，则探测器所接收的目标热辐射功率恒定，即探测器输出为恒定的直流信号，不便于信号处理。在探测器前面放置一个高速旋转的调制盘后，可将目标热辐射功率进行调制，这样探测器产生的信号转换为交变信号，众所周知，交变信号有利于信号处理。

②获取目标位置信息

目标经过光学系统映射在探测器上为像点，两者之间为一一对应关系，当目标偏离光轴中心时，其像点在探测器上也偏离探测器中心，其包含目标的位置信息；当目标相对于光学系统发生方位和高低角变化时，其红外探测器输出的信号也随之发生变化，例如信号的幅值、频率和相位等发生相应的变化，对其进行信号处理，即可获取目标的方位和高低角信息。

③空间滤波——抑制背景的干扰

红外探测器收到的红外辐射能量包含目标的红外热辐射能量，同时也包含背景干扰，如空中云团、大气、地面、海水等都是红外热辐射源，并且背景的红外热辐射功率可能大于目标热辐射，红外导引头必须具有将目标从背景干扰中提取出来的能力，此任务由调制盘完成，其工作过程也称为空间滤波。

从原理上看，调制盘的空间滤波作用有限，在某种意义上，是抑制背景干扰的影响，而非完全滤除。另外，当背景或某些人为干扰像点与调制盘栅格尺寸相当时，调制盘就起不了抑制背景干扰的作用，需采用其他方法来抑制背景干扰：1）色谱滤波：根据目标和背景干扰热辐射的红外波长不同设计带通滤光片，尽可能滤除背景辐射；2）双色调制盘：将普通调制盘中的透辐射和不透辐射部分用两种不同的带通滤光片（分别对应目标辐射波段和背景辐射波段）代替。

④用调制盘提高红外系统的检测性能

红外系统探测目标时总有噪声的干扰，为从干扰中更多地提取有用信息，红外导引头必须根据合适的检测准则，确定最佳检测方式及相应的具体系统结构。

检测方式确定后，要求有与之相应的信号形式。通过调制盘图案的设计及扫描方式的选择，可以给出满足最佳检测方式所要求的信号形式，从而提高系统的检测性能。

（4）调幅调制盘的工作原理及特性分析

调制盘按调制方式分类，可以分为调幅、调频和脉冲编码式调制盘。前两种与电学上的调幅和调频是一致的，即它们分别通过调制信号幅度、频率的变化来反映目标的位置。脉冲编码式调制盘是用一组组脉冲的频率和相位来反映目标的方位。

　　与调制方式对应，调制盘根据位置编码的基本原理来划分，可分为调幅、调频和脉冲编码式调制盘。即使同样类型的调制盘，其图案设计也千差万别，故调制盘类型多，图案各异，像点与调制盘间相对运动的方式也各有不同。由于调幅式调制盘的信号处理系统较简单、可靠，其性能可以满足导引系统的要求，因此一些小型制导武器都采用了调幅式调制盘。

　　应用调制盘是想得到目标相对于导引头的相对位置，即求物平面内 (ρ, θ) 的值，其中 ρ 为目标在物平面内至光轴的距离，θ 为目标在物平面内的方位角。

　　①求取 ρ 值

　　以某调幅调制盘为例，说明如何求取 ρ 值。

　　其调制盘如图 5 - 29 (a) 所示，将调制盘放在焦平面上，中心位于光轴。由于弹目距离较远，目标在探测器处成像近似为有限半径的圆（即为像点）并维持不动，调制盘以角速度 ω 转动，转动一圈为一个周期 T（$T = 2\pi/\omega$），像点交替通过透过和不透过栅格，从而使像点能量在最大值与最小值之间交替变化，如图 5 - 29 (b) 所示。像点与调制盘之间的相对位置如图 5 - 29 (c) 所示，像点的面积为 S，$S = S_1 + S_2$，其中 S_1 为透辐射区面积，S_2 为不透辐射区面积。

　　假设像点足够小，且其像点上辐照度均匀分布，即像点辐射能量为 F，相应的，透辐射区面积上的辐射能量为 F_1，不透辐射区面积上的辐射能量为 F_2，调制盘转动时，在调制区上半圆，透过调制盘的能量在 $F_2 \sim F_1$ 之间变化，在调制区下半圆，透过调制盘的能量在 $0.5F$。

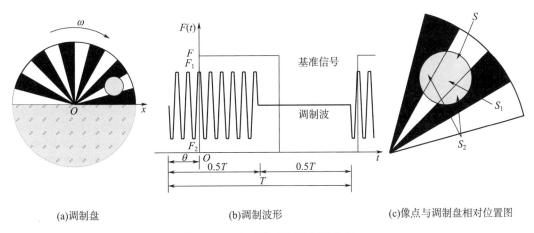

　　(a)调制盘　　　　　　　　　(b)调制波形　　　　　　　(c)像点与调制盘相对位置图

图 5 - 29　红外热辐射调制示意图

　　假设像点面积保持不变，如图 5 - 30 所示，当像点位于光轴上时，则此时探测器输出为一个恒值的直流信号。当像点位于"2"位置时，即与光轴偏离一个小失调角，此时像点的直径大于此处的格子，红外辐射能既不能全部透过白格子，也不能完全被黑格子遮挡，故获得脉冲信号幅值较小，波形为三角形。当像点位于"3"位置时，此时像点大小刚好等于此处的格子大小，故幅值最大，波形为三角波。当像点位于"4"位置时，此时像点大小小于格子大小，故幅值也最大，信号最大值和最小值均保持一定的时间，脉冲信号的前后缘变得陡直，波形为梯形波。当像点位于"5"位置时，此时像点大小在更大程度上小于格子大小，故幅值也最大，信号最大值和最小值均保持更长的时间，脉冲信号的前后缘变得更加陡直，波形为梯形波，趋于矩形波。

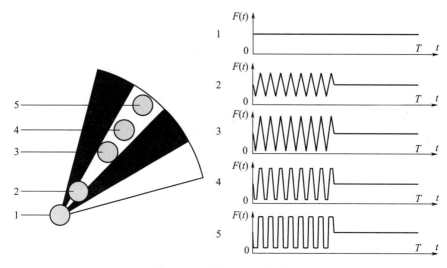

图 5 - 30 失调角和调制波形

定义调制深度为

$$M = \frac{|F_1 - F_2|}{F} = \frac{|S_1 - S_2|}{S}$$

在理论上，可用调制信号的幅值来表示偏离量 ρ 的大小，将偏离量和调制信号的调制深度绘制成一条曲线，即为调制曲线，如图 5 - 31 所示。

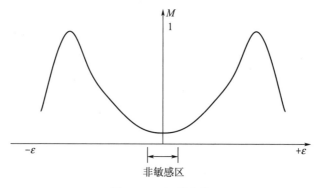

图 5 - 31 调制曲线

实际上像点面积在整个视场范围内是变化的，如果能控制像点面积 S 使其随着偏离量按一定规律变化，即

$$S = S(\rho)$$

则
$$M = f(\rho, S(\rho))$$

对于特定的红外导引头，往往要求有用信号的大小随目标偏离光轴的角度 Δq 呈某特定关系，即要求光学系统像点面积的大小与偏离量满足某特定的函数关系，调制盘的形式和设计需要紧密结合像点的特性进行。

②求取方位角

调制盘图案有明显的分界线 Ox（即半透明区与条纹区的分界线），如图 5 - 28 所示，假设目标像点为一个几何点（即调制波为一个脉冲矩形波），则目标像点偏离分界线不同方位时，得到的调制波的初相位也不同，将基准信号的起始信号取于分界线 Ox。当调制盘旋转一周时，对应调制波也变化一个周期，调制信号与基准信号的相位差角 θ 即等于目标在空间的方位角。

③消除背景干扰

如图 5 - 32 所示，导引头工作时，不可避免地受到背景干扰，如地形、云层、海水的辐射和太阳的反射散射等，即对于大面积的像点，由于背景干扰跨越调制盘多个透辐射和不透辐射栅格，即透过和不透过的辐射能量基本相等，在上半圆透过的辐射能约等于 $0.5F$，在下半圆透过的辐射能约等于 $0.5F$，即在一个周期内输出基本恒定为 $0.5F$。这样调制盘转动时，背景干扰没有有用信号输出，从而消除了背景干扰，实现了空间滤波。

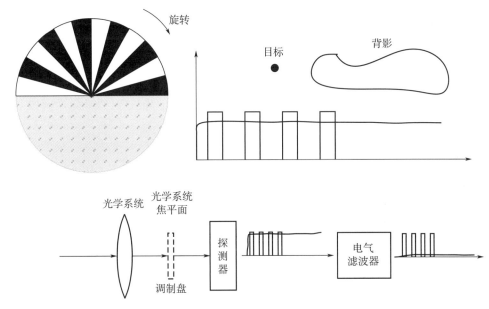

图 5 - 32　旋转调制盘对目标和背景的扫描

5.4.6.4　探测器类型及发展

为了有效地提取红外信号，必须将包含目标方位信息的红外辐射能转换为电信号，即需要光电转换器（探测器）完成此任务。简单地说，红外探测器是用来检测红外辐射的器件，能将接收到的红外辐射转换为电流等容易测量的物理量。探测器是红外导引头的重要部件，其性能的优劣直接影响红外导引头的性能，具有实际应用价值的探测器必须具有如下两个性能：1）高灵敏度：能检测到微弱的红外辐射；2）探测器输出物理量与收到的红外辐射成某种比例关系，以便定量测量红外辐射。

红外探测器按物理特性可分为热探测器和光子探测器两大类，其中光子探测器用于红外导引头。光子探测器可进一步分为光电导探测器、光伏探测器和光磁电探测器。

光电导探测器是利用光电导效应制作的光探测器，简称 PC（Photo Conductive）探测器或光敏电阻，当其受到红外线中的光子流辐射时，会激发出载流子，其半导体的电阻值降低（或电导率增大），即光电导效应。常用于红外导引头探测器的光敏电阻有硫化铅（PbS）、锑化铟（InSb）、碲镉汞（HgCdTe）等。在工艺上，将光敏物质沉积于玻璃片上，制成厚度约 $0.1 \sim 1.0 \ \mu m$ 的敏感层，其暗电阻为 $1 M\Omega$ 至几十 $M\Omega$。光电导探测器具有灵敏度高、结构简单等特点，但必须加偏压才能工作，多数需要制冷。

光伏探测器是一种受到红外线中的光子流辐射时，产生光电压的光子探测器，即基于半导体 PN 结光伏效应，为一种光电二极管或光电三极管。常用的光伏探测器有锑化铟（InSb）、砷化铟（InAs）、碲镉汞（HgCdTe）光伏探测器等。光伏探测器具有探测率高、响应比光电导探测器快、工作不需要加偏等优点。

光磁电探测器由一薄片本征半导体和一块磁铁组成。红外线光子入射时，使本征半导体表面产生电子和空穴对，向内部扩散时被磁铁产生的磁场分开，形成电势。即利用此电势来探测收到的红外辐射。此探测器探测率较低，需要外加磁场，其光谱响应与大气窗口不对应，故应用较少。

表征红外探测器的特性参数主要有响应率、噪声等效功率、探测率、比探测率、响应时间、光谱灵敏度和量子效率等。其中响应时间用于表征探测器对入射红外辐射响应的快慢，即施加红外辐射或撤销红外辐射后，电压上升 63% 或下降 37% 的时间，例如 PbS 光电导探测器的响应时间为 $50 \sim 500 \ \mu s$，InSb 光伏探测器是 $1 \ \mu s$。

下面简单地介绍典型的三代红外探测器。

第一代红外导引头发展于 20 世纪 40 年代中期至 50 年代中期，采用非制冷硫化铅探测器（$1 \sim 3 \ \mu m$），通过调制对误差信号进行处理，可尾随攻击慢目标（攻击角度受限于目标后方 $\pm 45°$ 的扇形区域），其缺点：1）探测距离近；2）导弹只能对目标进行尾追攻击，因为目标排气流的热量最高；3）易受阳光干扰。

第二代红外导引头发展于 20 世纪 50 年代中期至 60 年代中期，采用多元红外探测器及一维扫描体制，大多采用锑化铟探测器（敏感波段为 $3 \sim 5 \ \mu m$）（美国这时还采用硫化铅探测器），改进了调制盘。由于采用了制冷技术，大大提高了探测器的灵敏度，探测器敏感波段由近红外波段向中红外发展，大大拓宽了导引头的探测距离，并且使导引头有更大的视角和跟踪加速度，可后半球攻击高速和高机动目标。锑化铟探测器进一步可分为光伏型、光电导型和光磁电型，其中光伏型探测能力较强、响应快（约为 $1 \ \mu s$），并适合制成大面积的多元探测列阵。

第三代红外导引头发展于 20 世纪 60 年代中期至 70 年代后期,采用制冷锑化铟元件,改进了调制方式和电子电路,提高了抗干扰能力,使导引头具有更大的视角。

5.4.6.5　优缺点及应用

红外点源导引头作为空地导弹的导引设备,具有如下优缺点:

优点:1) 结构简单、体积小、重量小;2) 功耗小;3) 价格低;4) 其波长比可见光的长,比可见光有更强的穿透雾、霾的能力;5) 分辨率高,导引精度高(角分辨率比雷达导引头高 1~2 个数量级);6) 动态范围宽,系统响应快;7) 可昼夜作战,具有全天时作战能力;8) 可实现"发射后不管",在很大程度上提高了载机的生存力;9) 无源工作,属于被动制导体制,攻击隐蔽好,不易受无线电的干扰。

缺点:1) 不能全天候工作,只能尾随攻击,不能实现全向攻击;2) 不具有区分多目标的能力;3) 易受复杂背景干扰,制导精度较为一般;4) 受目标性质的影响,目标必须有区别于背景的热辐射特性;5) 从目标获取的信息量较少,不能区分敌我目标;6) 在很大程度上受限于气象条件(云、雾、烟和太阳背景等);7) 探测距离较短(相对于毫米波和雷达导引头);8) 易受红外诱饵干扰。

红外点源制导的优缺点决定了其一般用作近程武器的制导系统或远程武器的末制导系统,主要对红外特征明显的目标进行攻击。

5.4.7　红外成像制导

任何温度高于绝对零度的物体都向外辐射红外线(即热辐射),同一物体不同温度或同一温度不同物体的热辐射效率不同,当目标辐射的红外功率大于背景的热辐射功率时,即可被红外成像探测器探测到。目标表面温度的空间分布情况和辐射发射率的差异可转变成按时序排列的电信号,经处理可得到一幅与可见光类似的温差图像,经过信号处理转换为数字图像,然后经图像处理技术进行背景噪声抑制,目标图像增强、目标提取和特征识别等,之后与弹载计算机所存的目标图像进行匹配,最后可自动锁定目标。

5.4.7.1　分类

红外成像制导种类众多,按不同的成像体制、成像方式、制冷体制、工作频率波段等分为不同类型的红外成像制导。

(1) 成像体制

按成像体制划分,可分为被动红外成像和主动红外成像。

①被动红外成像

被动红外成像是通过接收目标和背景发出的红外辐射,经光电转换和信号处理等形成人眼可见的红外热图像。

②主动红外成像

主动红外成像需要借助于红外发射灯发出红外光束,照射物体,依靠物体反射的红外线形成红外热图像。

（2）成像方式

按成像方式划分，可分为光机扫描成像和凝视成像。其中光机扫描成像系统体积大、灵敏度低，系统复杂，可靠性较低，使用受限，为早期采用的扫描成像方式。凝视成像与光机扫描成像相比，具有体积小、灵敏度高、使用方便等特点，是目前和今后成像制导的发展趋势。

①红外光机扫描成像

红外光机扫描成像是利用机械运动驱动光学元件对景物进行扫描来获得被测景物的温度分布图像，扫描的目的是扩大系统的视场。光机扫描成像系统的扫描机构的复杂程度取决于所使用的红外探测器数目和相应的结构形式。

光学系统将目标和背景的红外辐射聚集起来照射到处于焦平面的红外探测器上，光机扫描机构放置在光学系统和探测器之间。光机扫描机构有并扫描和串扫描两种基本的扫描方式，使用较多的是并扫描，其采用一列红外探测器覆盖高低方向的视场，方位方向则采用光机扫描来实现所覆盖的视场。

②红外凝视成像

红外凝视成像指在所要求覆盖的范围内，对目标成像是用红外探测器面阵充满物镜焦平面视场的方法来实现的，即使红外探测器单元与系统观察范围内的目标和背景上的单元一一对应，即红外探测器由 $m \times n$ 个探测器单元构成，也同时利用 $m \times n$ 个探测器单元对目标和背景进行红外探测。

红外凝视成像系统不需要光机扫描机构，不仅简化了结构，缩小了体积，能够在焦平面内部完成信号预处理功能，提高了系统的可靠性，而且能够最大限度地发挥探测器快速响应的特性。因为从理论上说，红外凝视成像系统对景物辐射的响应时间只受探测器时间常数的限制，而不再受光机扫描机构扫描速度的影响，所能够达到的快速响应能力是红外光机扫描成像系统所无法比拟的。

（3）制冷体制

按制冷体制划分，可分为制冷型红外热成像和非制冷型红外热成像。

①制冷型红外热成像

红外探测器中配备一个低温制冷器，可以保证探测器在低温状态下工作，可使热噪声信号低于成像信号，成像质量更好。不同导引头依据其采用的探测器（不同类型探测器要求制冷温度不一样）采用不同的制冷方式，但是成本昂贵，作战使用不方便。制冷型热成像大多用于较高成本且要求较高制导精度的空地导弹。

②非制冷型红外热成像

非制冷型红外热成像的探测器不需要在低温状态下工作，采用的探测器以微测辐射热计为基础，主要有多晶硅和氧化钒两种探测器，具有价格低、体积小、重量小、功耗低等优点，随着非制冷型红外探测器技术的发展，目前低成本制导武器越来越多采用非制冷型红外热成像。

（4）工作频率波段

按红外工作频率波段划分，可分为中波红外热成像、长波红外热成像和双波段红外热成像。

①中波红外热成像

红外探测器工作在 $3\sim5~\mu m$ 波段。

②长波红外热成像

红外探测器工作在 $8\sim14~\mu m$ 波段。

③双波段红外热成像

同时具有两个波段的红外探测器。

5.4.7.2　组成及工作过程

传统意义上，红外成像制导（即红外成像导引头）由红外摄像头、图像处理电路、图像识别电路、跟踪处理器和稳定跟踪系统等组成。

红外摄像头接收前方瞬时视场范围内目标和背景的红外辐射，利用各部分辐射强度的差别，获得能够反映目标和周围景物分布特征的二维灰度数字图像信息，然后由图像处理电路进行预处理和图像增强，同时将数字化后的图像送给图像识别电路，通过特征识别算法从背景信息和干扰中提取出目标图像，实现对目标的识别功能，其后转入跟踪阶段，由跟踪处理器按照预置的匹配跟踪算法计算出光轴相对于目标的像素差（可转换为角偏差），依据伺服控制算法，生成控制量，驱动伺服机构转动，使得光轴对准目标，消除相对误差，实现目标跟踪。

随着微电子技术的飞快发展，红外成像导引头快速向数字化技术发展，其由光学系统、探测器、图像处理系统以及稳定跟踪系统等组成，如图 5-33 所示，其中光学系统由整流罩、光学组合镜头、红外探测器等组成；跟踪系统由力矩电机、速率陀螺、电位计（或光电编码器）、万向支架以及配套的电气系统和控制软件组成；图像处理系统由图像处理计算机、图像处理软件等组成。

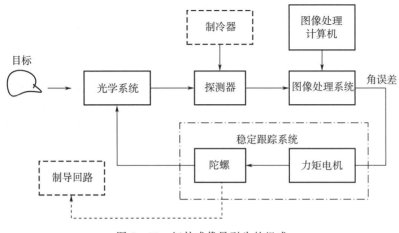

图 5-33　红外成像导引头的组成

5.4.7.3　优缺点及应用

红外成像制导具有如下优缺点：

（1）优点

①抗干扰能力强

与主动雷达和激光半主动制导体制相比，红外成像采用被动制导体制，工作时并不需要向外界发射红外信号，相对比较隐蔽，不易被干扰。

②制导距离较远

红外成像制导大多工作于中波红外波段（波长为 $3\sim5\ \mu m$）或长波红外波段（波长为 $8\sim14\ \mu m$），与可见光制导相比（其波长为 $0.38\sim0.78\ \mu m$），其波长较长，穿透烟雾、雨和灰尘的能力强，受大气衰减较小，故制导距离较远。

③制导精度较高

红外成像制导大多采用凝视成像技术，随着探测器分辨率的提高，即每个探测器单元对应的空间视场角减小，可达到 $0.01°$ 的分辨率（例如，探测器单元 640×480 pixel，视场角 $6°\times4.5°$，则分辨率为 $0.009\ 4°$），即在理论上，具有很高的制导精度。

④环境适应性强

由于凝视红外成像具有很高的分辨率，且具有在复杂环境下识别目标的能力（这取决于探测器对温度差别的识别能力，对于非制冷探测器能区分 $0.1\ ℃$ 温差，有的可区分 $0.06\ ℃$ 温差），根据目标的性质，可通过更换不同波段的红外探测器以及目标图像处理软件大幅提高导引头的环境适应性。

⑤识别目标能力强

由于红外成像感受和反映的是目标及背景向外辐射能量的差异性，故红外成像制导识别伪装目标的能力优于可见光，具有较强的反隐身能力。

⑥较强的全天候工作能力

红外图像制导利用感受和反映的是目标及背景向外辐射能量的差异，相比较于可见光制导，具有较强的全天候工作能力，可在薄雾等气候下工作，但是相比较于毫米波和雷达制导，其全天候工作能力较差，在雾、霾、云等天气下，使用受到很大限制。

（2）缺点

①成本较高

相对于可见光和激光制导导引头而言，红外成像导引头由于其光学系统、成像探测器（带制冷设备）成本较高（特别是中波红外探测器较为昂贵），导致红外成像导引头成本较高。

②全天候制导能力差

由于红外制导波长相对于微波和毫米波而言要短很多，大气中的水分子以及各种微颗粒对红外辐射的吸收和散射作用比对微波和毫米波强很多，故全天候制导能力不如微波和毫米波制导，特别是在湿热天气下（湿热空气含有大量的水蒸气，水分子对中红外和远红外波段具有较强的吸收作用）。

　　红外图像制导利用的是目标及背景向外辐射能量的差异，而目标及背景热辐射在一天中随着时间、天气以及日照等变化，故两者之间的辐射差也随之变化，在某段时间可能其辐射差很小，那么将很难在背景中识别目标。

　　③图像分辨率低

　　只相当于单目观察而无立体感，图像边缘模糊，温度区间界限不明显；相对于可见光成像探测器，红外成像探测器的像元数目较少，图像分辨率较低，即采用红外制导时，其目标发现及识别相对较难。

　　（3）应用

　　红外成像的优缺点及特性决定了其一般用作近程制导武器的制导系统或远程制导武器的末制导系统。

5.4.7.4　红外图像概述

　　（1）红外图像概述

　　红外成像也称为热成像，其机理：一切温度高于绝对零度（−273 ℃）的物体，每时刻都辐射出红外线，同时这种红外线辐射都载有物体的特征信息，这就为利用红外技术判别各种被测目标的温度高低和热分布提供了客观的基础。利用这一特性，通过光电红外探测器将物体发热部位辐射的功率信号转换成电信号后，成像装置就可以一一对应地模拟出物体表面温度的空间分布，最后经系统处理，形成热成像视频信号，即可得到与物体表面热分布相对应的热图像，即红外热成像。同一目标的热成像和可见光成像不同，如图 5 - 34 所示，红外成像并不是人眼所能观测到的可见光成像，而是目标表面温度分布的成像。运用这一方法，便能实现对目标进行远距离热状态成像。

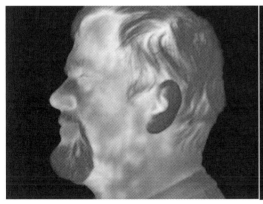 

(a) 红外图像　　　　　　　　　　　　　　　　　　(b) 可见光图像

图 5 - 34　红外成像和可见光成像

　　（2）红外图像获取

　　对于红外成像制导，一般要求导引头距目标较远处（大多在 3～8 km）探测、发现目标，即目标的热辐射到达导引头处时已经很微弱，故需要设计光学系统将其聚焦，然后利用位于光学系统焦点处的高灵敏度红外探测器将接收到的红外辐射能转换成电信号，再将电信号的大小用灰度等级的形式表示，即得到灰度数字红外图像。

（3）红外成像特点

红外热成像反映目标和背景红外辐射的空间分布，其辐射亮度分布主要由目标和背景的温度和发射率等特性决定，因此红外成像近似反映了目标和背景的温度差或辐射差。根据其成像原理，总结红外成像特点如下：

1）红外热成像表征目标和背景的温度分布，是灰度成像，没有彩色或阴影（立体感觉），故对人眼而言，分辨率较低，如图 5-35 所示；

图 5-35　红外成像

2）受目标和背景之间的热平衡、红外线波长、传输距离、大气衰减等因素影响，红外图像对比度低、视觉较为模糊、图像边界不清；

3）热成像系统的探测能力和空间分辨率低于可见光 CCD 阵列，使得红外图像的清晰度低于可见光图像；

4）外界环境的随机干扰和热成像系统的不完善，给红外图像带来多种多样的噪声，比如热噪声、散粒噪声、$1/f$ 噪声、光子电子涨落噪声等。噪声不仅来源多样，而且类型繁多，这些都造成红外热图像噪声不可预测的分布复杂性，使得红外图像的信噪比比可见光图像低；

5）由于红外探测器各探测单元的响应特性不一致等，造成红外图像的非均匀性，体现为红外图像的固定图案噪声、窜扰、畸变等。

（4）灰度图像及图像数字化

红外图像在工程上表示为灰度图像，灰度图像指的是每个像素只有一个采样颜色的图像。这类图像通常显示为从最暗的黑色到最亮的白色的灰度，尽管理论上可以采用不同深浅的任何颜色，甚至可以是不同亮度的不同颜色，但习惯用黑白图像显示。

分辨率和灰度值是灰度图像的两个重要指标。

分辨率表示图像的精密度，是图像非常重要的性能指标之一，分辨率越高，在单位面积图像可区分的像素点越多。图 5-36 所示为不同分辨率的灰度图像，从左到右，其分辨

率依次降低。随着红外探测器技术的发展，目前已经开发出高分辨率的红外探测器，高达
1 024×768 pixel，见表 5-3，红外图像分辨率越高，在视觉上表现越清晰。

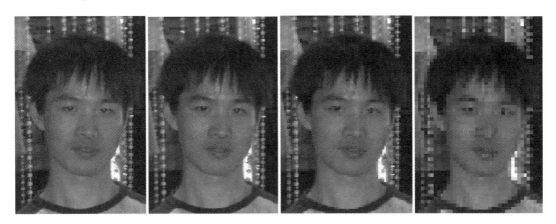

图 5-36　不同分辨率的灰度图像

表 5-3　非制冷红外焦平面探测器

序列	分辨率/pixel	像元间距/μm	尺寸/mm
1	384×288	20	7.68×5.76
2	640×512	17	10.88×8.70
3	1 024×768	14	14.34×10.75

把白色与黑色之间按对数关系分为若干等级，称为灰度。对于红外灰度数字图像，通常用 8bit 表示一个像素值，即灰度分为 256 阶，当然灰度也可分为 32 阶，16 阶，8 阶，4 阶和 2 阶。图 5-37 为不同等级的灰度图像，分别对应着 32 阶，8 阶，4 阶和 2 阶。

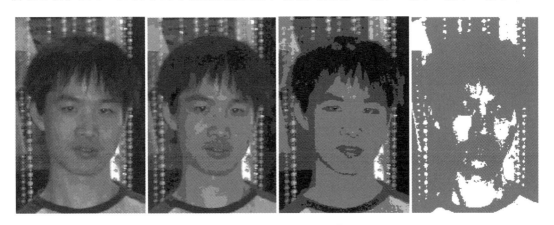

图 5-37　不同灰度级图像

5.4.7.5　红外图像处理技术

红外图像处理技术直接关系到红外制导的性能，是红外成像制导的核心及关键技术，贯穿从搜索目标至击中目标整个过程，其流程如图 5-38 所示。红外原始图像依次进行图

像预处理、图像分割、特征提取、目标识别（也称为目标分类）以及目标跟踪（也称为目标锁定或目标截获）。值得指出的是，由于在红外制导过程中，随着弹目距离接近，锁定的红外目标图像逐渐变大、膨胀、腐蚀等，锁定框可能会逐渐偏离目标中心点，这时需要重新进行目标识别：1）实时地进行目标识别，即目标识别和目标跟踪可同时进行，当目标识别和跟踪的像素差较大时，则认为目标跟踪已经偏移较大，影响制导精度，这时以目标识别图像的中心作为跟踪依据；2）隔一定时间间隔对目标进行重新识别，以修正图像跟踪偏移。

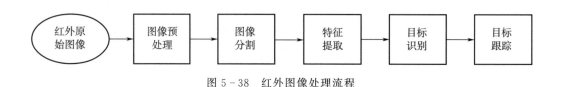

图 5 - 38　红外图像处理流程

5.4.7.6　红外图像预处理

考虑到如下因素：

1）一般情况下，红外成像系统所获得的图像（即原始图像）由于受到各种随机干扰以及信号处理带来的噪声等影响往往伴随着各种不同类型的噪声；

2）如前面介绍，红外热图像具有边缘模糊和无纹理信息等特性；

3）目标的图像只占原始图像中的小部分。

故在进行目标识别前，往往需要对原始图像进行预处理，即在对图像进行正式处理之前，通过对质量下降的图像进行改善处理，为其后的图像处理提供良好的初始条件。预处理后的输出图像并不需要去逼近原始图像，红外图像预处理常分为图像增强、图像复原。

（1）图像增强

图像增强是按特定的需要突出一幅图像中的某些信息，如对边缘、轮廓、对比度等进行强调或突显，以便于观察或做进一步的分析与处理，同时，削弱或去除某些信息，使得图像更加实用。

①图像增强技术概述

图像增强的首要目标是处理图像，使之比原始图像更适合于特定的应用，图像增强的主要目的有两个：一是改善图像的视觉效果，提高图像的清晰度；二是使图像变得更利于计算机的处理。

到目前为止，尚未制定衡量图像增强质量的通用标准。图像增强技术（或方法）很多，单从纯技术上可划分为两类：空间域法和频率域法，如图 5 - 39 所示。

空间域法是直接在空间域对原图像的像素进行处理，按不同性质的处理可分为三类：点运算、领域增强和彩色技术。在图像制导中，前两类方法应用较多，其中领域增强法进一步分为两类：图像平滑和图像锐化，平滑的目的在于消除混杂在图像中的干扰因素，改

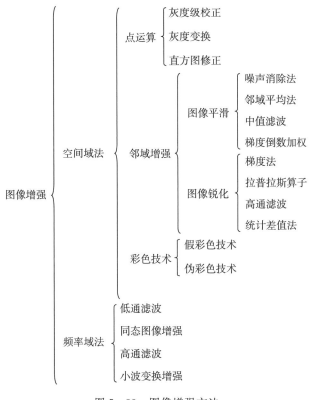

图 5 - 39　图像增强方法

善图像质量，强化图像表现特征；锐化的目的在于增强图像边缘，以及对图像进行识别和处理。彩色技术只是人为地给灰度图像增加伪色彩，增强人眼的感官效果。

　　频率域法是在图像的某种变换域内，对图像的变换系数值进行运算，即做某种修正，然后通过逆变换获得增强图像，是一种间接增强的方法。如先对图像进行傅里叶变换，再对图像的频谱进行某种计算（如滤波等）。

　　②点运算

　　图像处理中的点运算分为三类：灰度级校正、灰度变换以及直方图均衡化。

　　（a）灰度级校正

　　灰度级校正是在时域内对图像像素进行修正，使整幅图像成像均匀。

　　（b）灰度变换

　　灰度变换是一种常见的图像处理方法，可根据要求灵活进行各种操作：1）灰度图像增亮或图像变暗，如图 5 - 40 所示，即对整个图像的灰度值按一定的规则增亮或变暗；2）对比度增强，如图 5 - 41 所示，是图像增强技术中一种比较简单但又十分重要的方法，按一定的规则修改原始图像每一个像素的灰度，从而改变图像灰度的动态范围，可以使灰度动态范围扩展，也可以使其压缩；3）灰度值分段处理，根据图像特点和要求在某段区间中进行压缩而在另外区间中进行扩展，如图 5 - 42 所示，其变换公式为

$$g(x,y)=\begin{cases}\dfrac{c}{a}f(x,y) & 0\leqslant f(x,y)<a\\[2mm]\dfrac{d-c}{b-a}[f(x,y)-a]+c & a\leqslant f(x,y)<b\\[2mm]\dfrac{M_g-d}{M_f-b}[f(x,y)-b]+d & b\leqslant f(x,y)<M_f\end{cases}$$

式中　$f(x,y)$——原图像的灰度函数；

　　　$g(x,y)$——变换后的灰度函数。

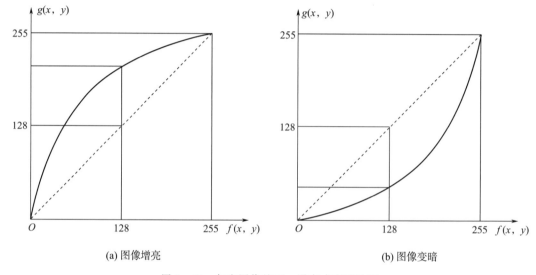

(a) 图像增亮　　　　　　　　　　　　(b) 图像变暗

图 5-40　灰度图像处理—增亮或变暗处理

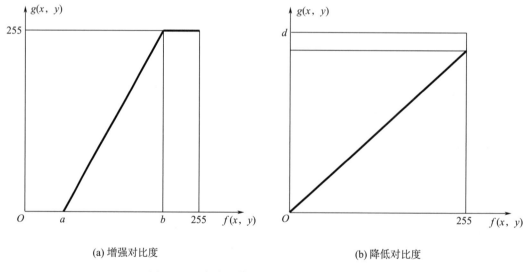

(a) 增强对比度　　　　　　　　　　　(b) 降低对比度

图 5-41　灰度图像处理—增强或降低对比度

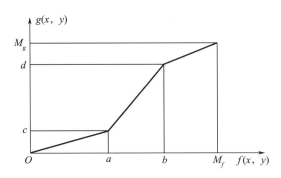

图 5-42 灰度图像处理—灰度值分段处理

(c) 直方图均衡化

直方图均衡化也称为直方图修正，主要是增强图像的对比度，其实质是使图像中灰度概率密度较大的像素向附近灰度级扩展，因而灰度层次拉开，而概率密度较小的像素灰度级收缩，从而让出原来占有的部分灰度级，这样的处理使图像充分有效地利用各个灰度级，因而增强了图像对比度。

在工程上，常用直方图直观地表示一帧红外数字图像灰度级分布情况，其横坐标为灰度值（0～255），一般用 r 表示，纵坐标为灰度值为 r_i 的像素个数或出现这个灰度值的概率 $p_r(r_i)$，即

$$p_r(r_i) = \frac{\text{灰度值为 } r_i \text{ 的像素个数}}{\text{一帧图像像素总数}} = \frac{n_i}{n}, \sum_{i=0}^{k-1} p_r(r_i) = 1$$

对于灰度级为 256 的图像，式中的 k 为 256。

以图 5-43 为例，图（a）为原始图像，图（b）为均衡化后的图像。原始图像的灰度大多集中于 10～170 的范围之内，图像对比度较低，直观上较暗。现将原始图像灰度值扩展至 0～255，直方图均衡化后的图像对比度明显增强，图像灰度值分布更为均衡，通常情况下需要对红外图像进行直方图修正，其原因如下：

1）红外图像的灰度值动态范围不大，很少充满整个灰度级空间；而可见光图像的像素在一般情况下则分布于几乎整个灰度级空间。

2）绝大部分红外图像的灰度集中于某些相邻的灰度级，在这些灰度级之外的灰度级上则没有或只有很少的像素；而可见光图像的像素在一般情况下分布比较均匀。

3）直方图中有明显的峰存在，多数情况下为单峰或双峰，若为双峰，一般主峰为信号，次峰为噪声；而可见光图像直方图的峰不如红外图像明显，一般多个峰同时存在。

以上特点是大多数红外图像所具备的，但也不绝对，实际中的红外图像可能受气候条件、环境温度等因素的影响，呈现出与上述特点不完全一致的情形。

③滤波技术

如前所述，原始图像由于受各种因素的作用，夹杂各种噪声（噪声有椒盐噪声、脉冲噪声、高斯噪声等），图像的信噪比较低，在工程上常采用滤波技术。采用的滤波器按特性可分为两类，即线性滤波器和非线性滤波器，其中线性滤波器主要有均值滤波器和高斯

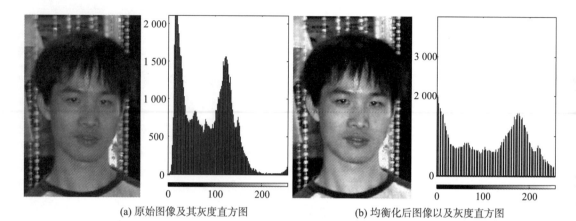

(a) 原始图像及其灰度直方图　　　　　　(b) 均衡化后图像以及灰度直方图

图 5-43　灰度直方图

平滑滤波器等，非线性滤波器主要有中值滤波器和边缘保持滤波器等。

（2）图像复原

针对图像降质的原因（即需要对图像降质的原因有一定的了解），设法补偿降质因素，从而使复原后的图像尽可能地恢复或重建原始图像。

5.4.7.7　图像分割

图像分割（Image Segmentation）是将图像分割成若干个特定的、具有独特性质的区域（即目标、背景及干扰等区域），并提取出感兴趣目标的技术和过程。

图像分割是数字图像处理中的关键技术之一，是将图像中有意义的特征部分（如图像中的边缘、区域）提取出来，是进一步进行图像识别、分析和理解的基础。

图像分割是图像处理中的一个经典难题及研究热点，从 20 世纪 70 年代开始，众多学者就投入大量的时间和精力研究各种图像分割方法，也取得了很丰盛的研究成果，提出了不少边缘提取、区域分割的方法，但还没有提出一种普遍适用于各种图像的有效分割方法，也不存在一个判断分割是否成功的客观标准。因此，对图像分割的研究还在不断深入之中。

（1）图像分割的定义

有关图像分割的解释和表述很多，借助于集合概念可以对图像分割给出如下比较正式的定义：

令集合 R 代表整幅图像的区域，对 R 的分割可看成将集合 R 分割为 N 个满足以下 5 个条件的非空子集（子区域）R_1，R_2，…，R_N：

1）$\bigcup\limits_{i=1}^{N} R_i = R$；

2）对所有的 i 和 j，有 $i \neq j$，$R_i \bigcap R_j = \varnothing$；

3）对 $i = 1$，2，…，N，有 $P(R_i) = \text{true}$；

4）对 $i \neq j$，$P(R_i \bigcup R_j) = \text{false}$；

5）$i = 1$，2，…，N，R_i 是连通的区域。

其中，$P(R_i)$ 是对所有在集合中元素的逻辑谓词。

对上述各个条件给予简略的解释：条件 1）指出对一幅图像分割所得的全部子区域的综合（并集）应能包括图像中的所有像素（就是原图像），或者说分割应将图像的每个像素都分进某个区域中；条件 2）指出在分割结果中各个子区域是互不重叠的，或者说在分割结果中一个像素不能同时属于两个区域；条件 3）指出在分割结果中每个子区域都有独特的特性，或者说属于同一个区域中的像素应该具有某些相同特性；条件 4）指出在分割结果中，不同的子区域具有不同的特性，没有公共元素，或者说属于不同区域的像素应该具有一些不同的特性；条件 5）要求分割结果中同一个子区域内的像素应当是连通的，即同一个子区域的两个像素在该子区域内互相连通，或者说分割得到的区域是一个连通组元。

（2）图像分割算法分类

图像分割算法的研究一直受到人们的高度重视，到目前为止，提出的分割算法已经多达上千种，现有的分割算法众多，大致分为 3 大类：1）边缘检测；2）阈值分割；3）区域生长。

① 边缘检测

图像边缘检测技术是图像处理中的最基本及最重要的研究内容，图像边缘是指周围像素灰度有阶跃变化或屋顶变化的那些像素的集合，是图像的最基本的特征。边缘广泛存在于物体与背景之间、物体与物体之间、基元与基元之间，因此边缘是边界检测的重要基础，也是外形检测的基础。边缘能大大减少所要处理的信息但是又保留了图像物体中的形状信息。

图像边缘检测技术主要有以下几种：

1）检测梯度的极大值：由于边缘发生在图像灰度值变化比较大的地方，对应连续情形来说是函数梯度较大的地方，所以研究比较好的求导算子就成为进行图像边缘检测的一种思路。Roberts 算子、Prewitt 算子和 Sobel 算子等是比较简单而常用的算子。

2）检测二阶导数的零交叉点：图像边缘处的梯度常为极大值（正的或负的），也就是灰度图像的拐点是边缘，由基础数学可知，拐点处函数的二阶导数为零。

3）统计型方法：利用对二阶零交叉点的统计分析可得到图像中各个像素是边缘的概率，并进而得到边缘检测的方法。

4）小波多尺度边缘检测：自 20 世纪 90 年代以来，随着小波分析的迅速发展，部分学者开始将小波用于边缘检测。

边缘检测算法是图像处理中极为重要的算法，已开发出各种各样的算法，较为著名的简单边缘检测算法为 Canny 边缘检测算子。Canny 算子的思想是先将图像使用高斯函数进行平滑，再由一阶微分的极大值确定边缘点。John Canny 在 IEEE 上发表了划时代意义的文章，对过去的一些方法和应用做了小结，在此基础上提出了边缘检测的三条准则——著名的 Canny 准则（Canny's Criteria），并得到了一个较好的实用算法，即 Canny 边缘检测算法。Canny 准则的目的就在于：在对信号和滤波器做出一定假设的条件下利用数值计算方法求出最优滤波器，并对各种滤波器的性能进行比较。

（a）Canny 准则

Canny 考察了以往的边缘检测算子和边缘检测的应用，发现尽管这些应用出现在不同的领域，但是它们都有一些共同的要求：

1）好的检测结果，或者说对边缘的错误检测率要尽可能低：即在图像上边缘出现的地方检测结果中不应该没有；另一方面也不要出现虚假的边缘。这是显然的，所有使用边缘检测做更深入工作的系统，它的性能都依赖于边缘检测的误差。

2）对边缘的定位要准确：即标记出的边缘位置要和图像上真正边缘的中心位置充分接近。

3）对同一边缘要有少的响应次数：在实践中，发现仅仅满足以上两条的算子并不好，有的算子会对一个边缘产生多个响应。也就是说，图像上本来只有一个边缘点，可是检测出来就会出现多个边缘点。

（b）简单边缘检测算子

边缘检测的实质是采用某种算法来提取出图像中对象与背景的交界线，如图 5 - 44 所示。将边缘定义为图像中灰度发生急剧变化的区域边界。图像灰度的变化程度可以用图像灰度分布的梯度反映，即都是基于像素的数值导数，结合数字图像的特点，应用差分代替数值导数。

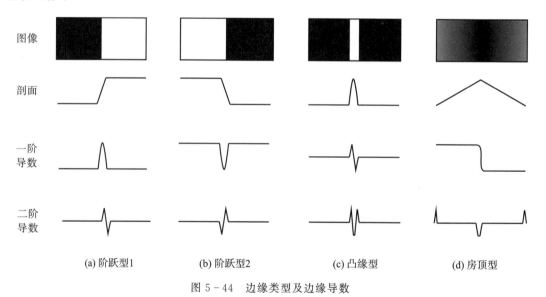

<table>
<tr><td>图像</td><td></td><td></td><td></td><td></td></tr>
<tr><td>剖面</td><td></td><td></td><td></td><td></td></tr>
<tr><td>一阶导数</td><td></td><td></td><td></td><td></td></tr>
<tr><td>二阶导数</td><td></td><td></td><td></td><td></td></tr>
</table>

(a) 阶跃型1　　　　　(b) 阶跃型2　　　　　(c) 凸缘型　　　　　(d) 房顶型

图 5 - 44　边缘类型及边缘导数

在工程上常用梯度表示图像中灰度的变化快慢，假设 $f(i,j)$ 是像素点 (i,j) 的灰度值，则梯度 ∇f 指出灰度变化最快的方向和数值

$$\nabla f(i,j) = \left(\frac{\partial f}{\partial x}, \frac{\partial f}{\partial y}\right) \qquad (5-7)$$

$$= (f(i,j) - f(i-1,j), f(i,j) - f(i,j-1))$$

梯度的大小和方向分别为

$$\| \nabla f \| = \sqrt{\left(\frac{\partial f}{\partial x}\right)^2 + \left(\frac{\partial f}{\partial y}\right)^2} \tag{5-8}$$

$$\theta = \arctan\left(\frac{\partial f / \partial y}{\partial f / \partial x}\right) \tag{5-9}$$

最简单的边缘算子是用图像的垂直和水平差分来逼近梯度算子

$$\nabla f = (f(x,y) - f(x-1,y), f(x,y) - f(x,y-1)) \tag{5-10}$$

以这些理论为依据，提出了许多算法，常用的边缘检测算法有：Roberts 边缘检测算子、Sobel 边缘检测算子、Prewitt 边缘检测算子、Laplace 边缘检测算子（利用二阶梯度信息）、Canny 边缘检测算子等。其中 Roberts 边缘算子是一种基于 2×2 的模板，利用对角方向相邻的两个像素之差近似梯度幅值的检测边缘，是一种利用局部差分算子寻找边缘的算子。检测垂直边缘的效果好于斜向边缘，故此算子定位精度高，但对噪声敏感，适用于边缘明显且噪声较少的图像分割，其梯度幅值为

$$G(i,j) = |f(i,j) - f(i+1,j+1)| + |f(i+1,j) - f(i,j+1)|$$

用卷积模板表示方法，上式可简单写成如下形式

$$G(i,j) = |G_x| + |G_y|$$

其中 G_x 和 G_y 可借助如下 Roberts 交叉算子模板

$$h_1 = \begin{bmatrix} 1 & 0 \\ 0 & -1 \end{bmatrix}, h_2 = \begin{bmatrix} 0 & 1 \\ -1 & 0 \end{bmatrix}$$

即

$$\begin{cases} G_x = 1 * f(i,j) + 0 * f(i+1,j) + 0 * f(i,j+1) + (-1) * f(i+1,j+1) \\ G_y = 0 * f(i,j) + 1 * f(i+1,j) + (-1) * f(i,j+1) + 0 * f(i+1,j+1) \end{cases}$$

其他的边缘检测算法读者可以参考相应的文献。

（c）MATLAB 边缘检测函数 edge 介绍

MATLAB 图像处理工具箱提供 edge 函数，即基于以上算子实现边缘检测，edge 函数提供了许多微分算子模板，对于某些模板可以指定其是对水平边缘或垂直边缘（或者两者都有）敏感（即主要检测是水平边缘还是垂直边缘）。edge 函数在检测边缘时需指定一个灰度阈值，只有满足阈值条件的点才视为边界点。edge 函数的基本调用格式如下：

```
BW=edge(I,'sobel',thresh,direction);
BW=edge(I,'prewitt',thresh,direction);
BW=edge(I,'roberts',thresh);
BW=edge(I,'log',thresh,sigma);
BW=edge(I,'zerocross',thresh,h);
BW=edge(I,'canny',thresh,sigma);
```

其中，I 表示输入图像，第二个参数表示采用的算子类型，有 sobel、prewitt、roberts、log、zerocross 和 canny 等，当选用 canny 时，thresh 表示阈值，sigma 则表示高斯滤波器的标准方差。BW 为输出，其大小同输入图像，1 代表边缘，0 代表非边缘。

下面用 Prewitt 算子检测图像（图 5-45），检测结果如图 5-46 所示。

图 5-45　原始图像

图 5-46　边缘检测后的图像

②阈值分割

阈值分割算法是图像分割中应用最多的一类，也是最简单的一种分割方法，其基于目标和背景具有不同的灰度分布概率。其表达式为

$$g(i,j) = \begin{cases} 1 & f(i,j) \geqslant T \\ 0 & f(i,j) < T \end{cases}$$

式中　$f(i,j)$——原始图像在像素点 (i,j) 的灰度值；

　　　T——灰度阈值；

　　　$g(i,j)$——基于灰度阈值分割后的图像函数。

简单地说，对灰度图像的阈值分割就是先确定一个处于图像灰度取值范围内的灰度阈值，然后将图像中各个像素的灰度值与这个阈值相比较，并根据比较的结果将对应的像素划分（分割）为两类：像素灰度值大于阈值的为一类，像素灰度值小于阈值的为另一类，灰度值等于阈值的像素可以归于这两类之一。分割后的两类像素一般分属图像的两个不同区域，所以对像素根据阈值分类达到了区域分割的目的。由此可见，阈值分割算法主要有两个步骤：

1）确定分割阈值；

2）将分割阈值与像素点的灰度值比较，以分割图像的像素。

以上步骤中，确定阈值是分割的关键，如果能确定一个合适的阈值就可准确地将图像分割开来。当确定的阈值过高，会使目标点被错划为背景，即导致目标漏检或目标面积减少，目标形状变形，反之亦然。

③区域生长

区域生长的基本思想是将具有相似性质的像素集合起来构成区域。首先对每个需要分割的区域找一个种子像素作为生长的起点，然后将种子像素周围邻域中与种子像素有相同或相似性质的像素（根据某些事先确定的生长或相似准则来判定）合并到种子像素所在的区域中。将这些新像素当作新的种子像素继续进行上面的过程，直到再没有满足条件的像素可被包括进来。这样一个区域就长成了。

5.4.7.8　特征提取

特征提取的过程是对图像分割后形成的每一个区域进行计算，得到一组表征其特性的特征量，以用于目标的分类与识别。特征提取的原则是：同类目标具有最大的相似性，而不同类目标具有最大的相异性。

红外成像导弹所攻击的目标可能具有的特征主要有统计特征、结构特征、运动特征和变换特征，其中统计特征主要有灰度的均值、最大值、最小值、方差等；结构特征包括目标的大小和形状等；运动特征主要反映目标运动信息，如速度、加速度、方向等；变换特征是通过一些数学变换得到具有某一种固定的特征。

5.4.7.9　目标识别

目标识别是依据某一种相似性度量准则从分割出的各个区域中选出与目标特征最为接近的区域作为目标。通过目标识别，可将目标从背景中区别开来，在目标捕获阶段，目标的特征一般依赖存在于计算机的目标先验特征，在跟踪阶段，可对所捕获的目标特征进行实时更新。

由公开的资料可知，国内外应用红外成像 ARA 或 ATR 技术的导弹主要有：英国"风暴前兆"空地导弹、美国 SLAM－ER 空地导弹、JDAM 制导炸弹、JASSM 空地导弹、法国"斯卡耳普"空地导弹、日本 ASM－2C 反舰导弹、德国 KEPD－350 金牛座空地导弹以及中国的长剑 10 系列等。

由于不同的导弹所处的环境、天气、气候、日照等条件千差万别，还没有开发出一套适应所有目标/背景特性变化的自动目标识别算法。现有的目标识别算法主要有：统计模式自动目标识别、基于模型（知识）的自动目标识别、基于不变量的自动目标识别、基于特征匹配的自动目标识别和基于模板相关匹配的自动目标识别五大类，随着人工智能技术的发展，也出现了基于人工智能的自动目标识别。

（1）统计模式自动目标识别

统计模式识别通过计算图像中每个候选检测区的矩形域的亮度来检测感兴趣区域，找到目标的潜在区域后，提取图像的统计特征并在特征空间中聚类，将每类所对应的特征度量与系统已存储的各种具体目标类型的特征度量比较，选择最接近的为待识别目标。该算法完全依赖于 ATR 系统大量的训练和基于模式空间距离度量的特征匹配分类技术，不具备学习并适应动态环境的智能，对样本的选取和样本的数量较敏感，难以有效处理姿态变化、目标部分遮掩、高噪声环境、复杂背景以及目标模糊等情形的目标识别。即使是在有限区域范围内，由于天气状况的改变，其性能也会发生重大变化，因此其应用只局限于很窄的场景内。

（2）基于模型（知识）的自动目标识别

基于模型的自动目标识别是通过对待识别图像形成假设并试图验证候选假设来进行的。该算法具有一定的规划、推理和学习的能力，在一定程度上克服了统计模式自动目标识别的局限性，但知识利用程度有限，还存在知识源的辨识、知识的验证、适应新场景时知识的有限组织、规则的明确表达和理解、实时性等难以解决的问题，在近期内还难以用到红外成像导引头中。

（3）基于不变量的自动目标识别

基于不变量的自动目标识别提取目标的形状、颜色、纹理等特征中的不变特征来对目标进行识别。该算法一般具有对目标平移、旋转、缩放的不变性，由简单明确的特征表达方式，通过搭配组合并进行合理的参数设计，能可靠地对目标进行自动识别，在对许多具体目标的识别中表现出良好的性能。但基于不变量的自动目标识别存在两个显著缺点：一是对噪声比较敏感，需要预处理减小图像噪声；二是计算量和所需的存储空间较大，难以满足实时性要求。

（4）基于特征匹配的自动目标识别

特征匹配法是通过比较标准图像目标与实时图像目标的特征来实现目标识别。特征匹配法充分利用了目标的形状信息，对目标的几何和灰度畸变不敏感，可以保证较高的跟踪精度，计算量和存储容量大大减小。但特征匹配法存在两个缺点：一是对噪声十分敏感，对预处理和特征提取要求较高；二是在某些纹理较少的图像区域，局部特征提取困难。

（5）基于模板相关匹配的自动目标识别

模板相关匹配法通过计算实时图与参考图之间的相关测度，根据最大相关值所在位置确定实时图中的目标位置。该算法具有很强的噪声抑制能力，对有关目标的知识要求少，计算形式非常简单，容易编程和硬件实现。但模板相关匹配法对几何和灰度畸变十分敏感，往往不能利用目标的几何特征，易产生积累误差。

上述几种自动目标识别算法在打击地面目标的寻的系统中应用时的性能比较见表5-4。

表 5-4　算法性能比较

算法 项目	统计模式 识别算法	模型(知识) 识别算法	不变量 识别算法	特征匹配 识别算法	模板匹配 识别算法
计算量	较大	较大	大	较大	较小
易实现性	一般	较难	一般	一般	容易
实时信息保障要求	低	低	低	低	较低
是否依赖实时分割	是	是	是	是	否
实时性	一般	差	不好	较好	好
噪声适应性	差	较好	差	差	好
小目标识别距离	一般	小	小	小	大

（6）其他自动目标识别方法

近年来，自动目标识别进入了一个新的发展阶段，该领域取得了许多可喜的研究成果，有效的自动目标识别方法主要集中在以下几个方面：人工神经网络识别方法、多传感器信息融合识别方法、专家系统识别方法、模糊识别方法。但这些新方法距离实用化还有相当长的一定距离。

5.4.7.10　跟踪算法简介

成像制导导引头可以测量得到各个目标在视场中的位置，在导弹飞行过程中，其目标图像在视场中相对于导引头光学系统也是做某种运动，当导引头锁定所攻击的目标之后，需要对目标进行跟踪，具有跟踪功能的成像装置称为成像跟踪器，其组成结构和原理示意图如图 5 - 33 所示，进一步可简化为如图 5 - 47（a）所示。

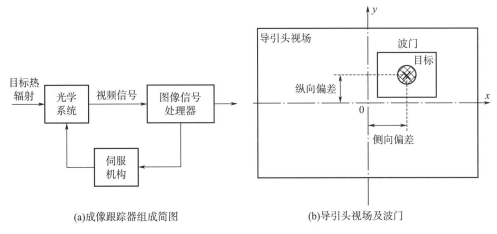

(a)成像跟踪器组成简图　　　　(b)导引头视场及波门

图 5 - 47　成像跟踪器组成简图和导引头视场及波门示意图

由导引头光学系统输出的图像信号送至图像信号处理器，经处理后输出目标相对于光学系统中心的偏差信号（为像素值），如图 5 - 47（b）所示，此偏差信号驱使导引头伺服机构转动光学系统以跟踪及锁定目标。跟踪及锁定目标的一个关键算法为跟踪算法，跟踪算法的选取主要取决于：1）目标特性；2）目标背景；3）弹目距离；4）探测器类型；5）环境条件等因素。其中目标背景主要分为两种：1）单一背景，如沙漠、大海等背景，此类背景的红外辐射特性较为一致；2）复杂背景，即背景红外特性复杂且变化无规则，如城市、机场、机库周围等，目标红外特性千差万别，各式各样，其红外灰度数字图像的形状、灰度等相差极大；3）环境条件也在很大程度上影响跟踪算法，特别是日照的强度和方向、空气能见度等。这些因素在很大程度上影响跟踪算法。

目前，已开发出各式各样的目标跟踪算法，但是绝大多数跟踪算法都是针对某一类背景下的目标跟踪问题，而开发一种较为通用的跟踪算法以适合各种复杂背景下对目标的跟踪问题一直是研发的重点及难点，具有较大的技术难度。

比较成熟的目标跟踪算法按成像跟踪系统的工作原理不同可分为两大类：对比度跟踪和相关跟踪。

（1）对比度跟踪

红外成像导引头采用成像跟踪器，其工作的首要条件是检测出目标在视场中的位置，如图 5 - 47（b）所示，假设视场大小为 $A \times B$，需要确定目标在视场中的位置偏差（表示为像素差），其方法主要有：1）测量目标图像的矩心；2）测量目标图像的边缘。相应的，这些方法对应矩心跟踪器和边缘跟踪器。

对于矩心跟踪器和边缘跟踪器而言，都需要设置一个波门（又称电子窗口，由专门的波门电路产生），其大小略大于目标图像，波门紧紧套住目标图像，如图 5 - 47（b）所示，这样可大大简化对目标图像的处理。在红外跟踪系统中，波门作为视频信号处理的一种手段，实际上是跟踪系统真正的处理窗口，它小于视场，但大于目标，可在视场内搜索并一直套住目标。由于导弹在攻击目标的过程中，弹目距离逐渐减小，目标在探测器上的成像随之增大，所以波门的大小必须随之自适应地同步变化，以保证在满足精度的前提下尽量减少计算量，同时增强系统的抗干扰能力。

①形心跟踪算法

对于形心跟踪，目标位置的确定可以通过质心或强度中心来确定。对于一个均匀的二维目标可用质心跟踪算法，对于发光不均匀的目标可用强度中心跟踪算法。在跟踪窗内目标形心估值

$$
\begin{cases}
x_0 = \dfrac{\sum\limits_{(i,j) \in TG} \sum i C(i,j)}{\sum\limits_{(i,j) \in TG} \sum C(i,j)} \\[4mm]
y_0 = \dfrac{\sum\limits_{(i,j) \in TG} \sum j C(i,j)}{\sum\limits_{(i,j) \in TG} \sum C(i,j)}
\end{cases}
$$

形心算法的计算简单，计算量较小，在短时间内就可以完成计算，输出目标的位置，其实现的稳定性与精度主要取决于分割阈值的确定情况。

②边缘跟踪算法

边缘跟踪算法是最简单的跟踪算法之一，适应于固定波门亮度的跟踪器。选择目标边缘点（上、下、左、右）作为跟踪点，使波门套住这些点，以抑制背景或目标的其余部分。这种算法主要是利用目标与背景交界处亮度有明显变化，用微分方法即可得到目标位置信息。这种跟踪算法适合于大型目标的跟踪。由于仅采用单一的数据点来定位，很容易受随机噪声的干扰，所以精度较低。

③优化的双边缘跟踪算法

针对边缘跟踪算法的缺陷，经改进可形成双边缘跟踪，即目标位置为两个边缘中心

$$
\begin{cases}
x_0 = 0.5(x_1 + x_2) \\
y_0 = 0.5(y_1 + y_2)
\end{cases}
$$

式中　　x_1, x_2, y_1, y_2——目标左、右、上、下各边缘值。

优化的双边缘跟踪算法比边缘跟踪算法精度高，适合跟踪比较对称的目标或点源目标。

对比度跟踪的优点：1）对目标变化（尺寸大小和姿态变化）具有较强的适应性；2）解算简单、计算量较小，容易实现实时跟踪，可以实现对高速运动目标的跟踪。其缺点：对目标的识别能力较差。其优缺点决定了其应用范围：适用于简单背景（空中、水面、沙漠）下的目标跟踪。

（2）相关跟踪

相关跟踪方法也称为"图像匹配"，即相关系统是将一个预先储存的目标图像样板作为识别和测定目标位置的依据，用目标样板和视频图像的各个子区域图像进行相关匹配计算，找出和目标样板最相似的一个子图像位置，就认为是目标当前的位置。

对于"人在回路"制导模式，由操作手用目标选择标识（即"跟踪窗口"）套住目标，按下确定跟踪按钮，这时信息处理模块即可将此小块图像存储下来作为目标样板，在此后的跟踪过程中，图像处理系统在导引头所摄的图像中不断查找出与目标样板最相似的一块子图像的位置，以它作为目标进行跟踪。

对于 ATR 制导模式，大致上同"人在回路"制导模式，需要事先将目标图像模板预装于图像处理计算机。当目标成像达到一定的像素之后，将其目标分割与目标模板进行匹配，如果两个图像的相关性达到一定的阈值，则锁定目标，即用"跟踪窗口"套住目标。

相关跟踪制导是依靠实时跟踪图像和目标模板的相关函数来获得目标位置偏差信号，相关函数如下

$$C(x,y) = \sum \sum s(u,v)r(u+x,v+y)$$

式中　$s(u,v)$——实时图像的灰度矩阵；

　　　$r(u,v)$——目标图像的灰度矩阵。

令 $\dfrac{\partial C(x,y)}{\partial x} = 0$，$\dfrac{\partial C(x,y)}{\partial y} = 0$，即可解得实时图像和目标图像之间的偏差量。

图像相关跟踪具有较好的目标识别能力，可以在复杂背景环境下识别目标，但对目标状态变化的适应能力较差，另外算法复杂，计算量较大，图像处理需要一定的时间，实时性稍差，一般可用于低速运动目标的跟踪。

5.4.7.11　跟踪工作模式

跟踪工作模式在工程上又有远距离的形心跟踪和近距离的相关跟踪两种。

红外成像制导系统的工作流程为：首先在投弹前需要将要攻击目标的红外热图像储存在导引头图像计算机作为末制导的基准图像；投弹后依据中制导将导弹引导至中末交接班的状态，当制导系统判断目标快进入导引头的作用距离范围时给导引头发送导引头光轴预置角指令或搜索指令，导引头依据预置角功能和搜索功能发现目标，进而进行识别及锁定，其后制导系统进入末制导状态，即转入对目标进行跟踪攻击。当导弹离目标较远时，目标的红外图像所占的尺寸相对整个视场景物较小，跟踪器可以找到目标热成像的边缘和形心，采用形心跟踪方式进行制导。当导弹离目标较近时，目标红外图像太大已无法找到目标热成像的边缘和形心，这时转为相关跟踪，计算实时红外图像与弹上储存的基准图像之间的相关函数，形成制导指令，对目标进行攻击。

5.4.7.12　工作时序

红外成像制导（ATR模式）工作时序主要分为投弹前和投弹后两部分，如图5-48所示。

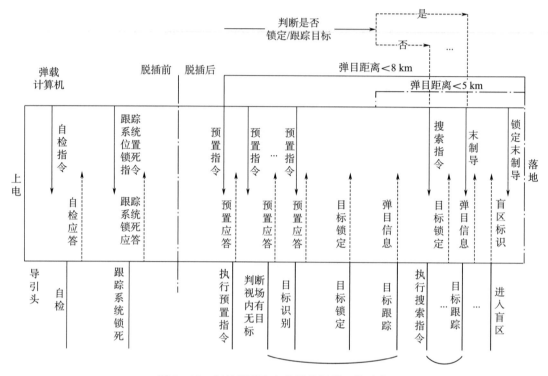

图 5-48　红外导引头自动目标识别工作时序

（1）投弹前

1）弹载计算机和导引头空中上电，由弹载计算机发送自检指令，导引头进行自检，包括：a）导引头与弹载计算机之间的通信检查；b）导引头伺服机构是否正常工作；c）导引头光学系统和探测器是否正常工作；

2）导引头自检完成后，向弹载计算机发送自检结果；

3）由弹载计算机发送导引头伺服机构锁死指令，导引头进行伺服机构锁死操作，并向弹载计算机发送锁死操作结果。

（2）投弹后

1）实时计算弹目距离，当弹目距离小于8 km时，由弹载计算机根据实时的导航姿态、弹目位置信息计算弹目视线在导引头坐标系下的投影，形成所需的预置角指令，并以一定时间间隔向导引头发送预置指令（包含预置角），如图5-49所示。

2）导引头收到预置指令（包含预置角）后，执行导引头预置功能，将导引头光学轴向控制至预置角。

3）导引头在瞬时视场内检测是否存在目标，并上报预置结果。

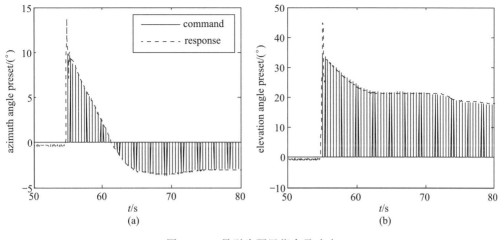

图 5 - 49　导引头预置指令及响应

4）弹载计算机在一定的间隔内，实时判断收到的导引头上报信息：瞬时视场内无目标，则会实时根据导弹姿态和弹目视线角重新计算预置角，发送预置指令给导引头，否则，停止计算预置角。

5）当弹目距离小于 5 km 时，这时如没有收到探索至目标的信息，则弹载计算机启动导引头搜索功能：由弹载计算机计算弹目视线角以及弹目距离，根据实时的导航姿态，计算导引头所需的预置角以及导引头高低和方位搜索角，并向导引头发送搜索指令（包含预置角以及搜索角大小）。

6）导引头收到搜索指令后，执行导引头搜索功能，基于预置角，在目标可能出现的视场范围内，按一定搜索策略执行搜索，实时判断是否检测到目标并进行实时的目标识别。

7）一般情况下，搜索策略优先在侧向进行扫描，扫描的速度需要考虑弹体飞行速度、弹目距离、姿态以及瞬时视场角大小等，避免漏扫情况，如图 5 - 50 所示。

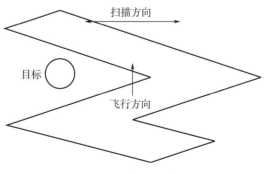

图 5 - 50　扫描示意图

8）在确定所需的攻击目标后，进行目标锁定操作，即根据目标与光轴中心之间的像素差，驱动导引头稳定跟踪系统，最终使光学中心对准目标，实现对目标的跟踪。

9) 导引头在稳态跟踪目标过程中，实时输出弹目视线角速度，弹载计算机借此形成末制导指令，结合弹上姿控系统，完成将导弹速度矢量对准弹目视线。

10) 导引头实时处理红外图像，判断是否进入导引头光学盲区，如果进入盲区，则向弹载计算机上报：进入盲区标识。

11) 弹载计算机收到导引头上报的进入盲区标识后，锁定末制导指令，弹上姿控系统则继续工作，直到导弹落地，完成对目标的攻击任务。

5.4.7.13 技术指标

红外成像导引头的性能指标与所处的天气条件、目标尺寸及特性、背景和弹道参数等因素有关，确定红外成像导引头的性能指标首先得确定上述因素：

1) 天气条件：空中能见度≥10 km，相对湿度≤80%；导弹飞行弹道附近无云。

2) 目标尺寸及特性：≥10 m×10 m（地面典型的建筑目标）。

3) 目标和背景等效温差：≥5 000 mK。

4) 弹目视线高低角：≥30°。

解释：1) 天气条件中的空中能见度和空气湿度影响红外热辐射的散射及吸收，进而影响进入光学系统的辐射度，天气条件中还得特别注意，确保目标附近上空或导弹飞行弹道附近无云，空中云中所含的水汽将严重影响导引头对地面目标的探测；2) 目标尺寸在距离一定的情况下决定了热成像的尺寸（像素），影响识别距离；3) 背景和目标特性之间的发射率差异性决定目标和背景热成像的差异性，而背景和目标特性之间的发射率差异性随多种因素的变化而变化，即使在一天时间内，其变化也非常大，所以必须选择合适的时间窗口，使得目标和背景等效温差大于5 000 mK；4) 弹目视线高低角决定了红外成像时的角度，其影响成像的尺寸。

某伺服式红外成像导引头在上述条件下的性能指标如下：

1) 尺寸：ϕ90 mm×150 mm；

2) 质量：≤1.5 kg±0.1 kg；

3) 工作电源：(28.5±3) V；

4) 自检时间：≤5.0 s；

5) 探测器：氧化钒非制冷红外焦平面探测器；

6) 工作波段：8~14μm；

7) 噪声等效温差（NETD）：≤100 mK（25 ℃）；

8) 分辨率：640×480 pixel 或 640×512 pixel；

9) 帧频：60 fps；

10) 图像输出延迟时间：≤20 ms；

11) 识别目标时间：≤0.4 s；

12) 目标探测距离：≥8.0 km；

13) 目标识别距离：≥4.0 km；

14) 目标识别概率：≥95%；

15）目标截获概率：≥95%；

16）盲区距离：≤100 m；

17）瞬时视场：≥6°×4.5°；

18）伺服框架角：俯仰框架角－40°～＋10°，偏航框架角－15°～＋15°；

19）伺服跟踪角速度：≥15（°）/s；

20）视线跟踪精度：≤0.02（°）/s；

21）目标跟踪精度：±2 个像素；

22）隔离度：2%（2°/2 Hz 的载体正弦运动）；

23）视频输出：PAL 制式。

重要设计指标确定依据如下：

1）导引头的径向尺寸在较大程度上取决于伺服框架角的大小，对于空地战术导弹而言，框架角的大小跟飞行弹道等因素相关，可根据弹道仿真确定框架角的大小，一般情况下，俯仰角－40°～＋10°和偏航角－15°～＋15°较为合理。

2）识别距离：其大小跟导弹的机动能力以及装定目标点的偏差有关，一般情况下，可取识别距离为 3～5 km，对于目标装定位置误差较大，而导弹的机动能力较差时，可取识别距离为 5 km。

3）帧频：帧频在较大程度上取决于导引头计算机的处理能力和探测器输出频率，在工程上，希望能以较快的频率输出图像，以提高导引头伺服平台的带宽，进一步提高导引头输出视线角速度的品质，较大的伺服平台带宽可以改善隔离度，减弱寄生回路对制导控制系统的影响，进而提高制导控制品质以提高打击精度。

4）瞬时视场角：一般根据目标装定位置偏差、导航精度、控制精度、弹体结构件加工误差以及组装误差、导引头伺服平台的控制精度等因素确定瞬时视场角的大小（在确定瞬时视场角和探测器尺寸的前提下即可计算得到光学系统的等效焦距），鉴于目前红外目标识别技术，最好在导引头不扫描的状态下进行目标识别。

5）分辨率：探测器的分辨率跟瞬时视场角、识别距离、目标大小及特性、光学系统的等效焦距等众多因素相关，一般在识别距离处计算成像的像素尺寸，根据算法判断是否可以识别以及截获目标，对于较复杂的目标及背景条件下，可按成像大小大于 10×10 pixel 确定探测器的分辨率。

6）隔离度：隔离度指标是导引头伺服平台的重要设计指标，影响导引头输出视线角速度的品质。降低隔离度，可以提高输出视线角速度的品质，减弱导引头与控制回路之间的寄生回路对制导控制品质的影响，进而提高制导精度。

5.4.8　电视制导

电视制导属于被动式制导，是光学制导体制中的一种，一般用作导弹末制导，是利用可见光接收设备被动接收目标反射的可见光信息实现对目标的探测、识别、跟踪及锁定，导引导弹攻击目标的一种制导技术。

电视制导具有抗干扰性强、隐蔽性好、分辨率高和成本低等特点，对于低空或超低空目标也具有良好的跟踪性能，并且能实时显示运动目标图像。

（1）电视制导分类

电视制导按制导特性可分为电视指令制导和电视寻的制导两种方式。

电视指令制导，也称为电视遥控制导，是一种早期常采用的制导体制，其制导过程中需要操作人员实时识别及锁定目标。制导系统由装在导弹头部的电视摄像机、电视发射机、发射天线、指令接收装置、自动驾驶仪以及装在载机上的电视接收装置（接收机和天线）、机载计算机、指令发射机和发射天线等组成。导弹投放后依靠中制导指令飞向目标，当目标进入导引头探测距离前，导引头开机搜索目标，摄取目标图像后，由弹上电视发射机将图像实时传输到载机并显示在平显上，载机操作人员在多个目标中确定攻击目标，然后发出停止搜索命令，移动波门套住攻击目标，同时发出捕获和跟踪指令，通过导弹上的自动驾驶仪控制导弹飞向目标。

电视指令制导的优点是导引精度高，操作人员可在多个目标中确定攻击目标；缺点是易受敌方干扰和天气的影响。

电视寻的制导可脱离了制导站独立工作，其工作模式类似于红外成像寻的制导，投弹后，导弹依据中制导指令飞向目标，导引头依靠预置角或搜索功能搜索目标，当识别目标后即进入自动跟踪模式，并通过弹上制导控制系统控制导弹飞向目标。

（2）电视寻的导引头组成及工作流程

电视导引头一般由电视摄像机、光电转化器、误差信号处理电路、伺服机构等组成，如图 5-51 所示。电视摄像机一般由电荷耦合器件（Charger Coupled Device，CCD）或CMOS、光学镜头、变焦装置（或固定焦距）等组成，其功能是获取目标和背景图像；光电转换器主要将目标的电信号转换为数字信号，完成图像处理；伺服机构由力矩电机、速率陀螺、测角装置（如电位计、光电编码器或磁编码器）、配套的结构件及电缆、伺服控制程序等组成，伺服机构实时接收可见光图像中心与电视摄像头视场中心之间的像素差，依照采用的控制律产生控制指令，使得电视摄像头视场中心实时跟踪目标中心。

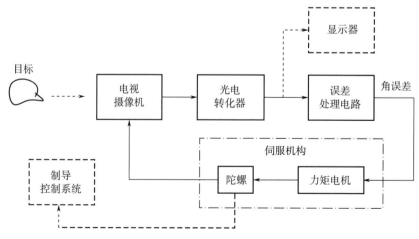

图 5-51　电视导引头组成

电视寻的制导由弹上的电视导引头和载机配合完成，具体工作流程如下：

1）导弹发射后，电视导引头不断摄取目标和周围环境的图像，从有一定反差的背景中选出目标并借助跟踪波门对目标进行跟踪；

2）当波门中心偏离导引头视场中心时，产生偏差信号，如图 5-52 所示，驱动伺服机构的力矩电机偏转，使得导引头光学中心实时对准目标；

3）弹上制导系统依据伺服机构速率陀螺或测角装置得到的弹目视线角速度及飞行状态量等生成制导指令；

4）弹上姿控系统根据制导指令以及飞行状态实时产生姿控指令；

5）弹上执行机构根据姿控指令，驱使气动舵面偏转，控制导弹沿着制导弹道飞行，直至击中目标。

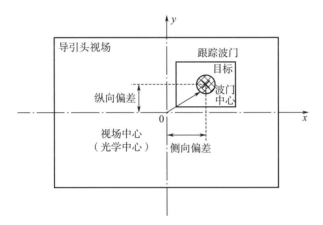

图 5-52　视场、波门和目标之间的关系图

（3）电视寻的制导的优缺点及使用范围

电视制导属于光学制导，采用被动制导体制，其优点如下：

1）抗电磁干扰：电视制导属于被动地检测目标与背景光能之间的偏差，直接成像，不受电磁干扰的影响；

2）分辨率高：基于目前的探测器技术，可获取高分辨率的目标可见光图像，便于识别目标；

3）制导精度高：可见光波长短，分辨率高，决定了其制导精度较高；

4）可在小视线高低角情况下工作，不受地表多路径效应的影响；

5）体积小、质量小、适用于战术导弹小型化要求；

6）技术成熟，成本低。

其缺点：夜里或低能见度等条件下，制导效能大受影响，不适于全天候作战；易受强光、烟雾等干扰的影响。

（4）电视寻的导引头技术指标

目前用于电视制导的大多为被动式寻的电视成像导引头，其导引头的指标与工作环境有关，确定电视成像导引头的技术指标首先得确定天气条件：

1）能见度：$\geqslant 10$ km；

2）工作相对湿度：$\leqslant 90\%$；

3）目标尺寸：10 m$\times 10$ m。

某伺服式电视寻的导引头在上述条件下的性能指标如下：

1）尺寸：$\phi 90$ mm$\times 150$ mm；

2）质量：$\leqslant 1.5$ kg± 0.1 kg；

3）工作电源：(28.5 ± 3) V；

4）自检时间：$\leqslant 5.0$ s；

5）探测器：CMOS 或 CCD；

6）分辨率：$1\,920\times 1\,028$ pixel；

7）工作波长：$0.4\sim 0.8$ μm；

8）帧频：60 fps；

9）目标探测距离：$\geqslant 6$ km；

10）目标识别距离：$\geqslant 4$ km；

11）目标识别概率：$\geqslant 90\%$；

12）盲区距离：$\leqslant 100$ m；

13）瞬时视场：$\geqslant 7°\times 5.2°$；

14）伺服框架角：俯仰框架角$-40°\sim +10°$；偏航框架角$-15°\sim +15°$；

15）伺服跟踪角速度：$\leqslant 15$ $(°)/s$；

16）视线跟踪精度：$\leqslant 0.02$ $(°)/s$；

17）隔离度：2%（2 $(°)/2$ Hz 的载体正弦运动）；

18）识别目标时间：$\leqslant 0.4$ s；

19）视频输出：PAL 制式；

20）延迟时间：30 ms。

随着 CCD 和 CMOS 以及高性能计算机技术的发展，已开发出高分辨率的 CMOS（可达 $2\,048\times 2\,048$ pixel 或更高），故可采用捷联电视制导技术对小型移动目标进行打击。例如，对小型目标（如尺寸为 4.6 m$\times 2.5$ m$\times 2$ m 的坦克）进行打击，捷联导引头的主要性能指标为：1）分辨率：$2\,048\times 2\,048$ pixel；2）视场：$20°\times 20°$；3）目标探测距离：$\geqslant 3$ km；4）目标识别距离：$\geqslant 2$ km；5）输出：视线角、波门位置与工作状态；6）视线角精度：$0.1°$；7）波门自适应；8）延迟时间：$\leqslant 15$ ms。

5.4.9　激光半主动制导

激光半主动制导是光学制导中发展最早、技术最成熟、应用较广泛的一种制导体制，其工作过程：机载或地面激光照射器产生激光照射指定的目标，由弹上导引头接收到目标漫反射的激光，根据目标漫反射的激光在探测器上的能量分布可测量得到弹目视线，借此形成制导指令，弹上姿控系统控制导弹准确地攻击目标。

　　激光制导与可见光制导、红外制导工作机理相类似，是三种主要的光学制导方式之一。众所周知，可见光与红外制导是利用目标反射自然界的光或者目标自身发出的热辐射完成对目标的搜索、识别及锁定，而激光在自然界原本是不存在的，需要照射器产生可见或不可见的激光（取决于激光的波长，而激光波长取决于产生激光的工作物质）。所以在激光制导体制下，需要激光照射器〔由激光工作物质、泵浦系统（激励源）和光学谐振腔等组成〕照射目标以达到目标反射激光的目的，这也是激光制导工作机理与其他两者之间最大的不同之处，也是限制激光制导使用的一个最大因素。

　　激光产生的理论依据是：普朗克于 1900 年用辐射量子化假设成功地解释了黑体辐射分布规律，在此基础上爱因斯坦研究关于光与物质相互作用问题时发现，只有光自发辐射和光吸收两个过程，不足以解释普朗克黑体辐射分布定理，必须引入受激吸收过程的逆过程——受激发射，并于 1917 年提出一套全新的技术理论"光与物质相互作用"，核心内容为：原子中有不同数量的电子分布在不同的能级上，在高能级上的电子受到某种光子的激发，会从高能级跃迁至低能级上，同时将会辐射出与激发它的光相同性质的光，故在某种状态下，能出现一个弱光激发出一个强光的现象，即称为"受激辐射的光放大"，简称激光。

　　（1）激光特性

　　激光的产生机理决定了激光具有普通光所不具有的特点：即三好一高，"三好"为单色性好、相干性好、方向性好，"一高"为亮度高。

　　① 单色性好

　　普通光源发射的光子其在频率上是各不相同的，即表现为各种颜色，而激光产生的光子频率几乎相等，其频率相差可小于 20 Hz，即激光是最好的单色光源，给激光编码带来可能，使得激光制导体制的抗扰性大大增强。

　　② 相干性好

　　受激辐射的光子在相位上是一致的，再加之谐振腔的选模作用，使激光束横截面上各点间有固定的相位关系，所以激光的空间相干性很好。

　　③ 方向性好

　　激光器产生的激光束束散角很小，几乎可视为是一平行的光线，其束散角为几个 mrad 的量级，甚至低至 0.1～0.3 mrad。

　　④ 亮度高

　　激光的亮度是普通光源的 10^{12}～10^{19} 倍，是目前最亮的光源，强激光甚至可产生上亿摄氏度的高温。

　　（2）激光制导特性

　　激光的特性在很大程度上决定了激光制导的特性。

　　① 精度高

　　激光束方向性好在很大程度上决定了激光制导高精度的特点，某些型号的激光半主动制导空地导弹的命中精度可优于 0.5 m，激光炮弹的命中精度可达 0.3 m。

②抗干扰能力强

干扰主要来自三方面：1）背景干扰；2）人为释放干扰；3）多弹同时攻击目标时产生的自相干扰。由于激光的单色性好、方向性好、功率大、脉宽窄和可以编码，所以背景干扰小，不易被干扰，即在抗干扰方面激光制导优于电视或红外成像制导，可在较复杂的人为干扰及背景干扰下实现对目标的识别和跟踪。

③受天气影响大

当前常用于制导使用的激光波长是 $1.064~\mu m$（由 CO_2 激光器产生），由于波长较短，大气透过率受天气的影响很大（在这方面，可选择波长为 $10.64~\mu m$ 的激光），其主要是由于空气中的三原子分子（如 CO_2、H_2O、NO_2）对激光的吸收作用以及微小颗粒对激光的米氏散射作用，在雨雪天气、雾霾、沙尘暴等天气下使用受限，其中在有雾的天气下，激光传播的衰减系数为 8.5 dB/km，在小雨天气下（降雨量为 2.5 mm/h），衰减系数为 3.5 dB/km。

④目标识别能力强

激光照射器和导引头接收信号采用编码技术，导引头可以很容易地从复杂的战场环境中搜索、识别以及锁定目标。

⑤价格较低

激光制导是众多制导方式（如可见光、红外成像、毫米波或雷达制导等）中较为廉价的一种制导方式。

（3）激光束和光斑特性

由于激光制导利用激光器产生的激光束照射目标，在目标表面形成光斑，故激光束传输特性、光斑以及目标特性在一定程度上影响激光制导的精度。

①激光束传输特性

在工程上已经研究了各种环境及天气条件下激光传输衰减机理，包括空气对激光的吸收作用以及雾、雨、雪、气溶胶等对激光的散射作用。

②光斑跳动

由于受到日照、地形、气压等因素的影响，大气并非平稳静止，容易产生大气湍流，使得激光达到目标处时产生跳动现象。另外由于照射器照射时不稳定也使得照在目标处的光斑产生跳动，图 5-53 所示为某一次机载照射器照射靶标产生的光斑跳动现象。

③象跳

由于大气湍流使得从目标漫反射过来的激光到达激光导引头光学系统处的方向会发生随机的小幅跳动，使得导引头输出角度值也伴随随机跳动。

考虑到导弹在飞行接近目标的过程中，其导引头接收能量急剧变化，故导引头探测器能接收能量特别弱和很强的激光信号（在工程上可采用跳档和自动调节技术），激光导引头除了能接收到目标漫反射的激光，还能接收空中微颗粒对照射激光的散射激光，如果微颗粒离导引头不远，其散射激光可被导引头探测到，并可能超过导引头的接收阈值，即可被导引头捕获，导引头即输出一个针对虚假目标的角度信息。

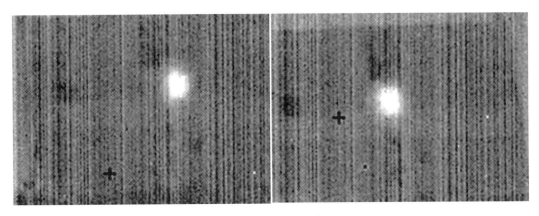

图 5 - 53　光斑跳动

（4）目标特性

激光在本质上属于电磁波，故与红外线和可见光照射目标类似，激光照射目标也产生反射、吸收和穿透现象（其能量遵循能量守恒定律），其反射的激光被导引头探测到并用于制导，据公开资料显示，美国曾测量与计算上千种具有战术价值材料的反射系数，其中几种材料的漫反射系数见表 5 - 5。

表 5 - 5　不同材料的漫反射系数

指示目标	混凝土	沥青	锈蚀钢板	砖块
漫反射系数	0.15	0.2	0.237	0.5

作用距离与指示目标的漫反射系数有很大的关系，指示目标的漫反射系数越高，导引头作用距离越远。

5.4.9.1　组成

各激光半主动导引头由于结构和特性不同，其组成也不尽相同，下面以伺服式激光半主动导引头为例，说明其组成，导引头主要由整流罩、镜头、滤光片、激光光学探测器、伺服系统、计算机、配套的结构件和电气设备、相应的软件等组成，其中整流罩、镜头和滤光片等组成光学系统，光学系统、激光光学探测器及伺服系统（包括底座、内框架和外框架等结构件）的组合称为位标器。

整流罩：主要起保护导引头内部光学器件和电气设备的作用，其材料为特种玻璃，使相应波段的激光以尽量少的损耗透过导引头的镜头，外形要满足气动设计的需要，通常设计成半球形。

镜头：考虑导引头的尺寸大小，可选用透射式光学镜头、反射式光学镜头以及复合式光学镜头，其作用为将视场内的辐射束聚焦在探测器的灵敏面上。

滤光片：采用特种材料镀膜的镜片，使某一波长的光透过镜片，对其他波长的光进行阻挡处理。

激光光学探测器：探测器大多采用四象限探测器，由四只独立的光电二极管组成，以光学系统的轴线为对称轴，置于光学系统的焦平面附近，对特定的激光波长进行探测，将其转换为光电信号。

计算机：通常采用典型的 DSP＋FPGA 结构，其作用有两个方面：其一，对光学探测器输出的原始光电信息进行 A/D 采样，将其转换为数字信号并进行滤波处理，根据四路四象限探测器的信号，经算法生成高低方向和方位方向的偏差量；其二，根据此偏差量，采用控制算法（可采用经典控制算法或现代控制算法），生成控制指令，经 D/A 转换为模拟控制指令，经功放模块驱动伺服平台，以消除偏差量。

伺服系统：伺服平台类似于普通的机电伺服平台，主要用于控制激光导引头光学部件在方位和高低方向的转动。

5.4.9.2　分类

基于激光制导的原理，激光制导分主动式和半主动式。

主动式激光制导：需要在导引头内部安装激光照射器和接收机，制导体制可采用发射后不管，具有较高的作战效能，但由于技术发展还不成熟，作用距离较短，导引头还需配备额外的可见光或红外成像锁定装置，目前还没在制导武器型号上应用。

半主动式激光制导：由载机或地面的照射器对目标进行照射，弹上只需安装探测激光信号的装置，具有结构简单、可靠性高、成本低、技术成熟等优点，从 20 世纪 60 年代发展至今，所有的激光制导空地制导武器都采用半主动式。

半主动式激光制导导引头按结构和电气特性进一步分为捷联式、风标稳定式、陀螺稳定光学系统式、陀螺光学耦合式与陀螺稳定探测器式。分别简介如下：

（1）捷联式

捷联式激光半主动导引头的光学系统和激光探测器直接固连在导引头的基座上，无伺服控制机构，光轴不跟踪目标。其优点：1）由于消除了机械伺服机构，结构简单并且可以小型化；2）系统简单且成本较低。其缺点：1）由于瞬时视场角较小，增加了末制导捕获目标的难度，增大了目标失锁的风险；2）依据制导理论，在进入末制导后要求弹目相对速度矢量方向对准目标，当目标存在侧向机动时，导引头不再朝向目标，而是以一个前置角朝向目标运动的方向，当导弹速度较小，而目标速度较大时，此前置角较大，容易导致目标出视场，故捷联式导引头适合于攻击侧向运动速度较小的目标；3）导引头输出为导引头坐标系下的弹目视线角，此信息与弹体的姿态信息耦合，需要开发解耦算法，提取惯性坐标系下的弹目视线角，增加了制导律设计难度。

对于捷联式激光半主动导引头，制导可以采用角度型的制导律，例如速度追踪法或其变形，制导精度一般，适用于打击静止或慢速运动的目标，并且不能设置终端约束角打击目标。随着计算机技术、信号处理技术以及导航技术的提高，可以采用数学的方法计算得到弹目视线角速度，这时即可采用比例导引法或带终端角约束的比例导引法。

随着技术的进步，捷联式激光半主动导引头也将逐渐成为发展的主流，特别是小型或微型制导武器。配备捷联式激光半主动导引头的微小型空地导弹常需要基于数据链（用于接收载机目标定位系统输出的目标定位信息）引导进行中制导，使得在进入末制导之前捕获目标并进行攻击。在工程上，现已开发无数据链即可攻击移动目标的算法，在地面目标运动速度不大的情况下，可以大概率捕获目标并进行攻击。

（2）风标稳定式

风标稳定式又称为万向支架式，早期激光制导炸弹（第一代、第二代和第四代激光制导炸弹）大多采用此方案，如图 5 - 54 所示。导引头由风标、整流罩、滤光片、厚透镜、探测器及相关的电气设备组成，如图 5 - 55 所示。光学系统和探测器等主要部件均固定在两个正交的万向支架上，采用风标稳定。

图 5 - 54　风标稳定式激光半主动导引头

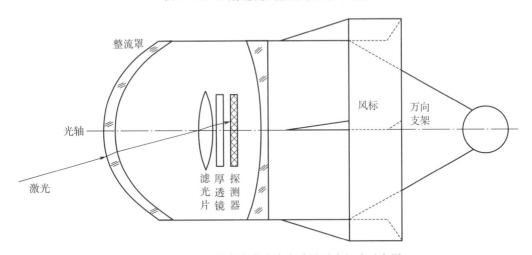

图 5 - 55　风标稳定式激光半主动导引头组成示意图

装配风标稳定式激光半主动导引头的导弹其制导采用速度追踪法，导弹在飞行过程中，在空气动力的作用下，环形风标总顺着气流方向，即风标的纵轴与导弹空速矢量方向一致。位标器在设计上保证四象限激光探测器中心与光轴重合，探测器中的四象限光电二极管接收由目标反射的激光能量，经 A、B、C、D 四个通道，送到计算机进行处理，计算机计算出弹目视线与空速矢量之间的偏差角，经处理形成制导指令，姿控系统响应制导指令，修正弹体实际飞行方向与理想速度追踪方向的偏差，使误差角减小并逐步趋于零，使得导弹的空速方向与弹目视线一致，从而实现速度追踪法。

风标稳定式的优点：结构简单，成本较低。其缺点：由于大气的不稳定，导引头输出伴随较大的噪声和误差，影响制导精度。一般情况下，制导精度相对较低，且随着风速的增加以及飞行速度的降低而降低，大约为 3～5 m 的级别。

（3）陀螺稳定光学系统式

陀螺稳定光学系统式激光半主动导引头由光学系统、探测器、动力陀螺、伺服机构等构成，如图 5-56 所示，光学系统和探测器均由动力陀螺进行稳定，光学系统是陀螺转子的主要部分，探测器与陀螺内环固连，不随陀螺转子旋转，随光轴转动。

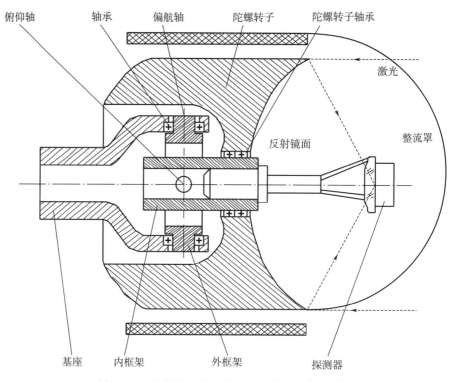

图 5-56　陀螺稳定光学系统式导引头组成示意图

陀螺稳定式导引头输出弹目视线角速度和支架角信息，其视线角速度信息需要结合导弹姿态角信息解算得到惯性坐标系下的弹目视线角速度信息。导引头由伺服控制进行稳定跟踪，瞬时视场较小，动态视场较大，基于动力陀螺稳定光学系统，可以很好隔离弹体姿态变化和扰动对导引头的影响，可以实现较高精度制导。另一方面，导引头系统复杂，成本较高，可用于攻击目标机动较大的小目标，在工程上较为常用，例如 AGM-45、AGM-114 等空地导弹即采用此类型导引头。

（4）陀螺光学耦合式

陀螺光学耦合式激光半主动导引头由光学系统、探测器、动力陀螺、伺服机构等构成，如图 5-57 所示，其光学系统主要部分和探测器固连在导引头基座上，用陀螺稳定反射镜，可独立跟踪目标，瞬时视场小，制导精度高，适合打击高机动目标。其优点是结构简单，性能优良。

此类型导引头应用最广，例如"铜斑蛇"制导炮弹、AS.30L 空地导弹均采用此类型导引头。

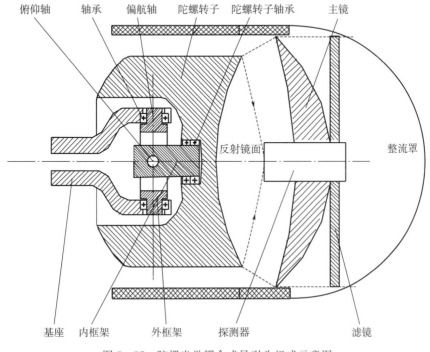

图 5 - 57　陀螺光学耦合式导引头组成示意图

（5）陀螺稳定探测器式

陀螺稳定探测器式激光半主动导引头采用了一种与前述相反的稳定光轴方法。其光学系统固定在弹体上，主反射镜在弹体上，探测器用陀螺进行稳定。这种形式的导引头采用了同心光学系统，其光学系统像面为球面，且球心和反射镜球心重合。当来自目标的光线方向不变时，目标像位不会因光学系统的倾斜而变动。如果将探测器置于像面上，并用陀螺稳定，则探测器中心与球心之间的连线即为稳定光轴。该激光导引头能独立扫描，制导精度高，结构复杂，适合打击机动目标。

5.4.9.3　工作原理

激光半主动制导大多采用四象限探测器（现已开发出单元件探测器，并用于捷联式激光半主动导引头），四象限探测器由四只性能相同且相互独立的光电二极管组成（光电二极管采用硅敏感半导体，通常为硅光电二极管或雪崩式光电二极管），以直角坐标系的方式排列成 4 个象限并集成在同一芯片上，中间由十字形刻线隔开，如图 5 - 58（a）所示，其中 ϕ 为探测器光敏面的直径，d 为刻线宽度，A、B、C 和 D 代表 4 个光敏面。

导引头接收到从目标漫反射的激光（此激光由激光照射器照射目标产生），经光学整流罩、光学镜头、滤镜后，照射在四象限探测器，形成一个近似圆形的光斑，如图 5 - 58（b）

所示。假设入射光斑为圆形且能量分布均匀，如图 5-58（c）所示，照射在光敏面上的光斑被四个象限分成四个部分，由于光生伏特效应，光能转换为电能，四象限探测器输出微弱的电流信号，其大小为 I_A、I_B、I_C 和 I_D 的阻抗电流，当光斑中心在四象限探测器上的位置改变时，光敏面各象限上的光斑面积也随之改变，从而引起四象限探测器各象限输出电流强度变化，通过信号处理方法可以得到光斑能量中心相对于探测器十字中心的相对偏移量，即光斑偏移量信息。

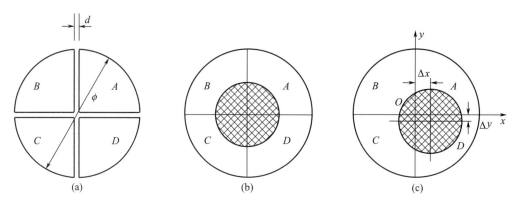

图 5-58　四象限探测器工作示意图

根据输出的相对电流强度可以计算得到光斑能量中心位置，用 Δx 和 Δy 表示 Ox、Oy 轴上根据四象限探测器输出信号经过一定的算法处理后直接测得的偏移量，Δx 和 Δy 与光斑能量中心实际偏移量有一定的对应关系

$$\begin{cases} \Delta x = \dfrac{(I_A + I_D) - (I_B + I_C)}{I_A + I_B + I_C + I_D} \\ \Delta y = \dfrac{(I_A + I_B) - (I_C + I_D)}{I_A + I_B + I_C + I_D} \end{cases}$$

5.4.9.4　工作模式与流程

激光导引头工作时需要激光照射器对目标进行照射，照射方式有协同照射和独立照射两种。

协同照射：激光照射器不在载有导弹的载体上，可由地面的特种兵手持激光照射器或由其他载机的光电吊舱进行照射，当发现目标后，特种兵或照射载机和导弹挂载载机就目标位置、激光编码、发射时间等信息进行交互式沟通后，由导弹挂载载机完成导弹发射任务，激光照射器可在导弹发射前或发射后照射目标，以导引导弹向目标飞行直至命中为止。导弹挂载载机在发射导弹后可立即转移，也可在隐蔽物后方发射导弹，减少暴露时间，提高了生存力。特种兵和激光照射器虽然可隐蔽，但是受限于照射距离，容易被敌方发现，易被摧毁，从而使导弹失去控制。

独立照射：激光照射器和导弹发射装置配置在同一载机上，由载机独立完成照射目标和发射导弹任务。这种方式有利于攻击突然出现的目标或随机发现的目标，但由于载机从发现目标、发射导弹到导弹命中目标的整个过程都处于暴露状态，容易遭受敌方攻击，生存力较差。

导弹的发射模式分两大类，即发射前锁定和发射后锁定。其中发射后锁定根据载机是否一直照射目标可进一步分为直接式发射后锁定和间接式发射后锁定。

发射前锁定：适用于探测距离较远、伺服型的激光半主动导引头（如为捷联式导引头，则要求导引头具有较大的瞬时视场角）。当确定攻击目标后，首先依据可见光或红外图像锁定目标，再利用激光照射器照射目标，当导引头捕获目标反射的激光信号后将导引头光轴对准目标，之后在确保目标进入导弹的有效攻击距离之内后即可发射导弹，导弹制导系统直接进入末制导，攻击目标将其摧毁。其优点是不论激光照射器和导弹发射单元是否在同一位置，都可对目标进行精确锁定，其缺点：1）受限于激光探测器作用距离，适合攻击距离较近，离轴角较小的目标；2）要求导弹固体发动机推进剂为无烟或少烟；3）由于发射前锁定模式适用于近射程发射导弹，导致发射时载机近距离暴露在敌方面前，容易遭受攻击。

直接式发射后锁定：预先大概知道目标点的信息或通过载机的光电吊舱确定目标的大致信息，然后以大致的射向角发射导弹，在导弹飞行过程中，载机光电吊舱一直照射目标，弹上导引头接收目标反射的激光信号后锁定，最后精确导向目标。这种方式可使激光照射器减少照射目标的时间，降低威胁，可采用协同照射目标的模式。

间接式发射后锁定：这种发射模式与直接式发射后锁定大致相同，区别是导弹可从隐蔽地形后发射导弹，通过弹道设计使导弹越过障碍物，然后导引头接收到信号后锁定目标。这种模式可使发射载机不必暴露，提高载机的生存力。

现代配备激光半主动导引头的导弹大多都具有发射前锁定和发射后锁定的能力，一般优先选用发射后锁定，其好处为：1）可选择合适的开机时间，有效避开本机激光照射器照射目标时造成的激光后散射问题；2）选择合适的开机时间，可有效避开发动机的烟雾；3）投放瞬间，导弹受到各种干扰，其姿态变化剧烈，对于捷联式激光半主动导引头（视场角较小），可能会失锁。

某伺服激光半主动导引头的工作流程如图 5-59 所示，具体如下：

1）在挂飞段，根据地面指令给导弹加电，同时导引头也上电自检，并完成初始化；

2）装定激光编码，允许在投弹前更改激光编码；

3）发送禁止激光捕获指令；

4）投弹后，由载机吊舱择机照射目标，并跟踪目标；

5）飞行控制系统根据弹目相对距离，对弹体的姿态加以控制，使弹目视线在导引头的视场范围之内，择机发送允许激光捕获指令；

6）导引头进入搜索状态，驱动伺服机构在俯仰和偏航方向搜索反射的激光，对激光信号进行采集并解码，判断解码是否与装定编码一致，如一致，则完成目标搜索及识别，如不一致，则继续驱动伺服机构在俯仰和偏航方向扫描漫反射的激光，直到识别目标；

7）完成目标搜索及识别后，导引头进入目标跟踪阶段，对漫反射的激光信号进行处理，生成俯仰和偏航方向的失调角；

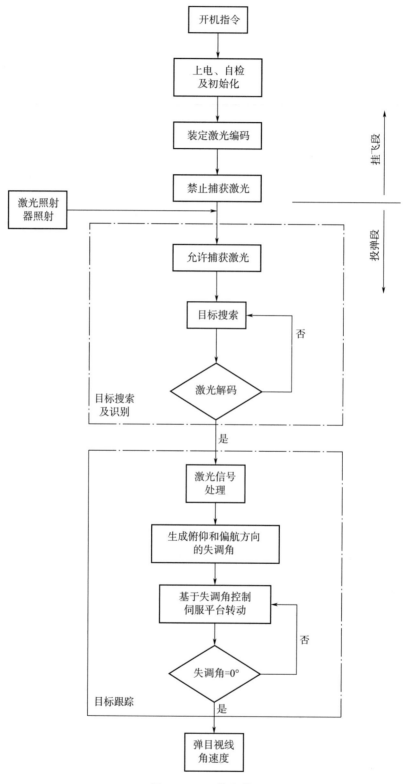

图 5 - 59　工作流程

8）基于失调角，驱动伺服平台转动，使得失调角趋于 0；

9）基于步骤 8），生成俯仰和偏航方向的视线角速度。

5.4.9.5 技术指标

激光半主动导引头输出特性与照射器、目标特性以及天气等有关，确定激光导引头指标需要先确定天气、照射器及目标特性：

1）天气：能见度 ≥10 km；

2）照射器：照射距离 6 km，脉冲能量 90 mJ，脉冲宽度 10～30 ns，重复频率 15～25 Hz，束射角 0.2～0.3 mrad，激光波长 1.064 μm；

3）目标特性为漫反射，反射率 ≥0.2。

某伺服式激光半主动导引头在上述条件下的性能指标如下：

1）尺寸：ϕ70 mm×90mm；

2）质量：≤0.50 kg±0.05 kg；

3）工作电源：(28.5±3) V，额定电流 ≤1 A；

4）探测器：四象限激光探测器；

5）自检时间：≤5 s；

6）信号输出频率：20 Hz（对应照射脉冲周期 50 000 μs），照射脉冲周期为 40 000～65 000 μs；

7）接收灵敏度：$1.0×10^{-6}$ W；

8）功率动态范围：80 dB；

9）波门宽度：$-3.0～3.0$ μs；

10）作用距离：≥3 000 m；

11）盲区距离：≤50 m；

12）捕获概率：≥98%；

13）瞬时视场：≥5°×3.75°；

14）伺服框架角：俯仰框架角 $-40°～+10°$，偏航框架角 $-20°～+20°$；

15）伺服系统跟踪带宽：≥3 Hz；

16）隔离度：≤2%（2°/2 Hz 载体正弦运动）；

17）框架角控制精度：≤0.1°；

18）伺服跟踪角速度：≥15.0 (°)/s；

19）视线角速度误差：≤0.02 (°)/s；

20）俯仰和偏航搜索角速度：≥50.0 (°)/s；

21）激光编码：具有识别 8 种编码的能力，可在地面或空中更改编码；

22）抗干扰性：抗大气激光后向散射；

23）记忆跟踪能力：当目标位于视场内时，目标丢失 1 s 内具有重新快速捕获目标的能力。

重要设计指标确定依据如下：

（1）作用距离与接收灵敏度

激光导引头的作用距离 R 与照射器功率、照射距离、漫反射光路距离、目标材质、照射角度、导引头光学系统、系统灵敏度、大气等因素相关。假设目标漫反射的激光能量在立体角内的各个方向上亮度值相等，在工程上，一般基于激光照射方程进行系统接收功率的估算，其方程如下

$$P_r = \frac{P_t T_t T_r A_r \rho e^{-(\sigma L + \mu R)} \cos\phi \cos\varepsilon}{\pi R^2} \tag{5-11}$$

式中　P_t——照射器脉冲功率；

T_t——照射器对激光的透过率；

T_r——导引头对激光的透过率；

A_r——导引头光学系统的等效口径面积；

ρ——目标漫反射系数；

L，R——照射光路和漫反射光路距离；

σ，μ——照射光路和漫反射光路上大气对激光的衰减系数；

ϕ——照射光路与目标法向之间的夹角；

ε——漫反射光路与导引头光轴之间的夹角。

$e^{-(\sigma L + \mu R)}$ 为照射器照射激光和漫反射激光经大气之后所引起的衰减，大气衰减包括分子与气溶胶的吸收与散射，大气吸收与散射是造成光束能量衰减的主要因素。激光束的大气透过率与距离的远近，光波的波长以及大气中各种成分的浓度等都有关系。当波长为 1.064 μm 的激光在接近地面大气层中传播时，近似认为大气密度是均匀的，大气透过率在工程上可近似为

$$T = e^{-\sigma(R+L)}$$

式中　σ——衰减系数，与能见度相关，当大气能见度为 10 km 时，$\sigma = 0.27$，当能见度为 20 km 时，$\sigma = 0.135$。

令照射距离 $L = 6\ 000$ m，激光大气透过率与能见度和作用距离的关系如图 5-60 所示，可见能见度对大气透过率的影响极大，当弹目距离为 2 500 m 时，能见度为 20 km 和 10 km 的大气对应的激光大气透过率分别为 0.317 4 和 0.100 8。

针对本节所列举的导引头设计指标，假设激光脉冲宽度为 20 ns，能见度为 10 km，照射器光路与目标法向夹角为 45°，反射光路与导引头之间的夹角为 5°，$T_t = 0.85$，$T_r = 0.75$，导引头光学系统的等效口径面积为 0.001 m²，代入式（5-11）可得导引头的接收功率为

$$P_r = 1.28 \times 10^{-6} \text{ W}$$

本例的 MATLAB 仿真程序见附录 1。

激光探测器选用高灵敏度的硅光二极管，其敏感波长为 600～1 100 nm，灵敏度可达 1.0×10⁻⁸ W，考虑到噪声功率大小以及对激光脉冲的可靠检测，设计系统接收灵敏度为 1.0×10⁻⁶ W，留有一定的余量。

综上所述，基于本节所列举的激光照射器、天气和目标漫反射下，导引头的作用距离可超过 3 000 m。

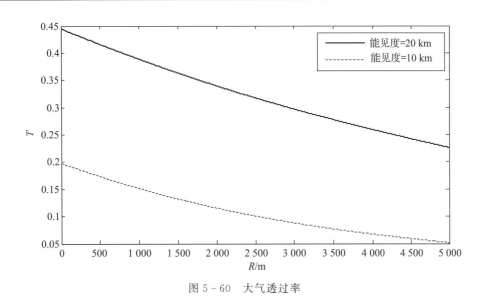

图 5 - 60　大气透过率

针对本节所列举的导引头设计指标，能见度分别为 10 km 和 20 km，漫反射系数分别为 0.2 和 0.3，照射光路与目标法向之间的夹角为 30°，漫反射光路与导引头光轴之间的夹角为 5°，计算可得导引头作用距离见表 5 - 6，由表可知，可以满足导引头作用距离大于 3 km。

表 5 - 6　作用距离及盲区

目标漫反射系数	能见度/km	照射距离/km	作用距离/m
0.2	10	6 000	3 500
0.2	10	8 000	2 905
0.2	20	6 000	5 735
0.2	20	8 000	5 196
0.3	10	6 000	4 013
0.3	10	8 000	3 350
0.3	20	6 000	6 617
0.3	20	8 000	6 020

（2）盲区

随着弹目距离的减小，目标漫反射的激光经光学系统聚焦在探测器处的激光光斑越来越大，探测器大约为 φ10 mm，在弹目距离较远时，可视为远场的平行光路，设计光学系统的口径和焦距，使得在焦平面处的激光光斑大小约为 φ6 mm，按凸透镜成像原理，当弹目距离较远时，漫反射的激光聚焦在焦平面处的激光光斑几乎保持不变，当弹目距离小于 100 m 后，随着弹目距离的接近，其激光光斑大小开始迅速增大，只要光斑覆盖满探测器四象限中的某一只光电二极管，导引头输出角度值即失真，这时即进入导引头盲区。

导引头盲区跟照射器照射距离、激光束散角、导引头光学口径以及焦距等相关，在工程上较容易设计出满足盲区小于 50 m 的导引头。

（3）抗后向散射干扰

激光半主动导引头基于目标漫反射的激光，来搜索、截获和跟踪所照射的目标。但大气中的悬浮物不仅会对传输路径上的激光造成衰减，而且大气后向散射形成的激光信号其能量密度超过导引头的探测灵敏度，会导致导引头跟踪后向散射的激光而不能锁定目标反射的激光，即使捕获了目标漫反射的激光，当导引头离照射激光很近时容易截获照射光路上的后向散射激光，引起输出角度突变。

激光后向散射对于捷联式半主动导引头来说需要着重考虑，其机理解释如下：相对于伺服式激光半主动导引头而言，捷联式激光半主动导引头其光学等效焦距较小，瞬时视场较大，有效视场可达15°，当导引头接近照射光路时，光路附近的悬浮物或气溶胶造成激光后向散射容易被导引头捕获，当其强度超过导引头的探测灵敏度时，导引头即产生波门锁定此激光脉冲，造成导引头输出异常。某后向散射测试试验示意图如图 5 - 61 所示，其测试结果见表 5 - 7。

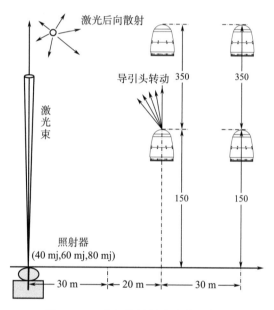

图 5 - 61　后向散射测试试验示意图

表 5 - 7　后向散射测试结果

侧向距离 夹角	30 m	50 m	80 m
0°	无	无	无
10°	0 档 175	无	无
20°	0 档 300	无	无
30°	0 档 350	0 档 200	无
40°	0 档 400	0 档 280	0 档 250

　　抗后向散射干扰能力已经成为衡量捷联式激光半主动导引头性能的关键指标，在工程上可采取如下措施：

　　1）尽量减少捷联式导引头的瞬时视场角，其前提条件是，瞬时视场角的大小可以保证在末制导段捕获目标反射的激光；

　　2）优化制导弹道，需要在纵向平面和水平面内优化飞行弹道，使得尽量远离照射光路，如图 5 - 62 所示，其前提条件是，需保证在进入末制导后，导弹有足够的时间和机动能力可以击中目标；

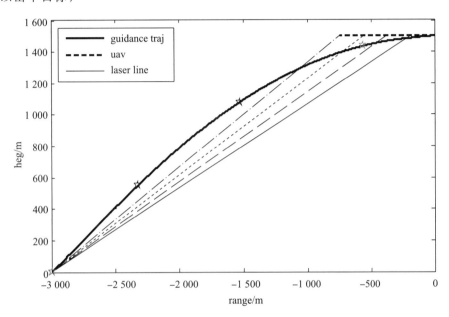

图 5 - 62　制导弹道和照射光路（纵向平面）

　　3）优化激光捕获时间，如投弹后就发捕获指令，这时导引头离照射光路很近，而且此时的照射激光强度很大，特别容易捕获后向散射激光。故在工程上，常推迟发送捕获指令，使得导引头在远离照射光路处捕获目标反射的激光；

　　4）动态调节导引头的捕获阈值，在投弹后增加捕获阈值，使得后向散射的激光强度达不到导引头捕获的门限值，在其后的飞行过程中，来自目标漫发散的激光越来越强，而后向散射的激光则越来越弱，这时相应地降低捕获阈值，以增加导引头捕获距离。

5.4.9.6　激光制导的发展趋势

　　激光半主动制导是激光制导体系中发展最早、技术最成熟、应用广泛的一种制导方式，随着技术的进步以及实战的需要，激光制导呈现多方面发展趋势。

　　（1）微小型化

　　基于城市巷战和反恐战争，需要有效控制战斗的规模并减少附带损伤，采用微小型激光制导可对敌方目标进行"外科手术"式打击。

　　随着无人机技术发展，由于无人机载荷的限制，微小型激光制导武器成为无人机机载武器装备的首选。现在比较主流的微小型导弹质量有三个等级：1）45 kg 级，如海尔法为

45 kg；2）15 kg 级，如欧洲 SABER 为 18 kg；3）5 kg 级，如小型战术弹药 STM 为 5.4 kg，改进型小型战术弹药 STM 为 6.12 kg。

（2）制导体制多样化

导引头多模化：早期激光制导大多采用单一激光半主动制导，现在大多采用 INS/GPS＋激光半主动制导，即中制导为 INS/GPS 制导，末制导为激光半主动制导。激光半主动制导双模导引头（红外成像/激光半主动导引头或毫米波/激光半主动导引头）已成熟，如海尔法配备毫米波/激光半主动导引头，可实现全天候打击目标。

（3）高精度化

早期激光半主动制导大都采用风标式导引头，由于受大气扰动等因素的影响，其精度较低，大约为 3～7 m，随着制导技术的提升和导引头技术的进步，现代大多采用捷联式激光半主动导引头或伺服激光半主动导引头，制导精度大为提高，对静止目标的打击精度低于 1 m，甚至达到 0.3 m。

打击移动目标：早期型号大多打击静止目标，新型号大多具有打击低速移动目标的能力，某型号可打击移动速度为 110 km/h 的目标。

（4）多平台发射

多平台发射可以做到一弹多用，大幅拓宽了导弹的通用性，节省了研制费用。大部分激光半主动制导导弹可搭载无人机、有人机等发射平台发射，少数（如美国的格里芬、以色列的拉哈特、英国的 LMM）可搭载无人机、直升机、舰艇、发射车等多种平台发射，海尔法甚至可采用地面简易的三角发射架发射。

（5）射程远程化和近程化

射程远程化和近程化可以大幅拓展武器的投放包络，易于使用。

早期主流的小型激光半主动空地弹其射程大多不超过 10 km，现代主要的几款射程都超过 10 km，比如格里芬 C 射程为 20 km。另外，对近距离出现的目标进行打击在很大程度上提升小型激光半主动空地导弹的性能，最近打击距离可缩短至 500 m。

（6）低空悬停发射

低空悬停能力是直升机投放武器的一个重要的发展趋势，可以大幅提高载机的生存力。某小型激光半主动空地导弹可由悬停在 10 m 高度的直升机发射（其发射导轨有一个较大的俯仰角，还需要设计初始发射弹道）。

（7）弹道多样化

弹道多样化主要包括如下两部分设计内容，旨在提高武器的打击效果以及使用方便性。

1）纵向攻击平面预设攻击角：为了提高对目标的打击效果，对于某些较远射程的弹道，可以预设末端攻击角，以大攻角或小攻角攻击目标，也可以以某一预设的攻击角攻击目标，甚至可以垂直打击目标。

2）大离轴角发射：为了拓展武器的投放包络，可以大离轴角投放武器，某小型激光半主动空地导弹在较大射程下具有超过 50°的离轴角投放能力，有的甚至具有近全向覆盖打击目标能力，这在很大程度上方便武器使用。

（8）高度集成

激光半主动制导空地导弹的一个发展趋势是微小型化，要求弹上电气系统所占的空间和重量尽量压缩，可将弹上重要的单机高度集成于一个弹载计算机上，甚至可将激光导引头的信号处理计算机集成于弹载计算机上。

（9）投放模式多样化

典型的投放模式有两种：1）低空悬停发射；2）高空发射。其中高空发射主要考虑无人机的安全性，美军实战表明，对于比较小型的无人机，飞行高度大于 3 km 时，无人机较难被肉眼或听觉发现。

（10）锁定模式

锁定模式有发射前锁定和发射后锁定模式，其中发射后锁定可分为直接发射后锁定和间接发射后锁定。

大多数激光半主动空地导弹具有发射前锁定和发射后锁定能力，对于捷联式激光半主动导引头来说，一般优先选用发射后锁定，其好处为：1）可通过选择合适的开机时间，有效避开本机激光照射器照射目标时造成的激光后向散射干扰；2）确定合适的开机时间，可有效避开发动机的烟雾对照射激光的影响；3）导弹投放后由于受到离机干扰等，其姿态变化较为剧烈，对于捷联激光半主动制导导引头，可能会失锁；4）发射后锁定可以在导弹进入末制导前照射目标，可以压缩照射时间，选用大功率照射器，可远距离发射导弹。

（11）弹道设计和制导律设计相结合

某些微小型激光半主动空地导弹具有弹道选择的能力，即根据投放条件和战场的环境条件，在线装定弹道的类型，其优点：1）可避开障碍物；2）设计初始段爬升弹道，优化弹道形式，增加射程；3）避开低云层。南非和美国的海尔法都具有此功能。

在弹道末段的合适时间或合适条件下接入寻的末制导，例如某一款微小型空地导弹在剩余时间 8 秒时接入末制导，与照射器照射时间配合，可提高照射器的生存力。

（12）垂直发射和发动机推力矢量

为了将小型激光半主动导弹装备于小型战舰，导弹采用了垂直发射和发动机推力矢量等先进技术，可在很大程度上提升制导武器的打击包线，方便制导武器的使用。例如采用发动机推力矢量技术的格里芬装备某海军小型战舰后，可方便对近距离的小型敌对舰艇进行精确打击。

5.4.10　被动雷达制导

被动雷达制导又称为反辐射制导，是一种基于雷达辐射的电磁波信号探测、搜索、跟踪、锁定及攻击敌方雷达的制导技术，广泛应用于空地导弹。被动雷达制导主要对敌方的目标搜索雷达、炮瞄雷达、火控雷达和制导雷达进行打击，在理论上，可发现、跟踪及锁定雷达发射的常规脉冲信号、连续波信号、线性频率调制信号、频率分集或频率捷变信号等。

5.4.10.1　功能

被动雷达导引头是被动雷达制导系统的重要组成，主要是在复杂的电磁环境下，对雷达信号进行分选、识别、威胁程度及等级判别，并锁定及跟踪雷达信号，在此基础上输出导引头坐标系下的弹目视线角度信息。对于伺服式导引头，则输出弹目视线角速度信息。下面以某捷联式被动雷达导引头为例，简单介绍其功能。

1）与弹载计算机完成交互式通信功能，依据弹载计算机发送的指令，完成导引头自检（或者导引头上电自动完成自检）、雷达库装定、搜索或放弃雷达信号，并向弹载计算机反馈自检、雷达库装定、搜索或放弃雷达信号以及锁定雷达信号等结果；

2）实时对接收到的电磁信息进行信号分选、识别、威胁程度及等级判别，在此基础上由操作人员选择要攻击目标雷达信号或基于装定的雷达库自动锁定目标雷达；

3）捕获视场范围内的常规脉冲、连续波、非线性频率调制、频率捷变或频率分集雷达信号；

4）可在目标雷达处于锁定我方目标、环扫或扇扫等状态下捕获及锁定目标雷达；

5）在目标雷达信号丢失或关机后重新开机时，可凭原先记忆的雷达信号实时重捕及锁定目标；

6）实时输出所锁定目标信号的弹目视线角度信息；

7）实时输出视场范围内多个目标无线电参数信息；

8）具有较强的电磁信号抗干扰能力，如低频雷达信号多路径干扰；

9）具有一定的抗雷达诱饵欺骗能力；

10）实时判断是否进入导引头盲区，并输出进入盲区标识。

5.4.10.2　组成

虽然众多被动雷达导引头的方案设计有所不同，但其组成大同小异，下面以某捷联式被动雷达导引头为例说明其组成，其简图如图 5 - 63 所示，导引头主要由天线分系统、接收分机、信号处理器、配套电缆及相应的二次电源等组成。对于伺服型被动雷达导引头，还需配备伺服控制系统，如伺服支架、轴承、光电编码器（或其他测角装置）、速率陀螺、力矩电机以及配套的伺服控制系统程序等。

天线分系统由天线罩、天线阵（包括测向天线和测频天线）以及微波组件等组成，其中天线罩位于导引头最前端，其作用：1）在空中飞行环境下保护导引头正常工作；2）使导引头天线敏感的电磁信号尽可能通过。天线阵用于接收目标雷达发射的电磁信号，通常包括一个测频接收天线和一组测向接收天线。微波组件用于形成所需接收空间波束，接收视场内的电磁信号。

接收分机可实现微波信号的超外差接收、放大、滤波、对数检波等功能，由测频接收机和测向接收机组成，其中测频接收机用于对雷达信号载波频率和时域等主要参数进行测量，如图 5 - 64 所示，微波预选器从天线端接收的密集雷达信号中选取一定带宽内的电磁信号（f_R）送入混频器，与本振 f_L 产生和差频，混频后低频信号为中频 f_I，这个信号可以通过中频放大器进行放大，再经检波器进行峰值检波，其检波后的信号经视频放大器进

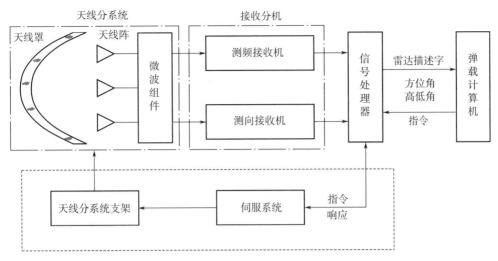

图 5 - 63 被动雷达导引头组成简图

行放大。测频接收机输出载波频率、到达时间、脉冲宽度与脉冲幅值等。测向接收机用于测量雷达信号到达天线位置的方位角和高低角（相位），其至少有四个接收通道，其中两个用于接收纵向平面内的两个天线信号，经处理输出导引头坐标系下的高低角，另两个接收通道则处理输出方位角。

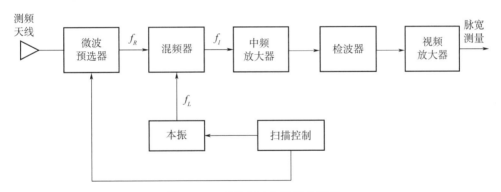

图 5 - 64 超外差接收机原理简图

基于通信理论，反辐射导引头大多采用超外差接收，超外差接收是在外差原理的基础上发展而来的，适应远程通信对高频率、弱信号接收的需要，其接收方式的性能优于直接高频放大式接收。由于导引头接收的电磁波频带较宽（2～18 GHz）、动态范围大（动态范围大于90 dB，瞬时动态范围可达 50 dB），导引头接收机需要采用二级混频技术，对于2～18 GHz 的低频信号，采用一次混频即可将高频信号降低至合理的中频信号，对于 2～18 GHz 的高频信号，则需要采用二级混频技术才能将信号降低至合适的中频信号。除此之外，导引头还采用限幅、低噪放、开关以及带通滤波等技术，如图 5 - 65 所示。

信号处理器是由高频采样 ADC、FPGA 及 DSP 等组成的计算机高速信号处理系统，其输入为接收机输出的中频信号，即测向接收机输出的雷达信号方向、到达角、到达时间

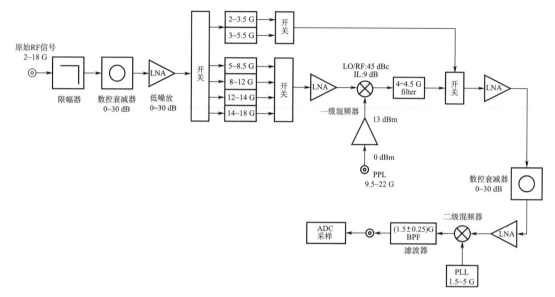

图 5-65　超外差接收机原理图

以及测频接收机输出的雷达信号载频、重频、幅值、脉宽等。根据测向接收机和测频接收机的输出结果进行雷达信号的分选、识别、威胁程度判别等工作，在锁定雷达信号后，可输出弹目视线在导引头坐标系下的矢量角度（对于伺服式导引头，可输出视线角速度以及框架角）。除此之外，信号处理器负责导引头与弹载计算机之间的交互通信、导引头自检、雷达库装定及导引头伺服控制等工作。

5.4.10.3　工作原理

被动导引头锁定雷达信号后，可实时测量输出弹目视线与导引头轴向之间的夹角，实现测向功能，按测向机理不同主要分为比幅测向和相位干涉仪测向两种方法，基于多阵元天线也可以采用空间谱估计测角。

（1）比幅测向

比幅测向基于天线接收目标雷达信号的相对幅值来确定其方向，按实现方法不同可分为最大信号法和比较信号法。最大信号法仅适用于伺服式导引头，在天线机械扫描过程中确定接收电磁波最强的方向，即可由测角装置读取其角度值。

比较信号法也称为比幅测向法，即采用按一定角度布置的一组天线（形成不同指向波束）接收同一雷达信号，如图 5-66（a）所示，根据接收机输出的雷达信号幅值确定信号方向。

假设天线 1 和天线 2 的天线方向图相同，其波束形成一个交叉波束，接收同一雷达信号 $x(t) = A\sin(\omega t)$，雷达信号方向位于两波束之间，其与天线轴向的夹角为 θ_t，则天线 1 和天线 2 对应信道输出的信号分别为

$$s_1(t) = KF(\theta - \theta_t)\sin(\omega t)，s_2(t) = KF(\theta + \theta_t)\sin(\omega t)$$

式中　K ——天线对应通道的增益；

F ——天线方向图函数。

在工程上常采用两信号幅值的比值或两信号幅值的差值来解算其夹角 θ_t，如比值法，即

$$R = \frac{s_1(t)}{s_2(t)} = \frac{F(\theta - \theta_t)}{F(\theta + \theta_t)}$$

根据比值 R 的大小和正负确定夹角 θ_t 的正负及大小。

早期的被动雷达导引头（美国第一代反辐射导弹"百舌鸟"）大多采用基于一个四臂螺旋天线的比幅测向法（导引头天线和波束方向图如图 5 - 66 所示），包括一个四臂螺旋天线、吸收腔体和模形成电路，通过模形成电路、相位补偿电路和波束形成电路形成四个宽频带波束，通过幅值比较，获得弹目视线的方位和高低角信息。

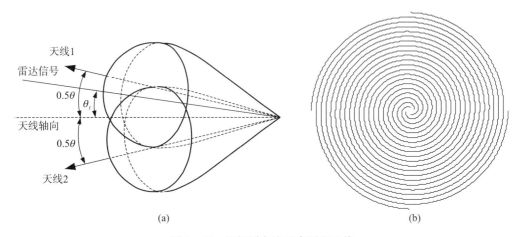

图 5 - 66　比幅测向法示意图和天线

比幅测向原理简单、容易实现，成本低、体积小、重量小，但测角精度较差，因此在测角精度要求较低的条件下仍被广泛使用。

在工程上，机载雷达告警系统常采用比幅测向法，一般是将宽带天线以一定的倾斜角配置，形成交叉波束，通过幅值比较法获得弹目视线的角度信息。雷达告警机通常使用四个宽波束频带的平面螺旋天线，可以提供 360° 的方位覆盖，频率覆盖范围可达 2～18 GHz。

（2）相位干涉仪测向

相位干涉仪测向是基于目标电磁信号到达导引头不同天线单元存在相位差进行测向，单基线相位干涉仪的基本工作原理如图 5 - 67 所示，相位干涉仪测向的最大优点是速度快、测角精度较高。

假设电磁波辐射方向与天线轴的夹角为 θ，两天线中心之间的距离为 L，目标与天线 1 之间的距离为 R，电磁波波长为 λ。

测向接收机 1 和接收机 2 收到的电磁波信号为

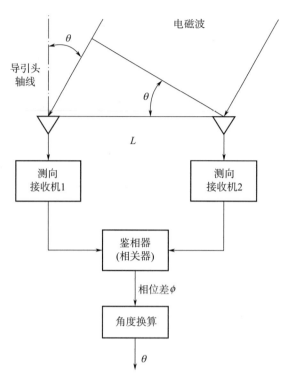

图 5-67 单基线相位干涉仪原理图

$$
\begin{cases}
X_1(t) = A(t)\cos\left(\omega t - \dfrac{2\pi}{\lambda}R + \phi_0\right) \\[2mm]
X_2(t) = A(t)\cos\left[\omega t - \dfrac{2\pi}{\lambda}(R - L\sin\theta) + \phi_0\right]
\end{cases}
$$

式中 $A(t)$ ——电磁波幅值;

  ϕ_0 ——电磁波初始相位。

由上式可知,电磁波到达两个天线的相位差为

$$
\phi = \frac{2\pi}{\lambda}L\sin\theta \tag{5-12}
$$

相位差经鉴相器测量得到,根据式(5-12)即可计算得到导引头坐标系下的弹目视线角。

由于鉴相器无模糊的相位检测范围为 $[-\pi, \pi]$(相位干涉仪的相位差 ϕ 是以 2π 为周期的,如果相位差 ϕ 超过 2π,就会出现角度的多值模糊,从而不能分辨辐射源真正的方向),所以单基线相位测量的最大无模糊测角范围为 $[-\theta_{\max}, \theta_{\max}]$,其中 $\theta_{\max}$ 为

$$
\theta_{\max} = \arcsin\left(\frac{\lambda}{2L}\right) \tag{5-13}
$$

在工程上,要求在 $\pm 90°$ 视场角内不出现测角模糊,即可得:基线长度应该小于 $\lambda/2$。例如,在频率为 6 GHz(波长为 50 mm)时,如果在 $\pm 90°$ 视场角内不出现测角模糊,那么基线长度应该小于 25 mm。要扩大导引头的视角,必须减小基线长度 L,但这与测角

精度相矛盾。对于单基线干涉仪，这个矛盾无法解决，所以在工程上一般采用多基线干涉仪来解决视角范围与测角精度之间的矛盾，即最短基线保证视角范围，长基线决定测角精度。故对于口径受限的导引头来说，需要对测向天线的布局进行详细的设计，在工程上需要五个或五个以上测向天线。

一种典型布局如图 5-68 所示，在工程上设计天线布局时需要综合基线长度和天线的口径，对于接收 2~18 GHz 电磁信号，如采用平面螺旋天线，为了保证较好的电信号，则要求天线口径 $d \geqslant \dfrac{1.25\lambda_{\max}}{\pi}$，对于 2 GHz 的低频段电磁信号（$\lambda = 150$ mm），口径至少大于 60 mm，而对于 18 GHz 高频段电磁信号，按式（5-13）计算可得，基线长度 $L < 8.3$ mm。故在工程上也采用虚拟短基线的策略，假设天线 1 和天线 2 之间的基线长为 L_{12}，天线 2 和天线 3 之间的基线长为 L_{23}，按式（5-12）计算得到：

天线 1 和天线 2 之间相位差为

$$\phi_{12} = \frac{2\pi}{\lambda}L_{12}\sin(\theta)$$

天线 2 和天线 3 之间相位差为

$$\phi_{23} = \frac{2\pi}{\lambda}L_{23}\sin(\theta)$$

即可得

$$\Delta\phi = \phi_{23} - \phi_{12} = \frac{2\pi}{\lambda}(L_{23} - L_{12})\sin(\theta)$$

即可定义 $\Delta L = L_{23} - L_{12}$ 为虚拟短基线，只要小于最短基线即可避免测角模糊问题。

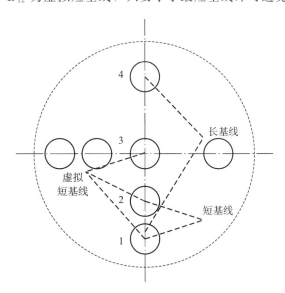

图 5-68　测向天线阵布局

（3）空间谱估计测向

空间谱估计测向是基于空间谱估计理论（简称 MμSIC，Multiple Signal Classification

Algorithm）的一种测向方法，其本质是通过空间阵列来估计空间信号参数，具有如下特点：1）高精度测向；2）对天线波束内的信号具有高分辨测向；3）适用于等距多阵元天线（阵元个数多于信号源个数）；4）计算量较大。

空间谱估计算法是针对等距多阵元天线和同时到达信号测向问题提出的，假设 M 个阵元的阵列对 D（$D < M$）个信号进行测向，阵元间距为 d，如图 5 - 69 所示。假设：1）天线阵元在观测平面内是各向同性的；2）各阵元接收到的噪声为互不相关的高斯白噪声，且噪声和信号不相关。

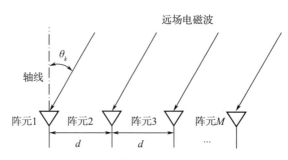

图 5 - 69　等距线阵和远场电磁波

假设远场电磁波为窄带电磁波，载频为 f_0，角频率为 $2\pi\omega_0$，波长为 λ，第 k 个信号源方位角为 θ_k，则以第一阵元为参考点，在 t 时刻第 m 个阵元接收到第 k 信号源的输出为

$$S_k(t)\exp\left[-\mathrm{j}(m-1)\frac{2\pi d\sin(\theta_k)}{\lambda}\right]$$

记 $\tau_k = \dfrac{d\sin(\theta_k)}{c}$，即代表传输时差，$(m-1)\tau_k$ 代表第 m 阵元相对于第 1 阵元之间的波程差引起的相位差，则第 m 阵元输出为

$$x_m(t) = \sum_{k=1}^{D} S_k(t)\exp\left[-\mathrm{j}(m-1)\frac{2\pi d\sin(\theta_k)}{\lambda}\right] + n_m(t)$$

写成矩阵形式

$$\boldsymbol{X} = \boldsymbol{AS} + \boldsymbol{N}$$

其中

$$\boldsymbol{X} = [x_1(t), x_2(t), \cdots, x_M(t)]'$$
$$\boldsymbol{S} = [S_1(t), S_2(t), \cdots, S_D(t)]'$$
$$\boldsymbol{N} = [n_1(t), n_2(t), \cdots, n_M(t)]' \quad \boldsymbol{A} = [a(\theta_1), a(\theta_1), \cdots, a(\theta_D)]$$
$$a(\theta_k) = [1, \mathrm{e}^{-\mathrm{j}\omega_0\tau_k}, \cdots, \mathrm{e}^{-\mathrm{j}\omega_0(M-1)\tau_k}]'$$

式中　$\boldsymbol{X}$——阵列输出向量；

　　　$\boldsymbol{S}$——信号源向量；

　　　$\boldsymbol{N}$——阵列噪声向量。

根据假设，可得阵列输出向量 $\boldsymbol{X}$ 的协方差矩阵

$$\boldsymbol{R} = E(\boldsymbol{XX}') = E[(\boldsymbol{AS} + \boldsymbol{N})(\boldsymbol{AS} + \boldsymbol{N})']$$
$$= AE(\boldsymbol{SS}')\boldsymbol{A}' + E(\boldsymbol{NN}') = \boldsymbol{AR}_s\boldsymbol{A}' + \boldsymbol{R}_N$$

其中

$$\boldsymbol{R}_s = E(\boldsymbol{SS}')$$
$$\boldsymbol{R}_N = \sigma^2 \boldsymbol{I}$$

式中　$\boldsymbol{R}_s$——电磁信号的协方阵；

$\boldsymbol{R}_N$——噪声方差阵。

由矩阵知识可知，$\boldsymbol{A}$ 为 Hermite 矩阵，当 $\theta_i \neq \theta_j$ 时，即可得 $\mathrm{rank}(\boldsymbol{R}) = D$。

即可知 $\boldsymbol{R}$ 为满秩矩阵，可得 $\boldsymbol{R}$ 有 M 个正实数特征值，记为 λ_1，λ_2，$\cdots$，λ_M，对应于特征向量 $\boldsymbol{v}_1$，$\boldsymbol{v}_2$，$\cdots$，$\boldsymbol{v}_M$，且特征向量正交，即

$$\boldsymbol{v}_i' \boldsymbol{v}_j = 0 \quad i \neq j$$

与信号相关的特征值为 D 个，分别为矩阵 $\boldsymbol{A}\boldsymbol{R}_s\boldsymbol{A}'$ 的各特征值与 σ^2 之和，其余 $(M - D)$ 的特征值为 σ^2。

通过对协方差 $\boldsymbol{R}_s$ 进行特征分解，可得到 M 个特征值，并进行排序，即

$$\lambda_1 \geqslant \lambda_2 \geqslant \lambda_D \geqslant \lambda_{D+1} =, \cdots, = \lambda_M = \sigma^2$$

即对应的特征向量可以写成：$\boldsymbol{v}_1$，$\boldsymbol{v}_2$，$\cdots$，$\boldsymbol{v}_D$，$\boldsymbol{v}_{D+1}$，$\cdots$，$\boldsymbol{v}_M$，按向量的特性将向量空间 $\boldsymbol{U}$ 划分为信号子空间 $\boldsymbol{U}_S = [\boldsymbol{v}_1, \boldsymbol{v}_2, \cdots, \boldsymbol{v}_D]$ 和噪声子空间 $\boldsymbol{U}_n = [\boldsymbol{v}_{D+1}, \cdots, \boldsymbol{v}_M]$，即可得

$$\boldsymbol{R} = \boldsymbol{U}_s \Lambda_s \boldsymbol{U}'_s + \sigma^2 \boldsymbol{U}_n \boldsymbol{U}'_n$$

其中

$$\Lambda_s = \mathrm{diag}[\lambda_1, \lambda_2, \cdots, \lambda_D]$$

由子空间基本原理可知，信号子空间与噪声子空间正交，并且信号子空间与信号方向向量张成的子空间为同一子空间，即

$$a'(\theta)\boldsymbol{U}_n = 0$$

定义空间谱

$$P_{MUSIC}(\theta) = \frac{1}{a'(\theta)\boldsymbol{U}_n \boldsymbol{U}'_n a(\theta)} = \frac{1}{\| \boldsymbol{U}'_n a(\theta) \|}$$

上式中分母为噪声子空间与信号向量的内积，由于存在噪声，故其值为非零的小值，即 $P_{MUSIC}(\theta)$ 存在最大值，即改变 θ，对应的 $P_{MUSIC}(\theta)$ 取最大值时即为方位角的估计值。

5.4.10.4　技术指标

某捷联式被动反辐射导引头的性能指标如下：

1）尺寸：$\phi 300 \mathrm{~mm} \times 300 \mathrm{~mm}$；

2）质量：$(10.0 \pm 0.2) \mathrm{~kg}$；

3）工作电源：电压 $(28.5 \pm 3) \mathrm{~V}$，额定电流 $\leqslant 3.0 \mathrm{~A}$；

4）自检时间：$\leqslant 5 \mathrm{~s}$；

5）截获雷达信号：常规脉冲信号、连续波信号、脉内调制信号（频率调制、相位编码）、频率捷变信号；

6）区分二次反射信号能力（如多路径反射信号）；

7）工作带宽：$2 \sim 18 \mathrm{~GHz}$；

8）瞬时带宽：500 MHz；

9）灵敏度：≤－70 dBm；

10）动态范围：90 dB；

11）瞬时动态范围：30～50 dB；

12）可承受脉冲峰值功率：10 dBm（≤10 dBm，导引头正常工作；10～46 dBm，导引头不烧毁）；

13）雷达脉宽范围：0.5～500 μs；

14）雷达重频范围：150 Hz～150 kHz；

15）单脉冲锁定信号并实时输出信息（在瞬时带宽内）；

16）探测距离：≥100 km（相对于典型的防空雷达和制导雷达）；

17）捕获概率：≥95%；

18）瞬时视场：≥30°×30°；

19）快速自动增益控制；

20）系统输出延迟时间：≤40 ms；

21）输出饱和点标识位；

22）测角精度：

≤1°，当测角 $\theta \in [-15°，+15°]$；

≤1.5°，当测角 $\theta \in [-30°，-15°]$ 或 $\theta \in [15°，30°]$。

23）导引头具备优于每秒 100 万个脉冲的能力（含干扰脉冲）；

24）具备抗雷达-诱饵欺骗的能力；

25）当目标丢失后，具有记忆及重新快速捕获目标的能力。

重要设计指标确定依据如下：

（1）截获雷达信号

现代反辐射导引头均采用超外差式数字化接收机和高性能 DSP＋FPGA 数字信号处理平台，基于宽带天线技术可保证截获常规脉冲信号、连续波信号、脉内调制信号（频率调制、相位编码）或频率捷变信号。即导引头天线阵接收 2～18 GHz 的电磁信号，经开关、限幅、低噪放处理后送至信道模块，信道模块将宽带信号进行放大、混频、滤波最终将宽带 2～18 GHz 的电磁信号混频至一个中频中心频点，带宽 400 MHz 信号，并传输至信号处理模块，由信号处理模块完成对信号的检测，判断信号是否为常规脉冲信号、连续波信号、脉内调制信号（频率调制、相位编码）或脉间捷变频信号。

（2）信号分选及选择能力

在实际战场中雷达及干扰源或诱饵信号密集（信号密度可达 100 万脉冲数/秒）、信号形式复杂多样、功率相差大，某地低频段电磁信号如图 5-70 所示，导引头需要根据载频、脉宽、重复周期、到达角等特征量的差异将不同的信号分选出来，除此之外，导引头还可根据脉冲前沿到达时间、脉冲幅值等特征量将信号区分开，并且选择出所要攻击的目标。

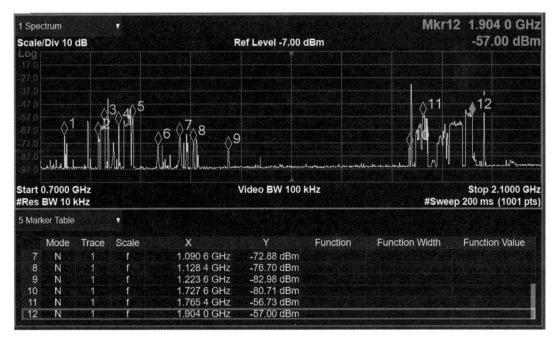

图 5 - 70　某地低频段电磁信号

雷达信号分选利用信号的相关性来实现，表征辐射源的参数可分为时域、频域和空域等，如到达方向（DOA）、载频（CF）、到达时间（TOA）、脉宽（PW）和脉冲幅值（PA），常用一个脉冲描述字 PDW（Pulse Discreption Word）来表征脉冲特征，即 PDW = {CF，PW，TOA，PA，DOA}。故在导引头上电自检后，需要装定相应的雷达数据库，根据雷达时域、频域和空域参数的特性，常用雷达载频区间、脉宽区间以及脉冲幅值区间等参数去表征常规脉冲雷达的雷达数据库。导引头基于此对接收到的 PDW 进行预分选，从预分选出的 PDW 流中进一步分选出目标雷达的 PDW。

（3）区分二次反射信号能力

当目标雷达附近有大型反射物或反辐射导弹用于攻击海上目标时，导引头可能收到二次反射信号，类似于镜面干扰，即导引头将同时收到直达波和反射波，相当于受到两点源干扰，导致测角精度下降，在理论上，对于低频雷达信号，其测角精度影响较大，如 L 或 S 波段信号。

考虑反射波滞后于直达波到达导引头，故可采用脉冲前沿跟踪技术锁定直达波（只要两者到达导引头的时间差大于 50 ns），即当检测到信号强度高于低噪某一个量级时确定脉冲到达，剔除反射波干扰。

（4）频率覆盖范围

理想的反辐射导引头应能在不改变硬件的情况下，覆盖全频段的雷达信号，但是基于成本考虑及现有的技术，要做到频率比值大于 10∶1 还是比较困难，需要开发超宽带天线（即倍频带宽大于 10），另外现有绝大多数制导雷达和火控雷达其工作带宽位于 2～18 GHz 之间，所以比较主流的反辐射雷达频率覆盖范围为 2～18 GHz。

基于成熟的宽带天线（螺旋天线）技术，可保证对 2～18 GHz 波段的电磁信号具有一定的增益和幅值一致性，基于超外差原理，改变本振频率，可将混频后的信号频率限制在 $f_0 \pm \Delta f$ 范围之内（f_0 为某中频中心频率），即可锁定 2～18 GHz 的信号。

（5）瞬时带宽

为了实时捕获频率捷变或频率分集信号，要求导引头具有足够宽的瞬时带宽。现代目标雷达频率变化范围超过 500 MHz（取决于雷达频率，雷达频率越高，其频率变化范围越宽，一般情况下，C 波段频率变化较小，X 波段和 Ku 波段变化较大），要求导引头瞬时带宽不能在较大程度上低于捷变频目标雷达的变频带宽，否则导引头长时间捕获不到目标雷达信号，影响制导精度。

导引头接收机和信号处理器的带宽瞬时带宽均大于 500 MHz，例如中频滤波器带宽为 400 MHz，ADC 采样采用高速芯片，采样率为 1.2 GHz，可以满足瞬时带宽的要求。

另一方面，从导引头灵敏度考虑，一般情况下，导引头的瞬时带宽低，则灵敏度高，导引头成本较低，易于设计。

综上所述，需要折中考虑以上两个因素，在工程上，还需开发高品质的制导律，即当导引头间断输出角值时也能确保一定的制导精度。

（6）灵敏度

灵敏度表示导引头接收微弱信号的能力，是反辐射导引头很重要的指标。基于实际战场环境（目标雷达大多处于锁定目标、环扫或扇扫状态），仅从主瓣攻击目标几乎是不可能的，故需要确保在防区外截获目标雷达的副瓣或背瓣辐射电磁信号，即导引头应具备足够高的灵敏度。

现在主流的反辐射导引头接收灵敏度范围为：$-110 \sim -70$ dBm。

反辐射导引头采用检波前增益很高的超外差接收机，其噪声 F_n 由检波前的噪声决定，其接收机的中频通带 B_r（500 MHz 的量级）与视频通带 B_V（50～5 MHz 的量级）之间满足关系 $B_r \geqslant 2B_V$，其接收机的切线灵敏度可由下式估算

$$P_{TSS} = -114 \text{ dBm} + F_n(\text{dB}) + 10\log[6.31B_V + 2.5(B_r B_V - B_V^2)^{0.5}] \quad (5-14)$$

其中

$$F_n = 12 \text{ dB}, \; B_r = 500 \text{ MHz}, \; B_V = 5 \text{ MHz}$$

则由式（5-14）可得，接收机切线灵敏度为

$$P_{TSS} = -78.8 \text{ dBm}$$

即可得其工作灵敏度

$$P_S = -72.8 \text{ dBm}$$

（7）动态范围

动态范围指当导引头正常工作时，输入信号的功率变化范围，取决于导引头的最小检测功率与最大检测功率，最小检测功率取决于最大探测距离处导引头接收雷达副瓣或背瓣照射时的接收功率 $P_{\min}$，最大检测功率取决于盲区处导引头接收主瓣照射时的接收功率 $P_{\max}$。

在导引头接近目标的过程中，其接收功率逐渐增大，特别是在接近目标时，其接收功率急剧增大，使得接收机放大器饱和而无法工作或混频器进入非线性区而产生寄生信号。故须确保导引头具有足够大的动态范围，才能保证导引头正常工作且具有一定的测角精度，现在宽带超外差接收机的动态范围一般约为 70 dB，采用瞬时自动增益控制等技术后，导引头的动态范围可达 90～110 dB。

（8）测角精度

测角精度是反辐射导引头最为重要的指标，一般采用多基线相位干涉仪体制测向，对式（5-12）求全导数，可得

$$d\phi = \frac{2\pi}{\lambda}L\cos\theta d\theta - \frac{2\pi}{\lambda^2}L\sin\theta d\lambda + \frac{2\pi}{\lambda}\sin\theta dL \tag{5-15}$$

由于基线长度 L 恒定，则上式可简化为

$$d\phi = \frac{2\pi}{\lambda}L\cos\theta d\theta - \frac{2\pi}{\lambda^2}L\sin\theta d\lambda \tag{5-16}$$

将上式写成增量的形式，即

$$\Delta\theta = \frac{\Delta\phi}{2\pi L\cos\theta}\lambda + \frac{\Delta\lambda}{\lambda}\tan\theta \tag{5-17}$$

由上式可知测角误差与以下因素相关：

1）测角误差 $\Delta\theta$ 与辐射源的到达角 θ（或称为视线角）的大小有关，当辐射源的到达角与天线视轴一致时（即 $\theta = 0°$），测角误差最小；当辐射源到达角与天线视轴垂直时（即 $\theta = 90°$），则测角误差最大；

2）测角误差与基线长度 L 成反比关系，要减小测角误差，提高测角精度，需增加基线长度 L；

3）测角误差与相位测向误差 $\Delta\phi$ 相关，$\Delta\phi$ 由天线罩、天线、馈线、信道等的相关平衡度所决定；

4）测角误差与波长成反比，波长越长，其精度越差，反之亦然；

5）测角误差与波长的相对变化量相关，它由辐射源和测向系统本振源的频率稳定度决定，如果频率稳定度很高，式（5-17）第二项引起的误差可忽略。

假设天线基线长度 $L = 200$ mm，波长 $\lambda = 50$ mm（对应频率 6 GHz），相位误差 $\Delta\phi = 10°$，视线角 $\theta = 10°$，则计算可得

$$\Delta\theta = 0.404°$$

对于相位干涉仪测向被动导引头，其测角精度按式（5-17）计算，即由工作波长不稳定误差和相位测量误差所决定，其中波长不稳定包括目标雷达工作频率不稳定和接收机本振频率不稳定引起的波长相对不稳定，某信号源工作频率不稳定引起的测角波动如图 5-71 所示；而相位误差是测角误差的主要来源，主要由以下几方面组成：天线罩引起的相位偏差、天线不一致性带来的相位偏差、目标极化变化引起的相位误差、功率变化引起的相位误差、目标频率和工作温度变化引起的相位误差等。按上述误差因素互不相关、正态分布估算，各因素引起的相位误差服从正态分布。图 5-72 所示为测角精度随雷达信号

频率以及角度的变化曲线。

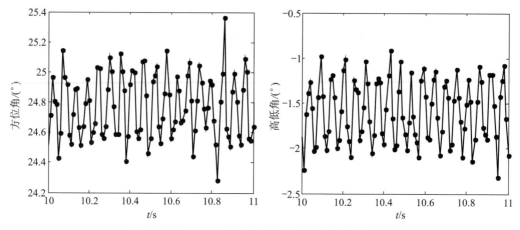

图 5-71　目标雷达工作频率不稳定引起的测角波动

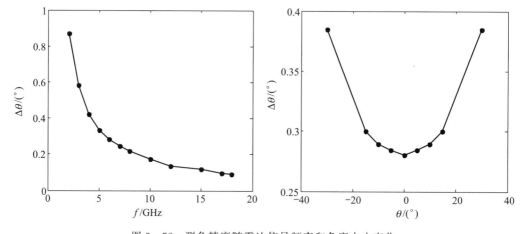

图 5-72　测角精度随雷达信号频率和角度大小变化

（9）目标雷达脉宽及脉冲重复频率

一般要求导引头能接收的雷达脉宽和重复频率覆盖现有火控和制导雷达相应的设计指标，即脉冲信号的脉宽为 $5\sim500~\mu s$，脉冲重复频率为 $150~Hz\sim30~kHz$，基于脉冲前沿测角技术和高带宽 AD 采样可以实现对脉宽低至 $0.2~\mu s$ 的脉冲电磁信号进行锁定和测角。

（10）快速自动增益控制

由于相控阵雷达的相位扫描速度极快，可以毫秒级的间隔从一个角度扫描至另一个角度，如图 5-73 所示，故要求被动雷达导引头具有快速自动增益控制能力，在一个脉冲重复周期中完成增益的自动调整。

（11）系统输出延迟时间

系统输出延迟时间定义为导引头接收到电磁信号至其处理后输出信息之间的时间差，其主要取决于信道传输时间，接收分机对信号的处理时间以及信号处理系统对信号进行分

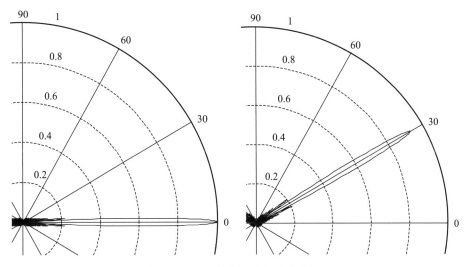

图 5-73　相控阵雷达扫描方向图

选、识别等工作时间,将结果上传至弹载计算机的时间等。由于每次信号处理存在一定偏差,故延迟时间也是一个区间,基于现有的技术,可以将延迟时间限制在 40 ms 之内。

值得注意的是,由于导引头输出信息较多,如采用 RS422 串口通信,则需要花费较多时间。例如,每帧 160 字节,串口波特率为 115 200 bit/s,则需要 13.889 ms 的传输时间。故在工程上常采用:1) 根据需要缩减要传输的字节数,用整数代替浮点数;2) 采用较快波特率;3) 采用并口通信。

对于捷联式导引头的制导系统而言,需要确定导引头的系统输出延迟时间,其原因为:导引头输出为导引头坐标系下的高低角和方位角,而用于制导律则是惯性坐标系的高低角和方位角,其需要基于导弹姿态解耦计算得到,故在工程上需要对导引头输出信号与导航姿态角在时间上进行对齐,如果两者在时间上相差较大,其基于弹体解耦计算得到的惯性坐标系高低角和方位角带有偏差量,其偏差量导致制导指令偏差,引起导弹姿态额外变化,此额外姿态变化导致解算得到的惯性坐标系下高低角和方位角偏差量进一步扩大,其最终结果表现为:制导—姿控—导引头输出延迟等因素参与的极限环运动,如图 5-74 所示(其中虚线对应着导引头输出信号与导航姿态角在时间上对齐,实线对应着导引头输出信号与导航姿态角在时间上存在较大偏差量)。

(12) 探测距离

严格意义上,被动雷达导引头的探测距离并不是设计指标,其原因为导引头的探测距离取决于多种因素:1) 被动雷达导引头的灵敏度、天线极化;2) 目标雷达的瞬时发射功率、天线增益;3) 目标雷达发射电磁波的波长;4) 目标雷达发射功率方向图;5) 雷达发射天线指向与导引头接收天线指向之间的关系;6) 系统损耗等,故探测距离只能在以上条件确定的情况下才能准确计算,并不只取决于导引头本身的性能。

导引头探测距离的计算式为

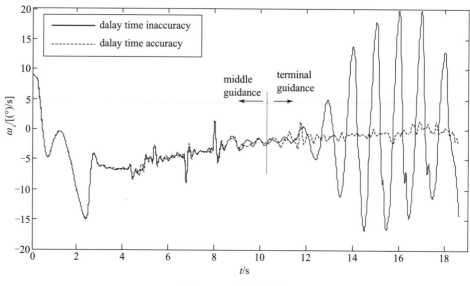

图 5 - 74　控制品质

$$R = \sqrt{\frac{P_t G_{aten} G_{sidebeam} G_{rec} \lambda^2}{16\pi^2 p_{min} L_s}} \qquad (5-18)$$

式中　P_t——雷达发射瞬时功率（W）；

　　　　G_{aten}——雷达天线增益；

　　　　$G_{sidebeam}$——雷达天线第一旁瓣电平；

　　　　G_{rec}——导引头接收天线增益；

　　　　λ——目标辐射信号的波长；

　　　　p_{min}——接收机灵敏度（最小可检测信号功率）（W）；

　　　　L_s——系统损耗（包括导引头天线罩损耗，大气衰减等）。

　　根据导引头的设计指标，取导引头天线增益 $G_{rec}=0$ dB，灵敏度 -70.0 dBm，导引头天线罩损耗 3 dB，考虑空气对电磁波传播的衰减（在工程上，也常常忽略空气对较低频的电磁信号的衰减作用），其衰减率见表 5 - 8，几种较为典型雷达型号工作情况下导引头的探测距离见表 5 - 8。

表 5 - 8　探测距离及盲区

雷达型号	雷达体制	工作频段/GHz	峰值功率/kW	天线增益/dB	旁瓣电平/dB	作用距离/km	盲区/m	备注
AN/MPQ - 53	相控阵	C 波段 5.2～5.9	600	40	0	4 169.3	565.4	空气衰减 0.008 dB/km
AN/MPQ - 53	相控阵	C 波段 5.2～5.9	600	40	-45	131.6	17.8	平均副瓣电平 -45 dB 空气衰减 0.008 dB/km
AN/MPQ - 37	脉冲多普勒	X 波段 10	200	40	-20	392.2	56.3	空气衰减 0.007 5 dB/km

续表

雷达型号	雷达体制	工作频段/GHz	峰值功率/kW	天线增益/dB	旁瓣电平/dB	作用距离/km	盲区/m	备注
长白雷达	相控阵	L 波段 3.1~3.5	1 000	42	−25	1 207.6	137.5	频段取 3.3 GHz 空气衰减 0.009 5 dB/km

由表 5-8 可知，对于几种比较典型的地面火控雷达或制导雷达，只要导引头天线大致对准雷达发射波电磁波波束时，导引头在很远距离内即能接收到目标雷达发射的电磁信号。

导引头探测距离的 MATLAB 程序见表 5-9。

表 5-9　探测距离 MATLAB 程序

```
%  ex05_04_02. m
%  developed by qiong studio

%   c band（爱国者）
range = 100；% initial range
Pmin = − 70；   % unit： dBbm
Pt = 600 * 10^3；

f = 5. 4 * 10^9；
G_antena = 10^（40/10）；
G_side = 10^（0/10）；% sidebeam gain
lamda = 3 * 10^8/f；  % wavelength
G_rec = 1；% receiver gain
Smin = 10^（（Pmin − 30）/10）；
ls = 10^（3/10）；    % receive decay：3dB
ls1 = 0. 008 * range；  % air decay

for ii = 1：1：13
  ls1 = 0. 008 * range；
  range = （（Pt * G_antena * G_side * lamda^2 * G_rec/（16 * pi^2 * Smin * ls * ls1））^0. 5）/1000
end
```

（13）盲区

与探测距离一样，严格意义上被动雷达导引头的盲区也不是设计指标，其原因类似于导引头的探测距离。

在导弹接近目标的过程中，当目标雷达锁定导弹时，导引头可截获雷达主瓣信号，这时导引头盲区较大，根据制导理论，较大盲区会导致较大的脱靶量。在大部分时间内，导引头截获的是雷达波束的旁瓣或背瓣信号，这时盲区可能很小。

在工程上，导引头采用抗高功率信号以及新型高功率微波组件，导引头设计中除了采用 AGC 技术，还在接收前端采用限幅器和数控衰减器来解决抗烧毁问题，如图 5-65 所示。比较成熟的限幅器可承受的脉冲峰值功率在 40 W，即 46 dBm。

根据提供的典型雷达计算（按接收天线增益 0 dB，天线罩损耗 3 dB，大气衰减 1 dB）盲区（工作频段取其均值），结果见表 5-8。

由表 5-8 可知，当 AN/MPQ-53 主瓣对准导引头时，其盲区大约为 565.4 m，这时导引头可能无法正常工作，影响制导精度，设计制导律时，需要着重考虑此种情况，力求减少盲区对制导精度的影响。当目标雷达的幅瓣或背瓣对准导引头时，这时盲区较小，可以保证制导导弹以较高的精度攻击目标。

5.4.10.5　作战模式与流程

不同反辐射导弹的作战模式有所不同，与战术、载机的配置以及导弹的特性等相关，下面列举比较典型的作战模式。

（1）预置方式

此模式的前提条件是：已知目标雷达的大致位置或精确位置，目标雷达的特征参数。将此信息提前装定在导弹上或装定在载机上（在空中由载机给导弹供电后，在空中装定目标的大致位置或精确位置和雷达特征参数）。

载机带弹起飞后，按规划的航迹飞行，在目标雷达开机扫描状态下可确保机上雷达告警系统或弹上导引头可以捕获目标雷达信号。机上雷达告警系统或弹上导引头如果探测到雷达信息源，将其与雷达库中的雷达特征参数进行比对，确定是要攻击的雷达后，载机根据载机的导航信息（位置和姿态）以及弹目视线信息，规划新的航迹或继续向前飞行，当目标进入导弹的火控窗口后（这时需确认目标雷达在工作状态），则发射导弹，导弹在长距离中制导末段按照预定程序搜索、识别、分类探测到的所有辐射源，依据装定的雷达库信息，自动锁定目标，并对其进行自动跟踪，当满足末制导条件后，进入末制导，对目标进行攻击，在飞行过程中，对目标定位进行估计。当目标雷达关机时，可依据估计的目标位置或装定的目标位置对目标进行攻击，或者激活导弹的自毁装置自毁。

预置方式在一般情况下，为了兼顾远距离攻击目标，故在中制导采用方案弹道飞行，在满足末制导条件后进入末制导飞行，属于"发射后锁定"方式。

预置方式大致需要经历如下几个阶段：

1）雷达库规划：确定多至五个的目标雷达库数据，包括雷达体制、载频、重复周期、脉宽、威胁优先级以及目标位置信息（包括经度、纬度和高度）、目标位置信息是否精确、目标雷达是否移动或固定等。

2）飞行航迹规划：考虑到 a）载机现在的位置；b）目标雷达分布以及目标雷达危险等级；c）敌方防空火力区域；d）风场等条件；e）导弹飞行包络（高度区间、速度区间、离轴角区间等）等实时规划一条飞行航迹。

3）弹载雷达库装定：将规划好的雷达库通过任务规划系统装定在弹载计算机的 flash 中。

4）地面导引头功能检查：导引头上电，与弹载计算机完成交互式通信功能，依据弹载计算机发送的指令，完成导引头自检（或者导引头上电自动完成自检）、雷达库装定、搜索或放弃雷达信号，并向弹载计算机反馈自检、雷达库装定、搜索或放弃雷达信号以及锁定雷达信号等结果。

5）载机起飞：载机关闭给导弹的供电后起飞，在空中完成导引头上电，与弹载计算机完成交互式通信功能，依据弹载计算机发送的指令，完成导引头自检（或者导引头上电自动完成自检）、雷达库装定，发送禁止捕获指令。

6）根据弹目距离，发送允许捕获指令。

7）搜索目标雷达信号，如搜索到雷达信号，根据 a) 导弹的导航信息；b) 导引头输出视线角；c) 目标雷达的位置信息，判断是否为真目标，在此基础上，对雷达信号进行分选、识别、威胁程度及等级判别，并上报载机（显示在火控显示界面）。

8）载机飞行员人工选定攻击目标或默认高优先级的雷达或最近的雷达，下发至导弹弹载计算机，同时中显切换至火控界面。

9）发射：当目标雷达进入火控发射窗口（这时发射窗口闪烁，并提示闪烁的 shoot 字样，飞行员耳机提示可投弹声音），这时即可发射。

10）在载机飞行过程中，导引头如收到优先级和危险等级更高的雷达信号，实时上传至载机。

11）如在载机飞行过程没有收到与雷达库匹配的雷达信号，即表明雷达未开机，则继续飞行并同时使用诱饵诱惑雷达开机，如果收到雷达信号，则转入步骤 7)，否则根据雷达库装定的位置信息以及位置信息精度决定是否转入无末制导攻击状态，如果不转入无末制导攻击状态，则载机返航或继续诱惑敌方雷达开机，如转入无末制导攻击状态，则上报载机，切换至火控界面，进入步骤 9)。

（2）随遇方式

随遇方式是指载机在空中飞行的过程中，突然遇见敌方雷达照射我方载机，被动雷达导引头（处于工作状态）对辐射源进行探测、判别和识别，并上报给机载火控系统，可根据存储火控计算机内的雷达库对目标雷达进行威胁等级判别，并在火控屏显上显示，由飞行员确定要攻击的目标。

在确定攻击目标后，利用导引头输出弹目视线角和导弹姿态角对目标进行定位，当确定目标进入导弹的火控窗口后，即可发射导弹。对于远距离攻击目标，先进行中制导飞行，其后进入末制导，这种模式属于"发射后锁定"方式；对于近距离攻击目标，可直接进入末制导，这种模式属于"发射前锁定"方式。

（3）自卫方式

自卫方式类似于随遇方式，两者均在载机执行任务时遭到敌方雷达的照射。由载机上的雷达告警接收机探测到辐射源信号后，对辐射源目标进行敌我识别后对雷达信号进行分选、识别和威胁等级判断，将此信息上报给机载火控系统并显示在火控屏显上，由飞行员确定攻击的目标，其后对目标进行大致定位，将目标大致位置和雷达特征参数装定于导弹。当目标进入导弹的火控窗口后即可发射导弹，可以远距离攻击目标，也可以近距离攻击目标，相应的模式属于"发射后锁定"方式和"发射前锁定"方式。

5.4.11 导引头测试

当导引头交付时，需要按导引头研制任务书及测试大纲对其进行各种功能和性能测试，不同制导体制导引头的测试方法有所不同，下面以某捷联式反辐射导引头为例简单地说明导引头测试试验。

5.4.11.1 功能和性能测试

依据导引头研制任务书及测试大纲，逐项对导引头进行测试，分为两项内容：1）功能测试；2）性能测试。

（1）功能测试

主要测试导引头的功能，包括导引头自检（主要为上电自检，包括测试计算机、天线、信道、接收机等是否工作正常）、雷达库装定、搜索与放弃、与弹载计算机之间的通信、输出角度信息的极性等。

（2）性能测试

主要测试导引头的性能，严格意义上需要对导引头任务书中的每一项性能指标进行测试，但是受限于测试场地、试验环境、测试设备、试验费用等因素可对其中重要的指标进行测试。

导引头的性能测试需要在暗室或外场进行。在暗室里主要对各个频点的零位和线性度进行标校，然后逐个频点在视场范围内进行扫描，综合测试导引头的测角精度等指标。在外场测试环境下，需要根据导引头的特性设计测试方案，搭建测试平台，综合测试导引头在外场环境下的性能，下面简单介绍外场导引头性能测试试验。

①试验场地和环境

试验场地要求 $50\ \mathrm{m} \times 120\ \mathrm{m}$ 的平地，靶标和导引头放置的位置周围无明显的高楼等建筑物，测试环境没有众多电磁干扰（可用频谱仪记录测试场地的电磁环境）。

②试验设备

升降机两台，反辐射战术导弹靶标诱饵系统（其技术性能指标见附录2）一个，不同衰减等级射频衰减器若干，小型二轴转台一个，测试计算机一台以及附属的电气设备及电源，频谱仪一台（频率覆盖范围 $0.5 \sim 40\ \mathrm{GHz}$）及配套天线、吸波材料、水平仪等。

③试验目的

测试导引头的功能及性能，主要测试导引头测角精度。

④试验方法

试验准备：按图 5 - 75 搭建试验平台。

试验过程：1）使用瞄准器将导引头轴向对准靶标诱饵系统的发射天线中心，记下这时二轴转台角度作为基准位置；2）通过调整衰减器将靶标诱饵系统的发射功率调整至导引头灵敏度（即在导引头旁边放置的频谱仪接收电磁辐射功率等于导引头灵敏度，注：需要考虑频谱仪接收天线的增益）；3）仿真计算机运行测试软件，导引头上电，二轴转台转至初始位置；4）测试软件依次完成通信连接，发送导引头自检指令，发送雷达库装定，

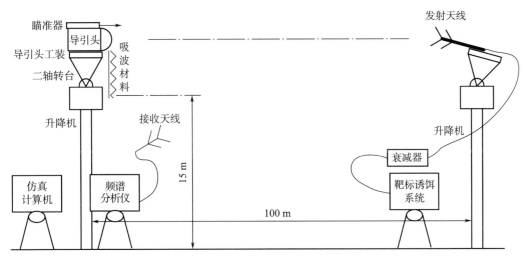

图 5 - 75　功能和性能测试试验

发送搜索指令；5）运行二轴转台，使得二轴转台每隔 2°阶跃（在一个角度停留约 8 s）从 −34°至 34°完成高低角扫描；6）测试软件发送放弃指令，保存数据记录文件；7）导引头断电、转台复位。

　　⑤试验结论

　　测试结果如图 5 - 76～图 5 - 78，其中图 5 - 76 为导引头工作状态和接收功率，图 5 - 77 为雷达载频、脉冲重复周期以及脉宽，图 5 - 78 为高低角扫描时导引头输出方位角和高低角。

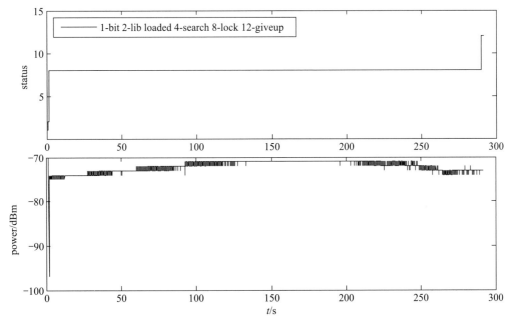

图 5 - 76　导引头工作状态和导引头接收功率

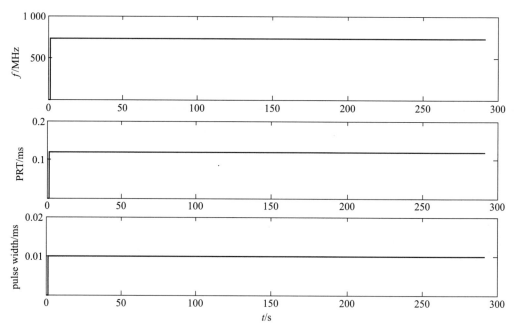

图 5 - 77　雷达载频、脉冲重复周期以及脉宽

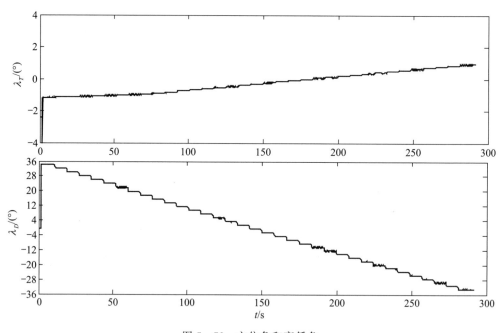

图 5 - 78　方位角和高低角

　　由此可知：1）导引头功能正常，可以完成导引头自检、雷达库装定、搜索与放弃等工作，完成自检时间小于 1 s，可以截获常规脉冲信号，可以接收各种极化波，输出角度极性准确；2）导引头接收功率低于 -70 dBm 时，输出角度值稳定，无明显跳动现象，满足灵敏度指标；3）导引头瞬时视场大于 34°×34°，满足瞬时视场指标；4）分析导引头输

出角度数据，可知测角精度满足设计指标。

　　注：此例仅仅是外场试验验证导引头性能和功能的一次测试结果，在导引头交付验收前，还需根据实际情况进行导引头其他性能指标的测试。

5.4.11.2　半实物仿真试验

　　半实物仿真试验主要在导引头功能和性能测试的基础上，搭建半实物仿真平台及环境，较真实模拟目标背景环境、目标特性情况下，将导引头接入半实物仿真平台，全面考核导引头与所采用制导控制系统的匹配性。

　　反辐射导引头半实物仿真试验可参见 13.3.12.4 节相关内容。

5.4.11.3　挂飞试验

　　由于在实验室里比较难模拟真实的环境和目标特性对导引头的影响，故常根据导引头和目标雷达的特性设计挂飞试验方案，综合测试导引头在真实环境下的性能。

　　挂飞试验按简易程度通常可划分为两类：1) 导引头挂飞试验；2) 整弹挂飞试验。其中导引头挂飞试验通常将导引头放置于一个特制的工装里，配备相应的供电等电气设备，接入弹载计算机，接入简易的导引头挂飞测试软件及导航软件、总体时序软件等，与载机无交联；整弹挂飞试验可在一定程度上模拟导弹投弹后导引头的工作情况，接入全弹电气设备，接入所有弹上软件，甚至包括制导软件（可用于测试导引头在较真实环境下输出时，制导时序和品质）和姿控软件。

　　整弹挂飞试验常模拟投弹试验，载机甚至按投弹弹道飞行，为最接近投弹试验的测试试验，导弹工作时序、导引头工作状态以及雷达及诱饵系统都处于真实工作状态，可以较真实地测试导引头处于真实环境及干扰情况的功能及性能。为了提高试验置信度，对于低频段的射频信号，为了降低载机（载机在目标雷达的照射下也相当于一个与目标雷达同频的辐射源）对导引头的干扰，常采取如下措施：1) 尽可能将导引头安装在载机的最前面位置；2) 常根据需要在载机、副油箱、机翼等易反射电磁信号进入导引头的部位贴装吸波材料，以防止机体反射低频段射频信号对导引头的影响；3) 通过特定的工装，使得导引头轴向朝下以及朝外，以降低机体等其他反射面反射电磁信号对导引头的影响。

　　挂飞试验一般最接近投弹试验，可以较真实地测试导引头在空间飞行时碰见的环境及干扰，可以测试：1) 导引头与制导控制软件之间的工作时序；2) 导引头上电自检、雷达库装定、搜索目标、锁定目标、放弃目标的功能；3) 导引头在接收由弱电磁信号（低于灵敏度）至强电磁信号过程中测角精度及噪声特性；4) 导引头在视场范围内的测角精度以及线性度；5) 如果试验载机模拟投弹弹道飞行，可验证导引头输出和制导时序之间的匹配关系，也可以验证制导模块中对导引头输出数据处理的合理性；6) 对某一些特定的导引头性能指标进行考核，如抗诱饵能力，则需要较严格模拟飞行弹道按投弹弹道飞行。

　　某一次挂飞试验的试验结果如图 5-79～图 5-83 所示，其中图 5-79 为导引头相对于靶标的位置，图 5-80 为导引头载体的姿态，图 5-81 为导引头输出所截获电磁信号的

载频、脉冲重复周期及脉宽，图 5 - 82 为弹目距离、导引头工作状态和接收功率，图 5 -
83 为导引头输出和离线计算的方位角和高低角。

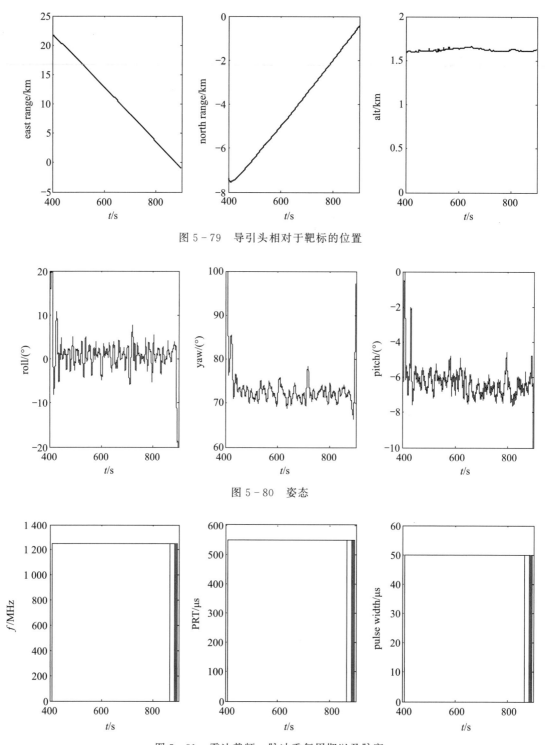

图 5 - 79 导引头相对于靶标的位置

图 5 - 80 姿态

图 5 - 81 雷达载频、脉冲重复周期以及脉宽

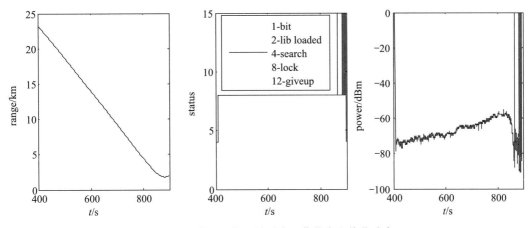

图 5 - 82　弹目距离、导引头工作状态和接收功率

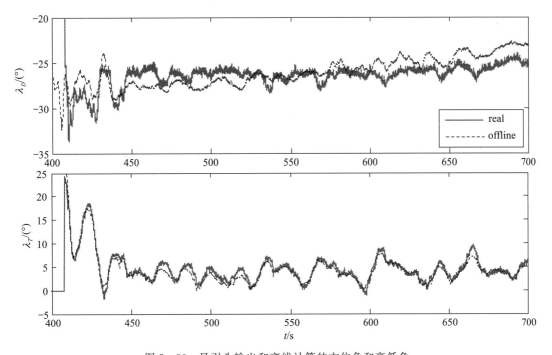

图 5 - 83　导引头输出和离线计算的方位角和高低角

　　由试验结果可知：1) 导引头功能正常，可以完成上电自检、雷达库装定、搜索目标、锁定目标、放弃目标等功能；2) 导引头与制导控制软件之间的时序设计合理；3) 导引头在接收功率从低于灵敏度不断增强的过程中，工作正常，具有一定的灵敏度余量，白噪声功率可控；4) 导引头在视场范围内的测角精度及线性度满足设计指标。

　　值得注意的是：挂飞试验还能在较大程度上考核导引头在真实环境下的功能及性能，如杂波环境、干扰环境、气候环境、力学环境等，可验证导引头对环境的适应能力，也相当于进行了一次综合的例行试验，如温度试验、低气压试验、振动试验、冲击试验、与载机之间的电磁匹配试验等。

5.4.11.4 投弹试验

投弹试验在半实物仿真试验和挂飞试验的基础上，最真实、全面考核导引头的工作时序、性能指标以及导引头与制导控制回路之间的匹配关系等。

某一次投弹试验的试验结果如图 5-84～图 5-88 所示，其中图 5-84 为导弹相对于靶标的位置，图 5-85 为导弹的姿态，图 5-86 为导引头输出所截获电磁信号的载频、脉冲重复周期及脉宽，图 5-87 为弹目距离、导引头工作状态和接收功率，图 5-88 为导引头输出和离线计算的方位角和高低角。

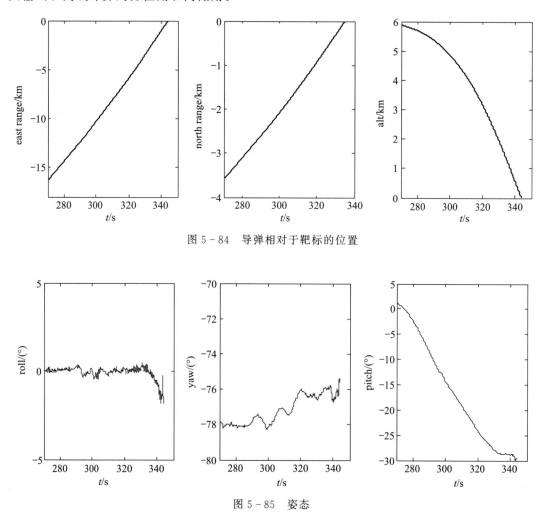

图 5-84　导弹相对于靶标的位置

图 5-85　姿态

由试验结果可知：1）导引头在真实环境中工作正常；2）导引头与制导控制软件之间的时序设计合理；3）导引头在接收功率从低于灵敏度不断增强的过程中，工作正常，具有一定的灵敏度余量，白噪声功率可控；4）导引头在视场范围内输出的方位角和高低角与真实值存在一定的偏差量，此偏差量小于1°，说明导引头具有较高的测角精度，测角精度及线性度满足设计指标。

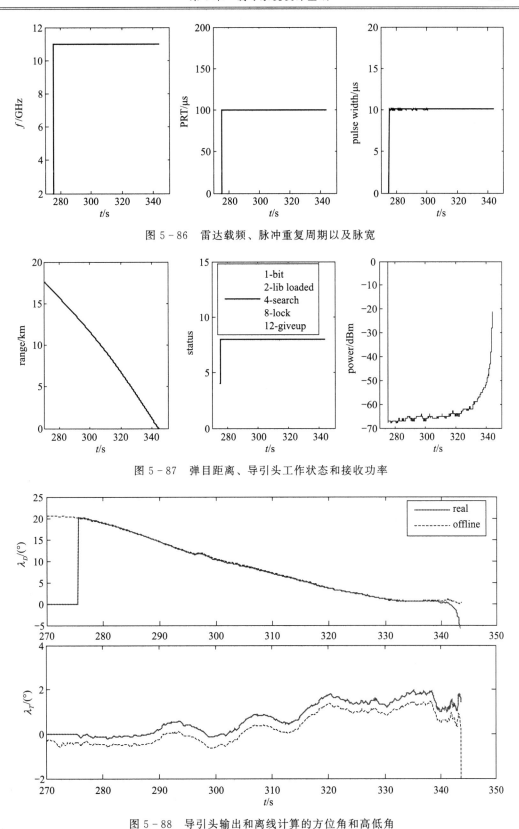

图 5 - 86　雷达载频、脉冲重复周期以及脉宽

图 5 - 87　弹目距离、导引头工作状态和接收功率

图 5 - 88　导引头输出和离线计算的方位角和高低角

5.5　伺服式导引头输出信息坐标转换

在理论上，制导律按输入信号的性质可分为两大类：1）角速度型制导律；2）角度型制导律（具体见第6章相关的内容），两者弹道特性有较大的差别，并且与制导律相对应的姿控回路也完全不同，在工程上大多采用角速度型制导律。

导引头输出信息主要有弹目视线角速度、框架角等，其中弹目视线角速度定义在导引头坐标系下，不能直接应用于制导律设计，在工程上进行制导律设计时，需根据制导类型，将其转换为弹体坐标系或制导坐标系下的视线角速度，如图5-89所示。1）采用角速度型制导律时，结合弹体上捷联惯组的安装方式，制导律输出为弹体侧向和法向加速度指令，这时需要将导引头坐标系下的视线角速度经转换矩阵（导引头坐标系至弹体坐标系）得到弹体坐标系下的视线角速度。2）采用角度型制导律时，需将导引头坐标系下的视线角速度信息依次转换至弹体坐标系下的视线角速度，导航坐标系下的视线角速度，再转换至制导坐标系下的视线角速度，最后积分得到弹目视线的高低角和方位角。

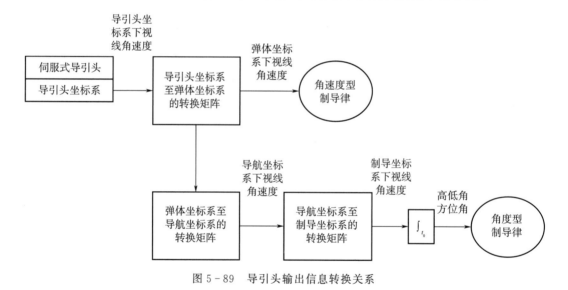

图5-89　导引头输出信息转换关系

下面简单地介绍各种坐标系定义以及它们之间的转换矩阵，有一些坐标系的定义及它们之间的转换矩阵已在第2章介绍过。

（1）导引头坐标系 $Ox_sy_sz_s$

导引头坐标系是与导引头位标器固连的直角坐标系，也称为位标器（天线）坐标系，如图5-90所示，原点 O 取在导引头的万向支架中心，Ox_s 轴与导引头纵轴重合，指向导引头前端（对于雷达导引头来说，Ox_s 为导引头天线轴；对于光学导引头为导引头光轴）；Oy_s 在导引头的对称平面内，垂直于 Ox_s 轴，向上为正；Oz_s 轴与 Ox_s 和 Oy_s 轴构成右手直角坐标系。

（2）伺服式导引头与弹体坐标系之间的关系

对于二框架伺服式导引头（这里指直角坐标伺服式导引头，极坐标伺服式导引头可参考其他相关资料）与弹体坐标系之间的关系用框架角表示，如图 5 - 90 所示，框架角的定义如下：

俯仰框架角 ϑ_s：导引头轴向 Ox_s 在弹体 Ox_1y_1 平面中的投影与弹体纵轴之间的夹角，抬头为正，俯仰框架角的范围为：$-180° < \vartheta_s \leqslant 180°$。

偏航框架角 ψ_s：导引头轴向 Ox_s 与其在弹体 Ox_1y_1 平面中的投影之间的夹角，绕 Oy_s 逆时针旋转为正，偏航框架角的范围为：$-180° \leqslant \psi_s < 180°$。

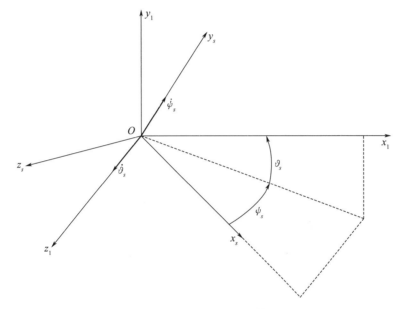

图 5 - 90　导引头坐标系与弹体坐标系

从导引头坐标系变换至弹体坐标系，其转换矩阵见表 5 - 10。

表 5 - 10　导引头坐标系至弹体坐标系（伺服式导引头）

	Ox_s	Oy_s	Oz_s
Ox_1	$\cos\psi_s\cos\vartheta_s$	$\sin\vartheta_s$	$-\sin\psi_s\cos\vartheta_s$
Oy_1	$-\cos\psi_s\sin\vartheta_s$	$-\cos\vartheta_s$	$\sin\psi_s\sin\vartheta_s$
Oz_1	$-\sin\psi_s$	0	$\cos\psi_s$

捷联导引头可视为直角二框架伺服式导引头的特例，即俯仰框架角 ϑ_s 和偏航框架角 ψ_s 固定。通常情况下，偏航框架角 ψ_s 为 $0°$，导引头跟弹体在纵向对称面之内有一个导引头安装角 ϑ_s，则从导引头坐标系变换至弹体坐标系，其转换矩阵见表 5 - 11。

表 5 - 11　导引头坐标系至弹体坐标系（捷联导引头）

	Ox_s	Oy_s	Oz_s
Ox_1	$\cos\vartheta_s$	$\sin\vartheta_s$	0
Oy_1	$-\sin\vartheta_s$	$\cos\vartheta_s$	0
Oz_1	0	0	1

（3）角速度型制导律

假设导引头输出视线角速度为 ω_{ys} 和 ω_{zs} ，则弹体坐标系下的视线角速度为

$$\begin{bmatrix} \omega_{xb} \\ \omega_{yb} \\ \omega_{zb} \end{bmatrix} = \boldsymbol{C}_s^b \begin{bmatrix} 0 \\ \omega_{ys} \\ \omega_{zs} \end{bmatrix}$$

式中　$\boldsymbol{C}_s^b$——导引头坐标系至弹体坐标系之间的转换矩阵。

（4）角度型制导律

制导坐标系下的视线角速度为

$$\begin{bmatrix} \omega_{xg} \\ \omega_{yg} \\ \omega_{zg} \end{bmatrix} = \boldsymbol{C}_n^g \boldsymbol{C}_b^n \boldsymbol{C}_s^b \begin{bmatrix} 0 \\ \omega_{ys} \\ \omega_{zs} \end{bmatrix}$$

式中　$\boldsymbol{C}_b^n$——弹体坐标系至导航坐标系之间的转换矩阵；

　　　$\boldsymbol{C}_n^g$——导航坐标系至制导坐标系之间的转换矩阵。

某伺服式导引头输出信息坐标转换的 C 代码模块见附录 3。

5.6　捷联式导引头

传统战术空地导弹多数采用伺服式导引头，其导引头可以较好地隔离导弹姿态变化或抖动对导引头性能的影响，实现导引头稳定和跟踪功能，但导引头系统比较复杂、体积较大、成本较高。随着科技的发展，空地导弹的一个重要发展趋势是小型化和低成本化，这必然要求研发捷联技术，目前捷联式导引头技术已趋于成熟，越来越多地应用于小型或微型空地导弹和某一些大型的反辐射空地导弹。

5.6.1　优缺点

相对于伺服式导引头，捷联式导引头具有如下优缺点。

（1）优点

捷联式导引头具有如下优点：

1）导引头由于取消了伺服平台，简化了导引头结构与电气设计，大幅提高了系统的性能与可靠性。

2）导引头取消了伺服平台及伺服控制，在大幅降低成本的同时，减小导引头的体积，更适用于微小型空地制导武器。

3）采用数学解耦算法提取制导所需的信息，由于无隔离度问题，提高了导引头输出信息的精度及可靠性。

（2）缺点

捷联式导引头的缺点为：

1）不能直接得到比例导引法所需惯性坐标系下的视线角速度，需要开发数学解耦算法提取有用制导信息，另外，需要对导引头输出角度信息和导航系统输出姿态信息在时间上进行对准。

2）对于基于光学制导体制的捷联式导引头而言，通常情况下其瞬时视场角较小，当打击移动目标时，目标容易出视场；

3）制导律所需信息为惯性坐标系下的视线角度或角速度，而捷联式导引头输出的角度信息为导引头坐标系下的角度信息，故应用捷联式导引头时，还须对导航系统输出的导弹姿态角精度提出较高的要求。

5.6.2　适用范围

随着捷联式导引头技术、弹载计算机技术的快速发展和解耦算法的开发，基于捷联式导引头提取视线角速度的算法也逐渐成熟。其原理为：导引头可测量得到导引头或弹体坐标系下的弹目视线失准角（高低失准角和方位失准角），通过弹载计算机对失准角进行微分，即可得导引头或弹体坐标系下的弹目视线角速度，然后借助于惯性导航系统（配有速率陀螺）输出的姿态角及弹体角速度，可将其转换为惯性坐标系下的弹目视线角速度。

由捷联式导引头的优缺点可知：

（1）适用于低成本中小型导弹或微型导弹

一般情况下，中小型导弹或微型导弹弹径较小，如采用伺服式导引头，则由于导引头直径较大带来弹体结构尺寸超标。即使导引头满足弹体结构尺寸要求，也由于伺服式导引头直径较大导致导弹头部尺寸较大，从而使得弹体气动阻力增加，影响射程。

（2）适用于点源型制导

对于采用成像制导（红外成像和可见光成像）体制的导弹而言，考虑到弹体气动和结构特性偏差、大气扰动及控制系统性能、导引头和导航系统输出在时间上存在差异等因素，导弹进入末制导后，导弹姿态振荡严重，容易导致成像出现模糊，在一定程度上影响导引头发现、识别、锁定及跟踪目标，故捷联式导引头更适用于点源型制导。

（3）适用于打击慢移动目标或静止目标

对于某一些基于光学制导体制的捷联式导引头，通常情况下考虑光学系统的综合性能，设计的瞬时视场角较小，如目标移动速度过快，则会占用导引头很大的视场角，容易导致目标出视场。

（4）适合顺逆风情况下使用

在导弹攻击目标的飞行过程中，如存在较大侧风并且导弹速度较小时，弹体纵轴 Mx_1 和风轴趋于一致，即弹体纵轴偏离弹目视线 los，如图 5-91 所示，侧风越大，导弹速度越小，则此偏离角越大，容易导致目标出视场。

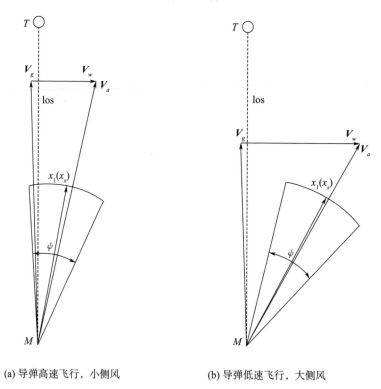

(a) 导弹高速飞行，小侧风　　　　　(b) 导弹低速飞行，大侧风

图 5 - 91　风场占用视场角

5.6.3　弹目视线角定义

弹目视线相对于导引头坐标系用两个弹目视线角表示，不同制导体制导引头的视线角定义有所不同，如图 5 - 92 所示，以图 5 - 92（b）所示的弹目视线角定义如下：

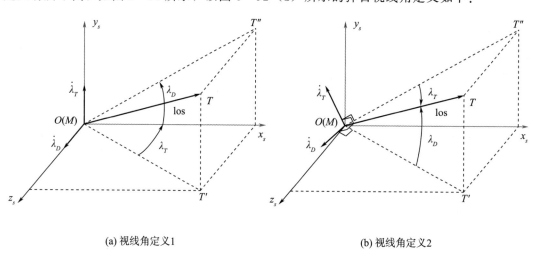

(a) 视线角定义1　　　　　　　　　　(b) 视线角定义2

图 5 - 92　弹目视线角定义

视线高低角 λ_D ：弹目视线 los 与 Ox_sz_s 平面之间的夹角，绕 $\dot{\lambda}_D$ 逆时针旋转为正，视线高低角的范围为：$-90° \leqslant \lambda_D \leqslant 90°$。

视线方位角 λ_T ：弹目视线 los 与 Ox_sy_s 平面之间的夹角，绕 $\dot{\lambda}_T$ 顺时针旋转为正，视线方位角的范围为：$-90° \leqslant \lambda_T \leqslant 90°$。

5.6.4　姿态隔离算法

为了叙述更直观，下面以纵向制导剖面为例说明捷联式导引头各角度之间的关系，如图 5-93 所示，其中 ϑ 为弹体俯仰角，ϑ_s 为导引光轴或天线轴相对于导引头基座法向之间的夹角，λ_D 为弹目视线在导引头坐标系下的高低角，q 为惯性坐标系下的弹目视线高低角。

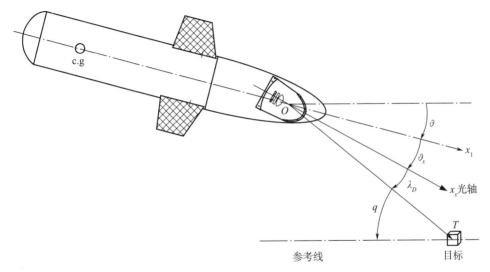

图 5-93　捷联式导引头纵向剖面内的角度关系

与伺服式导引头不同，捷联式导引头固连于弹体，导引头测量得到的视线角为弹目视线角在导引头坐标系下的分量 λ_D ，而制导所需的视线角为在惯性空间下的弹目视线角 q ，根据几何关系，可得

$$q = \lambda_D + \vartheta_s + \vartheta$$

即制导信号所需的弹目视线角包含：1）捷联式导引头输出视线角 λ_D ；2）导引头相对于弹体的安装角 ϑ_s ；3）弹体在惯性空间的姿态角 ϑ 。

在工程上，需基于不同坐标系之间的变换关系，才能解算得到弹目视线在惯性空间内的分量。主要分如下几个步骤：

1）根据导引头输出的视线角，得到弹目视线在导引头坐标下的矢量。

令导引头输出视线角高低角为 λ_D（目标在光轴或天线轴之上为正），方位角为 λ_T（目标在光轴或天线轴的右侧为正），则弹目视线在导引头坐标系下的矢量为

$$\boldsymbol{R}_s = \begin{bmatrix} \sqrt{\cos\lambda_D^2 - \sin\lambda_T^2} \\ \sin\lambda_D \\ \sin\lambda_T \end{bmatrix}$$

2）计算弹目视线在弹体坐标系下的投影。

假设导引头光轴或天线轴相对于导引头基座之间的转换矩阵为 $\boldsymbol{C}_s^b$，则弹目视线在弹体坐标系下的矢量为

$$\begin{aligned} \boldsymbol{R}_b &= \boldsymbol{C}_s^b \boldsymbol{R}_s \\ &= \begin{bmatrix} \cos\vartheta_s & \sin\vartheta_s & 0 \\ -\sin\vartheta_s & \cos\vartheta_s & 0 \\ 0 & 0 & 1 \end{bmatrix} \begin{bmatrix} \sqrt{\cos\lambda_D^2 - \sin\lambda_T^2} \\ \sin\lambda_D \\ \sin\lambda_T \end{bmatrix} \\ &= \begin{bmatrix} \cos\vartheta_s \sqrt{\cos\lambda_D^2 - \sin\lambda_T^2} + \sin\vartheta_s \sin\lambda_D \\ -\sin\vartheta_s \sqrt{\cos\lambda_D^2 - \sin\lambda_T^2} + \cos\vartheta_s \sin\lambda_D \\ \sin\lambda_T \end{bmatrix} \end{aligned}$$

3）计算弹目视线在惯性空间的矢量。

假设弹体在惯性空间（地理坐标系）下的姿态用滚动角 γ，偏航角 ψ 和俯仰角 ϑ 来表征，弹体坐标系至地理坐标系的转换矩阵为 $\boldsymbol{C}_b^n$，具体见第 2 章相关内容，则弹目视线在地理坐标系下的投影为

$$\boldsymbol{R}_n = C_b^n \boldsymbol{R}_b = r_x \boldsymbol{i} + r_y \boldsymbol{j} + r_z \boldsymbol{k}$$

4）计算弹目视线在惯性空间的视线角。

令弹目视线在惯性空间的视线角高低角为 q_{D_I}（目标在水平面之上为正），方位角为 q_{T_I}（目标在正北方向的左边为正），则

$$\begin{cases} q_{D\_I} = \arctan\left(\dfrac{r_y}{\sqrt{r_x^2 + r_z^2}}\right) \\ q_{T\_I} = \arcsin\left(\dfrac{r_z}{\sqrt{r_x^2 + r_z^2}}\right) \end{cases}$$

5.6.5 视场分配

对于基于光学制导的捷联式导引头而言，考虑到作用距离等因素，导引头通常使用较小瞬时视场（反辐射捷联式导引头瞬时视场较大）。导引头的瞬时视场取决于光学镜头的焦距（对于反射式组合光学镜头来说，其焦距等效于主镜的焦距）和探测器的尺寸，焦距越长则视场越小，导引头探测距离越远；探测器尺寸越大，则对应的视场越大。在探测器尺寸一定的情况下，瞬时视场越大，对应的探测距离越短，故设计捷联式导引头时，需要根据实际情况折中考虑焦距和视场大小之间的关系。

对于捷联式导引头来说，在工程上需要考虑各种占用导引头视场的因素，并分析这些因素的具体影响，在此基础上，合理设计中制导、末制导以及中末制导交接班，确定制导

武器的使用条件。

5.6.5.1　捷联式导引头指标

通常情况下捷联式反辐射或毫米波制导导引头应用于较大的空地导弹，其弹径较大，故可以设计较大的瞬时视场角，而对于捷联式光学制导导引头，特别是应用于小型或微型空地导弹，由于受限于弹径等其他因素，瞬时视场角相对较小。下面以某捷联式激光半主动导引头（质量 350 g，长 150 mm，直径 50 mm）为例，介绍其设计指标。

（1）探测距离

在以下条件，捕获目标距离不小于 3 km，捕获概率不小于 98％。

1）激光照射器能量：100 mJ；

2）空中照射距离：9 km；

3）激光脉冲宽度：（15±5）ns；

4）激光束散角：0.2 mrad；

5）目标漫反射系数：≥0.2；

6）大气能见度：12 km。

（2）视场

1）总视场：≥15°；

2）线性区：≥10°。

5.6.5.2　占用捷联式导引头视场的因素

对于某一些空地制导武器，为了提高载机的生存力，大多采用发射后锁定目标的攻击模式。以某激光半主动制导导弹为例，选用发射后锁定目标，其好处为：

1）可实现远距离投放导弹，在拓宽武器投放包络的同时，也大大提高载机的生存力。

2）可选择合适的开机时间，其一可有效避开本机激光照射器照射目标时造成的激光后散射问题；其二可有效避开发动机喷射的烟雾对照射激光的影响。

3）根据飞行实时数据计算照射器开机时间，可在一定程度上缩短照射器的照射时间。

4）相对于发射前锁定目标（投放后，受干扰严重，捷联式激光半主动制导导引头由于视场角较小，可能会失锁），采用发射后锁定目标可较好地锁定目标。

由以上分析可知，发射后锁定目标的攻击模式逐渐成为空地导弹的主要攻击模式，对于捷联式导引头，要求在弹目距离小于导引头探测距离时，导引头可以搜索、发现以及识别目标，其前提条件是，当弹目距离小于导引头探测距离时，目标处于导引头的视场之内。

主要占用导引头视场的因素有：

1）目标定位估计误差；

2）风场影响；

3）制导因素；

4）结构和气动偏差因素。

下面主要以占用侧向视场为例，依次介绍上述四项因素占用的视场角。

（1）目标定位估计误差占用视场

对于发射后锁定目标的攻击模式，在初制导和中制导段，弹目距离都超出了导引头的作用范围，故需要确定目标的位置，即目标定位。

在工程上，基于载机装备光电设备（大多为四合一全数字化吊舱，即具有红外成像、可见光成像、激光照射以及激光测距等功能，如图 5-94 所示）的测量输出（主要为斜距、高低角和方位角等信息）及载机的导航信息，可解算得到目标在地面坐标系下的位置，即可对目标进行定位，不过由于计算误差以及测量误差，故存在目标定位估计误差。

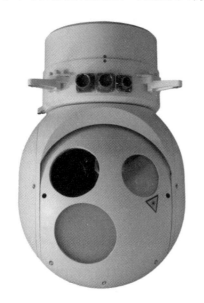 

图 5-94　光电吊舱

①侧向占用视场

影响侧向占用视场的定位误差主要有目标纵向定位误差和侧向定位误差，两者对侧向占用视场的影响与导弹高度和弹目距离相关，如图 5-95 所示，其中 H 和 R 分别表示导引头捕获目标时的高度及弹目距离，Δ longitudinal 表示纵向目标定位误差，Δlateral 表示侧向目标定位误差。

侧向定位误差 Δlateral 引起的视场误差角为 $\Delta\lambda_{T1}$，同时存在侧向目标定位误差 Δlateral 和纵向目标定位误差 Δlongitudinal 时所引起的视场误差角为 $\Delta\lambda_{T2}$。

由图 5-95 所示的几何关系可知：

1）弹目距离越近，侧向定位误差引起的侧向占用视场越大。

2）侧向定位误差是侧向占用视场的主要因素，纵向目标定位误差对侧向占用视场的影响很小，可以忽略，如图 5-96 所示，高度定位误差对其影响也很小。

3）当弹目距离为 3 km 时，其中侧向定位误差 100 m 引起的侧向视场误差大约为 1.91°，当弹目距离接近至 2 km 时，侧向定位误差 100 m 引起的侧向视场误差为 2.86°，所以在制导策略上，当确定导引头输出的弹目视线角稳定后即可进入末制导。

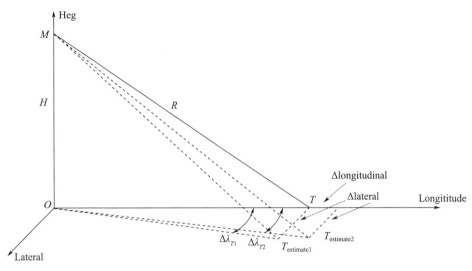

图 5 - 95　侧向视场角

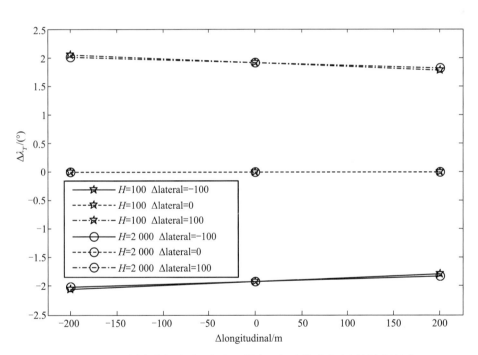

图 5 - 96　不同高度投放时，侧向和纵向目标定位误差占用侧向视场角

②纵向占用视场

影响纵向占用视场的定位误差主要有目标纵向定位误差和高度定位误差，两者对纵向占用视场的影响与导弹高度和弹目距离相关，如图 5 - 97 所示，Δheg 表示天向目标定位误差，纵向定位误差 Δlongitudinal 引起的视场误差角为 $\Delta\lambda_{D1}$，高度定位误差 Δheg 引起的视场误差角为 $\Delta\lambda_{D2}$。

由图 5 - 97 所示的几何关系可知：

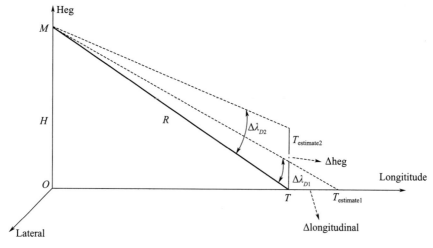

图 5 - 97　纵向视场角

1）弹目距离越小，高度定位误差 Δheg 和纵向定位误差 Δlongitudinal 引起的纵向占用视场越大。

2）高度定位误差 Δheg 和纵向定位误差 Δlongitudinal 引起的纵向占用视场不仅与弹目距离相关，而且与弹目相对高度相关，如图 5 - 98 所示。弹目相对高度越小，则高度定位误差引起的纵向占用视场越大，而纵向定位误差引起的纵向占用视场越小。

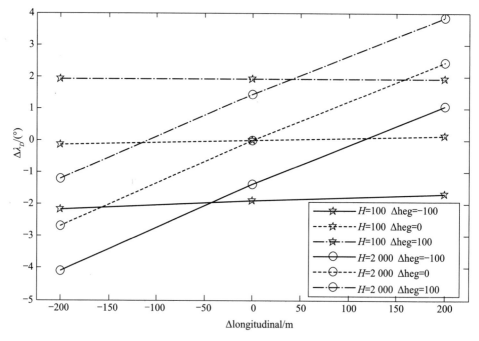

图 5 - 98　不同高度投放时，高度和纵向目标定位误差占用纵向视场角

3）斜距 3 km 捕获目标，且三方向目标估计误差为 100 m 时，占用的最大视场角为：

纵向约 3°视场角，侧向约 2°视场角。斜距 2 km 捕获目标，且三方向目标估计误差为 100 m 时，占用的最大视场角为：纵向约 4.1°视场角，侧向约 3°视场角。

（2）风场占用视场

当导弹飞行过程中受到侧风作用时，弹体会偏转一个角度（用 ε 表示），以使弹体以较小的侧滑角飞行，如图 5-99 所示，假设导弹平稳飞行时其侧滑角为 0°，这时弹体偏转角 ε 由以下公式计算

$$\varepsilon = \arcsin\left(\frac{V_w}{V_a}\right) \qquad\qquad (5-19)$$

式中　V_w ——侧向风速；

　　　V_a ——弹体飞行空速。

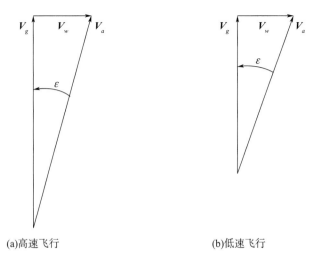

(a)高速飞行　　　　　　　　　　　(b)低速飞行

图 5-99　风场占用视场角

偏转角与当前的飞行空速有关，当飞行空速较大时，ε 值较小；当飞行空速较小时，ε 值较大，则占用较大的侧向视场。

下面以某型号在存在侧向风场的情况下打击目标为例，论证侧向风场造成的占用视场角大小，具体见例 5-2。

例 5-2　仿真侧向风场对占用侧向视场的情况。

①仿真条件

1）投放条件：射程 $R = 6\,000$ m；投放高度 3 000 m；投放速度，北速 48.933 3 m/s，东速 0 m/s，天速 0 m/s；投放姿态，滚动角 0°，偏航角 -14.195°（西风）和 14.195°（东风），俯仰角 0°。

2）目标：目标静止，正北位置。

3）风场：12 m/s（西风）；12 m/s（东风）。

②仿真结果

仿真结果如图 5-100~图 5-103 所示，图 5-100 为导弹的飞行轨迹，图 5-101 为导

弹飞行攻角、侧滑角和马赫数，图 5-102 为侧向视线角和导弹飞行弹道偏角，图 5-103 为占用的视场角和弹目距离。

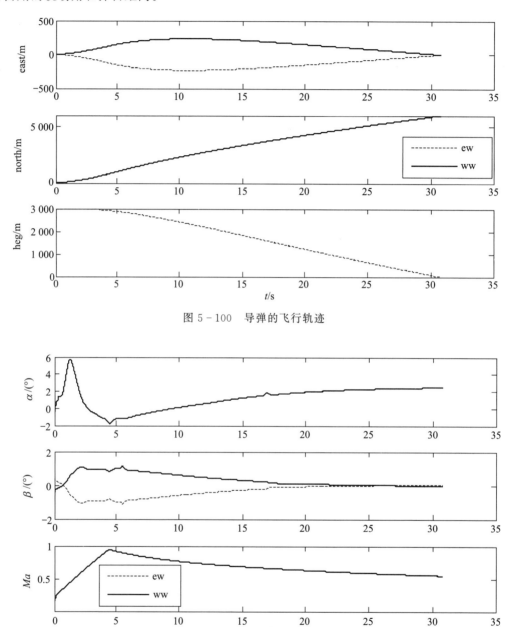

图 5-100　导弹的飞行轨迹

图 5-101　飞行攻角、侧滑角和马赫数

③仿真结论

由大量的仿真结果可知：

1）在投放的初始阶段，由于导弹飞行速度较小，故其占用的侧向视场角较大，在飞行过程中，占用的侧向视场角逐渐趋于一个固定值，其值大小可由式（5-19）计算得到。

2）侧向风速 12 m/s 占用的侧向视场角约为 4°。

3）纵向平面风场对侧向视场的影响较小。

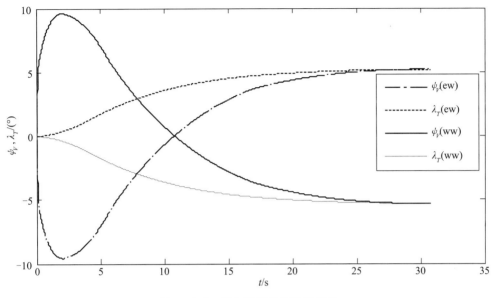

图 5 - 102　侧向视线角和弹道偏角

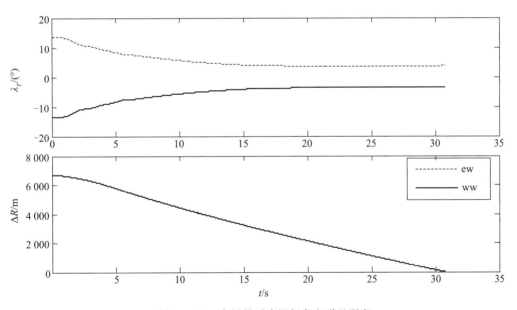

图 5 - 103　占用导引头视场角和弹目距离

（3）制导律占用视场

制导律占用导引头视场角主要与采用的制导律和目标运动特性有关，下面分目标静止和目标运动两种情况介绍制导律占用的视场。

①目标静止

对于打击静止目标，无论采用姿态追踪法还是比例导引法，在飞行过程中，弹体轴趋于与弹目视线一致，其占用的视场角即趋于 0。

②目标移动

对于打击移动目标，采用不同制导律，则占用的视场角不同，具体分析如下：

（a）姿态追踪法

在理论上，弹体轴指向弹目视线，即其占用的视场角较小，可忽略。

（b）比例导引法

比例导引法具体见第 6 章相关内容，这里只原理性说明采用比例导引法在打击运动目标时，占用视场角的情况。

当导弹—目标之间的相对速度与弹目视线不重合时，即引起弹目视线转动，如图 5 - 104（a）所示。而比例导引法的设计思想：抑制弹目视线的转动，即导弹飞行速度以更大的角速度旋转。假设目标速度和导弹速度恒定，当导引系数趋于无穷大时，最终弹目视线在空间趋于恒定（即类似于平行接近法），如图 5 - 104（b）所示，这时导弹速度方向和弹目视线之间存在一个误差角，即前置角 η，此角即为占用导引头的视场角。由几何关系可知：1）目标侧向运动速度越大，则占用的侧向视场角越大；2）目标运动在垂直于弹目视线的分量越大，则占用的侧向视场角越大，当目标运动在垂直于弹目视线的分量为 0 时，则不占用侧向视场角；3）导弹飞行速度越大，则占用的侧向视场角越小；4）比例导引系数越大，则前置角越快趋于平衡值，此平衡值相对较小，反之亦然，即通过调节导引系数来调整此偏置角。

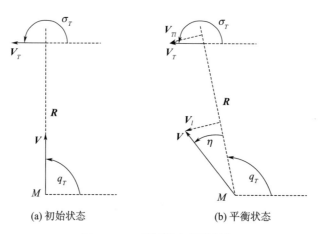

(a) 初始状态　　　　　　　(b) 平衡状态

图 5 - 104　制导律占用视场角

下面以某型号打击侧向运动目标为例，论证目标侧向移动造成的占用视场角大小，具体见例 5 - 3。

例 5 - 3　仿真目标侧向移动造成占用侧向视场的情况。

①仿真条件

1）投放条件：射程 $R = 4\,000$ m，$6\,000$ m；投放高度 $3\,000$ m；投放速度，北速

48.933 3 m/s，东速 0 m/s，天速 0 m/s；投放姿态，滚动角 0°，偏航角 0°，俯仰角 0°；

2）目标：$V_e = -15$ m/s；

3）风场：无。

②仿真结果

仿真结果如图 5-105～图 5-108 所示，图 5-105 为导弹的飞行轨迹，图 5-106 为导弹飞行攻角、侧滑角和马赫数，图 5-107 为侧向视线角和导弹飞行弹道偏角，图 5-108 为占用的视场角和弹目距离。

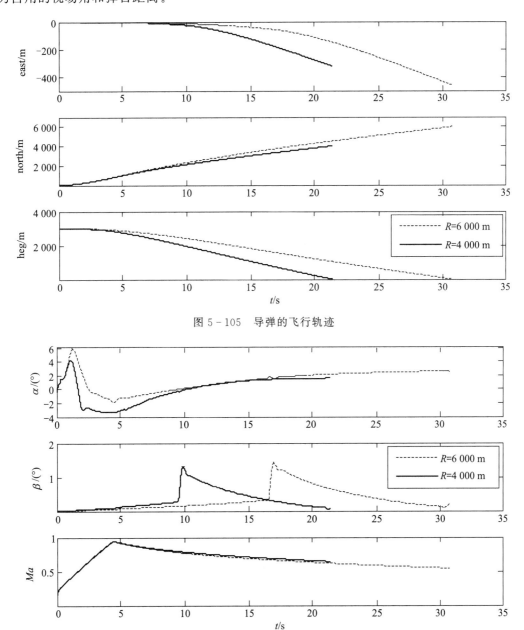

图 5-105　导弹的飞行轨迹

图 5-106　飞行攻角、侧滑角和马赫数

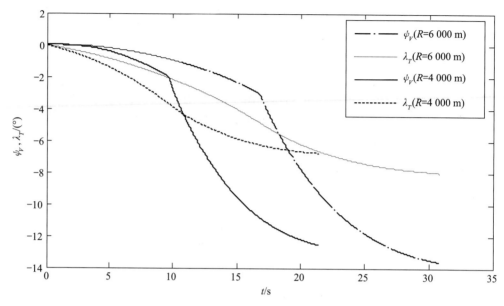

图 5 - 107　侧向视线角和弹道偏角

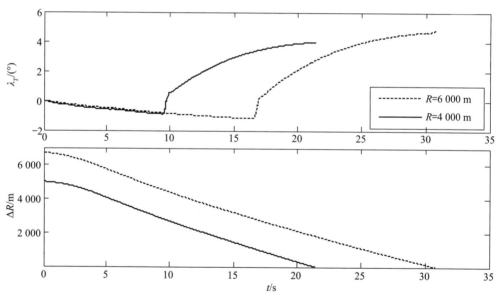

图 5 - 108　占用导引头视场角大小和弹目距离

③仿真结论

由理论及大量的仿真结果可知：

1）侧向最大占用视场角可达 5°；

2）导弹飞行速度越大，占用视场角越小，当落速＞170 m/s 时，视场角＜4.8°；当落速＞200 m/s 时，视场角＜4.0°。

（4）结构、气动偏差因素等其他因素占用视场

弹体结构和气动偏差量、发动机推力线偏移与偏心和发射时的初始干扰、大离轴角发射等因素均会导致弹体纵轴偏离弹目视线。

①结构和气动偏差

由于气动设计引起的不对称量及受气动结构件加工精度和组装精度的限制，在侧向通道，平衡飞行时，弹体可能以一个小侧滑角飞行，这样导致弹体速度矢量方向和弹体轴之间出现一个小角度，最终导致弹体纵轴与弹目视线相差一个小角度。

②发动机推力线偏移和偏心

发动机推力线偏移和偏心以及发动机在弹体中的安装偏差均在较大程度上引起其后的飞行过程中其弹体纵轴偏离弹目视线，其特点为：在投弹的初始阶段，由于初始速度较小，弹体气动力及力矩较小，而这时由发动机推力线偏移和偏心以及发动机在弹体中的安装偏差可导致较大的力矩，使得弹体纵轴严重偏离弹目视场，其后由于发动机工作结束、飞行速度增加，控制力矩随之增加，在控制的作用下，弹体纵轴也逐渐靠近弹目视线，这时占用视场就较小。

③发射时的初始干扰

由于导弹在发射角离轨时，受各种结构或弹机绕流流场的作用，在离轨那一刻导弹姿态剧烈变化，使得弹体纵轴大幅偏离弹目视线。

④大离轴角发射

大离轴角发射在初始阶段，弹体纵轴会大幅偏离弹目视线，占用视场角，在其后的飞行过程中，其弹体纵轴逐渐靠近弹目视线。

下面以某型号在存在气动、结构偏差的情况下打击目标为例，论证气动和结构等偏差占用视场角大小，具体见例 5-4。

例 5-4　仿真导弹存在结构质量特性偏差和气动常值干扰等造成占用侧向视场的情况。

①仿真条件

1）投放条件：射程 $R = 4\,000$ m；投放高度 3 km；投放速度，北速 48.933 3 m/s，东速 0 m/s，天速 0 m/s；投放姿态，滚动角 0°，偏航角 0°，俯仰角 0°；

2）目标：$V_e = -15$ m/s；

3）风场：无；

4）结构拉偏：法向质心偏移 0.5 mm，侧向质心偏移 0.5 mm；

5）气动拉偏：常值侧向力偏差 0.16，常值滚动力矩偏差 0.013。

②仿真结果

仿真结果如图 5-109～图 5-111 所示，图 5-109 为导弹飞行攻角、侧滑角和马赫数，图 5-110 为侧向视线角和导弹飞行弹道偏角，图 5-111 为占用的视场角和弹目距离。

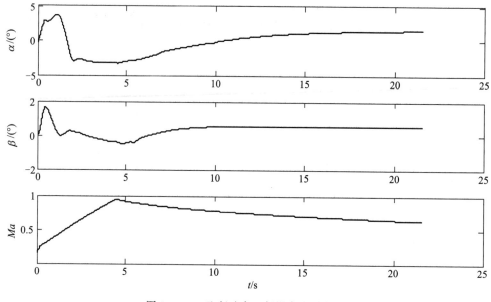

图 5 - 109　飞行攻角、侧滑角和马赫数

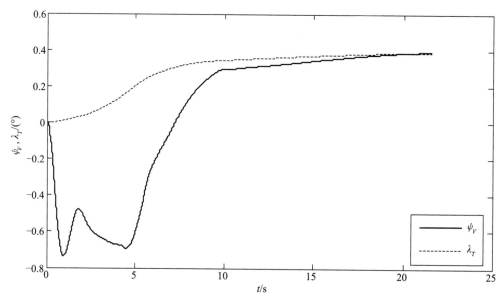

图 5 - 110　侧向视线角和弹道偏角

③仿真结论

1）气动偏差、结构偏差等因素引起的侧向最大占用视场角随飞行时间变化，在投弹初始段，可能占用视场角很大，故这时不宜进入末制导，随着时间的推移，占用视场角慢慢趋于一个较小值，对于此弹道，进入末制导时占用视场角小于 1.0°。

2）同理，发动机推力线偏移和偏心、大离轴角发射、发射时的初始扰动都在一定程度上引起弹体纵轴偏离弹目视线，占用视场角。

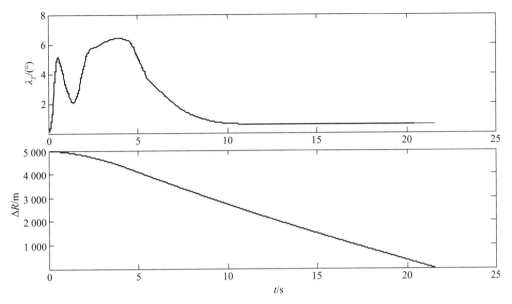

图 5 - 111　占用导引头视场角和弹目距离

5.6.5.3　视场分配

根据理论分析和弹道仿真，可确定如下视场角分配：

（1）侧向视场角分配

1）目标估计误差：3°视场角；

2）侧风影响：4°视场角；

3）制导因素（最大）：5.0°视场角；

4）结构、气动偏差因素：1.0°视场角。

（2）纵向视场角分配

1）目标估计误差：4°视场角；

2）纵向风场影响：2°视场角；

3）制导因素（最大）：5°视场角；

4）结构、气动偏差因素：1°视场角。

注：

1）目标估计误差仅在捕获目标前占用导引头视场角，捕获后该部分误差不再占用视场角；

2）制导因素占用视场角全程存在，中前段弹道小，末段变大，因此不影响捕获目标，但存在捕获后目标出视场的风险；

3）在纵向制导平面内，鉴于弹道特性不同，需要考虑导引头下视角和飞行攻角占用视场的影响。

5.7 制导系统的发展趋势

随着科学技术的飞速发展，对空地导弹的制导系统的技术要求越来越高，发达国家都投了大量的人力和物力发展制导技术。

（1）探测技术发展

随着光电探测技术的发展，已开发出性能优异的探测器，对于红外成像制导而言，重点在开发非制冷红外探测器，其性能也不断提高，目前已开发出分辨率高、探测能力强、抗干扰能力强、功耗低的探测器，现在比较流行的探测器像素为 640×480 pixel 或 640×512 pixel，有的探测器像素甚至已达 1 024×768 pixel。

（2）复合导引头技术

考虑到空地导弹的抗干扰性、制导距离及制导精度，以及在全天时全天候下适用，空地导弹一个很重要的发展方向是发展复合制导技术，在导引头方面，由单一体制的导引头向双模导引头甚至三模导引头发展，目前各种双模导引头和三模导引头已经进入了研制和实战阶段，例如 GBU-53B 采用"红外成像＋毫米波＋半主动激光"三模导引头，美国第四代防辐射导弹 AARGM 采用宽带被动雷达（0.1～40 GHz）＋主动毫米波＋GPS 复合制导，采用红外/激光/毫米波三模导引头的 SDB-2 已进入部队装备。

（3）制导律发展

考虑到目标机动能力提高，干扰措施越来越逼真，敌方防御工事的加强，对制导律的要求也越来越高。例如，针对不同的打击目标，提出了终端约束角制导律和侧向垂直打击技术；为了扩大攻击包络，制导律必须适应大机动范围内对目标进行攻击，甚至提出越肩发射打击目标。

另外，复合制导律也是以后发展的一个重点方向，复合制导律可有效地改善弹道特性以及提高对目标的打击精度。

（4）SAR 雷达制导技术

目前开发并投入实战的红外点源制导、红外成像制导、激光半主动制导、反辐射制导以及雷达主动制导在一定程度上都存在一定的缺陷，其适用受到较大的限制。随着 SAR 雷达成像理论及算法以及弹上高速计算机技术等发展成熟，弹载 SAR 成像已经达到 0.15 m×0.15 m 的分辨率，SAR 雷达景像匹配数据库修正惯性导航技术、SAR 侧前视成像（聚束成像和多普勒波束锐化技术）和单脉冲成像等技术逐渐成熟，SAR 雷达成像制导技术朝着低成本化、小型化、高精度制导、强抗干扰等方向发展，国外发达国家已将 SAR 雷达成像制导作为现在和未来制导技术发展的重点。

（5）异源红外成像制导技术

传统红外成像制导一般基于红外图像制作图像模板，这需要在导引头投入使用前，事先对敌方目标进行红外探测，拍摄较高分辨率的红外图像，这在很大程度上制约了红外成像制导技术的应用。

目前发达国家已在研发或已开发出较为实用的异原图像匹配技术，例如，可基于现代的可见光技术拍摄目标的可见光图像，在此基础上制作图像模板作为红外成像导引头的图像匹配基准。

（6）仿真技术及试验技术发展

制导武器的研发要经过各种试验的验证，就投弹试验来讲，分为模型弹飞行试验、独立回路飞行试验、闭合回路飞行试验以及战斗部飞行试验，但是这种依靠试验的设计理念不仅极大增加了型号研制的不确定性，拉长了研制的时间，而且还增加了研制成本。

随着技术的发展，制导系统的设计理念也应该发生变化，依靠理论设计保证制导系统的性能，靠仿真技术来验证理论设计，这就需要提高仿真技术的水平。

随着计算机技术等的发展，可以更加真实地建立制导系统的模型，模拟仿真环境，建立目标模型，即通过仿真的手段，可以比较真实地模拟制导控制在攻击目标整个过程中的工作情况，并可以考察各种环境、拉偏情况下的制导系统性能。

附录 1　MATLAB 仿真程序

```
% ex05_04_01.m
% developed by qiong studio


Em = 4.0e − 18 * 10^4;　　%em = 6.75e − 18 * 10^4;
Et = 90e − 6;
L = 6000;
segma = 0.135;
lu = 0.3;
beta = 15 * pi/180;
alpha = 15 * pi/180;
eta = 1;
T = 0.3;
R = 3000;

for ii = 1:1:8
    T = exp( − segma * (L + R)/1000)
    R = (1/(pi * Em) * Et * T * eta * lu * cos(beta) * cos(alpha))^0.5
end
```

附录 2　反辐射战术导弹靶标诱饵系统

（1）用途、组成和功能

反辐射战术导弹靶标诱饵系统（以下简称靶标诱饵系统）主要用于模拟真实雷达——

有源诱饵的工作情况，用于测试反辐射导引头的各项性能指标，特别是导引头的抗有源诱饵的性能。

靶标诱饵系统由一个模拟雷达信号源、四个模拟诱饵源以及相应配套设施等组成，诱饵源工作与雷达信号源同频同步，诱饵源通过光纤以有线方式接收雷达信号源的信号，辐射出与雷达信号源旁瓣功率相近、特征参数一致的诱饵信号，其功能如下：

1）自检功能，在系统开机后，对系统主要的模块进行功能自检，并反馈至上位机（系统的监控子系统）。

2）实时巡检诱饵射频时延并标定（扣除诱饵与雷达信号源之间时延后的时间标定）；实时监测雷达脉冲参数，并将此信息反馈至上位机。

3）雷达信号源和诱饵源协同工作，可工作于本控模式（信号源和诱饵源都单独工作），也可工作于程控模式（上位机控信号源，通过光纤控制诱饵工作）。

4）雷达信号源可以关闭发射系统，而诱饵继续工作。

5）可更换雷达/诱饵信号源输出功放实现不同作用距离要求。

6）靶标诱饵系统可工作于闪烁状态，模拟闪烁诱饵［闪烁频率（1～100 Hz）、幅值可调］。

7）可控制多个诱饵前后沿交替覆盖雷达脉冲信号的前后沿。

8）可控制诱饵的发射功率。

9）诱饵可分布在离雷达信号源100～1 000 m的地方，可以选择二基站、三基站或四基站工作。

（2）性能指标

①雷达信号源指标

雷达信号源用于模拟雷达的工作，产生各种常见雷达信号［如常规脉冲信号、连续波信号、脉内调制信号（频率调制或相位编码）与频率捷变信号等］，可产生宽带或窄带电磁信号。其由信号源基础模块、宽带天线、宽带功放和天线模块、窄带功放和天线模块、伺服平台与供电等模块组成。各模块可按指定的模式组合，可模拟雷达单独工作（宽带或窄带信号），也可模拟雷达-诱饵系统组合工作。

其指标为：

1）雷达信号：常规脉冲信号、连续波信号、脉内调制信号（频率调制或相位编码）与频率捷变信号等；

2）频率范围：2～18 GHz；

3）频率准确度：1 MHz；

4）脉冲重复频率：150 Hz～150 kHz；

5）脉冲宽度：5～500 μs；

6）脉冲宽度误差：0.1 μs；

7）脉冲边沿升降时间：小于100 ns；

8）脉冲前沿和后沿可控精度：小于20 ns；

9）极化方式：线极化（水平极化或垂直极化，天线可拆卸后转 45°和 90°安装）；

10）输出功率：>25 dBm；

11）频率捷变范围：脉间捷变不小于 600 MHz，相邻脉冲频率差满足临界频差。

宽带天线、宽带功放和天线以及窄带功放和天线的指标另外规定如下：

（a）宽带天线指标

宽带天线单独（可方便拆卸）与信号源基础模块组合，主要用于实验室室内和室外（探测距离 100 m）测试导引头的性能，其指标如下：

1）工作频段：2～18 GHz；

2）天线增益：-5 dB；

3）天线高低角和方位角可每隔 1°进行调节。

（b）宽带功放和天线模块指标

宽带功放和天线模块与信号源基础模块相组合，主要用于导引头挂飞试验（外场条件），也用于与诱饵组成雷达-诱饵系统，模拟雷达-诱饵在宽带情况下的工作性能。

考虑到工程上实现与成本，宽带功放和天线模块可分 2 或 3 频段实现，功放和天线一体化设计，其指标如下：

1）主瓣宽度：高低角为-10°～10°，方位角为-7.5°～7.5°；

2）功放和天线设计满足导引头探测距离>10 km（导引头灵敏度-70 dBm）。

（c）窄带功放和天线模块指标

窄带功放和天线模块与信号源基础模块相组合，主要用于导引头挂飞试验（外场条件）以及投弹试验，也用于与诱饵组成雷达-诱饵模拟系统，模拟雷达-诱饵在窄带情况下的工作情况。

考虑到较常用雷达信号，选用 5.5 GHz 和 9.0 GHz 作为功放和天线模块的设计输入，功放和天线一体化设计或分置设计（挂飞试验时，功放和天线一体化设计；投弹时，功放和天线可通过波导线连接，分置 3～5 m）。其指标如下：

1）主瓣宽度：高低角为-10°～10°，方位角为-7.5°～7.5°；

2）功放和天线设计满足导引头探测距离>30 km（导引头灵敏度-70 dBm）。

（d）伺服机构

具有二维转动功能，模拟雷达波束在惯性空间的转动。

②诱饵源指标

诱饵系统与雷达信号源协同工作，其天线定向，无伺服机构，通过光纤接收雷达信号源的信号，具有模拟闪烁诱饵的功能。

诱饵系统与雷达信号源协同工作，其功放和天线模块也相应分为窄带和宽带。

1）发射功率具有调节能力，可通过外接和删除衰减器或通过监控子系统调节发射功率，可随机调幅 0～30 dB；

2）诱饵可模拟慢闪烁和快闪烁两种工作模式，其闪烁频率为 1～100 Hz；

3）诱饵系统工作模式：按照一定周期交替超前雷达信号源脉冲信号的前缘；

4）光纤通信最大距离：1 km；

5）脉冲边沿升降时间：小于 100 ns；

6）脉冲前沿和后沿可控精度：<20 ns（扣除诱饵与雷达信号源之间的时延）；

7）极化方式：线极化（水平极化或垂直极化，天线可拆卸后转 45°和 90°安装）；

诱饵源窄带功放和天线、宽带功放和天线的指标类似于雷达信号源。

附录 3　C 代码模块

```
% ex05_05_01.m

% developed by qiong studio

/* * * * * * * * * * * * * * * * * * * * * * * * * * * * * * * * * * * * *
Func name：Seerker

Description：simulation servo seeker

Input para：Navi,Aim,pitch_rate_noise,yaw_rate_noise,output_delay

Out para：pYaw_frame,pYaw_pitch,pYaw_rate,pPitch_rate

Return：no

Date：2017/12/28

History：1981/12/28

Remark：

Global var：　no

 * * * * * * * * * * * * * * * * * * * * * * * * * * * * * * * * * * * * */
void Seerker(NAVI Navi,AIM Aim,float yaw_rate_noise,float pitch_rate_noise,unsigned char delay,　float *
pYaw_frame,float * pPitch_frame,float * pYaw_rate,float * pPitch_rate)
{
    double lonT = 0.0,latT = 0.0,hegT = 0.0；//target：lon,lat,altitude
    double lonM = 0.0,latM = 0.0,hegM = 0.0；//missile：lon,lat,altitude
    float Re = 6378137.0；
    float Rm = 0.0；
    float Rn = 0.0；
    double e = 0.081891910；
    float Renu[3] = {0,0,0}；
    float deltaR = 0；
    float Cbn[9] = {0,0,0,0,0,0}；//body coordinate(head-up-right)→navigation(est-nth-up)
    float Cbf[9] = {0,0,0,0,0,0,0,0,0}；

    float sinR = 0.0,cosR = 0.0,sinY = 0.0,cosY = 0.0,sinP = 0.0,cosP = 0.0；
```

```
float sinPF = 0. 0,cosPF = 0. 0,sinYF = 0. 0,cosYF = 0. 0;

float los_enu[3] = {0,0,0},los_xyz[3] = {0,0,0};

float Wenu[3] = {0,0,0},Wxyz[3] = {0,0,0},Wxyz_frame[3] = {0,0,0};


static float sOutput_yaw[50] = {0. 0};

static float sOutput_pitch[50] = {0. 0};


sinR = sin(Navi. Roll);

cosR = cos(Navi. Roll);

sinY = sin(Navi. Yaw);

cosY = cos(Navi. Yaw);

sinP = sin(Navi. Pitch);

cosP = cos(Navi. Pitch);


Cbn[0] = − sinY * cosP;

Cbn[1] = cosP * cosY;

Cbn[2] = sinP;

Cbn[3] = cosY * sinR + sinP * sinY * cosR;

Cbn[4] = − cosY * sinP * cosR + sinY * sinR;

Cbn[5] = cosP * cosR;

Cbn[6] = cosY * cosR − sinY * sinP * sinR;

Cbn[7] = cosY * sinP * sinR + sinY * cosR;

Cbn[8] = − cosP * sinR;


lonT = Aim. Longitude;

latT = Aim. Latitude;

hegT = Aim. Altitude;


latM = Navi. Latitude;

lonM = Navi. Longitude;

hegM = Navi. Altitude;


//—— to get relative range of los in navigation coordinate and range of missile and target
Rm = Re * (1 − e * e)/pow(1 − e * e * sin(latM) * sin(latM),1. 5);

Rn = Re/sqrt(1 − e * e * sin(latM) * sin(latM));

Renu[0] = (Rn + hegM) * cos(latM) * (lonT − lonM);   //east relative distance
```

```
Renu[1] = (Rm + hegM) * (latT − latM);           //north relative distance
Renu[2] = hegT − hegM;                            //up relative distance
deltaR = sqrt(Renu[0] * Renu[0] + Renu[1] * Renu[1] + Renu[2] * Renu[2]);


//——the los angle in navigation coordinate
los_enu[0] = Renu[0]/deltaR;
los_enu[1] = Renu[1]/deltaR;
los_enu[2] = Renu[2]/deltaR;


//——the los angle in body coordinate
los_xyz[0] = Cbn[0] * los_enu[0] + Cbn[1] * los_enu[1] + Cbn[2] * los_enu[2];
los_xyz[1] = Cbn[3] * los_enu[0] + Cbn[4] * los_enu[1] + Cbn[5] * los_enu[2];
los_xyz[2] = Cbn[6] * los_enu[0] + Cbn[7] * los_enu[1] + Cbn[8] * los_enu[2];


//——the seeker flame angle in body coordinate
* pYaw_frame = asin( − los_xyz[2]);
* pPitch_frame = atan2(los_xyz[1], los_xyz[0]);


sinYF = sin( * pYaw_frame);
cosYF = cos( * pYaw_frame);
sinPF = sin( * pPitch_frame);
cosPF = cos( * pPitch_frame);


Cbf[0] = cosYF * cosPF;
Cbf[1] = cosYF * sinPF;
Cbf[2] = − sinYF;
Cbf[3] = − sinPF;
Cbf[4] = cosPF;
Cbf[5] = 0;
Cbf[6] = sinYF * cosPF;
Cbf[7] = sinYF * sinPF;
Cbf[8] = cosYF;


//——the los angular in navigation coordinate
Wenu[0] = ( − los_enu[1] * Navi.Vu + los_enu[2] * Navi.Vn)/deltaR;
Wenu[1] = ( − los_enu[2] * Navi.Ve + los_enu[0] * Navi.Vu)/deltaR;
```

```
Wenu[2] = ( - los_enu[0] * Navi. Vn + los_enu[1] * Navi. Ve)/deltaR;


//———the los angular in body coordinate
Wxyz[0] = Cbn[0] * Wenu[0] + Cbn[1] * Wenu[1] + Cbn[2] * Wenu[2];
Wxyz[1] = Cbn[3] * Wenu[0] + Cbn[4] * Wenu[1] + Cbn[5] * Wenu[2];
Wxyz[2] = Cbn[6] * Wenu[0] + Cbn[7] * Wenu[1] + Cbn[8] * Wenu[2];


//———the los angular in seeker frame coordinate
Wxyz_frame[0] = Cbf[0] * Wxyz[0] + Cbf[1] * Wxyz[1] + Cbf[2] * Wxyz[2];
Wxyz_frame[1] = Cbf[3] * Wxyz[0] + Cbf[4] * Wxyz[1] + Cbf[5] * Wxyz[2];
Wxyz_frame[2] = Cbf[6] * Wxyz[0] + Cbf[7] * Wxyz[1] + Cbf[8] * Wxyz[2];


for(int i = 50 - 1; i>0; i - - )
{
    sOutput_yaw[i] = sOutput_yaw[i - 1];
    sOutput_pitch[i] = sOutput_pitch[i - 1];
}
    sOutput_yaw[0] = (Wxyz_frame[1] + yaw_rate_noise);
    sOutput_pitch[0] = (Wxyz_frame[2] + pitch_rate_noise);
* pYaw_rate = sOutput_pitch[delay];
* pPitch_rate = sOutput_yaw[delay];
return;
}
```

参 考 文 献

［1］ 刘智颖，邢天祥．激光半主动导引头光学系统设计［J］．激光与红外，2016，46（5）：527-531.

［2］ 徐建华．图像处理与分析［M］．北京：科学出版社，1992.

［3］ 赖志国，余啸海．MATLAB图像处理与应用［M］．北京：国防工业出版社，2004.

［4］ 王海宴．红外辐射及应用［M］．西安：西安电子科技大学出版社，2004.

［5］ 徐南荣．导弹制导系统［M］．北京：航空专业教材编审组，1984.

［6］ 刘刚，张丹．红外成像制导图像处理技术［M］．北京：科学出版社，2016.

［7］ 杨吉．非制冷红外成像系统实时图像处理研究［D］．南京：南京理工大学，2005.

［8］ 邢素霞．非制冷红外热成像系统研究［D］．南京：南京理工大学，2005.

［9］ 任彬，汪柄权．红外图像噪声滤除及增强技术［J］．红外技术，1996.

［10］ 邢素霞，常本康．非制冷红外热成像技术的发展与现状［J］．红外与激光工程，2004，33（6）：441-444.

［11］ 斯科尼克．雷达系统导论［M］．北京：电子工业出版社，2014.

［12］ 高烽．雷达导引头概论［M］．北京：电子工业出版社，2010.

［13］ 曲长文，陈铁柱．机载反辐射导弹技术［M］．北京：国防工业出版社，2010.

［14］ 沈允春．反辐射导弹雷达导引头的总体设计概述［J］．航空学报，1988，9（6）：211-216.

［15］ 司伟建，陈涛，林晴晴．超宽频带被动雷达寻的器测向技术［M］．北京：国防工业出版社，2014